Wilfried Knoch

Wasserversorgung, Abwasserreinigung und Abfallentsorgung

VCH

Vertrieb:
VCH, Postfach 101161, D-6940 Weinheim (Bundesrepublik Deutschland)
Schweiz: VCH Verlags-AG, Postfach, CH-4020 Basel (Schweiz)
United Kingdom und Irland: VCH Publishers (UK) Ltd., 8 Wellington Court, Wellington Street, Cambridge CB1 1HZ (England)
USA und Canada: VCH Publishers, Suite 909, 220 East 23rd Street, New York, NY 10010–4606 (USA)

ISBN 3-527-28085-5 6

Wilfried Knoch

Wasserversorgung, Abwasserreinigung und Abfallentsorgung

Chemische und analytische Grundlagen

VCH Weinheim · New York · Basel · Cambridge

Dipl.-Ing (FH) Wilfried Knoch
Porstheide 2
D-2864 Vollersode
Tel.: 04794/1238

Das vorliegende Werk wurde sorgfältig erarbeitet. Dennoch übernehmen Autor und Verlag für die Richtigkeit von Angaben, Hinweisen und Ratschlägen sowie für eventuelle Druckfehler keine Haftung.

Lektor: Dr. Hans F. Ebel
Herstellerische Betreuung: Dipl. Wirt.-Ing. (FH) Hans-Jochen Schmitt
Titelfoto: Mit freundlicher Genehmigung „abi Berufswahl-Magazin, TransMedia Mannheim, Verlagsgesellschaft"

CIP-Titelaufnahme der Deutschen Bibliothek
Knoch, Wilfried:
Wasserversorgung, Abwasserreinigung und Abfallentsorgung : chemische und analytische Grundlagen / Wilfried Knoch. – Weinheim ; New York ; Basel ; Cambridge : VCH, 1991
ISBN 3-527-28085-5

Gedruckt auf säurefreiem Papier

Satz: Filmsatz Unger + Sommer, D-6940 Weinheim
Druck und Bindung: Progress-Druck, D-6720 Speyer
Printed in the Federal Republic of Germany

Vorwort

Jeder am Umweltschutz Interessierte oder im Umwelt- oder Entsorgungsbereich Tätige kann mit dem vorliegenden Buch sein Wissen über eine sachgemäße Wasseraufbereitung, Abwasserreinigung und Abfallentsorgung und damit über den Umweltschutz, aber auch über die Chemie ganz allgemein, ergänzen oder erweitern.

Die Gliederung des Inhalts ist orientiert am Rahmenlehrplan für den Ausbildungsberuf Ver- und Entsorger/Ver- und Entsorgerin vom 20. 5. 1984, dessen chemische Lerngebiete und Lerninhalte im Buch enthalten sind.

Anliegen des Verfassers ist es jedoch, umfassender zu informieren und auch schwierige Sachverhalte leichtverständlich darzustellen – meist im Hinblick auf den Umweltschutz. Dies geht nicht ohne umfassende Erläuterungen der Zusammenhänge, denen daher größere Bedeutung beigemessen wurde als der Wiedergabe vieler chemischer Formeln. Dort, wo Formeln, ebenso wie Reaktionsgleichungen, zur Erklärung notwendig sind, werden sie angegeben. Nach Aneignung der vermittelten Kenntnisse kann der Leser bei Bedarf weitere Formeln der Stoffe sowie Reaktionsgleichungen selbst ableiten.

Teil I des Buches führt in die Grundlagen der allgemeinen, anorganischen, technischen und organischen Chemie ein, stets unter Berücksichtigung umweltchemischer und umweltschutzrelevanter Sachverhalte. Wichtige chemische, physikalisch-chemische und physikalische Berechnungen sind Gegenstand eines weiteren Kapitels. Zur Selbstkontrolle sind im Anhang Rechenwege und Lösungen der Übungsaufgaben enthalten.

In Teil II werden chemische und toxikologische Eigenschaften von in Wässern enthaltenen Stoffen sowie die analytische Bestimmung wichtiger Parameter (Meßgrößen) der Wasseranalytik betrachtet. Durch verschiedene Behandlungsmethoden kann Wasser gezielt gereinigt und aufbereitet werden. Welche Möglichkeiten dazu bestehen, wird mit Blick auf die Reinigung des für die Trinkwassernutzung verwendeten Wassers sowie der häuslichen, kommunalen und industriellen Abwässer und des Deponiesickerwassers aufgezeigt. Um Abwasser optimal reinigen zu können, muß man die Stoffe kennen, die in den verschiedenen Abwasserarten vorkommen. Das Buch vermittelt Grundkenntnisse der Chemie und Analytik dieser Stoffe. Neben der Bestimmung von Abwasserparametern werden auch die Untersuchung der Schlämme, die bei Reinigungsmaßnahmen anfallen, behandelt, des weiteren die Stabilisierung solcher Schlämme einschließlich der Verwertung von Klärschlamm und Faulgas.

Die Zahl der relevanten Abfall- und Sonderabfallstoffe nimmt ständig zu. In diesem Buch werden ausgewählte Stoffe, gegliedert nach dem Abfallkatalog der Länderarbeitsgemeinschaft Abfall, mit ihren chemischen Eigenschaften vorgestellt. Der Inhalt soll dazu beitragen, die Gefährdung beim Umgang mit solchen Stoffen zu reduzieren.

Umfangreiche Stoffkenntnisse sind Voraussetzung für die sachgemäße Sammlung, Beförderung und Entsorgung – z. B. Verbrennung und Deponierung – von Abfällen. Dies gilt vor allem für die gefährlichen Sonderabfälle und gewiß auch für die Sanierung der Altlasten. Die stoffkundlichen Grundlagen dafür werden an Beispielen erörtert. Weitere Themen sind die Chemie der Abfall- und Sonderabfallverbrennung und -pyrolyse einschließlich der Rauchgasbehandlung, die Kompostierung und die Wiederverwendung und Weiterverwertung einer Reihe von Abfallstoffen, wie sie in den Haushalten anfallen. Schließlich werden auch Fragen des Ersatzes umweltschädlicher Substanzen und Produkte durch umweltfreundliche beantwortet.

Der Verfasser möchte mit diesem Buch einen Beitrag zu mehr Klarheit und Transparenz auf den Gebieten der Ver- und Entsorgung und zur Verbesserung des Schutzes der Umwelt und damit der Natur und des Menschen leisten.

Für fachliche Anregungen danke ich dem Cheflektor des Verlags, Herrn Dr. Hans F. Ebel, und Frau Christiane Jacob, die zahlreiche Verbesserungsvorschläge in das Manuskript eingebracht hat. Besonders danke ich auch Frau Karen Weber von VCH für ihre tatkräftige Unterstützung bei der Schaffung eines Periodensystems, das meinen Vorstellungen entspricht.

Bremen und Troisdorf, im Oktober 1990 Wilfried Knoch

Inhalt

Teil I Chemische Grundlagen

1 Einleitung

Erst seit etwa zwanzig Jahren wird den Menschen in den Industriestaaten immer stärker bewußt, daß man nicht hemmungslos und unbegrenzt produzieren kann, ohne die Natur und damit den Menschen und die Umwelt zu gefährden und zu schädigen. *Der Schutz der Natur, des Menschen und der Umwelt ist heute notwendiger denn je.* Zum Glück gewinnen immer mehr Menschen diese vernünftige, ja man muß sagen existentiell notwendige Einsicht. Die Industrie, das Produktionsgewerbe, wird oft als Hauptverursacher der Umweltbelastung gesehen. Eine Branche, die Chemische Industrie, wird diesbezüglich besonders häufig erwähnt. Aus Gründen der Sachlichkeit bedarf es dazu einiger Anmerkungen. Vor allem in jüngster Zeit ist die Chemische Industrie in der Öffentlichkeit in Verruf geraten. Ohne hier irgend etwas verharmlosen zu wollen, ist aber auch festzustellen, daß in den Medien zu selten einmal positiv über diesen bedeutenden Industriezweig berichtet wird. In der Chemischen Industrie weiß man, daß eine Umweltbelastung mit der Produktion von Zwischen- und Endprodukten verbunden ist. Vor allem die Großunternehmen haben schon seit Jahren große Summen investiert, um die durch die Produktion bedingte Umweltbelastung zu vermindern. So kommt es nicht von ungefähr, daß in diesen Unternehmen bedeutende Entwicklungen auf dem Gebiet der industriellen Entsorgung geleistet wurden. Man ist hier auf dem richtigen Wege, sicherlich auch aufgrund der wachsamen Öffentlichkeit, allerdings noch längst nicht am Ziel. Dies gilt natürlich auch für den Bereich der kommunalen Entsorgung. Da kaum einer wieder im Steinzeitalter leben möchte, sollte in der Öffentlichkeit ein sachlicheres Bild dieser Industrie publiziert werden. Weshalb werden denn überhaupt industriell so viele Stoffe produziert? Würde man nur auf Naturstoffe zurückgreifen, könnten viele für uns selbstverständliche Bedürfnisse nicht befriedigt werden.

Die Chemische Industrie versucht durch ihre Produktion, Lücken im natürlichen Stoffangebot zu schließen und dient somit auch der Bedürfnisbefriedigung des Menschen. Beispiele sollen dies verdeutlichen, wobei auch Risiken, die mit der Herstellung der Stoffe verbunden sein können, aufgezeigt werden (s. Tab. 1-1).
Da wir die hergestellten Stoffe konsumieren, tragen wir alle unseren Teil zur Rohstoffverknappung, Gesundheitsgefährdung und Umweltbelastung bei. Somit gilt es für uns alle, diese Risiken abzubauen, bzw. zu minimieren. So sind alle Maßnahmen, die der Vermeidung und Verminderung der Umweltbelastung dienen, ein wichtiger Teil des Umweltschutzes. **Um die Auswirkungen der vielen Stoffe auf die Umwelt verstehen und beein-**

Tab. 1-1: Zusammenhang zwischen Bedürfnis, Produktion und Risiko.

Bedürfnis	Befriedigung durch Produktion von	Risiko
Ernährung	Pflanzenschutzmitteln, Düngemitteln	Gesundheitsgefährdung Rohstoffverknappung Umweltbelastung
Hygiene	Waschmitteln	
Gesundheit	Arzneimitteln	
Bekleidung	Kunstfasern	
Mobilität	Kraftstoffen	
Energie	Heizöl, Erdgas, Koks, Briketts	
Kommunikation	Silicium und Germanium für Datenträger	Datenmißbrauch

flussen zu können, bedarf es zunächst einer soliden Kenntnis der Stoffe und ihrer Eigenschaften. Erst wenn man weiß, wie sich ein Stoff auf die Umwelt auswirkt, kann man gezielt und sachlich begründet Gegenmaßnahmen, zu denen auch die Ver- und Entsorgung gehört, ergreifen. **Jeder im Bereich der Ver- und Entsorgung Tätige sollte somit über umfangreiche chemische Kenntnisse verfügen.** Denn wenn auch das **Prinzip der Abfallvermeidung** in allen Bereichen **oberste Priorität** haben sollte, wird es wohl ein Wunschtraum bleiben, in einer Konsumgesellschaft keine Abfälle mehr zu produzieren. Trotzdem sollte bei jedem einzelnen zumindest das Prinzip der Abfallminimierung oberste Priorität haben, wie es ebenso gilt Oberflächen-, Trink- und Abwässer möglichst nicht oder so gering wie möglich zu verschmutzen.

2 Allgemeine Chemie

2.1 Abgrenzung von Chemie, Physik und Biologie

Die in der Natur ablaufenden oder durch den Menschen herbeigeführten Vorgänge lassen sich unterteilen in chemische und physikalische Vorgänge. *Verändert ein Stoff lediglich seinen Zustand,* z. B. seine Form oder seine Energiemenge, *so handelt es sich um einen **physikalischen Vorgang**. Sobald jedoch der Stoff selber durch Bildung eines oder mehrerer neuer Stoffe verändert wird, spricht man von einem **chemischen Vorgang**, den man auch **Reaktion** nennt.* Auch alle innerhalb der lebenden Materie ablaufenden Veränderungen, die Forschungsgegenstand der Biologie sind, lassen sich auf diese zwei Grundarten von Vorgängen zurückführen.

Beispiele:	**Chemischer Vorgang**	**Physikalischer Vorgang**
	Verbrennen	Walzen
	Rosten	Sieden

Während also die ***Physik** die Lehre von den Zustandsänderungen der Stoffe ist,* versteht man unter ***Chemie** die Lehre vom Aufbau, den Eigenschaften und Umwandlungen (Reaktionen) von Stoffen sowie den damit verbundenen Ursachen und Folgen.* Gerade über den letzten Aspekt hat man sich oft keine oder zu wenige Gedanken gemacht. Er ist heute wichtiger denn je.

2.2 Einteilung der Stoffe

Die Stoffe können in den Aggregatzuständen **fest, flüssig** und **gasförmig** vorliegen. Die Übergänge eines Stoffes innerhalb der **Aggregatzustände** werden wie folgt gekennzeichnet:

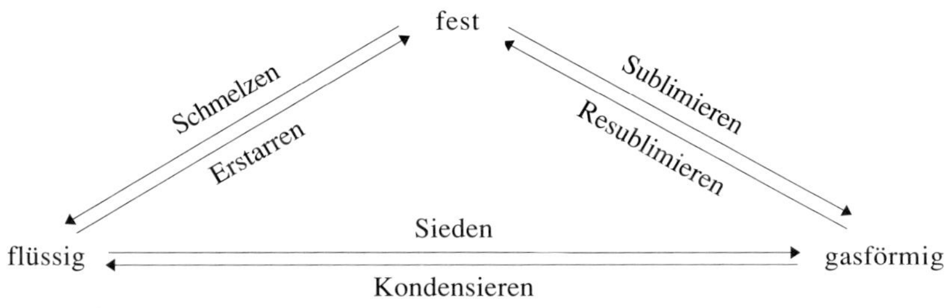

Im gasförmigen Zustand sind die Teilchen frei beweglich, im flüssigen Zustand können sie sich nur innerhalb des flüssigen Verbandes bewegen, während sie im festen Zustand nur um ihre Ruhelage schwingen. Am absoluten Nullpunkt bei rund $-273\,°C$ hören auch diese Schwingungen um die Ruhelage, die man auch Oszillationen nennt, auf.

Um zu erkennen, wie die verschiedenen Stoffe aufgebaut sind, welche Eigenschaften sie besitzen, und wie sie miteinander reagieren, ist es erforderlich, diese möglichst rein zu erhalten. In der Natur kommen kaum **Reinstoffe** vor, sondern meist **Stoffgemenge**. Eine Unterteilung der Stoffe erfolgt in Abb. 2-1.

	Reinstoffe		**Gemenge (Gemische)**
Merkmale	Durch physikalische Methoden nicht weiter trennbar		mehrere Reinstoffe Durch physikalische Methoden trennbar in die einzelnen Reinstoffe
	Elemente	**Verbindungen**	
Merkmale	Durch normale chemische Methoden nicht weiter trennbar kleinste Teilchen: Atome	Durch chemische Methoden trennbar kleinste Teilchen: Moleküle, Ionen	
Beispiele	Sauerstoff Quecksilber Eisen Kupfer	Kohlendioxid Schwefeldioxid Wasser Natriumchlorid	Luft Erdöl Milch Steinkohle

Abb. 2-1: Einteilung der Stoffe.

Elemente, Verbindungen und Gemenge lassen sich weiter unterteilen.

Bei den Elementen unterscheidet man zwischen Metallen, Halbmetallen und Nichtmetallen.

Die Verbindungen lassen sich unterteilen in solche, die aus Molekülen, wie die meisten organischen Verbindungen, *und solche, die aus Ionen aufgebaut sind,* z. B. die meisten Salze.

Bei den Gemengen unterscheidet man zwischen homogenen und heterogenen Gemengen.

Homogene Gemenge bestehen aus einer *Phase,* die *Mischphase* genannt wird. Hat ein Stoff einen physikalisch überall gleichen Zustand, so besitzt er eine Phase. Ist der Zustand des Stoffes nicht überall gleich, besitzt er zwei oder mehrere Phasen. Man spricht bei Gemengen dann von einem heterogenen Gemenge. Homogene Gemenge sind **Gasgemenge, echte Lösungen** und **Legierungen.**

Heterogene Gemenge aus zwei oder mehreren Feststoffen werden oft auch nur als Gemenge bezeichnet.

Sind feste, flüssige oder gasförmige Stoffe in einer Flüssigkeit soweit fein verteilt (dispergiert), daß sie als einzelne Moleküle oder Ionen vorliegen, so liegt eine echte Lösung vor. Sie ist klar, durch jedes Papier filtrierbar. Auch unter dem Mikroskop kann man keine Teilchen erkennen. Bestehen die dispergierten Teilchen eines Feststoffs aus einer Vielzahl aneinandergelagerter Teilchen, die zwar durch gewöhnliches Filterpapier noch hindurchtreten, nicht aber durch das feinporigere Pergamentpapier, liegt eine **kolloide Lösung**, kurz auch Kolloid genannt, vor.

So sind sehr oft Eisensulfide, die durch Reaktion des im zulaufenden Abwasser einer Kläranlage enthaltenen giftigen Schwefelwasserstoffs mit zugegebenen Eisen-Ionen entstehen, im Abwasser kolloidal verteilt, was an der schwarzen Färbung des Wassers erkennbar ist.

Sind in den dispergierten Teilchen eines Feststoffs so viele Moleküle, Atome oder Ionen enthalten, daß ihre Größe 0,1 µm übersteigt, werden sie im Mikroskop sichtbar und auch von gewöhnlichem Filterpapier zurückgehalten. Es liegt dann eine trübe Aufschlämmung oder **Suspension** vor.

Werden zwei Flüssigkeiten vermischt, die sich nicht ineinander lösen, entsteht eine aus zwei Phasen bestehende **Emulsion.** Sind in dem Dispersionsmittel Gas feste Teilchen fein verteilt, spricht man von einem **Rauch**, sind die dispergierten Teilchen flüssig, spricht man von **Nebel**. Ein **Schaum** enthält in einer Flüssigkeit heterogen verteilte gasförmige Teilchen.

2.3 Trennung von Gemengen

*Die Erkennung oder **Identifikation** eines Stoffes erfolgt anhand seiner **Eigenschaften**.* Da die Anteile der Reinstoffe in einem Gemenge sehr selten konstant sind, haben nur die Reinstoffe charakteristische, spezifische Eigenschaften. Die Eigenschaften der Stoffe unterteilt man in physikalische und chemische Eigenschaften. *Physikalische Eigenschaften* sind oft spezifische, d. h. stofftypische, charakteristische Größen, wie Schmelzpunkt, Siedepunkt, Dichte. *Chemische Eigenschaften* kennzeichnen das Reaktionsverhalten des Stoffes.

Liegt ein Gemenge vor, ist es somit oftmals erforderlich, das Gemenge durch physikalische Methoden in die einzelnen Reinstoffe aufzutrennen. Diese **Trennoperationen** spielen nicht nur eine wichtige Rolle, um Stoffe identifizieren zu können, sondern sie sind auch für eine sachgemäße Ver- und Entsorgung oft unentbehrlich.

Homogene Gemenge lassen sich durch thermische Prozesse in die Reinstoffe trennen, heterogene Gemenge können bereits durch mechanische Verfahren aufgetrennt werden. Beispielhaft sollen einige wesentliche **Trennverfahren** dargestellt werden.

Sortieren: Hier werden die Bestandteile eines festen heterogenen Gemenges aufgrund von Eigenschaften, wie Farbe, Form, Dichte oder Magnetismus getrennt. Eine wichtige Rolle spielen diese Trennverfahren im Bereich der Abfallentsorgung, z. B. Sortieren von weißem und farbigem Glas, Abtrennung von magnetischen Stoffen aus dem Hausmüll.

Eine Sonderform des Sortierens ist die **Flotation** oder die Trennung durch Aufschwimmen. Durch Luft, die durch Einleiten an bestimmten Teilchen haften bleibt, d. h. adsorbiert wird, erhalten diese Teilchen eine geringere Dichte als die Flüssigkeit und schwimmen auf. Schaumbildner können den Effekt verstärken. Die Anwendung dieses Verfahrens erfolgt zum Zwecke der Schlammeindickung im Klärwerksbetrieb aber auch im Bereich der Aufbereitung von Erzen sowie bei der Abtrennung des Kaliumchlorids vom Natriumchlorid, die beide Bestandteile des Minerals Sylvinit sind.

Klassieren: Aufgrund der unterschiedlichen Größe der Körner erfolgt die Trennung. Beim **Sieben** kann man aufgrund der unterschiedlichen Maschenweite verschiedene Fraktionen erhalten. Im Rahmen der Kompostaufbereitung spielt das Sieben eine wichtige Rolle.

In einem Windkanal steigen leichte Partikeln auf, schwere sinken ab. Dieses Verfahren wird **Windsichten** genannt.

Stromklassieren: In strömendem Wasser werden die leichtesten Partikeln am weitesten transportiert, die schweren sinken eher nach unten.

Feste Stoffe mit hohem Dampfdruck, d. h. einer großen Neigung, aus dem festen Aggregatzustand leicht zu verdunsten oder zu verdampfen, wie Iod, Ammoniumchlorid, Campher, Naphthalin, kann man durch **Sublimation** infolge von Erhitzen und anschließende **Resublimation** von anderen Feststoffen trennen. Beim Verfahren der **Extraktion** werden aus einem Gemenge durch ein geeignetes Lösungsmittel die darin löslichen Bestandteile herausgelöst. Bei der Bestimmung von Tensiden im Abwasser wird diese Trennmethode z. B. angewandt. Jeder hat gewiß schon einmal dieses Verfahren kennengelernt, da auf ihm die Kaffee- und Teezubereitung beruht.

Das **Dekantieren**, d. h. das Absinkenlassen der festen Partikeln oder **Sedimentieren** und das anschließende Abgießen der überstehenden Lösung ist das einfachste, aber oft auch weit aufwendigste Verfahren zur Trennung von Suspensionen.

Kürzere Dauer erfordert das **Filtrieren**, das mit Hilfe von Überdruck oder Unterdruck in der Technik (u. a. bei der Schlammentwässerung) oder Unterdruck im Labor wesentlich beschleunigt werden kann. Aber auch die Feststoffe eines Rauches können durch Filtration entfernt werden, man denke hier nur an die Entfernung der staubförmigen Partikeln aus dem Rauchgas einer Müllverbrennungsanlage, beispielsweise durch Elektrofilter. Man kann die Filtration somit verstehen als Trennung von festen Stoffen aus einer Suspension oder einem Rauch durch Abscheidung.

Werden die festen Partikeln einer Suspension aufgrund ihrer höheren Flieh- oder Zentrifugalkraft infolge sehr schneller Rotation von der Flüssigkeit abgetrennt, nennt man dieses Verfahren **Zentrifugieren**. Bei der Sandabtrennung (Rundsandfang) oder der Schlammentwässerung und -eindickung findet dieses Prinzip Anwendung. Trennt man nach diesem Prinzip feste Partikeln aus Gasen ab, z. B. bei der Rauchgasreinigung, spricht man vom **Zyklonieren**.

Beim **Trocknen** wird das Dispersionsmittel entfernt. Es wird verdunstet oder wie bei der Vakuumgefriertrocknung sublimiert. Diese Vorgänge erfordern oft viel Zeit. Erwärmen, z. B. im Trockenschrank, beschleunigt das Verdunsten oder führt gar zum Verdampfen, kann aber bei organischen Lösungsmitteln zur Entzündung oder gar zur Explosion führen.

Bei homogenen flüssigen Gemengen läßt sich die Tatsache, daß jeder flüssige Reinstoff seinen spezifischen Siedepunkt hat, zur Abtrennung verwenden. Trennt man das Gemenge aufgrund der unterschiedlichen Siedepunkte der Komponenten durch Erhitzen und anschließendes Kondensieren der Dämpfe in einem Kühler auf, bezeichnet man diese Methode als **Destillation**. Da bei Unterdruck die Siedepunkte wesentlich niedriger sind, kann man durch eine sog. *Vakuumdestillation* auch Stoffe trennen, die sich bei höheren Temperaturen zersetzen würden. Bei der Bestimmung des Gehalts der organischen Säuren im Faulschlamm wird die besondere Methode der *Wasserdampfdestillation* angewandt. Wasser löst die im Schlamm enthaltenen Säuren, die mit dem Wasserdampf überdestilliert werden.

Bei der **Kristallisation** bildet die gelöste feste Substanz sichtbare Kristalle. Eine Entfernung des Lösungsmittels, z. B. durch Trocknen, kann zum Überschreiten der Löslichkeit und damit der Kristallisation führen. Dies ist aber auch erreichbar durch Abkühlung einer heiß gesättigten Lösung. Man nennt das Verfahren dann **Umkristallisation**.

Erfolgt die Trennung homogener Gemenge aufgrund unterschiedlicher Löslichkeit in der mobilen Phase und unterschiedlicher Adsorption (Haftung an der Oberfläche) an der stationären Phase, spricht man von **Chromatographie**.

Bei der Gaschromatographie (s. Abschn. 6.4.2.4) ist die mobile Phase keine Flüssigkeit, sondern ein sog. Trägergas. Die chromatographischen Trennverfahren haben eine außerordentliche Bedeutung im Rahmen der modernen Analytik gefunden. Die Trennung und der Nachweis geringer Mengen sind so möglich, u. a. von gasförmigen oder leichtflüchtigen organischen Umweltgefahrstoffen, wie KW, HKW, PCB, PAK oder Pestiziden. Als **Absorption** bezeichnet man die Aufnahme eines Stoffes oder von Strahlung, z. B. in spezifischen Flüssigkeiten. Gase können auf diese Art und Weise getrennt werden, Beispiele gibt Tab. 2-1.

Tab. 2-1: Beispiele zur Absorption.

Zu absorbierendes Gas	Absorptionsmittel
CO_2	Kalilauge
Kohlenwasserstoffe (KW)	Oleum
O_2	Pyrogallol, $CrCl_3$-Lösung
CO	ammoniakalische CuCl-Lösung

Aber auch das Aufsaugen von Öl durch feste Ölbindematerialien (z. B. Calciumsulfat- oder Tonerdegranulate) wird als Absorption bezeichnet.

Durch **Adsorption**, d. h. Haftenbleiben an der Oberfläche, können Gase ebenfalls abgetrennt werden. Man denke hier nur an die Atemgeräte mit Schutzfiltern oder die Trinkwasseraufbereitung. Hier wird oft *Aktivkohle*, ein Material mit sehr großer innerer Oberfläche, als Adsorptionsmittel eingesetzt.

Manchmal werden auch *spezielle Reaktionen*, die die abzutrennenden Stoffe eingehen, *zur Trennung* herangezogen. Werden gelöste Stoffe mit Reagenzien zu einer schwerlöslichen Verbindung umgesetzt, bildet diese einen Niederschlag, sie fällt aus.

Durch dieses Verfahren der **Fällung** können im Wasser gelöste Schwermetall-Ionen als Hydroxide oder auch als Sulfide entfernt werden. Auch das umweltschädliche Phosphat läßt sich durch Fällen mit Eisen- oder Aluminium-Ionen aus dem Wasser entfernen.

Spezifische Reaktionen einzelner Stoffe werden nicht nur zur Trennung, sondern auch zum Nachweis dieser Stoffe herangezogen, z. B. *beim Nachweis von Gasen und Dämpfen mit Prüfröhrchen.* So reagiert vorhandener Schwefelwasserstoff mit Pb^{2+}-Ionen zu braunschwarzem Bleisulfid. Eine Braunschwarzfärbung des Prüfröhrchenmaterials zeigt somit Schwefelwasserstoff an. Aus der Länge der Verfärbungszone läßt sich der Gehalt an Schwefelwasserstoff ablesen oder berechnen.

2.4 Gehaltsgrößen von Lösungen

Zunächst seien einige wichtige Begriffe vorgestellt.

Lösung: flüssige Mischphase

Gehalt: Oberbegriff für alle Zusammensetzungsangaben.

Anteile: Anteile sind meist aus Größen mit gleichen Einheiten gebildet und daher oft einheitenlos. Der Zähler ist eine Größe einer Komponente der Mischphase. Der Nenner ist eine Größe der ganzen Mischphase. Der Anteil wird als Bruch oder vielfach in Prozent oder Promille angegeben.

Konzentration: Konzentrationen sind Quotienten, bei denen der Nenner immer das Volumen der Lösung ist. Der Zähler ist eine Größe des gelösten Stoffes.

In Tab. 2-2 sind einige wichtige Gehaltsgrößen mit ihren Definitionen, Berechnungsformeln und üblichen Einheiten aufgeführt. Näheres dazu ist in Kap. 3 enthalten.

Wird ein Stoff in einem Lösungsmittel gelöst, so löst sich bei einer bestimmten Temperatur in diesem Lösungsmittel nur eine bestimmte maximale Menge. Sie steigt in der Regel bei Feststoffen mit der Temperatur an. Die bei einer bestimmten Temperatur in 100 g Wasser maximal lösliche Masse einer Substanz wird **Löslichkeit** genannt (s. Abschn. 3.4.2.3). Sie ist eine stoffspezifische Größe und kann somit auch zur Identifikation von Stoffen herangezogen werden. Sie ist ein Maß für leichtlösliche Stoffe.

Beispiel: 35,9 g NaCl lösen sich in 100 g Wasser bei 20 °C.

Tab. 2-2: Wichtige Gehaltsgrößen.

Definition der Gehaltsgröße		Größengleichung (Berechnungsformel)	Übliche Einheit
Massenanteil	$= \frac{\text{Masse des gelösten Stoffes}}{\text{Masse der Lösung}}$	$w(X) = \frac{m(X)}{m(Ls)}$	g/g g/100 g = % g/kg = ‰
Volumenanteil	$= \frac{\text{Volumen des gelösten Stoffes}}{\text{Volumen des gelösten Stoffes} + \text{Volumen des Lösungsmittels}}$	$\varphi(X) = \frac{V(X)}{V(X) + V(Lm)}$	L/L L/100 L = % mL/L = ‰
Massenkonzentration	$= \frac{\text{Masse des gelösten Stoffes}}{\text{Volumen der Lösung}}$	$\beta(X) = \frac{m(X)}{V(Ls)}$	g/L
Volumenkonzentration	$= \frac{\text{Volumen des gelösten Stoffes}}{\text{Volumen der Lösung}}$	$\sigma(X) = \frac{V(X)}{V(Ls)}$	L/L L/100 L = % mL/L = ‰
Stoffmengenkonzentration	$= \frac{\text{Stoffmenge des gelösten Stoffes}}{\text{Volumen der Lösung}}$	$c(X) = \frac{n(X)}{V(Ls)}$	mol/L

X	Gelöster Stoff	m	Masse	φ	phi
Lm	Lösungsmittel	V	Volumen	β	beta
Ls	Lösung	n	Stoffmenge	σ	sigma

Qualitative Angaben über die Löslichkeit von Stoffen sind in Tab. 2-3 enthalten.

Ein Maß für schwerlösliche Stoffe, d.h. solche, von denen sich nur geringste Mengen in Wasser lösen, ist das ebenfalls temperaturabhängige **Löslichkeitsprodukt** (s. Abschn. 3.4.2.4). Man versteht darunter *das Produkt der Konzentration der Ionen, aus der die Substanz besteht, in einer gesättigten Lösung.* Wird das Produkt der Ionenkonzentrationen in der Lösung größer als das Löslichkeitsprodukt, fällt die Substanz aus.

Beispiel: $c(Ag^+) \cdot c(Cl^-) = 1{,}6 \cdot 10^{-10}$ mol²/L² (c Stoffmengenkonzentration in mol/L)

Beträgt z.B. $c(Ag^+) = 10^{-4}$ mol/L, dann müssen mehr als $1{,}6 \cdot 10^{-6}$ mol/L Cl^--Ionen zugegeben werden, damit AgCl als weißer Niederschlag ausfällt. *Das Löslichkeitsprodukt ist eine wichtige Grundlage zur Ermittlung der optimalen Fällungsbedingungen* zur Entfernung von Stoffen aus Lösungen. Für diese ist auch die Wahl des optimalen pH-Wertes von außerordentlicher Bedeutung. In Tab. 2-4 sind die Zahlenwerte der Löslichkeitsprodukte L einiger schwerlöslicher Stoffe aufgeführt.

Tab. 2-3: Löslichkeiten, qualitativ, nach Riedel-de Haën.

	Arsenat	Benzoat	Borat	Bromid	Carbonat	Chlorid	Chromat	Citrat	Cyanid	Ferricyanid	Ferrocyanid	Fluorid	Hydroxid	Iodid	Nitrat	Oxalat	Oxid	Phosphat	Sulfat	Sulfid	Tartrat	Thiocyanat
Al	s		S	W		W		W			w	W	S	W	W	S	s	S	W	Z	w	
NH_4	W	W		W	W	W	W	W	W	W	W	W	W	W	W	W		W	W	W	W	W
Sb	S			Z		Z	S					W	S	Z			w		Z	S	W	
Ba	w	W	S	W	w	W	S	w	W	w	W	W	W	W	W	w	W	S	s	Z	w	W
Pb	S	w	S	W	S	w	S	W	w	w	s	w	w	w	W	S	w	S	w	S	S	w
Bi	S	S	S	Z		Z	S	S	w			W	S	S	Z	S	S	S	Z	S	S	
Cd	S	W	w	W	S	W	S	S	W	S	S	W	S	W	W	w	S	S	W	S	S	
Ca	w	W	S	W	w	W	W	w	W	W	W	S	W	W	W	S	w	w	w	w	w	W
Cr			S	W	W	W	S		S			s	S	W	W	W	s	w	W	Z		
Fe″	S	W	S	W	w	W			s	U	U	w	S	W	W	S	S	S	W	S	w	W
Fe‴	S	S	S	W		W	S	W			s	w	S	W	W	W	S	w	w	Z	W	W
Au‴				W		W			W				S	s			S			U		
K	W	W	W	W	W	W	W	W	W	W	W	W	W	W	W	W	W	W	W	W	W	W
Co	S	W	S	W	S	W	S	w	S	U	U	W	S	W	W	S	S	S	W	S	w	W
Cu	S	w	S	W		W	W		S	U	U	w	S	s	W	S	S	S	W	S	W	Z
Li	W	w	W	w	W	W	W	W	W	W	W	W	W	W	W	W	W	W	W	W		
Mg	S	W	w	W	w	W	W	W	W	W	W	w	S	W	W	w	S	w	W	Z	W	W
Mn	w	W	S	W	w	W	W	w			S	S	S	W	W	w	S	w	W	S	w	W
Na	W	W	W	W	W	W	W	W	W	W	W	W	W	W	W	W	W	W	W	W	W	W
Ni	S	W	S	W	w	W	S	W	s	U	U	w	w	W	W	S	S	S	W	S	S	
Pt				w		W			U			W	S	U	W		S		W	U		
Hg′	S	S		S	S	s	w	w	S			Z		S	W	s	S	S	w	U	U	S
Hg″	w	W		W		W	w		W	S	U	Z	S	w	W	S	w	S	Z	U		w
Ag	S	W	S	s	S	s	w	w	s	U	U	W		U	W	s	w	S	w	S	w	U
Sr	w		S	W	w	W	w	S	W	W	W	w	W	W	W	w	W	S	w	W	w	W
Zn	S	W	S	W	w	W	w	w	S	S	U	w	S	W	W	S	w	S	W	S	w	W
Sn″			S	W		W	S			S	s	W	S	W	Z	S	S	S	W	S	W	
Sn⁗				W		W	W					W	w	Z			S		W	S		

W Löslich in Wasser,
w Geringfügig löslich in Wasser, löslich in Säuren,
S Unlöslich in Wasser, löslich in Säuren,
s Unlöslich in Wasser, geringfügig löslich in Säuren,
U Unlöslich in Wasser und in Säuren,
Z Zersetzt sich in wässriger Lösung, z. B. Hydrolyse.

Tab. 2-4: Löslichkeitsprodukte *L* schwerlöslicher Verbindungen, nach Riedel-de Haën

Verbindung	L	ϑ (°C)	Verbindung	L	ϑ (°C)
$Al(OH)_3$	$4 \cdot 10^{-13}$	15	FeC_2O_4	$2{,}1 \cdot 10^{-7}$	25
	$1{,}1 \cdot 10^{-15}$	18	FeS	$3{,}7 \cdot 10^{-19}$	18
	$3{,}7 \cdot 10^{-15}$	25	$KHC_4H_4O_6$	$3{,}8 \cdot 10^{-4}$	18
$BaCO_3$	$7 \cdot 10^{-9}$	16	Li_2CO_3	$1{,}7 \cdot 10^{-3}$	25
	$8{,}1 \cdot 10^{-9}$	25	$MgNH_4PO_4$	$2{,}5 \cdot 10^{-13}$	25
$BaCrO_4$	$1{,}6 \cdot 10^{-10}$	18	$MgCO_3$	$2{,}6 \cdot 10^{-5}$	12
	$2{,}4 \cdot 10^{-10}$	28	MgF_2	$7{,}1 \cdot 10^{-9}$	18
BaF_2	$1{,}6 \cdot 10^{-6}$	10		$6{,}4 \cdot 10^{-9}$	27
	$1{,}7 \cdot 10^{-6}$	18	$Mg(OH)_2$	$1{,}2 \cdot 10^{-11}$	18
$Ba(IO_3)_2 \cdot 2H_2O$	$8{,}4 \cdot 10^{-11}$	10	MgC_2O_4	$8{,}6 \cdot 10^{-5}$	18
	$6{,}5 \cdot 10^{-10}$	25	$Mn(OH)_2$	$4 \cdot 10^{-14}$	18
$BaC_2O_4 \cdot 2H_2O$	$1{,}2 \cdot 10^{-7}$	18	MnS	$1{,}4 \cdot 10^{-15}$	18
$BaSO_4$	$8{,}7 \cdot 10^{-11}$	18	NiS	$1{,}4 \cdot 10^{-24}$	18
	$1{,}08 \cdot 10^{-19}$	25	$HgBr_2$	$8 \cdot 10^{-20}$	25
	$1{,}98 \cdot 10^{-10}$	30	$HgCl_2$	$2{,}6 \cdot 10^{-25}$	25
$PbCO_3$	$3{,}3 \cdot 10^{-14}$	18	HgI_2	$3{,}2 \cdot 10^{-29}$	25
$PbCrO_4$	$1{,}77 \cdot 10^{-14}$	18	HgS	$10^{-53} - 10^{-49}$	18
$PbCl_2$	$1{,}0 \cdot 10^{-4}$	25	$HgBr_2$	$1{,}3 \cdot 10^{-21}$	25
PbF_2	$2{,}7 \cdot 10^{-6}$	9	HgCl	$2 \cdot 10^{-18}$	25
	$3{,}2 \cdot 10^{-8}$	18	HgI	$1{,}2 \cdot 10^{-28}$	25
$Pb(IO_3)_2$	$5{,}3 \cdot 10^{-14}$	9	$AgBrO_3$	$4 \cdot 10^{-5}$	20
	$1{,}2 \cdot 10^{-13}$	18		$5{,}8 \cdot 10^{-5}$	25
PbI_2	$7{,}5 \cdot 10^{-9}$	15	AgBr	$4{,}1 \cdot 10^{-13}$	18
	$1{,}4 \cdot 10^{-8}$	25		$7{,}7 \cdot 10^{-13}$	25
PbC_2O_4	$2{,}74 \cdot 10^{-11}$	18	Ag_2CO_3	$6{,}2 \cdot 10^{-12}$	25
$PbSO_4$	$1{,}06 \cdot 10^{-8}$	18	AgCl	$3{,}7 \cdot 10^{-11}$	10
PbS	$3{,}4 \cdot 10^{-28}$	18		$1{,}56 \cdot 10^{-10}$	25
$CdC_2O_4 \cdot 3H_2O$	$1{,}53 \cdot 10^{-8}$	18		$1{,}32 \cdot 10^{-9}$	50
CdS	$3{,}6 \cdot 10^{-29}$	18	Ag_2CrO_4	$1{,}2 \cdot 10^{-12}$	15
$CaCO_3$	$9{,}9 \cdot 10^{-9}$	15		$9 \cdot 10^{-12}$	25
	$8{,}7 \cdot 10^{-9}$	25	$Ag_2(CN)_2$	$2{,}2 \cdot 10^{-12}$	20
CaF_2	$3{,}4 \cdot 10^{-11}$	18	$Ag_2Cr_2O_7$	$2 \cdot 10^{-7}$	25
	$3{,}95 \cdot 10^{-11}$	26	AgOH	$1{,}5 \cdot 10^{-8}$	20
$Ca(IO_3)_2 \cdot 6H_2O$	$2{,}2 \cdot 10^{-7}$	10	AgI	$3{,}2 \cdot 10^{-17}$	13
	$6{,}4 \cdot 10^{-7}$	18	$AgIO_3$	$9{,}2 \cdot 10^{-9}$	9
$CaC_2O_4 \cdot H_2O$	$1{,}78 \cdot 10^{-9}$	18		$1{,}5 \cdot 10^{-16}$	25
	$2{,}57 \cdot 10^{-9}$	25	Ag_2S	$1{,}6 \cdot 10^{-49}$	18
$CaSO_4$	$6{,}1 \cdot 10^{-5}$	10	AgSCN	$4{,}9 \cdot 10^{-13}$	18
	$2{,}5 \cdot 10^{-5}$	25		$1{,}16 \cdot 10^{-12}$	25
$CaC_4H_4O_6 \cdot 2H_2O$	$7{,}7 \cdot 10^{-7}$	18	$SrCO_3$	$1{,}6 \cdot 10^{-9}$	25
CoS	$3 \cdot 10^{-26}$	18	SrF_2	$2{,}8 \cdot 10^{-9}$	18
$Cu(IO_3)_2$	$1{,}4 \cdot 10^{-7}$	25	SrC_2O_4	$5{,}6 \cdot 10^{-8}$	18
CuC_2O_4	$2{,}87 \cdot 10^{-8}$	25	$SrSO_4$	$2{,}77 \cdot 10^{-7}$	3
CuS	$8{,}5 \cdot 10^{-45}$	18		$3{,}81 \cdot 10^{-7}$	17
CuBr	$4{,}1 \cdot 10^{-8}$	18	TlBr	$4 \cdot 10^{-6}$	25
CuCl	$1{,}0 \cdot 10^{-6}$	18	TlCl	$2{,}7 \cdot 10^{-7}$	25
CuI	$5{,}0 \cdot 10^{-12}$	18	Tl_2SO_4	$3{,}6 \cdot 10^{-4}$	25
Cu_2S	$2 \cdot 10^{-47}$	16	TlSCN	$2{,}3 \cdot 10^{-4}$	25
CuSCN	$1{,}6 \cdot 10^{-11}$	18	$Zn(OH)_2$	$1{,}8 \cdot 10^{-14}$	18
$Fe(OH)_3$	$1{,}1 \cdot 10^{-36}$	18	$ZnC_2O_4 \cdot 2H_2O$	$1{,}35 \cdot 10^{-9}$	18
$Fe(OH)_2$	$1{,}64 \cdot 10^{-14}$	18	ZnS	$1{,}2 \cdot 10^{-23}$	18

2.5 Identifikation von Stoffen

Die Erkennung oder Identifikation eines Stoffes erfolgt anhand seiner spezifischen Eigenschaften. Hier sind in erster Linie *Eigenschaften* zu nennen, *wie Aussehen* (z. B. Form, Farbe, Kristallstruktur), *Geruch, Dichte, Längen-, Volumenausdehnung, Löslichkeit, Schmelz-, Siedepunkt, Brechzahl, Viskosität, molare Masse, elementare Zusammensetzung, Schmelz-, Verdampfungswärme, Wärmekapazität oder auch das Reaktionsverhalten.*

Oft haben zwei Reinstoffe den gleichen oder sehr ähnlichen Wert einer Eigenschaft, was bei der enormen Zahl von Reinstoffen nicht verwunderlich ist. *Zur sicheren Identifikation ist es somit meist erforderlich, mindestens 2 Eigenschaften zu ermitteln.* Die gefundenen praktischen Werte werden mit Werten der Fachliteratur verglichen. Bei Übereinstimmung der Werte mit den Literaturwerten handelt es sich mit großer Wahrscheinlichkeit um diese Substanz. Verbindungen können nun durch chemische Methoden noch weiter zerlegt werden in die Elemente.

Im ursprünglichen Sinne versteht man unter **Analyse** nur die Zerlegung einer Verbindung in die Bestandteile. Reaktionen, bei denen aus kleinen Bausteinen größere, beispielsweise aus Atomen Moleküle oder aus kleinen Molekülen größere, entstehen, bezeichnet man als **Synthesen**.

Im erweiterten Sinne versteht man unter Analyse das Zerlegen eines Gemenges in die Verbindungen oder von Verbindungen in die Elemente und die Identifikation der Stoffe. Alle Arbeiten, die damit verbunden sind, gehören in das Gebiet der *chemischen Analytik.*

Parallelen zur Analytik bezüglich Trennung und Erkennung von Stoffen finden wir im Bereich der Abfallentsorgung. Die Trennung bestimmter Bestandteile des Abfalls, z. B. Papier, Glas, Aluminium und Eisen vom Hausmüll in möglichst reiner Form ist ja sehr wichtig für ein rentables **Recycling**. Ein *getrenntes Sammeln durch Aussortieren durch den einzelnen Erzeuger* ist allerdings oft nur begrenzt, wie bei Papier und Glas, möglich. Aluminium von Weißblech oder Polyethylen von PVC zu unterscheiden, ist zwar recht einfach möglich (Aluminium ist im Gegensatz zu Weißblech nicht magnetisch, Polyethylen schwimmt im Gegensatz zu PVC und ist mit dem Fingernagel ritzbar). Doch sind solche und ähnliche Stoffeigenschaften nicht allen bekannt.

Ein *Sammeln von Fraktionen,* wie z. B. sämtliche Kunststoff- oder Metallabfälle mit anschließendem Aussortieren durch Fachkräfte, wie die Ver- und Entsorger, ist hier sicherlich der bessere Weg. Ein Aussortieren und eine Behandlung im Bereich des Sondermülls sollte auf jeden Fall nur durch Fachkräfte mit sehr guten chemischen Kenntnissen erfolgen. Hierin lag sicherlich ein wichtiger Grund, den Beruf des Ver- und Entsorgers überhaupt zu konzipieren.

2.6 Aufbau der Stoffe

Will man sachgemäß ver- und entsorgen, reicht es nicht aus, zu wissen, wie man Stoffe trennen und identifizieren kann. Es ist auch unbedingt erforderlich zu wissen, warum viele Stoffe bei nicht sachgemäßer Entsorgung oder Aufbereitung im Wasser vorhanden sein können und negative Auswirkungen auf Organismen und Umwelt haben. Die fundamentale Ursache solcher Auswirkungen ist in den *Eigenschaften der Stoffe* zu sehen. Diese *kann man nur erklären, wenn man weiß, wie die kleinsten Teilchen der Stoffe aufgebaut sind.* Nur wenn man über den Aufbau der Stoffe Bescheid weiß, kann man erklären, warum Wasser ausgerechnet bei 0 °C schmilzt und bei 100 °C siedet und nicht bei höherer oder tieferer Temperatur, warum bestimmte Tenside leicht, andere nur schwer biologisch abbaubar sind, warum Schwermetalle in geringsten Mengen so gefährlich sind, die Reihe ließe sich beliebig fortsetzen. Stoffe wirken sich oft deshalb umweltschädlich aus, weil sie aufgrund ihrer Eigenschaften das ökologische Gleichgewicht stören, indem sie z. B. mit anderen Substanzen, wie die der Organismen, reagieren und diese dadurch schädigen.

Erst wenn man diese Ursachen einer Umweltschädigung kennt, wenn man weiß, wie, warum und unter welchen Bedingungen ein Stoff sich negativ auswirkt, z. B. durch chemische Reaktionen, kann man sachlich begründet die Einstellung der Produktion und Verwendung solcher Stoffe fordern und Alternativen aufzeigen. Die Kenntnis über den Aufbau von Stoffen und somit die Ursache des Reaktionsverhaltens, ist deshalb für Ver- und Entsorger von fundamentaler Bedeutung.

Die selbst mit normalen chemischen Methoden nicht weiter in neue Stoffe zerlegbaren Reinstoffe sind die Elemente. Schon in der Antike stellte der Grieche Demokrit fest, daß die Materie aus kleinsten Bausteinen besteht. Er sprach von unwandelbaren Teilchen, die er **Atome** nannte (*atomos*, griech. unteilbar). Zu Beginn des vorigen Jahrhunderts beschrieb der Engländer Dalton Atome als kleinste Teilchen der Elemente, die verschiedene Eigenschaften und Massen besitzen. Die Atome eines Elementes seien gleich, postulierte er. Wegen der Winzigkeit dieser Teilchen bekam man allmählich erst eine genauere Vorstellung über deren Aufbau im Laufe der weiteren wissenschaftlichen Entwicklung, die auch heute noch nicht beendet ist und immer neue Erkenntnisse bringt. Mit Hilfe von Modellen versucht man, die Atome zu beschreiben.

Man muß sich darüber klar sein, daß ein *Modell* nie der Realität entspricht, sondern dadurch versucht wird, die Realität zu beschreiben. Dabei läßt sich sagen, daß man sich mit zunehmendem Erkenntnisstand der Wirklichkeit immer mehr nähert. Mit neueren Modellvorstellungen hat man sich somit der Realität besser angenähert als mit älteren. Da bei normalen chemischen Reaktionen nur Veränderungen in einem Bereich des Atoms, der sog. Atomhülle, stattfinden, wird dieser Bereich ausführlich betrachtet. Es sollen an dieser Stelle die Vorstellungen dargelegt werden, die zur Erklärung der Sachverhalte erforderlich sind.

2.6.1 Vorstellungen über den Aufbau der Atome

Der *Durchmesser der Atome* liegt im Bruchteilbereich eines Nanometers (1 nm = 10^{-9} m). Der *Atomkern*, in dem der allergrößte Teil der Masse des Atoms konzentriert ist, *ist wesentlich kleiner als* der äußere Bereich, *die* sog. *Atomhülle*. Der Durchmesser des Kerns beträgt nur wenige Femtometer (1 fm = 10^{-15} m). In ihm sind die positiv geladenen *Protonen* und die neutralen *Neutronen*, die Nukleonen (Kernbausteine) enthalten. In der Atomhülle findet man die sehr leichten, negativ geladenen *Elektronen*. Deren Zahl ist bei jedem Atom stets gleich der Protonen- oder Kernladungszahl. Die Zahl der Neutronen ist oft größer. Wird das Verhältnis von Neutronen- zu Protonenzahl zu groß, führt das zu einer Instabilität der Atomkerne. Sie zerfallen unter der Aussendung von Strahlen (lat. *radio*), solche Elemente sind *radioaktiv*. Die wichtigsten Arten sind die *α-Strahlung* (positiv geladene Helium-Ionen), die *β-Strahlen* (Elektronen, die durch den Zerfall des Neutrons in ein Proton und Elektron im Kern entstehen) und *γ-Strahlen*, sehr energiereiche und sehr kurzwellige elektromagnetische Strahlen, die besonders schwer abschirmbar sind. Zerfälle von Atomkernen bezeichnet man auch als kernchemische Reaktionen. Sie laufen in der Natur ab, können aber auch vom Menschen ausgelöst werden und dann verheerende Folgen haben.

Jeder, der radioaktive Sonderabfälle entsorgt, sollte umfassend über den sachgemäßen Schutz beim Umgang mit diesen Stoffen und die *Strahlenschutzverordnung* informiert sein. Krankheiten, wie Krebs, die oft erst nach vielen Jahren auftreten oder gar der Tod können sonst die Folge sein. Tab. 2-5 faßt die Eigenschaften der Elementarteilchen zusammen.

Tab. 2-5 Eigenschaften der Elementarteilchen.

Name	Symbol	absolute Masse (g)	rel. Masse	rel. Ladung
Neutron	n	$1{,}67 \cdot 10^{-24}$	1	0
Proton	p	$1{,}67 \cdot 10^{-24}$	1	+ 1
Elektron	e^-	$0{,}91 \cdot 10^{-27}$	1/1836	− 1

Die Masse der Atome ist praktisch gleich der Summe der Massen der vorhandenen Protonen und Neutronen, da erst 1836 Elektronen soviel wiegen wie 1 Proton.

Die meisten Elemente besitzen mehrere Atomarten, die sich durch eine andere Neutronenzahl unterscheiden. Sie heißen **Isotope** (Tab. 2-6). Die *relative Atommasse* der Elemente läßt sich aus der Häufigkeit der Isotope in den Elementen und deren Massen ableiten.

Tab. 2-6: Isotope des Wasserstoffs.

Name	Symbol	Elementarteilchen	rel. Masse	Häufigkeit
Wasserstoff	^1H	1 p 0 n $1e^-$	1	99,98%
Wasserstoff (Deuterium)	^2H	1 p 1 n $1e^-$	2	0,014%
Wasserstoff (Tritium)	^3H	1 p 2 n $1e^-$	3	äußerst gering

Die relative Atommasse des Wasserstoffs ist wegen des Vorhandenseins kleinerer Mengen der schwereren Isotope etwas größer als 1, exakt 1,008. Bezugsisotop für die exakte Ermittlung dieser relativen Atommassen ist das ^{12}C-Isotop. 1/12 seiner Masse, exakt $1{,}66 \cdot 10^{-24}$ g, ist die **atomare Masseneinheit** *u*.

2.6.2 Modellvorstellungen über den Aufbau der Atomhülle

Der Engländer Rutherford stellte im Jahre 1911 anhand seines Streuversuchs fest, daß ein Atom aus einem sehr kleinen positiv geladenen Kern und einer im Vergleich dazu sehr großen Hülle, innerhalb der sich die Elektronen bewegen, besteht. Der Däne Niels Bohr erkannte, daß eine regellose Bewegung der Elektronen in der Hülle nicht besteht. Er postulierte, daß sich ein Elektron auf einer Bahn mit bestimmtem Abstand vom Kern bewegt. Elektronen mit annähernd gleichem Energiezustand haben annähernd den gleichen Abstand vom Kern. Diese Elektronen faßte er zu Gruppen zusammen. Er bezeichnet diese Gruppen als Elektronenschalen. Innerhalb dieser kugelförmigen Schalen bewegen sich die Elektronen um den Kern. Durch Energiezufuhr, z. B. Wärme, können Elektronen von einer **Schale** auf eine weiter außen gelegene Schale übergehen. Kehren sie in den Ausgangszustand zurück, geben sie die aufgenommene Energie wieder ab, z. B. in Form von Licht. So erklären sich die unterschiedlichen Flammenfärbungen verschiedener Elemente.

Alle Beobachtungen ließen sich aber auch mit dem Bohrschen Schalenmodell nicht oder nur unvollkommen erklären. Der deutsche Physiker Heisenberg erkannte, daß sich der genaue Aufenthaltsort und die genaue Geschwindigkeit eines Elektrons nicht exakt bestimmen lassen („Unschärfebeziehung"). Mathematische Berechnungen der Räume, innerhalb derer sich die Elektronen mit sehr großer Wahrscheinlichkeit aufhalten, waren aber möglich. Die Ergebnisse führten zum sog. wellenmechanischen Atommodell. Auf den Wellencharakter, den das Elektron neben dem Teilchencharakter auch besitzt, wird hier nicht weiter eingegangen.

Der Raum in dem sich ein Elektron mit 90% Wahrscheinlichkeit aufhält, bezeichnet man als ***Orbital***. Ein Orbital kann höchstens 2 Elektronen aufnehmen, die sich durch ihren Eigendrehsinn (Spin) unterscheiden. Mehrere dieser Orbitale bilden ein Hauptenergieniveau, das man auch bei diesem wellenmechanischen Modell, dessen bildhafte Darstellung man **Orbitalmodell** nennt, als Schale bezeichnen kann. Nur der Aufenthaltsraum, in dem die Elektronen pro Schale den geringsten Energiegehalt haben, das s-Orbital, ist kugelförmig. Die anderen Orbitale sind hantelförmig (p-Orbitale) oder komplizierter aufgebaut (d-, f-Orbitale). Die Anzahl der Orbitale und die in den Orbitalen jeder Schale höchstens enthaltene Zahl von Elektronen ist in Tab. 2-7 bis zur vierten

Tab. 2-7: Anzahl der Orbitale und maximale Elektronenzahl.

Schale	Orbital	Anzahl der Orbitale	Maximale Elektronenzahl der Orbitale	und der Schalen ($2 \cdot n^2$)
1	1 s	1	2	2
2	2 s	1	2	8
2	2 p	3	6	
3	3 s	1	2	18
3	3 p	3	8	
3	3 d	5	10	
4	4 s	1	2	32
4	4 p	3	8	
4	4 d	5	10	
4	4 f	7	14	

von sieben Schalen dargestellt. Jede Schale kann nur eine *maximale Zahl von Elektronen* aufnehmen, die sich berechnen läßt nach der Formel

$2 \cdot n^2$ (n Nummer der Schale)

Die äußerste Schale eines Atoms enthält aus energetischen Gründen allerdings stets höchstens 8-Elektronen.
Wie man aus Tab. 2-7 ersehen kann, kann es pro Schale ein s-, drei p-, fünf d- und sieben f-Orbitale geben. Auch bei den noch folgenden Schalen 5 bis 7 ist das der Fall.

Mit zunehmender Größe der Schalen werden auch die entspechenden Orbitale der Schalen größer. Mit diesem Orbitalmodell läßt sich die Realität besser beschreiben als mit dem Bohrmodell, auf das hier auch nicht weiter eingegangen wird. Erklärungen mit Hilfe des Orbitalmodells sind auch für Tätige im Bereich der Ver- und Entsorgung unbedingt erforderlich. Man denke hier nur an das Verständnis vom Aufbau des Wassermoleküls, das ohne Verwendung des Orbitalmodells nur unzureichend möglich ist.

2.6.3 Periodensystem der Elemente

Im Jahre 1869 ordneten der Deutsche Lothar Meyer und der Russe Dimitri Mendelejew unabhängig voneinander die bis dahin bekannten Elemente. Sie ordneten die Elemente nach steigender Atommasse und stellten fest, daß in bestimmten Abständen Elemente mit ähnlichen Eigenschaften auftreten. Sie zerlegten die Elementreihe so in Perioden, daß Elemente mit ähnlichen Eigenschaften in Gruppen zusammengefaßt sind.

Der englische Physiker Moseley erkannte später, daß das **Ordnungsprinzip** nicht die steigende Atommasse, sondern die zunehmende **Kernladungszahl** ist. Die Kernladungszahl wird daher auch *Ordnungszahl* genannt. Man kennt derzeit 109 Elemente, von denen 2 flüssig und 10 gasförmig sind. Der Rest liegt fest vor. Etwa 3/4 aller Elemente sind *Metalle,* einige wenige *Halbmetalle* und der Rest *Nichtmetalle,* zu denen alle gasförmigen Elemente gehören.

Die Gruppen werden in **8 Haupt-** und **Nebengruppen** unterteilt. *Alle Elemente einer **Periode** haben die gleiche Anzahl von Schalen, alle Elemente einer **Hauptgruppe** die gleiche Anzahl von Elektronen auf der äußersten Schale.* Die Anzahl von Elektronen auf der äußersten Schale nennt man bei den Hauptgruppenelementen auch **Valenzelektronen.** Bei den Nebengruppenelementen, die alle Metalle sind und höchstens 2 Elektronen auf der äußersten Schale besitzen, werden Orbitale innerer Schalen aus energetischen Gründen besetzt. Hier sind sehr oft auch Elektronen innen liegender Schalen Valenzelektronen.

Bis zum Element Argon erfolgt die Besetzung der Orbitale mit Elektronen so, daß zunächst das jeweilige s- und dann die p-Orbitale aufgefüllt werden. Das 19. Elektron des Elements Kalium ist nun nicht, wie man vermuten könnte, in einem der 3d-Orbitale, sondern im 4s-Orbital anzutreffen. Im 4s-Orbital befinden sich die Elektronen in einem energieärmeren Zustand, als im 3d-Orbital, wie man aus Abb. 2-2 erkennen kann.

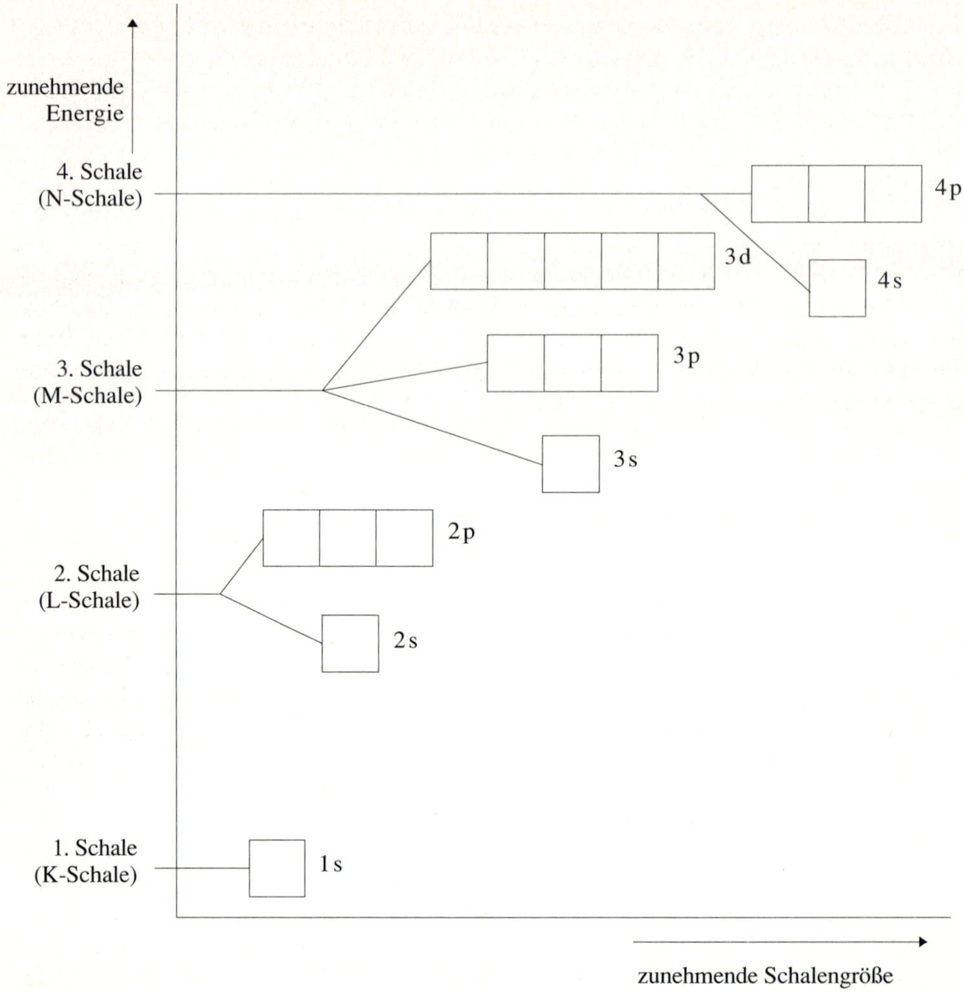

Abb. 2-2: Energiestufenschema. Aus dem Energiestufen- oder Energieniveauschema kann man erkennen:
- Die Energieniveaus der Schalen (Hauptschalen) und Unterschalen, die von den s-, p-, d- und f-Orbitalen einer Schale gebildet werden,
- die zunehmende Größe der Schalen; die einzelnen Orbitale einer Schale sind etwa gleich groß,
- die Reihenfolge der Besetzung der Unterschalen mit Elektronen (z. B. 4s vor 3d) bis zur p-Unterschale der 4. Hauptschale.

Jedes Quadrat symbolisiert ein Orbital, das maximal 2 Elektronen aufnehmen kann.

Da ein solcher Zustand sehr oft in der Natur angestrebt wird, ja hierin *eine der Ursachen für das Eingehen einer Reaktion* zu sehen ist, ist es nicht verwunderlich, daß die Elektronen stets die Orbitale besetzen, in denen sie den energieärmsten Zustand einnehmen. Bei der Besetzung mehrerer gleichartiger Orbitale erfolgt auch wegen der Abstoßung gleichartiger Ladungen die Besetzung mit Elektronen gemäß der Hundschen Regel zunächst einzeln. Enthalten alle Orbitale ein Elektron, erfolgt die Doppenbesetzung mit Elektronen, die einen entgegengesetzen Spin (Drehimpuls) zu den bereits vorhandenen

Elektronen besitzen, damit sie sich nicht gegenseitig abstoßen. Erst wenn das 4s-Orbital beim Element Calcium 2 Elektronen enthält, erfolgt die Besetzung der dann energetisch günstigsten fünf 3d-Orbitale. Mit dem Element Scandium taucht hier das erste Nebengruppenelement auf. Nach diesen Prinzipien werden nun die Orbitale der folgenden Schalen bei den jeweiligen Elementen besetzt.

Bezüglich der Eigenschaften der Elemente lassen sich einige Tendenzen aus dem Periodensystem der Elemente erkennen. *So nehmen bei den Hauptgruppenelementen der Atomradius, und damit das Atomvolumen, sowie der Metallcharakter der Elemente von rechts nach links und von oben nach unten zu.* Die umgekehrte Tendenz stellt man bei den Elektronegativitätswerten fest, die ein Maß für das Bestreben darstellen, innerhalb einer Verbindung Bindungselektronen anzuziehen. Die Abnahme der Atomradien innerhalb einer Periode ist durch die stets zunehmende Kernladungszahl bedingt, die zu einer stärker werdenden Anziehung zwischen Kern und Hülle führt.

2.6.4 Vorstellungen über den Aufbau von Verbindungen

Innerhalb des Periodensystems der Elemente gibt es eine Gruppe, die achte oder nullte Hauptgruppe, deren Elemente gasförmig und atomar vorkommen und äußerst reaktionsträge sind. Vor einigen Jahren nahm man an, diese Elemente würden keine Reaktionen mit anderen Elementen eingehen, bevor es dann gelang, unter extremen Reaktionsbedingungen einige wenige Verbindungen herzustellen. Es handelt sich also um äußerst beständige, stabile Stoffe, die *Edelgase*. Die jeweils äußerste Schale ist mit der maximal möglichen Zahl an Elektronen besetzt. Beim Helium sind dies zwei, bei allen anderen Edelgasen acht. Dies ist die **Elektronenkonfiguration der Edelgase.**

Wie schon bei der Besetzung der Orbitale erkannt wurde, ist ein stabiler Zustand energiearm. Die Atome aller anderen Elemente sind nun bestrebt, ebenfalls einen solchen energiearmen Zustand, d.h. nach Möglichkeit die Edelgaskonfiguration, zu erreichen. Diese können sie erreichen, indem sie sich mit Atomen des gleichen oder eines anderen Elementes oder mit Atomen verschiedener Elemente chemisch verbinden. Dabei finden *Veränderungen innerhalb der Atomhülle,* oft im Bereich der äußersten Schale, statt. Oft erreicht jeder Partner der Verbindung durch die Veränderung die Elektronenkonfiguration der Edelgase. Da dies bei Reaktionen der Hauptgruppenelemente fast immer bedeutet, daß nun 8 Elektronen in der äußersten Schale enthalten sind, sprachen Kossel und Lewis schon 1915/1916 von der **Oktettregel**.

Abhängig davon, welche Atome des Periodensystems miteinander reagieren, können die Veränderungen innerhalb der Atomhülle auf unterschiedliche Art und Weise erfolgen. Es sind verschiedene Arten von Bindungen zwischen den Partnern möglich, deren wichtigste hier dargestellt werden.

2.6.4.1 Atombindung (Kovalente Bindung)

Verbinden sich Atome in der Weise, daß beim Aufeinandertreffen der Teilchen die mit je einem Elektron besetzten Atomorbitale einen gemeinsamen Aufenthaltsraum, ein sog.

Molekülorbital, bilden, nennt man diese Bindungsart *Atombindung*. In diesen neu entstandenen Molekülorbitalen sind je zwei Elektronen enthalten, die man **Bindungselektronenpaare** nennt. Ihre Aufenthaltswahrscheinlichkeit ist zwischen den beiden Kernen am größten.

Durch Zuordnung der Bindungselektronenpaare zu den einzelnen Bindungspartnern erreicht jeder Partner die Edelgaskonfiguration. Die Oktettregel trifft bis auf die Ausnahme Wasserstoff dadurch zu. Diese Bindungsart ist typisch für Nichtmetalle und soll am Beispiel der gasförmigen Elemente verdeutlicht werden mit Hilfe der Valenzelektronenschreibweise (Bei den Hauptgruppenelementen werden nur die Elektronen der äußersten Schale dargestellt).

• ein einzelnes Elektron — Elektronenpaar

H• + • H → H – H

vereinfacht: $H + H \rightarrow H_2$

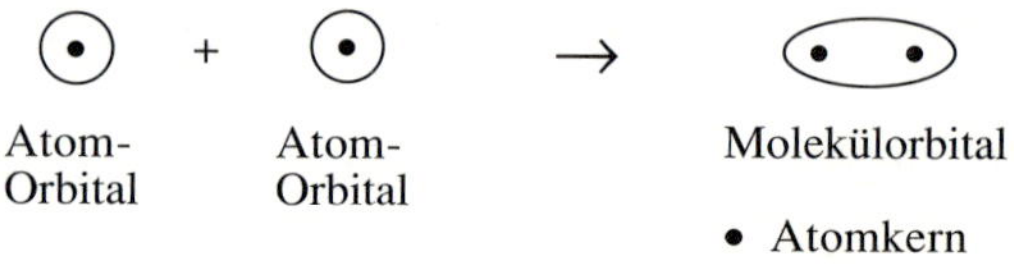

Das entstandene H_2-Molekül besitzt ein Bindungselektronenpaar. Ordnet man es dem ersten H-Atom zu, hat dieses die Elektronenkonfiguration des Heliums, 2 Elektronen im ls-Orbital, erreicht. Beim zweiten Atom ist dies genauso der Fall.

|N⁝ + ⁝N| → |N ≡ N| $N + N \rightarrow N_2$

Beim Stickstoff bilden die 3 in den drei 2p-Orbitalen befindlichen Elektronen mit den 3 Elektronen eines zweiten N-Atoms drei Bindungselektronenpaare. Durch Zuordnung dieser 3 Paare zu jedem N-Atom erkennt man, daß auf diese Weise jedes N-Atom die Elektronenkonfiguration des Neons, 2 Elektronen im 2s-Orbital und 6 Elektronen in den 2p-Orbitalen erreicht.

Das Sauerstoff-Atom besitzt nur 2 einzelne, in je einem 2p-Orbital vorhandene Elektronen. Durch Ausbildung einer *Doppelbindung* erreicht somit jedes O-Atom die Elektronenkonfiguration des Neons.

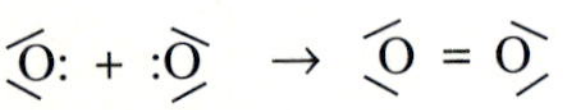

$O + O \rightarrow O_2$

Beim Fluor-Atom ist, ebenso wie bei den anderen Atomen dieser 7. Hauptgruppe, den Halogenen, nur noch ein einzelnes Elektron in einem der 2p-Orbitale zu finden. Hier reicht die Ausbildung einer Einfachbindung zwischen 2 Atomen aus, die Edelgaskonfiguration zu erreichen.

|F̄• + •F̄| → |F̄ – F̄| $F + F \rightarrow F_2$

Der gasförmige Aggregatzustand von H_2, N_2, O_2, F_2 und auch Cl_2 läßt sich dadurch erklären, daß zwischen den gebildeten Molekülen kaum Anziehungskräfte wirksam sind und die Teilchen recht leicht sind. Die zwischen den Atomen vorhandenen Anziehungskräfte sind auf den Bindungspartner gerichtet. Die zunehmende Masse der Teilchen bewirkt beim Brom den flüssigen, beim Iod den festen Aggregatzustand, wobei beide Elemente aber noch ein starkes Bestreben haben, in den gasförmigen Zustand überzugehen. Das hochgiftige und stark ätzende Brom verdunstet, und das gesundheitsschädliche Iod sublimiert sehr leicht. Sind mehr als 2 Atome zur Erreichung der Edelgaskonfiguration erforderlich, wie z. B. beim Kohlenstoff, Phosphor oder Schwefel, entstehen größere Moleküle. Deshalb sind solche Stoffe meist fest.

2.6.4.2 Polarisierte Atombindung

Das Bestreben eines Elementes, Bindungselektronen innerhalb einer Verbindung anzuziehen, ist bei den Elementen verschieden groß, da die Atomrümpfe mit den Kernen und der restlichen Atomhülle die Bindungselektronen unterschiedlich stark anziehen. Ein Maß dafür ist die **Elektronegativität.** Der Amerikaner Pauling hat dem elektronegativsten Element Fluor den Wert 4,0 gegeben und die Werte der anderen Elemente entsprechend ermittelt. Ist die Differenz zwischen den Elektronegativitätswerten zweier Atome sehr gering (eine willkürlich festgelegte Grenze liegt bei einer Differenz von 0,5), spricht man von reiner Atombindung oder unpolarer Atombindung zwischen den Teilchen. Zwischen Atomen eines Elements ist diese Differenz stets null. Tab. 2-8 gibt die Elektronegativitätswerte einiger Elemente wieder.

Tab. 2-8: Elektronegativitätswerte, nach Pauling.

E	EN	E	EN	E	EN	E	EN	E	EN	E	EN	E	EN
H	2,1												
Li	1,0	Be	1,5	B	2,0	C	2,5	N	3,0	O	3,5	F	4,0
Na	0,9	Mg	1,2	Al	1,5	Si	1,8	P	2,1	S	2,5	Cl	3,0
K	0,8	Ca	1,0	Ga	1,6	Ge	1,8	As	2,0	Se	2,4	Br	2,8
Rb	0,8	Sr	1,0	In	1,7	Sn	1,8	Sb	1,9	Te	2,1	J	2,5
Cs	0,7	Ba	0, 9	Tl	1,8	Pb	1,8	Bi	1,9	Po	2,0	At	2,2

E Element, EN Elektronegativität.

Verbinden sich zwei verschiedene Nichtmetallatome, wie z. B. Wasserstoff und Chlor, so zieht das elektronegativere Element das Bindungselektronenpaar stärker in seine Sphäre. Die Bindungselektronen sind mit größerer Wahrscheinlichkeit in der Nähe des stärker elektronegativeren Elements zu finden als in der Nähe des weniger elektronegativeren. In der Strukturformel des Teilchens wird diese Ladungsverschiebung durch ein Dreieck symbolisiert dargestellt. Innerhalb des Moleküls entsteht nun im Bereich des elektronegativeren Elements ein negativer Ladungsschwerpunkt und im Bereich des weniger elektronegativeren Elements ein positiver Ladungsschwerpunkt. Es entstehen ***Dipolmoleküle** mit den Teil- oder Partialladungen* $\delta+$ *und* $\delta-$.

Fallen die Schwerpunkte der beiden Ladungen nicht zusammen, macht sich der Dipolcharakter nach außen bemerkbar, d. h. die Moleküle ziehen sich untereinander an. Diese Anziehungskräfte werden *zwischenmolekulare Kräfte* genannt. Schwache Bindungen zwischen den Molekülen entstehen. Erfolgen diese Bindungen über H-Atome der Verbindungen, werden sie *Wasserstoffbrückenbindungen* genannt.

Beispiele für Dipolmoleküle:

$$\overset{\delta+}{}\quad\overset{\delta-}{}$$

$H\cdot + \cdot\overline{\underline{Cl}}| \rightarrow \overset{\delta+}{H} — \overset{\delta-}{\overline{\underline{Cl}}|}$

Hydrogenchlorid (Chlorwasserstoff)

EN Elektronegativität

Δ EN Elektronegativitätsdifferenz

EN 2,1 3,0 Δ EN = 0,9

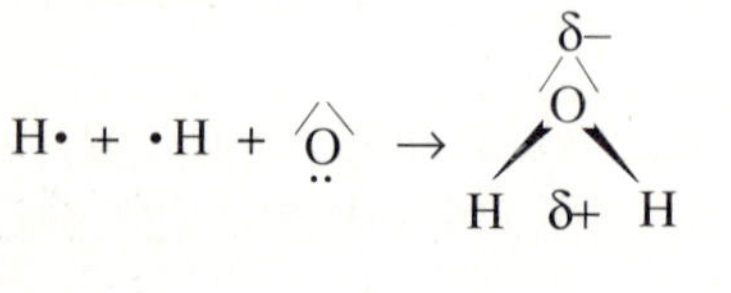

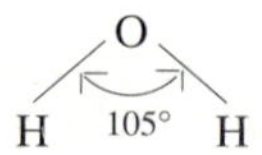

$2H + O \rightarrow H_2O$

EN 2,1 2,1 3,5 Δ EN = 1,4

Aufgrund des gewinkelten Aufbaus des Wassermoleküls macht sich der Dipolcharakter nach außen stark bemerkbar. Der **Bindungswinkel** zwischen den beiden Atombindungen beträgt 105°. Die Abstoßung der positiven Wasserstoffatomkerne, die ja nur aus 1 Proton bestehen und der Aufenthalt der beiden einzelnen Valenzelektronen des Sauerstoffs in 2p-Orbitalen erklären diesen Sachverhalt. Wäre das Molekül gestreckt, würden positiver und negativer Ladungsschwerpunkt zusammenfallen, wie das z.B. beim Kohlendioxid der Fall ist, und der Dipolcharakter würde nach außen nicht wirksam werden. Da das aber nicht der Fall ist, sind die einzelnen Wassermoleküle über starke Wasserstoffbrücken miteinander verbunden. *Viele Moleküle sind in Molekülverbänden, sog. Assoziaten oder Clustern* vereinigt, was den flüssigen Aggregatzustand bedingt. Erst wenn genügend Energie zugeführt wird, um die starken zwischenmolekularen Kräfte vollständig zu überwinden, beginnt das Wasser zu sieden, und dies ist erst bei 100 °C der Fall. Im Eis sind alle Moleküle über Wasserstoffbrücken verbunden. Es liegt ein sperriges Gitterwerk mit Hohlräumen und Kanälen vor, was die geringere Dichte von Eis im Vergleich zu Wasser erklärt. Schmilzt nun das Eis, wird dieses große Assoziat teilweise abgebaut. Einzelne Moleküle können sich in die Hohlräume zwischen den Assoziaten einlagern, wodurch sich das Volumen verringert und die Dichte steigt. Mit zunehmender Erwärmung verstärkt sich aber die Bewegung der Teilchen, was eine Volumenzunahme und eine Dichteabnahme zur Folge hat. Bis 4 °C ist die Volumenabnahme noch größer als die durch die verstärkte Bewegung bedingte Volumenzunahme. Die Dichte steigt. Oberhalb von 4 °C ist es umgekehrt, die Dichte nimmt wieder ab. *Deshalb hat Wasser bei +4 °C seine höchste Dichte.* Wasser verhält sich nicht nur bezüglich der Dichte anormal. Denn normalerweise hat ein Stoff im festen Aggregatzustand eine höhere Dichte als im flüssigen.

Auch die Werte für Schmelzpunkt, Siedepunkt, spezifische Schmelzwärme, Verdampfungswärme und Wärmekapazität sind im Vergleich zu anderen Flüssigkeiten sehr hoch, was Tab. 2-9 zeigt.

Erklärt werden können diese hohen Werte nun durch den Abbau der Assoziate (Cluster) und die Überwindung der hohen Bindungsenergie der Wasserstoffbrückenbindung (s. Tab. 2-10).

Tab. 2-9: Stoffspezifische Eigenschaften.

Reinstoff	Schmelzpunkt (°C)	Siedepunkt (°C)	Dichte (g/mL)	Spezifische Schmelzwärme (kJ/kg)	Spezifische Verdampfungswärme (kJ/kg)	Spezifische Wärmekapazität (kJ/kg)
Wasser	0	100	1	335	2257	4,187
Methanol	−97,68	64,7	0,7923	69,1	1103	2,53
Ethanol	−114,2	78,37	0,7893	108,9	839	2,41
Propanon (Aceton)	−95	56,1	0,795	97,9	522	2,17

Tab. 2-10: Bindungsenergien (BE), nach Hauptmann et al.

Bindung	BE (kJ/mol)	Bindung	BE (kJ/mol)
H−H	436	C−C	347
N≡N	946	C=C	607
O=O	495	C≡C	803
F−F	151	C−H	415
Cl−Cl	243	C≡N	866
Br−Br	188	C−O	335
I−I	151	C=O	695
O−H	464	Dipol-Dipol-Anziehung	5 bis 15
O−O	146	O....H Brückenbindung	15 bis 40

Würde sich Wasser normal verhalten, müßten der Schmelzpunkt bei etwa −100 °C und der Siedepunkt bei −70 °C liegen, d.h. es wäre bei Raumtemperatur gasförmig. Die starke *Anomalie des Wassers* erkennt man auch daran, daß Wasser trotz der geringen molaren Masse von 18 g/mol flüssig ist. Moleküle, die eine wesentlich größere molare Masse haben, wie Hydrogenchlorid HCl mit 36,5 g/mol oder gar Hydrogeniodid HI mit 127,912 g/mol sind wegen des wesentlich geringeren Dipolcharakters gasförmig.

Es lohnt sich gewiß, gerade auch für Ver- und Entsorger, einmal darüber nachzudenken, welch ein Glück es für die Ökologie, ja die Evolution des Lebens überhaupt ist, daß dieser Stoff eben ein solch in der Weise einzigartiges, anormales Verhalten hat. Gerade am Beispiel Wasser sieht man besonders deutlich, daß man die Eigenschaften der Stoffe nur über die Kenntnis ihres Aufbaus erklären und verstehen kann.

Auch das Ammoniak-Molekül NH_3 ist ein Dipolmolekül.

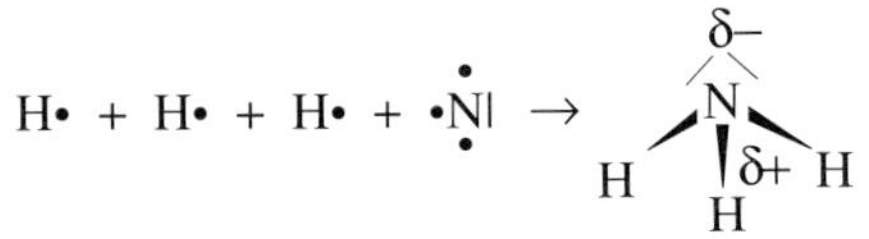

EN 2,1 2,1 2,1 3,0 Δ EN = 0,9

Wegen der geringeren Elektronegativitätsdifferenz im Vergleich zum Wasser und der geringen molaren Masse von 17 g/mol ist es gasförmig.

Vor allem die sauerstoffhaltigen organischen Lösungsmittel haben einen stark ausgeprägten Dipolcharakter. Unpolare Lösungsmittel sind dagegen die Kohlenwasserstoffe mit entsprechend hoher molarer Masse, wie das cancerogene Benzol oder die Benzine sowie die Chlorkohlenwasserstoffe wie Trichlormethan (Chloroform), Tetrachlormethan („Tetra"), Trichlorethen („Tri"), Tetrachlorethen („Per") aufgrund der Elektronegativitätsdifferenz von höchstens 0,5. Solche *unpolaren Lösungsmittel lösen sehr gut unpolare Stoffe, ebenso wie polare Lösungsmittel sehr gut polare Stoffe lösen.* Von daher werden diese meist cancerogenen unpolaren Lösungsmittel in chemischen Reinigungsanstalten verwendet, weil sie eben unpolare Stoffe, wie z. B. Fette und Öle sehr gut lösen. Sie sollten durch weniger gefährliche Stoffe ersetzt werden, wobei hier aber auch die Brennbarkeit vieler anderer Lösungsmittel zu berücksichtigen ist, die bei den verwendeten Chlorkohlenwasserstoffen nicht gegeben ist.

2.6.4.3 Ionenbindung

Reagiert nun ein Metall mit einem Nichtmetall, so ist die Elektronegativitätsdifferenz oft so groß, daß keine Atombindungen mehr ausgebildet werden. *Das Metallatom gibt ein Elektron oder einige Elektronen* ***vollständig*** *an das Nichtmetallatom ab.* Es entstehen positiv geladene Metallkationen und negativ geladene Nichtmetallanionen. Oberhalb einer Elektronegativitätsdifferenz von 1,7 geht die polare Atombindung in die *Ionenbindung* über.

Anzumerken ist, daß der Übergang zwischen Atom- und Ionenbindung nicht abrupt erfolgt, sondern fließend ist. Oberhalb einer Elektronegativitätsdifferenz von 1,7 beträgt der Ionenbindungscharakter mehr als 50%, unterhalb von 1,7 beträgt er weniger als 50%. Zwecks besseren Verständnisses soll hier aber stets davon ausgegangen werden, daß *oberhalb einer Elektronegativitätsdifferenz von 1,7* die Verbindungen aus geladenen Atomen oder Ionen, den **Kationen** und **Anionen,** aufgebaut sind und *Formeln* solcher Stoffe *keine Moleküle, sondern die kleinste Formeleinheit* wiedergeben.

Am Beispiel des Natriumchlorids (Kochsalz) sei die Ionenbildung und -bindung erörtert. Wenn 1 Natrium-Atom sein Valenzelektron abgibt, erreicht es die Elektronenkonfiguration des Edelgases Neon. Da ihm nun 1 Elektron in der Atomhülle fehlt, wird das Teilchen einfach positiv geladen. Es entsteht ein Kation. Wenn 1 Chlor-Atom dieses Elektron in seine Atomhülle aufnimmt, erreicht es die Elektronenkonfiguration des Edelgases Argon. Da es 1 Elektron zuviel in seiner Atomhülle hat, wird das Teilchen einfach negativ geladen. Es ist ein Anion.

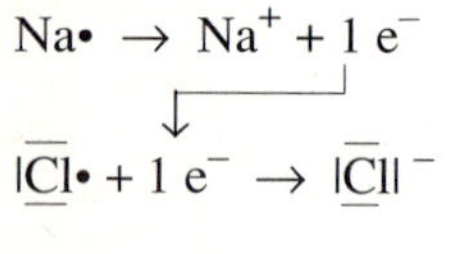

Merkmal der Ionenbindung ist also nicht, wie bei der Atombindung, die Bildung von Bildungselektronenpaaren, sondern *der Elektronenübergang vom weniger elektronegativen Bindungspartner* Metall *zum stärker elektronegativen Bindungspartner* Nichtmetall. Die entstehenden Stoffe nennt man **Salze.** Sie sind nicht flüchtig, spröde, fest und leiten in diesem Aggregatzustand ebenso wie die Moleküle den elektrischen Strom nicht. Schmilzt man die Salze, leiten sie den elektrischen Strom allerdings sehr gut. Auch in wäßriger Lösung stellt man, ebenso wie bei Lösungen von Dipolmolekülen in Wasser, eine recht gute elektrische Leitfähigkeit fest. Sogar destilliertes Wasser hat eine geringe Leitfähigkeit, die beim Lösen von Salzen mit zunehmendem Gehalt ansteigt. Somit ist die Messung der elektrischen Leitfähigkeit ein wichtiger Parameter im Bereich der Wasseranalytik. Auch hier ist eine Erklärung dieser Eigenschaften nur über den Aufbau möglich.

Da die Anziehungskräfte der Ionen in alle Raumrichtungen wirken, entstehen keine Teilchen, die nur aus einem Kation und einem Anion bestehen. Die Anionen und Kationen bilden ein regelmäßig aufgebautes, d. h. kristallines **Ionengitter,** in dem 1 Kation von mehreren Anionen und umgekehrt, umgeben ist. Im Falle des Natriumchlorids sind 1 Na^+-Ion von 6 Cl^--Ionen und 1 Cl^--Ion von 6 Na^+-Ionen umgeben. Die Kristallform des NaCl-Ionengitters ist die eines Würfels.

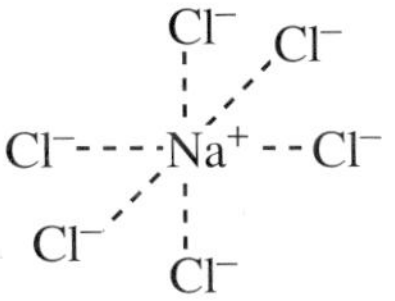

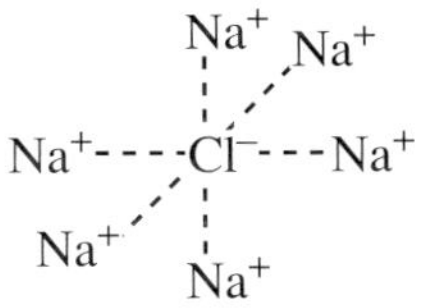

Bei anderen Salzen kann die Form anders sein, so bildet Kupfersulfat parallelogrammförmige oder ein Alaun oktaederförmige Kristalle.

Bedingt durch die starken elektrostatischen Anziehungskräfte zwischen den Kationen und Anionen und durch die Vielzahl der Ionen sind die Salze fest und haben meist hohe Schmelzpunkte. So liegt z. B. der von Natriumchlorid bei 800 °C. Wenn die Salze schmelzen, wird das Ionengitter zerstört. Dadurch entstehen freibewegliche Ionen, die wandern können und dadurch den elektrischen Strom leiten. Einen solchen Vorgang, bei dem freibewegliche Ionen entstehen, bezeichnet man als *elektrolytische Dissoziation.* Entstehen beim Erwärmen durch Zerlegung kleinere, freibewegliche Moleküle, nennt man diesen Vorgang *thermische Dissoziation.* Eine elektrolytische Dissoziation findet auch statt, wenn Dipolmoleküle oder Salze in Wasser oder anderen polaren Lösungsmitteln gelöst werden. Dipolmoleküle reagieren mit dem Wasser unter Ionenbildung, wie folgende Beispiele zeigen:

HCl	+	H_2O	$\rightarrow$	H_3O^+	+	CL^-
Hydrogenchlorid (Chlorwasserstoff)				Hydronium-Ion		Chlorid-Ion

Hydrogenchlorid-Gas löst sich in Wasser unter Bildung von Salzsäure. Konzentrierte Salzsäure ist etwa 37%ig, da dann die Löslichkeit von HCl in Wasser erreicht ist. Immerhin sind dies 450 L HCl, die in 1 L H_2O bei 20 °C löslich sind.

NH_3	+	H_2O	$\rightarrow$	NH_4^+	+	OH^-
Ammoniak				Ammonium-Ion		Hydroxid-Ion

Das entstandene Ammoniumhydroxid bestcht somit nicht aus einem Molekül, sondern aus dem Ammonium-Ion NH_4^+ und dem Hydroxid-Ion OH^-.

Anzumerken ist allerdings, daß der größte Teil des Ammoniaks in Wasser physikalisch gelöst ist, somit nur eine relativ schwache Lauge vorliegt, und die Lösung besser Ammoniak-Wasser oder Ammoniak-Lösung als Ammoniumhydroxid bezeichnet werden sollte. 702 L dieses Gases sind immerhin in 1 L Wasser bei 20 °C löslich. 34,7%ig ist die gesättigte konzentrierte Lösung. Wegen des Entweichens von Ammoniak, das auch durch thermische Dissoziation von NH_4Cl (Salmiak) entsteht, wurde diese Lösung früher als Salmiakgeist bezeichnet.

Das Lösen der Salze muß man sich so vorstellen, daß Wassermoleküle zwischen die Ionen im Gitter dringen. Für die so vor sich gehende Zerstörung des Ionengitters ist Energie erforderlich, da die starken elektrostatischen Wechselwirkungskräfte überwunden werden müssen. Diese Energie nennt man **Gitterenergie,** oder besser **Dissoziationsenergie,** da man unter Gitterenergie die bei der Bildung des Ionengitters freiwerdende Energie versteht. Anschließend werden die einzelnen Ionen von Wassermolekülen umhüllt. Diesen Vorgang nennt man *Hydratation* (Hydration) die dabei freiwerdende Energie **Hydratationsenergie.** Beide Energien bilden zusammen die **Lösungsenergie** oder Lösungswärme. Ist die benötigte Gitterenergie kleiner als die freiwerdende Hydratationsenergie, wird insgesamt Lösungswärme frei, erkennbar an einer Erwärmung der Lösung. Ist es umgekehrt, wird insgesamt Lösungswärme benötigt. Diese Wärme wird der Umgebung entzogen, erkennbar an einer Abkühlung der Lösung. Man bezeichnet diese Erscheinung auch als endothermen Lösungsvorgang, während man im ersten Fall von einem exothermen Lösungsvorgang spricht.

2.6.4.4 Metallbindung

Bis auf die Ausnahme Quecksilber sind alle *Metalle* bei Raumtemperatur von 20 °C fest. Wie lassen sich nun diese und andere typische *Eigenschaften, wie die sehr gute Leitfähigkeit für den elektrischen Strom und die Wärme, die Legierbarkeit, die Undurchsichtigkeit, gute Verformbarkeit (Duktilität), die Geruchlosigkeit und der Glanz* erklären?

Metallatome können die Edelgaskonfiguration nur erreichen, wenn sie ihre wenigen Valenzelektronen abgeben. Es entsteht dabei ein regelmäßiges, d. h. kristallines Gitter, das aus metallischen Kationen besteht, die von den nun frei beweglichen, delokalisierten Valenzelektronen umgeben sind und so zusammengehalten werden. Die Anziehungskräfte sind sehr groß und nach allen Raumrichtungen gleich stark, also auch hier nicht ausgerichtet auf einen Bindungspartner. Da die Metall-Ionen räumlich unterschiedlich angeordnet sein können, unterscheidet man drei Metallgittertypen (s. Abb. 2-3). Im kubisch raumzentrierten Gitter kristallisieren Metalle wie Natrium, Vanadium, Molybdän, Chrom, Uran oder Wolfram, im hexagonalen Gitter Metalle wie Cobalt, Magnesium, Zink oder Cadmium. Die besten metallischen Leiter wie Kupfer, Silber, Gold, Nickel, Aluminium und Blei besitzen ein kubisch flächenzentriertes Gitter.

Da die Ursache der guten elektrischen Leitfähigkeit der Fluß der delokalisierten Valenzelektronen ist, werden diese wohl in einem kubisch flächenzentrierten Gitter die beste Beweglichkeit haben. *Mit steigender Temperatur nimmt die elektrische Leitfähigkeit, anders als bei den Halbmetallen, ab.* Mit steigender Temperatur schwingen die Kationen stärker um ihre Ruhelage, d. h. die Oszillationen nehmen zu. Dadurch wird der Transport der Elektronen behindert, was einen höheren Widerstand und eine Abnahme der Leitfähigkeit zur Folge hat.

Bezeichnung	Beispiele	Elementarzelle
kubisch flächenzentriert	(kfz) → Pb, Cu, Al Au, Ag, Ni	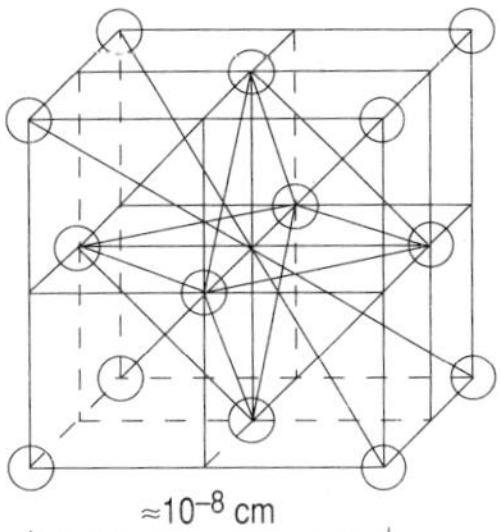 $\approx 10^{-8}$ cm
kubisch raumzentriert	(krz) → W, V, Mo K, Na, Cr, U	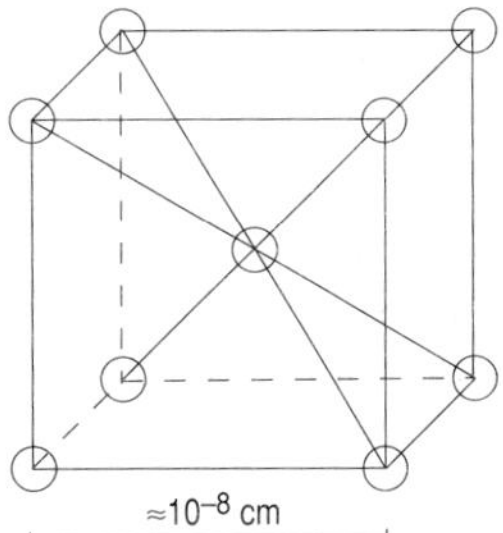 $\approx 10^{-8}$ cm
hexagonal dichteste Kugelpackung	(hex) → Zn, Mg, Co, Cd	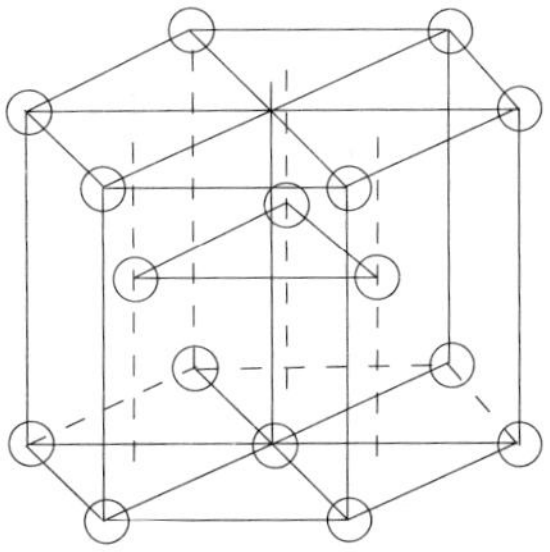 $\approx 10^{-8}$ cm

Abb. 2-3: Metallgittertypen: Im kubisch flächenzentrierten Gitter haben die metallischen Kationen ihre Plätze im Zentrum und an den Ecken der Würfeloberflächen. Im kubisch raumzentrierten Gitter sind die Ecken der Würfeloberflächen und die Zentren der Würfel mit Kationen besetzt. Eine sechseckige Säule ist die kleinste Einheit (Elementarzelle) des hexagonalen Metallgitters.

Wird ein Metall an einer Stelle erwärmt, werden die dort auftretenden stärkeren Schwingungsimpulse sehr schnell auf die anderen Ionen übertragen und somit die Wärme sehr gut geleitet.

Werden Metalle, deren Ionen eine ähnliche Größe besitzen, ineinander gelöst, entsteht eine *Legierung*. Wichtige Legierungen sind die des Kupfers mit anderen Metallen, wie Messing (Kupfer, Zink), Bronce (Kupfer/Zinn) oder Konstantan (Kupfer/Nickel). Die Gitterplätze werden durch die verschiedenen Metall-Ionen besetzt. Ist die Größe der metallischen Ionen zu unterschiedlich, lassen sich solche Metalle nicht legieren. Zweck des Legierens ist meist die Verbesserung der Eigenschaften, man denke hier nur an die vielen Edelstahlsorten.

Innerhalb des metallischen Gitters gibt es Ebenen, die besonders dicht mit Ionen besetzt sind. Entlang solcher *Gleitebenen* lassen sich Metalle besonders gut plastisch verformen, z. B. durch Walzen oder Schmieden. Nehmen die Ionen durch die Verformung keinen neuen Platz im Gitterverband ein, sondern kehren sie zurück auf ihren Platz nach Aufhebung der Verformungskraft, ist die Verformung elastisch wie z. B. bei Federn. Da das Licht vor allem an geraden Gitterebenen gleichmäßig reflektiert wird, glänzen vor allem Metalle mit polierter Oberfläche. Die Lichtquanten oder Photonen, die noch ins Innere des Gitterverbandes gelangen, können den dichten Verband wie auch bei den Salzen nicht durchdringen. Bei farbigen Metallen oder Salzen werden Teile des Lichtes durch diese Stoffe absorbiert. Eigenschaften wie Dichte, Härte, Festigkeit und Schmelzpunkt hängen neben dem Gittertyp von der Anziehungskraft zwischen Ionen und delokalisierten Valenzelektronen ab. Bei Metallen gleichen Gittertyps steigt diese Kraft oft mit abnehmender Ionengröße und zunehmender Zahl der delokalisierten Valenzelektronen an.

2.6.4.5 Wertigkeitsbegriffe

Je nach Bindungstyp unterscheidet man verschiedene Wertigkeitsbegriffe bei Verbindungen. Sie sind Hilfsmittel, um Formeln ableiten zu können. Grundsätzlich werden bei der Verbindungsbildung Elektronen in die Atomhülle aufgenommen oder abgegeben. Die maximale mögliche Zahl der abgebbaren oder aufnehmbaren Elektronen läßt sich bei den Hauptgruppenelementen aufgrund der Valenzelektronen aus dem Periodensystem erkennen. Am Beispiel der Elemente der 3. Periode soll dies erörtert werden.

Durch Abgabe von 1 Elektron wird Natrium einwertig.

Beispiel: Natriumoxid Na_2O, $\Delta EN = 2{,}6$, ist ein Salz, eine Ionenverbindung. *Die **Ionenwertigkeit** entspricht der Zahl der aufgenommenen oder abgegebenen Elektronen.* Somit ist das Natrium-Ion einwertig positiv: Na^+, das Sauerstoff-Ion durch Aufnahme von 2 Elektronen zweiwertig negativ: O^{2-}.

Magnesium kann maximal 2 Valenzelektronen abgeben und wird dadurch zweiwertig.

Beispiel: Magnesiumoxid MgO, $\Delta EN = 2{,}3$, ist ebenfalls ein Salz, eine Ionenverbindung. Das Magnesium-Ion ist zweiwertig positiv: Mg^{2+}, das Sauerstoff-Ion ist zweiwertig negativ: O^{2-}.

Aluminium kann maximal 3 Valenzelektronen abgeben und wird dadurch dreiwertig positiv.

Beispiel: Aluminiumoxid Al_2O_3, $\Delta EN = 2{,}0$ ist auch ein Salz, eine Ionenverbindung. Das Aluminium-Ion ist dreiwertig positiv: Al^{3+}, das Sauerstoff-Ion ist zweiwertig negativ: O^{2-}, daher besteht die Verbindung aus 2 Al^{3+}- und 3 O^{2-}-Ionen, so daß die Formeleinheit Al_2O_3 lautet.

Innerhalb der vierten Hauptgruppe werden zwei Elemente betrachtet, zunächst das Element der 2. Periode, Kohlenstoff. Kohlenstoff kann maximal 4 Elektronen aufnehmen oder abgeben und wird dadurch vierwertig.

Beispiel: Kohlendioxid CO_2, $\Delta EN = 1{,}0$, ist eine Dipolverbindung aus Molekülen, die gasförmig ist, weil sich der Dipolcharakter nach außen nicht bemerkbar macht. Die hier vorhandene ***Atomwertigkeit**, auch Bindigkeit genannt, entspricht der Anzahl der Bindungselektronenpaare, an der das Atom beteiligt ist.* Kohlenstoff bildet mit den beiden Sauerstoff-Atomen 4 Bindungselektronenpaare. Somit ist der Kohlenstoff vierwertig, der Sauerstoff zweiwertig, was auch durch die Strukturformel dargestellt werden kann: ⟨O=C=O⟩

Beim Silicium beträgt die maximale Wertigkeit durch Elektronenaufnahme oder -abgabe ebenfalls 4. Da Silicium keine Doppelbindungen ausbilden kann, ist die Struktur des Siliciumdioxids SiO_2, $\Delta EN = 1{,}7$, von der des Kohlendioxids völlig verschieden. Siliciumdioxid gehört zu den diamantartigen Stoffen, die durch Ausbildung eines Atomgitters sehr hochschmelzende und sehr harte Nichtleiter (Isolatoren) sind. Silicium ist in dieser Verbindung vierwertig, da zu 4 Sauerstoff-Atomen eine Einfachbindung ausgebildet wird. Jedes Sauerstoff-Atom ist mit zwei Silicium-Atomen verbunden und daher zweiwertig. Der Aufbau entspricht einem Makromolekül, es entsteht ein festes räumliches Netzwerk:

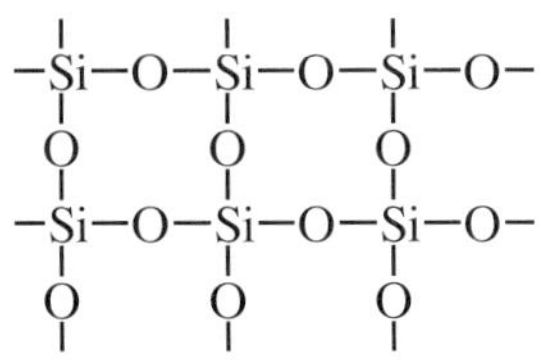

Phosphor kann maximal 5 Elektronen abgeben und dadurch fünfwertig werden oder 3 Elektronen maximal aufnehmen und dadurch dreiwertig werden.

Beispiel: Diphosphorpentoxid P_2O_5, $\Delta EN = 1{,}4$, ist somit eine polare feste Dipolverbindung, deren Moleküle im Dampfzustand die Formel P_4O_{10} haben. Da auch Phosphor keine Doppelbindungen ausbilden kann, ist die Struktur sehr kompliziert. Auf jeden Fall ist der Phosphor in dieser Verbindung fünfwertig, der Sauerstoff zweiwertig.

Schwefel kann maximal 6 Elektronen abgeben und dadurch sechswertig werden oder maximal 2 Elektronen aufnehmen und dadurch zweiwertig werden.

Beispiel: Schwefeltrioxid SO_3, $\Delta EN = 1{,}0$, ist daher auch eine polare Dipolverbindung, die in verschiedenen *Modifikationen* oder Zustandsformen, die sich durch ihre Struktur unterscheiden, vorkommt. Schwefel ist in dieser Verbindung sechswertig, der Sauerstoff zweiwertig.

Schwefelwasserstoff H_2S, $\Delta EN = 0{,}4$, ist eine unpolare, gasförmige, giftige Verbindung. Der Schwefel ist hier mit zwei Wasserstoff-Atomen über je eine Einfachbindung verbunden und daher zweiwertig. Der Bindungswinkel beträgt hier nur 92°.

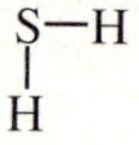

Chlor kann maximal 7 Elektronen abgeben und dadurch siebenwertig werden oder maximal 1 Elektron aufnehmen und dadurch einwertig werden.

Beispiel: Dichlorheptoxid Cl_2O_7, $\Delta EN = 0{,}5$, ist eine kovalente flüssige Verbindung, die leicht explodiert. Auch hier sind die Atome über Einfachbindungen miteinander verbunden, so daß Chlor hier siebenwertig und Sauerstoff zweiwertig ist.

Das Edelgas Argon besitzt bereits das Oktett in der äußeren Schale. Es besteht hier, wie bei allen Edelgasen, keine Tendenz, Elektronen aufzunehmen oder abzugeben. Es ist, wie alle Edelgase und auch alle ungeladenen Atome, nullwertig.

2.7 Chemische Reaktionen

2.7.1 Chemische Reaktionsgleichung

Reagieren zwei Elemente miteinander, so entsteht eine Verbindung. Reagieren Verbindungen miteinander oder mit Elementen, so entstehen neue Verbindungen oder Elemente. *Merkmal jeder chemischen Reaktion ist, daß ein oder mehrere neue Stoffe entstehen.* Dieses Zustandekommen ist auf Veränderungen innerhalb der Atomhülle zurückzuführen.

Einige grundsätzliche Anmerkungen zu chemischen Reaktionen sind nun erforderlich. Die Chemie bedient sich zur Darstellung von Elementen sog. **Symbole**, die auf der ganzen Welt in allen Sprachen gleich sind. Die chemische Zeichensprache ist somit die erste und einzige Sprache, die in der ganzen Welt von den Fachleuten verstanden wird. Die Zusammensetzung einer Verbindung wird durch eine **Formel** dargestellt. Ist mehr als ein Teilchen eines Elementes enthalten, wird dessen Anzahl in der Verbindung als *Index* nach dem Element angegeben.

Beispiele:
H_2O: Ein Molekül ist aus 2 Teilchen H und 1 Teilchen O zusammengesetzt.
CO_2: Ein Molekül ist aus 1 Teilchen C und 2 Teilchen O zusammengesetzt.
NaCl: Die Formeleinheit ist aus 1 Natrium-Ion und einem Chlorid-Ion zusammengesetzt.

Eine chemische Reaktion wird in Form einer Gleichung dargestellt. Links von Reaktionspfeil stehen die *Ausgangsstoffe*, also die Stoffe, die miteinander reagieren. Auf oder unter dem Pfeil können Reaktionsbedingungen (Temperatur, Druck, Katalysatoren) angegeben werden. Rechts vom Pfeil stehen die *Produkte*, d. h. die Stoffe, die nach der Reaktion aus den Ausgangsstoffen entstanden sind. Nun kann man aus einer solchen Reaktionsgleichung aber nicht nur erkennen, wer mit wem reagiert hat und was entstanden ist. Es läßt sich auch an den *Koeffizienten* erkennen, wie viele Bestandteile reagiert haben und entstanden sind und aufgrund der Massen der Teilchen, in welchem Massenverhältnis sie miteinander reagiert haben und entstanden sind.

Beispiel: Eisen reagiert mit Schwefel zu Eisen(II)-sulfid
Symbol von Eisen: Fe
Symbol von Schwefel: S
Formel von Eisen(II)-sulfid: FeS

Fe	+	S	→	FeS
1 Atom		1 Atom		1 Molekül

Aus den absoluten Atom- und Molekülmassen könnte man das Massenverhältnis berechnen. Bei der Durchführung einer solchen Reaktion lassen sich so kleine Massen nicht abwiegen. Wenn man nun solche Massen der Elemente einwiegt, die den relativen Atommassen mit der Einheit g entsprechen, stellt man fest, daß diese Massen alle die gleiche Anzahl Atome enthalten. Es sind stets **$6{,}022 \cdot 10^{23}$ Atome.**

Diese Menge bezeichnet man als **1 mol**. Die Masse der Stoffmenge $n = 1$ mol ist die **molare Masse** M. Sie ist der Quotient aus der Masse m einer Stoffportion eines Stoffes X und deren Stoffmenge $n(\mathrm{X}) \cdot M(\mathrm{X}) = m(\mathrm{X})/n(\mathrm{X})$. Am Beispiel der oben erwähnten Reaktion würde das bedeuten, daß 56 g Eisen mit 32 g Schwefel zu 88 g Eisensulfid reagieren. In allen Stoffportionen sind *$6{,}022 \cdot 10^{23}$ Teilchen* enthalten, d. h. es liegt *jeweils die Stoffmenge $n = 1$* mol vor. Das Massenverhältnis beträgt hier

$$\frac{m(\mathrm{Fe})}{m(\mathrm{S})} = \frac{56}{32} = \frac{7}{4},$$

d. h. wenn 7 g Eisen mit Schwefel zu Eisen(II)-sulfid reagieren sollen, werden 4 g Schwefel benötigt. Reagieren die beiden Stoffe vollständig miteinander, entstehen 11 g Eisen(II)-sulfid. Man erkennt an diesem Beispiel einige fundamentale Erkenntnisse, die mit zur Entwicklung der Chemie aus der Alchemie vor 200 Jahren beigetragen haben: Das ***Gesetz von der Erhaltung der Masse***, das der französische Gelehrte Lavoisier (bzw. vor ihm schon der Russe Lomonossow) bereits 1785 formulierte und *das besagt, daß durch eine chemische Reaktion weder Masse gewonnen wird, noch Masse verlorengeht.*

Selbst wenn man bedenkt, daß bei jeder chemischen Reaktion auch ein Energieumsatz, z. B. in Form von Wärme stattfindet, ist dieses Gesetz wegen der Geringfügigkeit der dadurch bedingten Massenänderungen nach wie vor gültig.

Wenig später schon wurde das **Gesetz der konstanten Massenverhältnisse oder Proportionen** von Lavoisier erkannt. Es besagt, daß das Verhältnis der Massen zweier oder mehrerer sich verbindender Elemente zu einer bestimmten Verbindung stets konstant ist. *Das bedeutet, daß keine bestimmte Verbindung stets in konstanten Proportionen, d. h. bestimmten Massenverhältnissen, die Elemente enthält.* Darüber hinaus leitete Dalton zu

Beginn des 19. Jahrhunderts aus der Tatsache, daß 2 Elemente auch verschiedene Verbindungen bilden können, und aus seiner Atomhypothese das ***Gesetz der multiplen Proportionen oder mehrfachen Massenverhältnisse*** ab: *Bilden zwei Elemente miteinander mehrere Verbindungen, so stehen die Verhältnisse der Massen, mit denen die Elemente in diesen Verbindungen auftreten, zueinander im Verhältnis kleiner ganzer Zahlen.*

Beispiel: SO_2 Schwefeldioxid $\frac{m(\mathrm{S})}{m(\mathrm{O})} = \frac{32\ \mathrm{g}}{32\ \mathrm{g}}$

SO_3 Schwefeltrioxid $\frac{m(\mathrm{S})}{m(\mathrm{O})} = \frac{32\ \mathrm{g}}{48\ \mathrm{g}}$

Die Massen, mit denen der Schwefel in den beiden Verbindungen auftritt, stehen zueinander im Verhältnis 32:32 = 1:1, die des Sauerstoffs im Verhältnis 32:48 = 2:3.

Nehmen gasförmige Verbindungen an Reaktionen teil, so stehen die Volumina dieser Gase zueinander im Verhältnis kleiner ganzer Zahlen. Dieses **chemische Volumengesetz** formulierte der Franzose Gay-Lussac bereits 1808. 6 Jahre vorher stellte er fest, daß das Volumen eines Gases bei konstantem Druck der absoluten Temperatur proportional ist. Dieses Gesetz wird auch physikalisches Volumengesetz oder 1. Gesetz von Gay-Lussac genannt. Ein weiteres Gesetz von Gay-Lussac, auch Gesetz von Amontons genannt, besagt, daß bei konstantem Gasvolumen der Druck des Gases proportional der absoluten Temperatur ist.

Schließlich erkannten Boyle und Mariotte, daß bei einer Zustandsänderung bei konstanter Temperatur sich das Volumen umgekehrt proportional zum Druck ändert. D.h. wenn der Druck steigt, wird das Volumen entsprechend kleiner. Aus der Kombination dieser 3 physikalischen Gesetze ergibt sich die **Zustandsgleichung der Gase:**

$$\frac{p_1 \cdot V_1}{T_1} = \frac{p_2 \cdot V_2}{T_2}$$

1 Zustand 1
2 Zustand 2
V Volumen
T absolute Temperatur
p Druck

Liegt nun 1 mol Gasteilchen vor, nimmt diese Stoffmenge bei gleicher Temperatur und gleichem Druck stets den gleichen Raum ein, eine Tatsache, die Avogadro schon 1811 als Hypothese formulierte. Bei *273,15 K (0°C)*, der *Normtemperatur*, und *1013,25 mbar* oder *hPa*, dem *Normdruck*, nimmt ***1 mol eines Gases*** den Raum von ***22,4 L*** ein. Man bezeichnet diesen **Wert** als das **molare Volumen** V_m eines Gases. Unter Normbedingungen enthalten 22,4 L **eines** Gases somit stets $\mathbf{6{,}022 \cdot 10^{23}}$ **Teilchen**, ein Wert, der zu Ehren Avogadros als **Avogadrokonstante** N_A bezeichnet wird.

Betrachtet man die Löslichkeit der Gase in Flüssigkeiten, z.B. die des Sauerstoffs in Wasser in Tab. 2-11, stellt man fest, daß mit steigender Temperatur die Löslichkeit der Gase kleiner wird. Dies bedeutet beispielsweise, je wärmer ein zu reinigendes Abwasser ist, um so weniger Sauerstoff ist maximal löslich. Kühlwässer, z.B. die der Kernkraftwerke, sind auch aus diesem Grund wegen ihrer höheren Temperatur gefährlich für die Ökologie des Vorfluters, in den sie eingeleitet werden.

Tab. 2-11: Löslichkeit von Sauerstoff in Wasser (Sauerstoffsättigungskonzentration bei 1013,25 mbar), nach Hütter.

ϑ (°C)	β (O_2) (mg/L)	ϑ (°C)	β(O_2) (mg/L)	ϑ (°C)	β(O_2) (mg/L)	ϑ (°C)	β(O_2) (mg/L)
0	14,64	10	11,25	20	9,08	30	7,55
1	14,23	11	10,99	21	8,90	31	7,42
2	13,83	12	10,75	22	8,73	32	7,30
3	13,45	13	10,51	23	8,57	33	7,18
4	13,09	14	10,28	24	8,41	34	7,06
5	12,75	15	10,06	25	8,25	35	6,94
6	12,42	16	9,85	26	8,11	36	6,83
7	12,11	17	9,64	27	7,96	37	6,72
8	11,81	18	9,45	28	7,82	38	6,61
9	11,53	19	9,26	29	7,69	39	6,51
						40	6,41

Unter erhöhtem Druck steigt die Löslichkeit eines Gases in einer Flüssigkeit. Wird z. B. Überschußschlamm durch das Verfahren der Flotation eingedickt, wird Luft unter erhöhtem Druck in gereinigtem Abwasser gelöst und in die Flotationszelle geleitet. Hier expandiert die gelöste Luft, ähnlich wie beim Öffnen einer Mineralwasserflasche, und bleibt an Überschußschlammteilchen haften, die mit der Luft aufschwimmen. Eine Reduktion der anfallenden Schlammenge um mehr als 85% ist auf diese Weise möglich.

Reagiert das gelöste Gas mit dem Lösungsmittel oder anderen gelösten Stoffen, *ist das Gas chemisch gelöst.* Dies ist z. B. beim Kohlendioxid der Fall, das sich in Wasser zum Teil unter Bildung von Kohlensäure löst. Liegt das Gas unverändert in der Flüssigkeit vor, ist es physikalisch gelöst.

2.7.2 Energieumsatz bei chemischen Reaktionen

Die stofflichen Veränderungen bei chemischen Reaktionen sind stets verbunden mit Energieänderungen. Zum Aufspalten vorhandener Bindungen ist Energie erforderlich. Beim Ausbilden neuer Bindungen wird Energie frei. Befinden sich die Endprodukte insgesamt in einem energieärmeren Zustand als die Ausgangsstoffe, wird Reaktionsenergie, meist in Form von Wärme, frei. Solche Reaktionen nennt man **exotherme Reaktionen**. Die besten Beispiele für solche Reaktionen sind Verbrennungen jeglicher Art. Verbrennt man eine bestimmte Substanz, kann man die freiwerdende Reaktionswärme, die man in diesem Fall auch *Verbrennungswärme* nennt, mit Hilfe sog. Kalorimeter messen. Der für die Verbrennung, z. B. von Abfällen oder Faulgas, wichtige *Heizwert* läßt sich gemäß *DIN 51708* daraus berechnen (s. Abschn. 3.3.4). Das Metall Magnesium beispielsweise verbrennt mit greller Flamme zu einem weißen Produkt. Es ist Magnesiumoxid entstanden. Bei der Bildung von 1 mol Magnesiumoxid werden 602 kJ Reaktionswärme freigesetzt, die *molare Bildungswärme* ΔH_m° von MgO. In der Reaktionsgleichung wird die abgegebene Reaktionswärme mit $-\Delta H_R$ gekennzeichnet (Δ bedeutet Energieänderung,

H ist das Zeichen für die *Reaktionsenthalpie*, d.h. für die Energie die frei wird, wenn die Reaktion bei konstantem Druck abläuft, R ist die Abkürzung für Reaktion).

$$Mg + 1/2\,O_2 \rightarrow MgO\ -\Delta H_R$$
oder $$Mg + 1/2\,O_2 \rightarrow MgO\ -602\ kJ\ [\Delta H^\circ_m\ (MgO) = -602\ kJ/mol]$$

Versucht man dén Stickstoff der Luft mit dem Sauerstoff der Luft zur Reaktion zu bringen, so stellt man fest, daß erst unter extremen Reaktionsbedingungen diese Reaktion stattfindet. Die Energie eines elektrischen Lichtbogens ist erforderlich, um die Dreifachbindung des Stickstoff-Moleküls zu spalten und den Stickstoff in einen reaktionsbereiten Zustand zu versetzen. In der Natur ist zum Glück diese Reaktion nur bei Gewittern infolge der hohen Energie des Blitzes möglich. Wäre der Stickstoff nicht so stabil, so reaktionsträge, würde unsere Atmosphäre schon längst aus hochgiftigen Stickoxiden bestehen und die Evolution des Lebens wäre in dieser Form, wenn überhaupt, nicht abgelaufen (s. dazu auch Abb. 2.7, Abschn. 2.7.4).

Man sieht hier besonders deutlich, daß es oftmals erforderlich ist, den Stoffen Energie, z.B. durch Erwärmen, zuzuführen, damit eine Reaktion beginnt. Neben der Tatsache, daß die Teilchen, die miteinander reagieren sollen, sich treffen müssen, müssen sie außerdem energiereich genug sein, um sich in ausreichendem Maße dem Partner zu nähern und eine neue Bindung eingehen zu können. *Diese, für den Start einer Reaktion erforderliche Energie ist die* ***Aktivierungsenergie.*** Erst wenn die Teilchen diese besitzen, reagieren sie miteinander. Auch das Magnesium muß man, wie viele andere Stoffe auch, zuerst erwärmen, bevor es sich entzündet und verbrennt. Wird nun im Laufe der Reaktion weniger Energie frei als Aktivierungsenergie aufgebracht werden mußte, haben die Endprodukte insgesamt einen höheren Energieinhalt als die Ausgangsstoffe. Der Energieunterschied entspricht der durch die Endprodukte aufgenommenen Reaktionswärme, die in der Gleichung mit $+\Delta H_R$ gekennzeichnet wird. Solche Reaktionen sind **endotherme Reaktionen.** Ein Beispiel ist die erwähnte Reaktion von Stickstoff und Sauerstoff zu farblosem Stickstoffmonoxid (Stickstoff(II)-oxid).

$$N_2 + O_2 \rightarrow 2NO + \Delta H_R$$
oder $$N_2 + O_2 \rightarrow 2NO + 2\ mol \cdot 90{,}5\ kJ/mol$$

Die energiereichen Produkte endothermer Reaktionen sind oft sehr instabil, d.h. sie reagieren leicht weiter zu energieärmeren, stabileren Produkten. So entsteht aus dem farblosen Stickstoffmonoxid sofort nach dessen Bildung durch Reaktion mit Sauerstoff das braunrote, hochgiftige Stickstoffdioxid (Stickstoff(IV)-oxid).

$$2NO + O_2 \rightarrow 2NO_2 - \Delta H_R$$
oder $$2NO + O_2 \rightarrow 2NO_2 - 2\ mol \cdot 56{,}5\ kJ/mol$$

Dagegen sind die Produkte exothermer Reaktionen oftmals sehr beständig, stabil. So wird z.B. das Magnesiumoxid wegen seines hohen Schmelzpunktes von 2650 °C in Form gebrannter Steine zur Auskleidung von Hochtemperaturöfen verwendet. Der Energieumsatz bei exothermen und endothermen Reaktionen ist in Abb. 2-4 bzw. Abb. 2-5 schematisch dargestellt.

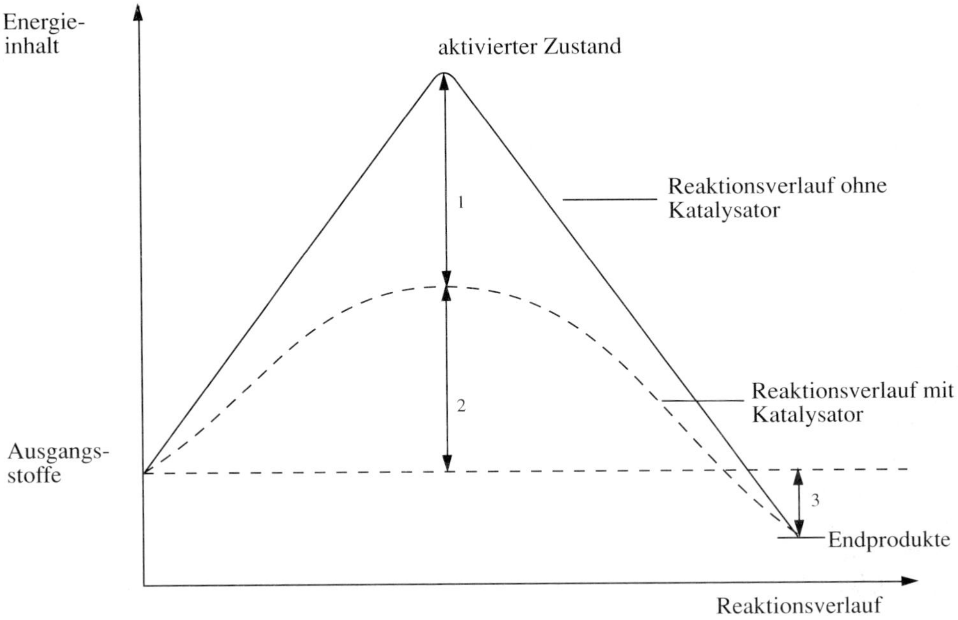

Abb. 2-4: Exotherme Reaktion. Nach Erreichen des aktivierten Zustands durch Zufuhr der Aktivierungsenergie 1 und 2 (ohne Katalysator) oder der Aktivierungsenergie 2 (mit Katalysator) beginnt die Reaktion der Stoffe, bei der die Reaktionsenergie 3 ($-\Delta H_R$) abgegeben wird.

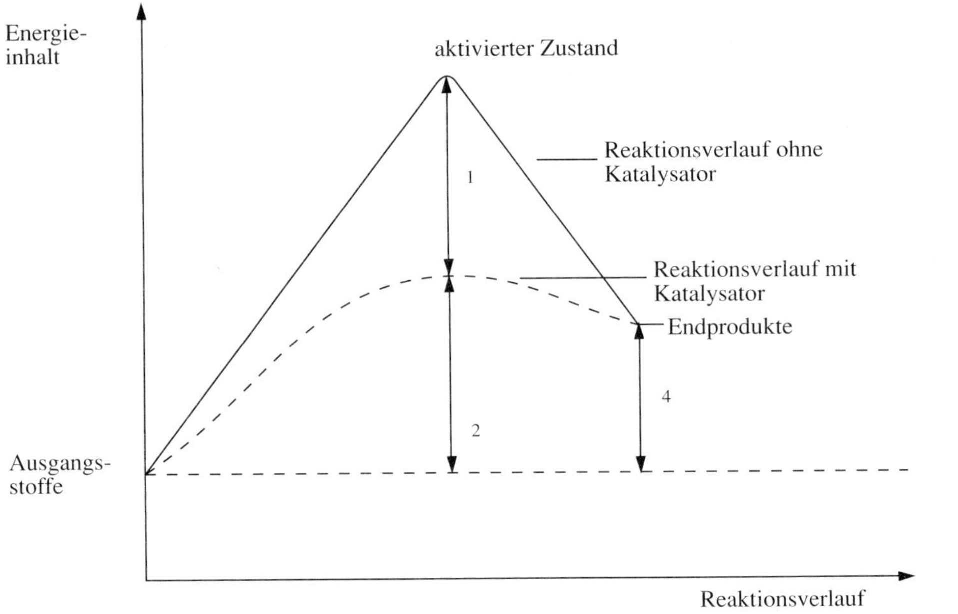

Abb. 2-5: Endotherme Reaktion. Nach Erreichen des aktivierten Zustands durch Zufuhr der Aktivierungsenergie 1 und 2 (ohne Katalysator) oder der Aktivierungsenergie 2 (mit Katalysator) beginnt die Reaktion der Stoffe, bei der die Reaktionsenergie 4 ($+\Delta H_R$) aufgenommen wird.

2.7.3 Geschwindigkeit chemischer Reaktionen

Oftmals ist es erforderlich, zu wissen, wie die Geschwindigkeit einer Reaktion erhöht werden kann, z. B. bei der Herstellung von Produkten, aber auch bei der Abwasserreinigung, bei Faulprozessen oder der Kompostierung. So ist dies dann von Bedeutung, wenn Reaktionen bei Raumtemperatur gar nicht oder nur sehr langsam ablaufen. Die ***Reaktionsgeschwindigkeit*** kann verstanden werden als *Quotient der Abnahme der Konzentration eines Ausgangsstoffes und der dafür benötigten Zeit. Sie läßt sich auch berechnen aus dem Quotienten der Konzentrationszunahme eines Endproduktes und der dafür benötigten Zeit.* Die Teilchen, die miteinander reagieren sollen, bewegen sich ungeordnet und treffen auf andere Teilchen, so auch auf die des Reaktionspartners. Durch das Aufeinandertreffen können sie beschleunigt oder abgebremst werden. So ist es nicht verwunderlich, daß oft nur ein Teil der Teilchen die erforderliche Aktivierungsenergie besitzt. Erhöht man nun die **Temperatur**, wird dadurch die Bewegung der Teilchen und damit ihre kinetische Energie erhöht. Der Anteil der Teilchen, der die notwendige Aktivierungsenergie besitzt, steigt und dadurch steigt auch die Zahl der wirksamen Zusammenstöße, d. h. der Zusammenstöße, die zur Reaktion, zur Bildung des neuen Produktes oder der neuen Produkte führt. Oftmals verdoppelt oder vervierfacht sich die Reaktionsgeschwindigkeit, wenn die Temperatur nur um 10 °C erhöht wird. Bei biochemischen Reaktionen läßt sich der Einfluß der Temperatur besonders gut erkennen, die allerdings hier, wie auch bei vielen künstlichen Synthesen, nicht beliebig weit erhöht werden kann. So gibt es für diese Reaktionen ein Optimum. Darüber hinaus werden die Organismen geschädigt oder gar getötet, ebenso können sich die gewünschten Produkte wieder zersetzen.

Auch eine Erhöhung der **Konzentration** der Teilchen führt zu einer Steigerung der Reaktionsgeschwindigkeit, da dadurch die Wahrscheinlichkeit der wirksamen Zusammenstöße steigt. So wirken oftmals konzentrierte Säuren aggressiver auf Metalle ein als verdünnte. Acetylen oder besser gesagt Ethin, das Schweißgas, wird mit Sauerstoff verbrannt und nicht mit Luft. Die Verbrennung verläuft schneller und heftiger, und so werden die zum Schweißen erforderlichen Verbrennungstemperaturen von etwa 2700 °C erreicht.

Wird die **Oberfläche** von beispielsweise festen Teilchen durch Zerkleinerung vergrößert, hat dies ebenfalls eine Erhöhung der Wahrscheinlichkeit der wirksamen Zusammenstöße zur Folge. Feinst verteilte Feststoffe, die Stäube, reagieren besonders heftig. Nicht nur die Rolandmühle in Bremen hat 1979 bittere Erfahrungen mit den Eigenschaften von Mehl machen müssen, als durch eine heftige Explosion ein großes Gebäude zerstört wurde. Auch auf Schiffen oder in metallverarbeitenden Betrieben sind schon oft durch *Staubexplosionen* Menschen ums Leben gekommen. So starben 1979 in einer Schleiferei in Velbert 6 Arbeiter durch Explosion von Aluminiumstaub. Die verheerende Wirkung des Grubenunglücks in Borken (51 Tote) am 1. 6. 88 ist auf eine Kohlenstaubexplosion zurückzuführen. Sehr leicht entzündlich und explosiv sind z. B. Stäube von Mehl, Zucker, Holz, Kohle, Baumwollfasern und Metallen wie Magnesium, Aluminium, Zirconium oder Titan. Bei der Lagerung und dem Transport von Stoffen sollte man an diese Gefahr stets denken und entsprechende Unfallverhütungsmaßnahmen (Funkenvermeidung, explosionsgeschützte Geräte usw.) treffen.

Der Begriff **Katalysator** ist durch die unbedingt erforderliche Reinigung der Autoabgase in aller Munde. Katalysatoren sind Reaktionsbeschleuniger. Sie können an der Reaktion teilnehmen, liegen aber nach der Reaktion unverändert vor. *Die Ursache ihrer Wirkung ist darin zu sehen, daß sie die Aktivierungsenergie herabsetzen* (s. Abb. 2-4 und 2-5, Abschn. 2.7.2). Man spart dadurch oft erhebliche Energiekosten ein. Die Zahl der reaktionsfähigen Teilchen wird erhöht, und die Reaktion läuft schneller ab. So wird durch die Anwesenheit von Platin beispielsweise die Reaktion des hochgiftigen Kohlenmonoxids mit Sauerstoff zu dem weniger giftigen, aber leider wegen des anstehenden Treibhauseffektes auch nicht umweltfreundlichen Kohlendioxid, beschleunigt. Viele biochemische Prozesse würden ohne die *Biokatalysatoren,* die *Enzyme,* gar nicht ablaufen. Stoffe, die Reaktionen hemmen, werden *Inhibitoren* genannt.

Die wichtigsten Möglichkeiten, die Geschwindigkeit chemischer Reaktionen zu erhöhen, sind Temperatur-, Konzentrationserhöhung, Oberflächenvergrößerung und die Verwendung von Katalysatoren. Von Einfluß sind natürlich auch die Affinität der Stoffe zueinander, d.h. ihr Bestreben, miteinander zu reagieren, ihr Aggregatzustand oder bei Gasen der Druck.

2.7.4 Chemisches Gleichgewicht

Viele Reaktionen verlaufen nicht nur in Richtung der Produkte. Liegen die richtigen Bedinungen vor, können die Produkte auch wieder zu den Ausgangsstoffen zurückreagieren. So verbrennt Wasserstoff stark exotherm unter Bildung von Wasser:

$$2\ H_2 + O_2 \rightarrow 2\ H_2O - \Delta H_R$$

Wird die freigewordene Reaktionsenergie wieder aufgebracht, z.B. durch elektrische Energie, läßt sich die Verbindung wieder in die Elemente zerlegen *(Wasserelektrolyse).*

$$2\ H_2O \rightarrow 2\ H_2 + O_2 + \Delta H_R$$

Reagieren die Produkte in einem geschlossenen Raum nach ihrer Bildung zurück zu den Ausgangsstoffen, stellt sich nach einiger Zeit ein Zustand ein, bei dem keine Konzentrationsänderungen mehr feststellbar sind, wenn man keine Veränderungen, z.B. der Temperatur, vornimmt. Die Vermutung, es würde nun keine Reaktion mehr ablaufen, trifft nicht zu. Vielmehr ist es so, daß die Hinreaktion zu den Produkten und die Rückreaktion zu den Ausgangsstoffen mit gleicher Geschwindigkeit ablaufen. Das System befindet sich nun im *dynamischen chemischen Gleichgewicht.* So stellt man z.B. fest, daß bei 400 °C in einem geschlossenen Gefäß stets 10% H_2, 10% I_2 und 80% HI vorliegen, egal, ob von H_2 und I_2, oder von HI ausgegangen wurde. Die Umkehrbarkeit einer Reaktion kennzeichnet man durch einen *Doppelpfeil,* wobei von links nach rechts die Hin- und von rechts nach links die Rückreaktion verläuft.

$$H_2 + I_2 \rightleftharpoons 2\ HI - \Delta H_R$$

Die Norweger Guldberg und Waage beschrieben 1867 des chemische Gleichgewicht durch das ***Massenwirkungsgesetz:*** *Im chemischen Gleichgewicht ist der Quotient aus dem Produkt der Konzentrationen der Endprodukte und dem Produkt der Konzentrationen der Ausgangsstoffe konstant bei einer bestimmten Temperatur.* Für das Beispiel würde die Gleichgewichtskonstante K lauten:

$$K = \frac{c\,(\mathrm{HI}) \cdot c\,(\mathrm{HI})}{c\,(\mathrm{H_2}) \cdot c\,(\mathrm{I_2})} \qquad c\text{: hier Gehalt der Stoffe}$$

$$\text{Bei } 400\,°\text{C wäre } K = \frac{80\% \cdot 80\%}{10\% \cdot 10\%} = 64$$

Wird die Temperatur erhöht, erhält man bei 425 °C den Wert 54 und bei 1000 °C den Wert 18 für K. Der Anteil an HI, nimmt also ab mit steigender Temperatur. Aus diesem Beispiel erkennt man, daß die endotherme Reaktion, hier die Rückreaktion, somit durch Temperaturerhöhung begünstigt, während die exotherme Reaktion, die Hinreaktion, durch Temperaturerhöhung gehemmt wird. Es kommt somit zu einer Verschiebung des Gleichgewichtes (s. auch Abb. 2-6, 2-7). Le Chatelier formulierte diesbezüglich 1884 das ***Prinzip des kleinsten Zwanges:*** *Eine Veränderung der Reaktionsbedingungen (äußerer Zwang) bewirkt in einem System, das sich im chemischen Gleichgewicht befindet, eine Verschiebung der Gleichgewichtslage (Flucht vor dem Zwang), die die veränderten Reaktionsbedingungen ausgleicht.*

Neben der Temperatur können die Konzentrationen und bei Beteiligung von Gasen an der Reaktion der Druck verändert werden. Erhöht man die Konzentration eines Ausgangsstoffes, wird die Bildung der Endprodukte gefördert. Zur Neubildung der Endprodukte kommt es auch, wenn die bereits gebildeten Endprodukte aus dem System entfernt werden. Eine Druckerhöhung fördert die Reaktion, die unter Volumenabnahme verläuft, während Reaktionen, die unter Volumenzunahme verlaufen, durch Druckverminderung begünstigt werden.

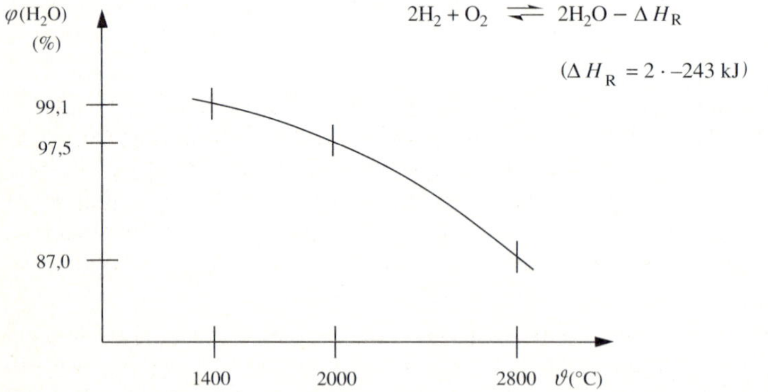

Abb. 2-6: Die thermische Dissoziation von Wasser, d. h. die endotherme Rückreaktion, findet mit zunehmender Temperatur leichter statt. Bei 1400 °C liegen noch 99,1% der Wassermoleküle unverändert vor, bei 2000 °C nur noch 97,5%, und bei 2800 °C sind bereits 13% der Wassermoleküle in die Elemente zerfallen.

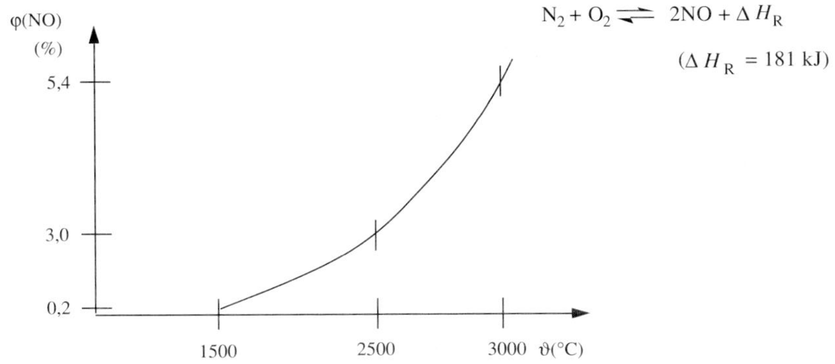

Abb. 2-7: Die endotherme Bildungsreaktion von Stickstoffmonoxid, die überhaupt erst bei sehr hohen Temperaturen erfolgt, nimmt mit steigender Temperatur zu. Bei 1500 °C liegen im Gleichgewicht erst φ (NO) = 0,2%, bei 2500 °C φ (NO) = 3,0% und selbst bei 3000 °C erst φ (NO) = 5,4% vor.

Die Deutschen Haber und Bosch entwickelten 1913 ein Verfahren, nach dem vom Prinzip her noch heute, wenn auch unter etwas anderen Bedingungen aus Stickstoff und Wasserstoff Ammoniak hergestellt wird (**Dampf-Reformierverfahren,** 250 bar, 600 °C). Ammoniak ist ein wichtiger Ausgangsstoff zur Herstellung von Nitraten, die als Düngemittel und vor allem damals als Sprengmittelbestandteil Verwendung finden.

$$N_2 + 3\ H_2 \leftrightarrows 2\ NH_3 - \Delta H_R$$

In der Praxis der chemischen Industrie ist eine optimale Ausbeute, d. h. eine größtmögliche Menge an Produkt, ein ganz wichtiges Ziel. Auch für den Umweltschutz ist dieses Ziel äußerst bedeutsam, denn je höher die Ausbeute ist, um so weniger Sonderabfall fällt z. B. in Form von Nebenprodukten an.

Eine möglichst niedrige Temperatur und ein möglichst hoher Druck sind hier anzustreben, denn die Hinreaktion verläuft exotherm und unter Volumenverminderung um die Hälfte des Ausgangsvolumens. Da ein Katalysator aus Fe, Al_2O_3, K_2O, CaO und MgO eingesetzt wird, um das Produkt auch möglichst schnell zu erhalten, arbeitet man nach den klassischen Bedingungen (**Haber-Bosch-Verfahren**) bei 500 °C und 200 bar. Der Katalysator ist erst oberhalb von 400 °C wirksam und wesentlich höhere Drücke sind aus Sicherheitsgründen sehr problematisch und würde noch dickwandigere Reaktoren erfordern. (Auch Kfz-Katalysatoren wirken erst oberhalb von 250 °C, haben zwischen 400 und 800 °C ihr Optimum, werden ab 1000 °C wirkungslos und oberhalb von 1400 °C zerstört.) Die Ausbeute beträgt φ (NH_3) = 17,6% (vgl. Abb. 2-8). N_2 und H_2 werden in den Reaktor zurückgeführt.

Schwefelsäure ist die Chemikalie, von der bei uns die größten Mengen hergestellt werden. Bei der Verbrennung von Schwefel entsteht nicht das erforderliche Schwefeltrioxid (Schwefel(VI)-oxid) SO_3, sondern Schwefeldioxid (Schwefel(IV)-oxid) SO_2. Entscheidend ist nun, aus SO_2 möglichst viel SO_3 herzustellen.

$$2\ SO_2 + O_2 \rightleftharpoons 2\ SO_3 - \Delta H_R$$

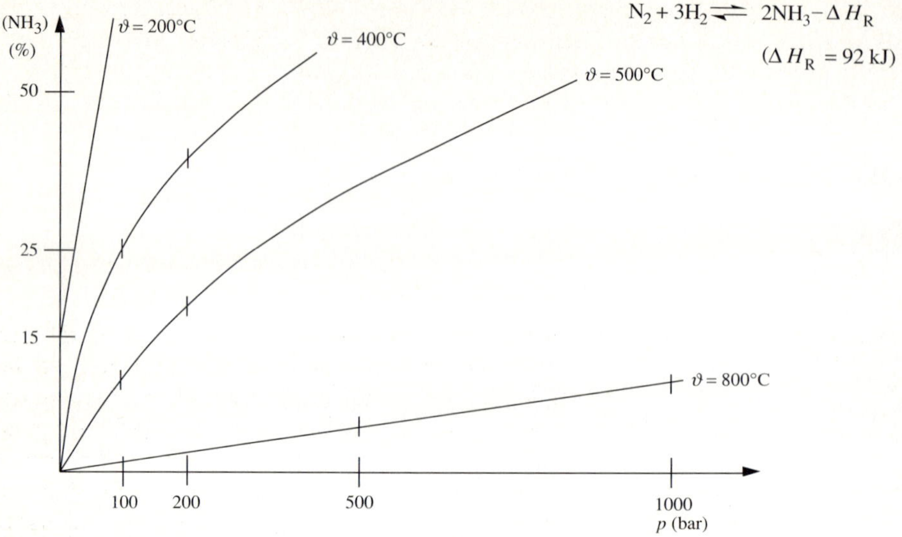

Abhängigkeit $\varphi(NH_3)$ von Temperatur und Druck, Werte zum Diagramm:

p (bar) / ϑ (°C)	1	100	200	1000
200	15,3	80,6	85,8	98,3
400	0,4	25,1	36,3	79,8
500	0,1	10.4	17,6	57,5
600	0,05	4,5	8,3	31,4
800	0,01	0,4	2,2	10,5
				$\varphi(NH_3)$ (%)

Abb. 2-8: Die Abhängigkeit der exothermen Bildungsreaktion von Ammoniak von Temperatur und Druck ist hier dargestellt. Je niedriger die Temperatur ϑ und je höher der Druck p im Gleichgewicht ist, um so größer ist der jeweilige Volumenanteil an Ammoniak $\varphi(NH_3)$.

Aus den bereits erwähnten Sicherheits- und Kostengründen läuft die Reaktion nicht unter erhöhtem Druck ab, obwohl dies eine Verbesserung des Umsatzes und eine Erhöhung der Ausbeute bewirken würde. Da auch hier mit einem Katalysator, Vanadiumpentoxid, der bei industriellen Verfahren Kontakt genannt wird, gearbeitet wird, beträgt die niedrigste mögliche Temperatur 440 °C. Bei 600 °C würde der Anteil $\varphi(SO_3)$ = 68,2%, bei 800 °C 22,3% betragen. Da man Sauerstoff im Überschuß zugibt, erreicht man 98% Ausbeute. Bei den riesigen Mengen Schwefelsäure sind aber auch 2% SO_2, die emittiert wurden, viel zu hoch. Die Firma BAYER entwickelte unter Anwendung des Prinzips von Le Chatelier das alte Kontaktverfahren weiter zum **Doppel-kontakt-Verfahren** und stellt so seit Jahrzehnten schon Schwefelsäure her. Das gebildete SO_3 wird durch eine erste Absorption (Zwischenabsorption) in konzentrierter Schwefelsäure aus dem System entfernt und das noch nicht umgesetzte SO_2 erneut über den Kontakt geleitet, wodurch SO_3 neu gebildet wird. Die Ausbeute wird so von 98% auf 99,8% gesteigert, und die SO_2-Emissionen auf 1/10 reduziert. Das in konzentrierter Schwefelsäure gelöste SO_3 (eine solche Lösung wird auch Oleum genannt) reagiert mit Wasser zu Schwefelsäure.

2.7.5 Redoxreaktionen

2.7.5.1 Oxidation, Reduktion

Der Begriff der **Oxidation** wurde ursprünglich auf die Reaktionen der Elemente mit Sauerstoff (franz. *oxygène*), bei denen die Oxide entstehen, bezogen. Der Begriff der **Reduktion** wurde für die Umkehrreaktionen, also den Zerfall der Oxide in das Element und den Sauerstoff benutzt. Dabei wurde aber nur das jeweilige Element betrachtet und gesagt, es wird bei der Oxidbildung oxidiert, bei der Rückbildung aus dem Oxid reduziert. Sind die Oxide aus Ionen aufgebaut, gibt das Element Elektronen bei der Oxidbildung ab und nimmt Elektronen beim Zerfall des Oxids auf. Da die Elektronen vom Sauerstoff aufgenommen werden, wird dieser somit bei der Oxidbildung reduziert und unter Elektronenabgabe beim Zerfall solcher Oxide oxidiert. Hieran sieht man zunächst, daß eine Oxidation mit einer Reduktion verbunden ist, und man muß von daher von Reduktions-Oxidationsreaktionen, oder kurz **Redoxreaktionen** genannt, sprechen.

Beispiel:

$4\,Na + O_2 \rightarrow 2\,Na_2O$	Stoffgleichung
$4\,Na^+ + 4\,Na^+ + 4\,e^-$	Oxidation
$O_2 \quad + 4\,e^- + 2O^{2-}$	Reduktion
$4\,Na + O_2 \rightarrow 4\,Na^+ + 2O^{2-}$	Redoxgleichung

Nach Übereinstimmung der Zahl der abgegebenen und der Zahl der aufgenommenen Elektronen ergibt die Addition der Reduktions- und Oxidationsgleichung die Redoxgleichung.

Da nun eine Elektronenaufnahme auch durch andere stark elektronegative Elemente erfolgen kann, wie man bei der Salzbildung sehen konnte, und auch die Reduktion der Elemente aus einem ionischen Oxid unter Elektronenaufnahme verläuft, müssen die Begriffe Oxidation und Reduktion zunächst vom Sauerstoff gelöst werden.

Betrachtet man nur Ionenverbindungen, kann man die *Oxidation* als die *Abgabe von Elektronen* und die *Reduktion* als *Aufnahme von Elektronen* beschreiben. Eine *Redoxreaktion* ist in solchen Fällen eine *Reaktion mit Elektronenübergang,* ein Vorgang, der z. B. bei der Salzbildung erfolgt.

(Da man unter Salzen alle Metall-Nichtmetallverbindungen einschließlich der Verbindungen des metallähnlichen Ammonium-Kations mit nichtmetallischen Anionen versteht, sind alle Salze polar und besitzen zumindest einen gewissen Ionenbindungsanteil.

Insofern gehen auch stets Elektronen, wenn auch nicht immer vollständig, vom Metall zum Nichtmetall über).

Beispiel:

$2\,K + Cl_2 \rightarrow 2\,KCl$	Stoffgleichung
$2\,K \rightarrow 2\,K^+ + 2\,e^-$	Oxidation
$Cl_2 + 2\,e^- \rightarrow 2\,Cl^-$	Reduktion
$2\,K + Cl_2 \rightarrow 2\,K^+ + 2\,Cl^-$	Redoxgleichung

Ein Atom Kalium hat bei der Reaktion ein Elektron abgegeben und ist somit durch Oxidation einwertig positiv geworden. Das Kalium-Ion hat die Oxidationszahl +I. Ein Chlor-Atom hat ein Elektron aufgenommen und ist durch Reduktion einwertig negativ geworden. Das Chlorid-Ion erhält dadurch die Oxidationszahl −I.

Die Oxidationszahl eines Elementes in jeder Atomgruppierung (Ion oder Molekül) *gibt die Ladung an, die ein Atom des Elementes haben würde, wenn die Elektronen jeder Bindung an diesem Atom dem jeweils stärker elektronegativeren Atom zugeordnet werden.* Elemente haben die Oxidationszahl Null. Bei einatomigen Ionen ist die Oxidationszahl gleich der Ionenladung.

Eine Redoxreaktion findet somit auch statt, wenn Elemente untereinander, beispielsweise mit Sauerstoff, unter Bildung von Kovalenzbindungen reagieren und Moleküle entstehen. Hier hat kein direkter Elektronenübergang stattgefunden. Die Oxidationszahlen der Elemente haben sich aber auch hier geändert. *Die Oxidationszahl* des weniger elektronegativen Elements *ist durch die Oxidation positiver geworden,* die des stärker elektronegativen Elements (bei Sauerstoff-Beteiligung fast immer die des Sauerstoffs) ist durch Reduktion negativer geworden. Als **Redoxreaktion** muß also im umfassendsten Sinne jede **Reaktion mit zwei Oxidationszahländerungen** verstanden werden. Auch hier muß der Reduktionsbegriff vom Sauerstoff gelöst werden. Jegliches *Negativerwerden der Oxidationszahl* eines Elementes ist eine *Reduktion.*

Die Bildungsreaktionen von Kohlenstoffdioxid und Methan aus den Elementen sollen das Vorgehen des Aufstellens von Redoxgleichungen verdeutlichen. Will man komplizierte Gleichungen, an denen viele Stoffe beteiligt sind, richtig formulieren, so empfiehlt es sich dringend, zunächst bei den beteiligten Stoffen zu überprüfen, ob und bei welchen Elementen sich die Oxidationszahlen geändert haben. Sind nur anorganische Stoffe beteiligt, ist dies dann nicht der Fall, wenn es sich um Protolysen oder Ionenkombinationsreaktionen, wie z. B. die Fällungsreaktionen, handelt. Aufgrund der Elektronegativitätswerte (EN von Kohlenstoff: 2,5, EN von Sauerstoff: 3,5) werden nun bei Molekülverbindungen dem elektronegativeren Element die Elektronen der Bindungen, an denen es beteiligt ist, zugeordnet.

$$\langle O{=}C{=}O \rangle$$

Beim CO_2 hätte C nach der Zuordnung keine Valenzelektronen mehr. C bekommt somit die Oxidationszahl +IV, da es normalerweise 4 Valenzelektronen besitzt. Jeder Sauerstoff hat nach der Zuordnung 8 Valenzelektronen, also zwei zuviel, und erhält somit die Oxidationszahl −II.

$$\overset{0}{C} + \overset{0}{O}_2 \rightarrow \overset{+IV}{C}\overset{-II}{O}_2$$

Man formuliert die Oxidations- und Reduktionsgleichung jetzt so, daß man von einem Teilchen ausgeht und annimmt, bei der Oxidationszahländerung würden auch bei der Molekülbildung Elektronen übergehen. Dieser bei Molekülen ja nicht tatsächlich stattfindende Elektronenübergang dient hier lediglich dazu, die Redoxgleichung zu formulieren. Diese ist quasi der Schlüssel, mit dem dann die vollständige Stoffgleichung formuliert wird. Entstehen Ionenverbindungen, findet der Elektronenübergang ja tatsächlich statt.

$$\begin{array}{rcl|l} \overset{0}{C} & \rightarrow & \overset{+IV}{C} + 4e^- & \text{Oxidation} \\ \overset{0}{O} + 2e^- & \rightarrow & \overset{-II}{O} & \cdot 2 \text{ Reduktion} \end{array}$$

Im nächsten Schritt wird die Zahl der abgegebenen und aufgenommenen Elektronen durch entsprechende Erweiterung einer oder beider Gleichungen ausgeglichen. Die Addition unter Kürzung der links und rechts gleichen Elektronenzahl ergibt die Redoxgleichung. Daraus wird dann die vollständige Stoffgleichung abgeleitet.

$$\begin{array}{rcll} \overset{0}{C} & \rightarrow & \overset{+IV}{C} + 4e^- & \text{Oxidation} \\ 2\overset{0}{O} + 4e^- & \rightarrow & \overset{-II}{O} & \text{Reduktion} \\ \hline \overset{0}{C} + 2\overset{0}{O} & \rightarrow & \overset{+IV}{C} + 2\overset{-II}{O} & \text{Redoxgleichung} \\ C + O_2 & \rightarrow & CO_2 & \text{Stoffgleichung} \end{array}$$

Nur durch die Redoxgleichung erhält man stets schnell das richtige Stoffmengenverhältnis der Reaktionspartner und darüber dann die exakten Stoffmengen eventueller anderer an der Reaktion beteiligter oder vorliegender Stoffe.

Es wird dringend empfohlen, grundsätzlich alle Stoffgleichungen, die Redoxreaktionen sind, auf diese Weise abzuleiten. Es ist vor allem bei komplizierten Gleichungen der sicherste und schnellste Weg, die Gleichung richtig aufzustellen.

Beim Beispiel der Methanbildungsreaktion werden im CH_4-Molekül dem Kohlenstoff alle 8 Bindungselektronen zugeordnet, da er elektronegativer als Wasserstoff ist. Der Kohlenstoff bekommt somit die Oxidationszahl -IV, er wird diesmal reduziert. Der Wasserstoff hat im Methan die Oxidationszahl +I, Wasserstoff ist somit oxidiert worden, da die Oxidationszahl positiver geworden ist.

$$\overset{0}{C} + 2\overset{0}{H}_2 \rightarrow \overset{-IV}{C}\overset{+I}{H}_4$$

$$\begin{array}{rcl|l} \overset{0}{H} & \rightarrow & \overset{+I}{H} + 1e^- & \cdot 4 \text{ Oxidation} \\ \overset{0}{C} + 4e^- & \rightarrow & \overset{-IV}{C} & \text{Reduktion} \end{array}$$

$4\,\overset{0}{H} \rightarrow 4\,\overset{+I}{H}$	$+$	$4e^-$	Oxidation
$\overset{0}{C} + 4e^-$	$\rightarrow$	$\overset{-IV}{C}$	Reduktion
$\overset{0}{C} + 4\overset{0}{H}$	$\rightarrow$	$\overset{-IV}{C} + 4\,\overset{+I}{H}$	Redoxgleichung
$C + 2H_2$	$\rightarrow$	CH_4	Stoffgleichung

Während C bei der CO_2-Bildung als **Reduktionsmittel** wirkt, also als Stoff, der einen anderen reduziert und dabei selber oxidiert wird, wirkt es bei der Methanbildung als **Oxidationsmittel**, als Stoff, der einen anderen oxidiert und dabei selber reduziert wird.

In neutralen Verbindungen ist die Summe der Oxidationszahlen aller Atome stets Null, bei mehratomigen Ionen ist diese Summe gleich der Ionenladung.

Beispiele:

$\overset{+I}{K_2}\overset{+VI}{Cr_2}\overset{-II}{O_7}$

Kaliumdichromat $2 \cdot (+I) + 1 \cdot (+VI) + 7 \cdot (-II) = 0,$

$\overset{+VI}{S}\overset{-II}{O_4^{2-}}$ $+VI + 4 \cdot (-II) = -II$

Sulfat-Ion

Ohne Elektronegativitätstabelle lassen sich die meisten Oxidationszahlen aufgrund folgender Regeln formulieren:
In Verbindungen gilt:

1. Metalle: positive Oxidationszahl
2. Fluor: $-I$
3. Wasserstoff $+I$
4. Sauerstoff $-II$
5. Chlor, Brom, Iod: $-I$

Zu beachten ist, daß eine nachfolgende Regel durch eine vorhergehende eliminiert werden kann. So hat z. B. der Wasserstoff bei den metallischen Hydriden die Oxidationszahl $-I$ wegen seiner höheren Elektronegativität.

Beispiele:

$\overset{+II}{Ca}\,\overset{-I}{H_2}$	$\overset{+I}{H}\,\overset{+VII}{Cl}\,\overset{-II}{O_4}$	$\overset{+II}{O}\,\overset{-I}{F_2}$
Calciumhydrid	Perchlorsäure	Sauerstofffluorid

2.7.5.2 Elektrochemie

Läßt man Redoxreaktionen so ablaufen, daß der Elektronenübergang über ein leitendes Medium, z. B. ein Metall, erfolgt, kann man diese elektrische Energie nutzen. Umgekehrt kann man mit Hilfe von elektrischem Strom Redoxreaktionen initiieren. Innerhalb der *Elektrochemie* werden solche *Wechselwirkungen zwischen elektrischen Vorgängen und chemischen Reaktionen* betrachtet.

Bringt man verschiedene Metalle mit Salzsäure in Kontakt, fällt auf, daß sich Metalle wie Kupfer oder Silber nicht lösen, während Metalle wie Zink, Magnesium, Eisen oder Aluminium mit heftiger Reaktion unter Wasserstoff-Entwicklung gelöst werden. Metalle die sich in Säuren nicht unter Wasserstoff-Entwicklung lösen, sind *Edelmetalle. Unedle Metalle* werden oxidiert, während die Wasserstoff-Ionen der Säure zu elementarem Wasserstoff reduziert werden.

$$\overset{0}{\mathrm{Mg}} + 2\,\overset{+\mathrm{I}\;-\mathrm{I}}{\mathrm{HCl}} \longrightarrow \overset{+\mathrm{II}\;-\mathrm{I}}{\mathrm{MgCl_2}} + \overset{0}{\mathrm{H_2}}\uparrow$$

$$\begin{array}{l|l|ll}
\overset{0}{\mathrm{Mg}} \longrightarrow \overset{+\mathrm{II}}{\mathrm{Mg}^{2+}} + 2\,e^- & & \overset{0}{\mathrm{Mg}} \longrightarrow \overset{+\mathrm{II}}{\mathrm{Mg}^{2+}} + 2\,e^- & \text{Oxidation} \\
\overset{+\mathrm{I}}{\mathrm{H}^+} + e^- \longrightarrow \overset{0}{\mathrm{H}} & \cdot 2 & 2\,\overset{+\mathrm{I}}{\mathrm{H}^+} + 2\,e^- \longrightarrow 2\,\overset{0}{\mathrm{H}} & \text{Reduktion} \\
\hline
 & & \overset{0}{\mathrm{Mg}} + 2\,\overset{+\mathrm{I}}{\mathrm{H}^+} \longrightarrow \overset{+\mathrm{II}}{\mathrm{Mg}^{2+}} + 2\,\overset{0}{\mathrm{H}} & \text{Redoxgleichung} \\
 & & \mathrm{Mg} + 2\,\mathrm{HCl} \longrightarrow \mathrm{MgCl_2} + \mathrm{H_2}\uparrow & \text{Stoffgleichung}
\end{array}$$

Edelmetalle sind nicht in der Lage, Elektronen an Wasserstoff-Ionen abzugeben, sie haben einen geringeren Elektronendruck als Wasserstoff. Bringt man ein unedles Metall in die Salzlösung eines edlere Metalls, so scheidet sich das edlere Metall ab und das unedlere geht in Lösung. Im umgekehrten Fall beobachtet man keine Metallabscheidung.

Beispiele: Es kommt zur Bildung von Kupfer, wenn Eisen in Kupfersulfat-Lösung gelangt, aber nicht zur Eisen-Bildung, wenn Kupfer in Eisensulfat-Lösung gegeben wird.

$$\mathrm{Fe} + \mathrm{CuSO_4} \longrightarrow \mathrm{Cu} + \mathrm{FeSO_4}$$

$$\begin{array}{ll}
\overset{0}{\mathrm{Fe}} \longrightarrow \overset{+\mathrm{II}}{\mathrm{Fe}^{2+}} + 2\,e^- & \text{Oxidation} \\
\overset{+\mathrm{II}}{\mathrm{Cu}^{2+}} + 2\,e^- \longrightarrow \overset{0}{\mathrm{Cu}} & \text{Reduktion} \\
\hline
\overset{0}{\mathrm{Fe}} + \overset{+\mathrm{II}}{\mathrm{Cu}^{2+}} \longrightarrow \overset{0}{\mathrm{Cu}} + \overset{+\mathrm{II}}{\mathrm{Fe}^{2+}} & \text{Redoxgleichung}
\end{array}$$

Es kommt zur Bildung von Blei, wenn Zink in eine Bleinitrat-Lösung gelangt, aber nicht zur Zink-Bildung, wenn Blei in Zinknitrat-Lösung gelangt.

$$\mathrm{Zn} + \mathrm{Pb(NO_3)_2} \longrightarrow \mathrm{Pb} + \mathrm{Zn(NO_3)_2}$$

$$\begin{array}{ll}
\overset{0}{\mathrm{Zn}} \longrightarrow \overset{+\mathrm{II}}{\mathrm{Zn}^{2+}} + 2\,e^- & \text{Oxidation} \\
\overset{+\mathrm{II}}{\mathrm{Pb}^{2+}} + 2\,e^- \longrightarrow \overset{0}{\mathrm{Pb}} & \text{Reduktion} \\
\hline
\overset{0}{\mathrm{Zn}} + \overset{+\mathrm{II}}{\mathrm{Pb}^{2+}} \longrightarrow \overset{0}{\mathrm{Pb}} + \overset{+\mathrm{II}}{\mathrm{Zn}^{2+}} & \text{Redoxgleichung}
\end{array}$$

Das Bestreben, Elektronen abzugeben, d. h. der Elektronendruck, ist also auch untereinander bei den unedlen und edlen Metallen unterschiedlich groß. So ist Zink unedler als Blei, weil es an Blei-Ionen Elektronen abgibt. Blei ist edler als Zink, weil es zur Elektronenabgabe an Zink-Ionen nicht in der Lage ist. Im Vergleich zum Wasserstoff sind beide unedle Metalle. Kupfer und Silber sind dagegen Edelmetalle, wobei Kupfer das unedlere von beiden ist. Kupfer gibt an Silber-Ionen Elektronen ab, dadurch wird Silber abgeschieden. Es wirkt gegenüber diesem als Reduktionsmittel, es hat einen höheren Elektronendruck als Silber.

Verbindet man ein Metall, das in seine eigene Salzlösung taucht, mit einem zweiten Metall, das ebenfalls in seine eigene Salzlösung taucht und bringt diese Salzlösung über eine halbdurchlässige Wand, ein Diaphragma, in Kontakt, so mißt man eine elektrische Spannung. Es liegt ein galvanisches Element vor, das aus zwei Halbzellen besteht. Jede Halbzelle besitzt ein bestimmtes *Potential*, das als *Maß für den Elektronendruck* oder den Lösungsdruck angesehen werden kann. Der Lösungsdruck ist das Bestreben des Metalls, in Lösung zu gehen. Da die Einzelpotentiale nur schwer *meßbar* sind, viel leichter dagegen *die Potentialdifferenzen,* müssen 2 Halbzellen zu einem galvanischen Element kombiniert werden. Die Potentialdifferenz ist nichts anderes als die *Spannung.* Beträgt die Konzentration der Metallkationen in der Lösung 1 mol/L und die Temperatur 25 °C, kann man durch Kombination jeder Metallhalbzelle mit einer Wasserstoffhalbzelle, der sog. *Normalwasserstoffelektrode,* Spannungswerte erreichen, die in der elektrochemischen Spannungsreihe (s. Tab. 2-12) der Metalle aufgeführt sind. Die Normalwasserstoffelektrode besteht aus einem Platin-Blech, das in eine Salzsäure-Lösung mit $c(\mathrm{HCl}) = 1$ mol/L taucht und von Wasserstoff unter $p = 1{,}013$ bar umspült wird. Das Potential dieser Bezugszelle wird gleich Null Volt gesetzt. Die Differenz der Potentiale der einzelnen Halbzellen zu dem der Normalwasserstoffelektrode, d. h. die Spannung, entspricht dann den sog. *Normalpotentialen* der Spannungsreihe. Weil unedle Metalle an Wasserstoff-Ionen Elektronen abgeben, haben diese Normalpotentiale ein negatives Vorzeichen. Die der Edelmetalle haben ein positives Vorzeichen, da Wasserstoff die Kationen dieser Edelmetalle durch Elektronenabgabe entladen kann. Innerhalb der Spannungsreihe sind die korrespondierenden Redoxpaare nach abnehmendem Elektronendruck geordnet.

Ein bekanntes galvanisches Element ist das Daniell-Element, die Kombination einer Kupferhalbzelle und einer Zinkhalbzelle. Die theoretische *Zellspannung*, die der Differenz der Normalpotentiale entspricht, ist in diesem Fall 1,11 V. Der Elektronenfluß vom Minuspol Zink (unedleres Metall) zum Pluspol Kupfer beruht auf folgender Redoxreaktion.

Minuspol: $\mathrm{Zn} \rightarrow \mathrm{Zn}^{2+} + 2\,\mathrm{e}^-$ Pluspol: $\mathrm{Cu}^{2+} + 2\,\mathrm{e}^- \rightarrow \mathrm{Cu}$

Solche exothermen Redoxreaktionen laufen freiwillig ab. In den Stoffen gespeicherte *chemische Energie wird umgewandelt in elektrische Energie,* die man nutzen kann, z. B. zum Antrieb eines Elektromotors oder zum Leuchten einer Glühbirne. Dies ist das Prinzip jeder *Batterie.* Nicht wieder aufladbare Batterien werden auch *Primärelemente* genannt. Bekanntestes Primärelement ist das des Franzosen Leclanché, in abgewandelter Form noch Grundlage vieler einfacher Batterien, der Zink-Kohle-Batterien. Sie enthalten als Verunreinigung des Zinks etwa 0,01% Quecksilber. In den Alkali-Mangan-Batterien sind 0,5% und in den Quecksilberoxid-Batterien bis zu 30% Quecksilber enthalten. Vor allem

Tab. 2-12: Elektrochemische Spannungsreihe.

	Korrespondierende Redoxpaare Red./Ox.	Normalpotential E_0 (V)
Elektrochemische Spannungsreihe der Metalle		
Caesium	Cs/Cs^+	−3,02
Kalium	K/K^+	−2,92
Calcium	Ca/Ca^{2+}	−2,76
Natrium	Na/Na^+	−2,71
Magnesium	Mg/Mg^{2+}	−2,34
Aluminium	Al/Al^{3+}	−1,67
Mangan	Mn/Mn^{2+}	−1,05
Zink	Zn/Zn^{2+}	−0,76
Chrom	Cr/Cr^{3+}	−0,56
Eisen	Fe/Fe^{2+}	−0,44
Cobalt	Co/Co^{2+}	−0,28
Nickel	Ni/Ni^{2+}	−0,23
Zinn	Sn/Sn^{2+}	−0.14
Blei	Pb/Pb^{2+}	−0,12
Wasserstoff	$1/2\ H_2/H^+$	0
Kupfer	Cu/Cu^{2+}	+0,35
Silber	Ag/Ag^+	+0,80
Quecksilber	Hg/Hg^{2+}	+0,85
Platin	Pt/Pt^{2+}	+1,2
Gold	Au/Au^{3+}	+1,36
Elektrochemische Spannungsreihe der Nichtmetalle		
Schwefel	S^{2-}/S	−0,50
Iod	$2\ I^-/I_2$	+0,53
Brom	$2\ Br^-/Br_2$	+1,07
Chlor	$2\ Cl^-/Cl_2$	+1,36
Fluor	$2\ F^-/F_2$	+2,85

Red. Reduktionsform des Elementes,
Ox. Oxidationsform des Elementes.

aus letzteren, die allein bei uns in Stückzahlen von vielen Millionen jährlich anfallen, muß unbedingt das Quecksilber zurückgewonnen und aus der Verbrennung ferngehalten werden. Dadurch wird eine Menge von vielen Tonnen Quecksilber erhalten und als Gift der Umwelt entzogen. Umweltfreundlicher als Quecksilberoxid-Batterien sind sicherlich andere Batterien, wie z. B. die Silberoxid-Batterien, trotz ihres Quecksilber-Gehalts von 1%. Besonders umweltfreundlich sind die neuen Lithium-Batterien, deren Minuspol wie beim Leclanché-Element aus Kohle und Mangandioxid besteht und durch eine Isolationsschicht vom Pluspol Lithium getrennt ist. Sie halten doppelt so lange wie Alkali-Mangan-, und gar zehnmal so lange wie Zink-Kohle-Batterien.

Um die Zahl der Batterien zu verringern und damit Abfälle zu vermeiden, sind die *Sekundärelemente,* die wiederaufladbaren Batterien, auch *Akkumulatoren* genannt, trotz ihres höheren Preises die besseren Alternativen. Auch hier sollten die herkömmlichen Nickel-Cadmium- oder Nickel-Eisen-Akkumulatoren möglichst bald durch umweltfreundlichere Lithium-Akkumulatoren ersetzt werden. Diese sind nicht nach 3 Monaten schon, wie die Ni/Cd-Akkus, selbstentladen, sondern können die Ladung mehr als 3 Jahre speichern. Prinzip aller Akkumulatoren, so auch des als Autobatterie verwendeten Bleiakkumulators, ist, daß sie nach der Entladung durch Zufuhr elektrischer Energie wieder aufladbar sind. Die exotherme, freiwillige Reaktion der **Galvanolyse** ist hier umkehrbar. *Der Umkehrvorgang,* bei dem elektrische Energie durch die gebildeten Stoffe in chemische Energie umgewandelt und gespeichert wird, *heißt* ***Elektrolyse.***

Ist die von außen angelegte Spannung, die sog. *Elektrolysespannung,* größer als die theoretische Zellspannung des galvanischen Elementes und ihr entgegengerichtet, fließen nun Elektronen unter Zwang von der Halbzelle des edleren Metalles, die als *Anode mit dem Pluspol der Spannungsquelle verbunden ist,* ab zur Halbzelle des unedleren Metalls. Diese stellt die Kathode dar, da sie *mit dem Minuspol der Spannungsquelle verbunden* ist, von dem Elektronen zu dieser Halbzelle fließen. Beim Daniellelement würden jetzt folgende Reaktionen ablaufen:

Anode: $Cu \rightarrow Cu^{2+} + 2\,e^-$

Kathode: $Zn^{2+} + 2\,e^- \rightarrow Zn$

Bei jeder Elektrolyse werden somit durch den elektrischen Strom chemische Reaktionen herbeigeführt, während bei der Galvanolyse durch chemische Reaktionen elektrischer Strom erzeugt wird.

Die Anwendung der Elektrolyse hat große Bedeutung im Rahmen der Abfallentsorgung. Aus Metallsalzlösungen werden die metallischen Kationen an der Kathode durch Reduktion zum Metall entladen. Diese Tatsache nutzt man aus, um giftige oder wertvolle Metalle aus wäßrigen Lösungen abzutrennen und somit zu recyceln. Benötigt man sehr reine Metalle, wie das z. B. beim Kupfer der Fall ist, da geringste Verunreinigungen die gute Leitfähigkeit herabsetzen, kann man auf diesem Wege das Metall reinigen oder raffinieren. Ein ganzer Industriezweig, die *Galvanotechnik,* wendet die Elektrolyse an, um Oberflächen zu veredeln, d. h. mit einer Schicht eines edleren Metalls zu überziehen. Beim sog. *Galvanisieren,* wird ein als Kathode geschalteter Gegenstand, oft ein unedleres Metall, aber auch mit Graphitpulver leitend gemachte Kunststoffgegenstände, in den Elektrolyten, eine Salzlösung des edleren Metalls, getaucht. Die Anode besteht aus dem edleren Metall. Beispiele sind das Vergolden, Versilbern, Verkupfern, Vernickeln, Verchromen von Gegenständen. Beim Verkupfern finden folgende Vorgänge statt:

Anode: $Cu \rightarrow Cu^{2+} + 2\,e^-$

Kathode: $Cu^{2+} + 2\,e^- \rightarrow Cu$

Ein *galvanisches Element* liegt immer dann vor, wenn 2 verschiedene Leiter aus Metallen oder Graphit in einen Elektrolyten tauchen. Es müssen also nicht zwei verschiedene Salzlösungen vorhanden sein. Jede leitende Flüssigkeit, auch *Elektrolyt* genannt, reicht aus. Bringt man die zwei Leiter in direkten Kontakt, entsteht ein *kurzgeschlossenes galvanisches Element,* ein *Lokalelement.* Es findet sofort ein Elektronenübergang vom unedleren Metall über das edlere an die Kationen des Elektrolyten, die entladen werden, statt. Das unedlere Metall geht dabei als Kation in Lösung.

Beispiel: verzinktes Eisenblech

Wenn an einer Stelle die Zinkschicht zerstört ist und Feuchtigkeit an das Eisen gelangt, erfolgt zunächst die Oxidation des Zinks: $Zn \rightarrow Zn^{2+} + 2\,e^-$
Wasserstoff-Ionen werden unter Wasserstoff-Bildung entladen: $2\,H^+ + 2\,e^- \rightarrow H_2$

Ein Rosten des Eisens, d.h. dessen Oxidation mit Wasser und dem Sauerstoff der Luft, wird solange verhindert, wie diese Redoxreaktion abläuft. Zink wirkt hier als sog. *Opferanode.* So bringt man Zink z.B. auf Schiffsrümpfe oder Rohrleitungen auf, nimmt dessen elektro-chemische Korrosion oder Zerstörung in Kauf, um den wertvolleren Gegenstand, quasi die Kathode, zu schützen.

Bei verzinntem Blech, auch Weißblech genannt, geht allerdings an einer Störstelle der Zinn-Schicht zunächst Eisen als das unedlere der beiden Metalle in Lösung.

Durch die *elektrochemische Korrosion* entsteht jährlich bei uns ein Schaden in Höhe von mehreren Milliarden DM. Durch Korrosion nicht mehr brauchbare Gegenstände sind meist Abfall. *Im Rahmen der **Abfallvermeidung** hat somit der **Korrosionsschutz oberste Priorität.***

Ein Ersatz der korrodierbaren Metalle durch nicht korrodierbare Materialien wie

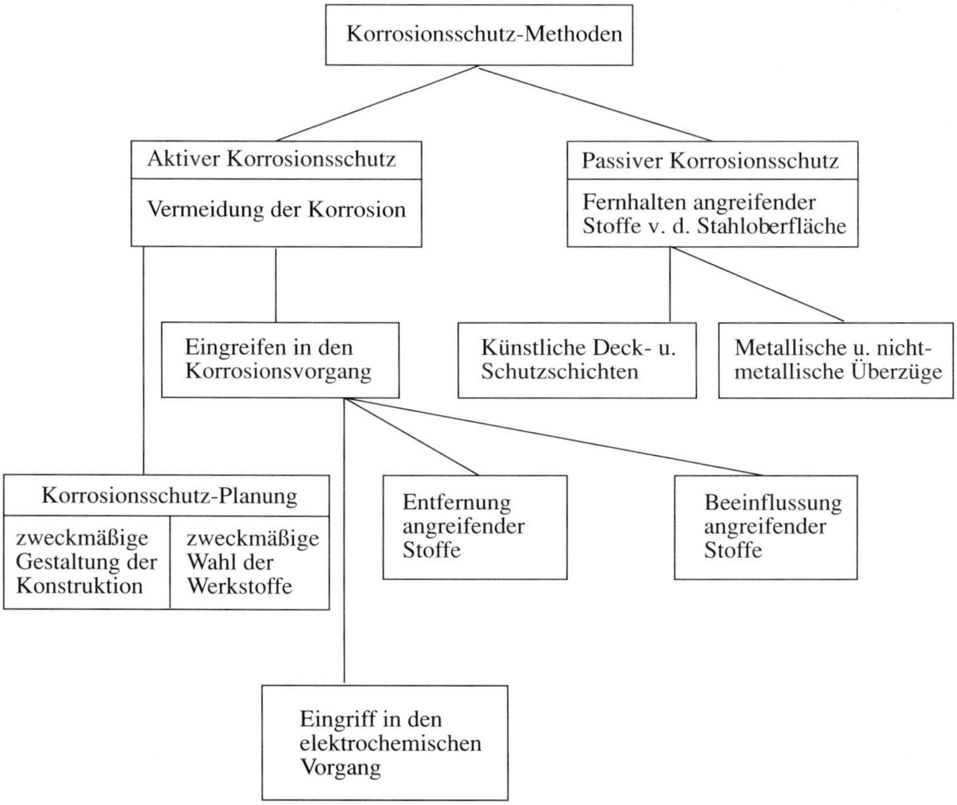

Abb. 2-9: Übersicht über verschiedene Korrosionsschutzverfahren, nach van Oeteren.

Überzüge	Verfahren	Beispiele	Schichtdicken (Anhaltswerte) µm	mm
Anorganische Überzüge	Oxidschichten	z.B. Glühen/Brünieren	1 bis 5	
	Phosphat-schichten	z.B.Schwermetallphos-phatische(Bonder- oder Atramentverfahren)	1 bis 10	
Metallische Überzüge	Vakuum-Auf-dampfverfahren	z.B. Aluminium, Zink	1 bis 20	
	Schmelztauch-metallüberzüge	z.B. Feuerverzinkung, Verzinnung	<200	
	Elektrolytische (galvanische) Metallüberzüge	z.B. Verchromung, Vernickelung	<50	
	Diffusions-Me-tallüberzüge	z.b. Inchromierung (Chrom), Sherardisieren (Zink)	<200	
	Plattierte Metall-überzüge	z.B. Plattierung (Edel-stahl, Kupfer, Silber)		5 bis 20
	Aufgespritzte Metallüberzüge	z.B. Metallspritzüber-züge (Zink, Aluminium)	80 bis 200	
Nichtmetallische Überzüge (anorganisch)	Silikat-Über-züge	z.B. Emaillierung	<350	
	Zement-Über-züge	z.B. Torkretieren		4 bis 20
Nichtmetallische Überzüge (organisch)	Bituminöse Beschichtung	z.B. Bitumen-oder Teer-isolationen von Rohren		4 bis 7
	Gummi-Be-schichtungen	z.B. Gummierung von Behältern		2 bis 3
	Kunststoff-Be-schichtungen	z.B. Kunststoffwirbel-sintern, Flammspritzen		0,2 bis 2
	Beschichtungen (Anstriche, Lackierungen)	z.B. Kunstharz, Chlor-kautschuk, Polyurethan, Epoxidharz	200	

Abb. 2-10: Übersicht über passive Korrosionsschutzverfahren, nach van Oeteren.

Kunststoffe oder Keramiken steht erst am Anfang einer wünschenswerten Entwicklung und ist sicherlich nicht überall möglich. Methoden des Korrosionsschutzes werden somit auf lange Sicht große Bedeutung haben. Das Anbringen von Opferanoden ist eine Methode des aktiven Korrosionsschutzes, wo es um die Korrosionsvermeidung geht. Durch Anlagen einer entgegengerichteten Gleichspannung kann man den Gegenstand, die Kathode, ebenfalls schützen. Rohrleitungen werden oft vor Rosten dadurch geschützt, daß bestimmten Betriebswässern Natriumsulfit oder flüssiges Hydrazin N_2H_4, das allerdings im Verdacht steht, cancerogen zu sein, zugesetzt werden. Es reagiert mit dem im Wasser gelösten Sauerstoff:

$$N_2H_4 + O_2 \rightarrow N_2 + 2\,H_2O$$

Verhindert man durch Maßnahmen wie Galvanisieren den Kontakt zwischen Gegenstand und Korrosionsmittel, die bei der chemischen Korrosion auch Gase wie SO_2, HCl oder CO_2 sein können, schützt man auf passive Weise. Das Aufbringen von nichtmetallischen Überzügen oder Deckschichten, wie z. B. durch das **Eloxalverfahren,** bei dem durch Elektrolyse die Aluminium-Oberfläche unter Bildung einer Aluminiumoxid-Schicht passiviert wird, sind weitere Methoden des passiven Korrosionsschutzes. Eine Kombination aus aktivem und passivem Korrosiosschutz ist oft die beste Lösung. Einen Überblick über wichtige Korrosionsschutzverfahren bieten die Abb. 2-9 und 2-10.

2.7.6 Protolysen

Leitet man Hydrogenchlorid HCl oder Ammoniak NH_3 in Wasser, stellt man einen starken Anstieg der elektrischen Leitfähigkeit fest. Ursache ist die Reaktion der beiden Dipol-Verbindungen mit den Dipolmolekülen des Wassers unter Bildung von Ionen. In beiden Fällen handelt es sich um eine **Reaktion,** die **unter Protonenübergang,** dem Übergang von positiven Wasserstoff-Ionen, verläuft.
Eine solche Reaktion wird von *Brönsted* als **Protolyse** bezeichnet. Den protonenabgebenden Stoff oder **Protonenspender** bezeichnet er als **Säure,** den protonenaufnehmenden Stoff oder **Protonenfänger** als **Base.**

$$HCl \rightleftharpoons H^+ + Cl^- \qquad \text{Protonenabgabe}$$

$$H_2O + H^+ \rightleftharpoons H_3O^+ \qquad \text{Protonenaufnahme}$$

$$\underset{\text{Säure 1}}{HCl} + \underset{\text{Base 2}}{H_2O} \rightleftharpoons \underset{\text{Säure 2}}{H_3O^+} + \underset{\text{Base 1}}{Cl^-} \qquad \text{Protolyse}$$

Säure 1/Base 1 und Säure 2/Base 2 nennt man korrespondierende, d. h. in Verbindung stehende Säure-Base-Paare.

Positiv geladene Wasserstoff-Ionen oder Protonen werden von größeren Teilchen gebunden. Sie werden von Wasserstoffmolekülen eingefangen. Auch Wasserassoziate können ein Proton binden. Der Einfachheit halber wird hier vom *Hydronium-Ion H_3O^+* ausgegangen. Die Formel für die Salzsäure lautet HCl. Dabei sollte man daran denken, daß bei Salzsäure HCl-Moleküle in H^+ und Cl^--Ionen dissoziiert sind, während Hydrogenchlorid-Gas aus HCl-Molekülen besteht. Dieser Unterschied gilt auch oft für andere säurebildende Nichtmetallhydride. Erst die Protonen bewirken den sauren Charakter dieser Verbindungen. Da das entstandene Cl^--Ion ein Proton aufnehmen kann, stellt es die korrespondierende Base zur Säure HCl dar. Das entstandene Hydronium-Ion kann als Säure fungieren, d. h. ein Proton abgeben. Deshalb ist es die korrespondierende Säure zur Base H_2O.

$$H_2O \rightleftharpoons H^+ + OH^- \qquad \text{Protonenabgabe}$$

$$NH_3 + H^+ \rightleftharpoons NH_4^+ \qquad \text{Protonenaufnahme}$$

$$\underset{\text{Säure 1}}{H_2O} + \underset{\text{Base 2}}{NH_3} \rightleftharpoons \underset{\text{Säure 2}}{NH_4^+} + \underset{\text{Base 1}}{OH^-} \qquad \text{Protolyse}$$

Bei der Reaktion zwischen Wasser und Ammoniak gibt Wasser ein Proton an Ammoniak ab. H_2O reagiert bei dieser Reaktion im Sinne von Brönsted als Säure und korrespondiert mit der Base OH^-. NH_3 ist bei dieser Reaktion Base und steht in Verbindung mit der Säure NH_4^+.

Die wäßrigen Lösungen von Basen nennt man ***Laugen***. Da Säuren und Basen in wäßriger Lösung die größte Bedeutung haben, werden diese näher betrachtet. Zuvor wird aber die Stärke von Brönsted-Säuren und -Basen behandelt.

Dissoziiert eine Säure HA in ein Proton und die korrespondierende Base, das Säurerest-Anion A^-, so ergibt sich gemäß dem Massenwirkungsgesetz folgende Gleichgewichtskonstante. Die Konstante wird Säurekonstante K_S genannt.

$$HA \rightleftharpoons H^+ + A^- \qquad K_S = \frac{c(H^+) \cdot c(A^-)}{c(HA)}$$

Sind die Base A^- und H^+ Ausgangsstoffe des Systems, leitet sich die Basenkonstante K_B des Gleichgewichtszustands wie folgt ab.

$$H^+ + A^- \rightleftharpoons HA \qquad K_B = \frac{c(HA)}{c(H^+) \cdot c(A^-)}$$

Die pK_S- und pK_B- Werte sind als negative dekadische Logarithmen der Säurekonstanten K_S bzw. der Basenkonstanten K_B ein Maß für die Säure- und Basestärke.

$$pK_S = -\lg K_S \qquad pK_B = -\lg K_B$$

Man erkennt aus Tab. 2-13, daß mit abnehmenden pK_S- und pK_B-Werten die Stärke von Säuren und Basen zunimmt. Je kleiner die pK-Werte sind, umso größer sind die Werte der jeweiligen Gleichgewichtskonstanten. Je größer diese Werte sind, um so mehr ist die jeweilige Hinreaktion begünstigt, d. h. die Protonenabgabereaktion, oder im anderen Fall die Protonenaufnahmereaktion.

Tab. 2-13: Nach der Stärke von Säuren und Basen geordnete korrespondierende Säure-Base-Paare, nach Anorganikum.

	pK_S	Säuren		Basen	pK_B	
sehr stark	~ − 10	$HClO_4$	⇌	$H^+ + ClO_4^-$	~ 24	sehr schwach
	~ − 10	HI	⇌	$H^+ + I^-$	~ 24	
	~ − 9	HBr	⇌	$H^+ + Br^-$	~ 23	
	~ − 7	HCl	⇌	$H^+ + Cl^-$	~ 21	
	~ − 3	H_2SO_4	⇌	$H^+ + HSO_4^-$	~ 17	
	− 1,74	H_3O^+	⇌	$H^+ + H_2O$	15,74	
	− 1,32	HNO_3	⇌	$H^+ + NO_3^-$	15,32	
	~ 0	$HClO_3$	⇌	$H^+ + ClO_3^-$	~ 14	
stark	1,42	$H_2C_2O_4$	⇌	$H^+ + HC_2O_4^-$	12,58	schwach
	1,92	H_2SO_3	⇌	$H^+ + HSO_3^-$	12,08	
	1,92	HSO_4^-	⇌	$H^+ + SO_4^{2-}$	12,08	
	1,96	H_3PO_4	⇌	$H^+ + H_2PO_4^-$	12,04	
	2,0	$HClO_2$	⇌	$H^+ + ClO_2^-$	12,0	
	2,22	$[Fe(H_2O)_6]^{3+}$	⇌	$H^+ + [Fe(H_2O)_5OH]^{2+}$	11,78	
	2,32	H_3AsO_4	⇌	$H^+ + H_2AsO_4^-$	11,68	
	3,14	HF	⇌	$H^+ + F^-$	10,86	
	3,35	HNO_2	⇌	$H^+ + NO_2^-$	10,65	
mittelstark	4,75	CH_3COOH	⇌	$H^+ + CH_3CO_2^-$	9,25	mittelstark
	4,85	$[Al(H_2O)_6]^{3+}$	⇌	$H^+ + [Al(H_2O)_5OH]^{2+}$	9,15	
	6,52	H_2CO_3	⇌	$H^+ + HCO_3^-$	7,48	
	6,92	H_2S	⇌	$H^+ + HS^-$	7,08	
	7,12	$H_2PO_4^-$	⇌	$H^+ + HPO_4^{2-}$	6,88	
	7,25	$HClO$	⇌	$H^+ + ClO^-$	6,75	
schwach	9,24	H_3BO_3	⇌	$H^+ + H_2BO_3^-$	4,76	stark
	9,25	NH_4^+	⇌	$H^+ + NH_3$	4,75	
	9,40	HCN	⇌	$H^+ + CN^-$	4,60	
	9,5	H_4SiO_4	⇌	$H^+ + H_3SiO_4^-$	4,5	
	10,4	HCO_3^-	⇌	$H^+ + CO_3^{2-}$	3,6	
	11,62	H_2O_2	⇌	$H^+ + HO_2^-$	3,38	
	12,32	HPO_4^{2-}	⇌	$H^+ + PO_4^{3-}$	1,68	
sehr schwach	15,74	H_2O	⇌	$H^+ + OH^-$	− 1,74	sehr stark
	~ 23	NH_3	⇌	$H^+ + NH_2^-$	~ − 9	
	~ 24	OH^-	⇌	$H^+ + O^{2-}$	~ − 10	
	34	CH_4	⇌	$H^+ + CH_3^-$	~ − 20	
	38,6	H_2	⇌	$H^+ + H^-$	− 24,6	

Herstellung von Säuren und Laugen

Nichtmetalloxide reagieren mit Wasser in den meisten Fällen *zu einer Säure,* so z. B.

$$CO_2 + H_2O \rightarrow H_2CO_3$$

Kohlenstoff(IV)-oxid → Kohlensäure

$$SO_2 + H_2O \rightarrow H_2SO_3$$

Schwefel(IV)-oxid → Schwefel(IV)-säure (schweflige Säure)

Metalloxide reagieren dagegen meistens *mit Wasser zu einer Lauge,* so z. B.

$$CaO + H_2O \rightarrow Ca(OH)_2$$

Calciumoxid (Branntkalk) → Calciumlauge (Kalkwasser)
(in fester Form: Calciumhydroxid oder Löschkalk)

Einige Metalle, besonders aus der 1. und 2. Hauptgruppe, *reagieren mit Wasser sehr heftig unter Bildung einer Lauge und Wasserstoff.* Infolge der hohen Reaktionswärme, die bei diesen stark exothermen Reaktionen frei wird, kommt es meist zur Entzündung des Wasserstoffs.

Beispiel:

$$2\,Na + 2\,H_2O \rightarrow 2\,NaOH + H_2\uparrow$$

Natronlauge
(in fester Form: Natriumhydroxid
veraltet: Ätznatron)

Eigenschaften von Säuren und Laugen

Merkmal aller Säuren in wäßriger Lösung ist das Vorhandensein von Hydronium-Ionen H_3O^+. Je höher die Konzentration dieser Ionen ist, um so stärker ist die Säure. In der Praxis wird aber *der negative dekadische Logarithmus der wirksamen Konzentration dieser Ionen* als Maß für den sauren Charakter einer Flüssigkeit verwendet, der sog. ***pH-Wert.***

$$pH = -\lg c(H_3O^+) \rightarrow c(H_3O^+) = 10^{-pH}\ mol/L$$

Neutrale Lösungen haben einen pH-Wert von 7, bei Säuren ist er geringer als 7, bei Laugen liegt der pH-Wert über 7. Wie kommt es gerade zu dieser Zahl 7?

In einer neutralen Lösung, also auch in Wasser selber, ist die Konzentration der Hydronium-Ionen gleich der der Hydroxid-Ionen. pH = 7 bedeutet, daß 10^{-7} mol/L H_3O^+- und 10^{-7} mol/L OH^--Ionen in einer solchen Lösung vorliegen. Es ist genau die Konzentration an H_3O^+- und OH^--Ionen, die auch in chemisch reinem Wasser vorliegt. Man spricht von der *Eigendissoziation des Wassers.* Das Gleichgewicht der Reaktion

$$H_2O + H_2O \rightleftharpoons H_3O^+ + OH^-$$

liegt somit allerdings äußerst stark auf der Seite der Rückreaktion. Das Produkt der Konzentrationen von H_3O^+- und OH^--Ionen ist in Wasser und allen wäßrigen Lösungen stets 10^{-14} mol²/L².

Ionenprodukt des Wassers: $c(H_3O^+) \cdot c(OH^-) = 10^{-14}\ mol^2/L^2$

Eine Säure mit pH = 3 hätte somit $c(H_3O^+) = 10^{-3}$ mol/L und $c(OH^-) = 10^{-11}$ mol/L. *Laugen enthalten Hydroxid-Ionen und Kationen.* Es sind meistens metallische oder diesen ähnliche Kationen, wie z.B. das Ammonium-Ion. Je höher die Konzentration der Hydroxid-Ionen ist, um so stärker ist die Lauge. Eine Lauge mit pH = 10 hätte $c(H_3O^+) = 10^{-10}$ mol/L und $c(OH^-) = 10^{-4}$ mol/L.

Die pH-Werte liegen somit zwischen 0 und 14. Weitere pH-Wert-Berechnungen sind in Abschn. 3.4.1 aufgeführt. Säuren und Laugen sind genau wie Salzlösungen Elektrolyte. Wenn nur wenige der vorhandenen Anionen und Kationen zurückreagieren zu Molekülen oder undissoziierten Ionenaggregatteilchen, liegen *starke Elektrolyte* vor. Starke Säuren, deren pH-Wert sehr klein, und starke Laugen, deren pH-Wert sehr groß ist, sind dadurch gekennzeichnet. Reagieren viele Ionen zu undissoziierten Teilchen zurück, liegt ein *schwacher Elektrolyt vor.* Die Größe der Dissoziation eines Stoffes in wäßriger Lösung kann man *bei schwachen Elektrolyten* am ***Dissoziationsgrad α*** erkennen.

$$\text{Dissoziationsgrad } \alpha = \frac{\text{Anzahl der dissoziierten Ausgangsteilchen}}{\text{Anzahl der vor der Dissoziation vorhandenen Ausgangsteilchen}}$$

Beispiele: In einer Ethansäure (Essigsäure) $c(CH_3COOH)$ = 1 mol/L sind nur 0,4% der Moleküle in Acetat-Ionen (CH_3OOO^-) und H^+-Ionen dissoziiert.

In einer Ammoniak-Lösung $c(NH_4OH)$ = 1 mol/L liegen nur noch 0,4% der NH_3- und H_2O-Moleküle als NH_4^+- und OH^--Ionen vor.

Beide Lösungen sind schwache Elektrolyte, eine schwache Säure und eine schwache Lauge liegen vor.

Bei starken Elektrolyten spricht man vom ***Aktivitätskoeffizienten*** f_a, mit dem man die Stoffmengenkonzentration multipliziert, um die tatsächlich ***wirksame Konzentration, die Aktivität*** a zu erhalten.

$$a = c \cdot f_a$$

Bei einer Salzsäure c (HCl) = 0,1 mol/L beträgt dieser Aktivitätskoeffizient f_a = 0,92. Er entspricht dem Dissoziationsgrad α. Man kann auch hier sagen, daß 92% der HCL-Moleküle in H^+- und Cl^--Ionen dissoziiert sind. Die Aktivität dieser Säure würde a (HCl) = 0,092 mol/L betragen. Eine Kalilauge c (KOH) = 1 mol/L hat einen Aktivitätskoeffizienten f_a von 0,77%. Hier sind 77% der KOH-Ionenaggregate in K^+- und OH^--Ionen dissoziiert. Die Aktivität würde bei dieser Lösung a (KOH) = 0,77 mol/L betragen.

Bei der vollständigen **Neutralisation** einer Säure mit einer Lauge haben alle Hydronium-Ionen der Säure mit den Hydroxid-Ionen exotherm zu Wasser reagiert. *Es wird also Wasser bei der Neutralisation gebildet* und kein Salz, ein ganz wesentlicher Sachverhalt. Es liegt nach der Neutralisation wohl eine wäßrige Salzlösung vor, aus der bei Entfernung des Wassers das Salz auskristallisiert. Kationen und Anionen, die das Salz bilden, sind allerdings schon vor der Neutralisation in der Säure bzw. Lauge enthalten und nicht durch diesen Vorgang entstanden.

Beispiele:

$NaOH + HCl \rightarrow NaCl + H_2O$

$2\ KOH + H_2SO_4 \rightarrow K_2SO_4 + 2\ H_2O$

$Ba(OH)_2 + 2\ HNO_3 \rightarrow Ba(NO_3)_2 + 2\ H_2O$

$Ca(OH)_2 + H_2SO_4 \rightarrow CaSO_4 + 2\ H_2O$

allgemein gilt: Säure + Lauge $\rightarrow$ Salz + Wasser

Die Salzteilchen können mit dem Wasser zurückreagieren. Diesen Vorgang nennt man **Hydrolyse.** Das ist der Grund, warum nur Salzlösungen, die aus gleichstarken Säuren und Laugen entstanden sind, neutral reagieren. Ist die Säure stärker, reagiert die Salzlösung sauer, ist Lauge stärker, reagiert die Salzlösung alkalisch oder basisch. So reagiert eine Lösung von Ammoniumchlorid NH_4Cl sauer, eine Lösung von Natriumcarbonat Na_2CO_3 dagegen alkalisch.

Viele farbige organische Substanzen werden von Säuren und Laugen unterschiedlich gefärbt. Da man auf diese Weise Säuren und Laugen erkennen kann, nennt man sie *Indikatoren.* So bleibt beispielsweise der Indikator Phenolphthalein in Säuren farblos, während er in Laugen rotviolett gefärbt erscheint. Sowohl Säuren als auch Laugen sind aggressive Flüssigkeiten, die leicht reagieren und die beide ätzend auf Metalle einwirken.

Lösungen, die auch bei Zugabe adäquater Mengen einer Säure oder Lauge ihren pH-Wert nur unwesentlich ändern, nennt man **Pufferlösungen.** Sie werden zum Eichen von Meßgeräten, wie pH-Metern verwendet. Pufferlösungen im sauren Bereich enthalten meist eine schwache Säure und ein alkalisch reagierendes Salz dieser Säure, wie z. B. Ethansäure (Essigsäure)/Natriummethanat (Natriumacetat).

Pufferlösungen des basischen Bereichs bestehen aus der Kombination einer schwachen Base mit einem sauer reagierenden Salz dieser Base, wie z. B. Ammoniumhydroxid/ Ammoniumchlorid.

Gelangen H_3O^+- oder OH^--Ionen in solche Lösungen, werden sie zu H_2O umgesetzt. Auch für Gewässer spielt das Vermögen, diese Ionen abzufangen, die sog. *Pufferkapazität,* eine große Rolle.

2.8 Nomenklatur anorganischer Verbindungen

Die exakte Benennung anorganischer Verbindungen erfolgt mit Hilfe von Oxidationszahlen. Vor allem bei Elementen, die in Verbindungen häufig unterschiedliche Oxidationszahlen besitzen, ist dies von Bedeutung. Sie werden hinter dem Namen des Teilchens in runden Klammern angegeben. Man hat die früher üblichen Trivialnamen durch diese modernen Namen ersetzt. Nicht nur, weil es bei ähnlichen Trivialnamen Verwechslungen geben konnte, wie z. B. zwischen Natriumchlorid NaCl und Natriumchlorit $NaClO_2$, die zu Unfällen geführt haben, sondern auch weil die Bezeichnung mit Hilfe der Oxidationszahlen rationeller ist, und man aus diesen Namen die Formel und umgekehrt, aus der Formel den Namen logisch ableiten kann. Wichtige, noch gebräuchliche Trivialnamen werden trotzdem bei den folgenden Übersichten wichtiger Säuren, Basen, Laugen, Salze, Komplex-Verbindungen und Sauerstoff-Verbindungen angegeben.

Säuren

Die Wertigkeit einer Säure entspricht der Zahl der dissoziier- oder protolysierbaren Protonen. Tab. 2-14 stellt wichtige Säuren zusammen.

Tab. 2-14: Nomenklatur und Formeln wichtiger Säuren.

Formel	Name	Trivialname
Wichtige sauerstofffreie Säuren		
a) einwertige Säuren		
HF	Hydrogenfluoridsäure	Flußsäure
HCl	Hydrogenchloridsäure	Salzsäure
HBr	Hydrogenbromidsäure	Bromwasserstoffsäure
HI	Hydrogeniodidsäure	Iodwasserstoffsäure
HCN	Cyanwasserstoffsäure	Blausäure
b) zweiwertige Säuren		
H_2S	Dihydrogensulfidsäure	Schwefelwasserstoffsäure
Wichtige sauerstoffhaltige Säuren		
a) einwertige Säuren		
$H\overset{+III}{N}O_2$	Stickstoff(III)-säure	Salpetrige Säure
$H\overset{+V}{N}O_3$	Stickstoff(V)-säure	Salpetersäure
$H\overset{+I}{Cl}O$	Chlor(I)-säure	Hypochlorige Säure
$H\overset{+III}{Cl}O_2$	Chlor(III)-säure	Chlorige Säure
$H\overset{+V}{Cl}O_3$	Chlor(V)-säure	Chlorsäure
$H\overset{+VII}{Cl}O_4$	Chlor(VIII)-säure	Perchlorsäure
b) zweiwertige Säuren		
$H_2\overset{+IV}{C}O_3$	Kohlenstoff(IV)-säure	Kohlensäure
$H_2\overset{+IV}{S}O_3$	Schwefel(IV)-säure	Schweflige Säure
$H_2\overset{+VI}{S}O_4$	Schwefel(VI)-säure	Schwefelsäure
c) dreiwertige Säuren		
$H_3\overset{+V}{P}O_4$	(Ortho) Phosphor(V)-säure	Phosphorsäure
H_3BO_3	(Ortho) Borsäure	Borsäure

Basen und Laugen

Die Wertigkeit der Basen entspricht der Zahl der dissoziierbaren Hydroxidteilchen. Die Formel der festen Hydroxide und ihrer wäßrigen Lösungen ist gleich. Tab. 2-15 gibt wichtige Basen und Laugen wieder.

Tab. 2-15: Nomenklatur und Formeln wichtiger Basen und Laugen. Der Trivialname steht in Klammern.

Formel	Name der Base (Trivialname)	Name der Lauge (Trivialname)
Wichtige einwertige Basen und Laugen		
LiOH	Lithiumhydroxid	Lithiumlauge
NaOH	Natriumhydroxid (Ätznatron)	Natronlauge
KOH	Kaliumhydroxid (Ätzkali)	Kalilauge
NH_4OH	Ammoniumhydroxid (nur in wäßriger Lösung)	Ammoniaklösung (Salmiakgeist)
Wichtige zweiwertige Basen und Laugen		
$Mg(OH)_2$	Magnesiumhydroxid	Magnesiumlauge
$Ca(OH)_2$	Calciumhydroxid (Löschkalk)	Calciumlauge (Kalkwasser)
$Ba(OH)_2$	Bariumhydroxid	Bariumlauge (Barytwasser)
$\overset{+II}{Fe}(OH)_2$	Eisen(II)-hydroxid	– (schwerlöslich in H_2O)
$\overset{+II}{Ni}(OH)_2$	Nickel(II)-hydroxid	– (schwerlöslich in H_2O)
Wichtige dreiwertige Basen und Laugen		
$Al(OH)_3$	Aluminiumhydroxid (amphotere Verbindung)	– (schwerlöslich in H_2O)
$\overset{+III}{Cr}(OH)_3$	Chrom(III)-hydroxid (amphotere Verbindung)	– (schwerlöslich in H_2O)
$\overset{+III}{Fe}(OH)_3$	Eisen(III)-hydroxid	– (schwerlöslich in H_2O)

Sehr viele Hydroxide, wie fast alle der in den Nebengruppen anzutreffenden Schwermetalle, sind schwerlöslich in Wasser. Das bedeutet, daß man diese Ionen durch Hydroxidfällung aus dem Wasser entfernen kann.

Salze

Aus der Wertigkeit der Kationen und Anionen läßt sich die Formel der Salze ableiten. *Salze sauerstofffreier Säuren besitzen die Endung -id, die der sauerstoffhaltigen die Endung -at.*

Beispiele wichtiger Salze sind in der folgenden Tab. 2-16 aufgeführt mit Formeln (ohne Kristallwasser), Namen und eventuell vorhandenen Trivialnamen.

Tab. 2-16: Nomenklatur und Formeln wichtiger Salze von sauerstofffreien und sauerstoffhaltigen Säuren.

Formeln	Name des Salzes	Trivialname
Salze sauerstofffreier Säuren		
a) Salze einwertiger sauerstofffreier Säuren		
NaF	Natriumfluorid	
SiF_4	Siliciumfluorid	
NaCl	Natriumchlorid	Kochsalz
NH_4Cl	Ammoniumchlorid	Salmiak
CuCl	Kupfer(I)-chlorid	
AgCl	Silberchlorid	
$CaCl_2$	Calciumchlorid	
$BaCl_2$	Bariumchlorid	
$FeCl_3$	Eisen(III)-chlorid	
KI	Kaliumiodid	
KCN	Kaliumcyanid	Zyankali
KSCN	Kaliumthiocyanat	Kaliumrhodanid
b) Salze zweiwertiger sauerstofffreier Säuren		
NaHS	Natriumhydrogensulfid	
FeS	Eisen(II)-sulfid	
HgS	Quecksilber(II)-sulfid	
Fe_2S_3	Eisen(III)-sulfid	
CS_2	Kohlenstoff(IV)-sulfid	Schwefelkohlenstoff
SnS_2	Zinn(IV)-sulfid	
As_2S_5	Arsen(V)-sulfid	
Salze sauerstoffhaltiger Säuren		
a) Salze einwertiger sauerstoffhaltiger Säuren		
$NaNO_2$	Natriumnitrat(III)	Natriumnitrit
$AgNO_3$	Silbernitrat(V)	Höllenstein
$Ca(NO_3)_2$	Calciumnitrat(V)	Kalksalpeter
NaClO	Natriumchlorat(I)	Natriumhypochlorit
$NaClO_2$	Natriumchlorat(III)	Natriumchlorit
$KClO_3$	Kaliumchlorat(V)	Kaliumchlorat
$KClO_4$	Kaliumchlorat(VII)	Kaliumperchlorat
$KMnO_4$	Kaliummanganat(VII)	Kaliumpermanganat
b) Salze zweiwertiger sauerstoffhaltiger Säuren		
$NaHCO_3$	Natriumhydrogencarbonat	
Na_2CO_3	Natriumcarbonat	Soda
$CaCO_3$	Calciumcarbonat	Kalkstein
K_2SO_3	Kaliumsulfat(IV)	Kaliumsulfit
$KHSO_4$	Kaliumhydrogensulfat(VI)	
Na_2SO_4	Natriumsulfat(VI)	Glaubersalz
$MgSO_4$	Magnesiumsulfat(VI)	Bittersalz
$CaSO_4$	Calciumsulfat(VI)	Gips
$BaSO_4$	Bariumsulfat(VI)	
$CuSO_4$	Kupfersulfat(VI)	
$Al_2(SO_4)_3$	Aluminiumsulfat(VI)	

Tab. 2-16: Fortsetzung

Formel	Name des Salzes	Trivialname
$Fe_2(SO_4)_3$	Eisen(III)-sulfat(VI)	
$Ti(SO_4)_2$	Titan(IV)-sulfat(VI)	
$Na_2S_2O_3$	Natriumthiosulfat	
K_2CrO_4	Kaliumchromat(VI)	
$K_2Cr_2O_7$	Kaliumdichromat(VI)	
$Na_2B_4O_7$	Natriumtetraborat	Borax
c) Salze dreiwertiger sauerstoffhaltiger Säuren		
NaH_2PO_4	Natriumdihydrogenphosphat(V)	
Na_2HPO_4	Dinatriumhydrogenphosphat(V)	
Na_3PO_4	Natriumphosphat(V)	
$Ca_3(PO_4)_2$	Calciumphosphat(V)	
$MgNH_4PO_4$	Magnesiumammoniumphosphat(V)	
$FePO_4$	Eisen(III)-phosphat(V)	
d) Salze vierwertiger sauerstoffhaltiger Säuren		
$Mg_2P_2O_7$	Magnesiumdiphosphat(V)	Magnesiumpyrophosphat
$Mn_2P_2O_7$	Mangandiphosphat(V)	Manganpyrophosphat

Komplex-Verbindungen

Bei den Komplex-Verbindungen ist ein *Zentralteilchen* mit einem oder mehreren Partnern, dem oder den *Liganden,* relativ fest verbunden und bildet dadurch ein größeres Teilchen, den *Komplex.* Je stärker diese Bindung ist, um so stabiler ist dieser Komplex. Er kann nach außen als Anion oder Kation wirken. Ionen, wie das Sulfat- oder Nitrat-Ion, sind eigentlich auch solche komplexen Anionen mit Schwefel oder Stickstoff als Zentralteilchen und den Sauerstoff-Liganden. Die Ladung des Komplexes wird durch entgegengesetzte Ladungen von Kationen oder Anionen ausgeglichen. Viele Metalle, vor allem Schwermetalle, können Zentralteilchen von Komplexen bilden und sind dann, wenn sie in dieser Form z. B. im Abwasser auftreten, nur schwer abzutrennen. Dies gilt vor allem, wenn sie mit im Abwasser enthaltenen organischen Stoffen, z. B. aus Wasch- und Reinigungsmitteln, als Liganden reagieren.

So läßt sich z. B. Eisen, wenn es in Form des stabilen Hexacyanoferrat(II)-Ions $[Fe(CN)_6]^{4-}$ im Wasser vorkommt, kaum als Hydroxid fällen, denn das Gleichgewicht $[Fe(CN)_6]^{4-} \rightleftharpoons Fe^{2+} + 6\ CN^-$ liegt stark auf der Seite der Rückreaktion. Allerdings ist das bei diesem Komplex von Vorteil, da Cyanid-Ionen im sauren, ja selbst noch im schwach basischen Wasser sehr leicht unter Bildung des hochgiftigen gasförmigen Cyanwasserstoffs HCN (Blausäure) reagieren. Eine Entgiftung der Cyanid-Ionen beim Erzeuger vor Einleitung in die Kanalisation ist von daher unbedingt erforderlich. Bei der Benennung der Komplexe wird stets, wie bei den normalen Salzen auch, das Kation vor dem Anion genannt. Das Komplexteilchen, mit eckigen Klammern gekennzeichnet, wird so benannt, daß zunächst die Zahl und der Name der Liganden und dann Name und Oxidationszahl des Zentralteilchens angegeben werden. Ist der Komplex ein Anion, enthält der Name des Zentralteilchens die Endung -at.

Beispiele:

$K_4[Fe(CN)_6]$ Kaliumhexacyanoferrat(II)	$\rightleftharpoons 4K^+ + [Fe(CN)_6]^{4-}$
$K_3[Fe(CN)_6]$ Kaliumhexacyanoferrat(III)	$\rightleftharpoons 3K^+ + [Fe(CN)_6]^{3-}$
$[Ni(NH_3)_6]Cl_2$ Hexaamminnickel(II)-chlorid	$\rightleftharpoons [Ni(NH_3)_6]^{2+} + 2Cl^-$

Anzahl der Liganden:

1 mono	2 di	3 tri	4 tetra
5 penta	6 hexa	7 hepta	8 octa

Sauerstoff-Verbindungen (Oxide und Peroxide)

a) Metalloxide und Metallperoxide

Viele dieser festen Verbindungen sind aus Ionen aufgebaut und besitzen einen salzartigen Charakter. In Tab. 2-17 sind wichtige Metalloxide und Metallperoxide aufgeführt.

Tab. 2-17: Nomenklatur und Formeln wichtiger Metalloxide und Metallperoxide.

Formel	Name	Trivialname
Na_2O	Natriumoxid	
Na_2O_2	Natriumperoxid	
Cu_2O	Kupfer(I)-oxid	
MgO	Magnesiumoxid	Magnesia
CaO	Calciumoxid	Branntkalk
Al_2O_3	Aluminiumoxid	
Cr_2O_3	Chrom(III)-oxid	
Fe_2O_3	Eisen(III)-oxid	
Fe_3O_4	Eisen(II, III)-oxid	
SiO_2	Silicium(IV)-oxid	Siliciumdioxid
SnO_2	Zinn(IV)-oxid	Zinndioxid
PbO_2	Blei(IV)-oxid	Bleidioxid
MnO_2	Mangan(IV)-oxid	Mangandioxid
TiO_2	Titan(IV)-oxid	Titandioxid
Bi_2O_5	Bismut(V)-oxid	

b) Nichtmetalloxide und Nichtmetallperoxide

Der vorherrschende Bindungstyp dieser Stoffe ist die Atombindung. Die meisten dieser Verbindungen sind gasförmig. Wichtige Nichtmetallperoxide sind in Tab. 2-18 enthalten.

Tab. 2-18: Nomenklatur und Formeln wichtiger Nichtmetalloxide und Nichtmetallperoxide.

Formel	Name	Trivialname
CO	Kohlenstoff(II)-oxid	Kohlenmonoxid
CO_2	Kohlenstoff(IV)-oxid	Kohlendioxid
N_2O	Stickstoff(I)-oxid	Distickstoffoxid (Lachgas)
NO	Stickstoff(II)-oxid	Stickstoff
N_2O_3	Stickstoff(III)-oxid	Distickstofftrioxid
NO_2	Stickstoff(IV)-oxid	Stickstoffdioxid
N_2O_5	Stickstoff(V)-oxid	Distickstoffpentoxid
P_2O_5	Phosphor(V)-oxid	Phosphorpentoxid
SO_2	Schwefel(IV)-oxid	Schwefeldioxid
SO_3	Schwefel(VI)-oxid	Schwefeltrioxid
H_2O_2	Hydrogenperoxid	Wasserstoffperoxid

3 Chemische, physikalisch-chemische und physikalische Berechnungen

3.1 Massenanteil von Elementen in Verbindungen

Unter dem Massenanteil *w* versteht man den Quotienten aus der Masse eines Stoffes X und der Masse der Stoffportion einer Mischphase oder einer Verbindung, in der diese Masse des Stoffes X enthalten ist. Eine Stoffportion ist ein abgetrennter Bereich der Materie, z. B. 3 kg Natriumchlorid oder 5 L Schwefelsäure. Bei Verbindungen ist es oftmals von Interesse, die elementare, prozentuale Zusammensetzung, d. h. die Massenanteile der Elemente zu kennen, aus denen die Verbindung besteht.

Zur Berechnung des Massenanteils eines Elementes in einer Verbindung benötigt man die molare Masse der Verbindung. Aus der Formel erkennt man die Anzahl der Atome des Elementes in der Verbindung. Multipliziert man diese Atomzahl mit der molaren Masse des Elementes und dividiert durch die molare Masse der Verbindung, erhält man den Massenanteil (s. Abschn. 2.7.1).

$$w(\mathrm{A}) = \frac{a \cdot M(\mathrm{A})}{M(\mathrm{Verbindung})}$$

w Massenanteil
A Element
a Anzahl der Atome
M molare Masse

Aufgabe:

Wie groß ist der Massenanteil an Wasserstoff in der Verbindung Wasser?
$M(\mathrm{H}) = 1{,}0079$ g/mol, $M(\mathrm{H_2O}) = 18{,}0152$ g/mol, $a = 2$

$$w(\mathrm{H}) = \frac{2 \cdot 1{,}0079\ \mathrm{g} \cdot \mathrm{mol}}{\mathrm{mol} \cdot 18{,}0152\ \mathrm{g}} = \underline{\underline{0{,}11189}}$$

Multipliziert man diesen Massenanteil mit 100%, erhält man den prozentualen, d.h. den auf 100 Teile bezogenen Massenanteil.

$w(\text{H}) = 0{,}11189 \cdot 100\% = \underline{\underline{11{,}189\%}}$ Da $\% = 10^{-2}$ ist $0{,}11189 = 11{,}189\%$.

Der Massenanteil des Sauerstoffs ergibt sich aus der Differenz zu 1 bzw. 100%.

$w(\text{O}) = 1 - 0{,}11189 = 0{,}88811$ oder $100\% - 11{,}189\% = 88{,}811\%$

Übungen:

3.1.1 Berechnen Sie die folgenden Massenanteile:
a) Eisen in Eisen(II)-oxid, b) Eisen in Eisen(III)-oxid, c) Eisen in Eisen(II, III)-oxid, d) Kohlenstoff in Methan, e) Kohlenstoff in Kohlenmonoxid, f) Kohlenstoff in Kohlendioxid.

3.1.2 Wie groß ist die elementare prozentuale Zusammensetzung folgender Verbindungen?
a) Kohlensäure, b) Kaliumchlorat(VII), c) Ammoniak, d) Schwefeldioxid.

3.2 Empirische Formel einer Verbindung

Durch die qualitative Analyse kann man ermitteln, aus welchen Elementen eine Verbindung aufgebaut ist. *Aus der quantitativen Elementaranalyse ergibt sich die prozentuale, massenanteilmäßige Zusammensetzung einer Verbindung.* Daraus läßt sich mit Hilfe der molaren Massen der Elemente das *Atomzahlverhältnis* berechnen (s. Abschn. 2.7.1). Mit diesem Atomzahlverhältnis kann man *eine auf Erfahrungen und Kenntnissen beruhende Formel, die* ***empirische Formel***, dieser Verbindung aufstellen. Die *Summenformel* ist vor allem bei organischen Verbindungen oft erst nach der Bestimmung der molaren Masse, die *Strukturformel* oft erst nach einer Strukturanalyse formulierbar.

Dividiert man die aufgrund der quantitativen Analyse erhaltenen Massen m der einzelnen Elemente durch die jeweilige molare Masse $M(\text{X})$ der Elemente erhält man die Stoffmenge $n(\text{X})$.

$$n(\text{X}) = \frac{m(\text{X})}{M(\text{X})}$$

Beispiel:
Welche Verbindung hat die prozentuale Zusammensetzung 52,55% Ba, 10,7% N und 36,7% O?
100 g der Verbindung enthalten somit 52,55 g Ba, 10,7 g N und 36,7 g O.

$M(\text{Ba}) = 137{,}34 \text{ g/mol}, \; M(\text{N}) = 14 \text{ g/mol}, \; M(\text{O}) = 16 \text{ g/mol}$

$$n(\text{Ba}) = \frac{52{,}55 \text{ g} \cdot \text{mol}}{137{,}34 \text{ g}} = 0{,}38 \text{ mol} \quad n(\text{N}) = \frac{10{,}7 \text{ g} \cdot \text{mol}}{14 \text{ g}} = 0{,}76 \text{ mol}$$

$$n(\text{O}) = \frac{36{,}7 \text{ g} \cdot \text{mol}}{16 \text{ g}} = 2{,}29 \text{ mol}$$

Durch Division der Stoffmengen durch die kleinste Stoffmenge erhält man das Atomzahlverhältnis.

$$\frac{0{,}38}{0{,}38} : \frac{0{,}76}{0{,}38} : \frac{2{,}29}{0{,}38} = 1:2:6$$

Die Atome von Ba, N und O liegen im Verhältnis 1 : 2 : 6 in der Verbindung vor. Die empirische Formel lautet BaN_2O_6. Daraus läßt sich die Formel $\mathbf{Ba(NO_3)_2}$ ableiten. Eine Bestätigung des Vorhandenseins der Nitrat-Gruppe ist durch qualitative Analyse möglich.

Aufgabe:

Aus 12,5 g einer organischen Säure entstehen 7,607 g CO und 4,893 g H_2O. Um welche Säure handelt es sich?

$M(\text{CO}) = 28{,}01 \text{ g/mol}, \; M(\text{H}_2\text{O}) = 18{,}02 \text{ g/mol}$

$$n(\text{CO}) = \frac{7{,}607 \text{ g mol}}{28{,}01 \text{ g}} = 0{,}2716 \text{ mol}$$

$$n(\text{H}_2\text{O}) = \frac{4{,}893 \text{ g mol}}{18{,}02 \text{ g}} = 0{,}2715 \text{ mol}$$

Teilchenzahlverhältnis: $\frac{0{,}2716}{0{,}2715} : \frac{0{,}2715}{0{,}2715} = 1:1$

CO und H_2O liegen somit im Teilchenzahlverhältnis 1 : 1 vor. Die empirische Formel lautet demnach **HCOOH** (Methan- oder Ameisensäure). Bei dieser Substanz wurden nicht die Anteile der Elemente ermittelt, sondern die Massenanteile der beim Zerfall der Substanz entstehenden Verbindungen. In solchen Fällen erhält man statt des Atomzahlverhältnisses das *Teilchenzahlverhältnis,* aus welchem in gleicher Weise die empirische Formel ableitbar ist.

Übungen:

3.2.1 Wie lautet die empirische Formel folgender Verbindungen?
a) 37,92% Ni, 20,72% S, 41,36% O,
b) 52,6% C, 13,4% H, 35,1% O.

3.2.2 Bei der Verbindung der Aufgabe 3.2.1 b) ergab die Bestimmung der molaren Masse den Wert 46,1 g/mol. Die sich daraus ergebende Strukturformel trifft für zwei Stoffe zu. Ermitteln Sie die Summenformel, die beiden Substanzen und deren Strukturformel.

3.3 Chemische Reaktionen

3.3.1 Formulieren von Reaktionsgleichungen

Um eine Reaktionsgleichung aufstellen zu können, müssen die beteiligten Stoffe bekannt sein. Die Symbole und Formeln der Reaktionsteilnehmer sind vor und nach dem Reaktionspfeil anzugeben. Gemäß dem *Gesetz von der Erhaltung der Masse* muß die Stoffbilanz jedes Elementes ausgeglichen sein oder anders formuliert muß die *Summe der Massen aller Stoffe vor der Reaktion gleich der Summe der Masse aller Stoffe nach der Reaktion* sein. Man gleicht zunächst die Masse oder die Stoffbilanz eines Elementes aus und anschließend die Teilchenzahl oder Masse der anderen Elemente. Daraus erhält man die stöchiometrischen Zahlen oder Koeffizienten der Teilchen der Reaktionsteilnehmer.

Beispiel:
Aluminiumcarbid Al_4C_3 reagiert mit Wasser zu Methan CH_4 und Aluminiumhydroxid $Al(OH)_3$.

	Al_4C_3	+	H_2O	$\rightarrow$	CH_4	+	$Al(OH)_3$
Stoffbilanzausgleich für	Al_4C_3	+	H_2O	$\rightarrow$	CH_4	+	$Al(OH)_3$
Teilchenzahl für Aluminium	4						4
Teilchenzahl für Kohlenstoff	3				3		
Teilchenzahl für Wasserstoff			24		12		12
Teilchenzahl für Sauerstoff			12				12

Die jeweils nachfolgende Stoffbilanz ergibt sich aus der vorhergehenden. Ergeben sich Brüche oder Dezimalzahlen, empfiehlt es sich, auf ganze Zahlen zu erweitern, da die stöchiometrischen Zahlen selten als Bruch- oder Dezimalzahlen angegeben werden. Die Reaktionsgleichung des Beispiels, der Reaktion, nach der man im Labor Methan-Gas herstellen kann, lautet aufgrund des Ausgleichs der Stoffbilanzen:

$$Al_4C_3 + 12H_2O \rightarrow 3CH_4 + 4Al(OH)_3$$

Bei ***Redoxreaktionen*** läßt sich die *Redoxgleichung mit Hilfe der Oxidationszahlen durch Ausgleich der Elektronenbilanz* der oxidierenden und reduzierenden Elemente *und Addition der Oxidations- und Reduktionsgleichung ermitteln* (s. Abschn. 2.7.5). Die vollständige *Reaktions- oder Stoffgleichung* läßt sich aus der Redoxgleichung *durch Ausgleich der Stoffbilanz* und Angabe der Summenformeln der Verbindungen oder der Symbole der Elemente erstellen. Gleichungen schwierigster Art, an denen auch organische Stoffe beteiligt sein können, kann man so mit Hilfe der Oxidationszahlen sicher formulieren.

Beispiel:
Reaktionsteilnehmer:

$$H_3C\text{-}CHOH\text{-}CH_3 + K_2Cr_2O_7 + H_2SO_4 \rightarrow H_3C\text{-}CO\text{-}CH_3 + Cr_2(SO_4)_3 + K_2SO_4 + H_2O$$

Zuerst werden die Elemente ermittelt, die ihre Oxidationszahl ändern. Der die funktionelle Gruppe tragende Kohlenstoff wird oxidiert, Chrom wird reduziert.

Strukturformeln:

Aufgrund der Elektronegativitätswerte und der sich daraus ergebenden Zuordnung der Bindungselektronen wird $\overset{0}{C}$ zu $\overset{+II}{C}$ oxidiert:

$\overset{0}{C} \rightarrow \overset{+II}{C} + 2e^-$ Oxidationsgleichung

In $K_2Cr_2O_7$ hat Chrom die Oxidationszahl 6, in $Cr_2(SO_4)_3$ die Oxidationszahl 3:

$\overset{+VI}{Cr} + 3e^- \rightarrow \overset{+III}{Cr}$ Reduktionsgleichung

Da die Zahl der übergehenden oder angenommenerweise übergehenden Elektronen stets gleich sein muß, wird die Oxidationsgleichung mit 3, die Reduktionsgleichung mit 2 erweitert. Die Zahl der abgegebenen Elektronen ist gleich der Zahl der aufgenommenen Elektronen.

$3\,\overset{0}{C} \rightarrow 3\,\overset{+II}{C} + 6\,e^-$		Oxidationsgleichung
$2\,\overset{+VI}{Cr} + 6\,e^- \rightarrow 2\,\overset{+III}{Cr}$		Reduktionsgleichung
$3\,\overset{0}{C} + 2\,\overset{+III}{Cr} \rightarrow 3\,\overset{+II}{C} + 2\,\overset{+III}{Cr}$		Redoxgleichung

In diesem Verhältnis müssen die Redoxpartner in der vollständigen Reaktionsgleichung auftreten. Die Zahl der restlichen Teilchen ergibt sich aus diesem Verhältnis durch Ausgleich der Stoffbilanz.

$$3\,H_3C-\overset{0}{C}HOH-CH_3+K_2\overset{+VI}{Cr_2}O_7+4\,H_2SO_4 \rightarrow 3\,H_3C-\overset{+II}{C}O-CH_3+\overset{+III}{Cr_2}(SO_4)_3+K_2SO_4+7\,H_2O$$

2-Propanol Propanon

Übungen:

3.3.1 Wie lautet die vollständige Reaktionsgleichung (Ermittlung über die Stoffbilanz)?
a) $C_2H_6 + O_2 \rightarrow CO_2 + H_2O$,
b) $Al(OH)_3 \rightarrow Al_2O_3 + H_2O$,
c) $P_2O_5 + H_2O \rightarrow H_3PO_4$.

3.3.2 Ermitteln Sie die Redox- und die Reaktionsgleichung.
a) $Al + H_2SO_4 \rightarrow Al_2(SO_4)_3 + H_2$,
b) $Cu + HNO_3 \rightarrow Cu(NO_3)_2 + NO + H_2O$,
c) $K_2Cr_2O_7 + KI + HCl \rightarrow CrCl_3 + I_2 + KCl + H_2O$.

3.3.2 Umsatz und Ausbeute

Will man die Massen der an der Reaktion beteiligten Stoffe aufgrund einer bestimmten eingesetzten Menge eines Ausgangsstoffes oder einer gewünschten Menge eines Endproduktes ermitteln, stößt man in der Praxis auf Probleme. Die eingesetzten Stoffe sind nicht immer rein, sondern oft durch andere Stoffe verunreinigt oder infolge von Lösung verdünnt. Die Reaktion läuft nicht immer quantitativ in Richtung der Endprodukte ab. Ferner können Nebenreaktionen unter Bildung weiterer Produkte erfolgen.

Die Angabe des *Umsatzes* beantwortet die Frage, wieviel der eingesetzten Menge eines Ausgangsstoffes unter Bildung des gewünschten Produktes reagiert hat.

Die praktische *Ausbeute* gibt an, wieviel gewünschter Endstoff tatsächlich entstanden ist.

Aus den praktischen und theoretischen Werten lassen sich die prozentualen Umsätze oder Ausbeuten sowie die jeweiligen *Verluste* berechnen.

Aufgaben:

1. 80 g Eisen reagieren mit Salzsäure zu Eisen(III)-chlorid und Wasserstoff. Wieviel g, mol und L (im Normzustand) Wasserstoff können entstehen?
   Formulierung der Reaktionsgleichung:

   $$2\,Fe + 6\,HCl \rightarrow 2\,FeCl_3 + 3\,H_2$$

   Gemäß Reaktionsgleichung reagieren 2 mol Eisen. Die Masse an Eisen berechnet sich nach: $m(Fe) = n(Fe) \cdot M(Fe) = 2\ mol \cdot 55{,}847\ g/mol = 111{,}694\ g$. 3 mol Wasserstoff entstehen, wenn diese 111,694 g vollständig gemäß Reaktionsgleichung umgesetzt werden. Da $m(H_2) = n(H_2) \cdot M(H_2)$, ist $m(H_2)$ somit gleich $6\ g = 3\ mol \cdot 2\ g/mol$.

   Multipliziert man die Stoffmenge $n(X)$ mit dem molaren Volumen $V_m = 22{,}4$ L/mol erhält man das Volumen $V(X)$ des Gases X.

   $$V(X) = n(X) \cdot V_m$$

   $$V(H_2) = 3\ mol \cdot 22{,}4\ L/mol = 67{,}2\ L$$

   Für 2 mol Fe gilt:
   $m(Fe) = 111{,}694\ g \triangleq n(H_2) = 3\ mol \triangleq m(H_2) = 6\ g \triangleq V(H_2) = 67{,}2\ L$

   Für die Aufgabe gilt:
   $m(Fe) = 80\ g \triangleq x = n(H_2) = 2{,}15\ mol \triangleq m(H_2) = 2{,}15\ mol \cdot 2\ g/mol$
   $= 4{,}3\ g \triangleq V(H_2) = 2{,}15\ mol \cdot 22{,}4\ L/mol = 48{,}16\ L.$
   Es können $\underline{\underline{4{,}3\ g \triangleq 2{,}15\ mol \triangleq 48{,}16\ L\ \text{Wasserstoff}}}$ entstehen.

2. 80 g verunreinigtes Eisen liegen vor. Der *Reinheitsgrad oder die Reinheit,* d.h. der Massenanteil an reinem Stoff, beträgt 90%. Wieviel g, mol und L (im Normzustand) Wasserstoff können diesmal entstehen?

$$\text{Reinheit} = \frac{\text{Masse Reinstoff}}{\text{Masse technischer Stoff}} \qquad w_R = \frac{m\,(X)}{m\,(\text{techn. X})}$$

Gemäß Aufgabe 1 gilt: 111,694 g Fe ≙ 6 g H_2
Die Masse an reinem Eisen $m(\text{Fe}) = m(\text{techn. Fe}) \cdot w_R = 80\ \text{g} \cdot 0{,}9 = 72\ \text{g}$
$m(\text{Fe}) = 72\ \text{g Fe} \triangleq x = m(H_2) = 3{,}868\ \text{g} \triangleq n(H_2) = 1{,}934\ \text{mol} \triangleq V(H_2) = 43{,}3\ \text{L}$
Da das Eisen 10% Verunreinigungen enthält, die mit Salzsäure nicht zu Wasserstoff reagieren, entstehen nur 3,868 g ≙ 1,934 mol ≙ 43,3 L Wasserstoff. Benötigt man 48,16 L Wasserstoff, müssen 80 g : 0,9 = 88,89 g unreines Eisen, die 80 g Fe enthalten, eingesetzt werden.

3. Wieviel g Chrom können aus 40 g Chrom(III)-oxid durch Reduktion mit Aluminium gewonnen werden, wenn der Umsatz bei 86,3% liegt?

$Cr_2O_3 + 2\ Al \rightarrow Al_2O_3 + 2\ Cr$

Für $n(Cr_2O_3) = 1$ mol gilt: $m(Cr_2O_3) = 151{,}990\ \text{g} \triangleq m(\text{Cr}) = 103{,}992\ \text{g}$
Für die Aufgabe gilt: $m(Cr_2O_3) = 40\ \text{g} \triangleq x = m(\text{Cr}) = 27{,}37\ \text{g}$

Bei theoretischem Umsatz entstehen 27,37 g Chrom, d. h. 100%. Der praktische Umsatz beträgt aber nur 86,3% von 40 g. Das bedeutet, daß auch nur 86,3% von 27,37 g Chrom tatsächlich entstehen. Das sind 23,62 g.

4. Wieviel Blei entsteht beim Rösten von 2,4 t Bleierz mit einem Massenanteil $w(\text{PbS}) = 8{,}4\%$, wenn die Ausbeute 96,2% beträgt?

$PbS + O_2 \rightarrow Pb + SO_2$
$m(\text{PbS}) = 239{,}65\ \text{g} \triangleq m(\text{Pb}) = 207{,}19\ \text{g}$

Aus $n(\text{PbS}) = 1\ \text{mol} \triangleq m(\text{PbS}) = 239{,}65\ \text{g}$ entstehen laut Reaktionsgleichung $n(\text{Pb}) = 1\ \text{mol} \triangleq m(\text{Pb}) = 207{,}19\ \text{g}$. Der Massenanteil $w(\text{PbS})$ beträgt 8,4%. 100 g Erz enthalten somit 8,4 g Bleisulfid, 1 g Erz demnach 0,084 g. Der Massenanteil $w(\text{PbS})$ ist daher auch gleich 0,084 g : 1 g = 0,084. Da $m(\text{PbS}) = m(\text{Bleierz}) \cdot w(\text{PbS})$ gilt: 2,4 t Bleierz enthalten 2,4 t · 0,084 = 0,2016 t = 201,6 kg PbS. Aus 201,6 kg PbS können maximal 174,6 kg Pb erhalten werden. Da die Ausbeute aber nur 96,2% beträgt, werden praktisch nur 174,6 kg · 0,962 = 168 kg Blei gebildet. Der Verlust beträgt 3,8%.

Übungen:

3.3.3 25,3 t Fe_2O_3 führen bei Reduktion im Hochofen zu 15,2 t Fe. Welchen Umsatz hat das Fe_2O_3?

3.3.4 Beim Brennen von 4,29 kg Kalk mit 78,3% $CaCO_3$ setzt sich dieses $CaCO_3$ zu 89,6% um. Wieviel $Ca(OH)_2$ kann aus dem Rückstand mit Wasser ausgelaugt werden?

3.3.5 Natriumcarbonat bildet mit Calciumhydroxid Natronlauge. Welche Ausbeute wird errechnet, wenn 79,7 g reines Natriumcarbonat 135,9 g Natronlauge $w(\text{NaOH}) = 40\%$ bilden?

3.3.6 50 g technisches Magnesium, Reinheit $w_R = 0{,}95$, reagieren mit Schwefelsäure zu Magnesiumsulfat und Wasserstoff. Wieviel g, mol und L (im Normzustand) Wasserstoff entstehen bei 83%iger Ausbeute?

3.3.3 Gasgesetze

In der Realität liegen die an einer Reaktion beteiligten Gase selten im **Normzustand** (i. N. $T = 273$ K oder $\vartheta = 0\,°C$, $p = 1013$ mbar) vor. Mit Hilfe der *Zustandsgleichung der Gase* kann vom realen Zustand auf den Normzustand und umgekehrt umgerechnet werden. Der Zustand eines Gases wird beschrieben durch die Größen Volumen, Druck und Temperatur.

Bei gleichbleibendem Druck gilt das ***1. Gesetz von Gay-Lussac.*** *Alle Gase dehnen sich* dann *bei einer Temperaturerhöhung um 1 K um 1/273 ihres Volumens bei $T = 273$ K oder $\vartheta = 0\,°C$* aus.

Für 2 Zustände gilt, da Volumen und Temperatur direkt proportional sind:

$$\frac{V_1}{V_2} = \frac{T_1}{T_2} \quad (p = \text{konst})$$

T Temperatur in K
ϑ Temperatur in °C
(sprich ϑ theta)

$$T + 273\text{ K} = \vartheta$$

Ist das Volumen des Gases konstant, erfolgt bei Erwärmung eine Druckerhöhung. Druck und Temperatur sind ebenfalls direkt proportional, es gilt das **2. Gesetz von Gay-Lussac:**

$$\frac{p_1}{p_2} = \frac{T_1}{T_2} \quad (V = \text{konst})$$

Bleibt die Temperatur konstant, so wird bei Druckerhöhung das Volumen vermindert. Volumen und Druck sind umgekehrt proportional. Diese Beziehung haben Boyle und Mariotte formuliert. Bei konstanter Temperatur gilt das **Gesetz von Boyle und Mariotte:**

$$p_1 \cdot V_1 = p_2 \cdot V_2 \text{ oder: } \frac{p_1}{p_2} = \frac{V_2}{V_1} \quad (T = \text{konst})$$

Die Kombination der isobaren, isochoren und isothermen Form der Zustandsgleichung führt zur **allgemeinen Zustandsgleichung der Gase** (s. auch Abschn. 2.7.1):

$$\frac{p_1 \cdot V_1}{T_1} = \frac{p_2 \cdot V_2}{T_2}$$

Aufgaben:

1. Wieviel Liter Schwefelwasserstoff ($\vartheta_2 = 25\,°C$, $p_2 = 990$ mbar) entstehen, wenn 103 g 92%iges Eisen(II)-sulfid mit 37%iger Salzsäure zu Eisen(II)-chlorid umgesetzt werden und die Ausbeute 91% beträgt?

   $FeS + 2\,HCl \rightarrow FeCl_2 + H_2S$

   Für 1 mol gilt: $m(FeS) = 87{,}91$ g $\triangleq$ $V(H_2S) = 22{,}4$ L im Normzustand (i. N.)
   Für die Aufgabe gilt: $m(FeS) = 0{,}92 \cdot 103$ g $\triangleq x = V(H_2S) = 24{,}145$ L im Normzustand (i. N.)

Die theoretische Ausbeute beträgt 24,145 L, die praktische Ausbeute 24,145 L · 0,91 = 21,972 L (i. N.). Die Umrechnung auf das Volumen des tatsächlichen Gaszustandes ergibt (Zustand 1 Normzustand):

$$\frac{p_1 \cdot V_1\,(H_2S)}{T_1} = \frac{p_2 \cdot V_2\,(H_2S)}{T_2}$$

$$\frac{1013\ \text{mbar} \cdot 21{,}972\ \text{L}}{273\ \text{K}} = \frac{990\ \text{mbar} \cdot V_2}{298\ \text{K}} \qquad V_2 = \underline{\underline{24{,}541\ \text{L}}}$$

2. Chlor entsteht durch Reaktion von Kaliumpermanganat mit konzentrierter Salzsäure. *50 L Chlor (ϑ_2 = 20 °C, p_2 = 985 mbar) werden gebraucht. Wieviel g technisches Kaliumpermanganat, Reinheit w_R = 93% und wieviel g Salzsäure w(HCl = 37%) werden benötigt, wenn 10% Chlor verlorengehen?

$$2\,K\overset{+VII}{Mn}O_4 + 16\,H\overset{-I}{Cl} \rightarrow 2\,KCl + 2\,\overset{+II}{Mn}Cl_2 + 5\,\overset{0}{Cl_2} + 9\,H_2O$$

Da $n(X) \cdot M(X) = m(X)$ und $V(X) = n(X) \cdot Vm$ gilt:

2 mol · 158,034 g/mol	≙	16 mol · 36,461 g/mol	≙	5 mol · 22,4 L/mol
316,068 g	≙	583,376 g	≙	112 L

316,068 g $KMnO_4$ reagieren mit 583,376 g HCl zu 112L Cl_2-Gas.
50 L Chlor (ϑ_2 = 20 °C, p_2 = 985 mbar) werden auf das entsprechende Volumen im Normzustand umgerechnet.

$$\frac{1013\ \text{mbar} \cdot V_1}{273\ \text{K}} = \frac{985\ \text{mbar} \cdot 50\ \text{L}}{293\ \text{K}} \qquad V_1 = 45{,}3\ \text{L}$$

Da 10% Cl_2 verlorengehen, entsprechen 45,3 L Cl_2 90% der insgesamt zu erzeugenden Menge Chlor.

Gesamtvolumen Chlor $V(Cl_2)$ = 45,3 L : 0,9 = $\underline{\underline{50{,}33\ \text{L}}}$

Berechnung der benötigten Masse $KMnO_4$:
Gemäß Reaktionsgleichung gilt: $m(KMnO_4)$ = 316,068 g ≙ $V(Cl_2)$ = 112 L
Für die Aufgabe gilt: $m(KMnO_4) = x$ ≙ $V(Cl_2)$ = 50,33 L
x = 142,042 g = $m(KMnO_4)$

142,042 g reines $KMnO_4$ sind enthalten in 142,042 g : 0,93 = $\underline{\underline{152{,}73\ \text{g}}}$ technischem (verunreinigtem) $KMnO_4$.

Berechnung der benötigten Masse Salzsäure:
Gemäß Reaktionsgleichung gilt: m(HCl) = 583,376 g ≙ $V(Cl_2)$ = 112 L
Für die Aufgabe gilt: m(HCl) = x ≙ $V(Cl_2)$ = 50,33 L
x = 262,172 g = m(HCl)

An Salzsäure müssen demnach eingesetzt werden 262,172 g : 0,37 = $\underline{\underline{708{,}573\ \text{g}}}$.

Übungen:

3.3.7 Wieviel m^3 Chlorgas i. N. müssen bei einem zu erwartenden Gasverlust von 30% in 120 kg Natronlauge $w(\mathrm{NaOH}) = 25\%$ eingeleitet werden, um diese restlos in eine Natriumhypochlorit-Natriumchlorid-Lösung zu überführen?

3.3.8 Aus 80 g Calciumcarbid werden mit Wasser 22,3 L Ethin (Acetylen) von $\vartheta_2 = 27\,°C$ und $p_2 = 1032$ mbar entwickelt. Welche Reinheit hat das Carbid?

3.3.9 Wieviel Liter Sauerstoff werden einer Stahlflasche von 37 L Inhalt entnommen, wenn die Manometeranzeige während der Entnahme von 130 bar auf 92 bar sinkt und der Barometerstand 991,7 mbar beträgt?

3.3.4 Energieumsatz, Heizwert

Bei exothermen Reaktionen wird im Laufe der Reaktion Energie frei, bei endothermen Reaktionen wird Energie aufgenommen. Die Menge der abgegebenen oder aufgenommenen Energie, die **Reaktionsenergie**, kann man aus den Bildungswärmen der an der Reaktion beteiligten Stoffe berechnen. Die *molare Bildungswärme* $\Delta H^\circ_\mathrm{m}$ ist die Reaktionsenergie, die bei der Bildung von 1 mol der Verbindung aus den Elementen freigesetzt, bzw. benötigt wird. *Die Summe der Bildungswärmen der Endprodukte minus der Summe der Bildungswärmen der Ausgangsstoffe ist gleich der Reaktionsenergie, bezogen auf den sich aus der Reaktionsgleichung ergebenden Formelumsatz.*

$$\sum \Delta H\,(\text{Endprodukte}) - \sum \Delta H(\text{Ausgangsstoffe}) = \Delta H_\mathrm{R}$$

Aufgabe:

Die bei der Verbrennung von Methan, $n\,(\mathrm{CH_4}) = 1$ mol, frei werdende Reaktionsenergie ΔH_R ist zu berechnen.
Molare Bildungswärmen $\Delta H^\circ_\mathrm{m}$ (bezogen auf den Standardzustand $\vartheta = 25\,°C$, $p = 1013$ mbar) : $\Delta H^\circ_\mathrm{m}\,(\mathrm{CH_4}) = -75$ kJ/mol, $\Delta H^\circ_\mathrm{m}(\mathrm{CO_2}) = -394$ kJ/mol, $\Delta H^\circ_\mathrm{m}(\mathrm{H_2O_{(g)}}) = -242{,}5$ kJ/mol. Es gilt: $\Delta H^\circ{}_\mathrm{m}(\mathrm{X}) \cdot n(\mathrm{X}) = \Delta H(\mathrm{X})$ und $\Delta H_\mathrm{R} \cdot \mathrm{n(X)} = \Delta H_\mathrm{R,m}$.

$$\begin{array}{ccccccccc} \mathrm{CH_4} & + & 2\,\mathrm{O_2} & \rightarrow & \mathrm{CO_2} & + & 2\,\mathrm{H_2O_{(g)}} & & -\Delta H_\mathrm{R} \\ -75\ \mathrm{kJ} & & 0\ \mathrm{kJ} & & -394\ \mathrm{kJ} & & -2\cdot 242{,}5\ \mathrm{kJ} & & \end{array}$$

Daraus folgt: $-879\ \mathrm{kJ} + 75\ \mathrm{kJ} = \underline{\underline{-804\ \mathrm{kJ}}} = \Delta H_\mathrm{R}$

Messen kann man Reaktionsenergien, vor allem von Verbrennungsreaktionen, mit Hilfe von *Kalorimetern*. Es sind thermisch isolierte Gefäße, in denen eine bestimmte Menge Wasser dadurch erwärmt wird, daß entweder erwärmte Stoffe ihre überschüssige Energie oder Stoffe, von denen eine bestimmte Menge umgesetzt, z. B. verbrannt wird, die Reaktionsenergie an das Wasser abgeben bis zum Temperaturausgleich. Mit Hilfe der *spezifischen Wärmekapazität c*, die angibt, welche Wärmemenge zur Erwärmung von 1 kg Substanz um 1 K benötigt wird, lassen sich die spezifischen Wärmekapazitäten der erwärmten Stoffe oder die Reaktionsenergien berechnen. Für flüssiges Wasser beträgt der Wert $c(\mathrm{H_2O}) = 4{,}187\ \mathrm{kJ/(kg\cdot K)}$.

Bezieht man die Verbrennungsenergie auf 1 kg brennbarer Substanz, nennt man die freiwerdende Energie spezifischer Heizwert $H_{u, sp}$. Wird 1 mol Substanz verbrannt, erhält man den *molaren Heizwert* $H_{u, m}$. *Bei Gasen* gibt man oft die Verbrennungsenergie auf 1 m^3 (i. N.) bezogen an. Man erhält den *normvolumenbezogenen Heizwert* $H_{u,n}$.

Verbrennen kohlenstoff- oder schwefelhaltige Verbindungen, müssen Kohlenstoff und Schwefel nach der Verbrennung als CO_2 und SO_2 vorliegen. Weitere Bedingungen sind, daß die Temperatur vor und nach der Verbrennung 25 °C beträgt, und das gebildete Wasser gasförmig vorliegt. Der *Brennwert*, früher auch oberer Heizwert genannt, unterscheidet sich vom Heizwert dadurch, daß das gebildete Wasser flüssig vorliegt. Brenn- und Heizwerte von Stoffen sind in den Tab. 3-1 und 3-2 aufgeführt.

Tab. 3-1: Brennwerte und Heizwerte fester und flüssiger Brennstoffe (Mittelwerte), nach Altmann et al.

Brennstoff	Brennwert (oberer Heizwert) (kJ/kg)	Heizwert (unterer Heizwert) (kJ/kg)
C (Diamant)	32963	32963
C (Koks)	33829	33829
C (α-Graphit)	32791	32791
C (β-Graphit)	32892	32892
Holz, frisch	9925	8275
Holz, lufttrocken	16875	15325
Holzkohle	33700	33500
Torf, lufttrocken	15200	13600
Rohbraunkohle		
DDR – westelbisch	12970	11100
DDR – ostelbisch	12250	10400
BRD – Rheinland	10360	8430
CSSR – Nordböhmen	23460	22000
Braunkohlebriketts		
DDR – westelbisch	22360	21000
DDR – ostelbisch	21850	19300
BRD – Rheinland	21470	20150
Braunkohlenschwelkoks	22450	21600
Braunkohlenhochtemperaturkoks	30100	29400
Steinkohle		
Gasflammkohle	34540	33240
Gaskohle	35780	34670
Fettkohle	36170	35100
Eßkohle	36300	35300
Magerkohle	36230	35340
Anthrazit	35900	35130
Steinkohlenkoks	33350	33280
Flüssiggas (Propan)	50400	46300
Benzin	45200	42050
Dieselkraftstoff	44800	41800
Heizöl, leicht	44200	42300
Heizöl, schwer	43100	40200
Braunkohlenteeröl	43200	40200

Tab. 3-1: (Fortsetzung)

Brennstoff	Brennwert (oberer Heizwert) (kJ/kg)	Heizwert (unterer Heizwert) (kJ/kg)
n-Hexan	48 180	44 460
n-Heptan	48 180	44 540
n-Octan	48 150	44 170
Cyclohexan	46 680	43 950
Benzen	42 400	40 700
Toluen	42 600	41 000
Xylen	43 100	41 400
Hydroxybenzen (Phenol)	32 660	31 400
Methanol	22 600	19 760
Ethanol	29 730	26 800
Spiritus (95%)	28 050	25 100

Tab. 3-2: Brennwerte und Heizwerte von Gasen, nach Altmann et al.

Brenngas/Formel	Brennwert (oberer Heizwert) in kJ/m³ (i. N.)	Heizwert (unterer Heizwert) in kJ/m³ (i. N.)
Kohlenmonoxid CO	12 645	12 645
Wasserstoff H_2	12 770	10 760
Schwefelwasserstoff H_2S	25 707	23 697
Methan CH_4	39 858	35 797
Ethan C_2H_6	70 420	64 350
Propan C_3H_8	101 820	93 575
Butan C_4H_{10}	134 020	123 550
Ethen (Ethylen) C_2H_4	64 020	59 955
Propen (Propylen) C_3H_6	94 000	87 920
Ethin (Acetylen) C_2H_2	58 990	56 940
Braunkohlen-Schwelgas	6 200 ... 9 600	4 600 ... 7 950
Braunkohlen-Generatorgas	5 200 ... 6 500	4 800 ... 6 100
Braunkohlen-Wassergas	10 800 ... 12 600	9 600 ... 10 500
Braunkohlen-Druckgas	17 150	16 400
Braunkohlen-Koksofengas	16 040	14 100
Steinkohlen-Koksofengas	19 100	16 900
Gichtgas	2 930 ... 4 200	2 500 ... 4 100
Erdgas (93,7%. CH_4, 3,2% C_2H_6, 1,5% $C_3 \ldots C_5$)	41 300	37 200
Stadtgas (DDR)	$\geqq$ 15 900	

i. N. im Normzustand

Aufgabe:

Der molare, spezifische und volumenbezogene Heizwert von Methan sind zu berechnen.

Da die zuvor berechnete Reaktionsenergie der Verbrennung von Methan sich auf 1 mol CH_4 bezieht, und das gebildete Wasser gasförmig ist, entspricht dieser Wert dem molaren Heizwert von Methan $H_{u,\,m}$.

Für die Berechnung des spezifischen Heizwertes $H_{u,\,sp}$ von Methan gilt:

$n(CH_4) = 1$ mol $\triangleq m(CH_4) = 16{,}043$ g $\triangleq H_{u,\,m} = 804$ kJ/mol

$m(CH_4) = 1$ kg $= 1000$ g $\triangleq H_{u,\,sp} = x$

Spezifischer Heizwert $H_{u,\,sp}$ von Methan $= x =$ $\underline{\underline{50\,115{,}315 \text{ kJ/kg}}}$.

Für die Berechnung des volumenbezogenen Heizwertes $H_{u,n}$ von Methan gilt:

$n(CH_4) = 1$ mol $\triangleq V_m(CH_4) = 22{,}4$ L $\triangleq H_{u,\,m} = 804$ kJ/mol

$V(CH_4) = 1$ m³ $= 1000$ L $\triangleq H_{u,n} = x$

Normvolumenbezogener Heizwert $H_{u,n}$ von Methan $= x =$ $\underline{\underline{35\,892{,}85 \text{ kJ/m}^3}}$.

Sehr wichtig ist die Kenntnis des Heizwertes brennbarer Gase, wie Faulgas oder Deponiegas, die aus mehreren Komponenten bestehen. Man berechnet zunächst die *Reaktionsenergien der brennbaren Bestandteile, bezogen auf 1 m³ Gasmenge. Die Summe entspricht dem normvolumenbezogenen Heizwert des Gases.*

Aufgaben:

1. Ein für Heizzwecke benötigtes Gas hat folgende Volumenanteile: $\varphi(CH_4) = 54\%$, $\varphi(H_2) = 3\%$, $\varphi(CO_2) = 33\%$, $\varphi(CO) = 6\%$. Wie groß ist der normvolumenbezogene Heizwert des Gases?

   Molare Heizwerte: $H_{u,m}(CH_4) = 804$ kJ/mol, $H_{u,m}(H_2) = 243$ kJ/mol, $H_{u,m}(CO) = 283{,}5$ kJ/mol

   $CH_4 + 2\,O_2 \rightarrow CO_2 + 2\,H_2O_{(g)}$ $\quad \Delta H_{R,m}(CH_4) = -804$ kJ/mol

   $H_2 + 0{,}5\,O_2 \rightarrow H_2O_{(g)}$ $\quad \Delta H_{R,m}(H_2) = -243$ kJ/mol

   $CO + 0{,}5\,O_2 \rightarrow CO_2$ $\quad \Delta H_{R,m}(CO) = -283{,}5$ kJ/mol

   In 1 m³ oder 1000 L Heizgas sind 580 L CH_4, 30 L H_2, 330 L CO_2 und 60 L CO enthalten. CO_2 ist nicht brennbar.

   Für $n(CH_4) = 1$ mol gilt: $V_m(CH_4) = 22{,}4$ L $\triangleq H_{u,m}(CH_4) = 804$ kJ/mol

   Für die Aufgabe gilt: $V(CH_4) = 580$ L $\triangleq Q(CH_4) = x = \dfrac{V(CH_4)}{V_m(CH_4)} \cdot H_{u,m}(CH_4)$

   Die Wärmemenge, die bei der Verbrennung von 580 L Methan frei wird, beträgt: $Q(CH_4) = x = 20817{,}86$ kJ

   Für $n(H_2) = 1$ mol gilt: $V_m(H_2) = 22{,}4$ L $\triangleq H_{u,V}(H_2) = 243$ kJ/mol

   Für die Aufgabe gilt: $V(H_2) = 30$ L $\triangleq Q(H_2) = y$

   Die Wärmemenge, die bei der Verbrennung von 30 L Wasserstoff frei wird, beträgt: $Q(H_2) = y = 325{,}45$ kJ

   Für $n(CO) = 1$ mol gilt: $V_m(CO) = 22{,}4$ L $\triangleq H_{u,m}(CO) = 283{,}5$ kJ/mol

   Für die Aufgabe gilt: $V(CO) = 60$ L $\triangleq Q(CO) = z$

   Die Wärmemenge, die 60 L Kohlenstoffmonoxid liefern, beträgt: $Q(CO) = z = 759{,}38$ kJ

Die Summe der einzelnen Wärmemengen Q oder Reaktionsenergien ΔH_R ergibt den normvolumenbezogenen Heizwert $H_{u,n}$ des Gases.

$$H_{u,V}\,(\text{Gas}) = \underline{\underline{21\,902{,}69\ \text{kJ/m}^3}}$$

2. a) Welche Wärmemenge Q ist theoretisch zum Brennen von 15 t Kalkstein, Reinheit an $CaCO_3$ $w_R = 80\%$, erforderlich?
b) Wieviel Koks mit einem spezifischen Heizwert $H_{u,sp}$ von 29060 kJ/kg muß eingesetzt werden, wenn der Heizwert nur zu 85% zur Reaktion genutzt werden kann?

a) 15 t Kalkstein enthalten $m\,(CaCO_3) = 15\,000\ \text{kg} \cdot 0{,}8 = 12\,000\ \text{kg}$

	$CaCO_3$	$\rightarrow$	CaO	+	CO_2	+	ΔH_R
$\Delta H(X)$:	-1206 kJ		$-635{,}1$ kJ		-394 kJ		

Die Reaktionsenergie ΔH_R beträgt demnach:

$$\Delta H\,(CaO) + \Delta H\,(CO_2) - \Delta H(CaCO_3) = \Delta H_R$$
$$\Delta H_R = -635{,}1\ \text{kJ} + (-394\ \text{kJ}) - (-1206\ \text{kJ}) = +176{,}9\ \text{kJ}$$
$$n\,(CaCO_3) = 1\ \text{mol} \mathrel{\hat{=}} m\,(CaCO_3) = 100{,}09\ \text{g} \mathrel{\hat{=}} 176{,}9\ \text{kJ}$$

Für die Aufgabe gilt: $m\,(CaCO_3) = 120\,000\,000\ \text{g} \mathrel{\hat{=}} Q = \Delta H = x$
$Q = \Delta H = x = \underline{\underline{21\,208\,912\ \text{kJ} = 21\,208{,}912\ \text{MJ}}}$

b) 1 kg Koks $\mathrel{\hat{=}}$ 29060 kJ
x $\mathrel{\hat{=}}$ 21208912 kJ $\qquad x = 729{,}83\ \text{kg}$

729,83 kg entsprechen 85% der Gesamtkoksmenge. Die Gesamtkoksmenge beträgt demnach 729,83 kg : 0,85 = $\underline{\underline{858{,}63\ \text{kg}}}$.

Übungen:

3.3.10 a) Welche Wärmemenge wird bei der Verbrennung von 20 kg CO freigesetzt? Molare Bildungswärmen: $\Delta H_m^\circ\,(CO) = -110{,}5$ kJ/mol, $\Delta H_m^\circ\,(CO_2) = -394$ kJ/mol
b) Berechnen Sie den molaren, spezifischen und normvolumenbezogenen Heizwert von Kohlenmonoxid.

3.3.11 Wie groß ist der volumenbezogene Heizwert $H_{u,n}$ eines Faulgases mit den Volumenanteilen $\varphi\,(CH_4) = 63\%$, $\varphi\,(CO_2) = 34\%$, $\varphi\,(H_2) = 1\%$, $\varphi\,(N_2) = 2\%$?

3.4 Lösungen

3.4.1 pH-Wert

*Der **pH-Wert** entspricht dem negativen dekadischen Logarithmus des Zahlenwertes der wirksamen Konzentration oder Aktivität a der Wasserstoff-Ionen (Hydronium-Ionen)* (s. Abschn. 2.7.6).

$pH = -\lg\{a(H^+)\}$ bzw. $pH = -\lg\{a(H_3O^+)\}$

a Aktivität oder wirksame Stoffmengenkonzentration
$\{\}$ Zahlenwert von ...

Somit gilt: $a(H^+) = 10^{-pH}$ mol/L
Das Ionenprodukt des Wassers mit 10^{-14} mol²/L² entspricht dem Produkt der Aktivität der Wasserstoff-Ionen und der Aktivität der Hydroxid-Ionen.

$$a(H^+) \cdot a(OH^-) = 10^{-14}\ \text{mol}^2/\text{L}^2$$

Bei starken Elektrolyten gilt:
Aktivität = Stoffmengenkonzentration · Aktivitätskoeffizient

$$a = c \cdot f_a$$

Bei schwachen Elektrolyten gilt:
Aktivität = Stoffmengenkonzentration · Dissoziationsgrad

$$a = c \cdot \alpha$$

Aufgaben:

1. Berechnen Sie den pH-Wert von
   a) Salpetersäure, $c(HNO_3) = 1$ mol/L, $f_a = 0{,}82$
   b) Essigsäure, $c(CH_3COOH) = 0{,}1$ mol/L, $\alpha = 0{,}013$

   1. a) $a(HNO_3) = 1\ \text{mol/L} \cdot 0{,}82 = 0{,}82$ mol/L. Da HNO_3 ein H^+-Ion liefert, gilt: $a(H^+) = a(HNO_3) = 0{,}82$ mol/L
   Somit ist $pH = -\lg 0{,}82 = \underline{\underline{0{,}086}}$

   1. b) $a(CH_3COOH) = 0{,}1\ \text{mol/L} \cdot 0{,}013 = 0{,}0013$ mol/L. Da CH_3COOH ein H^+-Ion liefert, gilt: $a(H^+) = a(CH_3COOH) = 0{,}0013$ mol/L. Somit ist $pH = -\lg 0{,}0013 = \underline{\underline{2{,}89}}$

2. Der pH-Wert einer Ammoniak-Lösung beträgt 11,60. Wie groß ist die Stoffmengenkonzentration $c(NH_4OH)$, wenn $\alpha = 0{,}004$ ist?
   $pH = 11{,}6 \Rightarrow a(H^+) = 10^{-11{,}6}$ mol/L $\Rightarrow a(OH^-) = 10^{-2{,}4}$ mol/L $= 3{,}98 \cdot 10^{-3}$ mol/L. Da $c = a/\alpha$, ist $c(NH_4OH)$:
   $c(NH_4OH) = c(OH^-) = 3{,}98 \cdot 10^{-3}\ \text{mol/L} : 0{,}004 = \underline{\underline{1\ \text{mol/L}}}$

Übungen:

3.4.1 Berechnen Sie den pH-Wert folgender Lösungen:
a) $a(H^+) = 10^{-4}$ mol/L, b) $a(OH^-) = 10^{-3}$ mol/L.

3.4.2 Berechnen Sie die wirksame Stoffmengenkonzentration an Wasserstoff-Ionen $a(H^+)$ folgender Lösungen:
a) pH = 5, b) pH = 9, c) pOH = 4.

3.4.3 Wie groß sind die pH-Werte folgender Lösungen?
a) Salzsäure, $c(\mathrm{HCl}) = 1$ mol/L, $f_a = 0{,}78$
b) Cyanwasserstoffsäure, $c(\mathrm{HCN}) = 0{,}1$ mol/L, $\alpha = 0{,}0001$
c) Kalilauge, $c(\mathrm{KOH}) = 1$ mol/L, $f_a = 0{,}77$
d) Lithiumhydroxid-Lösung, $c(\mathrm{LiOH}) = 1$ mol/L, $f_a = 0{,}63$.

Anmerkung: Wenn im Rahmen von pH-Wert-Berechnungen nur die Stoffmengenkonzentration c angegeben wird, ist damit die wirksame Stoffmengenkonzentration (Aktivität) gemeint.

3.4.2 Gehaltsgrößen

Eine flüssige Mischphase, auch Lösung genannt, besteht aus dem Lösungsmittel und dem gelösten Stoff oder den gelösten Stoffen. *Die wichtigsten Größen zur Angabe des Gehaltes eines gelösten Stoffes sind Anteile oder Konzentrationen. Anteile* sind stets *Bruchteile eines gleichartigen Gesamtteils* oder von 100 Gesamtteilen (Prozent), während *Konzentrationen* als *Gesamtmenge* immer das *Volumen der Lösung* beinhalten.

3.4.2.1 Anteile

Massenanteil *w*

$$\text{Massenanteil des Stoffes X} = \frac{\text{Masse des gelösten Stoffes X}}{\text{Masse der Lösung}}$$

$$w(\mathrm{X}) = \frac{m(\mathrm{X})}{m(\mathrm{Ls})} \qquad \text{oder } w(\mathrm{X}) \text{ in } \% = \frac{m(\mathrm{X}) \cdot 100\%}{m(\mathrm{Ls})}$$

Aufgaben:

1. 4 g NaCl werden in 40 g H_2O gelöst. Wie groß ist der Massenanteil $w(\mathrm{NaCl})$?

$$w(\mathrm{NaCl}) = \frac{4\ \mathrm{g}}{4\ \mathrm{g} + 40\ \mathrm{g}} = \frac{4\ \mathrm{g}}{44\ \mathrm{g}} = \underline{\underline{0{,}0909 = 9{,}09\%}}$$

2. Wieviel g technisches Kaliumnitrit (Reinheit $w_R = 0{,}95$) müssen eingewogen werden, um 230 g Kaliumnitrit-Lösung, $w(\mathrm{KNO_2}) = 0{,}09$, herzustellen? Wieviel g Wasser braucht man?
Die Masse an reinem KNO_2 beträgt:

$$m(\mathrm{KNO_2}) = 230\ \mathrm{g} \cdot 0{,}09 = 20{,}7\ \mathrm{g}$$

Von verunreinigten, technischen Substanzen muß bei der Herstellung von Lösungen stets mehr eingewogen werden, als der benötigten Masse an Reinstoff entspricht.

m (technische Substanz) = m (reine Substanz) : w_R

m (techn. KNO_2) = 20,7 g : 0,95 = $\underline{\underline{21{,}79\ g}}$ ⇒ $m(H_2O)$ = $\underline{\underline{208{,}21\ g}}$

3. Wieviel g $Na_2CO_3 \cdot 10\ H_2O$ sind einzuwiegen, wenn man 540 g Natriumcarbonat- oder Soda-Lösung, $w(Na_2CO_3)$ = 15%, benötigt?
Masse an kristallwasserfreiem Natriumcarbonat: $m(Na_2CO_3)$ = 540 g · 0,15 = 81 g.

Bei kristallwasserhaltigen Stoffen ist bei der Herstellung von Lösungen die der Masse kristallwasserfreier Substanz entsprechende Masse an Kristallwasser mit einzuwiegen. Die Berechnung erfolgt mit Hilfe der molaren Massen. Die Masse an Lösungsmittel, hier Wasser, verringert sich um die Masse des eingewogenen Kristallwassers.

$M(Na_2CO_3) \mathrel{\hat{=}} M(Na_2CO_3 \cdot 10\ H_2O)$
$m(Na_2CO_3) \mathrel{\hat{=}} m(Na_2CO_3 \cdot 10\ H_2O)$

$$m(Na_2CO_3 \cdot 10\ H_2O) = \frac{m(Na_2CO_3) \cdot M(Na_2CO_3 \cdot 10\ H_2O)}{M\ (NaCO_3)}$$

$$m(Na_2CO_3 \cdot 10\ H_2O) = \frac{81\ g \cdot 286{,}143\ g/mol}{105{,}989\ g/mol} = \underline{\underline{218{,}68\ g}}$$

Die Gesamtmasse an Wasser in der Lösung ergibt sich aus der Masse an zuzusetzendem Lösungsmittelwasser 540 g − 218,68 g = 321,32 g und der Masse an eingewogenem Kristallwasser 218,68 g − 81 g = 137,68 g mit 459 g (540 g − 81 g).

Übungen:

3.4.4 Wieviel g technisches Eisen(III)-chlorid (Reinheit w_R = 88%) sind einzuwiegen, wenn 1 kg Eisen(III)-chlorid-Lösung, $w(FeCl_3)$ = 0,20, zur Fällung von Phosphat-Ionen benötigt werden? Wieviel g Wasser braucht man?

3.4.5 Wieviel g Kupfersulfat-5-Wasser ($CuSO_4 \cdot 5\ H_2O$) sind einzuwiegen zur Herstellung von 2,3 kg Kupfersulfat-Lösung, $w(CuSO_4)$ = 17,5%? In wieviel g Wasser ist diese Menge aufzulösen? $M(CuSO_4)$ = 159,6 g/mol, $M(CuSO_4 \cdot 5\ H_2O)$ = 249,68 g/mol.

Volumenanteil φ

Der Volumenanteil φ (sprich: phi) des Stoffes X ist der Quotient aus dem Volumen des gelösten Stoffes X und der Summe der Volumina des gelösten Stoffes X und des Lösungsmittels vor dem Lösevorgang. Der Volumenanteil findet bei gelösten flüssigen, aber vor allem bei gelösten gasförmigen Stoffen Anwendung.

$$\varphi(X) = \frac{V(X)}{V(X) + V(Lm)}$$ Lm Lösungsmittel

Aufgabe:

20 mL Ethanol und 80 mL Wasser werden homogen gemischt. Wie groß ist der Volumenanteil φ (Ethanol)?

$$\varphi\,(\text{Ethanol}) = \frac{20\ \text{mL}}{20\ \text{mL} + 80\ \text{mL}} = \frac{20\ \text{mL}}{100\ \text{mL}} = \underline{\underline{0{,}2 = 20\%}}$$

Übungen:

3.4.6 Die Summe der Volumina von Methanol und Wasser einer Lösung mit dem Volumenanteil φ (Methanol) = 30% beträgt 520 mL vor dem Mischen. Wie groß ist das Volumen an zugegebenem Methanol?

3.4.7 Eine Lösung mit dem Volumenanteil φ (Ethanol) = 0,4 enthält 260 mL Ethanol. Wieviel mL Wasser wurden zugesetzt?

3.4.2.2 Konzentrationen

Massenkonzentration β

Die Massenkonzentration β (X) ist der Quotient aus der Masse des gelösten Stoffes X und dem Volumen der Lösung. Übliche Einheiten sind g/L und mg/L.

$$\beta\,(\text{X}) = \frac{m\,(\text{X})}{V\,(\text{Ls})}$$

Aufgabe:

Wie groß ist die Massenkonzentration β (NaOH) einer Natronlauge, wenn in 780 mL Lösung 54 g reines Natriumhydroxid gelöst sind?

$\beta\,(\text{NaOH}) = \dfrac{54\ \text{g}}{0{,}78\ \text{L}} = \underline{\underline{69{,}23\ \text{g/L}}}$, d.h. in 1 L der Lösung wären 69,23 g Natriumhydroxid enthalten.

Übungen:

3.4.8 59 g technisches Kaliumchlorid (Reinheit w_R = 0,87) sind in 2,5 L Lösung enthalten. Wie groß ist die Massenkonzentration β (KCl)?

3.4.9 4,5 L Kalkwasser, $\beta\,(Ca(OH)_2)$ = 1 g/L, werden benötigt. Wieviel g technischer Löschkalk $Ca(OH)_2$ (Reinheit w_R = 92%) sind einzuwiegen?

Volumenkonzentration σ

Die Volumenkonzentration σ (sprich: sigma) des Stoffes X ist der Quotient aus dem Volumen des gelösten Stoffes X und dem Volumen der Lösung. Das Volumen der Lösung ist bei einer während des Mischens erfolgten Volumenkontraktion (Volumenverminderung) kleiner, bei einer Volumendilatation (Volumenvergrößerung) größer als die Summe der Volumina des gelösten Stoffes und des Lösungsmittels vor dem Lösevorgang. Dadurch unterscheiden sich Volumenanteil φ und Volumenkonzentration σ bei flüssigen Lösungen. Tritt beim Lösevorgang keine Volumenänderung ein, dann ist die Volumenkonzentration σ gleich dem Volumenanteil φ.

$$\sigma(\mathrm{X}) = \frac{V(\mathrm{X})}{V(\mathrm{Ls})} \qquad \text{oder } \sigma(\mathrm{X}) \text{ in } \% = \frac{V(\mathrm{X}) \cdot 100\%}{V(\mathrm{Ls})}$$

Aufgabe:

20 mL Ethanol und 80 mL Wasser werden homogen gemischt. Das Volumen der Lösung beträgt 98 mL. Wie groß ist die Volumenkonzentration σ (Ethanol)?

$$\sigma(\text{Ethanol}) = \frac{20\ \text{mL}}{98\ \text{mL}} = \underline{\underline{0{,}204 = 20{,}4\%}} \text{ oder } \underline{\underline{204\ \text{mL/L}}}$$

Übungen:

3.4.10 400 mL Methanol und 490 mL Wasser werden gemischt. Das Volumen der Lösung beträgt 860,5 mL. Wie groß ist die Volumenkonzentration $\sigma(CH_3OH)$?

3.4.11 30 L Kornbranntwein enthalten σ (Ethanol) = 40%. Wieviel L Ethanol sind in der Spirituose enthalten?

Stoffmengenkonzentration *c* (früher: Molarität)

Die Stoffmengenkonzentration $c(\mathrm{X})$ berechnet sich aus dem Verhältnis der Stoffmenge n des gelösten Stoffes X und dem Volumen der Lösung und wird meist in mol/L angegeben.

$$c(\mathrm{X}) = \frac{n(\mathrm{X})}{V(\mathrm{Ls})}$$

Sie ist als Gehaltsgröße für die Praxis von besonderer Bedeutung.

Aufgaben:

1. In 875 ml Schwefelsäure sind 0,7 mol H_2SO_4 enthalten. Wie groß ist die Stoffmengenkonzentration $c(H_2SO_4)$?

$$c(\mathrm{H_2SO_4}) = \frac{0{,}7\ \text{mol}}{0{,}875\ \text{L}} = \underline{\underline{0{,}8\ \text{mol/L}}}$$

In 1 L dieser Schwefelsäure sind somit 0,8 mol H_2SO_4 enthalten.

2. 5,5 L Sodalösung, $c(Na_2CO_3)$ = 1,5 mol/L, sollen hergestellt werden. Wieviel g technische Soda $Na_2CO_3 \cdot 10\ H_2O$ (Reinheit w_R = 0,8) sind einzuwiegen?

$M(Na_2CO_3 \cdot 10\ H_2O) = 286{,}143$ mol
$n(Na_2CO_3 \cdot 10\ H_2O) = n(Na_2CO_3) = c(Na_2CO_3) \cdot V(Ls) =$
$5{,}5\ L \cdot 1{,}5\ mol/L = 8{,}25$ mol. Da $m(X) = n(X) \cdot M(X)$ ist, ergibt sich:
$m(Na_2CO_3 \cdot 10\ H_2O) = 8{,}25\ mol \cdot 286{,}143\ g/mol = 2360{,}8$ g
$m(\text{techn. } Na_2CO_3 \cdot 10\ H_2O) = 2360{,}8 : 0{,}8 = \underline{\underline{2950{,}85\ g}}$

Übungen:

3.4.12 Wieviel g mol und wieviel g Natriumhydroxid sind in 4,3 L Natronlauge, $c(NaOH) = 2$ mol/L, enthalten? $M(NaOH) = 39{,}997$ g/mol.

3.4.13 33,5 g technisches $ZnSO_4 \cdot 7\ H_2O$ (Reinheit $w_R = 0{,}92$) sind in 1,5 L Lösung enthalten. Wie groß ist die Stoffmengenkonzentration $c(ZnSO_4)$? $M(ZnSO_4 \cdot 7\ H_2O) = 287{,}55$ g/mol, $M(ZnSO_4) = 161{,}45$ g/mol.

Anmerkung: Die exakten DIN-Bezeichnungen solcher Lösungen werden im folgenden ab und zu auch in vereinfachter Form wiedergegeben. So kann man z.B. 1 L Schwefelsäure-Lösung, $c(H_2SO_4) = 1$ mol/L, wie folgt vereinfacht bezeichnen: 1 L $c(H_2SO_4) = 1$ mol/L.

Äquivalentkonzentration $c(\frac{1}{z^*} X)$ (früher: Normalität)

Die Äquivalentkonzentration $c(\frac{1}{z^*} X)$ ist der Quotient aus der Äquivalentstoffmenge $n(\frac{1}{z^*} X)$ und dem Volumen der Lösung.

$$c(\tfrac{1}{z^*} X) = \frac{n(\frac{1}{z^*} X)}{V(Ls)} \quad \text{oder} \quad c(eq) = \frac{n(eq)}{V(Ls)}$$

$\frac{1}{z^*}$ = eq = *Äquivalent* = Bruchteil eines Teilchens X

Die *Äquivalentstoffmenge* $n(\frac{1}{z^*} x)$ wird aus dem Produkt der Stoffmenge des Stoffes X und der Äquivalentzahl z^* berechnet.

$$n(\tfrac{1}{z^*} X) = n(X) \cdot z^*$$

Die *Äquivalentzahl* z^* entspricht beim
a) Ionenäquivalent der Ionenladung,
b) Neutralisations- oder Protolyseäquivalent der Anzahl der pro Teilchen abgegebenen oder aufgenommenen Protonen,
c) Redoxäquivalent der Anzahl der pro Teilchen abgegebenen oder aufgenommenen Elektronen.

Beispiele:

zu a) Fe^{3+} $z^* = 3$; Mg^{2+} $z^* = 2$; SO_4^{2-} $z^* = 2$
zu b) H_2SO_4 $z^* = 2$; $Ca(OH)_2$ $z^* = 2$

zu c) $K_2Cr_2O_7$ $z^* = 6$ (wenn $2 \overset{+VI}{Cr} + 6e^- \rightarrow 2 \overset{+III}{Cr}$)

$KMnO_4$ $z^* = 5$ (in saurer Lösung, wenn $\overset{+VII}{Mn} + 5\,e^- \rightarrow \overset{+II}{Mn}$)

Somit berechnen sich die jeweiligen Äquivalentstoffmengen wie folgt:

zu a) $n(\frac{1}{3}\,Fe^{3+}) = n(Fe^{3+}) \cdot 3$; $\quad n(Mg^{2+}) = n(Mg^{2+}) \cdot 2$;

$n(\frac{1}{2}\,SO_4^{2-}) = n(SO_4^{2-}) \cdot 2$

zu b) $n(\frac{1}{2}\,H_2SO_4) = n(H_2SO_4) \cdot 2$; $\quad n(\frac{1}{2}\,Ca(OH)_2) = n(Ca(OH)_2) \cdot 2$

zu c) $n(\frac{1}{6}\,K_2Cr_2O_7) = n(K_2Cr_2O_7) \cdot 6$; $\quad n(\frac{1}{5}\,KMnO_4) = n(KMnO_4) \cdot 5$

Demnach gilt: $c(\frac{1}{z^*}\,X) = c(X) \cdot z^*$ d.h.:

Äquivalentkonzentration = Stoffmengenkonzentration · Äquivalentzahl.

Daraus folgt, daß bei einem Wert der Äquivalentzahl z^* von 1 die Äquivalentkonzentration gleich der Stoffmengenkonzentration ist.

Beispiel: Stoffmengenkonzentration $c(HCl) = 1$ mol/L, $z^* = 1$

Somit ist die Äquivalentkonzentration $c(\frac{1}{1}\,HCl) = c(HCl) \cdot 1 = 1$ mol/L $\cdot 1 =$ 1 mol/L $= c(HCl)$.

Beispiele:

1. $c(H_2SO_4) = 1$ mol/L (früher: 1 M). Wie groß ist die entsprechende Äquivalentkonzentration $c(\frac{1}{2}\,H_2SO_4)$?
   $c(\frac{1}{2}\,H_2SO_4) = 1$ mol/L $\cdot 2 = 2$ mol/L (früher: 2 N)

2. $c(\frac{1}{2}\,Ca(OH)_2 = 0{,}1$ mol/L (früher: 0,1 N). Wie groß ist die entsprechende Stoffmengenkonzentration $c(Ca(OH)_2)$?
   $c(Ca(OH)_2) = 0{,}1$ mol/L$:2 = 0{,}05$ mol/L (früher: 0,05 M).

Nach Möglichkeit sollte auf die Äquivalentkonzentration verzichtet werden und statt dessen die Stoffmengenkonzentration verwendet werden. Ist die Äquivalentzahl $z^* = 1$, wird in diesem Buch nur die Stoffmengenkonzentration $c(X)$ wiedergegeben.

Aufgaben:

1. Wieviel g $K_2Cr_2O_7$ sind einzuwiegen, wenn 2 L Kaliumdichromat-Lösung, $c(\frac{1}{6}\,K_2Cr_2O_7)$ $= 0{,}1$ mol/L, hergestellt werden sollen? $\quad M(K_2Cr_2O_7) = 294{,}184$ g/mol
   $n(\frac{1}{6}\,K_2Cr_2O_7) = 2\,L \cdot 0{,}1$ mol/L $= 0{,}2$ mol
   $n(K_2Cr_2O_7) = 0{,}2$ mol$:6 = 0{,}0\overline{33}$ mol $= 1/30$ mol
   $m(K_2Cr_2O_7) = 1/30$ mol $\cdot\, 294{,}184$ g/mol $= \underline{\underline{9{,}806\ g}}$

2. Wieviel g H_2SO_4 sind in 5 L Schwefelsäure, $c(\frac{1}{2}\ H_2SO_4) = 2$ mol/L, enthalten?
   $M(H_2SO_4) = 98{,}07$ g/mol
   $n(\frac{1}{2}\ H_2SO_4) = 5\ L \cdot 2\ mol/L = 10\ mol$
   $n(H_2SO_4) = 10\ mol : 2 = 5\ mol$
   $m(H_2SO_4) = 5\ mol \cdot 98{,}07\ g/mol = \underline{\underline{490{,}35\ g}}$

Übungen:

3.4.14 Wieviel g $KMnO_4$ müssen gelöst werden, um 2,5 L Kaliumpermanganat-Lösung, $c(\frac{1}{5}\ KMnO_4) = 0{,}2$ mol/L, herzustellen? $M(KMnO_4) = 158{,}034$ g/mol

3.4.15 6,37416 g $K_2Cr_2O_7$ sind in 1,3 L Lösung enthalten. Wie groß sind $c(\frac{1}{6}\ K_2Cr_2O_7)$ und $c(K_2Cr_2O_7)$?

3.4.16 49,035 g H_2SO_4 sind in einer Schwefelsäure, $c(\frac{1}{2}\ H_2SO_4) = 0{,}2$ mol/L, enthalten. Welches Volumen und welche $c(H_2SO_4)$ besitzt die Schwefelsäure?

3.4.2.3 Löslichkeit L^*

Die Löslichkeit $L^*(X, \vartheta)$ gibt an, wieviel g reine, wasserfreie Substanz X bei einer bestimmten Temperatur ϑ in 100 g Lösungsmittel höchstens, d. h. also maximal löslich sind. Sie ist eine stark temperaturabhängige Größe und ein Maß für den Gehalt einer bei der entsprechenden Temperatur gesättigten Lösung. Sie ist u. a. bei Trenn- und Reinigungsvorgängen von Stoffen durch Umkristallisation von Bedeutung.

$$L^*(X, \vartheta) = \frac{m(\text{max. } X, \vartheta)}{100\ \text{g Lm}} \quad \text{(bei einer Temperatur } \vartheta)$$

$m(\text{max. } X, \vartheta)$ ist die bei einer bestimmten Temperatur ϑ maximal in 100 g Lösungsmittel lösliche Masse der reinen, kristallwasserfreien Substanz X.

Aufgabe:

250 g reines $K_2Cr_2O_7$ sind in verunreinigtem Kaliumdichromat enthalten.

a) Wieviel mL Wasser sind zur Herstellung einer bei 80 °C gesättigten Lösung erforderlich, wenn die Löslichkeit $L^*(K_2Cr_2O_7, 80\,°C) = 73{,}0$ g/100 g H_2O und die Dichte $\varrho(H_2O, 80\,°C) = 0{,}97183$ g/mL beträgt?
   73 g $K_2Cr_2O_7 \triangleq 100$ g H_2O
   250 g $K_2Cr_2O_7 \triangleq x \qquad x = 342{,}47$ g H_2O
   342,47 g : 0,97183 g/mL = $\underline{\underline{352{,}4\ mL\ H_2O}}$

b) Welche Masse hat der beim langsamen Abkühlen auf 10 °C auskristallisierende Bodenkörper?
   $L^*(K_2Cr_2O_7, 10\,°C) = 7{,}75$ g/100 g H_2O
   100 g H_2O von 10 °C lösen 7,75 g
   342,47 g H_2O von 10 °C lösen $x \qquad x = 26{,}54$ g
   Die Masse des Bodenkörpers beträgt demnach 250 g − 26,54 g = $\underline{\underline{223{,}46\ g}}$.

c) Welcher Massenanteil an $K_2Cr_2O_7$ bleibt in der Mutterlauge gelöst, d.h. geht durch das Umkristallisieren verloren?

250 g $\triangleq$ 100%

26,54 g $\triangleq x$ $\qquad x = \underline{\underline{10{,}62\%}}$ Verlust

Je größer die Löslichkeit bei hohen Temperaturen und je kleiner die Löslichkeit bei niedrigen Temperaturen ist, um so geringer ist der Verlust und um so höher ist damit die Ausbeute bei Umkristallisationsvorgängen. In Tab. 2-3, Abschn. 2.4 ist qualitativ das Löslichkeitsverhalten einiger Stoffe dargestellt.

3.4.2.4 Löslichkeitsprodukt L

Ein Maß für den Gehalt an schwerlöslichen anorganischen Stoffen ist das ***Löslichkeitsprodukt*** *L.* Das Löslichkeitsprodukt L (X, ϑ) ist ebenfalls temperaturabhängig und wird berechnet aus dem *Produkt der Stoffmengenkonzentrationen der Ionen einer gesättigten Lösung des schwerlöslichen Stoffes X bei der entsprechenden Temperatur.*

Da die Konzentration an undissoziiert gelösten Teilchen praktisch konstant ist, bildet diese Konstante mit der Gleichgewichtskonstanten K die neue Konstante L.

Beispiel:

$$AgCl \rightleftharpoons Ag^+ + Cl^-$$

$$K = \frac{c(Ag^+) \cdot c(Cl^-)}{c(AgCl)} \qquad \text{Da } c(AgCl) = \text{konst gilt:}$$

$$K \cdot c(AgCl) = L(AgCl) = c(Ag^+) \cdot c(Cl^-) = 1{,}6 \cdot 10^{-10}\ \text{mol}^2/\text{L}^2 = L(AgCl, 25\,°C)$$

Das Löslichkeitsprodukt ist von entscheidender Bedeutung bei der Ermittlung der optimalen Fällungsbedingungen einer Substanz, besonders, wenn es darum geht, Anionen und Kationen, z.B. Schwermetallkationen vollständig auszufällen. *Es kommt zur Fällung, wenn das Produkt der Ionenkonzentrationen größer wird oder ist als das Löslichkeitsprodukt.* Auch der pH-Wert ist von entscheidender Bedeutung für eine möglichst quantitative, aber auch für eine selektive Fällung (s. dazu auch Tab. 2-4 in Abschn. 2.4, Abschn. 6.5.2 und Abschn. 8.3.5).

Aufgaben

1. Die Silber-Ionenkonzentration einer Lösung beträgt 0,1 mol/L. Welche Chlorid-Ionenkonzentration muß überschritten werden, damit es zur Bildung von weißem Silberchlorid kommt?

   0,1 mol/L $\cdot\, c(Cl^-) = 1{,}6 \cdot 10^{-10}$ mol²/L² (bei 25 °C) $\Rightarrow c(Cl^-) = 1{,}6 \cdot 10^{-9}$ mol/L, d.h. diese Konzentration muß überschritten werden [$c(Cl^-) > 1{,}6 \cdot 10^{-9}$ mol/L], damit es zur Fällung kommt. Zur vollständigen Fällung von $\underline{\underline{c(Ag^+) = 0{,}1\ \text{mol/L}}}$ muß mindestens $c(Cl^-) = 0{,}1$ mol/L zugegeben werden.

2. Ab welcher $c\,(Fe^{2+})$ kommt es zur Fällung von $Fe\,(OH)_2$, wenn der pH-Wert der Lösung 12 beträgt?

$$L\,(Fe\,(OH)_2,\ 18\,°C) = 1{,}64 \cdot 10^{-14}\ mol^3/L^3 = c\,(Fe^{2+}) \cdot c^2\,(OH^-)$$
$$c\,(Fe^{2+}) = L\,(Fe\,(OH)_2) : c^2\,(OH^-)$$
$$pH = 12 \Rightarrow pOH = 2 \Rightarrow c\,(OH^-) = 10^{-2}\ mol/L \Rightarrow$$
$$c\,(Fe^{2+}) = \frac{1{,}64 \cdot 10^{-14}\ mol^3 \cdot L^2}{L^3 \cdot 10^{-4}\ mol^2} = 1{,}64 \cdot 10^{-10}\ mol/L, \text{ d. h.}$$

wenn diese Konzentration an Fe^{2+}-Ionen überschritten wird [$c\,(Fe^{2+}) > 1{,}64 \cdot 10^{-10}\ mol/L$], fällt Eisen(II)-hydroxid aus.

3. Das Ionenprodukt von H_2S in gesättigter Lösung beträgt $10^{-23}\ mol^3/L^3$. Fallen Fe^{2+}-Ionen als Eisen(II)-sulfid aus, wenn der pH-Wert a) 1, b) 10 ist?

$$L\,(FeS,\ 18\,°C) = 3{,}7 \cdot 10^{-19}\ mol^2/L^2 = c\,(Fe^{2+}) \cdot c\,(S^{2-})$$

a) $pH = 1 \Rightarrow c\,(H^+) = 10^{-1}\ mol/L$

$$c^2\,(H^+) \cdot c\,(S^{2-}) = 10^{-23}\ mol^3/L^3$$
$$c\,(S^{2-}) = \frac{10^{-23}\ mol}{10^{-2}\ L} = 10^{-21}\ mol/L, \text{ eingesetzt ergibt:}$$
$$c\,(Fe^{2+}) \cdot 10^{-21}\ mol/L = 3{,}7 \cdot 10^{-19}\ mol^2/L^2$$
$$c\,(Fe^{2+}) = \frac{3{,}7 \cdot 10^{-19}\ mol}{10^{-21}\ L} = 3{,}7 \cdot 10^2\ mol/L, \text{ d. h.}$$

oberhalb $c\,(Fe^{2+}) = 370\ mol/L$ käme es erst zur Fällung. Somit fallen die Fe^{2+}-Ionen bei pH = 1 als Eisen(II)-sulfid nicht aus.

b) $pH = 10 \Rightarrow c\,(H^+) = 10^{-10}\ mol/L$

$$c^2\,(H^+) \cdot c\,(S^{2-}) = 10^{-23}\ mol^3/L^3$$
$$c\,(S^{2-}) = \frac{10^{-23}\ mol}{10^{-20}\ L} = 10^{-3}\ mol/L, \text{ eingesetzt ergibt:}$$
$$c\,(Fe^{2+}) \cdot 10^{-3}\ mol/L = 3{,}7 \cdot 10^{-19}\ mol/L$$
$$c\,(Fe^{2+}) = \frac{3{,}7 \cdot 10^{-19}\ mol}{10^{-3}\ L} = 3{,}7 \cdot 10^{-16}\ mol/L$$

Bei pH 10 werden Fe^{2+}-Ionen als Eisen(II)-sulfid gefällt, da es schon bei einer Überschreitung der winzigen Konzentration von $c\,(Fe^{2+}) = 3{,}7 \cdot 10^{-16}\ mol/L$ zur Fällung kommt.

Man erkennt an diesen Beispielen, daß eine *Fällung von Schwermetallkationen bei höheren pH-Werten oft vollständiger ist oder überhaupt erst erfolgt.* Allerdings ist auch zu beachten, daß einige Hydroxide, wie $Fe\,(OH)_3$, schon im sauren Milieu ausfallen und andere, wie $Al\,(OH)_3$, sich im stark alkalischen Milieu unter Komplexbildung lösen.

Durch Veränderung des pH-Wertes sind selektive Fällungen möglich. So werden z. B. im Verlaufe des Kationentrennungsganges der naßchemischen qualitativen Analyse nach der Abtrennung schwerlöslicher Chloride solche Sulfide selektiv getrennt, die aufgrund ihres sehr kleinen Löslichkeitsproduktes bereits im sauren pH-Bereich ausfallen. Anschließend werden einige Kationen als schwerlösliche Hydroxide ausgefällt, bevor die Sulfide solcher Kationen, die infolge ihrer größeren Löslichkeitsprodukte erst bei höheren pH-Werten ausfallen, selektiert werden. Nach Entfernung der schwerlösliche Carbonate bildenden Kationen werden die noch in Lösung verbleibenden Kationen zum Schluß nachgewiesen.

Die nach der Fällung noch in der Lösung vorhandene Stoffmengen- oder Massenkonzentration des ausgefällten Kations, z. B. eines giftigen Schwermetallkations, *läßt sich wie folgt berechnen,* wenn keine Fremd-Ionen oder gleichionigen Elektrolyte in der Lösung sind. Ist dies der Fall, müssen bei der Berechnung u. a. die Aktivitätskoeffizienten berücksichtigt werden.

$$c(M^{z+}) = \sqrt[x+y]{\frac{L(M_yN_x) \cdot y^x}{x^x}} \qquad \beta(M^{z+}) = c(M^{z+}) \cdot M(M^{z+})$$

M_yN_x Summenformel der schwerlöslichen Substanz, z. B. As_2S_5.
$L(M_yN_x)$ Löslichkeitsprodukt dieser Substanz
y Index des Kations M^{z+}
x Index des Anions N^{y-}
$c(M^{z+})$ Stoffmengenkonzentration des Kations M^{z+}
$\beta(M^{z+})$ Massenkonzentration des Kations M^{z+}
$M(M^{z+})$ molare Masse des Kations M^{z+}

Die Stoffmengenkonzentration der schwerlöslichen Substanz $c(M_yN_x)$ wird wie folgt berechnet:

$$c(M_yN_x) = c(M^{z+}) : y$$

Schließlich erhält man die Massenkonzentration $\beta(M_yN_x)$:

$$\beta(M_yN_x) = c(M_yN_x) \cdot M(M_yN_x)$$

Beispiele:

1. Cadmiumsulfid CdS:
   $L(\text{CdS}) = 3{,}6 \cdot 10^{-29}\ \text{mol}^2/\text{L}^2$, $M(\text{Cd}^{2+}) = 112{,}41\ \text{g/mol}$,
   $M(\text{CdS}) = 144{,}47\ \text{g/mol}$, $y = 1$, $x = 1$. Wie groß sind $c(\text{Cd}^{2+})$, $\beta(\text{Cd}^{2+})$, $c(\text{CdS})$ und $\beta(\text{CdS})$ nach der Fällung?

   $$c(\text{Cd}^{2+}) = \sqrt{\frac{L(\text{CdS}) \cdot 1}{1}} = \sqrt{\frac{3{,}6 \cdot 10^{-29} \cdot 1}{1}}\ \frac{\text{mol}}{\text{L}} = \sqrt{36 \cdot 10^{-30}}\ \frac{\text{mol}}{\text{L}} = \underline{\underline{6 \cdot 10^{-15}\ \frac{\text{mol}}{\text{L}}}}$$

   $c(\text{CdS}) = 6 \cdot 10^{-15}\ \text{mol/L} : 1 = \underline{\underline{6 \cdot 10^{-15}\ \text{mol/L}}}$

   $\beta(\text{CdS}) = 6 \cdot 10^{-15}\ \text{mol/L} \cdot 144{,}47\ \text{g/mol} = \underline{\underline{8{,}66 \cdot 10^{-13}\ \text{g/L}}}$

   Da $\beta(\text{Cd}^{2+}) = 6 \cdot 10^{-15}\ \text{mol/L} \cdot 112{,}41\ \text{g/mol} = \underline{\underline{6{,}75 \cdot 10^{-13}\ \text{g/L}}}$, erkennt man durch

Vergleich mit dem Richtwert der ATV für Cadmium (s. Tab. 8-4, Abschn. 8.3) von 0,5 mg/L = $5 \cdot 10^{-4}$ g/L, daß Cadmium durch Sulfidfällung sehr gut aus Wässern eliminierbar ist.

2. Bismut(III)-sulfid Bi_2S_3:
   $L(Bi_2S_3) = 1{,}6 \cdot 10^{-72}$ mol⁵/L⁵, $M(Bi^{3+}) = 208{,}98$ g/mol, $M(Bi_2S_3) = 514{,}14$ g/mol, $y = 2$, $x = 3$. Wie groß sind $c(Bi^{3+})$, $\beta(Bi^{3+})$, $c(Bi_2S_3)$ und $\beta(Bi_2S_3)$ nach der Fällung?

$$c(Bi^{3+}) = \sqrt[3+2]{\frac{1{,}6 \cdot 10^{-72}\ \text{mol}^5 \cdot 2^3}{\text{L}^5 \cdot 3^3}} = \sqrt[5]{\frac{1{,}6 \cdot 10^{-72} \cdot 8}{27}}\ \frac{\text{mol}}{\text{L}} = \underline{\underline{3{,}43 \cdot 10^{-15}\ \text{mol/L}}}$$

$$\beta(Bi^{3+}) = 3{,}43 \cdot 10^{-15}\ \text{mol/L} \cdot 208{,}98\ \text{g/mol} = \underline{\underline{7{,}168 \cdot 10^{-13}\ \text{g/L}}}$$

$$c(Bi_2S_3) = 3{,}43 \cdot 10^{-15}\ \text{mol/L} : 2 = \underline{\underline{1{,}715 \cdot 10^{-15}\ \text{mol/L}}}$$

$$\beta(Bi_2S_3) = 1{,}715 \cdot 10^{-15}\ \text{mol/L} \cdot 514{,}14\ \text{g/mol} = \underline{\underline{8{,}82 \cdot 10^{-13}\ \text{g/L}}}$$

Solche Berechnungen gelten nur für Fälle, in denen das auszufällende Ion und der Reaktionspartner, das Fällungsreagenz, vor der Fällung in äquivalenten Konzentrationen vorliegen. Dies ist eine weitere Voraussetzung für die Übereinstimmung solcher Berechnungen mit den praktischen Verhältnissen. Die Konzentration der Fällungsreagenzien, wie $c(OH^-)$, $c(S^{2-})$, steht in enger Wechselbeziehung zum pH-Wert. Mit steigendem pH-Wert nimmt ihre Konzentration zu. *Gibt man das Fällungsreagenz im Überschuß hinzu, was in der Praxis oftmals geschieht, wird die Konzentration an in der Lösung verbleibendem, nicht gefälltem Stoff noch geringer,* was man auch aus den ersten gerechneten Aufgaben ersehen kann.

3.4.2.5 Verdünnen und Konzentrieren von Lösungen

Das Verdünnen einer Lösung kann durch Zusatz des reinen Lösungsmittels oder einer Lösung niederen Gehaltes erfolgen. Das Verstärken oder Konzentrieren einer Lösung kann durch Zusatz einer Lösung höheren Gehaltes, durch weiteres Auflösen von Reinstoff oder durch Entzug des Lösungsmittels („Einengen“) geschehen.

Mischungsberechnungen werden in erster Linie mit Hilfe der Massen und Massenanteile durchgeführt.

Wenn der Massenanteil des Stoffes X in einer Mischung gesucht ist, empfiehlt sich die Berechnung mit Hilfe der Mischungsgleichung.

Da die Summe der Masse des gelösten Stoffes X in der Lösung 1 und der Masse des gelösten Stoffes X in der Lösung 2 gleich der Masse des gelösten Stoffes X in der Mischung ist, läßt sich daraus wie folgt die **Mischungsgleichung** ableiten.

m(X in 1) + m(X in 2) = m(X in M) oder kurz: $m_1(X) + m_2(X) = m_M(X)$

1 Lösung 1 2 Lösung 2 M Mischung

Diese Massen lassen sich durch Multiplikation der jeweiligen Massen der Lösungen mit den entsprechenden Massenanteilen w des gelösten Stoffes X berechnen. Die Mischungsgleichung lautet daher beim Mischen zweier Lösungen wie folgt:

$$w_1 \cdot m_1 + w_2 \cdot m_2 = w_M \cdot m_M$$

Werden mehr als zwei Lösungen gemischt, wird die Gleichung erweitert.

Eine Berechnung über Konzentrationsgrößen ist auch möglich. Es gilt, da $n_1(\mathrm{X}) + n_2(\mathrm{X}) = n_\mathrm{M}(\mathrm{X})$:

$$c_1 \cdot V_1 + c_1 \cdot V_2 = c_\mathrm{M} \cdot V_\mathrm{M}$$

Falls Volumenänderungen beim Mischen nicht auftreten oder vernachlässigt werden können, gilt auch:

$$c_1 \cdot V_1 + c_2 \cdot V_2 = c_\mathrm{M} \cdot (V_1 + V_2)$$

da dann $V_\mathrm{M} = V_1 + V_2$ ist.

Aufgabe:

2 kg Salpetersäure, $w(\mathrm{HNO_3}) = 15\%$, und 3 kg Salpetersäure, $w(\mathrm{HNO_3}) = 30\%$, werden gemischt. Wie groß ist der Massenanteil an $\mathrm{HNO_3}$ in der Säure nach dem Mischen?

$$w_\mathrm{M} = \frac{w_1 \cdot m_1 + w_2 \cdot m_2}{m_\mathrm{M}} = \frac{2\,\mathrm{kg} \cdot 15\% + 3\,\mathrm{kg} \cdot 30\%}{5\,\mathrm{kg}} = \underline{\underline{24\%}}$$

Sind die Massen der zu mischenden Ausgangslösungen gesucht, empfiehlt sich die Berechnung mit Hilfe des aus der Mischungsgleichung erhaltenen ***Mischungskreuzes:*** Ist die Lösung 1 die Lösung mit dem höheren Massenanteil, gilt:

$$w_1 - w_\mathrm{M} = m_2 \qquad \text{und} \qquad w_\mathrm{M} - w_2 = m_1$$

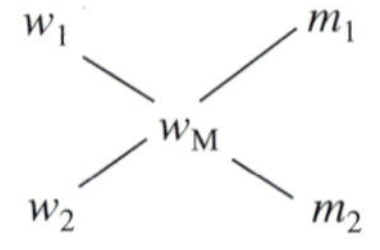

Man erhält das Massenverhältnis $m_1 : m_2$ und durch Addition eine Masse der Mischung. Diese Massen sind proportional den benötigten Massen der Ausgangslösungen.

Beim Verdünnen mit oder dem Entzug von Lösungsmittel (Lösung 2) wird $w_2 = 0$, da ja im Lösungsmittel kein gelöster Stoff enthalten ist. Der Massenanteil des gelösten Stoffes X in dem Lösungsmittel, z. B. Wasser, ist null. Beim Verstärken mit dem Reinstoff wird $w_1 = 1$ oder 100%.

Für Lösungen mit Stoffmengenkonzentrationsangaben gilt das folgende Mischungskreuz:

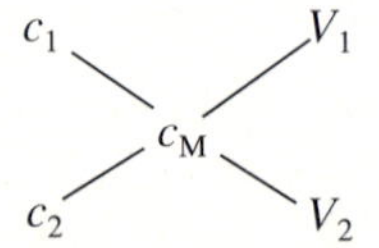

Aufgabe:

Wieviel g einer $w(H_2SO_4) = 20\%$ und einer $w(H_2SO_4) = 96\%$ sind zu mischen, wenn 1 kg $w(H_2SO_4) = 0{,}5$ hergestellt werden soll?
Für die Aufgabe gilt: $w_1 = 96\%$, $w_2 = 20\%$, $w_M = 0{,}5 = 50\%$.
Die Anwendung des Mischungskreuzes ergibt:

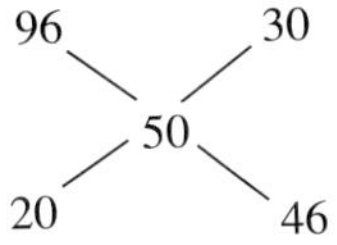

$90 - 50 = 46, \quad 50 - 20 = 30$

30 g 96%ige H_2SO_4 und 46 g 20%ige H_2SO_4 ergeben 76 g 50%ige H_2SO_4. Daraus folgt:

$$76\ \text{g} \triangleq 30\ \text{g}$$
$$1000\ \text{g} \triangleq x \qquad x = 394{,}74\ \text{g 96\%ige } H_2SO_4$$
$$76\ \text{g} \triangleq 46\ \text{g}$$
$$1000\ \text{g} \triangleq y \qquad y = 605{,}26\ \text{g 20\%ige } H_2SO_4$$

Sollen die einzusetzenden Volumina berechnet werden, müssen die Dichten aller Lösungen bekannt sein oder durch Interpolieren ermittelt werden.

Aufgabe:

Welche Volumina an Ausgangslösungen sind zu mischen, wenn 0,6 L Citronensäure, $w(C_6H_8O_7) = 12\%$, $\varrho_M = 1{,}046$ g/mL hergestellt werden sollen? Die Ausgangslösungen haben die Massenanteile $w_1 = 46\%$, $w_2 = 8\%$ und die Dichten $\varrho_1 = 1{,}2015$ g/mL und $\varrho_2 = 1{,}0298$ g/mL.

$0{,}6\ \text{L} \cdot 1{,}046\ \text{kg/L} = 0{,}6276\ \text{kg} = 627{,}6\ \text{g}.$

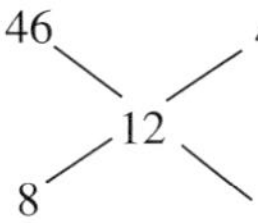

$$4\ \text{g} \triangleq x = 66{,}1\ \text{g} : 1{,}2015\ \text{g/mL} = 55{,}0\ \text{mL}$$
$$34\ \text{g} \triangleq y = 561{,}5\ \text{g} : 1{,}0298\ \text{g/mL} = 545{,}26\ \text{mL}$$
$$38\ \text{g} \triangleq z = 27{,}6\ \text{g} : 1{,}046\ \text{g/mL} = 600\ \text{mL}$$

55,0 mL 46%ige und 545,25 mL 8%ige Citronensäure müssen gemischt werden, um 600 mL 12%ige Citronensäure zu erhalten.

Übungen:

3.4.17 5 kg Kalilauge, $w(KOH) = 0{,}12$, und 2,7 kg Kalilauge, $w(KOH) = 0{,}07$, werden gemischt. Wie groß ist der Massenanteil an Kaliumhydroxid in der Lauge nach dem Mischen?

3.4.18 2,3 L c (NaOH) = 0,05 mol/L und 5,3 L c (NaOH) = 0,02 mol/L werden gemischt. Wie groß ist die Stoffmengenkonzentration der Mischung (die Volumenveränderung ist vernachlässigbar gering)?

3.4.19 Wieviel Gramm einer w (HCl) = 5% und einer w (HCl) = 2,3% sind zu mischen, wenn 6,7 kg w (HCl) = 4% benötigt werden?

3.4.20 Wieviel Liter einer c (NaCl) = 0,02 mol/L und einer c (NaCl) = 0,08 mol/L sind zu mischen, wenn man 10 L c (NaCl) = 0,03 mol/L braucht (die Volumenänderung ist vernachlässigbar gering)?

3.4.21 Welche Volumina an Ausgangslösungen sind zu mischen, wenn 2,75 L $w(H_2SO_4)$ = 33,82%, ϱ = 1,25 g/mL aus $w(H_2SO_4)$ = 87,69%, ϱ = 1,80 g/mL und $w(H_2SO_4)$ = 11,96%, ϱ = 1,08 g/mL hergestellt werden sollen?

3.5 Spezifische Stoffkennwerte

3.5.1 Spezifische Schmelzwärme q

Die Wärmemenge, die erforderlich ist, um 1 kg eines Stoffes bei gleichbleibender Temperatur unter 1013 mbar zu schmelzen, bezeichnet man als ***spezifische Schmelzwärme*** *q.* Beim Erstarren wird die Schmelzwärme als *Erstarrungs- oder Kristallisationswärme* frei. Um 1 kg Eis zu schmelzen, benötigt man 335 kJ. Viele organische Stoffe besitzen eine geringere spezifische Schmelzwärme als Eis, wie beispielsweise Phenol mit 119,64 kJ/kg. Die zum Schmelzen einer Stoffportion erforderliche Wärmemenge Q wird aus dem Produkt der Masse m dieser Stoffportion und der spezifischen Schmelzwärme q berechnet.

$$Q = m \cdot q$$

3.5.2 Spezifische Verdampfungswärme r

Die Wärmemenge, die erforderlich ist, um 1 kg eines Stoffes bei gleichbleibender Temperatur unter 1013 mbar zu verdampfen, ist die ***spezifische Verdampfungswärme*** *r.* Beim Kondensieren wird die Verdampfungswärme als *Kondensationswärme* frei. Um 1 kg Wasser bei 1013 mbar zu verdampfen, benötigt man 2256,7 kJ, ein im Vergleich zu vielen organischen Stoffen sehr hoher Wert. So beträgt der Wert für Trichlorethen nur 244,4 kJ/kg. Von daher ist es bei Verbrennungen sehr wichtig, den Feuchtigkeitsgehalt möglichst gering zu halten, da sonst riesige Mengen der teuren Energie zum Verdampfen des Wassers erforderlich sind.

Die zum Verdampfen einer flüssigen Stoffportion erforderliche Wärmemenge Q berechnet sich aus dem Produkt der Masse m dieser Stoffportion und der spezifischen Verdampfungswärme r.

$$Q = m \cdot r$$

3.5.3 Spezifische Wärmekapazität *c*

Die Wärmemenge, die erforderlich ist, um 1 kg eines Stoffes um 1 K zu erwärmen, wird spezifische Wärmekapazität *c* genannt. Für Wasser beträgt der Wert *c* (Wasser) = 4,187 kJ/(kg · K) im flüssigen Aggregatzustand. Dieser Wert, den man früher als eine Kilokalorie (1 kcal) bezeichnete, gilt exakt nur für die Erwärmung von 14,5 °C auf 15,5 °C, da die spezifische Wärmekapazität temperaturabhängig ist. Dieser Wert wird aber auch bei anderen Temperaturänderungen für praktische Berechnungen verwendet. Analoges gilt auch für andere Werte der spezifischen Wärmekapazität *c*. Die zum Erwärmen einer Stoffportion bei gleichbleibendem Aggregatzustand erforderliche Wärmemenge *Q* wird aus dem Produkt der Masse *m* dieser Stoffportion, der spezifischen Wärmekapazität *c* des Stoffes und der aufgetretenen Temperaturänderung $\Delta\vartheta$ berechnet.

$$Q = m \cdot c \cdot \Delta\vartheta$$

Die Temperaturänderung $\Delta\vartheta$ ist gleich der Differenz zwischen der Endtemperatur ϑ_E oder T_E und der Anfangstemperatur ϑ_A oder T_A.

$$\Delta\vartheta = \vartheta_E - \vartheta_A \qquad \text{oder} \qquad \Delta T = T_E - T_A$$

Da eine Temperaturänderung von 1 °C 1 K entspricht, ist $\Delta\vartheta = \Delta T$. Es wird bei Berechnungen mit Temperaturänderungen die Einheit Kelvin verwendet (sprich: ϑ theta, Δ delta).

Aufgabe:

Welche Wärmemenge *Q* ist erforderlich, um 4 kg Eis von −10 °C in Wasserdampf von 117 °C zu überführen?
Tabellenwerte: *q* (Eis) = 335 kJ/kg, *r* (Wasser) = 2256,7 kJ/kg
Spezifische Wärmekapazität *c*:
c (Eis) = 2,09 kJ/(kg · K), *c* (Wasser) = 4,187 kJ/(kg · K),
c (Wasserdampf) = 2,031 kJ/(kg · K)
Wärmemengen:

1. Q_1 (4 kg Eis von −10 °C auf 0 °C) = 4 kg · 10 K · 2,09 kJ/(kg · K) = 83,6 kJ
2. Q_2 (Schmelzwärme von 4 kg Eis) = 4 kg · 335 kJ/kg = 1340 KJ
3. Q_3 (4 kg Wasser von 0 °C auf 100 °C) = 4 kg · 100 K · 4,187 kJ/(kg · K)= 1674,8 kJ
4. Q_4 (Verdampfungswärme von 4 kg Wasser) = 4 kg · 2256,7 kJ/kg = 9026,8 kJ
5. Q_5 (4 kg Wasserdampf von 100 °C auf 117 °C) = 4 kg · 17 K · 2,031 kJ/(kg · K) = 138,108 kJ

Die Summe aller fünf Wärmemengen ergibt die gesamte benötigte Wärmemenge *Q* = <u>12263,308 kJ</u>.

Übungen:

3.5.1 Welche Wärmemenge *Q* braucht man, um 15 kg Eis von −20 °C auf 40 °C zu erwärmen?

3.5.2 530 kg Wasser von 20 °C sollen in Dampf von 130 °C überführt werden. Berechnen Sie die erforderliche Wärmemenge Q.

3.5.4 Längenausdehnung

Vor allem bei gestreckten Festkörpern ist die Längenänderung in Abhängigkeit von der Temperatur von Bedeutung. Die *Änderung der Länge pro Kelvin* ist eine stoffspezifische Größe. Sie wird **Längenausdehnungskoeffizient** oder **linearer Ausdehnungskoeffizient** α genannt. Er ist temperaturabhängig ebenso wie auch der Volumenausdehnungskoeffizient oder die Dichte. In Tabellenwerken sind daher mittlere Werte angegeben.

Wird ein Stab mit der Anfangslänge l_A von der Anfangstemperatur ϑ_A auf die Endtemperatur ϑ_E erwärmt, so beträgt die Längenänderung Δl:

$$\Delta l = l_A \cdot (\vartheta_E - \vartheta_A) \cdot \alpha = l_A \cdot \Delta\vartheta \cdot \alpha$$

$\Delta\vartheta$ Temperaturdifferenz zwischen ϑ_E und ϑ_A, angegeben in K.

Die Endlänge $l_E = l_A + \Delta l = l_A + l_A \cdot \Delta\vartheta \cdot \alpha = l_A \cdot (1 + \Delta\vartheta \cdot \alpha)$
(sprich: α alpha, ϑ theta, Δ delta)

Aufgabe:

Ein Aluminiumrohr von 15 m Länge wird von 17 °C auf 82 °C erwärmt. Wie lang ist das Rohr nach der Erwärmung? $\alpha(\text{Al}) = 2{,}4 \cdot 10^{-5}\,\text{K}^{-1}$

$l_A = 15$ m $\quad \Delta\vartheta = 82\,°\text{C} - 17\,°\text{C} = 65\,°\text{C} = 65\,\text{K}$

$$l_E = 15\,\text{m} \cdot (1 + 65\,\text{K} \cdot 0{,}000024\,\text{K}^{-1}) = \underline{\underline{15{,}0234\,\text{m}}}$$

Übungen:

3.5.3 Ein Kupferrohr von 76 m Anfangslänge dehnt sich bei Erwärmung auf 137 °C um 0,089 m aus. Wie groß ist die Anfangstemperatur des Rohres? $\alpha(\text{Cu}) = 1{,}65 \cdot 10^{-5}\,\text{K}^{-1}$.

3.5.4 Ein Nickelrohr von 15 m Länge bei 160 °C wird auf 17 °C abgekühlt. Wie groß ist die Länge des Rohres bei dieser Temperatur? $\alpha(\text{Ni}) = 1{,}25 \cdot 10^{-5}\,\text{K}^{-1}$.

3.5.5 Volumenausdehnung

In der Regel nimmt das Volumen eines Stoffes mit steigender Temperatur zu. Eine Ausnahme ist Wasser: Wasser von 4 °C dehnt sich auch beim Abkühlen aus. Somit hat Wasser bei 4 °C die höchste Dichte. Die stoffspezifische Größe, die die *Volumenänderung pro Kelvin* angibt, wird **Volumenausdehnungskoeffizient** oder **kubischer Ausdehnungskoeffi-**

zient γ genannt. Sie ist für Flüssigkeiten und Feststoffe von Bedeutung (der Volumenausdehnungskoeffizient γ aller Gase beträgt 1/273 des Volumens bei 0 °C). Aus dem Endvolumen läßt sich bei bekannter Masse die bei der Endtemperatur ϑ_E vorliegende Dichte berechnen.

Das Endvolumen V_E wird mit Hilfe der Volumenänderung ΔV berechnet. Wird das Anfangsvolumen V_A von der Anfangstemperatur ϑ_A auf die Endtemperatur ϑ_E erwärmt, beträgt die Volumenänderung ΔV:

$$\Delta V = V_A \cdot \Delta\vartheta \cdot \gamma \qquad V_E = V_A + \Delta V = V_A \cdot (1 + \Delta\vartheta \cdot \gamma)$$

Zwischen α und γ gilt annähernd die Beziehung $\gamma = 3\ \alpha$.

Aufgabe:

2,4 L Wasser von 15 °C werden auf 95 °C erwärmt. Wie groß ist das Volumen bei 95 °C?
$\gamma(H_2O) = 1{,}8 \cdot 10^{-4}\,K^{-1}$
$V_E = 2{,}4\ L \cdot (1 + 80\ K \cdot 0{,}00018\ K^{-1}) = \underline{\underline{2{,}434\ L}}$

Übungen:

3.5.5 3,6 L Ethandiol (Glykol) von 125 °C werden auf 19 °C abgekühlt. Welches Volumen besitzt Ethandiol dann? $\gamma(\text{Ethandiol}) = 6{,}2 \cdot 10^{-4}\,K^{-1}$

3.5.6 1500 mL 1,2,3-Propantriol (Glycerin) wurden von 21 °C auf 46 °C erwärmt. Dabei vergrößerte sich das Volumen um 18,75 mL. Wie groß ist der Volumenausdehnungskoeffizient γ (Glycerin)?

3.5.6 Dichte ϱ

Die Dichte eines Stoffes X ist der Quotient aus der Masse und dem Volumen. Da letzteres temperaturabhängig ist, ist auch die Dichte ϱ (sprich: rho) eine temperaturabhängige, stoffspezifische Größe.

$$\varrho(X) = \frac{m(X)}{V(X)}$$

Die Dichtebestimmung von Festkörpern kann nach der *Auftriebsmethode* mit Hilfe der hydrostatischen Waage oder mit dem Pyknometer erfolgen. Wiegt man einen Körper, dessen Masse man durch Wägung in Luft ermittelt hat, in einer Flüssigkeit mit bekannter Dichte, so erfolgt ein scheinbarer Massenverlust. Die Masse des Feststoffs in der Flüssigkeit ist kleiner als seine Masse in der Luft (der Begriff „Masse“ wird hier stets für alle Wägeergebnisse verwendet). Ursache ist der **Auftrieb**, der der Schwerkraft entgegenwirkt und der Masse der verdrängten Flüssigkeit entspricht. Das Volumen des Körpers entspricht dem Volumen der verdrängten Flüssigkeit, so daß sich die Dichte wie folgt berechnen läßt:

m (Feststoff) − m (Feststoff in der Flüssigkeit) = Auftrieb =
m (verdrängte Flüssigkeit)
V (verdrängte Flüssigkeit) = V (Körper)

$$\varrho\ (\text{Feststoff}) = \frac{m\ (\text{Feststoff}) \cdot \varrho\ (\text{Flüssigkeit})}{m(\text{Feststoff}) - m(\text{Feststoff i.d. Flüssigkeit})}$$

Bei der Dichtebestimmung von Feststoffen mittels Pyknometer sind 3 Wägungen erforderlich. Die Masse der Probe (m_1) ist zu ermitteln. Daneben ist die Masse des mit Wasser gefüllten Pyknometers (m_2) und die Masse des mit der Probe und Wasser gefüllten Pyknometers (m_3) zu bestimmen.

Die Masse des verdrängten Wassers, die zur Ermittlung des Volumens der Probe benötigt wird, ist gleich $m_1 + m_2 - m_3$. Somit errechnet sich die Dichte nach:

$$\varrho\ (\text{Feststoff}) = \frac{m_1 \cdot \varrho(\text{H}_2\text{O})}{m_1 + m_2 - m_3}$$

Übungen:

3.5.7 Ein Körper mit stark gegliederter Oberfläche wiegt an der Luft 63,8 g, in Benzol (ϱ = 0,881 g/mL) 39,8 g. Welche Dichte hat der Körper?

3.5.8 Die Masse einiger Metallgranalien wird mit 4,23 g bestimmt. Das mit Wasser gefüllte Pyknometer ist 72,60 g, das mit Wasser und dem Granulat gefüllte Pyknometer 76,33 g schwer. Wie groß ist die Dichte des Metalls? $\varrho(H_2O)$ = 1 g/mL

3.5.9 17 t Salpetersäure, $\varrho(HNO_3)$ = 1,405 g/mL, sollen in 75 L-Korbflaschen abgefüllt werden. Wieviel Korbflaschen werden benötigt?

3.6 Quantitative Analytik

3.6.1 Photometrie

Jede photometrisch bestimmbare Substanz hat für eine bestimmte Wellenlänge einen *spezifischen Extinktionskoeffizienten* ε_{sp} (sprich: epsilon) oder einen *molaren Extinktionskoeffizienten* ε_m. Mit Hilfe dieser Größen läßt sich gemäß dem ***Lambert-Beer-Gesetz*** die *Extinktion E* berechnen. Die theoretische Erläuterung ist in Abschn. 6.4.2.6 enthalten.

$E = \varepsilon_m \cdot d \cdot c(X)$	τ Durchlässigkeit oder Transmission (sprich: τ tau)
$E = \varepsilon_{sp} \cdot d \cdot \beta(X)$	d Schichtdicke der Küvette in cm
$E = -\lg\tau$	α Absorption
$\alpha = 1 - \tau$	c Stoffmengenkonzentration der gelösten, photometrisch bestimmbaren Substanz X

Aufgaben:

1. Eine Substanz X hat $\varepsilon_m = 0{,}98\ cm^{-1} \cdot mol^{-1} \cdot L$. Bei einer Schichtdicke von $d = 30$ mm wurde eine Durchlässigkeit $\tau = 0{,}40$ gemessen. Wie groß ist die Stoffmengenkonzentration $c(X)$?

$$c(X) = \frac{E}{\varepsilon_m \cdot d} = \frac{-\lg\tau}{\varepsilon_m \cdot d} = \frac{-\lg 0{,}4 \cdot mol \cdot cm}{0{,}98\ L \cdot 3\ cm} = \frac{0{,}398\ mol}{0{,}98 \cdot 3\ L} = \underline{\underline{0{,}135\ mol/L}}$$

2. Für eine Substanz X wird bei $\beta_1(X) = 40$ mg/L eine Transmission $\tau_1 = 0{,}75$ mit einer inneren Küvettenlänge von $d = 2$ cm gemessen. Wie groß ist die Massenkonzentration $\beta_2(X)$ bei $\tau_2 = 0{,}47$?

$$\varepsilon_{sp} = \frac{E_1}{d \cdot \beta_1(X)_1} = \frac{-\lg\tau_1}{d \cdot \beta_1(X)} = \frac{-\lg 0{,}75 \cdot L}{2\ cm \cdot 0{,}04\ g} = 1{,}56\ cm^{-1} \cdot g^{-1} \cdot L$$

$$\beta_2(X) = \frac{E_2}{d \cdot \varepsilon_{sp}} = \frac{-\lg\tau_2}{d \cdot \varepsilon_{sp}} = \frac{-\lg 0{,}47 \cdot cm \cdot g}{2\ cm \cdot 1{,}56\ L} = \underline{\underline{0{,}105\ g/L = 105\ mg/L}}$$

Übung:

3.6.1 Wie groß ist ε_m einer Substanz X, wenn bei einer Stoffmengenkonzentration $c(X) = 15$ mmol/L und einer Schichtdicke $d = 40$ mm die Absorption $\alpha = 0{,}13$ betrug?

3.6.2 Volumetrie

Die im Vergleich zu gravimetrischen Bestimmungen wesentlich schneller durchzuführenden volumetrischen Bestimmungen **(Titrationen)** beruhen auf folgenden Prinzipien: Ein bestimmter Teil, der sog. *aliquote Teil*, der Lösung des zu bestimmenden Ions (des *Titranden*) wird vorgelegt und mit der Lösung eines Ions oder einer anderen Verbindung (des *Titrators*) von genauem Gehalt (*Titer*) mittels einer Bürette versetzt.

Hat dieses Reagenz, der *Titrator*, vollständig, d. h. quantitativ, mit dem Titranden reagiert, kann mit Hilfe des Verbrauchs an Titratorlösung der Gehalt des Titranden berechnet werden. Am Punkt des vollständigen Umsatzes zwischen Titrand und Titrator liegen beide im äquivalenten, d. h. gleichwertigen Verhältnis vor. Dieser *Endpunkt der Titration*, der ***Äquivalenzpunkt***, muß genau erkannt werden können. Die Erkennung erfolgt oft mittels *Indikatoren*. Das sind Stoffe, die am Äquivalenzpunkt ihre Farbe in der Lösung ändern. Eine Erfassung des Äquivalenzpunktes kann aber auch, z. B. bei farbigen oder getrübten Lösungen, elektrochemisch durch pH-Wertmessungen (*Potentiometrie*) oder Leitfähigkeitsmessungen (*Konduktometrie*) oder anderweitig, wie z. B. durch Temperaturmessung oder Änderung der Eigenfarbe, erfolgen (s. auch Abschn. 6.4.2.6).

Oft muß der genaue Gehalt der an Titrator enthaltenen Maßlösung erst ermittelt werden. Dies kann mit Hilfe besonderer Substanzen, sog. **Urtitersubstanzen,** oder mit Reagenzlösungen genauen Gehalts geschehen. Man ermittelt bei diesen Bestimmungen einen *Korrekturwert*, der ***Titer** t* genannt wird. Früher nannte man diesen Wert „Faktor". Durch Multiplikation des ungefähren, gerundeten Gehaltes mit diesem Wert kann der exakte Gehalt (Titer) berechnet werden. So gilt:

$$c(\mathrm{X}) = \overset{\approx}{c}(\mathrm{X}) \cdot t \qquad \text{und} \qquad t = \frac{c(\mathrm{X})}{\overset{\approx}{c}(\mathrm{X})}$$

$c(\mathrm{X})$ exakte Stoffmengenkonzentration
$\overset{\approx}{c}(\mathrm{X})$ ungefähre, gerundete Stoffmengenkonzentration (sprich: $\overset{\approx}{c}$ „c rund")

3.6.2.1 Neutralisationstitrationen

Grundlage aller Bestimmungen dieses Gebietes ist die Reaktion:

$$H_3O^+ + OH^- \rightarrow H_2O + H_2O$$

d.h. die bei allen Protolysen in wäßriger Lösung erfolgende *Bildung von Wasser.*

Die Begriffe „Alkalimetrie" und „Acidimetrie" werden aufgrund unterschiedlicher Definitionen neuerdings durch den Begriff „Neutralisationstitration" ersetzt.

Aufgaben:

1. Die Massenkonzentration $\beta(NH_4OH)$ einer Ammoniak-Lösung soll durch Titration mit Salzsäure, $\overset{\approx}{c}(\mathrm{HCl}) = 1$ mol/L, bestimmt werden. Zunächst wird der Titer der Salzsäure durch Titration mit Natronlauge, $c(\mathrm{NaOH}) = 1$ mol/L, die z.B. mit Hilfe einer Ampulle hergestellt werden kann, ermittelt.

   $$\mathrm{NaOH} + \mathrm{HCl} \rightarrow \mathrm{NaCl} + H_2O$$

   Aus der Gleichung leiten sich ab:
   $n(\mathrm{NaOH}) = 1$ mol $\hat{=}$ $n(\mathrm{HCl}) = 1$ mol $\hat{=}$ äquivalent
   oder
   $n(\mathrm{NaOH}) = 1$ mmol $\hat{=}$ $n(\mathrm{HCl}) = 1$ mmol   mmol Millimol
   Da $n(\mathrm{X}) = V(\mathrm{Ls}) \cdot c(\mathrm{X})$ gilt:
   1 mL $c(\mathrm{NaOH}) = 1$ mol/L $\hat{=}$ 1 mL $c(\mathrm{HCl}) = 1$ mol/L
   Demnach sind:
   20 ml $c(\mathrm{NaOH}) = 1$ mol/L $\hat{=}$ 20 mL $c(\mathrm{HCl}) = 1$ mol/L

20 mL der Salzsäure werden vorgelegt. Wäre die Salzsäure exakt einmolar, müßte der Bromthymolblau-Indikator oder ein anderer geeigneter Indikator bei einem Verbrauch von 20 mL Natronlauge die Farbe ändern. Liegt der Verbrauch an Natronlauge über 20 mL, ist die Säure etwas stärker als einmolar. Der Titer ist demzufolge dann größer als

eins. Werden weniger als 20 mL verbraucht, ist die Säure etwas schwächer als einmolar und der Titer kleiner als eins. Der Titer t wird wie folgt berechnet:

$$\text{Titer } t = \frac{\text{Volumen des tatsächlichen Verbrauchs}}{\text{Volumen des theoretischen Verbrauchs (= Volumen der Vorlage)}}$$

Beispiel: Der Verbrauch an $c(\text{NaOH}) = 1$ mol/L beträgt 21 mL.

$$t(\text{HCl}) = \frac{21 \text{ mL}}{20 \text{ mL}} = 1{,}05$$

Da $c(\text{HCl}) = \tilde{\tilde{c}}(\text{HCl}) \cdot t$, gilt: $c(\text{HCl}) = 1 \text{ mol/L} \cdot 1{,}05 = 1{,}05 \text{ mol/L}$

Die exakte Stoffmengenkonzentration der Salzsäure ist 1,05 mol/L. Mit dieser Lösung werden nun 20 mL der Ammoniak-Lösung, z. B. mittels Methylorange-Indikator, titriert. Der Mittelwert des Verbrauches dreier Bestimmungen beträgt 18 mL $c(\text{HCl}) = 1{,}05$ mol/L. Man erkennt, daß auch die Ammoniak-Lösung ungefähr einmolar ist, da das Äquivalenzverhältnis $NH_4OH : HCl = 1:1$ ist, und der Salzsäure-Verbrauch etwa dem Volumen der Vorlage entspricht.

$$NH_4OH + HCl \longrightarrow NH_4Cl + H_2O$$

$$n(NH_4OH) = 1 \text{ mol} \mathrel{\hat{=}} n(\text{HCl}) = 1 \text{ mol}$$

Um den benötigten Titer der NH_3-Lösung ermitteln zu können, muß die dem Verbrauch von 18 mL entsprechende äquivalente Menge exakt einmolarer Salzsäure berechnet werden, da nur mit diesem Volumen der Titer der Ammoniak-Lösung bestimmt werden kann.

Lösung 1: $c(\text{HCl}) = 1{,}05$ mol/L Index 1
Lösung 2: $c(\text{HCl}) = 1$ mol/L Index 2
Wenn $n_1(\text{HCl}) = n_2(\text{HCl})$ gilt:

$$c_1 \cdot V_1 = c_2 \cdot V_2$$

$$V_2 = \frac{c_1 \cdot V_1}{c_2} = \frac{1{,}05 \text{ mol/L} \cdot 18 \text{ mL}}{1 \text{ mol/L}} = 18{,}9 \text{ mL}$$

18 mL $c(\text{HCl}) = 1{,}05$ mol/L $\hat{=}$ 18,9 mL $c(\text{HCl}) = 1$ mol/L
Mit diesem korrigierten Verbrauch wird nun der Titer der NH_3-Lösung berechnet. Man erkennt, daß die Ammoniak-Lösung in diesem Fall etwas schwächer als einmolar ist, da weniger als 20 mL Verbrauch an $c(\text{HCl}) = 1$ mol/L vorliegen.

$$t(NH_4OH) = \frac{18{,}9 \text{ mL}}{20 \text{ mL}} = 0{,}945$$

Da $\tilde{\tilde{c}}(NH_4OH) = 1$ mol/L, wird $c(NH_4OH) = 1 \text{ mol/L} \cdot 0{,}945 = 0{,}945 \text{ mol/L}$.

$\beta(X) = c(X) \cdot M(X)$ $\quad M(NH_4OH) = 35{,}046$ g/mol

Somit wird $\beta(NH_4OH) = 0{,}945 \text{ mol/L} \cdot 35{,}046 \text{ g/mol} = \underline{\underline{33{,}118 \text{ g/L.}}}$

Eine Kontrolle der Äquivalenzbeziehungen kann durch die Berechnung der Stoffmengen erfolgen. Am Äquivalenzpunkt entspricht die Äquivalentstoffmenge des Titranden stets der Äquivalentstoffmenge des Titrators.

$n(\frac{1}{z^*}\text{ Titrand}) \triangleq n(\frac{1}{z^*}\text{ Titrator})$

Da bei den in dieser Aufgabe vorliegenden einwertigen Stoffen die Äquivalentzahl $z^* = 1$ ist, gilt:

$$n(\text{NaOH}) \triangleq n(\text{HCl})$$
$$V(\text{NaOH-Ls}) \cdot c(\text{NaOH}) \triangleq V(\text{HCl-Ls}) \cdot c(\text{HCl})$$
$$21\text{ mL} \cdot 1\text{ mol/L} \triangleq 20\text{ mL} \cdot 1{,}05\text{ mol/L}$$
$$n(\text{NaOH}) = 0{,}021\text{ L} \cdot 1\text{ mol/L} = 0{,}021\text{ mol} \triangleq n(\text{HCl}) = 0{,}020\text{ L} \cdot 1{,}05\text{ mol/L} = 0{,}021\text{ mol}$$
$$n(\text{NH}_4\text{OH}) \triangleq n(\text{HCl})$$
$$V(\text{NH}_4\text{OH-Ls}) \cdot c(\text{NH}_4\text{OH}) \triangleq V(\text{HCl-Ls}) \cdot c(\text{HCl})$$
$$20\text{ mL} \cdot 0{,}945\text{ mol/L} \triangleq 18\text{ mL} \cdot 1{,}05\text{ mol/L} \triangleq 18{,}9\text{ mL} \cdot 1\text{ mol/L}$$
$$0{,}0189\text{ mol} \triangleq 0{,}0189\text{ mol} \triangleq 0{,}0189\text{ mol}$$

2. Der Titer einer Salzsäure, $\tilde{\tilde{c}}(\text{HCl}) = 0{,}1$ mol/L, ist mit der Urtitersubstanz Na_2CO_3 gegen Methylrotindikator zu bestimmen.
   Urtitersubstanzen müssen absolut rein und von exakter bekannter Zusammensetzung sein. Sie müssen unbegrenzt haltbar und gegenüber der Atmosphäre beständig sein. Ferner müssen sie mit dem Titranden der Titerlösung rasch und einheitlich reagieren. Ihre Lösungen müssen längere Zeit titerbeständig sein.
   Man kann nun die exakt benötigte Masse an Urtitersubstanz bis auf 0,1 mg genau einwiegen, was angebracht ist, wenn man das genaue Einwiegen vorgegebener Massen üben will. Einfacher und schneller erfolgt die genaue Einwaage einer Masse, die annähernd der exakten Äquivalentmasse entspricht. Der theoretische Verbrauch wird mit der Masse dieser Stoffportion berechnet.

Beispiel:

Berechnung der Äquivalentmasse von Na_2CO_3 für einen Verbrauch von 20 mL HCl-Maßlösung, $c(\text{HCl}) = 0{,}1$ mol/L.

$Na_2CO_3 + 2\ HCl \rightarrow 2\ NaCl + H_2O + CO_2\uparrow$

$n(\text{Na}_2\text{CO}_3) = 1\text{ mol} \triangleq n(\text{HCl}) = 2\text{ mol}$

Da 1 mol = 1000 mmol (Millimol) sind, gilt:

$n(\text{Na}_2\text{CO}_3) = 0{,}05\text{ mmol} \triangleq n(\text{HCl}) = 0{,}1\text{ mmol}$

Diese Stoffmenge an HCl ist in 1 mL $c(\text{HCl}) = 0{,}1$ mol/L enthalten. Somit gilt:

$n(\text{Na}_2\text{CO}_3) = 0{,}05\text{ mmol} \triangleq 1\text{ mL } c(\text{HCl}) = 0{,}1\text{ mol/L}$

Da $n(\text{X}) = V(\text{Ls}) \cdot c(\text{X})$, gilt:

$n(\text{Na}_2\text{CO}_3) = 20\text{ mL} \cdot 0{,}05\text{ mmol/mL} = 1\text{ mmol} \triangleq 20\text{ mL } c(\text{HCl}) = 0{,}1\text{ mol/L}$

Da $m(\text{Na}_2\text{CO}_3) = n(\text{Na}_2\text{CO}_3) \cdot M(\text{Na}_2\text{CO}_3)$ ist, erfassen somit 20 mL $c(\text{HCl}) = 0{,}1$ mol/L bei einer solchen Titration eine Masse von $m(\text{Na}_2\text{CO}_3) = 1\text{ mmol} \cdot 105{,}989\text{ mg/mmol} = 105{,}989\text{ mg}$.

Wenn 20 mL Salzsäure verbraucht werden, ist bei einer exakten Einwaage von 105,989 mg die Konzentration der Salzsäure genau 0,1 mol/L. Man kann das Na_2CO_3 p. a. nach der Einwaage lösen und mit der zu bestimmenden Salzsäure titrieren. Da hier ausnahmsweise mit der zu bestimmenden Lösung titriert wird, gilt:

$$\text{Titer } t = \frac{\text{Volumen des theoretischen Verbrauchs}}{\text{Volumen des tatsächlichen Verbrauchs}}$$

Beispiel 1:

Einwaage: 105,989 mg, theoretischer Verbrauch, wenn die Salzsäure exakt 0,1 mol/L stark wäre: 20 mL, tatsächlicher Verbrauch (Mittelwert von 3 Titrationen): 18,7 mL $\tilde{\tilde{c}}(HCl) = 0{,}1$ mol/L

$$t(HCl) = \frac{20 \text{ mL}}{18{,}7 \text{ mL}} = \underline{\underline{1{,}0695}}$$

$c(X) = t \cdot \tilde{\tilde{c}}(X)$, somit ist $c(HCl) = 1{,}0695 \cdot 0{,}1$ mol/L $= 0{,}10695$ mol/L.

Beispiel 2:

Einwaage: 108,7 mg, tatsächlicher Verbrauch: 21,7 mL $\tilde{\tilde{c}}(HCL) = 0{,}1$ mol/L.
Der theoretische Verbrauch beträgt, wenn die Salzsäure exakt 0,1 mol/L wäre:

Für $m(Na_2CO_3) = 105{,}989$ mg $\triangleq$ 20 mL 0,1 mol/L HCL-Lösung.
Für die Einwaage des Beispiels gilt:
$m(Na_2CO_3) = 108{,}7$ mg $\triangleq x$ $\quad x = 20{,}51$ mL 0,1 mol/L HCl-Lösung

$$t(HCl) = \frac{20{,}51 \text{ mL}}{21{,}7 \text{ mL}} = \underline{\underline{0{,}945}}$$

$c(X) = t \cdot \tilde{\tilde{c}}(X)$, somit ist $c(HCl) = 0{,}945 \cdot 0{,}1$ mol/L $= 0{,}0945$ mol/L.

Im ersten Beispiel ist die Salzsäure etwas stärker, im zweiten etwas schwächer als 0,1 mol/L.

3. Die *Carbonathärte eines Wassers* wird durch Titration mit $c(HCl) = 0{,}1$ mol/L gegen Methylrot-Indikator bestimmt. 100 mL Wasser werden vorgelegt. Der Verbrauch beträgt 5,97 mL. Wie groß ist die Carbonathärte in c(Erdalkali-Ionen) und der früheren Bezeichnung °dH (Grad deutscher Härte oder Grad Karbonathärte °KH oder Deutscher Grad °d)?

   $Ca(HCO_3)_2 + 2\,HCl \rightarrow CaCl_2 + 2\,H_2O + 2\,CO_2\uparrow$

   $n(Ca^{2+}) = 1$ mol $\quad \triangleq n(HCO_3^-) = 2$ mol $\quad \triangleq n(HCl) = 2$ mol

   $n(Ca^{2+}) = 0{,}05$ mol $\quad \triangleq n(HCO_3^-) = 0{,}1$ mol $\quad \triangleq n(HCl) = 0{,}1$ mol

   Da $n(HCl) = V(Ls) \cdot c(HCl)$ ergibt sich:

   $n(Ca^{2+}) = 0{,}05$ mmol $\quad \triangleq$ 1 mL $c(HCl) = 0{,}1$ mol/L

   Da 1 mL $c(HCl) = 0{,}1$ mol/L eine Stoffmenge an Ca^{2+}-Ionen oder Erdalkali-Ionen von 0,05 mmol erfaßt, erfassen 5,97 mL eine Stoffmenge von 0,2985 mmol Erdalkali-Ionen in 100 mL Wasser. Demnach ist die Carbonathärte 2,985 mmol/L Erdalkali-Ionen. Da c (Erdalkali-Ionen) $= 0{,}1783$ mmol/L gleich 1 °dH und gleich $\beta(CaO) =$ 10 mg/L sind, entspricht die Carbonathärte 16,74 °dH.

Übungen:

3.6.2 Wie groß ist der Titer $t(H_2SO_4)$ und wie groß ist $c(H_2SO_4)$ einer $\tilde{\tilde{c}}(H_2SO_4)$ = 0,05 mol/L, wenn 20 mL durch 21,7 mL c (NaOH) = 0,1 mol/L titriert wurden?

3.6.3 127,2 mg Oxalsäure $H_2C_2O_4 \cdot 2\ H_2O$ wurden genau eingewogen und mit $\tilde{\tilde{c}}$ = 0,1 mol/L titriert. Der Verbrauch betrug 20,72 mL. Wie groß sind der Titer t (NaOH), c (NaOH) und β (NaOH)? $M(H_2C_2O_4 \cdot 2\ H_2O)$ = 126,066 g/mol

3.6.4 200 mL eines Leitungswassers wurden mit $\tilde{\tilde{c}}$ (HCl) = 0,1 mol/L, t = 1,035 gegen Methylrot-Indikator titriert. 3,57 mL betrug der Mittelwert des Verbrauchs. Wie groß ist die Carbonathärte des Wassers in c (Erdalkali-Ionen) und °dH?

3.6.2.2 Fällungstitrationen

Das Prinzip dieser Titrationen besteht darin, daß Titrand und Titrator zu einer schwerlöslichen Verbindung reagieren. Von Bedeutung sind diese Titrationen bei der Bestimmung von Halogenid-Ionen. Wichtigster Titrator ist Silbernitrat $AgNO_3$.

Aufgabe:

Von 100 mL chloridionenhaltiger Lösung wird der aliquote Teil von 20 mL entnommen und gegen K_2CrO_4-Indikator mit $\tilde{\tilde{c}}(AgNO_3)$ = 0,1 mol/L, t = 1,025 titriert (Bestimmung nach Mohr). Wie groß ist die Massenkonzentration $\beta(Cl^-)$? Der Verbrauch beträgt 23,7 mL.

$Ag^+ + Cl^- \rightarrow AgCl\downarrow \qquad n(AgNO_3) = n(Ag^+)$

Es gilt: $n(Ag^+) = 1$ mol $\triangleq n(Cl^-) = 1$ mol.

Da $n(X) = V(\text{Ls}) \cdot c(X)$, ist 1 mL $c(Ag^+)$ = 0,1 mol/L $\triangleq n(Cl^-)$ = 0,1 mmol.
Nach $m(X) = n(X) \cdot M(X)$ gilt: 1 mL $c(Ag^+)$ = 0,1 mol/L $\triangleq m(Cl^-)$ = 3,5453 mg, da $M(Cl^-)$ = 35,453 g/mol.

Die Masse des Titranden, die 1 mL Titratorlösung äquivalent ist, wird als maßanalytische Äquivalentmasse oder kurz als ***maßanalytisches Äquivalent*** *bezeichnet.* In diesem Fall wird durch 1 mL $AgNO_3$-Lösung, $c(AgNO_3)$ = 0,1 mol/L, die Stoffportion von 3,5453 mg Chlorid-Ionen erfaßt.

Zunächst wird das Volumen der verbrauchten Silbernitrat-Lösung umgerechnet in das äquivalente, die gleiche Stoffmenge $AgNO_3$ enthaltende Volumen einer $AgNO_3$-Lösung, $c(AgNO_3)$ = 0,1 mol/L.
Es gilt: $c_1 \cdot V_1 = c_2 \cdot V_2$ und $c_1 = \tilde{\tilde{c}}_1 \cdot t$ = 0,1 mol/L · 1,025 = 0,1025 mol/L

23,7 mL 0,1025 mol/L $AgNO_3$-Lösung $\triangleq$ x mL 0,1 mol/L $AgNO_3$-Lösung, x = 24,29 mL
1 mL 0,1 mol/L $AgNO_3$-Lösung $\triangleq$ 3,5453 mg Cl^-
24,29 mL 0,1 mol/L $AgNO_3$-Lösung $\triangleq$ x $\quad x$ = 86,115 mg Cl^-

86,115 mg Cl^- sind in 20 mL enthalten, in 1000 mL sind daher 50 · 86,115 mg Cl^- = 4305,75 mg Cl^- = 4,306 g Cl^- enthalten. Somit ist $\beta(Cl^-)$ = $\underline{\underline{4{,}306\ g/L}}$. *Der Umrechnungsfaktor vom Volumen der Vorlage auf das gefragte Volumen,* hier gleich 50, *wird* ***aliquoter Faktor*** *genannt.*

Übungen:

3.6.5 Eine Natriumchlorid-Lösung verbraucht nach Mohr 21,4 mL $\tilde{\tilde{c}}(AgNO_3)$ = 0,1 mol/L, t = 1,025. Wieviel Gramm NaCl enthält die Natriumchlorid-Lösung?

3.6.6 Je 100 mL eines a) Grundwassers, b) Trinkwassers wurden nach Mohr titriert. Der Verbrauch an 0,01 mol/L $AgNO_3$-Lösung betrug a) 62,5 mL, b) 16,9 mL. Wie groß ist jeweils die Massenkonzentration $\beta(Cl^-)$ in den Proben?

3.6.7 20 mL eines silberhaltigen Abwassers der photographischen Industrie wurden zur Überprüfung des Restsilbergehalts mit 0,01 mol/L NaCl-Lösung titriert. Verbraucht wurden 7,8 mL. Welche Massenkonzentration $\beta(Ag^+)$ hat das Abwasser?

3.6.2.3 Redoxtitrationen

Bei Redoxtitrationen wird der Titrand reduziert oder oxidiert. Oxidations- oder Reduktionsmittel ist der Titrator. Die Reaktionsgleichung zwischen beiden Partnern ist auch hier Grundlage der maßanalytischen Berechnung.

Wichtige Gebiete sind die Permanganometrie, Iodometrie, Bromatometrie und Dichromatometrie. Titrand der Permanganometrie ist Kaliumpermanganat $KMnO_4$, das im sauren Milieu zu farblosen Mangan(II)-Ionen reduziert wird. Der Endpunkt der Titration wird in diesen Fällen an der Rückkehr der Violett- oder Rosafärbung (wegen der Verdünnung) durch jenseits des Äquivalenzpunktes nicht mehr reduziertes $KMnO_4$ erkannt.

Aufgabe:

Von 100 mL Eisen(II)-salz-Analysenlösung wird der aliquote Teil entnommen (10 mL) und in schwefelsaurer Lösung mit $\tilde{\tilde{c}}(KMnO_4)$ = 0,02 mol/L, t = 1,073 titriert. 17,3 mL Titratorlösung wurden verbraucht. Wie groß ist die Massenkonzentration $\beta(Fe^{2+})$?

Redoxgleichung:

$$\overset{+VII}{Mn} + 5\,\overset{+II}{Fe} \longrightarrow \overset{+II}{Mn} + 5\,\overset{+III}{Fe} \Rightarrow$$

$$2\,KMnO_4 + 10\,FeSO_4 + 8\,H_2SO_4 \longrightarrow 2\,MnSO_4 + K_2SO_4 + 5\,Fe_2(SO_4)_3 + 8\,H_2O$$

Gemäß Reaktionsgleichung ist $n(KMnO_4)$ = 2 mol $\triangleq$ $n(Fe^{2+})$ = 10 mol. 0,02 mmol $KMnO_4^-$-Ionen, die in 1 mL $KMnO_4$-Lösung, $c(KMnO_4)$ = 0,02 mol/L, enthalten sind, sind demnach äquivalent 0,1 mmol Fe^{2+}-Ionen, die eine Masse $m(Fe^{2+})$ = 0,1 mmol · 55,847 mg/mmol = 5,5847 mg besitzen.

Maßanalytisches Äquivalent: 1 mL 0,02 mol/L $KMnO_4$-Lösung $\triangleq$ 5,5847 mg Fe^{2+}

Multipliziert man das Volumen einer Lösung mit dem Titer dieser Lösung, erhält man das Volumen der Lösung dieses Stoffes mit exakter Stoffmengenkonzentration nach:

$$n_1(X) = n_2(X) \Rightarrow \tilde{\tilde{c}}_1(X) \cdot t_1 \cdot V_1 = c_2(X) \cdot V_2$$

$$V_2 = \frac{\tilde{\tilde{c}}_1(X) \cdot t_1 \cdot V_1}{c_2(X)_2}$$

Hier gilt:
$\tilde{\tilde{c}}_1(X) = c_2(X) \Rightarrow V_2 = t_1 \cdot V_1$ und somit ist 17,3 mL · 1,073 = 18,56 mL 0,02 mol/L $KMnO_4$.
In 10 mL Vorlage sind demnach enthalten:
18,56 mL · 5,5847 mg Fe^{2+}/mL = 103,65 mg Fe^{2+}. 1000 mL beinhalten somit 10,365 g Fe^{2+}, $\beta(Fe^{2+})$ = 10,365 g/L (Aliquoter Faktor: 1000:10 = 100).

Übungen:

3.6.8 0,7327 g eines Roheisens wurden in verdünnter Schwefelsäure gelöst und mit Wasser auf 500 mL aufgefüllt. 50 mL verbrauchten 9,5 mL $\tilde{\tilde{c}}(KMnO_4)$ = 0,02 mol/L, t = 0,972. Wie groß ist der Massenanteil w(Fe) im Roheisen?

3.6.9 Welche Einwaage ist zur Herstellung von 2,5 L $c(KMnO_4)$ = 0,04 mol/L erforderlich? Wie groß ist die Äquivalentkonzentration $c(\frac{1}{5}\ KMnO_4)$ dieser Lösung?

3.6.2.4 Komplexbildungstitrationen

Viele Metall-Ionen bilden mit bestimmten organischen Verbindungen lösliche, aber nur wenig dissoziierte, meist farblose Komplexe, innerhalb derer sie scherenförmig eingeschlossen sind. Solche Komplexe nennt man innere Komplexe oder *Chelatkomplexe* [*chele* (griech.) Krebsschere]. Von daher nennt man dieses Gebiet auch *Komplexometrie oder Chelatometrie. Wichtigster Titrator ist* Dinatriumdihydrogen-**e**thylen**d**iamin**t**etra**a**cetat-2-Hydrat, kurz **EDTA** genannt. Das Stoffmengenverhältnis der Reaktion zwischen EDTA und dem Metall-Ion beträgt stets 1:1, unabhängig von der Ladung des metallischen Kations.

Von Bedeutung sind Komplexbildungstitrationen beispielsweise bei der Ermittlung der *Gesamthärte* von Wässern. Der Gesamtgehalt an Ca^{2+}- und Mg^{2+}-Ionen wird gegen den Indikator Erio T ermittelt, mit Hilfe des Indikators Calconcarbonsäure erfaßt man nur Ca^{2+}-Ionen.

Aufgabe:

Von 250 mL Probelösung werden 25 mL mit c(EDTA) = 0,02 mol/L titriert. Verbrauch zur Bestimmung von Ca^{2+}- und Mg^{2+}-Ionen: 39,7 mL, Verbrauch für Ca^{2+}-Ionen: 29,6 mL. Wie groß sind die Massenkonzentrationen beider Ionen sowie die Gesamt-, Calcium- und Magnesiumhärte?
EDTA $Na_2[H_2Y] \cdot 2\ H_2O$ (Y organischer Rest)

$$Na_2[H_2Y] \cdot 2\ H_2O \rightleftharpoons 2\ Na^+ + [H_2Y]^{2-} + 2\ H_2O$$
$$[H_2Y]^{2-} + Ca^{2+} \rightarrow [CaY]^{2-} + 2\ H^+$$
$$[H_2Y]^{2-} + Mg^{2+} \rightarrow [MgY]^{2-} + 2\ H^+$$

Maßanalytische Äquivalente:
Da $n(X) = V(Ls) \cdot c(X)$, $\beta(X) = c(X) \cdot M(X)$ und $m(X) = n(X) \cdot M(X)$ gilt:

1 mL $c(EDTA) = 0{,}02$ mol/L $\triangleq n(Ca^{2+}) = 0{,}02$ mmol $\triangleq m(Ca^{2+}) = 0{,}8016$ mg

1 mL $c(EDTA) = 0{,}02$ mol/L $\triangleq n(Mg^{2+}) = 0{,}02$ mmol $\triangleq m(Mg^{2+}) = 0{,}4861$ mg

29,6 mL erfassen somit 29,6 mL · 0,8016 mg Ca^{2+}/mL = 23,727 mg Ca^{2+}-Ionen, die in 25 mL Vorlage enthalten sind. In 250 mL sind 237,27 mg Ca^{2+}-Ionen, in 1000 mL sind 23,727 mg · 40 (aliquoter Faktor) = 949,094 mg Ca^{2+}-Ionen, d.h. $\beta(Ca^{2+})$ = 949,094 mg/L = 0,949 g/L.

Der Verbrauch für Mg^{2+}-Ionen ist gleich 39,7 mL − 29,6 mL = 10,1 mL, wodurch 10,1 mL · 0,4861 mg Mg^{2+}/mL = 4,9096 mg Mg^{2+}-Ionen in 25 mL erfaßt werden. 250 mL enthalten dann 49,096 mg Mg^{2+}-Ionen, die Massenkonzentration $\beta(Mg^{2+})$ = 4 · 49,096 mg/L = 196,38 mg/L = 0,196 g/L. Da $c(X) = \beta(X) : M(X)$, $M(Ca^{2+})$ = 40,08 g/mol und $M(Mg^{2+})$ = 24,305 g/mol, berechnet sich die **Calciumhärte** nach: 949,094 mg/L : 40,08 mg/mmol = $c(Ca^{2+})$ = 23,68 mmol/L und die **Magnesiumhärte** nach: 196,38 mg/L : 24,305 mg/mmol = $c(Mg^{2+})$ = 8,08 mmol/L.

Die **Gesamthärte** beträgt dann 23,68 mmol/L + 8,08 mmol/L = 31,76 mmol/L Erdalkali-Ionen. Da 0,1783 mmol/L Erdalkali-Ionen 1 °dH entsprechen, sind das nach der früher üblichen Bezeichnung Grad deutscher Härte 178,1 °dH. In natürlichen Wässern ist eine so hohe Härte praktisch nicht wahrscheinlich. Da es sich aber um eine Lösung von Calcium- und Magnesiumsalzen handelt, ist diese hohe Härte nicht überraschend (s. Tab. 6-4, Abschn. 6.4.2.3).

Übung:

3.6.10 Von 500 mL einer Wasserprobe wurden 50 mL gegen Erio T titriert. Verbrauch an $\tilde{\tilde{c}}(EDTA) = 0{,}02$ mol/L, $t = 1{,}023$ beträgt 4,69 mL. Weitere 50 mL wurden gegen Calconcarbonsäure titriert, Verbrauch an Titratorlösung gleich 3,48 mL. Berechnen Sie die Massenkonzentrationen beider Ionen (Ca^{2+} und Mg^{2+}), die Gesamt-, Calcium- und Magnesiumhärte.

3.6.3 Gravimetrie

Durch Zugabe eines Reagenzes wird das zu bestimmende Ion in eine schwerlösliche Verbindung überführt. Aus der Masse der ausgewogenen Substanz, der Wägeform, die nicht immer identisch ist mit der ausgefallenen und abgetrennten Verbindung, der Fällungsform, erfolgt die Berechnung des Gehaltes des zu bestimmenden Ions (s. Abschn. 6.4.2.6).

Aufgabe:

20 mL von 100 mL einer phosphationenhaltigen Probelösung wurden mit $MgCl_2$ in mit NH_4Cl gepufferter Lösung gravimetrisch analysiert. Nach Überführen der Fällungsform

$MgNH_4PO_4 \cdot 6\ H_2O$ durch Glühen in die Wägeform $Mg_2P_2O_7$ erfolgte die Auswaage. Der Mittelwert der Auswaagen betrug 72,8 mg. Welche Massenkonzentration $\beta(PO_4^{3-})$ liegt vor?

$$Mg^{2+} + NH_4^+ + PO_4^{3-} + 6\ H_2O \rightarrow MgNH_4PO_4 \cdot 6\ H_2O\downarrow$$

$$2\ MgNH_4PO_4 \cdot 6\ H_2O \xrightarrow{1100\,°C} Mg_2P_2O_7 + 2\ NH_3\uparrow + 13\ H_2O\uparrow$$

$$n(PO_4^{3-}) = 2\ \text{mol} \quad \hat{=} \quad n(Mg_2P_2O_7) = 1\ \text{mol}$$

Der analytische oder stöchiometrische Faktor, der zur Berechnung der Masse des gesuchten Stoffes dient, ist somit:

$$\frac{2 \cdot M(PO_4^{3-})}{M(Mg_2P_2O_7)} = \frac{2 \cdot 94{,}971\ \text{g/mol}}{222{,}553\ \text{g/mol}} = \frac{189{,}943}{222{,}553} = 0{,}8535$$

$m(PO_4^{3-})$ in 20 mL ist gleich: $0{,}8535 \cdot m(Mg_2P_2O_7) = 0{,}8535 \cdot 72{,}8\ \text{mg} = 62{,}13\ \text{mg}$. In 100 mL beträgt $m(PO_4^{3-}) = 310{,}65\ \text{mg}$.

$$\underline{\underline{\beta(PO_4^{3-})}} = 62{,}13\ \text{mg} \cdot \frac{1000}{20 \cdot 1\ \text{L}} = 3106{,}74\ \text{mg/L} = \underline{\underline{3{,}1067\ \text{g/L}}}$$

Übungen:

3.6.11 Von 100 mL Pb^{2+}-Lösung wurden 25 mL als $PbSO_4$ bestimmt. Die Auswaagen betrugen 312,2 mg, 313,4 mg und 311,8 mg. Welche Massenkonzentration $\beta(Pb^{2+})$ hat die Lösung? Analytischer Faktor: $M(Pb^{2+})/M(PbSO_4) = 0{,}6832$

3.6.12 100 mL von 500 mL Chromat-Lösung wurden als Bariumchromat bestimmt. Die Auswaagen betrugen 402,2 mg, 398,7 mg und 400,7 mg. Wie groß ist die Massenkonzentration $\beta(CrO_4^{2-})$? Analytischer Faktor: $M(CrO_4^{2-})/M(BaCrO_4) = 0{,}4579$

3.6.13 2,6 g einer Eisenprobe wurden zu 500 mL gelöst. 20 mL wurden nach Oxidation zu Fe^{3+}-Ionen über die Fällungsform $Fe(OH)_3 \cdot xH_2O$ und die Wägeform Fe_2O_3 analysiert. Die Auswaage betrug 115,3 mg. Berechnen Sie den Massenanteil $w(Fe)$ in der Probe und die Massenkonzentration $\beta(Fe^{3+})$. Analytischer Faktor: $2 \cdot M(Fe)/M(Fe_2O_3) = 0{,}6994$

3.7 Glühverlust, Glührückstand

Aufgaben:

1. Der stöchiometrische Massenverlust und der prozentuale Glühverlust, die beim Glühen von 1 mol $CaCO_3$ auftreten, sind zu berechnen.

$CaCO_3$	$\rightarrow$	CaO	+	CO_2
100,09 g	$\rightarrow$	56,08 g		44,01 g

Der stöchiometrische Massenverlust beträgt $\underline{\underline{44{,}01\ g}}$.

Der prozentuale Glühverlust beträgt:

$$\frac{44{,}01\ g \cdot 100\%}{100{,}09\ g} = \underline{\underline{43{,}97\%}}\ .$$

Demnach entspricht die Masse von 56,08 g CaO einem prozentualen Glührückstand von 56,03%.

2. Wie groß ist der prozentuale Glühverlust beim Überführen von $Al(OH)_3$ in Al_2O_3?

$$\begin{array}{lll} 2\ Al(OH)_3 & \rightarrow & Al_2O_3 + 3\ H_2O \\ 2 \cdot 78{,}003\ g & \hat{=} & 101{,}961\ g \\ 100\% & \hat{=} & x \qquad\qquad x = 65{,}357\% \end{array}$$

Der prozentuale Glührückstand beträgt 65,357% und der Glühverlust somit $\underline{\underline{34{,}643\%}}$.

Übungen:

3.7.1 Welcher prozentuale Glühverlust tritt auf beim Überführen von $MgNH_4PO_4 \cdot 6\ H_2O$ in $Mg_2P_2O_7$? $M(MgNH_4PO_4 \cdot 6\ H_2O) = 245{,}406$ g/mol, $M(Mg_2P_2O_7) = 222{,}553$ g/mol

3.7.2 2,7 g eines getrockneten Schlammes wurden geglüht. Der Glührückstand hatte eine Masse von 1,253 g. Berechnen Sie den prozentualen Glühverlust und den prozentualen Glührückstand.

3.8 Schüttgrößen

3.8.1 Schüttdichte

Der Quotient aus der Masse und dem Volumen eines geschütteten Stoffes heißt Schüttdichte (Werte s. Tab. 3-3).

Aufgabe:

In einem 1000-cm^3-Meßzylinder wurde granulierte Hochofenschlacke eingefüllt. Die Masse der Schlacke betrug 1,62 kg. Welche Schüttdichte hat die Schlacke?

$$\varrho = \frac{m}{V} = \frac{1620\ g}{1000\ cm^3} = \underline{\underline{1{,}62\ g/cm^3}}$$

Tab. 3-3: Schüttdichten technischer Stoffe nach Altmann et al.

Name	Schüttdichte (kg/m^3)
Aluminiumoxid, aktiv	700 bis 800
Aktivkohle	300 bis 550
(Supersorbon, BRD, zylindr., 4 mm)	380 bis 400
Asche	700 bis 900
Benzoesäure	375 bis 530
Braunkohle	
Rohbraunkohle	500 bis 800
Brennstaub	400
Trockenbraunkohle (0 bis 5 mm)	600
Briketts, Salonformat, gestapelt	1030
Halbsteine, geschüttet	725
Industrieformat, geschüttet	820 bis 825
Schwelkoks je nach Körnung	500 bis 700
Erde, naß/trocken	1800/1600
Formsand, geschüttet	1200
Gips, lose	700 bis 900
Harnstoff	630 bis 670
Heu, lose	70
Holzkohlen	200 bis 400
Kalk, gebrannt, pulvrig	500
Kalk, stückig	1000
Kalksteinschotter	1340
Kalkstickstoff	900 bis 1000
Kartoffeln	750
Kies, naß/trocken	2000/1700
Kieselgel, engporig	700 bis 800
Kieselgel, weitporig	400 bis 800
Kohlenstaub	400 bis 500
Koksasche	700
Lehm, naß/trocken	2100/1600
Mehl	500
Molekularsiebe (synthet. Zeolithe)	600 bis 900
Natriumchlorid je nach Körnung	780 bis 1250
Natriumnitrat	1000 bis 1200
Natriumsulfat	920 bis 950
Phosphate, Super-	790 bis 820
Polyamid	550 bis 660
Polystyren	590 bis 625
Sägespäne	210 bis 270
Sand, naß/trocken	2100/1500 bis 1650
Schlamm	1800
Schnee	75
Schotter	1300 bis 1500
Siedesalz	780 bis 980
Steinsalz	800 bis 980
Stärke	700 bis 750
Steinkohle	
Förderkohle	780 bis 890
Koks	450 bis 500
Stroh, lose/gepreßt	45/280
Torf, feucht	550 bis 650
Torf, lufttrocken	330 bis 400
Zement, lose/gerüttelt	1200/1900
Zucker	750

Übungen:

3.8.1 Ein Güterwagen hat einen Laderaum von 44 m^3. Er darf mit höchstens 27 t beladen werden. Zu wieviel % ist der Laderaum bei Beschickung mit Steinkohle ausgenutzt, wenn die Schüttdichte der Steinkohle 1,1 t/m^3 beträgt?

3.8.2 Ein Kunststoffgranulat hat die Schüttdichte 0,73 kg/dm^3. Berechnen Sie a) die Schüttmasse oder geschüttete Masse von 4,0 m^3 und b) das Schüttvolumen von 357 kg Granulat.

3.8.2 Schüttwinkel

Aufgeschüttete Massen wie Schlacke, Koks, Kohle, Sand, Kies, Zement bilden meistens einen Kegel. *Der Winkel zwischen der Seitenlänge des Kegels und der Horizontalen ist der* ***Schüttwinkel α***. Je kleiner dieser Winkel ist, um so flacher ist der Kegel und um so größer ist die Grundfläche.

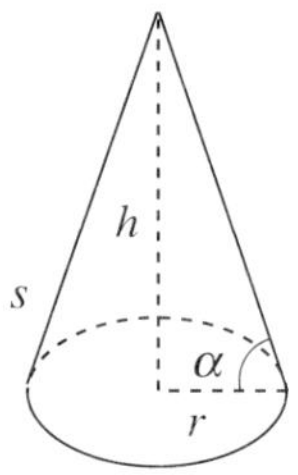

s Seitenlänge des Kegels
h Höhe des Kegels
r Radius der Grundfläche des Kegels

Aufgaben:

1. Der Radius eines Schüttkegels beträgt 5 m, seine Höhe 6 m. Wie groß sind das Schüttvolumen, die Grundfläche und der Schüttwinkel α?

V (Kegel) $= r^2 \cdot \pi \cdot h/3 = 5^2\ m^2 \cdot \pi \cdot 6\ m/3 = \underline{\underline{157{,}08\ m^3}}$

A (Kegel) $= r^2 \cdot \pi = 5^2\ m^2 \cdot \pi = \underline{\underline{78{,}54\ m^2}}$

$\tan \alpha = h/r = 6/5 = 1{,}2 \Rightarrow \alpha = \underline{\underline{50{,}2°}}$

2. Ein Sand hat einen Schüttwinkel α von 33°. Der Durchmesser der Grundfläche des Sandkegels ist 15 m. Berechnen Sie das Schüttvolumen, die Grundfläche, die Höhe und die Seitenlänge des Kegels.

$h = r \cdot \tan \alpha = 7{,}5\ m \cdot \tan 33° = 7{,}5\ m \cdot 0{,}6494 = \underline{\underline{4{,}87\ m}}$

$s = \sqrt{h^2 + r^2} = \sqrt{7{,}5^2\ m^2 + 4{,}87^2\ m^2} = \sqrt{79{,}97\ m^2} = \underline{\underline{8{,}94\ m}}$

$V = r^2 \cdot \pi \cdot h/3 = 7{,}5^2\ m^2 \cdot \pi \cdot 4{,}87\ m/3 = \underline{\underline{286{,}90\ m^3}}$

$A = r^2 \cdot \pi = 7{,}5^2\ m^2 \cdot \pi = \underline{\underline{176{,}71\ m^2}}$

Übungen:

3.8.3 Das Schüttvolumen beträgt 27,3 m^3, die Kegelhöhe 52 cm. Wie groß sind Radius, Grundfläche und der Schüttwinkel α?

3.8.4 Der Schüttwinkel α beträgt 28°, der Durchmesser der Kegelgrundfläche 22 m. Berechnen Sie die Höhe, die Seitenlänge, die Grundfläche und das Schüttvolumen des Kegels.

4 Anorganische Chemie

Für wichtige und häufig in der Natur vorkommende Elemente werden Aspekte der Art ihres Vorkommens, ihrer Eigenschaften, Herstellung und Verwendung sowie bedeutsame Verbindungen betrachtet. Die Behandlung erfolgt auch unter Berücksichtigung berufsspezifischer, praxisnaher Belange wie z. B. den von Stoffen ausgehenden Gefahren und dem Schutz vor gefährlichen Stoffen oder der Anwendung technischer Trenn- und Reinigungsverfahren zum Schutz von Gesundheit und Umwelt. Letzteres erkennt man sehr gut bei bestimmten Verfahren der Herstellung von Elementen oder Verbindungen aus den Rohstoffen der Natur. Zudem werden die im Rahmen der Produktion anfallenden Abfälle oft wiederverwendet oder weiterverwertet. Aus diesen Gründen werden einige Herstellungsverfahren, in denen diese Sachverhalte besonders deutlich werden, vorgestellt. Bei den übrigen Elementen wird Unbedeutendes nicht erwähnt, sondern sich auf das Wesentliche beschränkt. Eigenschaften aller Elemente, wie Schmelzpunkte und Dichten, sind im Periodensystem der Elemente enthalten. Die Toxikologie und die Analytik der für Wässer relevanten Stoffe sind in Kap. 6, der Umgang mit und die Entsorgung von Stoffen schwerpunktmäßig in Kap. 9 wiedergegeben.

4.1 Erste Hauptgruppe

4.1.1 Wasserstoff

Atomarer Wasserstoff hat, genauso wie die Metalle der ersten Hauptgruppe, ein Elektron auf der äußersten Schale. Wegen dieser Gemeinsamkeit wird das gasförmige Nichtmetall Wasserstoff dieser Hauptgruppe zugeordnet. Neben Wasser H_2O (siehe Abschn. 2.6.4.2) ist das Erdöl eine technisch wichtige Quelle zur Wasserstoffgewinnung. Wasserstoff H_2 ist **das leichteste aller Gase** (ϱ = 0,0899 g/L), brennbar und bildet im Gemenge mit Luft oder Sauerstoff explosives *Knallgas*. Die Verbindungen des Wasserstoffs, die *Hydride,* können salzartig sein, wie Calciumhydrid CaH_2 oder andere Hydride von Elementen der 1. und 2. Hauptgruppe, flüchtig wie Methan CH_4 oder andere Hydride der Elemente der 3. bis 7. Hauptgruppe. Hydride der Nebengruppenelemente können metallartig sein, wie Platinwasserstoff. Außerdem können sie mit einigen Elementen Komplexe bilden, z. B. Natriumbor- oder Lithiumaluminiumhydrid ($NaBH_4$, $LiAlH_4$). Wasserstoff wird für eine Vielzahl von Synthesen verwendet und *stellt in Form der* ***Hydride*** *einen wichtigen* ***Energiespeicher der Zukunft*** *dar,* zumal Wasserstoff mit Solarzellen aus Wasser durch

Elektrolyse gewonnen werden kann. Auch Grünalgen können unter anaeroben Bedingungen Wasserstoff und Sauerstoff in beträchtlichen Mengen produzieren. *Hydrogenperoxid (Wasserstoffperoxid)* H_2O_2 ist ein wichtiges Oxidationsmittel und wird daher zur Desinfektion, Entgiftung durch Oxidation, wie beim Cyanid, oder als Bleichmittel in Waschmitteln in Form von Natriumperborat verwendet. Die 30%ige Lösung wird „Perhydrol" genannt. H_2O_2 kann zerfallen in O_2 und H_2O. Weil Spuren von Alkalimetallen diesen Zerfall katalysieren, muß Hydrogenperoxid in Polyethylenflaschen aufbewahrt werden. Phosphor- oder Oxalsäurezusatz kann diesen Zerfall durch Komplexbindung der Metall-Ionen behindern. H_2O_2 ist gekühlt und im Dunkeln aufzubewahren.

4.1.2 Alkalimetalle

Die *Alkalimetalle Lithium, Natrium, Kalium, Rubidium, Caesium* und das radioaktive *Francium* haben wegen ihrer großen Bereitschaft zur Abgabe eines Valenzelektrons die niedrigsten Elektronegativitätswerte aller Elemente. Man bezeichnet sie von daher auch als stark elektropositiv. Mit Wasser reagieren sie sehr lebhaft unter Bildung von Wasserstoff und stark basischen Hydroxiden, den Alkalien. Auch an der Luft reagieren sie stark exotherm mit dem Sauerstoff. Daher werden diese Elemente unter Petroleum oder anderen Schutzflüssigkeiten aufbewahrt. Die Dichten und Schmelzpunkte dieser weichen Metalle sind sehr niedrig. Innerhalb dieser Gruppe nehmen von oben nach unten die Elektronegativitätswerte und die Schmelzpunkte der Alkalimetalle ab, deren Reaktionsfreudigkeit dagegen zu. Wegen der sehr hohen Reaktionsbereitschaft kommen diese Elemente in der Natur nur in Form von Verbindungen, die salzartigen Charakter haben, vor. Die Salze sind fast immer weiß und lösen sich gut in Wasser außer einigen wenigen Lithium-Verbindungen (s. Tab. 2-3). Die Lösungen sind farblos wie die aller weißen Salze.

4.1.2.1 Lithium

Lithium findet in den modernen, umweltfreundlichen *Trockenbatterien* Verwendung, z. B. anstelle von Zink. Verbindungen dieses Elementes sind in Schmieröladditiven enthalten. Lithiumhaltige Präparate werden als Psychopharmaka zum Ausgleich von Stimmungsschwankungen angewendet.

4.1.2.2 Natrium

Natrium kommt in der Natur in Form von Salzen oder Mineralien, wie Natronfeldspat (Natriumaluminiumsilicat), Steinsalz NaCl, Chilesalpeter $NaNO_3$ oder Soda Na_2CO_3, häufig vor. Im Meerwasser sind große Mengen Natriumchlorid gelöst. Natrium findet Verwendung als Kühlmittel für Kernreaktoren und für Straßenbeleuchtungszwecke (Natrium-Dampflampen). *Natrium-Abfälle werden durch Reaktion des Metalls mit Methanol oder besser Ethanol entsorgt.*

Seine wichtigsten Verbindungen sind neben Natriumchlorid NaCl, Natriumhydroxid NaOH, Natriumsulfat (Glaubersalz) Na_2SO_4, Natriumnitrat $NaNO_3$ und Natriumcarbonat (Soda) Na_2CO_3, die alle technisch genutzt werden. Natriumchlorid ist Ausgangspunkt zur Herstellung von Natrium, Natronlauge, Natriumcarbonat und Natriumsulfat.

Durch **Alkalichlorid-Elektrolyse** (Chlor-Alkali-Elektrolyse) werden aus Natriumchlorid die wichtigen Produkte Chlor, Natronlauge und Wasserstoff gewonnen. Ein wichtiges Verfahren dieser Elektrolyse ist das **Quecksilber-** oder **Amalgamverfahren.** Dem Vorteil, daß die anfallende Natronlauge chloridionenfrei ist, steht der schwerwiegende Nachteil gegenüber, daß das Abwasser, die Natronlauge und der Wasserstoff quecksilberbelastet sind.

Das quecksilberfreie **Diaphragmaverfahren** hat vor allem für die Textilindustrie den Nachteil, daß die Natronlauge chloridhaltig (ca. 1% NaCl) ist. Zudem ist das *Diaphragma asbesthaltig.* Aus Energie-Ersparnis- und Umweltschutzgründen wird das *Verfahren der Zukunft das* **Membran-Verfahren** sein, zumal die Probleme der nur für Natrium-Ionen durchlässigen Membranen (PTFE) weitgehend gelöst sind (Instabilität gegenüber konzentrierteren Natronlaugen, sehr hohe Reinheitsanforderungen an die Natriumchlorid-Sole, da z. B. Spuren von Erdalkali-Ionen die Membran verstopfen).

Beim Amalgamverfahren werden die erwähnten Quecksilber-Verunreinigungen entfernt. Da man hierbei die Anwendung wichtiger Reinigungs- und Trennverfahren in der Technik sehr gut erkennt, werden diese Anwendungen und das Amalgamverfahren nun vorgestellt.

Amalgamverfahren der Alkalichlorid-Elektrolyse

Eine gereinigte Steinsalzlösung wird unter Verwendung von Titan-Anoden, an denen Chlor entsteht, und Quecksilber als Kathode elektrolysiert. Wegen der hohen Überspannung des Wasserstoffs an Quecksilber werden Natrium-Ionen entladen. Das gebildete Natrium löst sich im Quecksilber unter Amalgambildung, wobei der Natrium-Gehalt nur 0,2% betragen darf. Das Amalgam muß von selber weiterströmen, was nicht mehr geschieht, wenn der Natrium-Gehalt 1% übersteigt, da diese Amalgame fest sind. In der Zersetzerzelle reagiert das Amalgam mit Wasser unter Bildung von Natronlauge, Wasserstoff und Quecksilber.

Elektrolysezelle:

Anode:	$2\,Cl^-$	$\rightarrow$	$Cl_2\uparrow + 2\,e^-$
Kathode:	$2\,Na^+ + 2\,e^-$	$\rightarrow$	$2\,Na$
Zersetzerzelle:	$2\,NaHg_n + 2\,H_2O$	$\rightarrow$	$2\,NaOH + 2\,n Hg + H_2\uparrow$

Das *Abwasser* kann durch Spülen der Zellen bedingt Hg und $HgCl_2$ enthalten. Quecksilber kann in einem Abscheider weitgehend zurückgehalten werden. Gelöste Quecksilber-Verbindungen können mit Hydrazin zu Quecksilber reduziert und Quecksilber durch *Adsorption an Aktivkohle* oder durch Vakuumdestillation abgetrennt werden. Letzteres hat den Vorteil, daß auch Quecksilber-Spuren nicht verlorengehen.

$$2\,HgCl_2 + N_2H_4 \rightarrow 2\,Hg + N_2 + 4\,HCl$$

Eine Reinigung durch Fällung als HgS (Restgehalt 0,05 bis 0,2 ppm Hg), aus welchem durch thermische Dissoziation Quecksilber zurückgewonnen werden kann oder durch *Kationenaustausch* nach Oxidation von Quecksilber-Spuren durch Chlor ist ebenfalls möglich (Restgehalt 0,005 bis 0,001 ppm Hg). Aus der Natronlauge wird das Quecksilber durch Adsorption an Aktivkohle entfernt. Die Aktivkohle ist mit Iod dotiert, weil dadurch die Aufnahmekapazität erhöht wird. Auf diese Weise erhält die Natronlauge die Qualität, die für ihre Verwendung in der Lebensmittelindustrie benötigt wird. Auch Wasserstoff enthält eine recht hohe Quecksilber-Belastung. Durch *Tiefkühlung auf* −20 °C werden Quecksilber und Wasser infolge Kondensation oder Ausfrieren entfernt. Der durch die Reinigung der Steinsalzlösung anfallende Schlamm enthält 5 bis 50 ppm Hg, bezogen auf die Schlammtrockensubstanz.

Der Verlust von Quecksilber über die *Abluft* in Höhe von 3 g pro t Chlor muß weiter vermindert und das Quecksilber aus der Abluft entfernt werden. Gleiches gilt für den Gesamtverlust an Quecksilber, obwohl dieser in den letzten Jahrzehnten von 100 g auf 4 g pro t Chlor vermindert wurde.

Die vielfältig verwendete Natronlauge (Seifenherstellung u. a.) muß in Kunststoffgefäßen aufbewahrt werden, da Glas und Metalle stark angegriffen werden.

Solvay-Verfahren

Na_2CO_3 (Soda) wird aus NaCl und $CaCO_3$ (Kalk) nach dem Solvay-Verfahren gewonnen. Mit Ammoniak und Kohlendioxid reagiert Natriumchlorid zu schwerlöslichem Natriumhydrogencarbonat, das nach Vakuumfiltration im Calcinierdrehrohrofen zu wasserfreier calcinierter Soda reagiert.

$$NaCl + NH_3 + CO_2 + H_2O \rightarrow NaHCO_3\downarrow + NH_4Cl$$
$$2\ NaHCO_3 \rightarrow Na_2CO_3 + CO_2\uparrow + H_2O\uparrow$$

$CaCO_3$ dient zur CO_2- und NH_3-Gewinnung. Zunächst wird aus Calciumcarbonat Calciumoxid und dann aus diesem Calciumhydroxid hergestellt.

Kalkbrennen: $CaCO_3 \rightarrow CaO + CO_2\uparrow$

Kalklöschen: $CaO + H_2O \rightarrow Ca(OH)_2$

$Ca(OH)_2$ reagiert mit der zurückgeführten NH_4Cl-Lösung unter NH_3-Entwicklung.

$$Ca(OH)_2 + 2\ NH_4Cl \rightarrow CaCl_2 + 2\ H_2O + 2\ NH_3\uparrow$$

Umweltbelastend sind CO_2 und die $CaCl_2$-Lösung, die aber z. B. zur Trockenmittel- oder Streusalzherstellung wiederverwertet werden kann. Zur Glas-, Wasch-, Reinigungsmittel-, Natriumsilicat-Herstellung u. a. wird Soda in großen Mengen verwendet.

Natriumchlorat(I) (Natriumhypochlorit) NaClO wird als Desinfektionsmittel in Haushaltsreinigern verwendet (s. Abschn. 7.2). Kommt dieser Stoff mit Säuren oder sauer reagierenden Substanzen, z. B. anderen Reinigungsmitteln, in Kontakt, entsteht durch heftige Reaktion giftiges Chlorgas.

Beispiel: $\overset{+I}{NaClO} + 2\ \overset{-I}{HCl} \rightarrow NaCl + H_2O + \overset{\pm 0}{Cl_2} \uparrow$

Dadurch ist es in Haushalten schon zu tödlich verlaufenden Unfällen gekommen! Wenn solche Reinigungsmittel schon verwendet werden, sollte das nie in Kombination mit anderen Reinigungsmitteln geschehen.

4.1.2.3 Kalium

In der Natur kommen Kalium wie auch die anderen Alkalimetalle nur in gebundener Form vor. Die wichtigsten Verbindungen dieses Elementes in der Natur sind Kalifeldspat, Kaliumchlorid KCl, Sylvinit $KCl \cdot NaCl \cdot 6\ H_2O$ und Carnallit $KCl \cdot MgCl_2 \cdot 6\ H_2O$. Bei der Gewinnung von KCl aus Sylvinit wird KCl durch Flotation von NaCl getrennt.

Das Element, das noch heftiger als Natrium reagiert, kann durch Reaktion mit Butanol aufgelöst werden. $KClO_3$ und KNO_3 sind Bestandteile vieler pyrotechnischer Erzeugnisse, KNO_3 dazu ein wichtiger Kalidünger ebenso wie KCl.

4.1.2.4 Rubidium, Caesium, Francium

Rubidium wird ebenso wie **Caesium** zur Herstellung von Photozellen verwendet, Caesium darüber hinaus für Atomuhren und Infrarotlampen. **Francium** ist radioaktiv und hat keine technische Bedeutung.

4.2 Zweite Hauptgruppe

Die Metalle *Beryllium, Magnesium, Calcium, Strontium, Barium* und das radioaktive *Radium,* auch *Erdalkalimetalle* genannt, haben zwei Valenzelektronen und somit einen elektropositiven Charakter, der von oben nach unten zunimmt. Damit steigt auch die Reaktionsfreudigkeit, z. B. gegenüber Wasser und Luft, in gleicher Weise. Diese Metalle sind allerdings reaktionsträger als die Alkalimetalle und haben wesentlich höhere Schmelzpunkte und Dichten als diese. Sie sind allerdings noch Leichtmetalle, von denen das Magnesium die größte Bedeutung hat. In Wässern bilden die Kationen dieser Elemente die *Härte* (s. Abschn. 6.4.2.3).

In der Natur kommen diese Elemente ebenfalls nur in Form von salzartigen, in reiner Form meist weißen Verbindungen vor. Die Nitrate, Chloride, Bromide, Iodide lösen sich leicht in Wasser, die Carbonate, Sulfate und Phosphate dagegen schwer. Die Löslichkeit und der basische Charakter der Hydroxide nehmen von oben nach unten zu, sind aber geringer als bei den Alkalimetallen.

4.2.1 Beryllium

Das Element und seine Verbindungen sind toxisch und haben nur eine geringe Bedeutung. Die krebserregenden Salze schmecken süß. Ni-Be-Legierungen dienen zur Herstellung von funkenfreiem Werkzeug. In Atomreaktoren findet Beryllium Verwendung als Bremssubstanz (Moderator) für Neutronen.

4.2.2 Magnesium

Das wichtigste Metall dieser Gruppe kommt in der Natur häufig vor. Wichtigstes Mineral ist Magnesit $MgCO_3$. In der südlichen Region der Alpen bestehen ganze Gebirgszüge aus Dolomit $MgSO_4 \cdot CaCO_3$.

Magnesium hat als *Leichtmetall* ($\varrho = 1{,}74\ g/cm^3$) im Motoren-, Triebwerk-, Fahrzeug-, Flugzeug- und Raketenbau vielfältige Verwendung als Legierungsbestandteil.

Elektron ($\varrho = 1{,}8\ g/cm^3$), eine Legierung aus 90% Magnesium, 8% Aluminium und Zusätzen von Zinn, Silicium und Mangan besitzt eine große Festigkeit. Magnesiumoxid wird wegen seines hohen Schmelzpunktes von 2650 °C zur Herstellung hochtemperaturbeständiger Magnesiasteine, z. B. für die Hochofenauskleidung, verwendet. Magnesiumsulfat $MgSO_4 \cdot 7\ H_2O$ (Bittersalz) ist ein Magnesium-Dünger, z. B. für Nadelbäume. Durch Sonnenenergie kann aus *Magnesiumhydrid* Wasserstoff freigesetzt werden. Bei Umkehr der Reaktion wird die vorher benötigte Energie wieder frei, die dann zur Heizung oder einer sehr kostengünstigen Stromerzeugung genutzt werden kann. Auf diese Weise ist es möglich, einen Wirkungsgrad von bis zu 80% der Sonnenenergienutzung zu erreichen, während dieser bei der Photovoltaik (Direktumwandlung von Sonnenlicht in Strom durch Photozellen) mit Produktion und Verbrennung von Wasserstoff nur 10% beträgt. Bei der Wasserstoff-Verbrennung können zudem, durch die hohen Temperaturen bedingt, giftige Stickoxide entstehen. Die Magnesiumhydrid-Technologie stellt eine äußerst umweltfreundliche Alternative zur herkömmlichen Energienutzung dar. Ob sie so weit zur Reife gelangt, daß endlich in großem Maße Kohlendioxid-Emissionen vermindert werden können, wird die Zukunft zeigen.

4.2.3 Calcium

Von den Elementen der 2. Hauptgruppe haben die Verbindungen des Calciums die größte Bedeutung, z. B. $Ca(NO_3)_2$, $CaCN_2$, $CaSiO_3$, $Ca(HPO_4)_2$ als Düngemittel. Calciumcarbonat $CaCO_3$ kommt in der Natur im Kalkstein, der Kreide und in reiner Form im Marmor vor. Aus $CaCO_3$ wird *Branntkalk* CaO und aus diesem *Löschkalk* $Ca(OH)_2$ hergestellt. Letztere haben als preiswerte Desinfektionsmittel und Neutralisationsmittel vielfältige Verwendung. *Gips* $CaSO_4 \cdot 2\ H_2O$ entsteht durch Binden von gebranntem Gips $CaSO_4 \cdot 1/2\ H_2O$. Schulkreide besteht aus Gips.

Calciumchlorid $CaCl_2$ ist ein wichtiges Trockenmittel für Gase (außer NH_3), $CaCl_2 \cdot 6\,H_2O$ ein Mittel zur Herstellung von Kältemischungen. CaClOCl (Chlorkalk, Calciumchloridchlorat(I)) ist ein *wichtiges Desinfektionsmittel für Abwässer und Abfälle*, das sehr leicht Chlor-Gas abgibt.

Bei der Herstellung von Calciumcarbid CaC_2 aus Calciumoxid CaO bei 2100 °C im Lichtbogenofen entstehen pro t CaC_2 ca. 400 m^3 hochgiftiges Kohlenmonoxid.

$$CaO + 3\,C \rightarrow CaC_2 + CO\uparrow$$

Aus Calciumcarbid CaC_2 kann durch Reaktion mit Wasser Ethin (Acetylen) C_2H_2 gewonnen werden.

$$CaC_2 + 2\,H_2O \rightarrow C_2H_2\uparrow + Ca(OH)_2$$

4.2.4 Strontium, Barium, Radium

Verbindungen des unbedeutenden Elementes **Strontium** werden in Feuerwerkskörpern und für rote Leuchtfarben verwendet. Die giftigen Verbindungen von **Barium** sind in der Natur recht selten. Eine der größten Fundstellen der Welt für Schwerspat $BaSO_4$ liegt bei Meggen in Westfalen. Bariumchromat $BaCrO_4$ ist ein Gelbpigment, Bariumsulfat $BaSO_4$ ist im Gemenge mit Zinksulfid ZnS die oft verwendete weiße Malerfarbe Lithopone. Verbindungen des radioaktiven, sehr teuren Elementes **Radium** finden Verwendung für Leuchtziffern und als Neutronenquelle.

4.3 Dritte Hauptgruppe

Neben dem Halbmetall *Bor* sind die anderen Elemente *Aluminium, Gallium, Indium* und *Thallium* Metalle. *Aluminium ist das dritthäufigste Element der Erdkruste* (7,3%) und das bedeutendste Metall dieser Gruppe. Die Dichten nehmen von oben nach unten zu, wobei Aluminium mit $\varrho = 2{,}7$ g/cm^3 noch zu den Leichtmetallen gehört. Das Halbmetall Bor schmilzt erst bei 2050 °C, Aluminium bei 660 °C und Gallium sogar schon bei 30 °C.

Die Verbindungen haben schon einen merklichen unpolaren Charakter, enthalten oft polare Atombindungen und keine reinen Ionenbindungen mehr. Der basische Charakter der Oxide und Hydroxide nimmt auch in dieser Gruppe von oben nach unten zu.

4.3.1 Bor

Bor kommt in zwei *Modifikationen* oder Zustandsformen vor. Die kristalline Modifikation ist sehr hart. Starke Bindungskräfte zwischen den Teilchen sind Ursache der hohen

Härte und des hohen Schmelzpunktes. Borcarbid B_4C bildet schwarze Kristalle, die sogar die extrem harten Diamanten ritzen.

Boroxid B_2O_3 ist, wie auch Aluminiumoxid Al_2O_3, Bestandteil temperaturbeständiger Gläser. Das in der Natur vorkommende Natriumtetraboratdecahydrat $Na_2B_4O_7 \cdot 10\ H_2O$ (Borax) wird in der Analytik für Vorproben auf Schwermetall-Ionen eingesetzt. Als Antiseptikum oder keimtötendes Mittel sowie zu Augenspülungen nach Verätzung mit alkalischen Lösungen kann die wäßrige Lösung der festen, weißen Orthoborsäure H_3BO_3 benutzt werden. Natriumperoxoborattetrahydrat $NaBO_3 \cdot 4\ H_2O$ ist als Bleichmittel in Waschmitteln enthalten.

4.3.2 Aluminium

Das häufigste Metall der Erdkruste kommt in Feldspäten oder deren Verwitterungsprodukten, den Tonen, vor. Zudem ist Bauxit, ein Al_2O_3-haltiges Erz für die Aluminium-Herstellung von größter Bedeutung.

Aluminium hat wegen seiner geringen Dichte, guten Verformbarkeit, Korrosionsbeständigkeit und elektrischen Leitfähigkeit eine enorme, zunehmende Bedeutung und ersetzt vielfach Stahl. Es seien hier nur die Verwendung im Fahrzeug-, Schiff- und Flugzeugbau, im Maschinenbau, in der Elektrotechnik, im Bausektor, im Haushaltswaren- und Verpackungsbereich erwähnt. Al-Zn-Mg-Legierungen erreichen die Festigkeit von Stahl, haben aber eine um über die Hälfte geringere Dichte.

Aluminiumerzeugung

1. Herstellung von reinem Aluminiumoxid aus Bauxit nach dem Bayer-Verfahren

Bauxit enthält als Verunreinigungen vor allem Siliciumdioxid und Eisen(III)-oxid. Bei 170 °C, einem Druck von 6 bis 8 bar und einer Reaktionsdauer von 5 Stunden wird Aluminiumoxid Al_2O_3 durch Aufschluß mit Natronlauge als Natriumaluminat $NaAlO_2$ gelöst und so von Verunreinigungen befreit.

$$Al_2O_3 + 2\ NaOH \rightarrow 2\ NaAlO_2 + H_2O$$
$$SiO_2 + 2\ NaOH + Al_2O_3 \rightarrow Na_2[Al_2SiO_6]\downarrow + H_2O$$

Siliciumdioxid SiO_2 reagiert zu schwerlöslichem Natriumaluminiumsilicat, das mit nicht angegriffenem Eisen(III)-oxid Fe_2O_3 als *Rotschlamm* im Vakuumtrommelfilter abgetrennt wird. Durch Impfung mit $Al(OH)_3$-Kristallen fällt aus der klaren Aluminat-Lösung $Al(OH)_3$ aus, das bei 1200 °C zu Al_2O_3 geglüht wird.

$$2\ Al(OH)_3 \rightarrow Al_2O_3 + 3\ H_2O$$

Das Glühen kann im Drehrohrofen erfolgen. Aufgrund der wesentlich geringeren Wärmeverluste durch Abstrahlung ist die Calcinierung im Wirbelschichtreaktor besser geeignet. Da die Bauxite 50 bis 70% Al_2O_3, 2 bis 30% Fe_2O_3, 2 bis 7% SiO_2 und 2 bis 6% TiO_2 enthalten, fallen beträchtliche Mengen Rotschlamm an, die seit wenigen Jahren verwertet werden. So wird der Rotschlamm bei der Eisen- und Stahlerzeugung eingesetzt, wobei die Wirtschaftlichkeit vom Fe_2O_3-Gehalt des Rotschlamms abhängt. Weiterer Einsatz ist bei der Ziegel- und Zementherstellung sowie der Herstellung von Flockungsmitteln durch Reaktion mit Schwefelsäure gegeben. Verwendungsmöglichkeiten sind ferner der Einsatz als Bitumenzuschlagstoff zur Verbesserung der Abrieb- und Hitzebeständigkeit der Straßenbeläge, als Flußmittel bei der Stahlerzeugung anstelle von Flußspat, wodurch Fluor-Emissionen vermieden würden, sowie als Kontakt für Synthesegasumsetzungen.

2. Schmelzflußelektrolyse von Al_2O_3

Da Aluminium(III)-oxid erst bei rund 2000 °C schmilzt, wird Kryolith Na_3AlF_6 mit 2 bis 5% Al_2O_3 elektrolysiert, da dieses Gemenge bereits bei 970 °C schmilzt. Trotzdem werden riesige Energiemengen zu dieser Primärerzeugung benötigt. Um 1 kg Aluminium herzustellen, braucht man 20 KWh. An der Kathode wird Aluminium abgeschieden, an der Anode reagiert der gebildete Sauerstoff mit dem Graphit zu CO. Pro t Aluminium entweichen 60% von ca. 35 kg freigesetzten Fluor-Verbindungen mit dem Abgas aus dem Elektrolyseofen. Auch beträchtliche Mengen von PAK werden durch den Abbrand der Kohleelektroden emittiert. Die beste Eliminierung erfolgt durch Trockenadsorption des Staubes und des gasförmigen Fluors auf Al_2O_3. Fluor-Gas wird auch durch Chemisorption gebunden. Das beladene Al_2O_3 wird in den Ofen zurückgegeben, Fluor-Verluste dadurch ausgeglichen und -emissionen verhindert.

Die für Gebrauchsgegenstände wertvolle Korrosionsschutzschicht von Al_2O_3, mit der Aluminium an der Luft überzogen wird, wird durch *elektrolytische anodische Oxidation des Aluminiums im Rahmen des **Eloxalverfahrens*** verstärkt. Auf dem Gegenstand, der als Anode geschaltet ist, reagiert der durch Entladung entstandene Sauerstoff mit Aluminium zu Aluminium(III)-oxid.

Eine *Passivierung* des Metalls erfolgt auch durch Eintauchen in konzentrierte Schwefel- oder Salpetersäure, die die Oxidation bewirken. *Thermit,* ein Gemenge aus Aluminium und Eisen(II, III)-oxid Fe_3O_4 wird zum Zusammenschweißen, z. B. von Schienen oder Trägern, verwendet, da bei der äußerst stark exothermen Reaktion Temperaturen von 2500 °C erreicht werden können und Eisen in flüssiger Form entsteht.

$$3\ Fe_3O_4 + 8\ Al \rightarrow 4\ Al_2O_3 + 9\ Fe$$

Wegen des sehr hohen, teuren Energieverbrauchs bei der Primärerzeugung ist das ***Recycling** von außerordentlicher Bedeutung.* Zum Schmelzen und Raffinieren (Reinigen) des Metalles aus Abfallaluminium, also *zur Sekundärerzeugung, werden nur 5% der zur Primärerzeugung erforderlichen Energie benötigt.* Vor allem das aus der Verpackungsindustrie anfallende Aluminium kann zurückgewonnen werden (65% Folien, 17% Dosen und Hülsen, 9% Flaschenkapseln). In den USA werden von den dort marktbeherrschenden Aluminiumdosen über 15 Milliarden Stück weiterverwertet. Von den etwa 1,4 Mio t des bei uns hergestellten Aluminiums entfallen 35% auf Recycling-Aluminium.

4.3.3 Gallium, Indium, Thallium

Gallium fällt als Nebenprodukt der Aluminium-Erzeugung an und kann als Thermometerflüssigkeit für Quarzglasthermometer bis 1200 °C verwendet werden. Galliumantimonid könnte wie Indiumantimonid ein Material für zukünftige Bildplatten (Compact Disc) sein, auf denen die Daten optisch mittels Laserstrahlen gelöscht und neue Daten wieder aufgenommen werden können.

Indium dient zum Härten, Verfestigen und Verbessern der Korrosionsbeständigkeit anderer Metalle, wie Titan, Blei, Aluminium und Be-Cu-Legierungen.

Thallium hat ein ähnliches Aussehen und chemisches Verhalten wie Blei. Thalliumsulfat wird als Mittel zur Bekämpfung von Ratten und anderen Kleintieren verwendet. Durch unsachgemäße Handhabung kann es zur Anreicherung in Nahrungsmitteln, z. B. in Getreide oder Mehl kommen. Die letale Dosis liegt bei 0,5 bis 1 g/kg. Magenkrämpfe, Nervenentzündungen, Lähmungen, Haarausfall, Sehstörungen und psychische Störungen können Folgen einer Thallium-Vergiftung sein.

4.4 Vierte Hauptgruppe

In dieser Gruppe taucht mit *Kohlenstoff* das erste *Nichtmetall* auf, obwohl die Modifikation Graphit gewisse metallische Eigenschaften hat. *Silicium* und *Germanium* sind wichtige *Halbmetalle,* während die Elemente *Zinn* und *Blei* wichtige *Metalle* darstellen. Die Schmelzpunkte nehmen von Kohlenstoff mit 3500 °C über Silicium mit 1414 °C bis zu den leichtschmelzenden Metallen Zinn und Blei tendenziell stark ab, die Dichten nehmen stark zu.

4.4.1 Kohlenstoff

Kohlenstoff und einige seiner Verbindungen, wie die Oxide, Kohlensäure und deren Salze, zählt man zu den anorganischen Stoffen. *Mehrere Millionen Kohlenstoff-Verbindungen,* die die Zahl aller anorganischen Verbindungen um ein Vielfaches übersteigt, *sind organische Verbindungen. Die Einzigartigkeit des Kohlenstoffs beruht auf seiner Fähigkeit, sich mit vielen anderen C-Atomen kettenförmig, verzweigt, ringförmig oder räumlich vernetzt und unter Ausbildung von Einfach-, Doppel- und Dreifachbindungen zu verbinden* (s. Kap. 5).

Kohlenstoff kommt in verschiedenen Formen oder Modifikationen vor. Der farblose, durchsichtige, äußerst harte elektrische Isolator **Diamant** mit der Dichte $\varrho = 3{,}51\ g/cm^3$ besteht aus einem aus Atomen aufgebauten räumlichen Netzwerk, einem Atomgitter. Dagegen besteht der schwarze, weiche, elektrisch leitende **Graphit** aus hexagonalen C-Atomschichten mit dazwischen befindlichen delokalisierten Elektronen. Graphit findet vielfältige Verwendung als Tiegel- und Elektrodenmaterial für Schleifkontakte,

„Blei“stiftminen und Moderator in Kernreaktoren. *Ruß* ist ein fein verteilter Graphit und ein wichtiges schwarzes Pigment (Druckerschwärze, Tusche, Reifen, Kunststoffe usw.).

Ein Stoff mit steigender Bedeutung, z. B. als Material für Aufschlüsse schwerlöslicher Substanzen, ist *Glaskohlenstoff.* Bei der Pyrolyse dreidimensional vernetzter Kunstharze

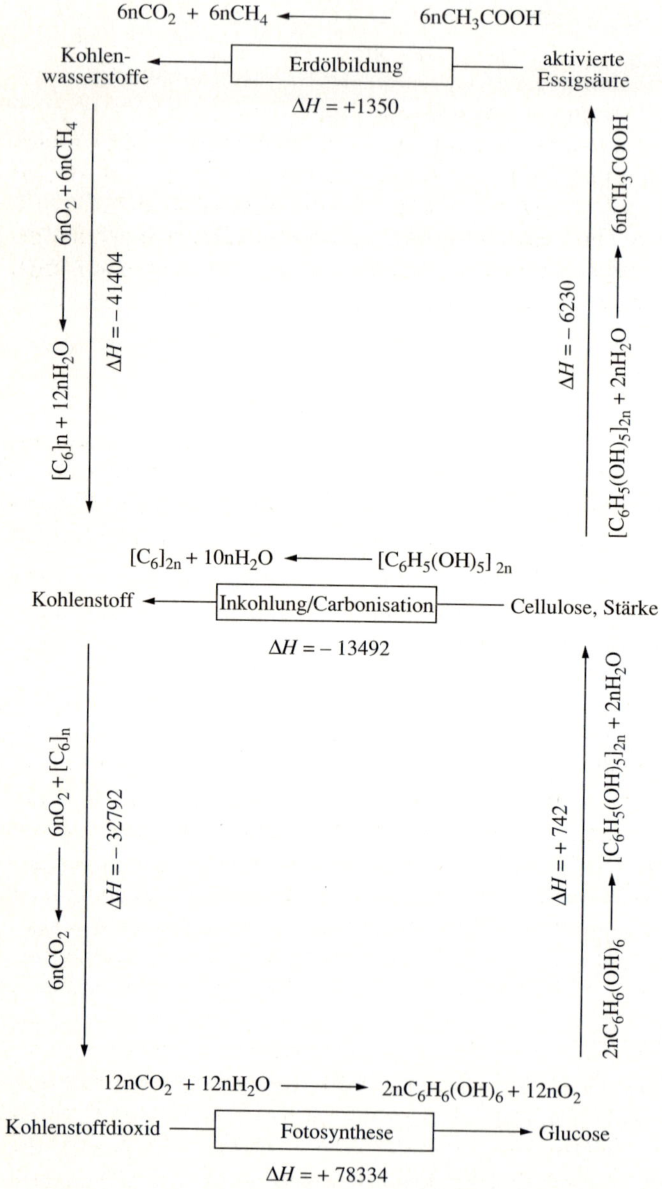

Abb. 4-1: Vereinfachtes Schema des Kohlenstoffzyklus in der Natur (Enthalpieangaben in kJ bezogen auf 1 kg Kohlenstoff), nach Hopp.

entsteht durch thermischen Abbau in fester Phase dieses wie Graphit aus Kohlenstoff-Atomschichten aufgebaute Material. Diese Schichten sind allerdings nicht wie beim Graphit in Ebenen regelmäßig angeordnet, sondern liegen in einer Knäuelstruktur vor. Es ist ein Material mit keramischen Eigenschaften, sehr guter Korrosions- und Temperaturbeständigkeit, guter Temperaturwechselbeständigkeit, guter elektrischer Leitfähigkeit, geringer Dichte (ϱ = ca. 1,5 g/cm^3), hoher Härte und Festigkeit.

Kohlenstoffdioxid (Kohlenstoff(IV)-oxid, Kohlendioxid)

Kohlenstoffdioxid CO_2 ist nicht giftig, kann aber in höheren Konzentrationen zum Tod durch Ersticken, ähnlich wie Stickstoff, führen. Das farblose, geruchlose, nicht brennbare Gas hat eine Dichte ϱ = 1,977 g/L und ist damit 1,5mal so schwer wie Luft. Die wäßrige Lösung von Kohlendioxid reagiert schwach sauer (s. Abschn. 6.3.1.2).

Im Kohlenstoff-Kreislauf der Natur erfolgt die *Assimilation (Photosynthese)* mit Hilfe des Chlorophylls und des Lichtes unter Abgabe von Sauerstoff, wie auch Abb. 4-1 zeigt. Bezogen auf ein mol Glucose lautet die Reaktionsgleichung der Photosynthese wie folgt:

$$6\ CO_2 + 6\ H_2O \rightarrow C_6H_{12}O_6 + 6\ O_2 + 2835\ kJ$$

1 m^2 Blattfläche kann pro Stunde 1 g Kohlenhydrate produzieren. Organische Materie wird so aus anorganischer synthetisiert. Aus den Kohlenhydraten (Zucker, Stärke, Cellulose) können weitere Substanzen wie z. B. Fette und Eiweiße aufgebaut werden. Sie sind Bestandteile der menschlichen und tierischen Nahrung und werden durch Sauerstoff unter Wärmeabgabe bei der *Atmung* wieder abgebaut.

$$C_6H_{12}O_6 + 6\ O_2 \rightarrow 6\ CO_2 + 6\ H_2O - 2835\ kJ$$

Somit verwundert es nicht, daß in der ausgeatmeten Luft 5% CO_2 enthalten sind. Anaerobe Abbauprozesse im Rahmen von Verwesung und Fäulnis toter organischer Materie können bis zur Bildung von Methan CH_4 und Kohlendioxid erfolgen.

Kohlendioxid findet als Trockeneis, Feuerlöschmittel, Schutzgas, Treibmittel für Spraydosen u. a. oftmalige Verwendung. Enorme Mengen von Kohlendioxid werden emittiert. Allein aus Schornsteinen und Kraftfahrzeugen werden weltweit derzeit pro Jahr über 20 Mrd t in die Atmosphäre abgegeben. Infolge immer größer werdender Emissionen und immer geringer werdender Photosynthese, besonders durch das katastrophale Abholzen des tropischen Regenwaldes, aber auch durch das Waldsterben bei uns verursacht, hat sich der CO_2-Anteil in der Luft von 0,03% bereits auf fast 0,04% erhöht und wird sich weiter erhöhen (s. Abb. 4-2).
Was sind die Folgen dieses Anstiegs? Ein Teil der auf die Erde treffenden Sonnenstrahlung wird als infrarote Wärmestrahlung wieder in den Weltraum reflektiert. Kohlendioxid absorbiert diese Strahlung. Je höher der CO_2-Gehalt in der Atmosphäre ist, um so mehr Wärmestrahlung wird absorbiert, und es kommt zu einer Erwärmung der Luftschichten. Diese Erscheinung wird **Treibhauseffekt** genannt. Folgen dieser immer mehr zunehmenden Absorption können katastrophale Klimaveränderungen, wie Verstärkung der Wüstenbildung (Desertifikation), Anstieg der Durchschnittstemperaturen, verstärk-

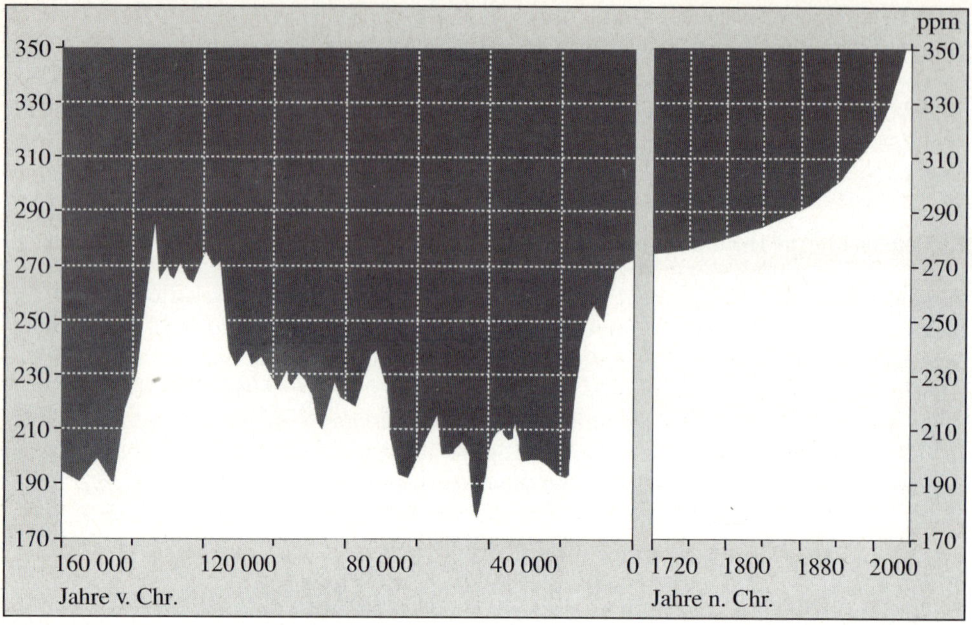

Abb. 4-2: CO_2-Gehalt der Atmosphäre, nach Bach. Der Gehalt der Luft an dem „Treibhausgas" Kohlendioxid CO_2 schwankt seit 160000 Jahren stark, aber war noch nie so hoch wie jetzt.

tes Abschmelzen des Polar- und Inlandeises, Anstieg des Meeresspiegels und viele andere noch nicht im einzelnen vorhersehbare Veränderungen auf der Erde sein.

Was ist zu tun? *Eine beträchtliche Beschleunigung der Entwicklung der technologischen Nutzung der Energiegewinnung durch Kernfusion (Kernverschmelzung) und der Energieträger Wasserstoff, Sonne, Wind, Wasser, Gezeiten und Erdwärme erscheint auch von daher dringend geboten.*

Eine Minimierung der Verwendung und der Emissionen von CO_2 ist umgehend erforderlich, auch wenn in jüngster Zeit Wissenschaftler weitere Ursachen des Treibhauseffektes vermuten. So hat sich die Sonnenfleckenaktivität in diesem Jahrhundert wieder verstärkt, wodurch mehr Wärmestrahlung zur Erde gelangt. Auch die CO_2-Austauschvorgänge zwischen der Atmosphäre und dem Meer, dessen CO_2-Gehalt ein Vielfaches des Gehalts in der Atmosphäre beträgt, sind ebenso noch ungeklärt wie der Einfluß der Bewölkung auf den Treibhauseffekt.

Kohlenstoffmonoxid (Kohlenmonoxid, Kohlenstoff(II)-oxid)

Kohlenmonoxid CO ist ein farbloses, geruchloses und geschmackloses Gas. Es wird vom Hämoglobin des Blutes wesentlich leichter gebunden als Sauerstoff, so daß schon kleinste aufgenommene Mengen tödliche Vergiftungen zur Folge haben können. Es entsteht bevorzugt bei unvollständigen Verbrennungen und hohen Temperaturen.

4.4.2 Silicium

Silicium ist *das zweithäufigste Element der Erdkruste* ($w = 27{,}5\%$) und *das wichtigste* **Halbmetall,** das erst den Bau von Transistoren und Gleichrichtern und die revolutionäre Entwicklung der **Mikroelektronik** ermöglicht hat. *Solarzellen* enthalten Silicium. Da durch die Photonen des Lichtes ein elektrischer Stromfluß und somit eine Spannung erzeugt wird, nennt man die Stromerzeugung durch Licht *Photovoltaik*. Die Tatsache, daß Halbmetalle mit zunehmender Energiezufuhr den Strom besser leiten, wird hier ausgenutzt.

Die nicht ungefährliche Eisen-Silicium-Legierung Ferrosilicium dient in der Eisenmetallurgie als Desoxidationsmittel. Sie erhöht die Säurebeständigkeit von Stahl.

Im Gegensatz zur Kohlensäure H_2CO_3 hat die Metakieselsäure einen polymeren Aufbau. Sie enthält eine Vielzahl miteinander verbundener H_2SiO_3-Einheiten. Hier zeigt sich ein ähnlicher Unterschied im Aufbau wie zwischen CO_2 und Siliciumdioxid SiO_2 (s. Abschn. 2.6.4.5). Die Metall-Verbindungen der Kieselsäuren heißen *Silicate.* Sie kommen in der Natur sehr häufig vor, sind aber meist nicht gut wasserlöslich (s. Abschn. 6.3.1.2). 90 bis 95% der Verbindungen der Erdkruste sind Silicate oder das den Sand bildende Siliciumdioxid SiO_2. *Siliciumdioxid* SiO_2 ist Bestandteil aller Gläser, die unterkühlte Schmelzen diverser metallischer Oxide sind. Reines SiO_2 ist *Quarz,* Ausgangsmaterial des schwerschmelzbaren Quarzglases. Aluminiumsilicate, wie die Feldspäte, sind die häufigsten Minerale der Erdkruste. *Zeolithe* und andere Alumosilicate haben gerade in jüngster Zeit als *Bestandteil von Waschmitteln,* als *Ionenaustauscher, Molekularsiebe, Katalysatoren* usw. enorme Bedeutung erlangt. Molekularsiebe sind synthetische Alumosilicate, die Moleküle unterschiedlicher Größe voneinander trennen können. Silicagel oder Kieselgel, das hauptsächlich aus Dikieselsäure $H_2Si_2O_5$ besteht, ist ein wichtiges Adsorptionsmittel für Gase, Dämpfe und Flüssigkeiten. Durch Glühen (Brennen) von Tonen, den Verwitterungsprodukten der Feldspäte, erhält man die *keramischen Werkstoffe* wie das Porzellan oder das Steinzeug der Kanalisationsröhren. Brennt man Kalkstein mit Feldspäten und Fe_2O_3 (Zugabe von Rotschlamm oder Hochofenschlacke) erhält man *Zement.* Eine junge Verbindungsklasse sind *Silicone, anorganische Kunststoffe.* Sie sind sehr temperaturbeständig, elektrisch nicht leitend, wasserabweisend (hydrophob), physiologisch unbedenklich und haben von daher vielfältige Verwendung gefunden. Die modernen *Hochleistungskeramiken* bestehen aus Metall- und Halbmetallboriden, -carbiden und -nitriden und haben wegen ihrer sehr guten Temperatur- und Korrosionsbeständigkeit und der sehr hohen Härte vielfältige, vor allem zukünftige Einsatzgebiete, wie die folgende Tab. 4-1 zeigt.

Tab. 4-1: Möglichkeiten und Einsatzbeispiele von Hochleistungskeramik aus nichtoxidischen Werkstoffen, nach Bayer AG.

Einsatzbereiche	Materialien
1. Ingenieurkeramik	
Schneid- und Formwerkzeuge in der Metallbearbeitung: z. B.: Schneidplättchen, Drahtziehdüsen, Drahtführungsrollen, Walzen	Siliciumnitrid Titancarbid Titannitrid Titanborid
Motorenkeramik: z. B: Dieselglühkerzen, Dieselvorbrennkammern, Turbolader, Kipphebelplättchen, Ventile	Siliciumnitrid Siliciumcarbid
Verschleißteile: z. B.: Chemiepumpendichtungen, Sandstrahldüsen, schußsichere Westen	Siliciumcarbid Siliciumnitrid Borcarbid Titanborid Titancarbid
Ausrüstungsteile in der Metallurgie und Verfahrenstechnik: z. B.: Tiegel, Verdampferschiffchen, Kugelmühlen, Wärmetauscher	Siliciumnitrid Siliciumcarbid Aluminiumnitrid Bornitrid Titanborid
Präzisionsmaschinenbauteile: z. B.: Kugellager, Werkzeugmaschinenspindeln, Lehren (Meßgeräte)	Siliciumnitrid Siliciumcarbid
2. Elektrokeramik	
Substrate für hochintegrierte Schaltungen	Aluminiumnitrid Siliciumcarbid
Magnettonköpfe	Siliciumnitrid Titancarbid
Sensoren, Zünder	Zirconborid Titannitrid Aluminiumnitrid Siliciumcarbid
Widerstände	Titannitrid Chromnitrid Aluminiumnitrid Lanthanhexaborid
3. Sonderfeuerfestmaterialien	Borcarbid Siliciumcarbid Bornitrid Siliciumnitrid Titannitrid

4.4.3 Germanium

Germanium Ge ist neben Silicium das wichtigste Halbmetall der Halbleitertechnik. Es findet Verwendung bei der Herstellung von Transistoren, Dioden (Gleichrichtern), Infrarotprismen, Reflektoren und Weitwinkelobjektiven.

4.4.4 Zinn

Zinn hat seine größte Bedeutung bei der Herstellung von *Weißblech*, verzinntem Eisenblech, das vor allem für Konservendosen (s. Abschn. 6.3.1.1) ebenso verwendet wird wie das nichtmagnetische Aluminium. Eine weitere Unterscheidung von Weißblech und Aluminium ist durch die Zinnleuchtprobe möglich. Ein Stück Blech wird mit halbkonzentrierter Salzsäure und Zinkgranalien zur Reaktion gebracht. Bringt man die Lösung, z. B. durch Eintauchen eines mit kaltem Wasser gefüllten Reagenzglases, in die entleuchtete Brennerflamme, ist bei Anwesenheit von Zinn eine blaue Fluoreszenz zu beobachten. Ansonsten wird Zinn zur Herstellung von Loten (Lötzinn), Broncen, Tuben und Folien verwendet. Da Zinn ein sehr knappes, teures Metall ist, das in weiten Bereichen durch Aluminium ersetzt worden ist, werden immer größere Mengen durch **Recycling** hergestellt. So ist die Wiedergewinnung des Zinns aus Weißblechdosen rentabel, auch wenn nur noch 0,1 g Zinn für eine 0,33 L-Dose benötigt werden. Bei dieser Wiedergewinnung reagiert Chlor unter 2 bar Druck nur mit Zinn zu Zinn(IV)-chlorid $SnCl_4$, aus dem dann Zinn zurückgewonnen werden kann.

4.4.5 Blei

Das weiche, biegsame Metall wurde früher als Wasserleitungsmaterial gebraucht (s. Abschn. 6.3.1.1). Sulfidische Bleierze enthalten bis 1% Edelmetalle sowie kleinere Mengen von Cu-, Sn-, As-, Sb- und Bi-sulfiden. Sie sind eine bedeutende Quelle zur Gewinnung von Edelmetallen, Antimon und Bismut. 60% der Silber- und 1,5% der Kupfer-Produktion stammen aus Blei-Konzentraten. Allerdings sind auch die Erze dieses Metalls sehr knapp und die Reserven in wenigen Jahrzehnten erschöpft. *Die Recyclingquote liegt weltweit bei 20%, bei uns bei ca. 50%,* wobei vor allem Akkumulatorenplatten aus Autobatterien, Rohre, Lettern- und Lagermetalle wiederaufgearbeitet werden. Die orange Mennige (Pb_3O_4) ist ein Korrosionsschutzmittel für Eisen.

Bleiweiß ($2\ PbCO_3 \cdot Pb(OH)_2$) wird immer mehr durch das ungiftige Titanweiß (TiO_2) als Pigment ersetzt. Die Pigmente $PbSO_4$ und Chromgelb ($PbCrO_4$) sollten ebenfalls ersetzt werden, da Blei-Verbindungen und elementares Blei chronische Gifte sind, die sich im Organismus anreichern. Blei-Emissionen, z. B. über Autoabgase, müssen vermieden werden, wozu jeder durch Verwendung von bleifreiem Benzin beitragen kann, auch wenn dieses das Antiklopfmittel Bleitetraethyl immer noch in geringen Mengen enthalten darf (s. Abschn. 5.5.1).

4.5 Fünfte Hauptgruppe

Neben dem gasförmigen, reaktionsträgen (inerten) Hauptbestandteil der Luft, *Stickstoff*, dem festen Nichtmetall *Phosphor*, sind in dieser Gruppe noch die toxischen Halbmetalle *Arsen* und *Antimon* sowie das Schwermetall *Bismut* anzutreffen.

Der Säurecharakter nimmt demzufolge über die starke Säure HNO_3, die mittelstarke Säure H_3PO_4, die schwache Säure H_3AsO_4, die *amphotere Verbindung (Ampholyt)* $Sb(OH)_3$, *die je nach Reaktionspartner als Säure oder Base reagieren kann,* bis zur schwerlöslichen Base $Bi(OH)_3$ hin stark ab.

4.5.1 Stickstoff

Neben 78,1% Stickstoff, 20,93% Sauerstoff und 0,93% Argon sind noch 0,03% Kohlendioxid in der Luft enthalten, dessen Anteil sich bedrohlich der 0,04%-Marke nähert.

Mit Hilfe der Bodenorganismen, vor allem der Bakterien und Pilze, erhalten die Pflanzen die zur Synthese von Eiweißen benötigten Stickstoff-Verbindungen. Das sind besonders Nitrat-Ionen (NO_3^-) aber auch Ammonium-Ionen (NH_4^+), die allerdings weniger gut von den Pflanzen aufgenommen werden. Bei Sauerstoff-Armut im Boden erfolgt besonders leicht die *Denitrifikation* unter Bildung von Stickstoff oder von Stickoxiden (N_2O, NO). Ansonsten werden die Eiweiße und andere organische Substanzen von den Kleinstlebewesen bis zu anorganischen Verbindungen abgebaut (*Ammonifikation*) und über NH_4^+-Ionen u.a. mit Hilfe der *Bakterien Nitrosomonas* zu NO_2^--Ionen und diese durch *Nitrobacter-Bakterien* zu NO_3^--Ionen oxidiert.

Hinzu kommt, daß einige Kleinstlebewesen den Stickstoff der Luft in die pflanzlichen Nährstoffe umwandeln können. In Abb. 4-3 ist der Kreislauf des Stickstoffs in der Natur dargestellt.

Stickstoff ist ein farb-, geruch- und geschmackloses Gas, das nicht giftig und nicht brennbar ist. Bei Sauerstoff-Mangel kann es aber erstickend wirken.

Die Herstellung des Stickstoffs erfolgt durch Tieftemperaturdestillation flüssiger Luft nach dem Linde-Fränkl-Niederdruck-Verfahren. Das Prinzip des Verfahrens beruht darauf, daß kalter Stickstoff oder Sauerstoff unmittelbar nach der Trennung durch Tieftemperaturdestillation Regeneratoren durchströmen, in denen sie ihre Kälte an Kohlesteine abgeben.

Diese haben ein hohes Speichervermögen für Kälte (Kältekapazität), so daß durchgesaugte Luft auf $-190\,°C$ abgekühlt wird. Ein Druck von 6 bar reicht zur Verflüssigung aus. Der leichter siedende Stickstoff wird abdestilliert und flüssiger Sauerstoff und flüssiges Argon bleiben unten im „Sumpf" zurück. Ein zweiter Regenerator wird abgekühlt, wenn durch den anderen Luft gesaugt wird. Nach dem *Linde-Verfahren* wird die Luft heute kaum noch verflüssigt. Gemäß dem *Joule-Thomson-Effekt* erwärmen sich Gase beim Verdichten oder Komprimieren und kühlen sich beim Entspannen oder Expandieren ab. Die beim Komprimieren auf 200 bar auftretende Kompressionswärme wird über einen Kühler abgegeben. Nach Durchströmung eines weiterer Abkühlung dienenden Gegenstromapparates wird die Luft über ein Drosselventil auf 20 bar entspannt und dadurch um weitere 45 K ca. abgekühlt. Das kalte Gas strömt durch den Außenmantel des Gegenstromapparates und wird dann erneut im Kompressor auf 200 bar verdichtet. Danach gelangt das komprimierte Gas wieder in den Kühler und den Gegenstromapparat. Die Vorgänge werden wiederholt, bis sich schließlich die Luft beim Austritt aus dem Drosselventil verflüssigt.

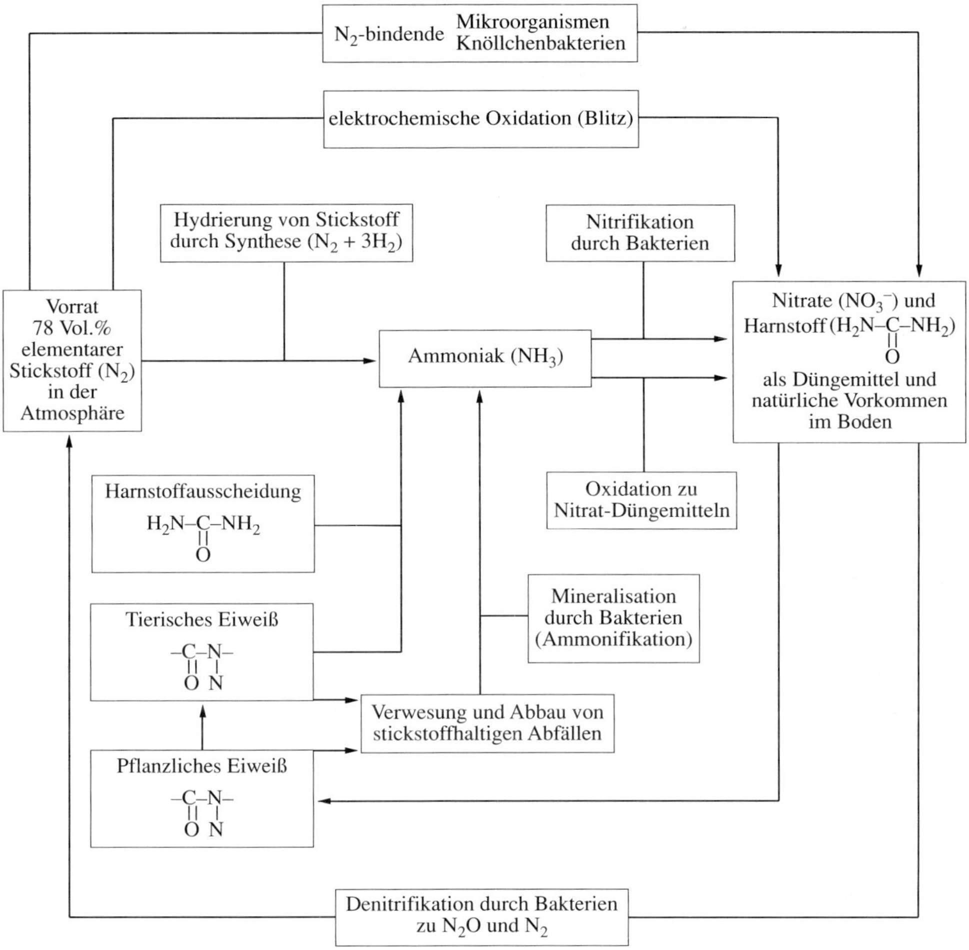

Abb. 4-3: Der Kreislauf des Stickstoffs in der Natur, nach CLB.

Ammoniak NH_3 (Herstellung: siehe Abschn. 2.7.4) ist ein farbloses, gesundheitsschädliches, stechend riechendes Gas, das mit Luft explosible Gemische bildet. In Wasser löst sich Ammoniak begierig in großen Mengen. 702 L dieses Gases sind in 1 L Wasser bei 20 °C maximal löslich. Die entstandene Lösung, Ammoniakwasser genannt, reagiert nicht stark alkalisch, da sich durch Reaktion mit Wasser nur wenig Ammoniumhydroxid NH_4OH gebildet hat (s. Abschn. 6.3.1.1): $NH_3 + H_2O \rightleftharpoons NH_4^+ + OH^-$. Ammoniak und andere Stoffe mit hoher Verdampfungswärme wie Fluorchlorkohlenwasserstoffe oder Ethylchlorid können als Kältemittel, z. B. in Kühlschränken, verwendet werden, da sie beim Expandieren die benötigte Energie der Umgebung entziehen und diese dadurch abkühlen. Aus alten Kühlschränken sollte das Kältemittel zurückgewonnen werden. Mit Chlorwasserstoff reagiert Ammoniak zu weißem Ammoniumchlorid NH_4Cl (Salmiak), eine Reaktion, die zum Nachweis beider Gase verwendet wird. Wegen der ähnlichen

Ionenradien von NH_4^+- und K^+-Ionen haben Ammonium-Verbindungen Ähnlichkeit mit Kalium-Verbindungen. NH_4Cl, $(NH_4)_2SO_4$, $(NH_4)_2HPO_4$ und NH_4NO_3 sind wichtige Mineraldünger, wobei Ammoniumnitrat NH_4NO_3 wegen seiner Explosionsgefährlichkeit nicht in reinem Zustand, sondern nur in Gemengen verwendet werden darf. Ammoniumnitrat und andere beispielsweise als Dünger wichtige Nitrate erhält man durch Neutralisation von Salpetersäure mit diversen Laugen. *Salpetersäure* stellt man nach dem *Ostwald-Verfahren* her. Leitet man Ammoniak NH_3 mit Luft bei 800 °C über ein Platin-Katalysator-Netz, entsteht *Stickstoffmonoxid* NO, ein farbloses, in Wasser wenig lösliches Gas.

$$4\,NH_3 + 5\,O_2 \rightarrow 4\,NO + 6\,H_2O$$

NO reagiert leicht weiter zu braunem Stickstoffdioxid NO_2, aus dem durch Reaktion mit Wasser Salpetersäure HNO_3 gewonnen wird.

$$2\,NO + O_2 \rightarrow 2\,NO_2 \qquad 3\,NO_2 + H_2O \rightarrow 2\,HNO_3 + NO$$

Stickstoffmonoxid NO und Stickstoffdioxid NO_2 sind Hauptbestandteile der giftigen, umweltschädigenden *nitrosen Gase* NO_x. Vor allem Stickstoffdioxid ist sehr giftig.

Aus Abgasen dieses Prozesses sowie von Verbrennungsvorgängen sind die Stickstoffoxide (Stickoxide, nitrose Gase) möglichst quantitativ zu entfernen (s. Abschn. 9.4.3). Hierin liegt einer der Hauptgründe für den Einsatz von Katalysatoren in Kraftfahrzeugen.

Konzentrierte Salpetersäure mit einem Gehalt von 68% HNO_3 ist als starke Säure zudem ein äußerst starkes Oxidationsmittel (s. Abschn. 9.3). Königswasser, eine Mischung aus drei Teilen konzentrierter Salzsäure und einem Teil konzentrierter Salpetersäure wirkt so stark oxidierend, daß sogar die stark edlen Metalle wie Gold und Platin gelöst werden.

Die Salze der Salpetersäure, die *Nitrate*, sind alle gut wasserlöslich (s. Abschn. 6.3.1.2). Gleiches gilt für die Salze der Stickstoff(III)-säure oder salpetrigen Säure HNO_2 bis auf das schwerlösliche Silbernitrit $AgNO_2$.

4.5.2 Phosphor

Der *weiße Phosphor* ist hochgiftig und selbstentzündlich, während die andere Modifikation, der *rote Phosphor*, diese Eigenschaften nicht besitzt. Weißer Phosphor wird daher unter Wasser aufbewahrt.

Roter Phosphor ist in Zündhölzern enthalten und wird in der Feuerwerkstechnik benötigt.

Phosphor bildet eine große Anzahl von Sauerstoffsäuren. Die wichtigsten sind die „Orthosäuren“ mit der allgemeinen Formel H_3PO_n (n = 2,3,4,5). Die konzentrierte *Phosphorsäure* H_3PO_4 des Handels ist eine 85 bis 95%ige sirupartige Flüssigkeit mit der Dichte ϱ = 1,7 g/mL. Die Herstellung dieser Säure erfolgt nach zwei Verfahren, die kurz vorgestellt werden. Wie bei der Aluminium-Erzeugung werden auch bei der Phosphorsäure-Herstellung aus anfallenden fluorhaltigen Abgasen und Rückständen Fluor-Verbindungen abgetrennt. Sie können zur Herstellung anderer Fluor-Verbindungen verwendet werden. Nach dem *Naßverfahren* wird fluorhaltiges Rohphosphat mit konzentrierter Schwefelsäure aufgeschlossen und die Phosphorsäure von anfallendem Gips durch Filtration getrennt.

$$Ca_3(PO_4)_2 + 3\ H_2SO_4 + 6\ H_2O \rightarrow 2\ H_3PO_4 + 3\ CaSO_4 \cdot 2\ H_2O\downarrow$$

Beim *elektrothermischen Verfahren* wird Rohphosphat im Lichtbogenofen bei 1400 °C mit Quarzsand und Koks aufgeschlossen und zu weißem Phosphor reduziert. Durch Oxidation und Umsatz mit Wasser erhält man H_3PO_4.

$$Ca_3(PO_4)_2 + 6\ SiO_2 + 10\ C \rightarrow 6\ CaSiO_3 + 10\ CO + P_4$$

$$P_4 + 5\ O_2 \rightarrow 2\ P_2O_5 \qquad P_2O_5 + 3\ H_2O \rightarrow 2\ H_3PO_4$$

Die Salze der Phosphorsäuren, die *Phosphate* finden vielfältige Verwendung, z. B. als Bestandteil von Waschmitteln, Düngemitteln und Zahnpasten. Pentranatriumtriphosphat $Na_5P_3O_{10}$ wird in Waschmitteln immer mehr ersetzt durch umweltfreundlichere Enthärtungsmittel, die Zeolithe.

Von den Salzen der Orthophosphorsäure H_3PO_4 sind die primären Phosphate oder Dihydrogenphosphate gut wasserlöslich. Von den sekundären Phosphaten oder Hydrogenphosphaten sind nur die Alkalisalze wasserlöslich. Das Gleiche gilt für die tertiären Phosphate (s. Abschn. 6.3.1.2). *Organische Phosphor-Verbindungen* finden Einsatz als Weichmacher für PVC, Hydraulikflüssigkeit, Öl- und Schmierstoffadditive, Flotationschemikalien und Pestizide, wie z. B. E 605.

4.5.3 Arsen, Antimon, Bismut

Arsen tritt in mehreren Modifikationen auf. Die bekanntesten sind das beständige graue oder metallische Arsen und das unbeständige gelbe oder nichtmetallische Arsen. Arsenwasserstoff AsH_3 ist eines der giftigsten Gase, da es die roten Blutkörperchen auflöst. Arsentrioxid (Arsenik) As_2O_3 dient zur Herstellung arsenhaltiger Schädlingsbekämpfungsmittel.

Alle Arsen-Verbindungen sind extrem toxisch (s. Abschn. 6.3.1.1).

Antimon existiert ebenfalls in mehreren Modifikationen, von denen die graue oder metallische beständig, die gelbe oder nichtmetallische dagegen unbeständig ist. Antimon Sb härtet Zinn und Blei und ist von daher in Akkumulatorenplatten mit 10% und in Letternmetall enthalten.

Sb_2S_5 ist in Zündhölzern enthalten, wird zum Vulkanisieren von Kautschuk verwendet und ist ein wichtiges orangerotes Pigment.

Bismut zeigt in geschmolzenem Zustand wie Wasser, Antimon, Germanium, Silicium und Gallium die auffällige Eigenschaft, sich beim Erstarren auszudehnen.

Die sehr niedrig schmelzenden Legierungen *Rosesches Metall* mit 50% Bi, 25% Sn und 25% Pb (Schmelzpunkt 94 °C) und *Woodsches Metall* (50% Bi, 25% Pb, 12,5% Sn, 12,5% Cd, Schmelzpunkt 60 °C) werden für elektrische Sicherungen, Sicherheitsverschlüsse und Metallbäder verwendet.

4.6 Sechste Hauptgruppe

Diese Grundstoffe tragen den Namen *Chalkogene* oder *Erzbildner*, weil sie in entscheidendem Maße am Aufbau der natürlichen Erze beteiligt sind.

Das mit 50,5 von 100 Massenanteilen häufigste Element der Erdkruste ist der lebensnotwendige Sauerstoff. Schwefel ist ein gelbes, festes Nichtmetall, *Selen* und *Tellur* sind Halbmetalle und *Polonium* ein radioaktives Metall. Der saure Charakter der Oxide der Chalkogene nimmt von oben nach unten ab. Schwefelsäure H_2SO_4 ist eine sehr starke, Tellursäure eine sehr schwache Säure.

4.6.1 Sauerstoff

Der in Form von O_2-Molekülen vorkommende Sauerstoff ist ein farb-, geruch- und geschmackloses Gas, das mit fast allen Elementen zu Oxiden reagiert. Das bei weitem wichtigste Oxid ist das lebensnotwendige H_2O (s. Abschn. 2.6.4). Der mit einem Massenanteil von 20,93% in der Luft vorkommende Sauerstoff kann neben dem Linde-Fränkl-Verfahren auch durch *Wasserelektrolyse* gewonnen werden. Für die Zukunft sollte man forciert die Möglichkeit in Erwägung ziehen, diese Elektrolyse *in heißen Zonen mittels Solarzellen* durchzuführen, um so große Mengen des umweltfreundlichen Energieträgers Wasserstoff zu erzeugen. Wasserstoff entsteht bei dieser Elektrolyse durch Reduktion von Hydronium-Ionen an der Kathode, Sauerstoff entweicht infolge Oxidation von Hydroxid-Ionen an der Anode.

Kathode: $4\,H_3O^+ + 4\,e^- \rightarrow 2\,H_2\uparrow + 4\,H_2O$
Anode: $4\,OH^- \rightarrow O_2\uparrow + 2\,H_2O + 4\,e^-$

Das die Schleimhäute reizende *Ozon* O_3 ist ein wichtiges Desinfektionsmittel für die Trink- und Badewasseraufbereitung sowie die Abwasserreinigung. Es absorbiert in höheren Schichten der Atmosphäre besonders die energiereichen Teile der UV-Strahlung. Durch Gase wie Fluor-Chlor-Kohlenwasserstoffe (FCKW) wird Ozon zerstört. Dadurch kann verstärkt Hautkrebs auftreten, verursacht durch die intensivere UV-Strahlung.

4.6.2 Schwefel

Schwefel S kommt elementar, in Form von Sulfiden, Sulfaten, sowie in organischen Verbindungen des Erdöls und der Kohlen vor. Erdgas kann größere Anteile Schwefelwasserstoff enthalten. Die Entschwefelung dieser nicht erneuerbaren Primärenergieträger stellt eine wichtige Rohstoffquelle dieses Elementes dar.

Schwefel kommt in allen Aggregatzuständen in mehreren Modifikationen vor. Die gelben Schwefelkristalle sind aus ringförmigen S_8-Molekülen aufgebaut, die sich in Wasser nicht lösen und die Wärme und den elektrischen Strom nicht leiten. Das geruchlose ungiftige Element wird bei der Vulkanisation des Kautschuks zu Gummi und für Zündhölzer benötigt.

Eine wichtige, bei Fäulnisprozessen entstehende Verbindung ist das äußerst giftige, farblose, brennbare und übel riechende Gas *Schwefelwasserstoff* H_2S. Der intensive Geruch nach faulen Eiern kann bei höheren Konzentrationen nicht mehr wahrgenommen werden. Das Gas reizt die Augen und Atemwege und kann durch Atemlähmung zum Tode führen. In Volumenanteilen von 4 bis 45% bildet H_2S mit Luft explosive Gemenge. In wäßriger Lösung bildet H_2S die schwache Schwefelwasserstoffsäure. Deren Salze sind die *Sulfide* und *Hydrogensulfide.* Die Alkali- und Erdalkalisulfide lösen sich unter stark basischer Reaktion gut in Wasser. Aluminium-, Chrom(III)- und Eisen(III)-sulfid sind in wäßriger Lösung nicht beständig, da durch Hydrolyse die schwerlöslichen Hydroxide $Al(OH)_3$, $Cr(OH)_3$ und $Fe(OH)_3$ entstehen, die dann ausfallen. Alle restlichen Sulfide sind in Wasser schwerlöslich.

Ein stark umweltschädigendes Gas ist das die Augen, die Haut und die Atemwege reizende *Schwefeldioxid* SO_2. Nach Aufnahme durch Pflanzen kommt es zur Bleichung, d.h. der oxidativen Zerstörung und Entfärbung des Blattgrüns (Chlorophyll) sowie zur Blockierung der Photosynthese. Es kann an der Luft weiteroxidieren zu Schwefeltrioxid SO_3, das mit Luftfeuchtigkeit Schwefelsäure bildet. Da die Verweilzeit in der Atmosphäre über 40 Tage betragen kann, treten Schädigungen auch in von den Emissionsquellen weit entfernten Gebieten auf. Eine durch saure Gase wie SO_2 oder auch NO_x bedingte Übersäuerung der Gewässer führt zum Absterben jeglichen höheren Lebens in diesen (Seensterben). Weitere Folgen von SO_2-Emissionen sind das Waldsterben und Gebäudeschädigungen, die auch durch andere sauer reagierende Gase verursacht werden.

Schwefel bildet ebenfalls eine Reihe von sauerstoffhaltigen Säuren. Die bei weitem bedeutendste ist *Schwefelsäure* H_2SO_4. Mit ca. 100 Mio t ist Schwefelsäure die Chemikalie, von der weltweit die größten Mengen synthetisiert werden (*Doppel-Kontakt-Verfahren,* s. Abschn. 2.7.4). Sie wird für viele synthetische Zwecke benötigt. Die Abfälle dieser Säure werden *Dünnsäure* genannt. Nach dem *Sulfatverfahren im Rahmen* der Titandioxid-Erzeugung fallen pro Tonne TiO_2 8 t eisensulfathaltige Dünnsäure $w(H_2SO_4) = 20$ bis 23%, 3,8 t $FeSO_4 \cdot 8\ H_2O$ (Grünsalz), 0,2 t unlösliche Erzrückstände, 250 m^3 saure Abwässer, 70 kg Schwefeloxide und staubförmige Rückstände an. Das alternative *Chloridverfahren* ist umweltfreundlicher, da keine Dünnsäure mehr anfällt (s. Abschn. 4.9.4). *Das Recycling von Abfallschwefelsäuren ist* wegen der unterschiedlichen Verunreinigungen und der durch die starke Aggressivität der Säure bedingten erforderlichen hochqualitativen Materialien zwar *aufwendig und kostspielig,* aber in jedem Fall kein Grund, diese Säuren in Gewässern zu verklappen.

Konzentrierte Schwefelsäure ist eine stark oxidierend und hygroskopisch (wasseranziehend) wirkende, ölige Flüssigkeit. Beim Verdünnen ist sie langsam unter Rühren im vorgelegten Wasser zu verteilen.

Die meisten Salze der Schwefelsäure, die *Hydrogensulfate* und *Sulfate* sind gut wasserlöslich (s. Abschn. 6.3.1.2). Strontiumsulfat $SrSO_4$, Bariumsulfat $BaSO_4$, Bleisulfat

$PbSO_4$, Calciumsulfat $CaSO_4$ und Silbersulfat Ag_2SO_4 sind die wichtigsten Ausnahmen (s. Tab. 2-3 und Tab. 2-4, Abschn. 2.4).

Natriumthiosulfat $Na_2S_2O_3 \cdot 5\ H_2O$ wird in der Photographie als Fixiersalz und in der Volumetrie bei iodometrischen Bestimmungen eingesetzt.

4.6.3 Selen, Tellur, Polonium

Diese Elemente haben nur eine geringe Bedeutung.
Selen wird bei der Herstellung von Gleichrichtern, Photo- und Solarzellen eingesetzt, die z.B. in Belichtungsmessern, Photokopiergeräten oder Taschenrechnern zu finden sind (s. Abschn. 6.3.1.1).
Tellur wird bei der Vulkanisierung von Kautschuk und zur Herstellung von Zündhütchen, Batteriegehäusen und elektrischen Widerständen benutzt.
Das radioaktive **Polonium**, ein Zerfallsprodukt des Urans, wird in Nuklearbatterien und als Neutronenquelle eingesetzt.

4.7 Siebte Hauptgruppe

Die Elemente *Fluor, Chlor, Brom, Iod* und *Astat* werden *Halogene* oder *Salzbildner* genannt, weil sie in Form von Salzen in der Natur vorkommen. Es sind typische Nichtmetalle. Allerdings weist das feste Iod einen metallischen Glanz auf und das radioaktive Astat hat einen noch stärkeren metallischen Charakter. Die Reaktionsfreudigkeit ist vor allem mit Metallen äußerst heftig, nimmt jedoch von oben nach unten ab. Die Stärke der sauerstofffreien Säuren nimmt dagegen von oben nach unten zu. Iodwasserstoffsäure HI ist eine stärkere Säure als die ebenfalls sehr aggressive Flußsäure HF. Bei den sauerstoffhaltigen Säuren, die das Element Fluor nicht bildet, ist diese Tendenz umgekehrt. Chlor(V)-säure $HClO_3$ ist die stärkste, Iod(V)-säure HIO_3 die schwächste Säure der Reihe $HClO_3$, $HBrO_3$ und HIO_3. Perchlorsäure oder Chlor(VII)-säure $HClO_4$ ist gar die stärkste aller Säuren (s. Tab. 2-13, Abschn. 2.7.6).

4.7.1 Fluor

Fluor ist das reaktionsfreudigste Nichtmetall und Element überhaupt, das stärkste Oxidationsmittel, das mit vielen Stoffen explosionsartig reagiert.

Fluorwasserstoff HF gehört zu den umweltschädigenden Gasen und wird z. B. bei der Verbrennung fluorhaltiger Kunststoffe oder bei chemischen Produktionsprozessen (s. Abschn. 4.3.2 und 4.5.2) gebildet. In Wasser löst sich das toxische Gas sehr gut. Die dabei gebildete *Fluorwasserstoffsäure* oder Flußsäure wirkt äußerst stark ätzend auf die

Haut, die Schleimhäute und die Bindehaut der Augen. Beim Arbeiten mit diesem Stoff sowie den giftigen Salzen dieser Säure, den *Fluoriden*, sind unbedingt Schutzmaßnahmen zu treffen und große Vorsicht geboten. Flußsäure HF darf auf keinen Fall in Glasflaschen aufbewahrt werden, da HF mit dem SiO_2 des Glases reagiert.

$$4\ HF + SiO_2 \rightarrow SiF_4 + 2\ H_2O$$

Zur Aufbewahrung sind Behälter aus Polyethylen oder Polypropylen geeignet, die gegen Bruchgefahr noch ummantelt sein sollten. In Zahnpasten werden Fluorid-Verbindungen zur Vorbeugung gegen Karies eingesetzt, da Fluorapatit $Ca_{10}(PO_4)_6F_2$ am Aufbau der Zähne beteiligt ist (s. Abschn. 6.3.1.2).

4.7.2 Chlor

Chlor Cl_2 ist ein gelbgrünes, nicht brennbares, giftiges Gas, das als *Desinfektions- und Bleichmittel* und für viele Synthesen (Chlorierungen) meist organischer Produkte verwendet wird. Dabei fällt oft *Hydrogenchlorid* HCl als Nebenprodukt und Abfall an. HCl kann, z. B. für Neutralisationszwecke, verwertet werden. Die Salzlösungen sollten nicht in die Vorfluter geleitet werden.

Chlor kann aus HCl zurückgewonnen werden. Eine Möglichkeit besteht durch Oxidation von HCl mit O_2.

$$4\ HCl + O_2 \rightarrow 2\ Cl_2\uparrow + 2\ H_2O$$

Darüber hinaus besteht die Möglichkeit der Direktelektrolyse von Salzsäure, bei der Chlor an der Anode und Wasserstoff an der Kathode entstehen.

Kathode: $2\ H_3O^+ + 2\ e^- \rightarrow H_2\uparrow + 2\ H_2O$
Anode: $2\ Cl^- \rightarrow Cl_2\uparrow + 2\ e^-$

Hydrogenchlorid oder Chlorwasserstoff HCl löst sich sehr gut in Wasser. Bei 20 °C lösen sich etwa 450 L maximal in 1 L Wasser. Die konzentrierte Chlorwasserstoffsäure oder *Salzsäure* HCl hat daher einen Massenanteil von höchstens $w(HCl) = 38\%$.

Die stark ätzende Salzsäure gibt vor allem in konzentrierter Form leicht gesundheitsschädigendes Chlorwasserstoff-Gas ab. Ihre Salze, die *Chloride*, sind bis auf wenige Ausnahmen wie Blei(II)-chlorid $PbCl_2$, Silberchlorid AgCl oder Quecksilber(I)-chlorid Hg_2Cl_2 gut wasserlöslich (s. Tab. 2-3 und Tab. 2-4, Abschn. 2.4 sowie Abschn. 6.3.1.2).

4.7.3 Brom

Das einzige flüssige Nichtmetall ist rotbraun gefärbt, stark ätzend und sehr giftig. Wegen des schon bei 20 °C recht hohen Dampfdrucks von 505 mbar verdunstet es sehr leicht unter Entwicklung rotbrauner Dämpfe. Es ist genauso wie Iod in den Halogenlampen enthalten. Brom und Iod bewirken eine längere Lebensdauer der Glühwendel aus Wolfram und verhindern somit eine Verdunklung des Lampenkolbens.

Abwässer der photographischen Industrie sind oft bromidhaltig, da bei der Herstellung von Filmen Silberbromid AgBr benötigt wird.

4.7.4 Iod, Astat

Das feste, gesundheitsschädliche, violett-schwarze, glänzende Nichtmetall **Iod** hat bei höheren Temperaturen einen hohen Dampfdruck und neigt von daher zur Sublimation. Genauso wie andere Feststoffe mit ähnlicher Sublimationsneigung, kann es daher durch *Sublimation* und *Resublimation* aus Gemengen abgetrennt werden. Mit Iod kann in Lebensmitteln Stärke nachgewiesen werden, da Iod mit Stärke eine tiefblaugefärbte Anlagerungsverbindung bildet. Die bei der Wundbehandlung eingesetzte Iodtinktur ist eine Lösung aus 7% Iod und 3% KI in Ethanol.

Vom radioaktiven **Astat** wurden keine größeren Mengen hergestellt. Das langlebigste Isotop hat eine Halbwertszeit von 8,3 Stunden.

4.8 Achte Hauptgruppe

In dieser Hauptgruppe sind die Edelgase *Helium, Neon, Argon, Krypton, Xenon* und *Radon* zu finden. Sie sind äußerst reaktionsträge, da ihre äußere Elektronenhülle abgesättigt ist (s. Abschn. 2.6.4).

Die Edelgase werden aus Luft gewonnen. Helium ist ein wichtiges Traggas für Ballons und Luftschiffe sowie Trägergas in der Gaschromatographie. Argon verhindert als Schutzgas beim Schweißen die Bildung störender Oxid- oder Nitrid-Schichten. Krypton und Xenon sind wie Neon und Argon Füllgas vieler Lampen. In Häusern, die auf Granit gebaut sind, besteht Gesundheitsgefahr infolge von Strahlenbelastung durch das radioaktive Edelgas Radon.

4.9 Nebengruppenelemente

Da die Nebengruppenelemente *alle höchstens 2 Elektronen auf der äußersten Schale* haben, sind sie *Metalle* mit teilweise extrem hohen Schmelzpunkten. Innerhalb einer Periode werden *innere Schalen,* die noch nicht die maximal mögliche Elektronenzahl haben, *mit Elektronen* nach und nach *besetzt*. So werden innerhalb der 4., 5. und 6. Periode die jeweils fünf d-Orbitale der 3., 4. und 5. Schale besetzt, so daß hier jeweils 10 Elemente anzutreffen sind. Bei der Verbindungsbildung können die Elemente in mehreren Oxidationsstufen auftreten. Sie bilden Metallkationen und sehr oft Komplexverbindungen, in denen sie als Zentralteilchen vorkommen. Die Elemente Kupfer, Silber und Gold haben aus Stabilitätsgründen nur 1 Elektron auf der äußersten Schale. Sie bilden die 1. Nebengruppe. Erst ab der 3. Nebengruppe Scandium, Yttrium, Lanthan, Actinium werden öfter auch d-Elektronen bei Verbindungsbildungen zur Verfügung gestellt, so daß höhere Oxidationszahlen sehr häufig vorkommen. Die Elemente Eisen, Cobalt und Nickel sowie die entsprechenden Elemente der folgenden Perioden werden zur 8. Nebengruppe zusammengefaßt.

4.9.1 Erste Nebengruppe: Kupfer, Silber, Gold

Im Gegensatz zu den Metallen der 1. Hauptgruppe sind die Elemente Kupfer, Silber, Gold sehr edle, reaktionsträge Metalle. Ursache dafür ist, daß das Elektron der äußersten Schale infolge der höheren Protonenzahl im Kern wesentlich stärker und näher an den Atomkern herangezogen wird, als dies bei den entsprechenden Alkalimetallen der Fall ist. Diese Elektronen werden also längst nicht so leicht abgegeben wie bei den Elementen der ersten Hauptgruppe. Desweiteren sind die Atome der Elemente der ersten Nebengruppe viel kleiner als die der Alkalimetalle der gleichen Periode.

Kupfer

Kupfer ist ein hellrotes, zähes Metall, das sich infolge seiner Dehnbarkeit zu dünnen Drähten ausziehen und zu Folien auswalzen läßt. In der Bundesrepublik Deutschland ist Kupfer nach Aluminium das mengenmäßig wichtigste Nichteisenmetall. *Nach Silber ist Kupfer der beste Leiter für den elektrischen Strom.* Aufgrund seiner guten Wärmeleitfähigkeit dient es zudem zur Herstellung von Heizrohren und Kühlschlangen. Es ist möglich, den Recyclinganteil bei der Herstellung auf 60% zu steigern. Höhere Quoten wären wünschenswert, weil die derzeit bekannten Erzreserven nur noch ca. 25 Jahre reichen. Die **technische Primärgewinnung** zerfällt in drei Teilprozesse:

1. Anreicherung des Kupfer-Gehalts im Erz

Das wichtigste Erz Kupferkies $CuFeS_2$ mit einem Massenanteil an Kupfer von ca. 30% wird zunächst im Etagenofen mit dem Sauerstoff der Luft unvollständig geröstet, um einen Teil des Schwefels als Schwefeldioxid zu beseitigen. Das aus Cu_2S, FeS und Fe_2O_3 bestehende Röstgut wird nun im Schachtofen bei 1500 °C reduzierend mit Koks und Quarzsand geschmolzen. Eisen(III)-oxid wird in eine Eisensilicat-Schlacke überführt, die sich anschließend aufgrund der geringeren Dichte vom Kupferstein (Cu_2S und FeS, Cu-Anteil 40%) abtrennen läßt.

$$Fe_2O_3 + C + SiO_2 \rightarrow Fe_2SiO_4 + CO\uparrow$$

2. Herstellung von Anodenkupfer

In einem Konverter wird der Kupferstein durch Einblasen von Luft und Zugabe von Quarzsand bei 900 °C umgesetzt. Die Sulfide werden geröstet, d.h. in die Oxide überführt. Kupfer(I)-oxid reagiert mit überschüssigem Kupfer(I)-sulfid unter Bildung von Kupfer. Eisen(II)-oxid bildet mit Siliciumdioxid erneut Schlacke, die z. B. als Schotter für den Bahn- und Wegebau oder zur Herstellung von Pflastersteinen verwendet werden kann.

$$2\,FeS + 3\,O_2 \rightarrow 2\,FeO + 2\,SO_2\uparrow$$
$$2\,Cu_2S + 3\,O_2 \rightarrow 2\,Cu_2O + 2\,SO_2\uparrow$$
$$2\,Cu_2O + Cu_2S \rightarrow 6\,Cu + SO_2\uparrow$$
$$2\,FeO + SiO_2 \rightarrow Fe_2SiO_4$$

Das erhaltene Rohkupfer ist 97% rein. Durch oxidierendes Raffinationsschmelzen im Flammofen bei 900 °C verdampfen leichtflüchtige Metalle, wie Blei, Zink, Cadmium, Antimon, Arsen und deren Oxide. Aus dem Abgas werden diese Stoffe abgetrennt. Eisen-, Nickel- und Cobalt-Verunreinigungen bilden eine Schlacke. Das erhaltene Kupfer hat eine Reinheit von 99% und wird zu 3 cm dicken Platten vergossen, die als Anoden bei der elektrolytischen Raffination verwendet werden.

3. Kupferraffination: Gewinnung von Reinkupfer

Bei der Elektrolyse besteht die *Kathode* aus bereits gereinigtem *Elektrolytkupfer*. Elektrolyt ist eine $CuSO_4$-Lösung. Die Spannung von 0,2–0,3 V ist so gewählt, daß die edleren Metalle wie Silber, Gold, Platin nicht in Lösung gehen, sondern von der Anode abfallen und den Anodenschlamm bilden, aus dem sie abgetrennt werden. Unedlere Metalle gehen zwar wie Kupfer als Kationen in Lösung, können aber wegen der zu geringen Elektrolysespannung an der Kathode nicht entladen werden, so daß sich dort nur Kupfer abscheidet. Metall-Ionen, wie die von Blei, Antimon, Zinn und Bismut bilden mit den Sulfat-Ionen schwerlösliche Sulfate und fallen aus.

Anode: $Cu \rightarrow Cu^{2+} + 2\,e^-$
Kathode: $Cu^{2+} + 2\,e^- \rightarrow Cu$

Der sehr hohe Reinheitsgrad von 99,98% des erhaltenen Elektrolytkupfers ist erforderlich für die Elektrotechnik, weil schon geringe Mengen an Verunreinigungen die elektrische Leitfähigkeit beträchtlich verringern.
Gute Erfahrungen hat man mit der Oxidation der Sulfide des Kupfer-Erzes durch Mikroorganismen zu Kupfersulfat u. a. gemacht. Kupfer könnte aus diesen Verbindungen dann umweltfreundlicher gewonnen werden als bisher.

Kupfer ist Bestandteil wichtiger Legierungen, wie Messing, (Cu, Zn), *Bronce* (Cu, Sn), *Aluminiumbronce* (Cu, Al), *Konstantan* (60% Cu, 40% Ni), *Neusilber* (45 bis 70% Cu, 8 bis 35% Ni, 15 bis 40% Zn) sowie des Lagermetalls *Rotguß* (Kupfer mit wenigen Prozenten Zinn, Zink, Blei). Von oxidierenden Salzlösungen, wie $FeCl_3$-Lösung, wird Kupfer angegriffen und langsam aufgelöst, eine Reaktion, die beim Platinenätzen angewendet wird.

In Verbindungen ist Kupfer einwertig, aber vor allem zweiwertig positiv. In Wasser lösen sich die meist kristallwasserhaltigen, dann grün oder blau gefärbten Kupfer(II)-Salze mit gleicher Farbe (s. Abschn. 6.3.1.1). Die grüne „Patina“ auf Kupferdächern ist meist Kupferhydroxidsulfat, „Grünspan“ ist Kupfer(II)-hydroxidacetat.

Silber

Silber ist ein glänzendes, weiches und dehnbares Metall mit sehr hohem Reflexionsvermögen für Licht. Es ist das Metall, das den elektrischen Strom und die Wärme am besten leitet. Der größte Teil dieses wertvollen Metalles wird im Rahmen der Blei- und Kupfer-Aufbereitung sowie durch Recycling gewonnen. *Die Rückgewinnungsquote aus silberhaltigen Abfällen ist mit 62,5% am höchsten.* Vor allem Abfälle aus der photographischen Industrie, wie Fixierbäder, Altfilme, aber auch Spiegel, Batterien und Zahnamalgame sind sehr wichtige Wertstoffe.

Silberbromid wird bei der Filmherstellung als lichtempfindliche Substanz benötigt. Die Photonen des Lichtes bewirken die Reduktion zu Silber-Keimen.

$$Ag^{+} + e^{-} \rightarrow Ag$$

Im Entwicklungsbad wird weiteres Silber, ausgehend von den Keimen, so lange gebildet, bis der größte Kontrast erreicht ist. Silber-Ionen werden dabei durch Hydrochinon zu Silber reduziert.

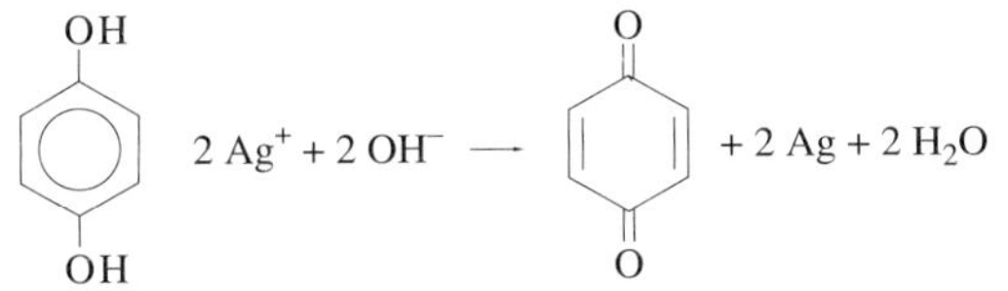

Hydrochinon p-Benzochinon

Überschüssiges Silberbromid muß mit Natriumthiosulfat herausgelöst werden, weil sonst bei Belichtung der gesamte Film durch Reduktion der Ag^{+}-Ionen zu Silber geschwärzt würde.

$$2\ Na_2S_2O_3 + AgBr \rightarrow \underset{\text{Natriumdithiosulfatoargentat}}{Na_3[Ag(S_2O_3)_2]} + NaBr$$

Das Negativbild wird dadurch fixiert. Durch Belichten eines aufgelegten Photopapiers entsteht das Positiv, das wie der Film entwickelt und fixiert wird.

Silber-Ionen, aus Abwässern z. B., können durch Ionenaustausch oder andere Methoden abgetrennt werden. Durch Reduktion, z. B. mittels Elektrolyse, kann Silber zurückgewonnen werden.

Ein wichtiges Salz der lichtempfindlichen und in wäßriger Lösung farblosen Ag^{+}-Ionen ist Silbernitrat $AgNO_3$. Es findet in der quantitativen Analytik und bei der Silberspiegelherstellung Verwendung. Die Entfernung schwarzer Sulfidschichten auf Silberbestecken wird in Abschn. 5.6.12 beschrieben.

Gold

Das gelbe, sehr weiche Gold läßt sich zu Blattgold mit einer Dicke von nur 0,0001 mm aushämmern und wird dann durchscheinend. Allein 40000 t Gold liegen weltweit in Form von Barren, Münzen o. ä. als Währungsbestand vor. Gold kann durch Cyanidlaugerei restlos aus Gesteinen entfernt werden. Mit Hilfe 0,2%iger Natriumcyanid-Lösung und Luft wird Gold komplex gelöst.

$$2\,Au + 4\,NaCN + H_2O + 1/2\,O_2 \rightarrow 2\,Na[Au\,CN_2] + 2\,NaOH$$

Natriumdicyanoaurat

Durch **Zementieren** mit Zinkstaub kann Gold aus den Cyanidlaugen gewonnen werden.

$$2\,Na[Au(CN)_2] + Zn \rightarrow Na_2[Zn(CN)_4] + 2\,Au$$

Natriumtetracyanozinkat

Man erkennt hier sehr gut die Anwendung des Zementierens, eines Trennverfahrens, bei dem sich Metall-Ionen durch Zugabe eines unedleren Metalls durch Reduktion aus der Lösung ausfällen lassen. In Abschn. 2.7.5.2 ist dieses elektrochemische Prinzip erklärt. In der Bundesrepublik Deutschland wird auch Gold im Rahmen der Kupfer- und Bleierzaufbereitung gewonnen, obwohl der Gold-Gehalt mit ca. 1 g pro t Erz sehr gering ist. Wegen des hohen Wertes ist das Recycling auch kleiner Mengen von Abfallgold, z. B. aus Zahnarztpraxen oder Kontakten moderner Lithiumbatterien, sehr wichtig.

4.9.2 Zweite Nebengruppe: Zink, Cadmium, Quecksilber

Diese Elemente haben weit aus niedrigere Schmelzpunkte als die anderen Nebengruppenelemente. Dies wird darauf zurückgeführt, daß bei diesen Elementen viele Unterschalen mit Elektronen voll besetzt sind. Der edle Charakter nimmt wie in der ersten Nebengruppe von oben nach unten zu. Zink und Cadmium sind feste, unedle Metalle, Quecksilber ist edel und als einziges Metall bei Raumtemperatur flüssig.

Zink

Zink ist ein bläulich-weißes, sprödes Metall, das sich beim Erwärmen jedoch zu Blechen und Drähten verformen läßt. Eine an der Luft gebildete Schicht von Zinkoxid ZnO schützt das Metall infolge von Passivierung vor Korrosion. Das in der Natur immer zusammen mit Cadmium vorkommende Zink ist von daher ein wichtiges Gebrauchsmetall. Zur Herstellung von verzinktem Eisenblech, das auch durch Eintauchen des Blechs in flüssiges Zink („Feuerverzinken") gewonnen werden kann, werden die größten Zink-Mengen verwendet.

Im Rahmen der Röstung von konzentriertem Zinksulfid-Erz reichert sich Cadmiumoxid im Flugstaub an, aus dem es entfernt werden muß. Die Herstellung des Zinks erfolgt durch Elektrolyse einer Lösung von Zinksulfat. Diese wird aus dem beim Rösten anfallenden Zinkoxid gewonnen.

Lötwasser ist eine Lösung von Zinkchlorid $ZnCl_2$ in verdünnter Salzsäure und wird als Desoxidationsmittel für Metalloberflächen benötigt. Wichtige Malerfarben sind die Pigmente Zinkweiß ZnO und Rinmans Grün $ZnO \cdot CoO$ neben der weißen Lithopone, einer Mischung aus Zinksulfid ZnS und Bariumsulfat $BaSO_4$.

Cadmium

Cadmium ist ein weiches Metall mit einem niedrigen Siedepunkt von 767 °C. Es läßt sich leicht hämmern, walzen und ziehen und ähnelt in seinem chemischen Verhalten Zink. Cadmium gewinnt man aus dem cadmiumoxidhaltigen Flugstaub (bis 10% Cd). Es kann vor der Verchromung von Eisen aufgetragen werden. Zudem ist es in der Kerntechnik eine Moderatorsubstanz. Cadmiumsulfid CdS ist das Pigment Cadmiumgelb, unter Zusatz von Cadmiumselenid CdSe entsteht das Pigment Cadmiumrot. Beide Pigmente finden zur Einfärbung von Kunststoffen Verwendung. Cadmiumdämpfe und Cadmium-Verbindungen sind sehr giftig.

Quecksilber

Quecksilber erstarrt bei −38,8 °C und verdunstet bei Raumtemperatur. Quecksilber-Reste müssen aus Räumen sorgfältigst entfernt werden. Das wie Cadmium hochtoxische Quecksilber kann durch Recycling oder auch aus dem Mineral Zinnober (HgS) durch Rösten bei 400 °C gewonnen werden, wobei Quecksilber abdestilliert wird.

$$HgS + O_2 \rightarrow Hg + SO_2\uparrow$$

Möglichst alle anfallenden Quecksilber-Abfälle, wie Batterien (Knopfzellen), Zahnamalgam, Thermo-, Baro- oder Manometerflüssigkeit, Quecksilberdampflampen, Saatbeizmittel, Farben (z. B. Thermocolorfarben), usw. *sollten weiterverwertet werden* und nicht ins Abwasser, in Verbrennungsanlagen oder auf Deponien gelangen. Allein die 30 t Quecksilber enthaltenden Amalgame der Zahnarztpraxen (50% Hg, 30% Ag, 20% Sn) müssen durch Abscheidegeräte weitgehend (zu mindestens 95%) aus der Kanalisation zurückgehalten werden. Sie stellen ein Wertstoffpotential von mehreren Mio DM dar, nicht zuletzt wegen des hohen Gehalts an rückgewinnbarem Silber.

4.9.3 Dritte Nebengruppe: Scandium, Yttrium, Lanthan (und Lanthanide), Actinium (und Actinide)

Scandium wird als Legierungsbestandteil in der Raumfahrtindustrie eingesetzt. Scandium-Verbindungen sind Keimbeschleuniger für Saatgut. Das wie Scandium und **Lanthan** chemisch dem Aluminium ähnliche **Yttrium** wird zur Beschichtung anderer Metalle und in der Reaktortechnik für Legierungen mit Cobalt, die beste permanentmagnetische Eigenschaften haben, gebraucht. **Actinium** ist radioaktiv.

Von den *Lanthaniden,* Metallen der 6. Periode, bei denen die f-Orbitale der 4. Schale besetzt werden, hat das *Cer* als Titrator Cersulfat in der quantitativen Analytik eine gewisse Bedeutung (Cerimetrie). Cer-Verbindungen und Verbindungen des zu den Actiniden zählenden *Thoriums* sind Bestandteile von Gasglühlichtstrümpfen. Von den *radioaktiven Actiniden,* Metallen der 7. Periode, bei denen die f-Orbitale der 5. Schale besetzt werden, haben *Uran* und *Plutonium* in der Kernreaktortechnik umweltrelevante Bedeutung erlangt. Uran(IV)-oxid UO_2 mit dem bis auf 3% angereicherten spaltbaren Isotop ^{235}U, findet in Kernreaktoren zur Energiegewinnung durch Spaltung Verwendung. In mit flüssigem Natrium gekühlten Brutreaktoren wird durch Beschuß mit thermischen, schnellen Neutronen das durch Beschuß mit langsamen Neutronen nicht spaltbare, häufigste Isotop ^{238}U verwendet. Es entsteht **^{239}Pu, eine der giftigsten Substanzen überhaupt,** das sich wie ^{235}U leicht spalten läßt. Einige Lanthanide wie *Praseodym, Neodym, Samarium, Gadolinium* und *Dysprosium* finden in Permanentmagneten, *Promethium-* und Plutonium-Verbindungen in Nuklearbatterien Verwendung.

4.9.4 Vierte Nebengruppe: Titan, Zirconium, Hafnium, Unnilquadium

Titan

Titan kommt in der Natur häufiger vor als Zink, Kupfer und Blei zusammen. Das Metall hat wegen seiner hohen Korrosionsbeständigkeit, hohen Festigkeit und niedrigen Dichte (ϱ = 4,5 g/cm^3) vor allem in der Luft- und Raumfahrtindustrie, im chemischen Apparatebau und im Schiffbau *enorme Bedeutung* erlangt. Eine sehr gute Beständigkeit hat das silberweiße Metall gegenüber oxidierend wirkenden Stoffen. Die Unbeständigkeit gegenüber reduzierenden Säuren, die die passive Oxidschicht auf dem Metall zerstören, kann durch Zusatz von 0,2% Palladium stark herabgesetzt werden. Weitere physikalische und chemische Eigenschaften von Titan, Zirconium, den zur fünften Nebengruppe gehörenden Elementen Niob und Tantal und einer als Vergleich dienenden Edelstahlsorte sind in der Tab. 4-2 und der Tab. 4-3 enthalten.
Eine wichtige Verbindung ist *Titandioxid* TiO_2, das bedeutsamste Weißpigment. Da es UV-Strahlen absorbiert, die Fette oder Käse, z. B. beim Lagern, ungenießbar machen, ist es in Verpackungsfolie aber auch in Sonnenschutzmitteln, Anstrichstoffen, Chemiefasern und in Papier, Gummi, Kunststoffen, Seifen und Cremes enthalten. Die Herstellung nach dem *Sulfatverfahren* erfolgt durch Aufschluß des Minerals Ilmenit $FeTiO_3$ (Eisen-

Tab. 4-2: Physikalische Eigenschaften, nach Schreiber.

Physikalische Eigenschaften		Sondermetalle				Edelstahl
		Ta	Nb	Ti	Zr	1.4571
Ordnungszahl		73	41	22	40	
rel. Atommasse		180,95	92,91	47,9	91,22	
Dichte	($kg \cdot m^{-3} \cdot 10^3$)	16,6	8,57	4,54	6,45	7,8
Schmelzpunkt	(K)	3270	2770	1963	2125	1690
Schmelzwärme	($J \cdot kg^{-1}$)	$178 \cdot 10^3$	$298 \cdot 10^3$			
Siedepunkt	(K)	5700	5200	3559	4688	
Spezifische Wärme	($J/kg \cdot K$)	143,3	272,1	573,4	275,8	502
Wärmeleitfähigkeit	($W/m \cdot K$)	54,43	52,25	23,86	23,86	14,65
Ausdehnungskoeff.	($K^{-1} \cdot 10^{-6}$)	6,5	7.2	8,4	5	16,5
Supraleitfähigkeit	(K)	4,39	9,13	0,38	0,54	
Spez. elektr. Widerst.	($\Omega m^2/m \cdot 10^{-8}$)	12,5	16	42	44	75

Tab. 4-3: Korrosionsverhalten von Sondermetallen, nach Schreiber.

Angriffsmittel	Gehalt w (%)	ϑ (°C)	Ta	Nb	Ti	Zr	Edelstahl 1.4571
Ameisensäure	90	100	A	A	A	A	B/C
Aluminiumchlorid	25	100	A		C	A	B/C
Ammoniumchlorid	ges.	100	A	A	A		A
Chlor, trocken		30	A	A	C		A
Chlor, feucht		75	A	A	A		C
Wasser mit Chlor	ges.	20				C	
Chromsäure	10	60	A	A	A	A	B/C
Eisenchlorid	30	100	A	A	A	C	C
Flußsäure	3	100	C	C	C	C	C
Fluor		20	C	C	C	C	
Kaliumhydroxid	10	100	C		C	A	A
Natriumhydroxid	10	20	C			A	B/C
Oxalsäure	ges.	100	A	C		A	C
Salpetersäure	konz.	180	A	A	A	C	C
Salzsäure	konz.	110	A	A	C	C	C
Schwefelsäure	konz.	160	A	A	C	C	C
Schwefelsäure	80	200	B		C	C	C
Wasserstoffperoxid	10	50	A	C		A	A
Zinkchlorid	20	100	A	A	A		C

A vollkommen beständig, B genügend beständig, C praktisch nicht verwendbar.

titanat) mit 90%iger Schwefelsäure unter Einleitung von Wasserdampf und eventuellem Zusatz von Eisenschrott.

$$FeTiO_3 + 3\,H_2SO_4 + 7\,H_2O \longrightarrow Ti(SO_4)_2 + FeSO_4 \cdot 7\,H_2O$$

Beim Abkühlen kristallisiert das *Grünsalz* ($FeSO_4 \cdot 7\,H_2O$) aus, das mittels Zentrifuge abgetrennt wird. Beim Verdünnen der konzentrierten Lösung fällt Titandioxidhydrat infolge Hydrolyse nach Einbringung von Kristallisationskeimen aus.

$$Ti(SO_4)_2 + x\,H_2O \longrightarrow TiO_2 \cdot x\,H_2O\downarrow + 2\,H_2SO_4$$

Nach dem Abfiltrieren wird das Titandioxidhydrat im Drehrohrofen bei 1000°C zum TiO_2 geglüht. Das anfallende Grünsalz ($FeSO_4 \cdot 7\,H_2O$) kann z.B. im Rahmen der Abwasserbehandlung verwertet werden. Der größte Teil der eisensulfathaltigen, verdünnten Schwefelsäure (die bekannteste der Dünnsäuren) wird noch immer in großen Mengen im Meer verklappt, obwohl es wirtschaftliche Technologien gibt, diese wiederaufzuarbeiten. Beim finnischen *Rosenlew-Verfahren* wird die Dünnsäure durch energiearme zweistufige Vakuumeindampfung aufkonzentriert, wobei die Metallsulfate auskristallisieren. Metallsulfate und die gereinigte Schwefelsäure können wiederverwendet werden. Leider erst in jüngster Zeit ist in der Industrie das schon lange bekannte, aber teurere *Chloridverfahren* wieder verstärkt zum Einsatz gekommen. Die Titanerze Ilmenit oder Rutil (TiO_2-haltig) werden mit Koks und Chlor bei 600°C zu Titantetrachlorid umgesetzt.

$$TiO_2 + C + 2\,Cl_2 \longrightarrow TiCl_4 + CO_2$$
$$FeTiO_3 + C + 3\,Cl_2 \longrightarrow TiCl_4 + FeCl_2 + CO_2$$

Das Nebenprodukt $FeCl_2$, bzw. $FeCl_3$, kann auch im Rahmen der Abwasserbehandlung u.a. verwertet werden. Bei 1000 °C wird $TiCl_4$ mit Sauerstoff verbrannt.

$$TiCl_4 + O_2 \rightarrow TiO_2 + 2\ Cl_2$$

Das Chlor wird in den Herstellungsprozeß von $TiCl_4$ zurückgeführt. Bei richtiger Reaktionsführung hat Titandioxid sofort die für ein Pigment erforderliche Teilchengröße und braucht dann nicht, wie das Titandioxid aus dem Sulfatverfahren, nachbehandelt zu werden. Ab 1985 sind durch Einführung dieses Chloridverfahrens, bei dem nur 1/7 der Abfallmenge des Sulfatverfahrens anfällt, 200000 t/a Dünnsäure weniger angefallen.

Zirconium

Auch Zirconium ist kein seltenes Element, da es häufiger als beispielsweise Kupfer, Blei, Nickel oder Zink vorkommt. Für Sonderzwecke findet es Einsatz im chemischen Apparatebau. Zirconium ist außerordentlich beständig gegenüber Reduktionsmitteln und Alkalien, gegenüber oxidierenden Säuren nur bei Abwesenheit von Chlorid-Ionen (s. Tab. 4-2 und Tab. 4-3).

Bei der Reinigung von Zirconium fällt **Hafnium** an, da es immer zusammen mit diesem vorkommt. Da es thermische Neutronen einfängt, dient es in Kernreaktoren zur Regelung der Reaktortemperatur.

Der Name des künstlichen radioaktiven Elementes Nr. 104 lautet **Kurtschatovium** Ku (russ)., **Rutherfordium** Rf (am.) oder **Unnilquadium** Unq (vorläufiges IUPAC-Symbol).

4.9.5 Fünfte Nebengruppe: Vanadium, Niobium, Tantal, Unnilpentium

Das stahlgraue **Vanadium** ist ein korrosionsbeständiges Element, das sich kalt bearbeiten läßt. Ein zäher und harter Spezialstahl mit Namen Ferrovanadin entsteht durch Legieren von gleichen Massenanteilen Eisen und Vanadium. Vanadiumpentoxid V_2O_5 ist ein wichtiger Katalysator, z.B. beim Doppel-Kontakt-Verfahren.

Das dehnbare, gut die Wärme leitende **Niobium** oder Niob dient als korrosionsbeständiges Element zur Herstellung von Sonderstählen und Hartmetallen, die als Schneidewerkzeuge und Schweißstäbe sowie für Pipelines genutzt werden (s. Tab. 4-2 und Tab. 4-3, Abschn. 4.9.4).

Tantal bildet wie Niob, Titan, Zirconium und einige andere Metalle auf seiner Oberfläche eine passive, festhaftende Oxidschicht aus. Neben den Edelmetallen gehört es deshalb zu den korrosionsbeständigsten Metallen (s. Tab. 4-2 und Tab. 4-3, Abschn. 4.9.4). Heiße konzentrierte Schwefelsäure, heiße Alkalilaugen und Flußsäure gehören zu den wenigen Stoffen, die Tantal angreifen. Wegen seiner vergleichbaren Eigenschaften mit Platin wird es an dessen Stelle zur Herstellung von chemischen Geräten (Spatel, Schalen) sowie von chirurgischen und zahnärztlichen Instrumenten eingesetzt. Tantalhaltige Sonderstähle und Hartmetalle braucht man zur Auskleidung von Reaktionskesseln und zum Bau von Kondensatorplatten und Schneidwerkzeugen.

Der Name des künstlichen radioaktiven Elementes Nr. 105 lautet **Nielsbohrium** Ns (russ.), **Hahnium** Ha (am.), oder **Unnilpentium** Unp (vorläufiges IUPAC-Symbol).

4.9.6 Sechste Nebengruppe: Chrom, Molybdän, Wolfram, Unnilhexium

Chrom

Das silberweiße glänzende Chrom hat von allen Gebrauchsmetallen die größte Härte. Es ist sehr korrosionsbeständig, allerdings zerstören verdünnte Salzsäure und Schwefelsäure die passive Oxidschicht, die wiederum in Salpetersäure ausgebildet wird. Chrom findet als Stahlveredler und als Korrosionsschutzmittel in der Galvanotechnik Verwendung. Vor dem Verchromen wird der Gegenstand zunächst mit einer dünnen Nickel-, gelegentlich auch einer Cadmium-Schicht, versehen.

In Verbindungen tritt Chrom meist drei- oder sechswertig auf. In wäßriger Lösung sind Chrom(III)-Verbindungen meist grün gefärbt. Verbindungen wie das violette Kaliumchromsulfat-Dodecahydrat $KCr(SO_4)_2 \cdot 12\ H_2O$ (Chromalaun) werden in der Ledergerberei und als Beizmittel (Chromate) eingesetzt. Chrom(III)-oxid Cr_2O_3 dient zum Grünfärben von Glas und Porzellan. Chromate werden vielfältig verwendet. Sie sind wichtige Oxidationsmittel bei organischen Synthesen, werden zur Herstellung von Chrompigmenten und -gerbstoffen, zum Beizen von Fasern in der Farbstoffindustrie sowie zum Bleichen von Wachsen, Ölen, Fetten und Seifen verwendet. Aus Abwässern dieser Industrien muß das Chrom abgetrennt werden. Durch Ansäuern geht das gelbe Chromat-Ion CrO_4^{2-} in wäßriger Lösung in das orange Dichromat-Ion $Cr_2O_7^{2-}$ über.

$$2\ CrO_4^{2-} + 2\ H_3O^+ \rightleftharpoons Cr_2O_7^{2-} + 3\ H_2O$$

Molybdän ist ein wichtiger Stahlveredler und kann wie Wolfram zur Herstellung von Glühfäden verwendet werden. Molybdänsulfid MoS_2 ist neben Graphit ein wichtiger Festschmierstoff.

Wolfram hat mit 3410 °C den höchsten Schmelzpunkt aller Metalle und wird daher für Glühfäden, Heizleiter oder Raketendüsen verwendet. Es ist ein Stahlveredler und wird zur Herstellung von Widia, einem äußerst harten Sintermaterial aus Wolframcarbid und einem metallischen Bindemittel wie Cobalt, benötigt.

Das künstliche radioaktive Element Nr. 106 heißt vorläufig **Unnilhexium** Unh.

4.9.7 Siebte Nebengruppe: Mangan, Technetium, Rhenium, Unnilseptium

Reines **Mangan** wird nicht verwendet. Das silbergraue, harte und sehr spröde Metall ist in Sonderstählen enthalten wie dem Spiegeleisen (5 bis 20% Mn) oder Ferromangan (30 bis 90% Mn). Für Werkzeuge werden diese Legierungen benötigt. Rosa gefärbt sind Mangan(II)-salze. Mangan(IV)-oxid MnO_2 (Braunstein) wird in Batterien eingesetzt.

Das wichtige, violett gefärbte, starke Oxidationsmittel Kaliumpermanganat $KMnO_4$ wird in der Wasseranalytik und bei volumetrischen Bestimmungen (Permanganometrie) verwendet.

Das radioaktive **Technetium** ist eine Strahlungsquelle in der medizinischen Forschung. Es hat ansonsten keine Bedeutung.

Rhenium dient als Material für Heizdrähte, Schmuckbeschichtungen, Elektroden und Thermoelemente. Mit Thermoelementen aus Rhenium und Wolfram kann man Temperaturen bis 2750 °C messen.

Das künstliche radioaktive Element Nr. 107 besitzt das vorläufige Symbol Uns und den vorläufigen Namen **Unnilseptium.**

4.9.8 Achte Nebengruppe

4.9.8.1 Eisengruppe: Eisen, Cobalt, Nickel

Zur Eisengruppe gehören nicht wie bisher in den Gruppen untereinander stehende Elemente, sondern die in der vierten Periode nebeneinander stehenden Elemente Eisen, Cobalt und Nickel. Sie sind chemisch nahe verwandt und magnetisch.

Eisen

Chemisch reines Eisen ist silberweiß und weich. Es verliert seine in einem Magnetfeld vorhandenen magnetischen Eigenschaften nach Entfernung des Feldes wieder. Im Stahl bleibt dagegen der Magnetismus nach der Magnetisierung erhalten. An trockener Luft sind Eisen und Stahl infolge von Passivierung haltbar, während feuchte Luft unter Bildung von Eisenrost $Fe_2O_3 \cdot x\ H_2O$ das Material stark angreift. Eine Passivierung des Eisens erfolgt in den stark oxidierend wirkenden Säuren konzentrierte Schwefelsäure und konzentrierte Salpetersäure.

Das nach Aluminium mit 4,7% häufigste Metall der Erdkruste ist das wichtigste Gebrauchsmetall. In Hüttenwerken wird in *Hochöfen* zunächst aus Eisenerz, Schrott, dem Reduktionsmittel Koks, Zuschlägen zur Schlackenbildung und Luft *Roheisen,* das noch 4% Kohlenstoff enthält, hergestellt. Das flüssige Roheisen wird aus dem unteren Teil des Hochofens, dem Gestell, von der darüberbefindlichen Schlacke abgetrennt. Durch Abdeckung und Bedüsung mit Stickstoff können die dabei auftretenden enormen Emissionen an eisenoxidhaltigem Qualm um 92,5% reduziert werden. Die geschmolzene Schlackeschicht schützt gleichzeitig das Roheisen vor Oxidation durch eingeblasene, 800 °C heiße Luft (Heißwind), die in einem durch Verbrennung des aus dem Hochofen entweichenden Gichtgases heißen Winderhitzer aufgeheizt wird. Im Bereich der Rast, dort wo durch die Windformen der Heißwind eingeblasen wird, herrschen Temperaturen bis 2000 °C. Koks verbrennt hier zu Kohlendioxid, das aufsteigt und mit Koks gemäß dem Boudouard-Gleichgewicht zu Kohlenmonoxid reagiert: $CO_2 + C \rightleftharpoons 2\ CO$.

Vor allem in dieser heißen Zone zwischen 750 bis 1500 °C bewirkt Koks die *direkte Reduktion der Oxide* zum Eisen.

$$FeO + C \rightarrow Fe + CO$$
$$Fe_3O_4 + 4\,C \rightarrow 3\,Fe + 4\,CO$$
$$Fe_2O_3 + 3\,C \rightarrow 2\,Fe + 3\,CO$$

In der weniger heißen Zone zwischen 400 bis 750 °C im Bereich des Schachtes reduziert Kohlenmonoxid die Oxide zum Eisen.

$$3\,Fe_2O_3 + CO \rightarrow 2\,Fe_3O_4 + CO_2$$
$$Fe_3O_4 + CO \rightarrow 3\,FeO + CO_2$$
$$FeO + CO \rightarrow Fe + CO_2$$

Die nicht eisenhaltigen Bestandteile des Eisenerzes, die Gangart, reagiert mit Zuschlägen zur Schlacke. Kalkstein oder Dolomit werden zugeschlagen, wenn die Gangart saure Bestandteile enthält. Kieselsäure- oder tonerdehaltige Zuschläge wie Feldspat oder Ton werden zugeschlagen, wenn die Gangart kalkhaltig (basisch) ist. Aus Calciumaluminiumsilicaten besteht jeweils die Schlacke, die als Pflastersteinmaterial oder zur Zementherstellung verwendet werden kann.

Von entscheidender Bedeutung ist der Kohlenstoff-Gehalt im Eisen. Im warm schmiedbaren, nicht härtbaren **Schmiedeeisen** beträgt er 0 bis 0,5%, im **Stahl** 0,5 bis 1,7%, der warm schmiedbar und härtbar ist. Nicht schmied- und härtbar ist **Gußeisen** mit $w(C) > 1{,}7\%$.

Stahlerzeugung: Heute wird Stahl zum größten Teil nach dem *Sauerstoffaufblasverfahren (LD-Verfahren),* das um 1950 in Linz-Donawitz entwickelt wurde, hergestellt. Das ältere *Siemens-Martin-Verfahren* wird eine gewisse Bedeutung wegen der Schrottaufarbeitung behalten. Auch das *Elektrostahlverfahren* hat deswegen zunehmende Bedeutung.

Flüssiges Roheisen, Schrott und Kalk werden beim **LD-Verfahren** in einem Konverter mittels durch eine Lanze eingeblasenen Sauerstoffs umgesetzt. Dabei wird Kohlenstoff zu Kohlenmonoxid oxidiert, das aus dem Abgas entfernt werden muß. 1% des Eisens geht in Eisenoxidstaub über, der abgetrennt werden sollte, auch wenn die Emissionen nur 1/10 der des veralteten, kaum noch gebräuchlichen *Thomasverfahrens* betragen. *Der* nun erhaltene *Stahl kann im Walzwerk verarbeitet oder zur Edelstahlerzeugung verwendet werden.* **Edelstähle** enthalten verschiedene Metalle als Legierungsbestandteile. *Nickel* erhöht die Zähigkeit und Dehnbarkeit (Duktilität) des Stahls. *Chrom* erhöht die Härte und Korrosionsbeständigkeit. *V2A-Stahl* enthält 18% Cr, 8% Ni. *Silicium* erhöht die Festigkeit des Stahls. Stahl mit 12% bis 15% Si ist sehr säurebeständig. *Molybdän* verbessert die Dauerstandfestigkeit von Co-Ni-Stahl bei erhöhten Temperaturen. *Wolfram* erhöht die Härte des Cr-Ni-Stahls beträchtlich. *Cobalt* verhindert das Ausglühen von Schneidstählen bei höheren Temperaturen.

Die Edelstahlerzeugung kann auch nach dem **Elektrostahlverfahren** *erfolgen.* In einem elektrischen Lichtbogenofen wird vorwiegend Stahlschrott, eventuell unter Zusatz der Legierungsbestandteile, durch die Strahlungswärme des Lichtbogens geschmolzen. Durch Einblasen von Sauerstoff (Frischen) wird der Kohlenstoff-Gehalt gesenkt. Bei Edelstählen ist die Korrosion durch Rostbildung stark be- oder verhindert, einer der wichtigsten Gründe ihrer Herstellung und Verwendung. Neben der Härtesteigerung durch Zulegieren anderer Stoffe kann diese beim Stahl auch durch rasches Aufheizen und schnelles Abkühlen (Abschrecken) erreicht werden. Stähle mit geringem Kohlenstoff-Gehalt können in 900 bis 930 °C heißen Cyanidbädern (KCN, NaCN, $Ca(CN)_2$) oder nach einer moderneren Methode durch gasförmige Kohlenwasserstoffe aufgekohlt und dadurch oberflächengehärtet werden. Auch durch Gasnitrieren bei 500 bis 560 °C mit Ammoniak, Salzbadnitrieren oder andere chemisch-thermische Verfahren wie Carbonitrieren, Borieren, Sulfonisieren oder Diffusion mit Chrom, Titan oder Vanadium ist Stahl härtbar.

In Verbindungen kommt Eisen bevorzugt zwei- oder dreiwertig vor. Die hellgrün gefärbten Eisen(II)-salze werden leicht zu den beständigen gelben Eisen(III)-Verbindungen oxidiert.

Cobalt

Cobalt, ein stahlgraues, glänzendes, magnetisches Metall, ist an Luft und in Wasser relativ beständig. In der Kälte greifen verdünnte Säuren das unedle Metall kaum an, in der Hitze dagegen sehr. Oxidierend wirkende Säuren lösen Cobalt sehr gut. Es wird überwiegend zur Herstellung von hochtemperaturbeständigen Legierungen, Magnetwerkstoffen, Stahl- und Nichteisenlegierungen verwendet.

Wasserfreies Cobaltchlorid $CoCl_2$ ist blau und wird über violett ($CoCl_2 \cdot 2\,H_2O$) nach pfirsichblütenrot oder rosa ($CoCl_2 \cdot 4\,H_2O$) bei Wasseraufnahme verfärbt. Von daher ist Cobaltchlorid als Indikator dem Trockenmittel Silicagel beigefügt.

Nickel

Das wertvolle, seltene Nickel ist härter als Eisen. Die Festigkeit, Dehnbarkeit und Härte anderer Metalle wird durch Zulegieren von Nickel stark erhöht. Man setzt Nickel zur Herstellung von rostfreiem Stahl und vielen Legierungen ein. *Konstantan* ist eine Kupfer-Nickel-Legierung mit 40% Nickel. *Neusilber,* ein Material für chirurgische Instrumente und kunstgewerbliche Gegenstände, enthält 8 bis 35% Nickel, 15 bis 40% Zink und 45 bis 70% Kupfer. Fein verteiltes Nickel ist ein wichtiger Katalysator für Hydrierungen. In Nickel-Eisen- oder Nickel-Cadmium-Akkumulatoren ist Kalilauge der Elektrolyt.

4.9.8.2 Platinmetalle: Ruthenium, Rhodium, Palladium, Osmium, Iridium, Platin, Unniloctium, Unnilennium

Die der fünften Periode angehörenden Edelmetalle Ruthenium, Rhodium und Palladium werden wegen ihrer Dichten von etwa 12 g/cm^3 leichte Platinmetalle genannt. Die ebenfalls silberweiß bis stahlblau gefärbten Edelmetalle Osmium, Iridium und Platin, Elemente der sechsten Periode, haben fast doppelt so hohe Dichten. Osmium ist das Element mit der höchsten Dichte überhaupt. Neben Ruthenium ist es zudem das einzige Metall, das in Verbindungen achtwertig ist.

Ruthenium, das seltenste Platinmetall, wird in Legierung mit Platin als Katalysator verwendet.

Rhodium dient z. B. zur Herstellung von Katalysatoren (Kontakten), Thermoelementen, Spezialtiegeln, Scheinwerfer-Reflektoren und ebenso wie Ruthenium und Osmium zur Herstellung von Füllfederhaltern.

Palladium dient zur Herstellung von Reinstwasserstoff, da nur die sehr kleinen Wasserstoff-Moleküle durch das Metall diffundieren. Es wird ferner für Katalysatoren verwendet.

Osmium wird für Katalysatoren und Hartmetallwerkstoffe gebraucht.

Iridium ist ebenfalls ein bedeutsamer Katalysator. Es wird für die Herstellung von Heizleiterlegierungen und Thermoelementen eingesetzt.

Platin ist das wichigste und häufigste dieser Edelmetalle. Es wird als Katalysatorenmaterial, z. B. in Kraftfahrzeugen und bei Hydrierungen benötigt. Es ist äußerst korrosionsbeständig und findet oft Verwendung als Material für Elektroden, Tiegel und andere Laborgeräte, aber auch zur Herstellung von Schmuckstücken oder Dental-Goldlegierungen.

Die künstlichen radioaktiven Elemente Nr. 108 und 109 haben die vorläufigen Symbole Uno und Une und die vorläufigen Namen **Unniloctium** und **Unnilennium.**

Tab. 4-4 informiert über einige wertvolle Rohstoffe, die nur begrenzt vorhanden sind, deren Hauptförderländer und -verwendungsbereiche.

Tab. 4-4: Rohstoff-ABC, nach Bundesminister für Wirtschaft.

Rohstoffe	Hauptproduzentenländer	Hauptverwendungsbereiche
Aluminium (Bauxit)	Australien, Guinea, Jamaika, UdSSR, Surinam	Fahrzeugbau, Bauindustrie, Elektroindustrie
Antimon	Bolivien, Rep. Südafrika, VR China, UdSSR, Thailand	Legierungen, Keramik, Chemikalien, Farben und Pharmazeutische Präparate
Arsen	UdSSR, Schweden, Mexiko, Marokko, Philippinen	Schädlingsbekämpfung, Legierungsmetalle
Asbest	UdSSR, Kanada, Rep. Südafrika, Simbabwe	Bauindustrie, Wärmetechnik
Baryt (Schwerspat)	USA, UdSSR, VR China, Peru	Bohrspülungen, Chemieindustrie
Betonit	USA, Deutschland, Italien	Bohrspülungen
Beryllium	USA, UdSSR, Brasilien	Legierungsmetall, Luft- und Raumfahrtindustrie
Bismut	Australien, Mexiko, Peru	Pharmazeutische u. kosmetische Präparate, Maschinenbau
Blei	UdSSR, USA, Australien, Kanada, Peru	Akkumulatoren, Gußerzeugnisse, Farbenindustrie, Kabel
Bor	USA, Türkei, UdSSR	Glasindustrie, Feuerlöschmittel, Seifen- u. Spülmittel

Tab. 4-4: Fortsetzung.

Rohstoffe	Hauptproduzentenländer	Hauptverwendungsbereiche
Brom	USA, Israel, Großbritannien, Frankreich	Chemieindustrie
Cadmium	Kanada, Mexiko, UdSSR, Australien, USA	Galvanisationstechnik, Akkumulatoren, Chemieindustrie
Caesium	Kanada, Simbabwe, Namibia	Luft- u. Raumfahrtindustrie, Elektronikindustrie
Chrom (Chromit)	Rep. Südafrika, UdSSR, Albanien, Philippinen, Simbabwe	Edelstähle, Feuerfestindustrie, Chemieindustrie
Cobalt	Zaire, Sambia, Neukaledonien, UdSSR, Kuba, Kanada, Australien	Hochtemperaturlegierungen, Chemieindustrie Dauermagnetwerkstoffe
Cyanit	Rep. Südafrika, Indien	Feuerfestindustrie
Diamant (Industrie-D.)	Zaire, UdSSR, Rep. Südafrika	Maschinenbau, Transportausrüstungen, Bohrwerkzeuge
Diatomit	USA, UdSSR, Dänemark, Frankreich	Füllmittel, Filter
Edelsteine (Diamant, Smaragd, Rubin usw.)	Rep. Südafrika, UdSSR, Namibia	Schmuckwaren
Eisen	UdSSR, Brasilien, Australien, USA, VR China, Kanada	Eisen- u. Stahlindustrie
Feldspat	USA, Deutschland, UdSSR, Italien	Glasindustrie, Keramik
Flußspat	Mexiko, Rep. Südafrika, UdSSR, VR Mongolei, VR China	Flußmittel in der Hüttenindustrie, Chemieindustrie
Gallium	USA	Elektronikindustrie
Germanium	USA, Zaire, UdSSR	Elektronikindustrie (Halbleiter)
Gips	USA, Kanada, Iran, Frankreich, UdSSR	Bauindustrie
Glimmer	Indien, USA, UdSSR, Madagaskar	Elektro- und Elektronikindustrie
Gold	Rep. Südafrika, UdSSR, Kanada	Schmuckwaren, Elektroindustrie, Münzen
Granat	USA, Indien, Australien, Rep. Südafrika	Luftfahrtindustrie, Schleifmittel
Graphit	UdSSR, VR China, Südkorea, Mexiko, Indien, CSFR, Österreich	Eisen- u. Stahlindustrie, Reaktorindustrie, Feuerfestindustrie, Gummiwaren
Hafnium	USA Australien	Reaktorindustrie
Ilmenit (Titanerz)	Australien, Kanada, Norwegen, Rep. Südafrika, USA, UdSSR	Farben u. Lacke, Papier, Flugzeugbau, Edelstähle
Indium	USA, UdSSR, Kanada, Peru	Elektro- u. Elektronikindustrie, Nuklearindustrie
Iod	Japan, Chile	Katalysatoren, Desinfektionsmittel
Kalisalze	UdSSR, Kanada, Deutschland, USA	Düngemittelindustrie

Tab. 4-4: Fortsetzung.

Rohstoffe	Hauptproduzentenländer	Hauptverwendungsbereiche
Kalk	UdSSR, USA, Polen, Deutschland, Japan	Zuschlagstoff in der Eisen- und Stahlindustrie, Chemieindustrie, Bauindustrie
Kaolin	USA, Großbritannien, UdSSR	Keramik, Papier, Gummiwaren, Farben und Plastikwaren
Korund	UdSSR, Simbabwe	Schleifmittel, Metallverarbeitung
Kupfer	USA, UdSSR, Chile, Kanada, Sambia, Zaire, Peru, Polen	Elektro- u. Bauindustrie, Maschinenbau
Lithium	USA, UdSSR, VR China	Keramik- u. Glaswaren, Reaktorindustrie
Magnesit	VR China, UdSSR, Nordkorea, Brasilien, Australien	Chemieindustrie, Feuerfestindustrie
Magnesium	USA, UdSSR, Norwegen	Leichtmetallindustrie, Chemieindustrie
Mangan	UdSSR, Rep. Südafrika, Brasilien, Gabun, Australien	Stahlveredler, Transportwesen, Maschinenbau
Molybdän	USA, Chile, Kanada, UdSSR	Edelstähle, Transportwesen, Schmiermittel
Nickel	Kanada, UdSSR, Neukaledonien, Australien, Indonesien	Edelstähle, Maschinenbau
Niobium	Brasilien, Kanada, UdSSR	Edelstähle, Fahrzeug- und Maschinenbau
Phosphat	USA, UdSSR, Marokko, VR China	Düngemittelindustrie, Waschmittelherstellung
Platin-Metalle	Rep. Südafrika, UdSSR, Kanada	Elektroindustrie, Fahrzeugbau, Petrochemie, Schmuckwaren
Quarz, hochreiner	Brasilien, USA	Elektronikindustrie
Quarz/Glassand, Quarzit	USA, UdSSR, Benelux, Deutschland	Keramik- und Glaswaren, Chemieindustrie, Füllstoff, Feuerfestmaterial
Quecksilber	UdSSR, Spanien, USA, Algerien	Elektroindustrie, Chemieindustrie, Pharmazeutische Präparate
Rhenium	Chile, USA, Kanada, UdSSR	Katalysatoren
Rubidium	Kanada, Simbabwe, Namibia	Chemieindustrie, Elektronikindustrie
Rutil (Titanerz)	Australien, Sierra Leone, Rep. Südafrika, Sri Lanka	Flugzeugbau, Edelstähle, Farben u. Lacke, Papier
Scandium	UdSSR, Australien	Fast ausschließlich Forschungszwecke
Schwefel	USA, UdSSR, Kanada	Schwefelsäure, Düngemittel, Plastikwaren
Selen	Kanada, USA, Chile, UdSSR, Sambia, Zaire	Elektronikindustrie, Keramik- u. Glaswaren
Seltenmetalle, Seltene Erden	USA, Australien, Indien, Brasilien, VR China, UdSSR	Petrochemie (Katalysatoren), Edelstähle
Silber	UdSSR, Mexiko, Peru, Kanada, USA, Australien, Polen	Film- u. Fotoindustrie, Elektroindustrie, Silberwaren, Münzen

Tab. 4-4: Fortsetzung.

Rohstoffe	Hauptproduzentenländer	Hauptverwendungsbereiche
Silicium	USA, UdSSR, Norwegen, Japan, Frankreich	Eisen- u. Stahlindustrie (Ferrosilicium)
Strontium	Mexiko, Spanien, Türkei, Algerien	Farbfernsehröhren, Feuerwerkskörper, Keramik
Talk	Japan, USA, UdSSR	Papier, Feuerfestindustrie, Gummiwaren
Tantal	Kanada, Brasilien, Australien	Elektronikindustrie, Edelstähle
Tellur	USA, Chile, UdSSR, Sambia, Kanada, Zaire	Edelstähle, NE-Metallbeschichtung, Chemieindustrie
Thallium	USA, Kanada, Mexiko	Elektronikindustrie, Pharmazeutische Präparate
Tone	UdSSR, USA, Frankreich, Kanada, Italien, Großbritannien	Ziegeleien, Keramik, Zementherstellung, Feuerfestindustrie
Vanadium	Rep. Südafrika, UdSSR, USA, VR China, Finnland	Edelstähle, Chemieindustrie
Vermiculit	USA, Rep. Südafrika	Isolierstoffe, Feuerhemmendes Baumaterial
Wolfram	VR China, UdSSR, Kanada, Bolivien, Australien, USA	Edelstähle, Maschinenbau, Glühlampen
Yttrium	Australien, Malaysia, UdSSR, Indien	Farbfernsehröhren, Nuklearindustrie, Keramik
Zink	Kanada, UdSSR, Peru, Australien, USA	Verzinkereien, Messing-Druckguß
Zinn	Malaysia, Thailand, Indonesien, Bolivien, UdSSR, VR China	Weißblechdosen, Transportwesen, Elektroindustrie
Zirconium	Australien, Rep. Südafrika, UdSSR, USA	Gießerei-Formsand, Feuerfestindustrie, Nuklearindustrie

5 Organische Chemie

5.1 Einführung

Der schwedische Gelehrte Berzelius schuf Anfang des vorigen Jahrhunderts – im Jahre 1806 – den Begriff *„Organische Chemie"*. Er nahm an, daß organische Verbindungen nur in lebenden Zellen der Organismen mit Hilfe einer Lebenskraft (*vis vitalis*) synthetisiert werden können, und grenzte sie dadurch von den anorganischen Stoffen ab. Schon kurze Zeit später, im Jahre 1828, gelang es jedoch dem deutschen Chemiker Friedrich Wöhler, zum ersten Mal aus einer anorganischen Verbindung eine organische Substanz, den Harnstoff, zu synthetisieren. Beim Eindampfen einer wäßrigen Ammoniumcyanat-Lösung gewann Wöhler durch eine Umlagerungsreaktion das Diamid der Kohlensäure, Harnstoff.

$$\underset{\text{Ammoniumcyanat}}{NH_4-O-C\equiv N} \rightleftharpoons \underset{\text{Ammoniumisocyanat}}{NH_4-N=C=O} \longrightarrow \underset{\text{Harnstoff}}{H_2N-\overset{}{\underset{\underset{O}{\|}}{C}}-NH_2}$$

Damit war die Hypothese von Berzelius widerlegt. *Heute versteht man unter organischer Chemie die* ***Chemie der Kohlenstoffverbindungen.*** Dabei ordnet man den Kohlenstoff, die Kohlenstoffoxide, die Salze der Kohlensäure, Carbide, Cyanwasserstoff (Blausäure) und Cyanide und wenige andere Verbindungen, wie die Cyansäure, Cyanate, die Isocyansäure und Isocyanate, aufgrund ihrer Eigenschaften den anorganischen Stoffen zu. Neben dem *Kohlenstoff* sind vorwiegend Nichtmetalle, sehr oft *Wasserstoff, Sauerstoff* und weniger häufig *Stickstoff, Schwefel, Phosphor* und die *Halogene* in den organischen Verbindungen enthalten. Mit metallischen Kationen ausgebildete Ionenverbindungen sind relativ selten. Meist handelt es sich dabei um Salze der organischen Säuren.

Es dominiert die Atombindung, d. h. die Stoffe liegen als *Moleküle* vor. Reaktionen dieser Stoffe dauern im Gegensatz z. B. zu Ionen-Kombinationsreaktionen oft recht lange, wenn man die zu explosionsartigem Zerfall oder zur explosionsartigen Verbrennung neigenden u. a. instabile Verbindungen ausklammert. Aufgrund ihres Aufbaus und ihrer Zusammensetzung lassen sich *typische, häufig anzutreffende Eigenschaften* erklären. Es handelt sich oft um elektrisch nichtleitende Stoffe (*Isolatoren*), die leicht brennbar sind. *Schmelzpunkte, Siedepunkte, und Dichten* der flüssigen und festen Substanzen sind im Vergleich zu den anorganischen Stoffen des gleichen Aggregatzustands recht *gering.* Vor allem die reinen Kohlenwasserstoff-Verbindungen sind *hydrophob* (wasserabweisend), die flüssigen schwimmen meist auf Wasser. Kleine Moleküle mit geringer molarer Masse sind gasförmig. Mit zunehmender Molekülgröße und -masse steigen tendenziell Schmelz-, Siedepunkte und Dichten an, so daß die Verbindungen mit größeren Molekülen oft flüssig, die mit sehr großen fest sind. Hergestellt werden die Verbindungen aus Rohstoffen der Natur, wie Stein- und Braunkohle, Erdöl und Erdgas. Diese wertvollen Gemenge werden aufgetrennt, z. B. Erdöl in Raffinerien. Aus den erhaltenen Primärchemikalien können dann die vielfältigen neuen Stoffe, die Endprodukte, synthetisiert werden. Beispiele gibt Tab. 5-1 wieder.

Tab. 5-1: Herstellung von Produkten aus Rohstoffen.

Industriezweig	Rohstoff	Auftrennungsstätte	Primärchemikalien	Endprodukte
Petrochemie	Erdöl	Raffinierie	Alkene	Kunststoffe
Kohlechemie	Kohle	Kokerei	Aromate	Farbstoffe

1987 wurde die *Zahl der chemischen Verbindungen,* deren Zahl sich in etwa 7 Jahren verdoppelt hat, auf *8 Mio* geschätzt. Der überwältigende Teil, *ca. 7,2 Mio,* sind *organische Verbindungen,* Verbindungen eines einzigen Elementes. Diese *Einzigartigkeit des Kohlenstoffs* beruht darauf, daß er wie kein anderes Element in der Lage ist, mit sich selber unter Bildung langkettiger, verzweigter, ringförmiger oder räumlich vernetzter Moleküle zu reagieren (s. Abschn. 5.3). Hinzu kommen die Kombinationen solcher Moleküle und verschiedene Bindungsarten, an denen der Kohlenstoff beteiligt sein kann.

5.2 Einteilung der organischen Verbindungen

Die riesige Zahl organischer Verbindungen kann man aufgrund verschiedener Merkmale unterteilen.

Einteilung nach der Zusammensetzung

- Kohlenwasserstoffe,
- Kohlenwasserstoffe mit Atomen anderer Elemente (Heteroatome).

Einteilung nach der Molekülstruktur

- *Kettenförmige, aliphatische oder acyclische Verbindungen,* deren Grundgerüst aus einfachen C-Ketten oder aus C-Ketten mit Seitenketten besteht.
- *Ringförmige oder cyclische Verbindungen,* die man wieder aufgrund der Zusammensetzung unterteilen kann in *Carbocyclen,* die nur C-Atome im Ring besitzen und *Heterocyclen,* bei denen Fremdatome am Ringaufbau beteiligt sind. Die Cyclen lassen sich in *alicyclische oder cycloaliphatische Verbindungen* und Verbindungen mit besonderem Bindungstyp, sog. *Aromate,* unterteilen.

Beispiele: Aliphatische (acyclische) Verbindungen:

−C−C−C−C−C−

Normale, gerade Kette

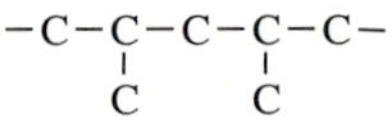

Verzweigte Kette

Cyclische Verbindungen:

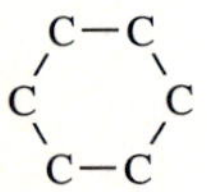

Carbocyclische cycloaliphatische (alicyclische) Verbindung

(Robinsonformel)

oder:

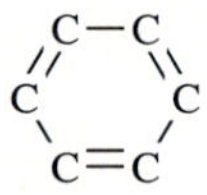

(Kekuléformel)

Carbocyclische aromatische Verbindung

Heterocyclische Verbindungen:

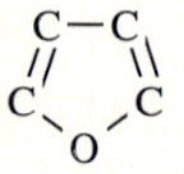

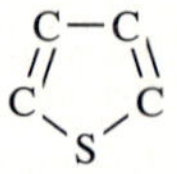

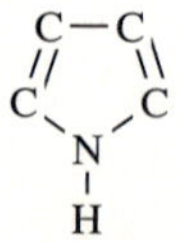

Einen *komplexen Aufbau* mit großen Molekülen besitzen *viele Naturstoffe* wie Eiweiße und Kohlenhydrate sowie einige der aus riesigen Molekülen aufgebauten *Kunststoffe.*

Einteilung nach funktionellen Gruppen

In vielen Molekülen sind Atomgruppen vorhanden, die in besonderer, herausragender Weise für die Eigenschaften der Verbindung verantwortlich sind. Solche Gruppen verleihen der Verbindung z. B. ein typisches Reaktionsverhalten, eine besondere *Funktion.* Man nennt sie daher **funktionelle Gruppen.** An ihnen orientiert sich auch die Benennung (Nomenklatur). Beispiele sind in Tab. 5-2 aufgeführt.

Tab. 5-2: Beispiele für funktionelle Gruppen und ihre Nomenklatur.

Gruppe	Name
$-OH$	Hydroxy
$>C=O$	Carbonyl
$-C(=O)-O-H$	Carboxy
$-NO_2$	Nitro
$-NO$	Nitroso
$-NH_2$	Amino
$-NH$	Imino
$-N=N-$	Azo
$\equiv N$	Nitrilo
$-SO_3H$	Sulfo
$-S-$	Thio
$-Cl$	Chlor

Verbindungen mit gleicher funktioneller Gruppe faßt man zu *Verbindungsklassen* zusammen.

5.3 Kohlenstoffatombindungen

Jedes C-Atom kann vier Atombindungen ausbilden. Vor dem Eingehen einer Verbindung wird bei jedem C-Atom die Elektronenkonfiguration in der 2. Schale unter Energieaufnahme verändert. Zunächst wird ein Elektron aus dem 2s-Orbital in das leere 2p-Orbital überführt.

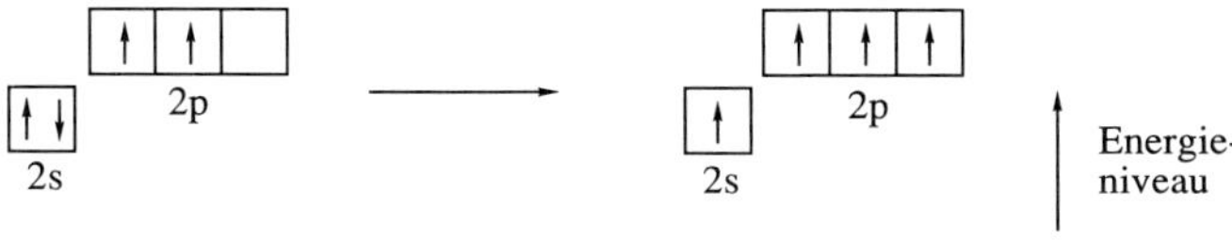

Grundzustand angeregter Zustand

Durch Bildung sog. *Hybridorbitale,* die infolge Durchdringung des s-Orbitals mit einem, zwei oder drei p-Orbitalen entstehen, erreicht der Kohlenstoff die Vierbindigkeit. Die Form dieser Hybridorbitale liegt zwischen der des kugelförmigen s-Orbitals und der der hantelförmigen p-Orbitale.

5.3.1 Einfachbindung

Beim Eingehen einer Einfachbindung liegt der Kohlenstoff im *tetraedrischen Bindungszustand* vor. *Vier gleichartige sp^3-Hybridorbitale* sind entstanden, die sich tetraederförmig im Raum anordnen. Sie weisen in die Ecken einer dreiseitigen Pyramide. Vier gleichartige Bindungen, sog. *Sigma-(σ-)Bindungen,* können nun mit vier anderen Atomen eingegangen werden.

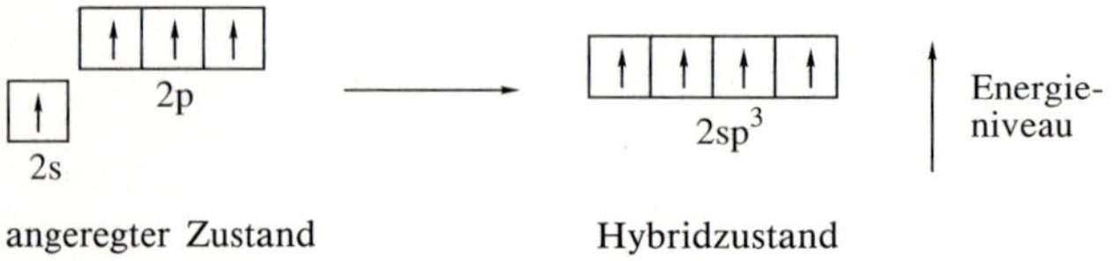

Verbinden sich zwei C-Atome durch eine Einfachbindung, wird eine Bindungsenergie von 347 kJ/mol frei. Die Bindungslänge beträgt 154 pm (1 pm = 10^{-12} m), der Bindungswinkel 109° 28′. Um die Bindungsachse, längs derer die stabile, durch starke Überlappung entstandene σ-Bindung konzentriert ist, können Teile des Moleküls rotieren, es besteht die sog. *freie Drehbarkeit.*

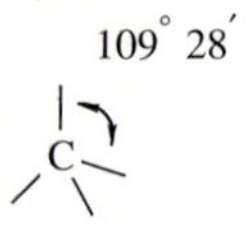

5.3.2 Doppelbindung (Zweifachbindung)

Beim Eingehen einer Doppelbindung liegt der Kohlenstoff im *trigonalen Bindungszustand* vor. *Drei gleichartige sp^2-Hybridorbitale* sind entstanden, die sich trigonal, d.h. dreieckig in einer Ebene anordnen. Ein p-Orbital hat an der Hybridisierung nicht teilgenommen. Drei gleichartige σ-Bindungen und eine quer zur Bindungsachse konzentrierte Pi-(π-)Bindung können mit drei anderen Atomen eingegangen werden.

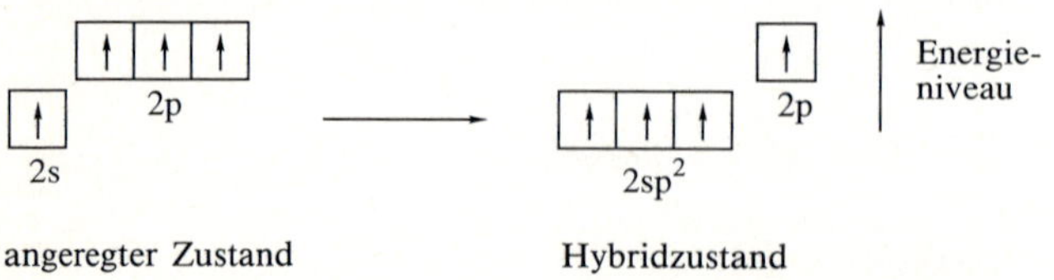

Verbinden sich 2 C-Atome durch eine Doppelbindung, wird nur eine Bindungsenergie von 607 kJ/mol und nicht $2 \cdot 347$ kJ/mol = 694 kJ/mol frei. Die Ursache liegt in der durch schwächere Überlappung der beiden p-Orbitale quer zur Bindungsachse entstandenen π-Bindung. Somit ist nur eine geringe Dissoziationsenergie zur Aufspaltung dieser π-Bindung erforderlich, wodurch sich die Reaktionsfreudigkeit solcher Verbindungen erklärt.

Die Bindungslänge beträgt 133,4 pm, der Bindungswinkel zwischen den Hybrid-Orbitalen 120°.

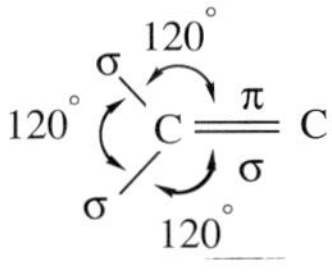

5.3.3 Dreifachbindung

Beim Eingehen einer Dreifachbindung liegt der Kohlenstoff im *digonalen Bindungszustand* vor. *Zwei gleichartige sp-Hybridorbitale* sind entstanden, die sich digonal, d.h. längs einer Achse anordnen. Zwei p-Orbitale haben an der Hybridisierung nicht teilgenommen. Zwei gleichartige σ-Bindungen und zwei π-Bindungen können mit zwei anderen Atomen eingegangen werden.

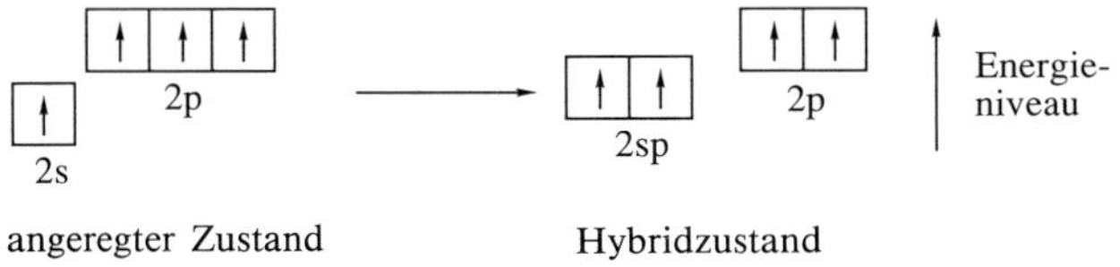

Verbinden sich zwei C-Atome durch eine Dreifachbindung, beträgt die freiwerdende Bindungsenergie nur 803 kJ/mol und nicht $3 \cdot 347 = 1041$ kJ/mol, da hier zwei π-Bindungen zwischen den beiden C-Atomen ausgebildet werden. Verbindungen mit Dreifachbindung reagieren sehr leicht mit anderen Stoffen unter Ausbildung einer Doppel- oder Einfachbindung. Die Bindungslänge beträgt 120 pm, der Bindungswinkel zwischen den Hybridorbitalen 180°.

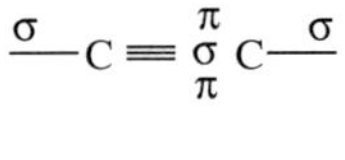

5.3.4 Aromatische Bindung

Verbinden sich 6 C-Atome mit trigonalem Bindungszustand cyclisch, entsteht ein *besonders stabiles, ebenes Molekül.* Längs der Ebene sind die C-Atome durch σ-Bindungen mit den beiden Nachbar-Kohlenstoff-Atomen verknüpft. Die quer zur Ebene orientierten p-Orbitale jedes Atoms überlappen oberhalb und unterhalb der Ebene und bilden *cyclische π-Orbitale, in denen sich die 6, jetzt delokalisierten Elektronen* aus den ehemaligen p-Orbitalen *befinden*. Diese *Delokalisierung* stellt einen sehr stabilen Zustand dar, was an der freiwerdenden Delokalisierungsenergie von 150,5 kJ/mol erkennbar ist.

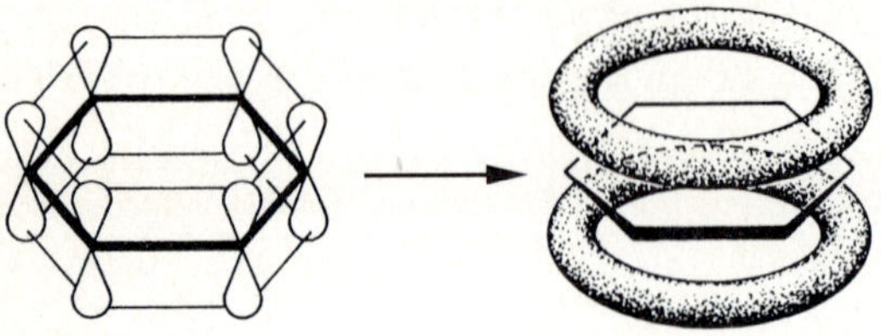

Haben die 6 C-Atome ihre Restbindung mit Wasserstoff ausgebildet, entsteht das symmetrische Benzol- oder Benzenmolekül.

Das cyclische π-Orbital der aromatischen Bindung wird gemäß der Formel von Robinson mit einem Kreis gekennzeichnet.

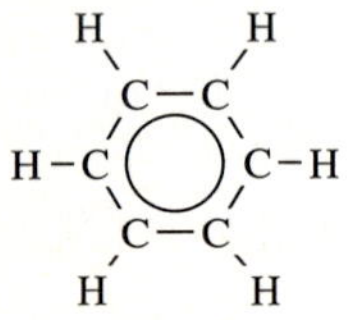

oder kurz:

Benzol

(Benzen)

Die Bindungslänge zwischen 2 C-Atomen beträgt 139,7 pm.

Verbindungen mit Doppel-, Dreifach- oder aromatischer Bindung werden als *ungesättigte Verbindungen* bezeichnet, weil in diesen Verbindungen nicht alle Bindungen des Kohlenstoffs mit sich selber oder mit anderen Atomen durch Einfachbindungen abgesättigt sind.

5.4 Grundtypen von Reaktionen

Reaktionen organischer Verbindungen laufen oftmals recht langsam und unter Bildung von Nebenprodukten ab.

Dies gilt vor allem für Reaktionen verschiedener organischer Verbindungen untereinander. Dagegen können einige Reaktionen mit anorganischen Stoffen, wie Verbrennungen mit Sauerstoff oder Reaktionen mit Metallen der 1. und 2. Hauptgruppe und mit Halogenen, auch sehr heftig, ja explosionsartig verlaufen.

5.4.1 Substitution

Bei der Substitution oder Substitutionsreaktion werden Atome der Atomgruppen durch andere Atome oder Atomgruppen ersetzt. Dieser Reaktionstyp ist vorherrschend bei den gesättigten, stabilen Verbindungen mit Einfachbindung, wie den Alkanen oder den stabilen Aromaten.

Beispiele:

$$CH_4 + Cl_2 \longrightarrow CH_3Cl + HCl$$

Methan — Monochlormethan

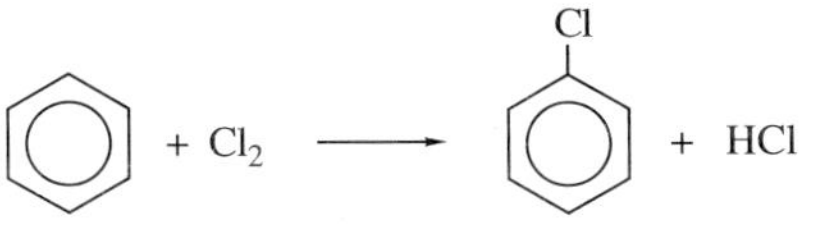

Benzol — Chlorbenzol

5.4.2 Addition

Unter Aufhebung der π-Bindung können Teilchen mit dem Ausgangsstoff unter Verbindungsbildung reagieren. Eine solche Reaktion wird Additionsreaktion oder kurz Addition genannt. Sie tritt sehr häufig bei ungesättigten Verbindungen mit Doppel- oder Dreifachbindungen auf. Weniger häufig ist sie bei aromatischen Verbindungen zu beobachten, da hierbei der aromatische Zustand aufgehoben werden muß. Dies ist aufgrund seiner hohen energetischen Stabilität recht schwierig.

Beispiele:

Hydrierung von Ethen und Ethin:

$$H{-}C{\equiv}C{-}H + H_2 \rightarrow H_2C{=}CH_2$$

Ethin (Acetylen) — Ethen (Ethylen)

$$H_2C{=}CH_2 + H_2 \rightarrow H_3C{-}CH_3$$

Ethen (Ethylen) — Ethan

5.4.3 Eliminierung

Die Eliminierungsreaktion oder kurz Eliminierung stellt die Umkehrreaktion der Addition dar. Aus dem Molekül werden Teilchen, oft kleine Moleküle, entfernt. Werden Wassermoleküle entfernt, nennt man solche Reaktionen Dehydratisierungen.

Beispiele:

$$\underset{\text{Ethanol}}{C_2H_5OH} \xrightarrow[H_2SO_4]{\text{konzentrierte}} \underset{\text{Ethen}}{C_2H_4} + H_2O$$

$$\underset{\substack{\text{Methansäure}\\\text{(Ameisensäure)}}}{HCOOH} \xrightarrow[H_2SO_4]{\text{konzentrierte}} \underset{\text{Kohlenmonoxid}}{CO} + H_2O$$

5.4.4 Umlagerung

Bei Umlagerungsreaktionen oder Umlagerungen kommt es innerhalb des Moleküls zu Veränderungen der Bindungen und der Lage der Bindungspartner. Ein Beispiel ist die Harnstoffsynthese nach Wöhler. Verlagern sich Wasserstoff-Atome im Molekül unter Verschiebung einer Doppelbindung, spricht man von *Tautomerie.*

Beispiel:

Keto-Enol-Tautomerie bei Alkanonen

Ketoform Enolform

R : organische Restatomgruppen

5.5 Rohstoffe Erdöl, Erdgas, Kohle

5.5.1 Erdöl

Im Laufe von Jahrmillionen ist durch Veränderungen in der Erdkruste abgestorbenes Meeresplankton in größere Tiefen geraten. Durch anaerobe Abbauprozesse, hohe Temperaturen und hohen Druck sind daraus Erdöl und als leichterflüchtige Bestandteile Erdgas entstanden. Erdöl besteht vorwiegend aus gesättigten aliphatischen oder cyclischen Kohlenwasserstoffen (Alkane, Cycloalkane) und enthält in geringerem Maße ungesättigte Verbindungen, Verbindungen mit Heteroatomen und gelöste Gase. Diese *Erdölgase* werden oft schon nach der Förderung vor dem Transport abgetrennt. Statt diese Gase abzufackeln, sollte man sie besser, z.B. als Energieträger oder zur Kraftstoffgewinnung, nutzen. Die Aufarbeitung des Erd- oder Rohöls erfolgt in *Raffinerien,* wo das Erdöl von Verunreinigungen, z.B. Schwefel-Verbindungen, befreit und durch Destillation aufgetrennt wird. Nach bestimmten Siedebereichen erhält man einzelne *Fraktionen*, die dann weiter aufgearbeitet werden können.

Die niedrig siedenden Bestandteile bis zu Siedepunkten um 100 °C bilden das **Leichtbenzin**, das vorwiegend Kohlenwasserstoffe mit 5 bis 7 Kohlenstoff-Atomen enthält (z. B. Pentan, Hexan, Heptan). Durch *Cracken* (Spaltung) werden ungesättigte Kohlenwasserstoffe (Alkene, Olefine) aus dieser Fraktion gewonnen. Diese benötigt man z. B. zur Herstellung von Kunststoffen (Polyethen u. a.). Bestandteile mit Siedepunkten von 100 °C bis 180 °C bilden die **Schwerbenzinfraktion**. Darin sind vorwiegend Kohlenwasserstoffe mit 7 bis 10 Kohlenstoff-Atomen (z. B. Octane und Nonane) enthalten. Diese Fraktion dient mit zur Herstellung von Fahrzeugbenzin. Nur Verbindungen die gleich- und regelmäßig im Zylinder eines Motors verbrennen, führen nicht zu einem Leistungsabfall und zu einer Schädigung des Motors. Bei raschen, explosions- und stoßartigen Verbrennungen, die man als Klopfen des Motors bezeichnet, ist dies nicht der Fall. Normalheptan wäre eine solche Verbindung. Sie hat die Octanzahl 0. Anders verhält es sich mit einem der Octan-Isomere, dem 2,2,4-Trimethyl-pentan. Diese Verbindung ist klopffest und hat somit die gewünschten Eigenschaften. Von dieser Substanz ist der Begriff der **Octanzahl** abgeleitet. Als weitere Vergleichssubstanz erhält sie die Octanzahl 100. Zusätze, wie das früher in jedem Fahrzeugbenzin enthaltene toxische *Bleitetraethyl*, können die Klopffestigkeit verbessern. Im bleifreien Benzin ist es durch *Methyltertiärbutylether* ersetzt worden. Der Nachweis von Bleitetraethyl gelingt mit Kaliumchlorat(V) und konzentrierter Salzsäure.

$$K\overset{+V}{Cl}O_3 + 6\,H\overset{-I}{Cl} \rightarrow 3\,\overset{\pm 0}{Cl}_2 + KCl + 3\,H_2O$$

Das entstandene Chlor reagiert mit dem Bleitetraethyl unter Bildung von Blei(IV)-chlorid, das eine milchige Trübung im Kraftstoff hervorruft.

$$\underset{\text{Bleitetraethyl}}{Pb(C_2H_5)_4} + 4\,Cl_2 \rightarrow PbCl_4\downarrow + \underset{\text{Ethylchlorid}}{4\,C_2H_5Cl}$$

Die zulässige Höchstmenge in bleihaltigem Benzin beträgt gemäß dem *Benzin-Bleigesetz* β(Pb) = 0,15 g/L, was einer emittierten Blei-Menge von 3000 t/a bei uns entspricht. Auch bleifreies Benzin darf maximal β(Pb) = 0,013 g/L nach DIN 51607 enthalten. Um Pb- und PbO_2-Abscheidungen im Motor zu vermeiden, enthält bleihaltiger Kraftstoff zudem cancerogenes 1,2-Dibromethan, das mit Blei zu Blei(IV)-bromid reagiert. An der Luft entstehen daraus PbO, PbO_2 und $PbCO_3$. Bei unvollständiger Benzinverbrennung, z. B. während des Startes, entweicht aber ebenfalls Bleitetraethyl, das durch UV-Strahlen in auch für Pflanzen hochtoxisches, wasserlösliches Bleitriethyl umgewandelt wird.

Die Siedefraktion zwischen 180 °C und 255 °C wird **Petroleum** genannt. Petroleum enthält Kohlenwasserstoffe mit 10 bis 15 Kohlenstoff-Atomen. Zusammen mit leichtem Gasöl wird es für Dieseltreibstoff verwendet.

Gasöl, die Fraktion mit dem Siedebereich von 255 °C bis 350 °C wird unterteilt in leichtes Gasöl (Siedebereich bis 290 °C) und schweres Gasöl. Während das schwere Gasöl als hochwertiges Heizöl verwendet wird, wird das leichte Gasöl, zusammen mit Schwerbenzin und Petroleum, zu Kerosin, dem Flugzeugturbinenkraftstoff, gemischt.

Die letzte Fraktion, das **Schmieröl**, mit dem Siedebereich 350 °C bis 500 °C wird durch Vakuumdestillation vom **Rückstand Bitumen** (Asphalt) abgetrennt. Es wird für vielfältige Zwecke verwendet, z. B. als Motoren-, Getriebe-, Maschinenöl oder schweres Heizöl für Kraftwerke.

Bitumen wird im Straßenbau, Bautenschutz und zur Herstellung von Dachpappe benötigt. Ein Teil der Fraktionen wird weiter in petrochemischen Betrieben in *Primärchemikalien* zerlegt, aus denen dann *Produkte*, wie Farben, Lacke, Kunststoffe, Lösungsmittel, Waschmittel, Pestizide, Sprengstoffe, Kunstfasern, Synthesekautschuk, hergestellt werden. Man sieht daran, daß der nicht erneuerbare Rohstoff Erdöl eigentlich viel zu kostbar ist, um ihn einfach zu verbrennen.

5.5.2 Erdgas

Erdgas kommt in der Natur sehr oft zusammen mit Erdöl vor. Der Hauptbestandteil bis 98% ist Methan CH_4, darüber hinaus sind Ethan C_2H_6, Stickstoff, Kohlendioxid, Schwefelwasserstoff u. a. enthalten. Es kann als Energieträger, zur Gewinnung von Dieselkraftstoff, Kerosin und Gasöl oder als wichtiger Chemierohstoff eingesetzt werden.

5.5.3 Kohle

Kohle wurde wie folgt gebildet: Abgestorbene Pflanzen gelangten durch tektonische Veränderungen, d. h. Veränderungen in der Erdkruste, in tiefere Erdschichten. Durch mikrobielle Zersetzung unter Luftabschluß, einem Prozeß, der *Inkohlung* genannt wird, entstand in Jahrmillionen über die Vorstufe Torf Kohle. Die meist im Tagebau geförderte Braunkohle ist etwa 40 Mio Jahre alt, während die meist im Untertagebau geförderte Steinkohle des Carbonzeitalters ca. 300 Mio Jahre alt ist. Wegen des höheren Kohlenstoff-Gehaltes von 75 bis 95% hat Steinkohle einen höheren Heizwert (32700 bis 35700 kJ/kg) als Braunkohle (s. Tab.3-1, Abschn. 3.3.4).

Die Veredelung der Kohle gliedert sich in drei Bereiche. Bei der thermischen *Kohleveredelung*, dem Erhitzen ohne Luftzutritt, unterscheidet man die bei 550 °C bis 600 °C ablaufende *Schwelung* der Braunkohle und die bei 1000 °C bis 1200 °C ablaufende *Verkokung* der Steinkohle. Bei der Schwelung erhält man Schwelgase, phenolhaltiges Schwelwasser, Braunkohlenteer und als festen Rückstand Koks. Bei der Verkokung fallen wasserstoff- und methanhaltiges Rohgas (Kokereigas), phenolhaltiges Verkokungswasser, Rohteer (Steinkohlenteer) und Koks an. Der Steinkohlenteer enthält ca. 10000 vorwiegend aromatische und hetercyclische Verbindungen, von denen bisher erst 500 isoliert und nachgewiesen worden sind. Durch fraktionierte Destillation dieser wertvollen Rohstoffquelle erhält man als Kohlenwertstoffe Öle, die für Farbstoffsynthesen und viele Zwecke mehr von Bedeutung sind, sowie Pech, das als Straßenteer oder Bautenschutzmittel verwendet werden kann.

Bei der *Kohleverflüssigung* (Kohlehydrierung, Kohleverölung) wird nach dem *Bergius-Verfahren* Kohle mit Wasserstoff umgesetzt, gecrackt und hydriert, so daß flüssige Kohlenwasserstoffe (Benzine) entstehen. Diese werden auch gebildet, wenn das Synthesegas aus Kohlenmonoxid und Wasserstoff nach dem *Fischer-Tropsch-Verfahren* umgesetzt wird. Bei der *Kohlevergasung* unterscheidet man 3 Umsetzungen. Wird Kohle mit Luft bei Temperaturen von über 850 °C umgesetzt, entsteht Generatorgas (Kohlenmonoxid und Stickstoff), mit dem Verkokungskammern geheizt werden können. Mit Wasser reagiert Kohle zu Synthesegas (Kohlenmonoxid und Wasserstoff), aus dem Methanol, Ammoniak und Benzine hergestellt werden können. Bei einem neuen Verfahren, der hydrierenden Vergasung, wird Kohle mit Wasserstoff unter Druck umgesetzt. Als Hauptprodukt entsteht Methan. Dieses Gas wird als synthetisches Erdgas oder SNG (*synthetic natural gas*) bezeichnet. Im Rahmen der Brikettierung wird Kohlenstaub zu Briketts gepreßt.

5.6 Verbindungsklassen

5.6.1 Kohlenwasserstoffe

Eine Vielzahl organischer Verbindungen enthält neben Kohlenstoff-Atomen nur Wasserstoff-Atome. Man nennt diese aliphatischen oder cyclischen Verbindungen Kohlenwasserstoffe.

5.6.1.1 Aliphatische Kohlenwasserstoffe

Alkane

Die Alkane sind die einfachste Klasse der Kohlenwasserstoffe. Es sind gesättigte lineare oder verzweigte Verbindungen, die nur Einfachbindungen enthalten. Wenn man von der leichten Brennbarkeit absieht, zeigen die Alkane oft ein geringes Reaktionsvermögen (Affinität) gegenüber anderen Verbindungen. Deshalb nennt man sie auch *Paraffine* (*parum affinis* geringe Affinität). *Die allgemeine Summenformel dieser homologen Reihe lautet* C_nH_{2n+2}. Einfachster Vertreter ist das gasförmige Methan, Hauptbestandteil von Erd- und Faulgas. Die nächsten Alkane sind ebenfalls gasförmig.
In Tab. 5-3 sind neben der Summenformel die Strukturformel und die Halbstrukturformel angegeben, die eine vereinfachte Strukturformel darstellt.

Tab. 5-3: Summen- und Strukturformel der ersten Alkane.

Name	Summenformel	Halbstrukturformel	Strukturformel
Methan	CH_4	CH_4	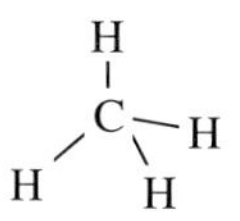
Ethan	C_2H_6	$H_3C - CH_3$	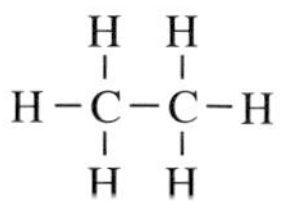

Tab. 5-3: Fortsetzung.

Name	Summenformel	Halbstrukturformel	Strukturformel
Propan	C_3H_8	$H_3C - CH_2 - CH_3$	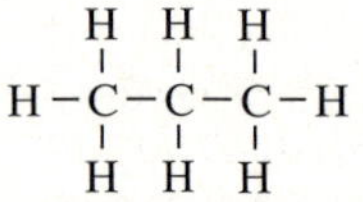
n-Butan	C_4H_{10}	$H_3C - CH_2 - CH_2 - CH_3$	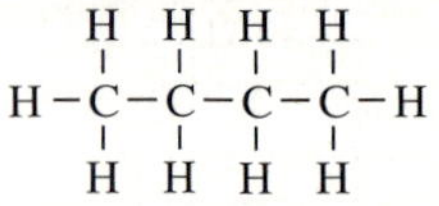
i-Butan	C_4H_{10}	$H_3C - CH(CH_3) - CH_3$	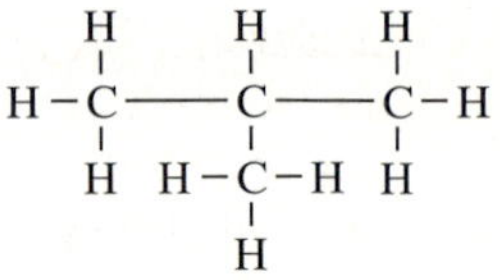

Beim Butan stellt man fest, daß es zwei Verbindungen mit gleicher Summen- aber unterschiedlicher Strukturformel gibt. Eine solche Erscheinung, daß zwei oder mehrere Verbindungen die gleiche Summenformel, aber einen unterschiedlichen Aufbau, eine unterschiedliche Struktur besitzen, bezeichnet man als **Strukturisomerie**. Die beiden Isomere des Butans sind das normale, geradkettige *n*-Butan und das verzweigte Isobutan, kurz *i*-Butan genannt.

Die Zahl der möglichen Isomere der Alkane steigt mit zunehmender Kohlenstoff-Atomzahl schnell an, wie Tab. 5-4 zeigt.

Tab. 5-4: Zahl der möglichen Isomeren bei Alkanen.

C-Zahl der Alkane	Zahl der möglichen Isomere
C_4	2
C_5	3
C_6	5
C_7	9
C_8	18
C_9	35
C_{10}	75
C_{15}	4347
C_{20}	366319
C_{25}	36797588
C_{40}	62491178805831

An diesen Beispielen erkennt man, daß selbst die riesige Zahl von 7,2 Mio organischen Verbindungen erst einen winzigen Teil der möglichen Stoffe darstellt.

In Genf wurden 1892 erstmals Regeln zur Benennung organischer Verbindungen aufgestellt. Die Regeln dieser **Genfer Nomenklatur (IUPAC-Nomenklatur)** lassen sich auf alle anderen Verbindungen übertragen. Die Anfangssilben oder Wortstämme der Namen tauchen in anderen Verbindungsklassen wieder auf, nur die Endung lautet anders. Alkane tragen die Endung -an. Die ersten vier Vertreter besitzen Trivialnamen. Vom 5. Glied an werden griechische oder lateinische Zahlwörter als Anfangssilben verwendet. Die Normalverbindung wird durch den Buchstaben n- gekennzeichnet. Bei verzweigten Verbindungen sind folgende Regeln zu beachten:

- Die Hauptkette, d.h. die längste vorhandene C-Kette, verleiht den Grundnamen.
- Die Hauptkette ist so zu numerieren, daß die Seitenketten kleinstmögliche Ziffern besitzen.
- Die Namen der Seitenketten werden von den Alkanen abgeleitet und erhalten die Endung -yl. Sie werden Alkylgruppen genannt.
- Die Stellung der Seitenkette wird durch die Ziffer des C-Atoms der Hauptkette und den Alkylnamen gekennzeichnet. Bei mehreren gleichartigen Seitenketten oder Substituenten werden die Vorsilben di-, tri-, tetra-, penta- usw. verwendet. Wenn Verzweigungen in der Seitenkette benannt werden müssen, werden auch die C-Atome der Seitenkette numeriert und der Name der Seitenkette in Klammern gesetzt. Die Seitenketten werden in alphabetischer Reihenfolge unter Berücksichtigung der vervielfachenden Vorsilben dem Grundnamen vorangestellt.

Beispiele:

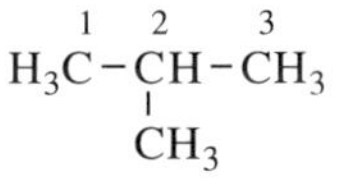

2-Methyl-propan
(*i*-Butan)

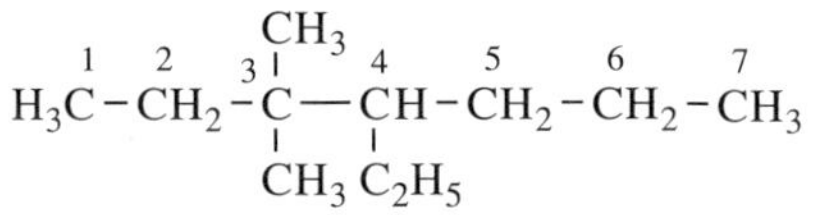

3,3-Dimethyl-4-ethyl-heptan

Die Isomere besitzen unterschiedliche physikalische (und auch chemische) Eigenschaften, wie man am Beispiel der 3 Pentan-Isomere erkennt (Tab. 5-5).

Tab. 5-5: Physikalische Eigenschaften der Pentan-Isomere.

Name	Halbstrukturformel	Schmp. (°C)	Sdp. (°C)
n-Pentan	$H_3C-CH_2-CH_2-CH_2-CH_3$	–130	36
2-Methyl-butan (*i*-Pentan)	$H_3C-CH-CH_2-CH_3$ $\quad\;\;\; \vert$ $\quad\;\; CH_3$	–159	28
2,2-Dimethyl-propan (Neopentan)	$\quad\;\; CH_3$ $\quad\;\;\; \vert$ $H_3C-C-CH_3$ $\quad\;\;\; \vert$ $\quad\;\; CH_3$	–20	9,5

Die weiteren Normalverbindungen sind bis zum *n*-Heptadecan $C_{17}H_{36}$ flüssig und darüber hinaus fest. Die Dichten sind kleiner als die des Wassers.

n-Heptan C_7H_{16} besitzt als Vergleichssubstanz die Octanzahl 0, eines der Octan-Isomere, 2,2,4-Trimethyl-pentan, die Octanzahl 100.

n-Heptan $H_3C-CH_2-CH_2-CH_2-CH_2-CH_2-CH_3$

n-Octan $H_3C-CH_2-CH_2-CH_2-CH_2-CH_2-CH_2-CH_3$

2,2,4-Trimethyl-pentan 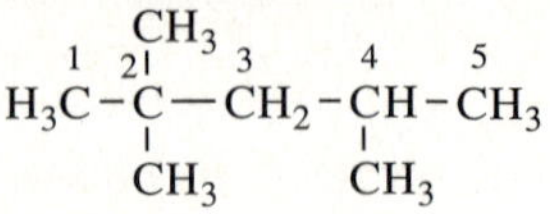

Alkane verbrennen unter Bildung von Kohlendioxid und Wasser.

Beispiel: $CH_4 + 2\,O_2 \rightarrow CO_2 + 2\,H_2O$

Reaktionen unter Addition sind bei Alkanen aufgrund ihres gesättigten Charakters nicht möglich. Vorherrschend sind *Substitutionsreaktionen.* Propan und Butan finden als Flüssiggas Verwendung, da sie sich unter Druck leicht verflüssigen lassen. Die flüssigen Alkane sind Bestandteile der Kraftstoffe, die höheren, vor allem festen Paraffine sind Grundmassen zur Herstellung von Kerzen, Bohnerwachs, Schuhcremes und Waschrohstoffen.

Methan ist Ausgangsstoff zur Synthese vielfältiger Produkte, z. B. der Halogen-Kohlenwasserstoffe.

Alkene

Alkene oder *Olefine* sind aliphatische Kohlenwasserstoffe mit einer Doppelbindung im Molekül. *Die Glieder der homologen Reihe besitzen die allgemeine Summenformel* $\boldsymbol{C_nH_{2n}}$. Wichtigster Vertreter ist Ethen C_2H_4.

Durch Dehydratisierung von Ethanol kann es in Gegenwart von Schwefelsäure, konz. Salpetersäure oder Aluminium(III)-oxid gewonnen werden.

$$\underset{\text{Ethanol}}{H_3C-CH_2-OH} \rightarrow \underset{\text{Ethen}}{H_2C=CH_2} + H_2O$$

Aufgrund der unterschiedlichen Lage der Doppelbindung, die durch die kleinste Ziffer der C-Atome gekennzeichnet wird, gibt es noch mehr mögliche Isomere als bei den Alkanen. So gibt es bereits 3 Buten-Isomere.

$\overset{4}{H_3C}-\overset{3}{CH_2}-\overset{2}{CH}=\overset{1}{CH_2}$ 1-Buten

$\overset{1}{H_3C}-\overset{2}{CH}=\overset{3}{CH}-\overset{4}{CH_3}$ 2-Buten

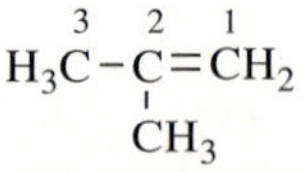

2-Methyl-propen

In Gegenwart der Hydrierungskatalysatoren Platin und Palladium können Alkene leicht zu Alkanen reagieren.

Beispiel: $H_2C=CH_2 + H_2 \rightarrow H_3C-CH_3$

Die Halogene Fluor, Chlor und Brom werden sehr leicht an Doppelbindungen addiert, Iod ist dagegen etwas reaktionsträger.

Beispiel:

$$H_2C{=}CH_2 + Br_2 \longrightarrow \underset{Br\ \ \ Br}{H_2C{-}CH_2}$$

1,2-Dibromethan

Die Halogenderivate sind ölige Flüssigkeiten, weshalb die Alkene auch als Olefine (Ölbildner) bezeichnet werden. Ethen, mit dem Trivialnamen Ethylen, sowie Propen (Propylen) C_3H_6 sind die Ausgangsprodukte zur Herstellung der polymeren Kunststoffe Polyethylen (PE) und Polypropylen (PP). Aus den niederen Alkenen werden vielfältige Zwischen- und Endprodukte hergestellt.

Alkine

Noch reaktionsfreudiger als die entsprechenden Alkene sind die aliphatischen Kohlenwasserstoffe mit einer Dreifachbindung, die Alkine. *Ihre allgemeine Summenformel lautet* C_nH_{2n-2}. Wichtigste Verbindung dieser Klasse ist Ethin, dessen Trivialname Acetylen lautet. Da es sich leicht explosionsartig zersetzt und reagiert, wird es in gelb gekennzeichneten Druckgasflaschen mit speziellem Bügelverschluß aufbewahrt. Bei der Verbrennung mit Sauerstoff werden Temperaturen bis 2700 °C erreicht. Deshalb wird Ethin zum Schweißen verwendet. Man kann es durch Reaktion von Calciumcarbid mit Wasser erzeugen.

$$CaC_2 + 2\,H_2O \rightarrow \underset{\text{Ethin}}{HC{\equiv}CH} + Ca(OH)_2$$

Ethin ist Ausgangsprodukt vieler Synthesen, z. B. der sog. Reppe-Synthesen. Eine dieser Synthesen ist die Vinylierung. Durch Addition von HCl erhält man das cancerogene gasförmige Vinylchlorid, Ausgangsprodukt zur Herstellung von Polyvinylchlorid (PVC).

$$HC{\equiv}CH + HCl \rightarrow H_2C{=}CHCl$$

Chlorethen
(Vinylchlorid)

Durch Addition von HCN erhält man das hochtoxische Vinylcyanid, besser bekannt unter dem Trivialnamen Acrylnitril.

$$HC{\equiv}CH + HCN \rightarrow H_2C{=}CH{-}C{\equiv}N$$

Cyanethen
(Vinylcyanid,
Acrylnitril)

Aus Acrylnitril wird die Kunstfaser Polyacryl hergestellt.

5.6.1.2 Cyclische Kohlenwasserstoffe

Cycloalkane

Die Cycloalkane sind gesättigte ringförmige Alkane, die bezüglich der chemischen Eigenschaften ein ähnliches Reaktionsverhalten wie die kettenförmigen Alkane aufweisen. *Die allgemeine Summenformel lautet* $\boldsymbol{C_nH_{2n}}$. Cyclopropan C_3H_6 und Cyclobutan C_4H_8 sind gasförmig. Die wichtigste Verbindung ist Cyclohexan C_6H_{12}. Es findet als Lösungsmittel Verwendung, dient zur Herstellung von Adipinsäure, die man zur Nylonherstellung benötigt, und ist Ausgangsprodukt für Hexachlorcyclohexan ($C_6H_6Cl_6$), von dem das γ-Isomere als Pestizid unter dem Namen Lindan bekannt ist.

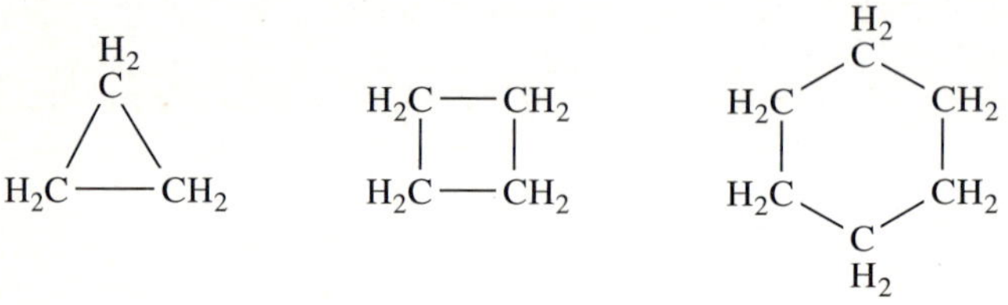

Cyclopropan Cyclobutan Cyclohexan

Aromatische Kohlenwasserstoffe

Im Gegensatz zu den aliphatischen und cycloaliphatischen Kohlenwasserstoffen sind die aromatischen Kohlenwasserstoffe und deren *Abkömmlinge (Derivate)* oft stark toxisch. Viele Verbindungen sind giftig und cancerogen, wie die Ausgangssubstanz dieser Klasse, Benzol. *Neuerdings* verwendet man richtigerweise wegen des ungesättigten Charakters für diese Vertreter auch die *Endung* ***-en***, da die Endung -ol für Hydroxy-Verbindungen verwendet wird, die hier nicht vorliegen. Doch sind die Trivialnamen so gebräuchlich und die neuen Bezeichnungen noch nicht so bekannt, so daß die älteren Namen auch hier noch weiterhin verwendet werden. Benzol (Benzen) kann z. B. aus Kokereigas oder Steinkohlenteerleichtöl gewonnen werden. Es ist die in größter Menge aus Kohlenwertstoffen und Erdölprodukten gewonnene Verbindung. Benzen ist der Ausgangsstoff zur Synthese einer Vielzahl von Zwischenprodukten, die dann zu Endprodukten weiter umgesetzt werden. Durch Hydrierung, die eine der seltenen Additionsreaktionen darstellt, erhält man Cyclohexan,

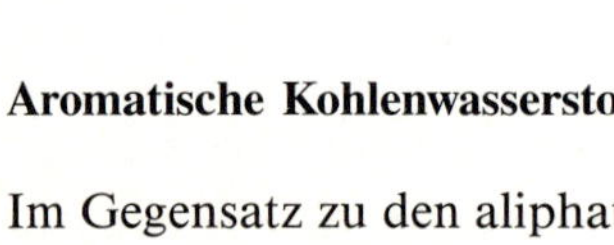

durch Nitrierung mit Nitriersäure (konz. HNO_3 und konz. H_2SO_4) Nitrobenzol, das wiederum zu Anilin $C_6H_5\text{-}NH_2$, einem wichtigen Ausgangsprodukt zur Farbstoffherstellung, umgesetzt werden kann,

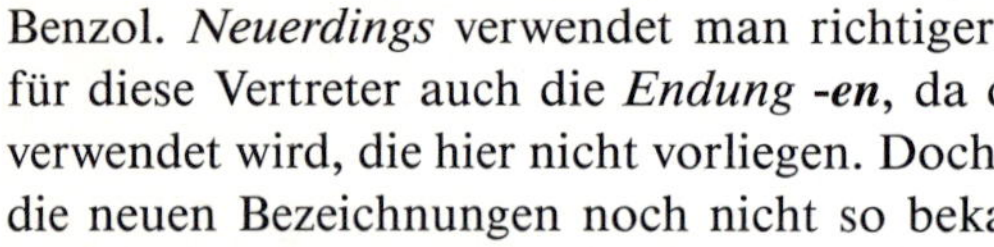

durch Chlorierung Chlorbenzol,

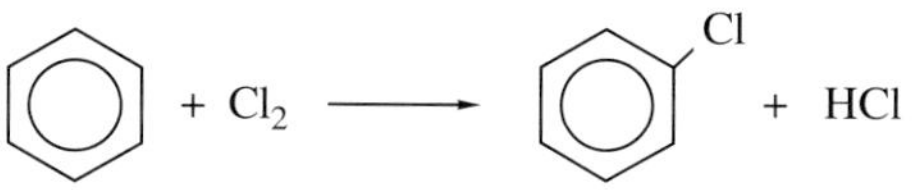

und durch Alkylierung nach Friedel-Crafts Alkylbenzole, z. B. Ethylbenzol.

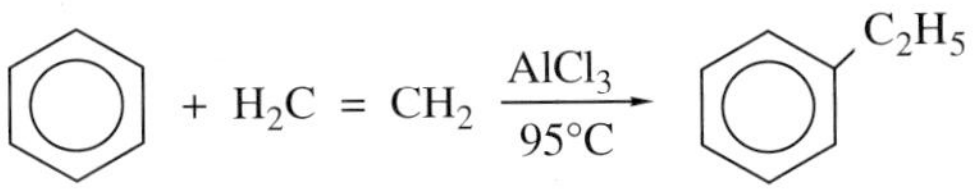

Neben Toluol und Xylolen ist Benzol in Ottokraftstoffen enthalten, allerdings in geringeren Anteilen von ca. 3 bis 5%. Diese Aromaten erhöhen die Octanzahl. Verbleites Benzin enthält oft höhere Benzol-Anteile als unverbleites.

Methylbenzol, Toluol (Toluen) C_6H_5-CH_3 ist ein wichtiges Lösungsmittel und dient u. a. zur Herstellung des Sicherheitssprengstoffs Trinitrotoluol (TNT).

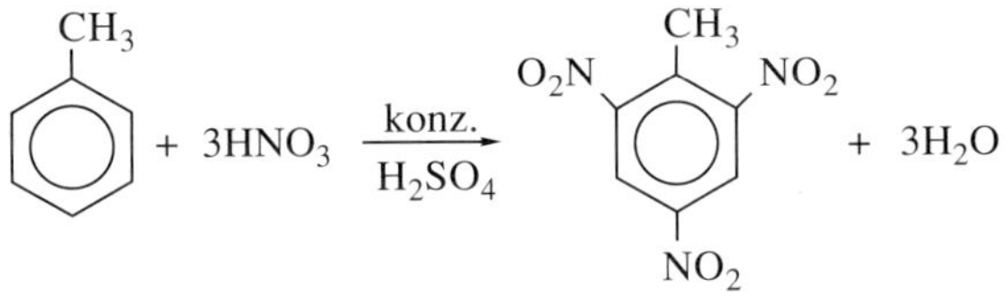

Dimethylbenzol oder Xylol existiert in Form von 3 Isomeren.

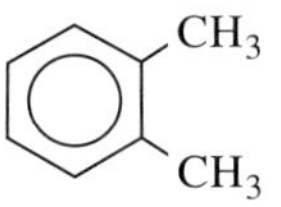

ortho-Xylol
(*o*-Xylol)

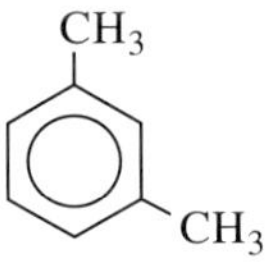

meta-Xylol
(*m*-Xylol)

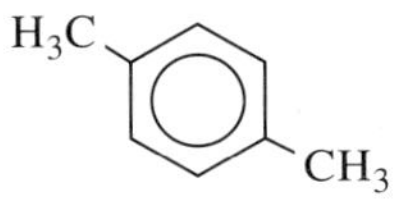

para-Xylol
(*p*-Xylol)

Xylole sind wichtige Lösungsmittel für Lacke, insbesondere Kunstharzlacke.

Die „Lösungsbenzole" der Lackindustrie sind benzolfrei und enthalten neben Xylol, Isopropylbenzol (Cumol) und Naphtalinöl. *o*-Xylol wird durch Oxidation in Phthalsäureanhydrid, *p*-Xylol in Terephthalsäure überführt, die beide wichtige Zwischenprodukte darstellen.

Die kondensiert aromatischen Verbindungen wie

Naphthalin $C_{10}H_8$

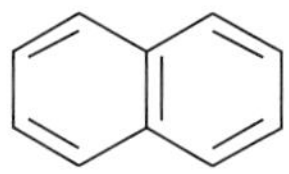

(Kekuléformel)

oder

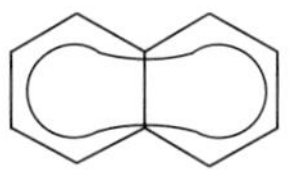

(Robinsonformel)

und Anthracen $C_{14}H_{10}$

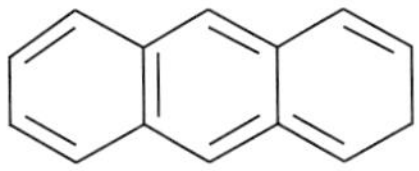

(Kekuléformel)

oder

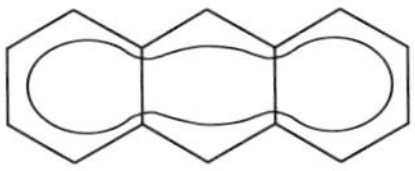

(Robinsonformel)

sind wichtige Ausgangsprodukte für Farbstoffsynthesen.

5.6.2 Halogenkohlenwasserstoffe (HKW)

Durch Chlorierung von Methan kann man 4 Produkte erhalten. Zunächst entsteht das gasförmige Monochlormethan (Methylchlorid) CH_3Cl und dann die als Lösungsmittel, z.B. für Fette und Öle, verwendeten Substanzen Dichlormethan (Methylenchlorid) CH_2Cl_2, Trichlormethan (Chloroform) $CHCl_3$ und Tetrachlormethan (Tetrachlorkohlenstoff, Tetra) CCl_4. *Die Dichten dieser Flüssigkeiten sind größer als die von Wasser.* Dies gilt für fast alle flüssigen halogenierten Kohlenwasserstoffe. Fluor-chlor-alkane (Frigene), z.B. Dichlor-difluor-methan CCl_2F_2, werden als Treibmittel in Spraydosen, zum Verschäumen von Kunststoffen (ab 1. 1. 1991 verboten) und als Kältemittel, z.B. in Kühlschränken (nur noch bis 31. 12. 1991 in Großanlagen und bis 31. 12. 1994 in Haushaltskühlgeräten erlaubt), verwendet. Um 95% weniger ozonschädlich als CCl_2F_2 ist Chlordifluormethan $CHClF_2$. Da man oft allgemein sagen kann, daß eine Verbindung *unbrennbar* ist, wenn sie 2 oder mehr Halogen-Atome im Molekül besitzt, können Fluorchlor-alkane auch als Feuerlöschmittel (Halonlöscher) verwendet werden, allerdings nur noch bis 31. 12. 1995 in stationären Anlagen. Bis 1995 wird die FCKW-Verwendung in Deutschland vollständig verboten werden. Von den ungesättigten Halogenkohlenwasserstoffen (HKW) hat das gasförmige, cancerogene Vinylchlorid $H_2C{=}CHCl$ die größte Bedeutung, weil es zur Synthese des Kunststoffes Polyvinylchlorid (PVC) dient.

Weitere ausgezeichnete Lösungsmittel für Fette sind die ebenfalls cancerogenverdächtigen Flüssigkeiten Trichlorethen (Trichlorethylen, Tri) $ClHC{=}CCl_2$, Tetrachlorethen (Perchlorethylen, Per) $Cl_2C{=}CCl_2$, 1,2-Dichlorethan $ClH_2C{-}CH_2Cl$ und 1,2-Dichlorpropan $ClH_2C\text{-}CHCl\text{-}CH_3$. Tetrafluorethen $F_2C{=}CF_2$ dient zur Herstellung des temperaturbeständigen Kunststoffes Polytetrafluorethylen (PTFE, Teflon). 1,3-Dichlorpropen $ClHC{=}CH{-}CH_2Cl$, 1,3-Dichlorpropan und einige cyclische HKW sind Pestizide, wie Hexachlorcyclohexan (HCH), Dichlorphenol (DCP), Pentachlorphenol (PCP) oder das Mottenbekämpfungsmittel p-Dichlorbenzol.

5.6.3 Hydroxy-Verbindungen

Diese Verbindungen sind keine reinen, unpolaren Kohlenwasserstoffe mehr, sondern besitzen aufgrund der funktionellen Hydroxy-Gruppe -OH einen stärker polaren Charakter. Wichtigste Vertreter der aliphatischen Hydroxy-Verbindungen sind die Alkanole, wichtigste Vertreter der cyclischen Hydroxy-Verbindungen die Phenole.

5.6.3.1 Alkohole

Alkohole sind Stoffe, bei denen ein oder mehrere H-Atome einer aliphatischen oder cycloaliphatischen Verbindung durch eine oder mehrere Hydroxy-Gruppen ersetzt worden sind. *Die einwertigen Alkanole besitzen eine OH-Gruppe im Molekül.* Alkanole sind Derivate der Alkane. Die normalen Verbindungen dieser Klasse sind *primäre Alkohole, bei denen die -OH-Gruppe mit einem C-Atom verknüpft ist, das nur mit einem weiteren*

C-Atom verbunden ist. Bei sekundären Alkoholen sitzt die -OH-Gruppe stets an einem C-Atom, das mit 2 anderen verbunden ist und bei den tertiären Alkoholen ist dieses C-Atom gar mit 3 weiteren C-Atomen verbunden (Tab. 5-6).

Tab. 5-6: Überblick über die niederen einwertigen Alkanole.

Name	Halbstrukturformel	Verwendung
Methanol	H_3C-OH	Lösungsmittel, Formaldehydsynthese
Ethanol	H_3C-CH_2-OH	Genußmittel, Herstellung von Zwischenprodukten
1-Propanol (*n*-Propanol)	$H_3C-CH_2-CH_2-OH$	Lösungsmittel
2-Propanol (*i*-Propanol)	$H_3\overset{1}{C}-\overset{2}{C}H-OH$ $^{3}CH_3$	Lösungsmittel, Herstellung von Aceton
1-Butanol (*n*-Butanol)	$H_3C-CH_2-CH_2-CH_2-OH$	Lösungsmittel, z.B. für Lacke, Herstellung von Estern
2-Methyl-1-propanol (*i*-Butanol)	$H_3\overset{3}{C}-\overset{2}{C}H-\overset{1}{C}H_2-OH$ CH_3	Lösungsmittel, z.B. für Lacke, Herstellung von Estern und *i*-Buten
1-Methyl-1-propanol (*sek.* Butanol)	$H_3C-CH_2-\overset{1}{C}H-OH$ CH_3	Lösungsmittel, Zwischenprodukt
2-Methyl-2-propanol (*tert.* Butanol)	CH_3 $H_3\overset{1}{C}-\overset{2}{C}-OH$ $^{3}CH_3$	Lösungsmittel
1-Pentanol (*n*-Pentanol, *n*-Amylalkohol)	$H_3C-CH_2-CH_2-CH_2-CH_2-OH$	Lösungsmittel, Herstellung von Fruchtestern

Die Wasserlöslichkeit nimmt mit steigender Größe des Kohlenwasserstoffrestes ab. Die festen Alkohole, wie die Fettalkohole, sind unpolar und damit hydrophob.

Das giftige Methanol ist der einfachste Vertreter dieser Klasse. Es kann, in größeren Mengen aufgenommen, zur Erblindung führen und ist trotz dieser Gefahr ein Alternativ-Kraftstoff zu Benzin. Eine bessere Alternative ist aber zukünftig Wasserstoff oder derzeit Ethanol, das aus natürlichen Substanzen durch Gärungsprozesse gewonnen werden kann. Ethanol, das nicht für Genußzwecke verwendet werden soll (Spiritus) ist mit Vergällungsmitteln, wie Pyridin, Aceton und Methanol, versetzt, wodurch es ungenießbar wird. Ethanol für Genußzwecke wird durch *alkoholische Gärung* gewonnen. Dabei werden Kohlenhydrate durch Biokatalysatoren (Enzyme) der Hefe wie Zymase in Ethanol und Kohlendioxid umgewandelt.

$$\underset{\substack{\text{Glucose} \\ \text{(Traubenzucker)}}}{C_6H_{12}O_6} \xrightarrow[\text{(Hefe)}]{\text{Enzyme (Zymase)}} 2\ C_2H_5OH + 2\ CO_2$$

Cancerogenes Dichlorpropanol war in einigen Gewürz- und Sojasaucen enthalten, da einige Hersteller versuchten, den Gärungsprozeß durch Salzsäurezugabe zu beschleunigen, was die Dichlorpropanol-Bildung bewirkte.

Die mehrwertigen Alkanole besitzen mindestens zwei -OH-Gruppen im Molekül. Das zweiwertige 1,2-Ethandiol (Glykol) ist ebenfalls gut wasserlöslich, schwerlöslich dagegen in Ether, Benzol und Benzin. Es erniedrigt, wie auch Methanol, den Gefrierpunkt des Wassers und wird von daher als Gefrierschutzmittel verwendet. Es ist ferner Ausgangsprodukt zur Herstellung von Polyestern. Ein Verwandter, das Diethylenglykol $HO-CH_2-CH_2-O-CH_2-CH_2-OH$ ist vor einigen Jahren in größeren Mengen österreichischem Wein zugesetzt worden, da es auch einen süßlichen Geschmack besitzt wie viele mehrwertige Alkohole.

1,2,3-Propantriol (Glycerin) $HO-CH_2-CHOH-CH_2-OH$ kann durch hydrolytische Spaltung von Fetten und fetten Ölen gewonnen werden. Glycerin hat vielfältige Verwendung. In der Kunststoff- und Lackindustrie wird es zur Herstellung von Harzen verwendet. Die Tabakindustrie benötigt Glycerin zum Verhindern der Austrocknung, da Glycerin hygroskopisch ist. Zur Herstellung kosmetischer Erzeugnisse braucht man es. Ferner dient es zur Herstellung des Sprengstoffes Glycerintrinitrat (Nitroglycerin), der im Dynamit enthalten ist.

$$\begin{array}{llcl}
H_2C-OH & HO-NO_2 & & H_2C-O-NO_2 \\
\quad | & & & \quad | \\
HC-OH\ + & HO-NO_2 & \xrightarrow[0\,^{\circ}C]{H_2SO_4} & HC-O-NO_2 + 3\,H_2O \\
\quad | & & & \quad | \\
H_2C-OH & HO-NO_2 & & H_2C-O-NO_2 \\
 & & & \text{Glycerintrinitrat}
\end{array}$$

Der sechswertige feste Alkohol Hexit (Sorbit) wird als Diabetikerzucker verwendet.

5.6.3.2 Aromatische Hydroxy-Verbindungen (Phenole)

Die aromatischen Hydroxy-Verbindungen sind nach dem wichtigsten Vertreter, dem Hydroxybenzol oder Phenol C_6H_5-OH benannt. Sie enthalten eine oder mehrere -OH-Gruppen, die am aromatischen Ring je ein H-Atom ersetzt haben.

Das giftige Phenol kann auf der Haut schwere Verbrennungen verursachen und durch die Haut resorbiert werden. Bakterien aller Art werden getötet. Deshalb kann es, wie auch die 3 isomeren Methylphenole oder Kresole H_3C-C_6H_4-OH, als Desinfektionsmittel verwendet werden. Kresole dienen wegen ihrer fäulnisschützenden Wirkung zum Imprägnieren von Holz. Die Hauptverwendung von Phenol liegt aber auf dem Gebiet der Synthese. Sprengmittel, Farb- und Gerbstoffe, Pestizide, sowie insbesondere Kunststoffe, wie die duroplastischen Phenol-Formaldehyd-Harze (Phenoplaste), Polyamide oder Polycarbonate, werden aus oder durch Phenol hergestellt.

5.6.4 Ether

Bei den Ethern sind zwei gleiche oder verschiedene Kohlenwasserstoffgruppen (R) über eine Sauerstoffbrücke miteinander verbunden: R-O-R. Die ersten beiden Anfangsglieder Dimethylether und Methyl-ethyl-ether sind gasförmig. Die wichtigsten flüssigen Ether sind farblose, leicht brennbare Flüssigkeiten mit charakteristischem, etherartigem Geruch. Sie besitzen niedrige Siedepunkte und damit eine hohe Flüchtigkeit. Ihre Dämpfe bilden mit Luft explosive Gemenge. Der wichtigste Ether ist Diethylether H_5C_2-O-C_2H_5, dessen Siedepunkt 34,5 °C und dessen Dichte 0,741 g/mL beträgt. Beim Umgang mit Ethern ist an die Gefahr der Bildung hochexplosiver Etherperoxide zu denken. Die Peroxid-Bildung wird durch Luft und Licht begünstigt. Daher werden Ether in braunen Flaschen und möglichst kühl aufbewahrt. Eine Entfernung der Etherperoxide ist durch Schütteln mit einer konzentrierten Eisen(II)-sulfat-Lösung möglich. Ein Nachweis der Peroxide erfolgt durch Schütteln mit KI-Lösung. Je nach Peroxid-Menge tritt Gelb- bis Braunfärbung auf. Stärkezusatz erhöht die Empfindlichkeit. Mit schwefelsäurehaltiger Titanylsulfat-Lösung (5 g $TiO(SO_4)_2$ in 100 mL H_2O + 3 mL konz. H_2SO_4) reagieren Etherperoxide unter Gelbfärbung. Diethylether ist, wie andere Ether auch, ein wichtiges Lösungsmittel und wird darüber hinaus als Extraktions- und Narkosemittel eingesetzt.

5.6.5 Aldehyde

Aldehyde sind Verbindungen mit einer einbindigen Gruppe $-\overset{H}{\overset{|}{C}}=O$. Die Aldehyd-Gruppe enthält die Carbonyl-Gruppe $>C=O$. Da man durch Dehydrierung von primären Alkoholen diese Stoffe gewinnen kann, hat man sie als Aldehyde (***Al***kohol ***dehyd***rogenatus) bezeichnet. Wichtigste Vertreter sind die Alkan-Aldehyde oder kurz *Alkanale* genannt. Methanal oder Formaldehyd H-CHO ist gasförmig und steht im Verdacht, cancerogen zu sein. Es besitzt einen stechenden Geruch. Die wäßrige Lösung heißt Formalin. Methanal oder Formalin werden als Desinfektionsmittel, als Konservierungsmittel in Kosmetika und Körperpflegemitteln und zur Kunstharzherstellung verwendet. Harnstoff-Formaldehyd-Harze werden zur Aminoplast-Herstellung, als Bindemittel für Spanplatten und zur Verschäumung von Hohlräumen zwecks Isolation von Häusern eingesetzt. Mit Phenol entstehen Phenoplaste. Durch Ausdünstung aus Spanplatten und Schäumen kann es in Innenräumen zur Anreicherung von Methanal kommen. Der empfohlene Grenzwert des Bundesgesundheitsministeriums liegt bei 0,1 ppm. Das flüssige Ethanal oder Acetaldehyd kann durch Reduktion von Ethanol mit Kaliumdichromat gewonnen werden.

$$3\,H_3C-\overset{-I}{C}H_2-OH + K_2\overset{+VI}{Cr_2}O_7 + 4\,H_2SO_4 \longrightarrow 3\,H_3C-\overset{+I}{C}{\genfrac{}{}{0pt}{}{\diagup O}{\diagdown H}} + K_2SO_4 + \overset{+III}{Cr_2}(SO_4)_3 + 7\,H_2O$$

Ethanal ist Zwischenprodukt für Synthesen. Ethansäure (Essigsäure), Ethanol oder der feste Brennstoff Metaldehyd $(H_3C-CHO)_4$ (Hartspiritus) können aus Ethanal hergestellt werden. Wichtigster aromatischer Aldehyd ist der nach bitteren Mandeln riechende Benzaldehyd C_6H_5-CHO, der für Farbstoffsynthesen benötigt wird. Aldehyde können durch Oxidation weiter zu Carbonsäuren reagieren (s. Abschn. 5.6.7).

5.6.6 Ketone

Diese Verbindungen enthalten die Carbonyl-Gruppe, die stets mit 2 C-Atomen verbunden ist: $-\overset{|}{\underset{|}{C}}-\underset{\underset{O}{\|}}{C}-\overset{|}{\underset{|}{C}}-$. Der einfachste Vertreter der gesättigten aliphatischen Ketone, der *Alkanone*, Propanon (Aceton), ist gleichzeitig der wichtigste Vertreter dieser Klasse. Durch Reduktion sekundärer Alkohole können Ketone hergestellt werden, beispielsweise Aceton aus 2-Propanol.

$$3\ H_3C-\underset{\underset{OH}{|}}{\overset{0}{C}}H-CH_3 + K_2\overset{+VI}{Cr_2}O_7 + 4\ H_2SO_4 \longrightarrow 3\ H_3C-\underset{\underset{O}{\|}}{\overset{+II}{C}}-CH_3 + K_2SO_4 + \overset{+III}{Cr_2}(SO_4)_3 + 7\ H_2O$$

Eine Weiteroxidation wie bei den Aldehyden ist bei den Ketonen nicht möglich. Auf vielen Gebieten findet Aceton als Lösungsmittel Verwendung. Früher war es Hauptbestandteil der Nagellackentferner. Dazu ist es Ausgangsprodukt bei der Synthese mehrerer Verbindungen, z. B. von Methacrylsäureester.

5.6.7 Carbonsäuren

Einige der organischen Säuren werden als Carbonsäuren bezeichnet. Als funktionelle Gruppe enthalten sie die Carboxy-Gruppe $-C\begin{smallmatrix}\nearrow O \\ \searrow OH\end{smallmatrix}$, deren Wasserstoff dissoziierbar und für den sauren Charakter verantwortlich ist.

$$R-COOH \rightleftharpoons \underset{\text{Carboxylat-Ion}}{R-COO^-} + H^+$$

Sie sind schwächere Säuren als die Mineralsäuren. Die wichtigste Gruppe ist die der einwertigen Alkancarbonsäuren (Alkansäuren) oder Alkanmonosäuren.

Die zweiwertige Kohlensäure H_2CO_3 kann man auch zu den organischen Säuren zählen, da von ihr eine Reihe interessanter und wichtiger organischer Verbindungen, wie das toxische Dichlorid Phosgen $COCl_2$, das Diamid Harnstoff $H_2N-CO-NH_2$ oder die Ester des Monoamids, die Urethane $H_2N-COOR$ abgeleitet werden. Die Alkansäuren entstehen aus den primären Alkoholen durch Oxidation über die Zwischenstufe der Aldehyde.

$$\underset{\text{Primärer Alkohol}}{R-CH_2-OH} \longrightarrow \underset{\text{Aldehyd}}{R-C\begin{smallmatrix}\nearrow O \\ \searrow H\end{smallmatrix}} \longrightarrow \underset{\text{Alkansäure}}{R-C\begin{smallmatrix}\nearrow O \\ \searrow OH\end{smallmatrix}}$$

R Wasserstoff oder gesättigter, d. h. nur Einfachbindungen enthaltender Kohlenwasserstoff-Rest.

Stärkste Alkansäure ist die *Methansäure (Ameisensäure) HCOOH.* Sie wird zur Desinfektion und Konservierung von Fruchtsäften, zur Textilfärberei, als Lösungsmittel für die Acetylcellulose-Erzeugung sowie als Gerbereihilfsmittel in der Lederindustrie eingesetzt. Ihre Salze heißen Methanate oder Formiate. Die wichtigste Säure ist die *Ethansäure (Essigsäure)* CH_3COOH. Eisessig ist Ethansäure mit Massenanteilen über 98%, da diese unterhalb von 16,5 °C zu eisartigen Kristallen erstarrt. Der Genußessig hat einen Gehalt von w = 5 bis 15% und kann aus Essigessenz (w = 50 bis 80%) durch Verdünnen hergestellt werden. Mit Hilfe von Essigbakterien kann Ethanol, das z. B. im Wein enthalten ist, durch Gärung zu Essigsäure oxidiert werden.

$$H_3C-CH_2-OH + O_2 \rightarrow H_3C-COOH + H_2O$$

Auch bei der trockenen Destillation von Holz fällt bis zu 10% Ethansäure an. Der größte Teil des Bedarfs an Ethansäure wird jedoch durch Oxidation von Ethanal gedeckt. Sie ist Ausgangs- und Zwischenprodukt vieler Synthesen, z. B. zur Herstellung von Vinylacetat, das als Kunststoff und Klebstoff verwendet wird. Ein Derivat ist 2,4-Dichlorphenoxyessigsäure

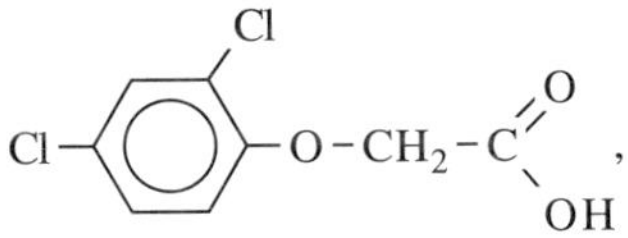

, ein Wuchsstoffherbizid.

Einige Acetate, die Salze der Essigsäure, finden ebenfalls als Pestizide und in der Färberei Verwendung. Trichloressigsäure, ebenfalls Bestandteil von Herbiziden, ist möglicherweise eine wichtige Ursache des Waldsterbens, da sie im Boden auch durch Oxidation chlorierter Kohlenwasserstoffe entstehen kann.

Propansäure oder Propionsäure H_3C-CH_2-COOH findet wie die aromatische, feste *Benzoesäure* C_6H_5-COOH in der Lebensmittelkonservierung Verwendung.

Butan- oder Buttersäure $H_3C-CH_2-CH_2-COOH$ kommt in kleinen Mengen als Ester in der Butter vor. Sie ist eine ölige Flüssigkeit mit unangenehmem „ranzigem" Geruch. Die Monoalkensäure 2-Methyl-2-Propensäure (Methacrylsäure) ist von Bedeutung für die Herstellung von Polymethylmethacrylat (PMMA, Plexiglas). Die höheren Carbonsäuren mit 10 bis 20 C-Atomen in der Kette sind unpolar, hydrophob und fest. Sie werden *Fettsäuren* genannt. In natürlichen Fetten und Ölen kommen allerdings merkwürdigerweise nur unverzweigte Carbonsäuren mit gerader Anzahl von C-Atomen vor. Wichtige gesättigte Fettsäuren sind *Hexadecansäure (Palmitinsäure)* $C_{15}H_{31}-COOH$ und *Octadecansäure (Stearinsäure)* $C_{17}H_{35}-COOH$. Ein wichtiger Rohstoff zur Kerzenherstellung ist ein Gemenge beider Säuren, das Stearin. Durch Umsetzung von Fettsäuren mit Laugen entstehen **Seifen**, die Alkalisalze der Fettsäuren (s. Abschn. 5.6.9). Daher nennt man solche Reaktionen *Verseifungen.* Mit Natronlauge erhält man Natriumseifen, Schmierseifen stellt man aus Kalilauge und ungesättigten Fettsäuren, die Doppelbindungen im Kohlenwasserstoff-Rest enthalten, her. Ihr wichtigster Vertreter ist *9-Octadecensäure (Ölsäure)* $C_{17}H_{33}-COOH$, die flüssig ist wie andere ungesättigte Fettsäuren auch.

Diese können durch Hydrierung in die festen gesättigten Fettsäuren überführt werden. Hydriert man die flüssigen Öle zu festen Fetten, spricht man von der *Fetthärtung.*

5.6.8 Ester

Durch Reaktion einer Säure mit einem Alkohol entsteht ein Stoff aus der Verbindungsklasse der Ester. Bei dieser Reaktion wird Wasser abgespalten. Reaktionen bei denen Stoffe unter Bildung kleiner Moleküle wie Wasser miteinander reagieren, nennt man *Kondensationen.*

Beispiel einer *Veresterung:*

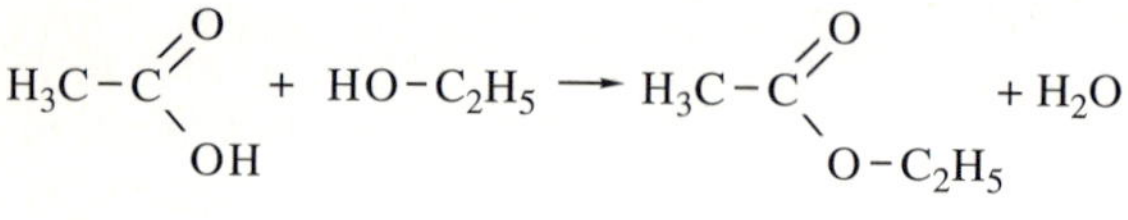

Ethansäure Ethanol Ethylethanat (Essigsäureethylester)

Die einfachen Ester sind farblose, brennbare Flüssigkeiten von obstartigem Geruch. Sie sind wichtige Lösungsmittel. Feste Ester sind die *Wachse,* da an ihrem Aufbau langkettige Carbonsäuren und langkettige Alkohole beteiligt sind.

5.6.8.1 Fette und Öle

Die festen Fette sind Ester gesättigter Fettsäuren mit Glycerin, während die flüssigen, fetten Öle durch Veresterung ungesättigter Fettsäuren mit Glycerin entstanden sind. Die verbreiteste Fettsäure in tierischen und pflanzlichen Fetten ist die Hexadecansäure (Palmitinsäure), während Octadecansäure (Stearinsäure) fast nur in tierischen Fetten vorkommt. In den Ölen, den flüssigen Fetten, kommt die 9-Octadecensäure (Ölsäure) am häufigsten vor. Neben der Verwendung für den menschlichen Konsum sind die natürlichen Fette und Öle wichtige industrielle Rohstoffe zur Herstellung von Seifen und anderen Wasch- und Reinigungsmitteln. Durch Hydrolyse mit Laugen erhält man Glycerin und die Na- und K-Salze der jeweiligen Fettsäuren, die Seifen. Eine solche Hydrolyse wird auch *alkalische Fettspaltung* oder *Verseifung* genannt.

Beispiel:

$H_2C-O-CO-C_{15}H_{31}$ + NaOH		H_2C-OH	+ $C_{15}H_{31}-COONa$ Natriumpalmitat
$HC-O-CO-C_{17}H_{35}$ + NaOH	$\rightarrow$	$HC-OH$	+ $C_{17}H_{35}-COONa$ Natriumstearat
$H_2C-O-CO-C_{13}H_{27}$ + NaOH		H_2C-OH Glycerin (1,2,3-Propantriol)	+ $C_{13}H_{27}-COONa$ Natriummyristat (Natriumtetradecanat)

Durch Erhitzen mit Wasser lassen sich Fette ebenfalls hydrolytisch spalten. Man erhält dann Glycerin und die einzelnen Fettsäuren. Diese werden auch synthetisch hergestellt, z. B. durch Oxidation von Paraffinen, da sie in großen Mengen zu Fettalkoholen reduziert werden. Durch Veresterung mit Schwefelsäure und anschließender Neutralisation entstehen primäre oder sekundäre Fettalkoholsulfate.

Beispiel:

$C_{12}H_{25}-OH + HO-SO_2-OH \rightarrow C_{12}H_{25}-O-SO_2-OH + H_2O$

Dodecanol (Laurylalkohol) — Schwefelsäure-Laurylester

$C_{12}H_{25}-O-SO_2-OH + NaOH \rightarrow C_{12}H_{25}-O-SO_2-ONa + H_2O$

Natriumlaurylsulfat

5.6.9 Tenside und Waschmittel

Fettalkoholsulfate finden in Waschmitteln Verwendung. Im Gegensatz zu den Fettalkoholsulfaten und anderen neutral reagierenden anionischen Tensiden, reagieren die Seifen in wäßriger Lösung alkalisch. **Seifen** sind Tenside, weil sie auch einen langkettigen hydrophoben (wasserabstoßenden) Kohlenwasserstoff-Rest und eine kurze hydrophile (wasserverträgliche) ionogene Gruppe besitzen. Wie bei allen Aniontensiden ist die hydrophile Gruppe anionisch und das kationische Gegen-Ion ist das Natrium-Ion Na^+ oder Kalium-Ion K^+.

Ursache der basischen Reaktion von Seifen ist die Hydrolyse, bei der die äußerst schwachen Fettsäuren und starke Alkalilaugen entstehen, beispielsweise

$C_{15}H_{31} - COONa + H_2O \rightarrow C_{15}H_{31}-COOH + NaOH$

hydrophob hydrophil

Natriumhexadecanat (Natriumpalmitat) — Hexadecansäure (Palmitinsäure)

Es entsteht die starke Natronlauge und die extrem schwache Hexadecansäure. Zudem reagieren Seifen unter Bildung schwerlöslicher „Kalk- oder Magnesiumseifen“ mit den Härtebildnern des Wassers, die sich auf der Wäsche als „Gilb“ oder als „Schmutzrand“ in Badewanne und Waschbecken ablagern, z. B.

$2C_{17}H_{35}-COONa + Ca^{2+} \rightarrow (C_{17}H_{35}COO)_2Ca\downarrow + 2Na^+$

Natriumoctadecanat (Natriumstearat) — Calciumoctadecanat (Calciumstearat)

Je härter das Wasser ist, um so größer ist der dadurch unwirksam gemachte Anteil der Seife und *der Seifenverbrauch. Würde man ausschließlich Seifen für alle Wasch- und Reinigungszwecke verwenden, wäre die organische Belastung von Kläranlagen so groß, daß ihre Funktionsfähigkeit gefährdet wäre!*

Wegen dieser negativen Eigenschaften sind die Seifen in den modernen Waschmitteln durch solche Tenside ersetzt worden, die neutral reagieren. Die Härtebildner werden komplex gebunden, z. B. durch den Phosphat-Ersatzstoff Zeolith (Na-Al-silicat) oder Polyphosphate, so daß auf der Wäsche kein „Gilb" entsteht.

Tenside** bestehen aus einem langkettigen, unpolaren und damit hydrophoben (wasserabstoßenden) Kohlenwasserstoffteil und einer kleinen, meist sauerstoffhaltigen, stark polaren, ionischen und damit hydrophilen (wasserverträglichen) oder lipophoben (fettabstoßenden) Gruppe.* An der Grenzfläche der wäßrigen Phase reichern sich Tenside aufgrund dieses amphiphilen Charakters an. Daher nennt man sie ***grenzflächenaktive Stoffe. Der polare hydrophile Teil ragt ins Wasser, der unpolare hydrophobe Teil in die angrenzende Phase, z. B. Luft oder Öl. *Die Ober- oder Grenzflächenspannung wird dadurch herabgesetzt.* Dies bewirkt ein besseres Benetzen von festen Körpern, z. B. der Wäsche, und eine Mischbarkeit (Emulgierbarkeit) ansonsten nicht mischbarer Flüssigkeiten. Die Tensidteilchen schieben sich während des Waschvorgangs unter den unpolaren Schmutz (z. B. Fette, Öle, Pigmente), umhüllen diesen unter Bildung kleiner Kugeln *(Micellen)* und lösen ihn somit von der Faser. Neben den Fettalkoholsulfaten sind für die wichtigste Tensidgruppe, die ***anionischen Tenside,*** Alkansulfonate und vor allem lineare Alkylbenzolsulfonate (ABS) am bedeutsamsten. Letztere sind, im Gegensatz zu verzweigten ABS, weiche Tenside, d. h. sie sind biologisch gut abbaubar, da sie keine quartären C-Atome (1 C-Atom ist mit 4 anderen C-Atomen verbunden) besitzen. Allerdings ist auch das Vorhandensein von tertiären C-Atomen für den biologischen Abbau von Nachteil. **Am leichtesten lassen sich Verbindungen mit primären und sekundären C-Atomen, also lineare Verbindungen, abbauen.** Als Gegen-Ionen besitzen die anionischen Tenside Natrium-Kationen. Die auch wegen ihrer nicht so guten Säuberungswirkung in geringeren Mengen, z. B. für Weichspüler, verwendeten ***kationischen Tenside*** enthalten als Gegen-Ionen Chlorid-Anionen. Kationische Tenside sind relativ schwerlöslich, sie reichern sich an Oberflächen an und können in Kläranlagen zum überwiegenden Teil durch Fällung und Adsorption beseitigt werden, obwohl auch sie biologisch abbaubar sind. *Nach dem Waschmittelgesetz müssen Tenside zu 80% in einer bestimmten Zeit biologisch abbaubar sein* (s. Abschn. 6.3.2.6). Bei den **nichtionischen Tensiden,** die in fast den gleichen Mengen wie die anionischen Tenside verwendet werden, ist der Sauerstoff der vorhandenen Ethergruppe $-C-O-C-$ der hydrophile Teil dieser Moleküle. Die sehr teuren *amphoteren Tenside* besitzen innerhalb des Moleküls ionische Ladungsschwerpunkte („Zwitterionen"). In Waschmitteln werden sie nicht eingesetzt, sondern nur für spezielle Zwecke, z. B. für Shampoos und Badepräparate verwendet.

Tab. 5-7 zeigt den Aufbau und die Anwendung wichtiger Tenside.

Tab. 5-7: Aufbau und Anwendungsgebiete wichtiger Tenside, nach Fonds der Chemischen Industrie.

Bezeichnung	Formel	Anwendungen (repräsentative Beispiele)
Aniontenside		
Seife	$R-CH_2-COO^{\ominus}Na^{\oplus}$ R : C_{10-20}	Handwasch- und Toilettenseifen, Flüssigwaschmittel, Schauminhibitoren für Waschmittel (C_{18-22})
Alkansulfonate	$R'(R)CH-SO_3^{\ominus}\,Na^{\oplus}$ R, R′: C_{11-17}	Geschirrspülmittel, Haushaltsreiniger, Waschmittel
Alkylbenzolsulfonate	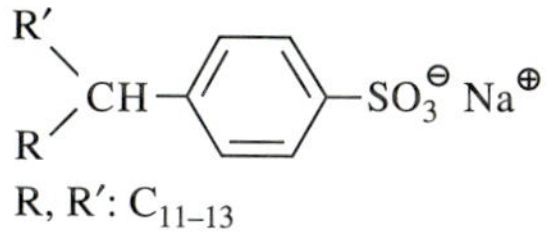 R, R′: C_{11-13}	Waschmittel, Geschirrspülmittel, Haushaltsreiniger
Olefinsulfonate	$R-CH_2-CH=CH-CH_2-SO_3^{\ominus}\,Na^{\oplus}$ R: C_{10-14}	Baustoffsektor
Fettalkoholsulfate	$R-CH_2-O-SO_3^{\ominus}\,Na^{\oplus}$ R: C_{11-15}	Feinwaschmittel, Waschmittel
Fettalkoholpolyglykolsulfate	$R-CH_2-O(C_2H_4O)_n-SO_3^{\ominus}\,Na^{\oplus}$ R: C_{11-15} ; n = 2, 3	Feinwaschmittel,Schaumbäder, Shampoos, Geschirrspülmittel
Ligninsulfonat	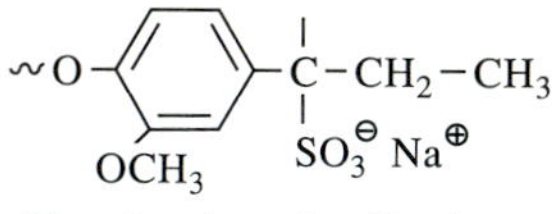 (Grundstruktur des Natriumligninsulfonats)	Entsorgung von Abfallprodukten, Flotations- und Dispergiermittel
Sulfosuccinate	$R-CH_2-O(C_2H_4O)_n-C(=O)-CH(SO_3^{\ominus}\,Na^{\oplus})-CH_2COO^{\ominus}Na^{\oplus}$ R: C_{11-13} ; n = 2 bis 6	Shampoos, Badepräparate
Fettalkoholpolyglykolphosphate	$R-CH_2-O(C_2H_4O)_n-PO_3H^{\ominus}Na^{\oplus}$ R: C_{15-17} ; n = 2 bis 6	Kosmetische Emulgatoren
Gallensäure Taurocholsäure: R: $CH_2CH_2SO_3H$ Glykocholsäure: R: CH_2COOH	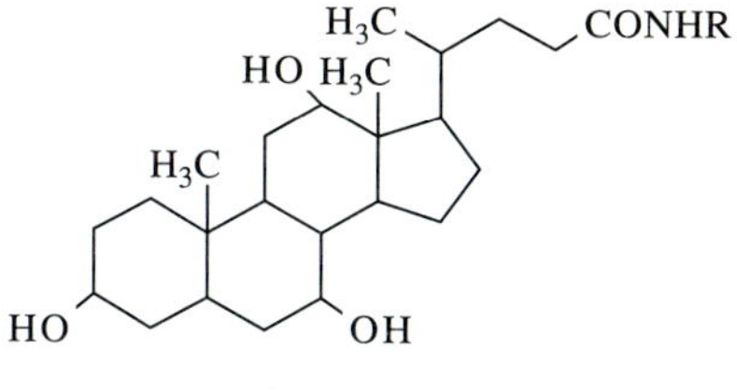	Bioemulgatoren

Tab. 5-7: Fortsetzung.

Bezeichnung	Formel	Anwendungen (repräsentative Beispiele)
Nichtionische Tenside		
Fettalkohol-polyglykolether	$R-O(CH_2-CH_2-O)_n\ H$ R: geradkettig und verzweigt C_{9-19} $n = 3$ bis 15	Wasch- und Reinigungsmittel, Emulgatoren für Wasch- und Reinigungsmittel
Alkylphenol-polyglykolether	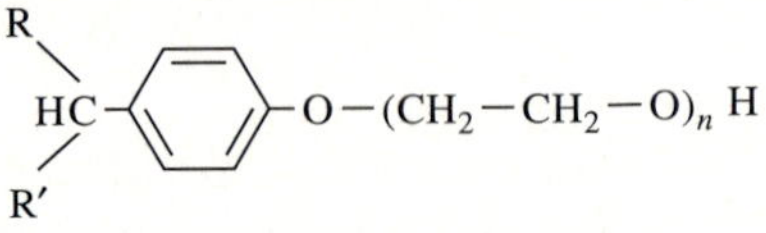 R, R′: C_{7-11} $n = 3$ bis 15	technische Emulgatoren
Polypropylenglykolethylglykolether (Blockpolymere aus Propylenoxid/Ethylenoxid)	$HO-(CH_2-CH_2-O)_n-(CH_2-CH(CH_3)-O)_m-(CH_2-CH_2-O)_n-H$ $m = 25$ bis 100 $n =$ 10 bis 200	Schaumarme Tenside (die industrielle Anwendung ist aus ökologischen Gründen auf geschlossene Systeme beschränkt)
Fettsäure-monoglycerid	$R-COO-CH_2-CHOH-CH_2OH$ R: C_{15-17}	Lebensmittel- und Kosmetikemulgatoren
1,4-Sorbitan-fettsäureester	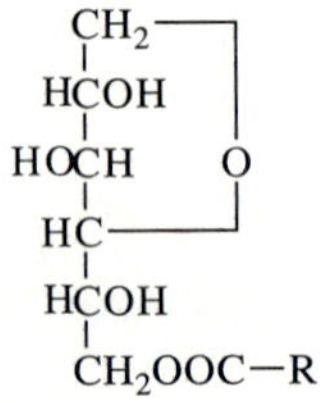 R: C_{11-17}	Emulgatoren

Tab. 5-7: Fortsetzung.

Bezeichnung	Formel		Anwendungen (repräsentative Beispiele)
Gypsosid A	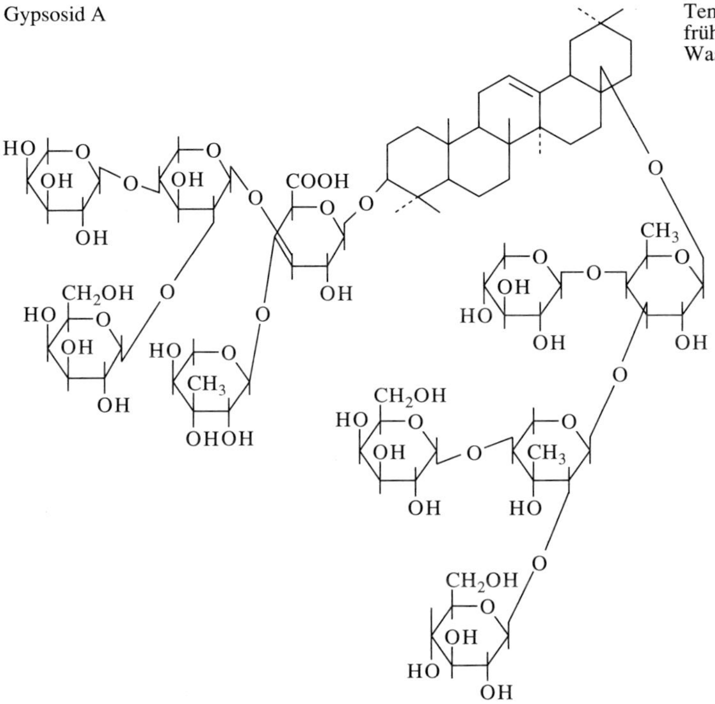		Tensid der Pflanze Seifenkraut; früher zur Herstellung von Waschlaugen verwendet
Kationtenside			
Distearyl-dimethyl-ammoniumchlorid	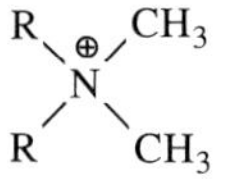 R: C_{18}	$Cl^{\ominus}$	Wäscheweichmacher (Avivage)
Cetyltrimethyl-ammoniumchlorid	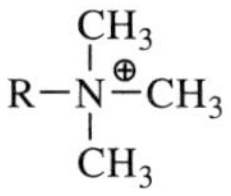 R: C_{12}	$Cl^{\ominus}$	Haarbehandlungsmittel
Stearyl-N-acylamido-N-methyl-imidazolinium-chlorid	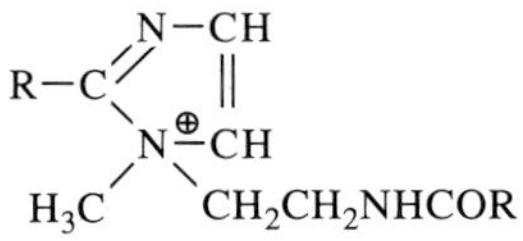 R: C_{17}	$Cl^{\ominus}$	Wäscheweichmacher

Tab. 5-7: Fortsetzung.

Bezeichnung	Formel	Anwendungen (repräsentative Beispiele)
Dodecyldimethylbenzylammoniumchlorid	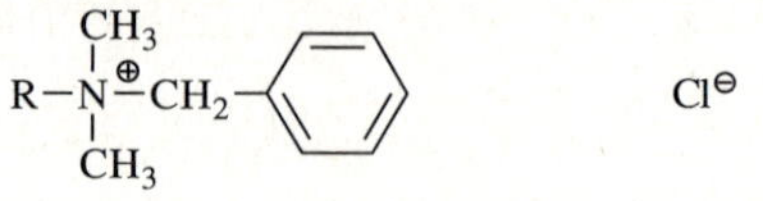 R: C_{12}	Desinfizierende Reiniger
Amphotenside		
Alkylbetain	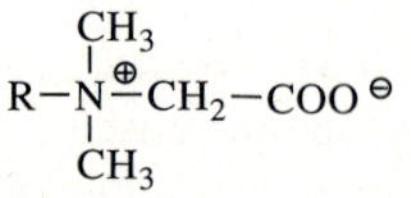 R: C_{12-14}	Shampoos, Badepräparate
N-Carboxyethyl-N-alkylamidoethylglycinat	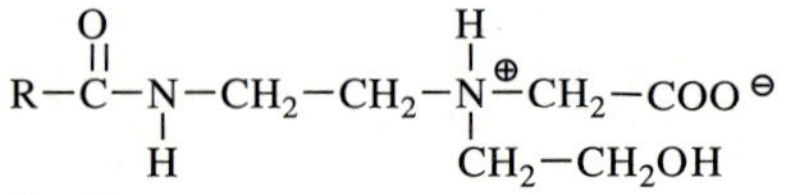 R: C_{11-13}	Shampoos, Badepräparate
N-Alkylamidopropyl-N-dimethylaminoxid	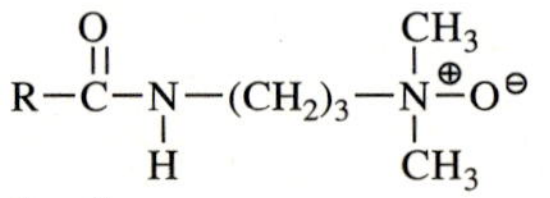 R: C_{11-13}	Shampoos, Badepräparate
Dipalmitoyllecithin	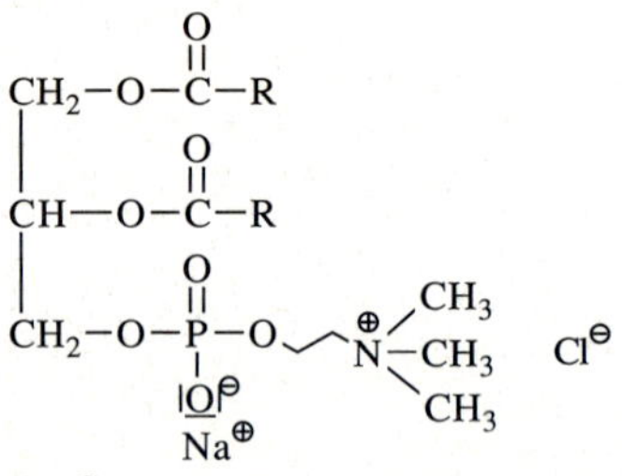 R: C_{15}	Herabsetzung der Oberflächenspannung auf Lungen-Alveolen; Zellmembranbestandteil
Sphingomyeline	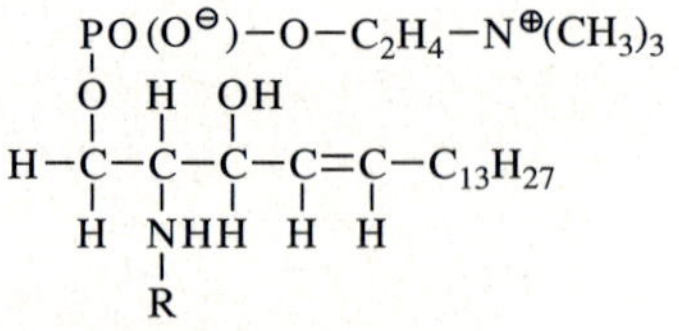 R: α-Hydroxyfettsäurerest	Wichtige Funktionen beim Aufbau der Zellmembranen

Über den Einsatz in Wasch- und Reinigungsmitteln hinaus werden Tenside vielfältig genutzt. Bei der Pelzzurichtung, in der Papierindustrie und in der Lederindustrie sind Tenside unentbehrlich. Wasch-, Färbe- und Ausrüstungsvorgänge in der Textilindustrie werden mit Tensiden verbessert und beschleunigt. Die Bildung gleichmäßiger, nicht abreißender Schmierfilme unterstützen Tenside als Additive hochwertiger Auto- und Maschinenöle. Bei der Erz-, Kalisalz- und Kohleaufbereitung, z. B. durch Flotation, oder der Erdölgewinnung werden sie benötigt. In Lacken und Anstrichmitteln verbessern Tenside die Benetzung der zu bearbeitenden Flächen und verzögern durch ihr Emulgiervermögen ein Absetzen der Pigmente in den streichfähigen Farben. Bei der Emulsionspolymerisation von Kunststoffen verleihen Tenside den Polymerisaten bestimmte Eigenschaften. In der Kosmetik und der Medizin sowie der Lebensmittelindustrie werden diese Stoffe gebraucht. Die moderne Desinfektion ist ohne Tenside nicht denkbar. Auch bei der Herstellung von Fußbodenpflegemitteln, Möbel- und Autopoliermitteln, Schädlingsbekämpfungsmitteln und Abbeizmitteln sowie als Zusätze von galvanischen Bädern und im Bauwesen werden sie eingesetzt. Somit sind sie in einer Vielzahl unterschiedlichster Abwässer enthalten (s. Abschn. 8.2.3).

In Abb. 5-1 ist der Verbrauch an Tensiden für das Jahr 1986 in den Regionen USA, Westeuropa und Japan wiedergegeben.
Der größte Teil der hergestellten Tenside wird demnach in Wasch- und Reinigungsmitteln verwendet.

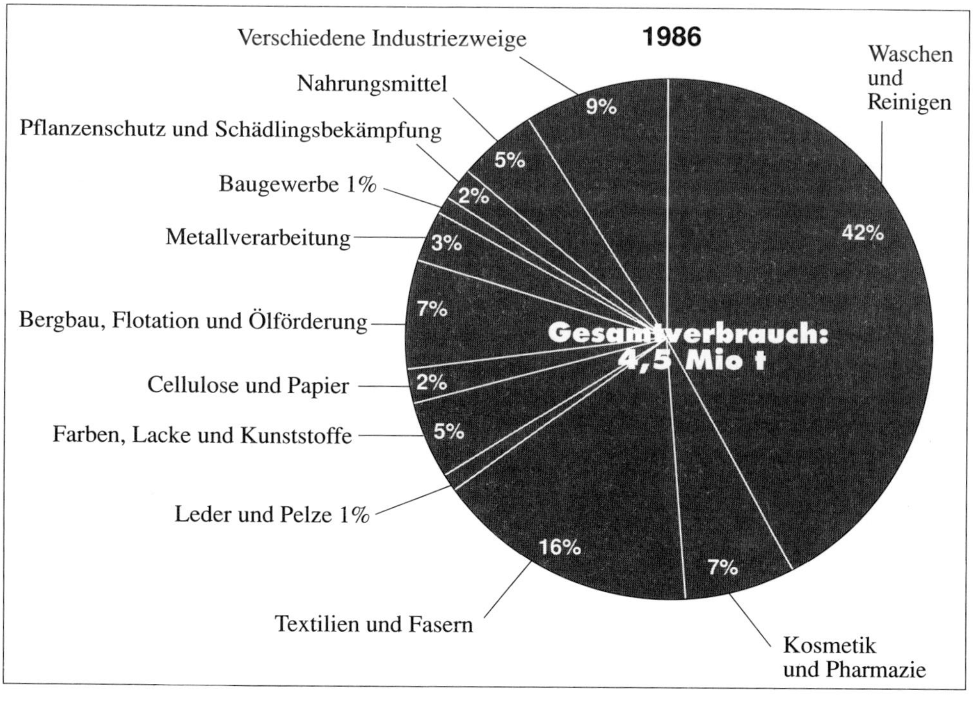

Abb. 5-1: Tensidverbrauch nach Anwendungsfeldern (USA, Westeuropa, Japan), nach Fonds der Chemischen Industrie.

Neben den waschaktiven Tensiden mit einem Gehalt von ca. 10 bis 15% werden noch drei Substanzgruppen in größeren Anteilen in Waschmitteln verwendet. Zu ca. 25 bis 35% sind *Gerüststoffe (Builder, Komplexbildner)* enthalten, die die Härte-Ionen komplex binden und das Wasser dadurch enthärten. Ferner bewirken sie ein gutes Suspendier- und Emulgiervermögen des abgelösten Schmutzes. Pentanatriumtriphosphat wird mehr und mehr durch Natriumaluminiumsilicate (Zeolithe) ersetzt, was sicherlich auch auf die *Phosphat-Höchstmengenverordnung* zurückzuführen ist.

Zu 20 bis 30% sind *Bleichmittel*, besonders Natriumperborat (Natriumperoxoborattetrahydrat) $NaBO_3 \cdot 4\,H_2O$, vorhanden, die farbigen Schmutz durch Oxidation entfärben und zerstören. Bleichaktivatoren wie Tetraacetylethylendiamin TAED sorgen dafür, daß dies auch bereits bei niedrigen Temperaturen, z. B. 60 °C, geschieht. Damit das Waschmittel rieselfähig bleibt und nicht zusammenklumpt, sind 5 bis 15% *Stellmittel* wie Natriumsulfat enthalten. Weitere, in kleineren Anteilen vorhandene Stoffe sind *Stabilisatoren* (0,2 bis 2%), die Schwermetall-Ionen komplex binden. Diese gehen sonst mit dem Bleichmittel unerwünschte Reaktionen ein. Dabei sollte Dinatriumdihydrogenethylendiamintetraacetat EDTA dem Nitrilotriacetat NTA vorgezogen werden, da letzteres besonders gut in der Lage ist, Schwermetalle, wie Cadmium, aus Sedimenten von Flußbetten herauszulösen und komplex zu binden. Da Schaum für den Wascherfolg kaum noch bedeutsam ist, sind mit 0,2 bis 3% *Schaumregulatoren* enthalten. Ein Wiederablagern des Schmutzes auf der Wäsche verhindern *Vergrauungsinhibitoren* mit einem Gehalt von 0,5 bis 3%. Bestimmte Stoffe sind in der Lage, das kurzwellige UV-Licht zu absorbieren und längerwelliges blaues Licht zu emittieren oder zu fluoreszieren. Mit gelbem Licht ergibt das den

Tab. 5-8: Rahmenrezeptur eines pulverförmigen phosphatfreien Universalwaschmittels, nach TEGEWA.

Wirkstoffgruppe	Beispiel	w (%)
Ionenaustauscher	Zeolith 4 A	15 bis 25
Bleichmittel	Natriumperborat	15 bis 35
anionische Tenside	Alkylbenzolsulfonate/Alkoholsulfate/ Alkoholethersulfate	5 bis 10
nichtionische Tenside	Alkoholethoxylate	1 bis 5
Stellmittel	Natriumsulfat	2 bis 20
Korrosionsinhibitoren	Natriumsilicate	2 bis 7
Cobuilder	Natriumpolycarboxylat	0 bis 6
Schaumhemmende Stoffe	Seifen, Siliconöle	1 bis 5
Schmutzbindende Stoffe (Vergrauungsinhibitoren)	Carboxymethyllcellulose oder andere Celluloseether	0,5 bis 2
Bleichaktivatoren	Tetraacetylethylendiamin	1 bis 4
Stabilisatoren	Magnesiumsilicat, Phosphonate, Ethylendiamintetraessigsäure	0,2 bis 2
Enzyme	Proteasen	0,3 bis 1
Optische Aufheller	Stilben-disulfonsäure-Derivate, Bis-(styryl)-biphenyl-Derivate	0,1 bis 0,3
Duftstoffe		0,05 bis 0,3
Farbstoffe		0 bis 0,001

Eindruck einer intensiveren Weißfärbung der Wäsche. Diese Stoffe heißen *optische Aufheller.* Ihr Anteil beträgt 0,1 bis 0,3%. *Enzyme*, zu 0,5 bis 0,8% vorhanden, bewirken die Entfernung von eiweißhaltigen Verschmutzungen wie Blut oder Eigelb. Wasserglas, Natriumsilicat $(Na_2SiO_3)_n$, ist als *Korrosionsinhibitor* mit 3 bis 6% enthalten. Damit die Wäsche angenehm riecht, sind auch *Duftstoffe* mit einem Anteil von 0,1 bis 0,2% den Waschmitteln zugesetzt.

Eine Rahmenrezeptur für ein phosphatfreies Universalwaschmittel gibt Tab. 5-8 wieder.

5.6.10 Kohlenhydrate (Kohlehydrate)

Die einfachsten Kohlenhydrate sind primäre Oxidationsprodukte mehrwertiger Alkohole. Da sie die Elemente Wasserstoff und Sauerstoff im Verhältnis des Wassers enthalten, werden sie Kohlenhydrate genannt. Obwohl es andere Stoffe mit der gleichen Summenformel wie die einfachen Kohlenhydrate, die **Zucker**, gibt, die keine zuckerähnlichen Eigenschaften besitzen (Methanal, Ethansäure, Milchsäure) und es zuckerähnliche Substanzen gibt, die nicht die **Summenformel $C_n(H_2O)_m$** besitzen, hat man den Namen beibehalten. Bei den einfachen Zuckern oder **Monosacchariden** ist $n = m$, wie z. B. beim Traubenzucker, der Glucose. Traubenzucker hat wie der Fruchtzucker (Fructose) die Summenformel $C_6H_{12}O_6$, unterscheidet sich von diesem aber auch durch den Aufbau.

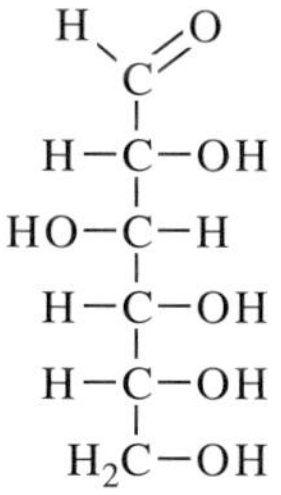

Glucose

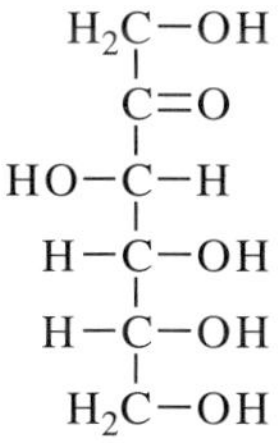

Fructose

Glucose enthält die Aldehyd-Gruppe und ist von daher ein Aldehydzucker oder eine Aldose. Da Glucose sechs Kohlenstoff-Atome enthält, ist sie somit eine Aldohexose. Die Keto-Gruppe ist Bestandteil von Fructose. Fructose ist eine Ketohexose, da die Verbindung sechs Kohlenstoff-Atome enthält und zu den Ketozuckern oder Ketosen gehört. Traubenzucker und Fruchtzucker sind sehr gut wasserlöslich, wie auch andere Zucker.

Durch Kondensation zweier Monosaccharid-Moleküle entstehen die **Disaccharide**, wie Rohrzucker oder Rübenzucker (Saccharose), Malzzucker (Maltose) oder Milchzucker (Lactose). Saccharose kommt in besonders hohem Gehalt in Zuckerrohr (14 bis 16%) und Zuckerrüben (16 bis 20%) vor. Durch enzymatische Hydrolyse wird Rohrzucker in die gärungsfähigen Monosaccharide Glucose und Fructose gespalten.

$$\underset{\text{Saccharose}}{C_{12}H_{22}O_{11}} + H_2O \xrightarrow[\text{oder Saccharase}]{\text{Enzym: Invertase}} \underset{\text{Glucose}}{C_6H_{12}O_6} + \underset{\text{Fructose}}{C_6H_{12}O_6}$$

Diese Reaktion wird *Inversion* genannt.

Die aus einer Vielzahl von $C_6H_{10}O_5$-Bausteinen aufgebauten **Polysaccharide** sind in Wasser und vielen anderen Flüssigkeiten unlöslich. Die wichtigsten Polysaccharide sind *Stärke* und *Cellulose*. Man kann sie sich durch Kondensation vieler Moleküle einfacher Zucker entstanden denken.

$$nC_6H_{12}O_6 \longrightarrow (C_6H_{10}O_5)_n + nH_2O$$

Stärke ist der bedeutendste Reservestoff aller grünen Pflanzen. Sie ist aus zwei Substanzen aufgebaut, dem aus etwa 2000 Glucose-Einheiten aufgebauten *Amylopektin* und der spiralförmigen, aus 200 bis 500 Glucose-Einheiten aufgebauten *Amylose*. Amylose reagiert mit Iod unter Bildung einer tiefblauen Einschlußverbindung. Mit Hilfe des in keimender Gerste (Malz) enthaltenen Enzyms Diastase wird Stärke zu Maltose (Malzzucker) verzuckert.

$$\underset{\text{Stärke}}{2(C_6H_{10}O_5)_n} + nH_2O \xrightarrow[\text{(Malz)}]{\text{Diastase}} \underset{\text{Maltose}}{nC_{12}H_{22}O_{11}}$$

Nach Hefezusatz wird Maltose durch das Enzym Maltase unter Wasseranlagerung in gärfähige Glucose überführt. Glucose wird dann mittels des Enzyms Zymase zu Ethanol vergoren (*alkoholische Gärung*).

$$\underset{\text{Glucose}}{C_6H_{12}O_6} \xrightarrow[\text{(Hefe)}]{\text{Zymase}} \underset{\text{Ethanol}}{2\,C_2H_5OH} + 2\,CO_2$$

Bei unvollständigem Abbau der Stärke, z. B. durch kurzes Erhitzen, entstehen Dextrine, die als Klebstoff („Stärkekleister“), Zusatzmittel für Druckfarben und als Appreturmittel („Wäschestärke“) verwendet werden.

Das Polysaccharid Cellulose ist der auf der Erdoberfläche in größten Mengen vorkommende organische Stoff. Cellulose bildet den Hauptbestandteil der Zellwände aller Pflanzen. Pflanzenfasern und Holz sind die technisch wichtigsten Vorkommen. Holz enthält 40 bis 50% Cellulose, 25 bis 30% Hemicellulose und ca. 30% Lignin. Durch Kochen von zerschnittenem Holz in NaOH oder $Ca(HSO_3)_2$ kann Cellulose gewonnen werden. Fast reine Cellulose gewinnt man am besten aus Baumwolle. Nur in konzentrierten Säuren tritt Auflösung der Cellulose durch hydrolytische Spaltung unter Glucose-Bildung ein. Laugen bewirken eine Quellung und ein teilweises Lösen. Natürliche Cellulose kann 3000 bis 8000 Glucose-Einheiten und eine molare Masse bis 1000000 g/mol besitzen. Cellulose wird zur Herstellung von Textilien (Baumwolle, Zellwolle, Kunstseide), Papier, Cellophanfolie, Cellulosenitraten (Schießbaumwolle, Celluloid, Nitrolacke) und Methylcellulose (Tapetenkleister) benötigt.

5.6.11 Organische Stickstoff-Verbindungen

5.6.11.1 Nitro-Verbindungen

Nitro-Verbindungen besitzen eine oder mehrere *funktionelle NO_2-Gruppen.* Einige Nitro-Verbindungen wie 2-Nitropropan oder Nitronaphthaline stehen unter Cancerogenitätsverdacht. Mehrfach nitrierte Verbindungen sind explosiv, z. B. das schlagunempfindliche 2,4,6-Trinitrotoluol (TNT) oder 2,4,6-Trinitrophenol (Pikrinsäure). Durch Nitrierung von Benzol mittels Nitriersäure, einer Mischung aus konzentrierter Salpeter- und konzentrierter Schwefelsäure, entsteht Nitrobenzol.

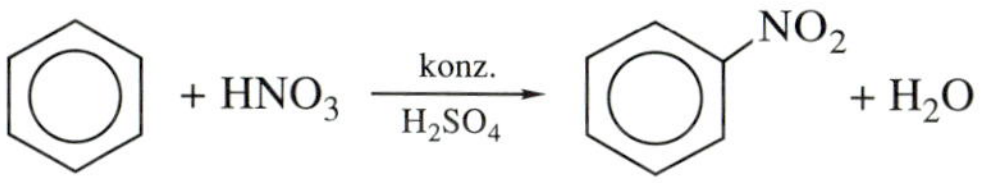

Benzol Nitrobenzol

Nitrobenzol ist in geringem Maße als Lösungsmittel von Bedeutung, wichtiger jedoch als Zwischenprodukt für die Herstellung anderer Verbindungen, z. B. Aminobenzol (Anilin).

Die „Nitroverdünnung“ des Handels ist ein Lösemittel für Lacke, das aus Aceton, Methanol, Ethanol, Toluol und Estern in unterschiedlichen Anteilen besteht.

5.6.11.2 Amino-Verbindungen (Amine)

Amine besitzen als *funktionelle Gruppe die NH_2-Gruppe,* die mit einem C-Atom eines Kohlenwasserstoff-Restes verbunden ist. Ein Wasserstoff-Atom des NH_3-Moleküls ist durch einen organischen Rest, z. B. eine Alkyl-Gruppe, substituiert (ersetzt) worden. Im erweiterten Sinne bezeichnet man auch Verbindungen, bei denen zwei oder drei H-Atome durch organische Reste ersetzt worden sind, als *Amine.*

$R-NH_2$	$R-N(R)-H$	$R-N(R)-R$
Primäres Amin	Sekundäres Amin	Tertiäres Amin

R Organischer Rest, z. B. Methyl CH_3, Ethyl C_2H_5

Werden alle 4 H-Atome des NH_4^+-Ions durch organische Gruppen ersetzt, erhält man *quartäre Ammonium-Verbindungen,* die auch nur als Salze beständig sind. Die kationischen Tenside und die Anionenaustauscher sind solche quartären Ammonium-Verbindungen.

$$R-\overset{R}{\underset{R}{\overset{|+}{\underset{|}{N}}}}-R \quad Cl^-$$

Hexamethylendiamin $H_2N-(CH_2)_6-NH_2$ ist wie Adipinsäure (Hexandisäure) $HOOC-(CH_2)_4-COOH$, eine der festen Dicarbonsäuren, Ausgangspunkt zur Synthese von

Polyamid 6,6 (Nylon) und dient auch zur Herstellung von Polyurethanen. Aminobenzol (Anilin) wird aus Nitrobenzol durch Reduktion mit Eisen in verdünnter Salzsäure hergestellt.

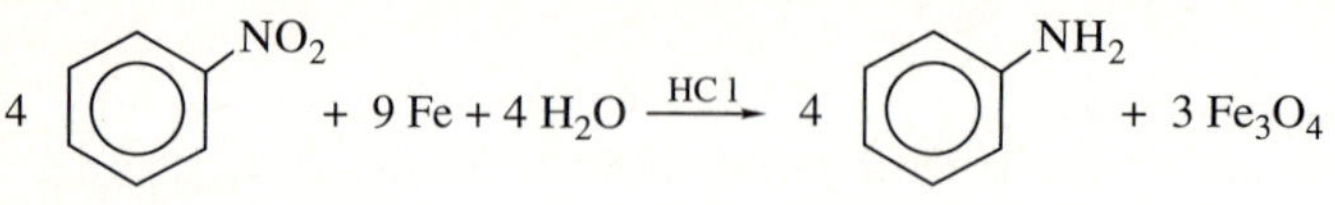

Nitrobenzol Anilin

Anilin steht, wie einige andere, vor allem aromatische Amino-Verbindungen, unter Cancerogenitätsverdacht. Das giftige Anilin ist ein wichtiger Rohstoff für die Synthese von Farbstoffen, z. B. den Azofarbstoffen.

5.6.11.3 Eiweiße

Aminocarbonsäuren, die neben der Carboxy- eine Amino-Gruppe im Molekül enthalten, sind Grundbausteine der Eiweiße. Die natürlichen Aminosäuren sind α- oder 2-Aminocarbonsäuren. In wäßriger Lösung liegen sie als innere Salze, sog. *Zwitter-Ionen,* vor.

$$H_3C-\underset{\displaystyle NH_2}{\underset{|}{C}}H-COOH \longrightarrow H_3C-\underset{\displaystyle {}^{\oplus}NH_3}{\underset{|}{C}}H-COO^{\ominus}$$

2-Aminopropansäure (Alanin) Zwitter-Ion

30 verschiedene α-Aminosäuren sind am Aufbau der langkettigen einfachen Eiweiße oder **Proteine** beteiligt.

$$H-\underset{\displaystyle H}{\underset{|}{N}}-\underset{\displaystyle R}{\underset{|}{C}}H-\underset{\displaystyle O}{\underset{\|}{C}}-OH + H-\underset{\displaystyle H}{\underset{|}{N}}-\underset{\displaystyle R}{\underset{|}{C}}H-\underset{\displaystyle O}{\underset{\|}{C}}-OH \longrightarrow H-\underset{\displaystyle H}{\underset{|}{N}}-\underset{\displaystyle R}{\underset{|}{C}}H-\underset{\displaystyle O}{\underset{\|}{C}}-\underset{\displaystyle H}{\underset{|}{N}}-\underset{\displaystyle R}{\underset{|}{C}}H-\underset{\displaystyle O}{\underset{\|}{C}}-OH + H_2O$$

Der Aufbau durch Kondensation erfolgt mittels *Peptidbindung* $-\underset{\displaystyle H}{\underset{|}{N}}-\underset{\displaystyle O}{\underset{\|}{C}}-$.

Die Eiweiße sind daher als Polypeptide aufzufassen. Die molare Masse kann 1 000 000 g/mol betragen. Solche Eiweiße sind fest (Haare, Sehnen, Muskeln, Fingernägel, Fleisch), während zusammengesetzte Eiweiße oder niedermolekulare Eiweiße flüssig oder gelartig sind, z. B. Hühnereiweiß. Zusammengesetzte Eiweiße oder *Proteide* enthalten außer α-Aminosäuren andere Molekülreste, sog. *prostetische Gruppen*, wie Zucker, Phosphate, Farbstoffe. Der menschliche Organismus ist nicht in der Lage, α-Aminosäuren für das arteigene Eiweiß zu synthetisieren. Diese Aminosäuren müssen deshalb über die Nahrung aufgenommen werden. Man bezeichnet sie als *essentielle Aminosäuren*. In der Natur vorkommende Aminosäuren sind in Tab. 5-9 aufgeführt. Getrocknetes Kasein, das aus geronnener Magermilch gewonnen wird, kann durch Methanal gehärtet werden. Es entsteht Kunsthorn, das für Knöpfe, Schnallen, Griffe und ähnliche Kleinartikel verwendet wird.

Tab. 5-9: Natürlich vorkommende Aminosäuren, nach Fonds der Chemischen Industrie.

Name	Symbol	Formel
Alanin	Ala	$CH_3-\underset{NH_2}{\underset{\mid}{CH}}-COOH$
Arginin (*)	Arg	$H_2N-\underset{NH}{\underset{\|}{C}}-NH-CH_2-CH_2-CH_2-\underset{NH_2}{\underset{\mid}{CH}}-COOH$
Asparigin	Asn	$H_2N-\underset{O}{\underset{\|}{C}}-CH_2-\underset{NH_2}{\underset{\mid}{CH}}-COOH$
Aspariginsäure	Asp	$\mathbf{HOOC}-CH_2-\underset{NH_2}{\underset{\mid}{CH}}-COOH$
Cystein	Cys	$HS-CH_2-\underset{NH_2}{\underset{\mid}{CH}}-COOH$
Cystin	Cyss	$HOOC-\underset{NH_2}{\underset{\mid}{CH}}-CH_2-S-S-CH_2-\underset{NH_2}{\underset{\mid}{CH}}-COOH$
Methionin*	Met	$CH_3-S-CH_2-CH_2-\underset{NH_2}{\underset{\mid}{CH}}-COOH$
Ornithin	Orn	$H_2N-CH_2-CH_2-CH_2-\underset{NH_2}{\underset{\mid}{CH}}-COOH$
Phenylalanin*	Phe	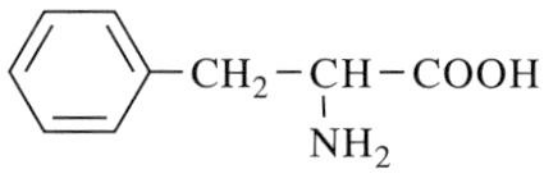
Prolin	Pro	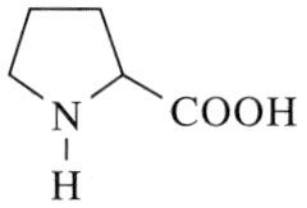
Serin	Ser	$HO-CH_2-\underset{NH_2}{\underset{\mid}{CH}}-COOH$
Threonin*	Thr	$CH_3-\underset{OH}{\underset{\mid}{CH}}-\underset{NH_2}{\underset{\mid}{CH}}-COOH$
Glutamin	Gln	$H_2N-\underset{O}{\underset{\|}{C}}-CH_2-CH_2-\underset{NH_2}{\underset{\mid}{CH}}-COOH$
Glutaminsäure	Glu	$\mathbf{HOOC}-CH_2-CH_2-\underset{NH_2}{\underset{\mid}{CH}}-COOH$
Glycin	Gly	H_2N-CH_2-COOH
Histidin (*)	His	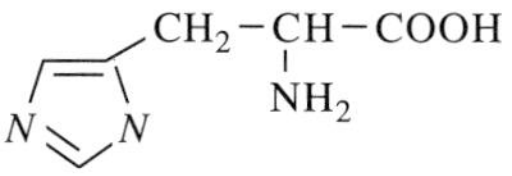

Tab. 5-9: Fortsetzung.

Name	Symbol	Formel
Hydroxyprolin	Hyp	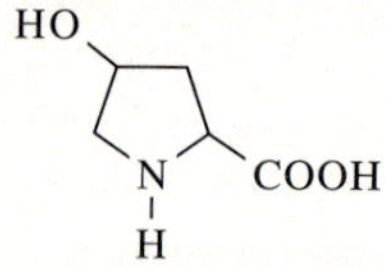
Isoleucin*	Ile	$CH_3-CH_2-CH(CH_3)-CH(NH_2)-COOH$
Leucin*	Leu	$CH_3-CH(CH_3)-CH_2-CH(NH_2)-COOH$
*Lysin**	Lys	$H_2N-CH_2-CH_2-CH_2-CH_2-CH(NH_2)-COOH$
Tryptophan*	Trp	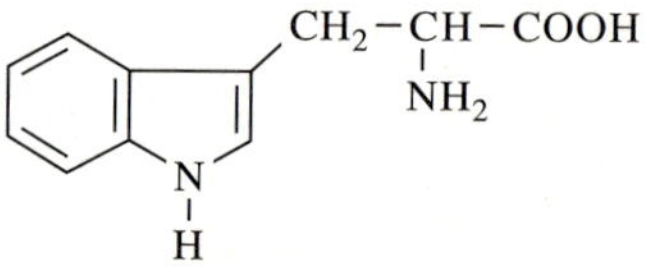
Tyrosin	Tyr	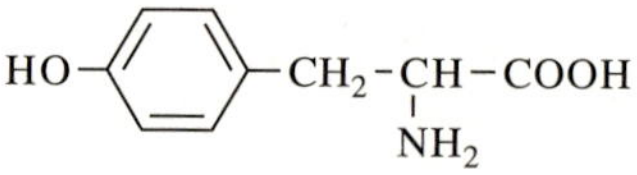
Valin*	Val	$CH_3-CH(CH_3)-CH(NH_2)-COOH$

neutrale Aminosäuren, *basische* Aminosäuren, **saure** Aminosäuren.
* essentielle, (*) semiessentielle Aminosäuren für die menschliche Ernährung.

5.6.11.4 Carbonsäureamide

Wird die OH-Gruppe einer Carbonsäure durch die NH_2-Gruppe substituiert, erhält man Carbonsäureamide oder kurz *Amide*. Die NH_2-Gruppe ist mit dem Kohlenstoff-Atom der Carbonyl-Gruppe verknüpft. N,N-Dimethylmethamid (Dimethylformamid) $H-C(=O)-N(CH_3)_2$ ist ein wichtiges Lösungsmittel. Kohlensäurediamid (Harnstoff) $H_2N-C(=O)-NH_2$ ist das Endprodukt des Eiweißabbaus bei Mensch und Tier, ein wertvolles Düngemittel und Ausgangsprodukt zur Herstellung der Aminoplaste.

Werden die H-Atome des Cyanamids $H_2N-C\equiv N$ durch Calcium ersetzt, erhält man das Düngemittel und Herbizid Calciumcyanamid (Kalkstickstoff) $Ca=N-C\equiv N$.

Durch Reaktion von Calciumcarbid mit Stickstoff bei 900 °C wird diese Substanz hergestellt.

$$\underset{\text{Calciumcarbid}}{CaC_2} + N_2 \xrightarrow{900\,°C} \underset{\text{Calciumcyanamid}}{Ca{=}N{-}C{\equiv}N} + C$$

5.6.12 Organische Schwefel-Verbindungen

Wird in organischen Verbindungen der Sauerstoff funktioneller Gruppen durch Schwefel ersetzt, erhält man *Thio-Verbindungen.*

Beispiel: $R-SH$ Thioalkohole (Mercaptane)

Verbindungen dieser Gruppe haben einen äußerst unangenehmen Geruch. Sie sind im Erdöl (Rohöl) enthalten, ebenso wie die ebenfalls häßlich riechenden Thioether $R-S-R$. Sulfonsäuren besitzen die funktionelle Sulfo-Gruppe $-SO_3H$, die auch neben der Carboxy-Gruppe Bestandteil der Kationenaustauscher ist. Alkansulfonsäuren sind als Waschmittelrohstoff von großer Bedeutung.

Thioacetamid CH_3-CSNH_2 wird in der qualitativen Analytik verwendet, da es durch Hydrolyse die zur Fällung von Metallsulfiden erforderlichen Sulfid-Ionen liefert.

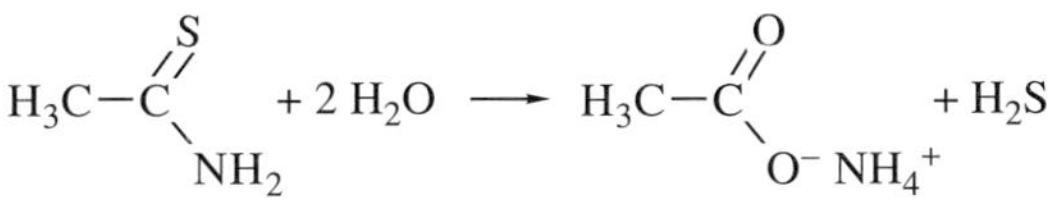

Thioacetamid Ammoniumacetat

$$H_2S \rightleftharpoons H^+ + HS^- \rightleftharpoons 2\,H^+ + S^{2-}$$

Die schwefelsaure Lösung von Thioharnstoff $H_2N-\underset{\underset{S}{\|}}{C}-NH_2$ kann zur Reinigung von Silberbesteck benutzt werden. Durch in Speisen enthaltene Schwefel-Verbindungen entsteht schwarzes Silbersulfid Ag_2S. Unter Auflösung des Silbersulfids entsteht ein löslicher Silber-Thioharnstoff-Komplex und sehr giftiger Schwefelwasserstoff. Besser ist es daher, die Silbersulfid-Schicht durch Polieren zu entfernen.

5.6.13 Kunststoffe

Die Kunststoffe werden unterteilt in *Derivate* (Abkömmlinge) *makromolekularer Naturstoffe* (Cellulose, Eiweiß) *und vollsynthetische Kunststoffe. Nach Art des Reaktionstyps der Synthese unterscheidet man* ***Polymerisate***, bei denen die Moleküle eines Monomers unter Aufspaltung einer Doppelbindung durch Selbstaddition miteinander reagieren, **Polyaddukte**, bei denen Additionen von Teilchen infolge Wasserstoffatom-Wanderungen (intermolekulare Umlagerung) erfolgen und **Polykondensate**, die durch vielfache Abspaltung kleiner Moleküle, wie H_2O, HCl, NH_3, C_2H_5OH, entstanden sind. *Nach dem Aufbau kann man die Kunststoffe unterteilen in **Thermoplaste, Duro-*** und ***Elastoplaste***. *Thermoplaste* bestehen aus *linearen oder verzweigten Makromolekülen*, die sich durch Erwärmung immer wieder plastisch verformen lassen. Sie lassen sich durch Heißluft schweißen und quellen in manchen Lösungsmitteln. Wenn *Duroplaste* ihre Form erhalten haben, z. B. durch Pressen, sind sie spanlos nicht plastisch verformbar. Beim Erhitzen erfolgt Zersetzung dieser *engmaschig vernetzten Moleküle*. In den *Elastoplasten* (Elaste, Elastomere) sind die *Moleküle weitmaschig vernetzt*. Ihre elastischen Eigenschaften und ihre Quellfähigkeit sind auf diese Molekülstruktur zurückzuführen.

Vollsynthetische Kunststoffe

Polyethylen (Polyethen, PE) entsteht durch Polymerisation von Ethen (Ethylen).

$$n\,H_2C{=}CH_2 \longrightarrow \left[H_2C-CH_2 \right]_n$$

Ethen → Polyethylen

n Anzahl der Monomere, *n* kann größer als 1 000 sein.

Bei einem Druck von 1 000 bis 2 000 bar und einer Temperatur von 100 bis 250 °C entsteht das stark verzweigte, weiche Hochdruckpolyethylen (*Low density-PE*). Bei 2 bar und 80 °C kann man nach dem Verfahren von Karl Ziegler mit Hilfe der Katalysatoren $Al(C_2H_5)_3$ oder $Al(C_2H_5)_2Cl$ und $TiCl_4$ härteres, unverzweigtes Niederdruckpolyethylen gewinnen. Aufgrund seiner höheren Zugfestigkeit wird Niederdruckpolyethylen für Rohre verwendet. Ansonsten hat PE eine enorme Bedeutung als Material für Tragetaschen, Lebensmittelverpackungen, wie Folien und Getränkeflaschen, Haushaltsartikel, Laborgeräte, Dichtungsfolien für Deponien, usw.

Polypropylen (Polypropen, PP) schwimmt wie PE auf dem Wasser und wird zu Seilen, Spielzeugartikeln und Armaturen verarbeitet.

$$n\,H_2C{=}\underset{\displaystyle CH_3}{\underset{|}{CH}} \longrightarrow \left[H_2C-\underset{\displaystyle CH_3}{\underset{|}{CH}} \right]_n$$

Propen → Polypropylen

Polyvinylchlorid (PVC) entsteht durch Polymerisation aus dem cancerogenen Gas Vinylchlorid (VC) unter Druck in Autoklaven.

$$n\,H_2C{=}\underset{\displaystyle Cl}{\underset{|}{CH}} \longrightarrow \left[H_2C-\underset{\displaystyle Cl}{\underset{|}{CH}} \right]_n$$

Vinylchlorid → Polyvinylchlorid

Hart-PVC wird z. B. für Rohre, Regenrinnen, Platten, Flaschen, das mit Weichmachern versehene Weich-PVC für Bodenbeläge, Regenmäntel, Tischdecken, Duschvorhänge, Deponiebasisabdichtungen und Kabelisolierungen benötigt.

Polystyrol (PS) wird aus Vinylbenzol (Styrol) durch Polymerisation hergestellt und ist einer der mengenmäßig bedeutsamsten Kunststoffe, da es sich sehr preiswert herstellen läßt.

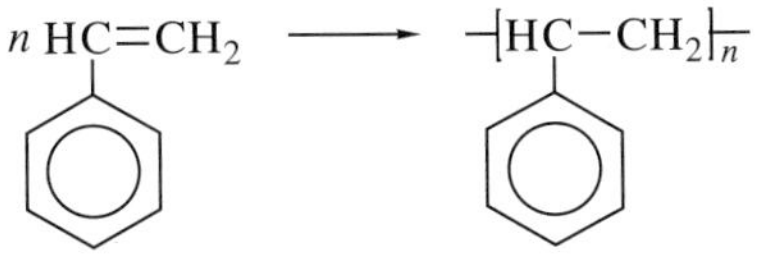

Styrol Polystyrol

Es ist in billigen Haushaltsartikeln (Einwegverpackungen) enthalten und kommt geschäumt als Styropor, ein wichtiges Material für Verpackungen und Wärmedämmungen, in den Handel.

Polytetrafluorethen (PTFE) ist ein sehr lösungsmittel-, chemikalien- und temperaturbeständiger Kunststoff, der nicht brennbar und thermoplastisch ist und sich erst oberhalb von 400 °C zersetzt. Es ist sehr teuer und wird von daher leider nicht für Basisabdichtungen von Deponien verwendet. Es wird für säurefeste Geräte, Armaturen, Pumpen, wartungsfreie Lager, Pfannenbeläge und Dichtungsmaterial (Teflon) eingesetzt.

Polymethylmethacrylat (PMMA) wird wegen seiner hohen Festigkeit, Härte und Transparenz als Kunstglas (Plexiglas) verwendet.

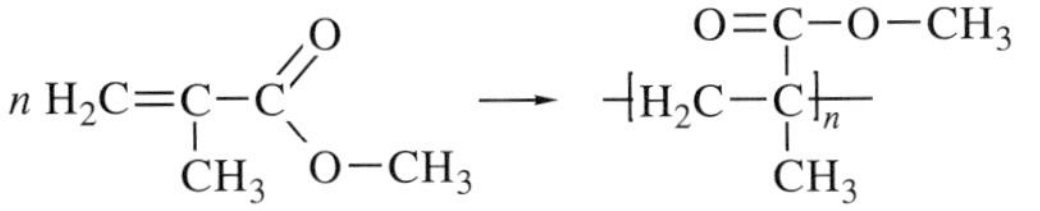

Methylmethacrylat Polymethylmethacrylat

Polyacrylnitril (PAN) ist eine bedeutsame Kunstfaser (Dralon, Orlon), die aus dem hochtoxischen, flüssigen Acrylnitril (Vinylcyanid) gewonnen wird.

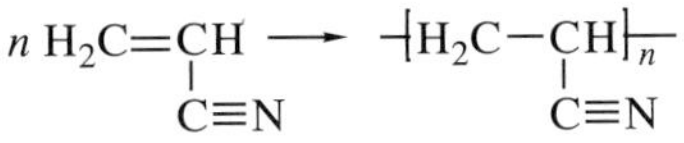

Acrylnitril Polyacrylnitril

Naturkautschuk ist aus polymerisiertem 2-Methyl-1,3-butadien (Isopren) aufgebaut.

2-Methyl-1,3-butadien Isopren

2-Chlor-1,3-butadien (Chloropren) wird zu dem synthetischen Kautschuk Neopren polymerisiert.

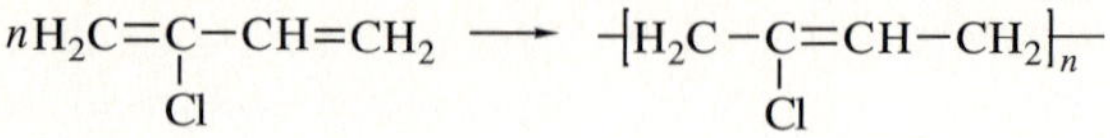

2-Chlor-1,3-butadien Neopren

Synthesekautschuk enthält als Baustein 1,3-Butadien. Der heute wichtigste Synthesekautschuk ist ein Mischpolymerisat (Copolymer) aus Styrol und 1,3-Butadien.

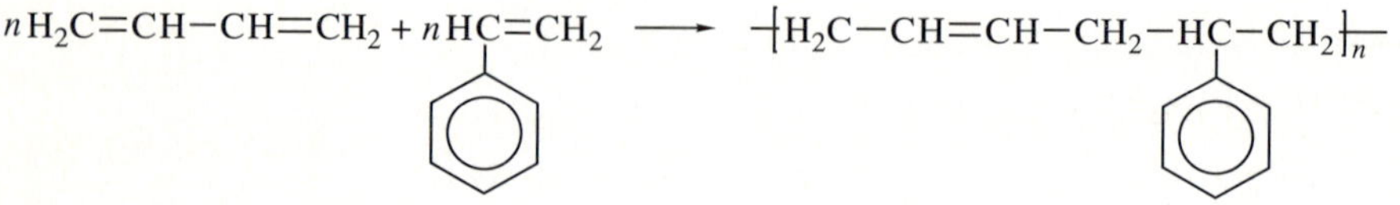

Durch *Vulkanisation* d.h. Durchknetung des rohen Synthesekautschuks auf Walzen bei 140°C mit Schwefel, erhält man den elastischen **Gummi**. Die einzelnen Makromoleküle werden mehr oder weniger weitmaschig vernetzt. Der Schwefel-Anteil kann zwischen 3 und 30% (Weich-, Hartgummi) liegen. Ein wichtiger Zuschlagstoff ist Ruß, der die Zähigkeit, Elastizität und Abriebfestigkeit erhöht. Autoreifen, Schläuche, Kabelisolierungen, Dichtungen und Sohlen enthalten Gummi aus Synthesekautschuk.

Polyester entstehen durch Polykondensation. Ein Diol reagiert gewöhnlich mit einer Dicarbonsäure unter Wasserabspaltung zu einem linearen, thermoplastischen Polyester. Der Einsatz von dreiwertigen Alkoholen, wie Glycerin, führt zur Bildung duroplastischer, vernetzter Polyester. Diese entstehen auch, wenn Alkendicarbonsäuren mit Diolen und zwecks Aushärtung mit Styrol umgesetzt werden.

Beispiel:

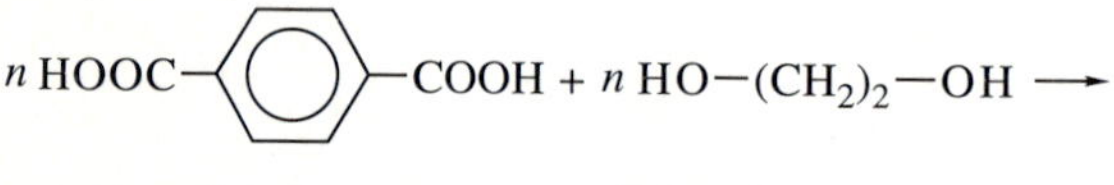

Terephthalsäure Ethandiol (Glykol)

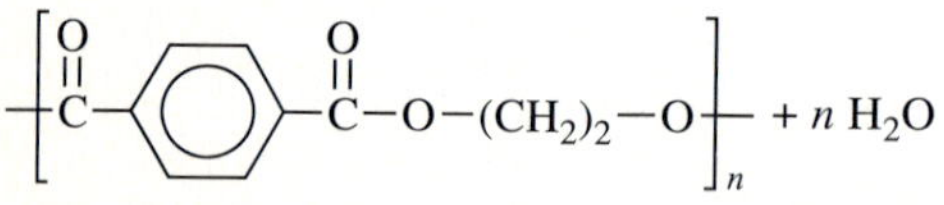

Polyester

Lineare Polyester finden als Kunstfasern (Trevira, Diolen) oder Folien Verwendung; vernetzte Polyester dienen zur Herstellung von Dachabdeckungen, Sichtblenden, Booten, Karossen und Schwimmbecken. Durch Einbau von Glasfasern kann die Festigkeit beträchtlich erhöht werden. Polyester der Kohlensäure, die man mit Phosgen $COCl_2$ herstellen kann, sind die sehr harten, schlagzähen, transparenten **Polycarbonate**.

Polyamide sind wichtige Kunstfasern von hoher Festigkeit und Zähigkeit. Polycaprolactam (*Perlon*) entsteht durch Autokondensation von ε-Aminocapronsäure, die durch Reaktion von ε-Caprolactam und Wasser hergestellt wird.

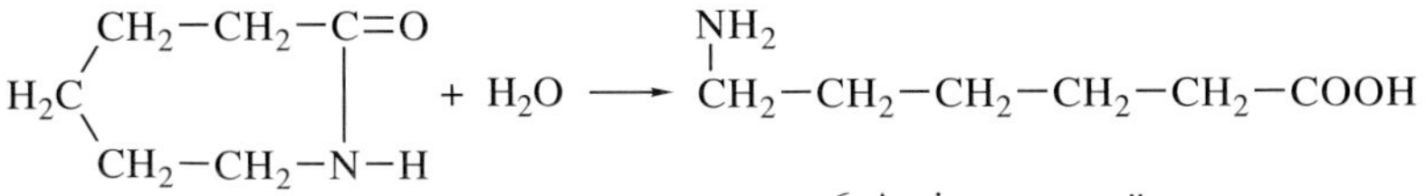

ε-Caprolactam 6-Aminocapronsäure (ε-Aminocapronsäure)

Autokondensation:

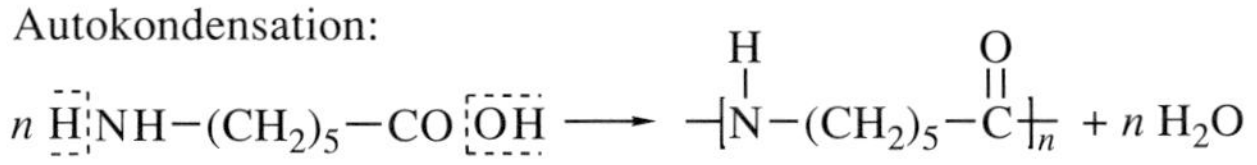

6-Aminocapronsäure Polycaprolactam (Perlon)

Zur gleichen Zeit wie Perlon in Deutschland wurde in den USA das Polyamid Polyhexamethylendiaminadipinat, besser bekannt unter dem Namen *Nylon*, entwickelt. Auch hier werden durch Peptidbindungen CH_2-Gruppen miteinander verknüpft.

Hexamethylendiamin Adipinsäure

Nylon

Polyamide sind auch von Bedeutung als Material für Seile, Tennissaiten, Netze, Treibriemen, Maschinenteile (Zahnräder u. a.).

Aminoplaste
Durch Polykondensation von Harnstoff mit Formaldehyd entstehen die duroplastischen weißen Aminoplaste, die für Steckdosen, Schalter u. ä. verwendet werden.

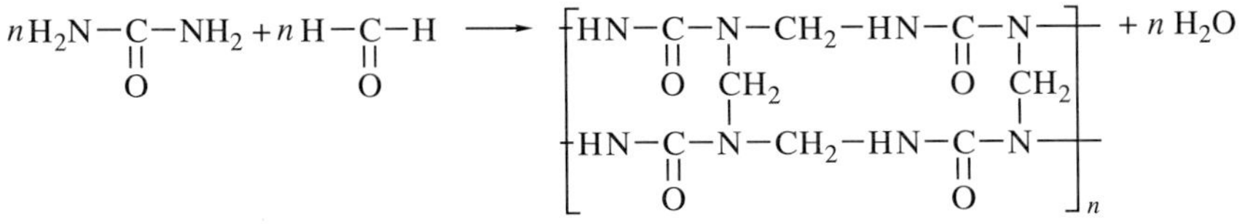

Harnstoff Formaldehyd Aminoplast

Phenoplaste entstehen durch Polykondensation von Phenol und Methanal (Formaldehyd).

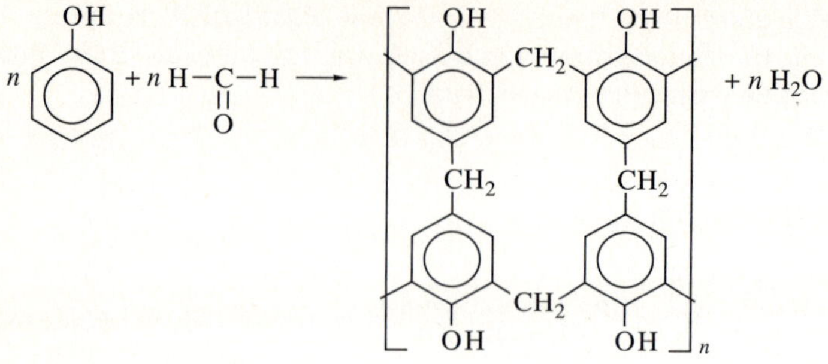

Phenol Methanal Phenoplast

Phenoplaste finden wie Aminoplaste ihren Einsatz als Preßmassen (Schalter, Steckdosen, Griffe, Möbelbeschläge usw.), Gießharze, Lackharze und Klebstoffe.

Polyurethane (PUR) entstehen durch Polyaddition aus mehrwertigen Alkoholen und Di- oder Triisocyanaten, z. B.

$$n\,HO{-}R{-}OH + n\,O{=}C{=}N{-}R{-}N{=}C{=}O \longrightarrow \left[O{-}R{-}O{-}\underset{\underset{O}{\|}}{C}{-}\underset{\underset{H}{|}}{N}{-}R{-}\underset{\underset{H}{|}}{N}{-}\underset{\underset{O}{\|}}{C} \right]_n$$

Diol Diisocyanat Polyurethan

Schaumstoffe für Matrazen und Polster o. ä. entstehen, wenn durch eine Zwischenreaktion Gase wie CO_2 freigesetzt werden. Elastische Polyurethane werden durch Polyaddition von linearen Polyestern mit Diisocyanaten gebildet. Polyurethane werden auch für Lacke, Kleber, Dichtungs- und Isoliermaterial eingesetzt.

Silicone sind nichtbrennbare siliciumorganische Verbindungen, wie z. B. das flüssige Dimethylpolysiloxan, das als Siliconöl Einsatz findet.

$$n\,HO{-}\overset{\overset{CH_3}{|}}{\underset{\underset{CH_3}{|}}{Si}}{-}OH \longrightarrow \left[O{-}\overset{\overset{CH_3}{|}}{\underset{\underset{CH_3}{|}}{Si}}{-}O{-}\overset{\overset{CH_3}{|}}{\underset{\underset{CH_3}{|}}{Si}}{-}O{-}\overset{\overset{CH_3}{|}}{\underset{\underset{CH_3}{|}}{Si}}{-}O{-}\overset{\overset{CH_3}{|}}{\underset{\underset{CH_3}{|}}{Si}}{-}O \right]_n + n\,H_2O$$

Dimethylsilandiol Dimethylpolysiloxan

Siliconöle lassen sich mit Füllstoffen zu Siliconfetten verdicken, deren Schmierwirkung von $-100\,°C$ bis $+200\,°C$ reicht. Siliconöle dienen als Trennmittel, da sie sich nicht mit organischen Stoffen verbinden. Schwachvernetzte Dimethylsilicone sind elastisch und als Siliconkautschuk bekannt.

Wichtige Kunststoffarten sind in Tab. 5-10 dargestellt. Weitere Anwendungen und Eigenschaften sind in Tab. 5-11 aufgeführt.

Tab. 5-10: Übersicht über die wichtigsten Kunststoffe, nach Bayer AG.

Abgewandelte Naturstoffe		**Synthetische Kunststoffe**				
		Polykondensate		**Polymerisate**	**Polyaddukte**	
Duroplaste	**Thermoplaste**	**Duroplaste**	**Thermoplaste**	**Thermoplaste**	**Duroplaste**	**Thermoplaste**
Kasein-Harze	*Cellulose-Ester:* – Nitrat – Acetat – Triacetat – Acetobutyrat – Propionat *Cellulose-Ether:* Methyl-Cellulose Ethyl-Cellulose Benzyl-Cellulose *Cellulose-Hydrat:* Pergament Vulkanfiber Viskose	*Phenoplaste:* Phenol-Harze Resorcin-Harze *Aminoplaste:* Melamin-Harze Anilin-Harze Harnstoff-Harze *Vernetzte Polyester:* Alkydharze Vernetzte ungesättigte Polyester Silicone	*Lineare, gesättigte Polyester:* Polycarbonate *Polyamide:* Nylon Lactam-Polyamid	*Polyolefine:* Polyethylen Polypropylen Polyisopren Polyvinylchlorid Polymethacrylate Polystyrol Polyacetal (Polyoxymethylen) Polyacrylnitril	*Epoxidharze* *Vernetzte Polyurethane:* Vulkollan ® Moltopren ®	*Lineare Polyurethane* Urethan-Polyamid

Tab. 5-11: Anwendungen und Eigenschaften wichtiger Kunststoffe.

Werkstoffbezeichnung gemäß DIN 7728 Bl.1	Anwendungen	Chemische Beständigkeit	Brennbarkeit/ Aussehen der Flamme	Geruch der Rauchschwaden, insbesondere nach Erlöschen der Flamme
Thermoplaste				
Polyvinylchlorid hart PVC hart	Rohre, Fittings, Platten, Bau- und Möbelprofile, Gehäuse- und Apparatebauteile, elektrotechnische Formteile, Batterieseparatoren, Borsten, Verpackungen, Folien, Hohlkörper	beständig gegen Waschmittel, Soda, Alkohol, Salzsäure, Salmiakgeist, Testbenzin; nicht beständig gegen Ester, Ketone, chlorierte Kohlenwasserstoffe, Aromaten	verkohlt in der Flamme, erlischt außerhalb der Flamme	stechend, nach Salzsäure
Polyvinylchlorid weich PVC weich	Fußbodenbeläge, Tapeten, Schaumkunstleder, Tischbeläge, beschichtete Gewebebahnen, Profile, Isolierungen und Ummantelung von Kabeln und Drähten, Schläuche, Folien, Tafeln, Dichtungsmassen, Unterbodenschutz, Spielzeug, Sohlen, Stiefeln, Schuhe, Sandalen, Tuben	beständig gegen Säuren, Soda, Salmiakgeist, Seife, Waschmittel; nicht beständig gegen Fleckenputzmittel; für Lebensmittelverpackungen mit Einschränkung geeignet	brennt zum Teil – je nach Weichmacher und Weichmachergehalt – weiter, leuchtend gelblich-grüne Flamme, rußend	stechend, nach Salzsäure
Polystyrol PS	Elektrotechnische Formteile, Isolier- und Kaschierfolien, Haushaltsgegenstände, Dosen und kleinere Behältnisse aller Art, Lebensmittelverpackungen, Spielwaren	beständig gegen nicht oxidierende Säuren, Alkalien, wäßrige Lösungen von Salzen und niedere Alkohole; nicht beständig gegen Fleckenschutzmittel, Orangen- und Zitronenschalen, Ester, Ketone, Halogenverbindungen, aromatische Kohlenwasserstoffe	leuchtend gelbe Flamme, stark rußend	süßlich
Styrol-Butadien SB	Möbelteile, Phonogerätegehäuse, Elektroinstallationsmaterial, Innenauskleidung von Kühlschränken, Blumenschalen, Stapelkästen, Kleiderbügel, Hohlkörper, Becher, tiefgezogene Einwegverpackungen	beständig gegen nicht oxidierende Säuren, Alkalien, wäßrige Lösungen von Salzen und niedere Alkohole; nicht beständig gegen Fleckenputzmittel, Orangen- und Zitronenschalen, Ester, Ketone, Halogenverbindungen, aromatische Kohlenwasserstoffe	leuchtend gelbe Flamme, stark rußend	süßlich

Tab. 5-11: Fortsetzung.

Werkstoffbezeichnung gemäß DIN 7728 Bl.1	Anwendungen	Chemische Beständigkeit	Brennbarkeit/ Aussehen der Flamme	Geruch der Rauchschwaden, insbesondere nach Erlöschen der Flamme
Styrol-Acrylnitril SAN	Gehäuse für Diktier-, Fernsprech-, Tonband-, Rundfunk- und Fernsehgeräte, Batteriekästen, höher beanspruchbare Haushaltsgegenstände, Geschirr, Salatbestecke, Kühlschrankboxen, Flaschen	beständig wie PS, jedoch etwas beständiger gegen ätherische Öle (z. B. in den Schalen von Zitrusfrüchten enthalten) und aliphatische Kohlenwasserstoffe	leuchtend hellgelbe Flamme, stark rußend	süßlich (nach verbranntem Horn)
Acrylnitril-Butadien-Styrol ABS	mechanisch hoch beanspruchbare technische Formteile, Batteriekästen, Armaturenbretter, Rasenmäherräder, Tür- und Möbelbeschläge, Koffergriffe, galvanisierte Teile	beständig gegen nicht oxidierende Säuren, Alkalien, wäßrige Lösungen von Salzen und niedere Alkohole; nicht beständig gegen Fleckenputzmittel, Ester, Ketone, Halogenverbindungen, aromatische Kohlenwasserstoffe	leuchtende Flamme, rußend	süßlich
Expandierbares Polystyrol EPS	Platten für Kälte-/Wärmeschutz, Trittschalldämmplatten, Zusatz für Leichtbeton, Dekorplatten,Formteile für Sitzmöbel, Hartschaumverpackungen	beständig gegen nicht oxidierende Säuren, Alkalien, wäßrige Lösungen von Salzen und niedere Alkohole; nicht beständig gegen Fleckenputzmittel, Orangen- und Zitronenschalen, Ester, Ketone, Halogenverbindungen, aromatische Kohlenwasserstoffe	leuchtend gelbe Flamme, stark rußend	süßlich
Polyethylen niedriger Dichte PE weich (LDPE)	Haushalts- und elektrotechnische Bedarfsgegenstände, Kabelisolierungen, Spielzeug, Folien, Tragetaschen, Flaschen	beständig gegen Speisefette und Öle, Säuren, Soda, Salmiakgeist, Seife, Waschmittel	helle, gelbe Flamme, beginnt mit kleiner blauer Flamme nur zögernd zu brennen, Tropfen brennen weiter	nach Paraffin bzw. nach einer gelöschten Kerze
Polyethylen hoher Dichte PE hart (HDPE)	Wannen, Körbe, Eimer, Schüsseln, Kanister, Flaschen, Folien, Monofils, Spielzeug, Isolationsmaterial, Platten, Rohre, Kellerlichtschächte, Lager- und Transportbehälter aller Art	beständig gegen Speisefetts und Öle, Säuren, Soda, Salmiakgeist, Waschmittel	helle gelbe Flamme, beginnt mit kleiner blauer Flamme nur zögernd zu brennen, Tropfen brennen weiter	nach Paraffin bzw. nach einer gelöschten Kerze

Tab. 5-11: Fortsetzung.

Werkstoffbezeichnung gemäß DIN 7728 Bl.1	Anwendungen	Chemische Beständigkeit	Brennbarkeit/ Aussehen der Flamme	Geruch der Rauchschwaden, insbesondere nach Erlöschen der Flamme
Polypropylen PP	technische Formteile, Kraftfahrzeugteile, Batteriekästen, Gehäuse für elektrische Haushaltsgeräte, Waschmaschinenteile, Haushaltsgegenstände, Flaschen, Stuhlsitzschalen, Industrie- und Hausabflußrohre, Verpackungen, Gewebe, Folien, Fasern	beständig gegen Speisefette und Öle, Säuren, Soda, Salmiakgeist, Seife, Waschmittel	helle Flamme mit blauem Kern, Tropfen brennen weiter	stechender Paraffingeruch
Polymethylmethacrylat PMMA	hochwertige Formteile mit besonders guter Transparenz und Brillanz wie Salatbestecke, Becher, Brillengläser, optische Linsen, Uhrengläser, Lichtkuppeln, Lacke	beständig gegen schwache Säuren, Speisefette und Öle; nicht beständig gegen Fleckenputzmittel, Alkohol	leuchtende Flamme, leicht knisternd	süßlich, fruchtartig
Polyamid 12 PA 12	Präzisionsteile für Feinwerktechnik, Elektrotechnik, Maschinen- und Automobilbau; Sportgeräte; Rohre und Schläuche für Kraftfahrzeuge, Hydraulik, Farbspritzanlagen; Kabelummantelungen, Aderisolierungen, Folien, Halbzeug, Hohlkörper, Schmelzkleber	beständig gegen Kraftstoffe, Mineral- und Hydrauliköle, Speisefette und Öle, Alkohol, Salmiakgeist, Laugen, Treibgas	schwer brennbar, Flamme mit bläulich gelbem Rand, tropft fädenziehend	wie verbranntes Horn oder verbranntes Haar
Polyethylenterephthalat PETP	technische Präzisionsteile, Folien, Platten, Monofilamente, Hohlkörper (auch für Nahrungsmittel), Halbzeug, Aderisolierungen	beständig gegen schwache Säuren, Fette, Öle, Benzin	leuchtende Flamme, stark rußend	nicht charakteristisch
Polybutylenterephthalat PBTP	technische Präzisionsteile, Zahnräder, Apparategehäuse, Monofilamente, Aderisolierungen, Halbzeug, Rohre, Folien	beständig gegen Laugen, Alkohol, Benzin, Fette und Öle	leuchtende Flamme, stark rußend, Tropfen brennen nicht	nicht charakteristisch

Tab. 5-11: Fortsetzung.

Werkstoffbezeichnung gemäß DIN7728 Bl.1	Anwendungen	Chemische Beständigkeit	Brennbarkeit/ Aussehen der Flamme	Geruch der Rauchschwaden, insbesondere nach Erlöschen der Flamme
Polyacetal POM	Zahnräder, Gleitlager, Federelemente, Pumpen, Beschläge, Türgriffe, Aerosolflaschen	beständig gegen die meisten Lösemittel; nicht beständig gegen Säuren	wie Trockenspiritus, tropft	stechend
Polycarbonat PC	Elektrotechnische Formteile, Profile, Rohre, Behältnisse, Schüsseln, Tassen, Bestecke, Platten	beständig gegen verdünnte Säuren und Laugen, Speisefette und Öle; unbeständig gegen Fleckenputzmittel	leuchtende Flamme, erlischt außerhalb der Zündquelle, stark rußend	phenolartig
Celluloseacetat CA	Gehäuse für Elektrogeräte, Werkzeuggriffe, Brillengestelle, Schirmgriffe, Kugelschreiberhülsen, Knöpfe, Spielzeug, Filme, Fäden, Lacke	beständig gegen Öle; nicht beständig gegen Essig, Fleckenputzmittel, gegen anhaltende Feuchtigkeit	dunkelgrüngelbe Flamme, sprühend, tropft	stechend, nach Essig und verbranntem Papier
Celluloseacetobutyrat CAB	Staubsaugerteile, Werkzeuggriffe, Koffergriffe, Lenkradumkleidungen, Brillengestelle, Möbelbeschläge, Füllfederhalter, Platten, Profile, Folien	beständig gegen Benzin und Öle; nicht beständig gegen Essig, Fleckenputzmittel	leuchtend dunkelgelb, Flammenrand schwachblau, sprühend	nach Buttersäure (ranziger Geruch) und verbranntem Papier
Duroplaste				
Polyurethan PUR	Weich- und Hartschaumformteile, Möbel, Postermöbelteile, Matratzen, Wärmedämmplatten, Karosserieteile, Schwämme, Schuhsohlen	beständig gegen Benzin, Öle, Fette, schwache Säuren; unbeständig gegen starke Laugen und heißes Wasser	leuchtende Flamme, schäumt, tropft	stechend
Phenol-Formaldehyd PF	Gehäuseteile, Telefonapparateteile, technische und elektrische Kleinteile, sanitäre Artikel, Lacke, Leime	beständig gegen Benzin, Öle, Fette, Spiritus, Essig; nicht für Lebensmittelverpackungen geeignet	brennt in der Flamme hell rußend, verlischt außerhalb der Flamme	stechend, nach Phenol (Carbolsäure) und Formaldehyd (Formalin)
Melamin-Formaldehyd MF	Gehäuse für Küchenmaschinen, Staubsaugerteile, Elektrozubehör, kratzfeste Tischbeläge, Campinggeschirr	beständig gegen Spiritus, Benzin, Öle, Fette, Essig, Fleckenputzmittel	kaum entzündbar	scharfer Geruch nach Ammoniak (Salmiakgeist) und Aminen (fischartig)

Tab. 5-11: Fortsetzung.

Werkstoff-bezeichnung gemäß DIN 7728 Bl.1	Anwendungen	Chemische Beständigkeit	Brennbarkeit/ Aussehen der Flamme	Geruch der Rauchschwaden, insbesondere nach Erlöschen der Flamme
Ungesättigte Polyesterharze UP	unverstärkt: Reaktionsharzbeton und -mörtel, Estrich, Knöpfe, Spritzfüller, Spachtel, Beschichtungs- und Vergußmassen, Möbelverzierungen glasfaserverstärkt: Wellplatten, Lichtkuppeln, Boote, Karosserieteile, Silos, Lebensmittelbehälter, Heizölbehälter, Behälter für die chemische Industrie, Rohre, Preßteile für die Elektroindustrie, Formteile	beständig gegen Waschmittel, Salzlösungen, verdünnte Säuren, verdünnte Laugen; unbeständig gegen Ketone, konzentrierte Säuren, oxidierende Substanzen, chlorierte Kohlenwasserstoffe	leuchtend hell, schwebende Rußflocken	süßlich

Diese Tabelle vermittelt einen knappen Überblick über die gebräuchlichsten Kunststoffarten. Sie erhebt jedoch keine Anspruch auf Vollständigkeit.
Da es innerhalb jeder Kunststoffart zahlreiche Typen unterschiedlichster Modifikation gibt, handelt es sich bei den angeführten Werten und Eigenschaften lediglich um Richtwerte. In vielen Fällen ist mit erheblichen Abweichungen zu rechnen.

Durch organische schwefelhaltige Polymere, die gute ökologische Eigenschaften besitzen, lassen sich auch komplex gebundene Schwermetall-Ionen sogar bis in den ppb-Bereich aus Wässern eliminieren. Ein weiterer Vorteil besteht darin, daß die Wirkung dieser Verbindungen weitgehend unabhängig vom pH-Wert des zu behandelnden Wassers oder Abwassers ist.

Teil II Chemie und Analytik von Wasser, Abwasser und Abfall

6 Grundlagen der Chemie und der Analytik des Wassers

6.1 Einführung

Aufgrund der enormen, ständig im Steigen begriffenen Zahl der in den einzelnen Wasserarten enthaltenen Stoffe, befindet sich die Chemie des Wassers und deren Analytik in stetiger Entwicklung. Immer bessere, empfindlichere Meßmethoden und Geräte haben es ermöglicht, Stoffe in solch winzigen Konzentrationen nachzuweisen, die vor einigen Jahren noch undenkbar waren. Würde man ein Stück Würfelzucker im Starnberger See auflösen und gleichmäßig verteilen, gelangt man in den Konzentrationsbereich von Zucker, der in etwa den winzigen, heute nachweisbaren Konzentrationen entspricht. Werden bestimmte Stoffe nachgewiesen, so ist es unbedingt erforderlich, die gefundenen Konzentrationen anzugeben, um ein solches Resultat einschätzen und einordnen zu können, wie dieses Beispiel zeigen sollte. Hinzu kommt, daß auch bei diesen Verfahren Meßfehler auftreten können. Deshalb sollten die Ergebnisse stets an mehreren Proben und von verschiedenen Instituten bestätigt werden, um sichere Aussagen machen zu können. Für im Bereich der Ver- und Entsorgung Tätige soll hier eine Einführung in diesen Bereich der Chemie, die aus den erwähnten Gründen nur einige wesentliche Aspekte exemplarisch betrachten kann, gegeben werden.

6.2 Wasserarten

Das auf der Oberfläche der Erde vorhandene Wasser in Bächen, Flüssen, Seen und Meeren wird **Oberflächenwasser** genannt. *98% davon ist Salzwasser. Von den 2% Süßwasser sind 97% gefroren und nur 2% flüssig.* Man erkennt, wie knapp und kostbar der zur Trinkwassernutzung zur Verfügung stehende Anteil ist! Ein Teil des Oberflächenwassers verdunstet und gelangt durch Niederschläge wie Regen, Schnee, Hagel, Tau wieder auf die Erdoberfläche. Davon fließt der eine Teil oberirdisch ab, der Rest versickert in den Boden. Das in den obersten Schichten der Erdrinde verbleibende Wasser ist das **Grundwasser.** Es dient der Trinkwassernutzung. Gelangt es wieder an die Oberfläche, bildet es Quellen.

Das in der Natur vorhandene **Rohwasser** wird in der Regel für verschiedene Zwecke aufbereitet. Nur noch selten hat das Rohwasser die Qualität, daß es ohne Aufbereitung als **Trinkwasser** verwendet werden kann. Wasser, das für bestimmte Verwendungszwecke aufbereitet wird und keine Trinkwasserqualität besitzt, heißt **Brauch-** oder **Nutzwasser**. Wird es in Betrieben genutzt, nennt man es **Betriebswasser.** Es kann z. B. besonders weiches Wasser benötigt werden, damit es in Rohrleitungen nicht zur Verengung durch Kesselsteinbildung kommt, oder als Kühlwasser Verwendung finden, z. B. in Kernkraftwerken. Durch die Nutzung wird das Wasser meist verunreinigt und liegt dann, leider oft zusammen mit Niederschlagswasser, als **Abwasser** vor.

Entfernt man die im Wasser gelösten Salze, also die Kationen und Anionen, erhält man **voll entsalztes Wasser (Deionat).** Durch die Entfernung der Calcium- und Magnesium-Salze ist es zugleich vollständig enthärtet. Organische Stoffe und Mikroorganismen sind noch enthalten. Erst nach einer Destillation liegt Wasser in weitgehend reiner Form als H_2O vor. Bei Kontakt mit der Luft lösen sich aber deren Bestandteile, z. B. Kohlendioxid, allmählich in **destilliertem Wasser** auf und verursachen dadurch einen pH-Wert, der unter 7 liegt.

6.3 Aspekte der Chemie und Toxikologie von Wasserinhaltstoffen

Im Wasser können **anorganische** und **organische Stoffe** sowie **Lebewesen** enthalten sein. Von besonderem Interesse sind die vorhandenen *Mikroorganismen.* Wichtige Gruppen sind die Viren, Bakterien, komplizierter aufgebaute Einzeller, die Protozoen, z. B. Amöben, Geißel- und Wimpertierchen, oder Vielzeller (Metazoen), wie Rädertierchen, Würmer, Weichtiere, Krebstiere, Wassermilben. Vor allem aus der Gruppe der Viren und Bakterien sind einige Arten gefährliche Krankheitserreger, sog. *pathogene Keime*, wenn sie im Wasser vorhanden sind.

Bleiben Krankheitserreger im Wasser eine gewisse Zeit *virulent,* d. h. ansteckungsfähig, so ist grundsätzlich eine *Infektion* durch Wasser möglich. Beispiele solcher infektiösen Stoffe sind die Cholera-Erreger *Vibrio cholerae,* Salmonellen, die Erreger von Typhus und Paratyphus oder Tuberkulosebakterien.

Die anorganischen und organischen Stoffe können unterschiedlich *dispers verteilt,* d. h. echt gelöst, kolloid gelöst oder emulgiert und suspendiert vorkommen. Je nach Dichte treten die nicht gelösten Stoffe als *Schwimm-, Schweb- oder Sinkstoffe* auf. Die Inhaltsstoffe können miteinander zu ungefährlicheren oder gefährlicheren Substanzen reagieren und dadurch eventuell aus dem Wasser entfernt werden. Lebewesen können durch Stoffwechselprozesse anorganische Stoffe zu organischen synthetisieren, tote organische Materie zu anorganischen Stoffen abbauen und Giftstoffe aufnehmen. Giftige oder toxische Stoffe rufen bei Aufnahme oder *Inkorporation* schädliche Wirkungen hervor.

Die Lehre der Schadwirkungen chemischer Substanzen auf lebende Organismen ist die ***Toxikologie.*** Bei vielen toxischen Stoffen hängt die Wirkung von der Dosis ab. So benötigen die Lebewesen geringste Mengen von vielen Spurenelementen, die aber in höheren aufgenommenen Konzentrationen toxisch wirken und sogar den Tod herbeiführen können. Sind sie nicht oder in zu geringen Mengen in der Nahrung enthalten, kommt es zu Mangelerscheinungen, Krankheit oder gar Tod. Es sind lebensnotwendige, *essentielle Stoffe,* zu denen auch einige Schwermetallkationen gehören. Schon *Paracelsus* (1493 bis 1541) hatte dies erkannt. Er sagte sinngemäß: Alles ist Gift, nur die Dosis bewirkt, daß ein Stoff kein Gift ist.

Einige wichtige Tests auf Wassertoxizität bedienen sich der Fische, da sie die Endglieder der Nahrungskette im Wasser darstellen. Man bestimmt dazu die kleinste Verdünnung, bei der gerade alle Fische überleben, den **Verdünnungsfaktor** G_F (Giftigkeit Fische). Ansonsten ermittelt man die Massenkonzentration des Stoffes im Wasser, ab der 50% der Testfische, meist Goldorfen, sterben. Diese Massenkonzentration wird **letale Konzentration** LC_{50} genannt. Bei vielen Schwermetallkationen und organischen Stoffen ist diese Konzentration äußerst gering. Es werden nun einige Wasserinhaltsstoffe bezüglich ihrer Wirkung näher betrachtet. Richt- und Grenzwerte für Inhaltsstoffe verschiedener Wasserarten sind im Anhang A aufgeführt.

6.3.1 Anorganische Stoffe

Die wichtigste Gruppe anorganischer Stoffe sind die Salze, die im Wasser in Form ihrer dissoziierten Kationen und Anionen gelöst vorkommen. Schwach salzhaltige Wässer haben Salzgehalte bis etwa 150 mg/L, bei stark salzhaltigen Wässern, wie dem Meerwasser, kann dieser Gehalt über 1 g/L liegen. Gase können sich im Wasser physikalisch lösen oder chemisch mit Wasser oder den Inhaltsstoffen reagieren. Neben den Salzen und Gasen können in Wässern noch Nichtelektrolyte, d. h. nicht dissoziierte anorganische Substanzen, vorkommen. Weitere Angaben zu den nun folgenden Stoffen sind in Kap. 4 enthalten.

6.3.1.1 Kationen

Hauptinhaltsstoffe

Von den gelösten metallischen Kationen sind nur wenige in größeren Konzentrationen in natürlichen Wässern vorhanden. Na^+-, K^+-, Mg^{2+}- und Ca^{2+}-Ionen kommen als Hauptinhaltsstoffe häufig in Konzentrationen von mehr als 10 mg/L vor.

Natrium Na: Auch im Süßwasser ist das Na^+-Kation das am häufigsten enthaltene Alkalimetall-Ion. Es ist in größeren Mengen für den Menschen essentiell. Die empfohlene tägliche Zufuhr liegt bei 1,1 bis 3,3 g. Allerdings besteht bei einem Natrium-Überangebot möglicherweise ein Zusammenhang mit Herzkranzgefäßerkrankungen als Folge einer natriumgeschädigten Niere.

Kalium K: Im Grundwasser sind K^+-Ionen meist in viel geringeren Mengen als Na^+-Ionen enthalten, da das K^+-Ion ein bedeutender Pflanzennährstoff ist. Erhöhte Gehalte im Grundwasser sind meist auf das Auswaschen von Kalidüngern aus humusarmen Böden zurückzuführen. Der menschliche Bedarf an Kalium liegt bei über 2 g pro Tag.

Magnesium Mg: Magnesium-Salze sind *Teil der Gesamthärte.* Magnesium ist nicht nur für Pflanzen essentiell als Zentralatom des Chlorophylls, sondern auch für Menschen. Es ist ein wichtiger Baustein von bestimmten Enzymen, erforderlich zur Festigkeit der Knochen und erweist sich für die Festigkeit des Zahnschmelzes wirksamer als Fluor. Es scheint eher eine Magnesium-Unterversorgung zu bestehen, da Erwachsene 350 bis 400 mg/d benötigen. Allerdings können höhere Dosen Krankheiten wie Verstopfung, Fettleibigkeit, Leber- und Gallenleiden verursachen. Die EG-Trinkwasserrichtlinie sieht von daher ebenso wie die Trinkwasserverordnung einen Höchstwert von 50 mg/L vor. Es wirkt zudem als beton-aggressiver Stoff.

Calcium Ca: Calcium-Salze sind meist *Hauptbestandteil der Gesamthärte.* Es kommt oft, wie auch Magnesium, als leichtlösliches Calciumhydrogencarbonat vor. Große Mengen Calcium werden zum Aufbau der Knochen, Zähne und Zellwände benötigt. Knochen enthalten sehr viel Calcium. Bei einem Erwachsenen kann diese Menge 1 kg betragen. Es ist außerdem im Blutplasma an der Regulierung der Blutgerinnung beteiligt. Pro Tag sollte daher ein erwachsener Mensch etwa 1 g Calcium mit der Nahrung aufnehmen. In der EG-Richtlinie über die Qualität von Wasser für den menschlichen Gebrauch (EG-Trinkwasserrichtlinie) wird ein Gehalt von 100 mg/L als empfohlene Richtzahl angegeben.

Begleitstoffe:

Als Begleitstoffe werden die Kationen bezeichnet, die in Gehalten von mehr als 0,1 mg/L in Wässern vorkommen.

Strontium Sr: In geringen Mengen ist das Sr^{2+}-Ion ebenfalls essentiell. Es verhält sich im Stoffwechsel wie Calcium. Das hochgiftige radioaktive Isotop ^{90}Sr wird anstelle von Calcium in die Knochensubstanz eingebaut und schädigt dadurch die Neubildung der roten Blutkörperchen im Knochenmark.

Eisen Fe: Fe^{2+}-Ionen werden leicht zu Fe^{3+}-Ionen oxidiert, z. B. durch Eisenbakterien. Im Grundwasser kommt Eisen bei Sauerstoffmangel allerdings als Fe^{2+}-Ion vor. Moorwässer enthalten Eisen komplex gebunden in organischen Verbindungen. Eisen kann auch durch aggressives Wasser aus Rohrleitungen u. a. herausgelöst werden. Wegen der leichten Oxidierbarkeit zu biologisch unwirksamen Fe^{3+}-Ionen und der Verursachung eines metallischen Geschmacks ab $\beta(Fe^{2+}) = 0{,}3$ mg/L ist es im Trinkwasser unerwünscht. Zudem benötigen viele Betriebe (Papier- und Tuchfabriken, Wäschereien, Molkereien, Brauereien z. B.) eisen- und manganfreies Wasser. Eine toxische Wirkung beim Menschen ist nicht bekannt. 5 bis 20 mg Eisen werden zum Aufbau des Hämoglobins, des roten Blutfarbstoffs, täglich benötigt. In Abwässern bewirken Eisen-Ionen ebenso wie Aluminium-Ionen übermäßige Schlammablagerungen im Kanalnetz. Bei Trockenwetter kommt es in diesem Schlamm zu anaeroben Vorgängen unter Schwefelwasserstoff-Entwicklung. Bei Regenwetter werden diese Schlämme remobilisiert und bewirken eine Stoßbelastung der Kläranlage.

Mangan Mn: Im Grund- und Oberflächenwasser sind Mn^{2+}-Ionen bis zu 0,3 mg/L enthalten. Weil es dem Trinkwasser einen bitteren Geschmack verleiht, wurde der zulässige Höchstwert in der Trinkwasserverordnung auf 0,05 mg/L festgelegt, obwohl es erst in höheren Konzentrationen gesundheitsschädigend wirkt. Es ist ein essentielles Element. Mangan-Mangel führt u.a. zu Störungen der Knochen-und Knorpelbildung. Vor allem für Betriebswässer von Färbereien, Wäschereien und Papierfabriken braucht man mangan- und eisenfreies Wasser, weil sich sonst dunkle Mangan(IV)-oxid- oder Eisen(III)-oxid-Niederschläge bilden würden, die sich auf Wäsche und Papier ablagern.

Aluminium Al: Mit zunehmender Bodenversauerung werden Al^{3+}-Ionen freigesetzt, z.B. aus Feldspäten. Dadurch kann es zu Wurzelschädigungen und einer Beeinträchtigung des Grundwassers kommen. Aus Moor- und Sumpfgewässern, die meist einen sauren pH-Wert besitzen, können Huminstoffe ausgeflockt werden. Dadurch können die seltenen und wertvollen Moor- und Sumpf-Biotope zerstört werden. Trinkwässer aus privaten Brunnen in Moorgegenden können erhöhte Al^{3+}-Gehalte aufweisen. In Papierfabriken wird Aluminiumsulfat zur Fällung von Resinaten verwendet. Abwässer solcher Betriebe müssen ebenso wie z.B. die der Aluminiumbeizereibetriebe oder Eloxalbetriebe eine Überwachungsgrenzwert von 3 mg/L einhalten. Eine übermäßige Schlammablagerung im Kanalnetz und eine daraus bei Regenwetter auftretende Stoßbelastung sind sonst die Folgen. Durch unsachgemäße Flockung, beispielsweise durch Zugabe zu großer Mengen des Flockungsmittels Aluminiumsulfat, können größere Mengen Al in die Gewässer oder Vorfluter gelangen. Es ist in sauren Gewässern für Fische in Konzentrationen unter 0,1 mg/L stark toxisch, führt zur Abtötung des Planktons und zur Gewässerverödung. Es verursacht einen metallischen Geschmack des Wassers. Im Blut werden Al^{3+}-Ionen an eisentransportierende Eiweiße angelagert und gelangen so ins Knochenmark, wo sie die Bildung der roten Blutkörperchen beeinträchtigen, in die Knochen, wo sie Calcium ersetzen und den Abbau der Knochensubstanz verursachen. Bei Konzentrationen >110 mg/L steigt die Zahl der Alzheimer-Kranken an.

Ammonium-Ionen NH_4^+: Ammonium-Ionen sind die ersten anorganischen, leicht nachweisbaren Ionen beim Abbau organischer stickstoffhaltiger Substanzen wie z.B. Harnstoff oder Proteinen. Diesen Vorgang nennt man *Ammonifikation*. Da sie auch aus Exkrementen stammen können, können sie ein Hinweis auf unhygienische Zustände sein. Eine toxische Wirkung für den Menschen ist nicht bekannt. Mit steigendem pH-Wert verschiebt sich das Gleichgewicht in Richtung des fischtoxischen Ammoniaks NH_3, wie Tab. 6-1 zeigt.

Tab. 6-1: Abhängigkeit des NH_3-Gehalts vom pH-Wert für die Gleichgewichtsreaktion $NH_4^+ \rightleftharpoons NH_3 + H^+$.

pH-Wert	NH_3-Gehalt (%)	pH-Wert	NH_3-Gehalt (%)
6	0	9	25
7	1	10	78
8	4	11	100

Als Mittelwert der für Fische tödlich wirkenden Konzentration wird ein Wert von $\beta(NH_4^+) = 1$ mg/L angesehen, die Toleranzgrenze liegt bei $\beta(NH_4^+) = 0,2$ mg/L. Ammoniak führt in Konzentrationen von $\beta(NH_3) = 0,03$ bis 0,05 mg/L bei Fischen zu chronischen Schäden, bei Fischbrut wirkt ein Gehalt von $\beta(NH_3) = 0{,}2$ bis 0,3 mg/L tödlich.

Eine Belastung der Oberflächengewässer erfolgt z. B. durch Sickerwässer von Mülldeponien, im Boden ablaufende Eiweißverwesungsprozesse, Gülle und Jauche aus der Landwirtschaft, Abschwemmung anorganischen Düngers oder nicht ausreichend gereinigtes Ablaufwasser von Kläranlagen.

Das einer Kläranlage zulaufende Abwasser kann Gehalte von $\beta(NH_4^+) \geqq 40$ mg/L haben. Zudem können gewisse anaerobe Bakterien Nitrat-Ionen zu Ammonium-Ionen reduzieren. Man nennt diesen Prozeß *Nitratammonifikation.* Der aerobe mikrobielle Abbau der auch betonaggressiven Ammonium-Ionen zu Nitrat-Ionen (Nitrifikation) erfordert pro mg NH_4^+-Ionen 3,5 mg Sauerstoff. Eine Stickstoff-Eliminierung durch *Nitrifikation* und *Denitrifikation* (s. Abschn. 6.3.1.2 „Nitrat-Ion") muß daher in den Kläranlagen umgehend möglichst vollständig erfolgen. Ansonsten werden die Gewässer, in die die Kläranlagenabläufe eingeleitet werden, die sog. *Vorfluter,* mit zu großen Ammonium-Mengen belastet. Ammonium-Ionen werden in diesen Gewässern dann unter erheblichem Verbrauch des gelösten Sauerstoffs, d. h. einer sehr großen *Sauerstoffzehrung,* durch deren Mikroorganismen abgebaut. Eine beträchtliche Störung der ökologischen Verhältnisse ist hauptsächlich dadurch die Folge. Deshalb verlangt auch das *Wasserhaushaltsgesetz* die **weitergehende Reinigung der Abwässer,** zu der in erster Linie die vollständige Stickstoff- und Phosphat-Entfernung gehören. Durch die bisher übliche mechanische und biologische Reinigung werden diese Schadstoffe nur zum Teil entfernt. Durch die weitergehende Reinigung, die auch als *dritte Reinigungsstufe* bezeichnet wird, würden Vorfluter und Meere wie die Nord- und Ostsee ganz erheblich von Schmutzfracht entlastet. Keine Kosten dürften für diese dringend erforderliche anlagentechnische Erweiterung der Kläranlagen zu hoch sein. Die technische Möglichkeit Abwässer weitergehend zu reinigen besteht jedenfalls. Dies wird sicherlich in verstärktem Maße erfolgen, wenn der geplante Grenzwert für den Gehalt an Stickstoff der Ammonium-Ionen (Ammonium-Stickstoff) $\beta(NH_4^+\text{-N}) = 10$ mg/L ins *Abwasserabgabengesetz* aufgenommen und zur Berechnung der zu zahlenden Abgabe herangezogen wird (s. Abschn. 6.4.3.4).

Spurenstoffe

Betragen die Gehalte der gelösten Stoffe weniger als 0,1 mg/L, spricht man von Spurenstoffen. Eine Vielzahl von Spurenelementen sind als Kationen, z. T. auch komplex gebunden, im Wasser enthalten.

Lithium Li: Das Li^+-Ion ist dem Na^+-Ion verwandt, ohne es ersetzen zu können. Es kommt u. a. in hartem Wasser und in Mineralwässern vor. Da es dann als Schutzfaktor gegen Herzinfarkt gilt und zudem bei manisch-depressiven Psychosen hemmend auf die manische Phase wirkt, ist es als essentiell anzusehen.

Rubidium Rb: Das Rb^+-Ion ist dem K^+-Ion sehr ähnlich. Es ist im Körper ähnlich verteilt wie Kalium, das es ersetzen kann, z. B. in Enzymsystemen. Seine biologische Bedeutung bei Menschen und höheren Tieren ist bisher unbekannt. Es ist jedoch in größeren Mengen als die meisten Spurenelemente im menschlichen Körper vorhanden.

Barium Ba: Ba^{2+}-Ionen sind in natürlichen Wässern in noch geringeren Mengen als Sr^{2+}-Ionen enthalten. In industriellen Abwässern ist dagegen wegen der weiten technischen Verwendung mit höheren Konzentrationen zu rechnen. Bei 2 bis 5 g liegt die für den Menschen letale, d.h. tödliche Dosis. Es wirkt als Zellgift.

Arsen As: Wegen der weiten Verbreitung in der Natur sind Konzentrationen von 0,01mg/L im Grund- und Oberflächenwasser häufig. Eine Quelle in Bad Dürkheim soll sogar einen Gehalt von ca. 12,9 mg/L haben.

Ursache hoher Arsen-Gehalte sind aber oft gewerbliche Abwässer, z.B. aus Gerbereien und Hüttenbetrieben oder Ausschwemmungen aus vor allem unsachgemäß angelegten Mülldeponien. Erhebliche Mengen Arsen sind in Braunkohlenaschen enthalten. Elementares Arsen ist ungiftig, doch reagiert es im wäßrigen Milieu leicht zu hochgiftigen As^{3+}-Verbindungen. Weniger giftig sind As^{5+}-Verbindungen. Arsen und seine Verbindungen wirken cancerogen, schädigen Nerven und Haut. 0,2 mg Arsen täglich können bereits nach mehrmonatiger Aufnahme chronische Vergiftungserscheinungen herbeiführen. Bei Langzeitaufnahme über das Trinkwasser nimmt somit das Krebsrisiko stark zu. 0,78 mg Arsen je Tag über ein Jahr aufgenommen gelten für Erwachsene als krebsgefährdend, so daß der Grenzwert der Trinkwasserverordnung von 1986 von 0,04 mg/L sehr kritisch betrachtet werden muß und besser herabgesetzt werden sollte. Allerdings ist Arsen in winzigsten Konzentrationen essentiell. Ein Mangel kann zu Blutarmut und allgemeinen Gesundheitsbeeinträchtigungen führen.

Kupfer Cu: Kupfer-Gehalte in Wässern sind nicht natürlicher Herkunft, sie stammen aus industriellen Abwässern, Pflanzenschutzmitteln oder aus durch Korrosion in Leitungen und Armaturen entstandenen Verbindungen. Vor allem saures, weiches Wasser begünstigt diese Korrosion mit zunehmender Verweildauer. Vor kurzem wurde bekannt, daß erhöhte Kupfer-Gehalte vor allem bei Kleinkindern mit großer Wahrscheinlichkeit zu tödlichen Lebererkrankungen führen. Kupfersulfat wird zur Algenbekämpfung z.B. in Schwimmbadwässern eingesetzt. Das Cu^{2+}-Ion ist als essentielles Spurenelement für die Zellatmung, den Aufbau kupferhaltiger Enzyme und der roten Blutkörperchen unentbehrlich. Der Tagesbedarf liegt wahrscheinlich bei 2 bis 3 mg und wird mit der Nahrung zugeführt. 2 mg/L verleihen dem Wasser einen metallischen Geschmack. Das Cu^{2+}-Ion ist besonders in Gegenwart von Zink und Cadmium ein starkes Fischgift mit einer LC_{50} von ca. 0,1 mg/L.

Blei Pb: Das Vorkommen dieses nach derzeitiger Kenntnis nicht essentiellen Spurenelements im Trinkwasser ist fast nie geologischen Ursprungs. Meist stammt es aus bleihaltigen Rohrleitungen und Armaturen, vor allem bei längerer Verweilzeit des Wassers im System. Auch verzinkte Stahlrohre enthalten als Begleitstoffe, neben anderen stark toxischen Schwermetallen wie Cadmium oder Arsen, auch Blei. 0,8 mg/L im Trinkwasser führen bei Aufnahme über mehrere Wochen oft zu Vergiftungen. Ein zur Blutbildung benötigtes Enzym wird geschädigt, ebenso die Nervenfunktionen. Blei reichert sich im Körper an. Der Grenzwert der Trinkwasserverordnung liegt bei 0,04 mg/L. Besonders in weichen Wässern ist es ein starkes Fischgift.

Zink Zn: Verzinkte Leitungen oder Leitungen aus Zink und Zinklegierungen dürfen bei uns aus gesundheitlichen Gründen (s. Blei) nicht mehr verwendet werden. Das Zn^{2+}-Ion ist für über 80 Enzyme von außerordentlicher Bedeutung. Beinahe alle lebenserhaltenden Prozesse der Zellen werden vom Zink in irgendeiner Weise beeinflußt. Der Tagesbedarf des Menschen liegt bei 2 bis 15 mg, bei Stillenden bei 25 mg. Ein Mangel, zu dem es vor allem durch psychischen und physischen Streß kommen kann, führt zur Schwächung der Immunabwehr und zu vielen anderen Krankheitssymptomen (Wachstum-, Sexual-, Geschmacksstörungen, Appetitmangel, Haarausfall, Hautveränderungen, Wundheilungsstörungen). Die Toleranzgrenze der Weltgesundheitsorganisation (WHO) für Trinkwasser liegt bei 2 mg/L.

Beryllium Be: In Wässern mit hohem Mineraliengehalt ist Beryllium gelegentlich anzutreffen. Wegen zunehmender Verwendung kann es zu einer Belastung werden. Es scheint vor allem in Gegenwart von Sulfat-Ionen hochtoxisch zu sein. Es kommt zu Störungen der Blutbildung und der bedingten Reflexe durch das auch stark fischgiftig wirkende Element.

Cadmium Cd: Dieses nach derzeitiger Kenntnis nicht essentielle Spurenelement ist ein Begleitelement des Zinks. Es wird in Leber und Nieren gespeichert. Es ist cancerogen, beeinträchtigt den Eiweiß- und Kohlenhydratstoffwechsel, ist stark toxisch für das Sperma des Menschen und für Fische. Zink und Selen vermögen zahlreiche toxische Wirkungen des Cadmiums herabzusetzen. Gemäß Weltgesundheitsorganisation sollte ein Erwachsener wöchentlich höchstens 0,4 bis 0,5 mg Cadmium aufnehmen. Einige Lebensmittel wie Kartoffeln (ca. 0,047 mg/kg), Schweinenieren (ca. 0,7 mg/kg) oder Wildpilze sind besonders stark kontaminiert. Der Grenzwert der Trinkwasserverordnung liegt bei 0,005 mg/L. Sickerwässer von Mülldeponien weisen oft beträchtlich höhere Werte auf.

Chrom Cr: *Sechswertiges Chrom, Cr(VI), ist hundertfach toxischer als dreiwertiges Chrom,* welches in Leber und Nieren kumuliert wird. Chrom hat essentielle Bedeutung. So erhöht es die Glucoseverträglichkeit und ist somit Therapeutikum gegen eine Form von Altersdiabetes.
Im Trinkwasser scheint bei uns eher zu wenig als zuviel Chrom, im Durchschnitt $\beta(Cr^{3+})$ ca. 1,2 µg/L), enthalten zu sein. In Abwässern, vor allem der Galvanikbetriebe, ist mit hohen Werten zu rechnen. Durch Reduktion und Fällung muß der Grenzwert von β(Gesamt-Cr) = 0,5 mg/L (davon β(Cr(VI)) = 0,1 mg/L vor dem Einleiten in die Kanalisation oder den Vorfluter unterschritten werden.

Quecksilber Hg: Quecksilber gehört vermutlich zu den biologisch überflüssigen Elementen. Es wird vielfältig verwendet, z. B. in der Chemischen Industrie (Amalgamverfahren der Chlor-Alkali-Elektrolyse u. a.), der pharmazeutischen Industrie, der Papier-, Farben- und Elektroindustrie (Quecksilberdampflampen in Höhensonnen, Quecksilberoxidbatterien), der Landwirtschaft (Saatbeizmittel), für Thermometer- und Vakuummeterfüllungen oder in der Dentaltechnik als Amalgam für Zahnfüllungen. Auch durch Verbrennung von Müll, Kohle und Heizöl gelangen ständig größere Mengen Quecksilber in die Umwelt. Es erfolgt eine Akkumulation, d. h. Anreicherung und Speicherung in der Nahrungskette und wird somit vom Menschen aufgenommen, z. B. mit Fischen. Als Nahrungsmittel ist Fisch ab einem Quecksilber-Gehalt von 1 µg/kg nicht mehr geeignet. Wässer enthalten Quecksilber in Bruchteilen eines µg, in Trinkwässern liegen die Gehalte meist zwischen 0,1 bis 5 µg/L. 40 µg pro Tag ist der von der WHO maximal tolerierbare Wert, 0,3 mg = 300 µg pro Tag gelten als Grenzdosis. Die dreifache Menge führt nach längerer Zeit zum Tod.

Anorganische Hg^{2+}-Verbindungen sind stark toxisch, doch sind die organischen Quecksilber-Verbindungen, besonders Methylquecksilber, *noch wesentlich gefährlicher.* Durch mikrobielle Tätigkeit werden wohl alle Quecksilber-Verbindungen in Verbindungen umgewandelt, die vom Organismus besonders leicht resorbiert werden. Speziell im Zentralnervensystem kommt es zur Anreicherung und Enzymhemmung. Das kann sich z. B. durch Nachlassen der Gedächtnisleistung, des Lern- und Anpassungsvermögens, Mißfallen an der Umgebung, Kontaktschwierigkeiten und einer Störung der Nierentätigkeit bemerkbar machen.

Selen Se: In der Natur ist Selen mit Schwefel vergesellschaftet, gelangt jedoch durch anthropogene Einflüsse in weitaus größerem Maße in die Umwelt, z. B. bei der Öl- und Kohleverbrennung oder der Verhüttung von Erzen. Abwässer der Elektroindustrie (Selen ist Bestandteil von Photozellen und Gleichrichtern) und der Papierindustrie sind ebenfalls selenhaltig. Es ist ein essentielles Spurenelement, das z. B. Vitamin E bei einer Reihe von Krankheitszuständen ersetzen kann. Auf der anderen Seite gilt es aber wegen der großen Ähnlichkeit mit Arsen als carcinogen oder cancerogen. Selen-Aufnahmen im ppm-Bereich wirken toxisch und verursachen die tödlich verlaufende Selenose. Die essentiell benötigten Selen-Mengen liegen im ppb-Bereich. In diesen Konzentrationen setzt es aber mit großer Wahrscheinlichkeit die Wirksamkeit cancerogener Stoffe herab. Viele Stoffe wirken erst als Epoxide im Körper akut cancerogen. Selen als starkes Antioxidans vermag, weit stärker als Vitamin E, diesen Prozeß zu unterbinden, worauf seine Wirksamkeit beruhen könnte. Ebenso wird ihm eine gewisse Verzögerung des Alterungsprozesses zugeschrieben. Es besitzt wichtige enzymatische Eigenschaften und kann toxische Schwermetalle, z. B. Quecksilber, binden und dadurch biologisch unwirksam machen. Neben den Vitaminen A, C und E begünstigt es die körpereigene Abwehr. Vorgeschlagen wird, den Grenzwert für Trinkwasser von derzeit 8 µg/L auf 50 µg/L zu erhöhen, da man pro Tag mindestens 100 µg Selen aufnehmen sollte.

Nickel Ni: Erhöhte Gehalte von Ni^{2+}-Ionen in Oberflächengewässern deuten auf industriebedingte Zufuhren (Stahl-, Galvanikindustrie) hin, da es in der Natur relativ selten ist. Das toxische Schwermetall reichert sich im Organismus an. Der Grenzwert der Trinkwasserverordnung liegt bei 0,05 mg/L, der von Abwässern bei 0,5 mg/L. In geringen Mengen ist es, wie auch Cobalt, Vanadium und Molybdän, essentiell. Ein Mangel führt zu Blutarmut und Hautveränderungen u. a..

Zinn Sn: Je nach Lagerungszeit und -temperatur können sterilisierte Lebensmittel und Konservenaufgußflüssigkeiten in unlackierten verzinnten Weißblechdosen einen erhöhten Zinn-Gehalt aufweisen. Weniger aus toxikologischen, sondern mehr aus geschmacklichen Gründen sollten je nach Art des Lebensmittels in Konserven eine Konzentration von 100 bis 300 mg/kg dieses essentiellen Spurenelements nicht überschritten werden. Zinn-Mangel kann Appetitlosigkeit, Haarausfall und Akne hervorrufen.

Cobalt Co, Molybdän Mo und **Vanadium V** sind weitere essentielle Spurenelemente, die in Wässern angetroffen werden können. Cobalt ist Bestandteil des Vitamins B 12, Molybdän bedeutsam für die Bildung von Flavinenzymen. Bei dem häufigen Mangel an Vanadium, dessen Toxizitätsschwelle sehr hoch liegt, kommt es zu Störungen des Fettstoffwechsels.

6.3.1.2 Anionen

Hauptinhaltsstoffe :

Von den gelösten Anionen sind als Hauptinhaltsstoffe die Ionen Cl^-, SO_4^{2-}, HCO_3^- und NO_3^- zu nennen.

Chlorid-Ion Cl^- : Dieses Ion unterliegt bei der Abwasserreinigung, vor allem bei natürlichen Selbstreinigungsprozessen, keiner Veränderung. Konzentrationen über 5 g/L (Gerbereiabwässer) hemmen die biologischen Prozesse und können die mechanische Reinigung aufgrund von Dichteunterschieden beeinträchtigen. Es ist ein sehr dauerhafter Verschmutzungsindikator, denn überhöhte Chlorid-Gehalte sind viel eher anthropogenen Ursprungs (Beispiele: Kalibergbauabwässer in Rhein und Weser, Straßenstreusalz) als geologischen Ursprungs. Es ist physiologisch bis zu einer Konzentration von 400 mg/L unbedenklich, dient als Gegen-Ion zum Na^+-Ion zur Aufrechterhaltung des osmotischen Druckes extracellulärer Flüssigkeiten. Oberhalb von $\beta(Cl^-) = 100$ mg/L tritt ein salzartiger Geschmack auf. Chloride fördern wegen des meist sauren pH-Wertes ihrer Lösungen die Korrosion von Beton, Eisen und Aluminium und führen zu Schädigungen in Wasserleitungssystemen.

Sulfat-Ion SO_4^{2-} : Ein höherer Sulfat-Gehalt als 10 bis 30 mg/L kann auf die relativ gute Löslichkeit von Gips (ca. 2,5 g/L $CaSO_4 \cdot 2\ H_2O$) oder aerobe mikrobielle Abbauprozesse schwefelhaltiger Verbindungen, deren mineralisiertes Endprodukt SO_4^{2-}-Ionen sind, zurückzuführen sein. Wässer von Seen oder Grundwässer in der Nähe von Gips- und Kohlevorkommen können erhöhte Sulfat-Gehalte aufweisen. Der Grenzwert der Trinkwasserverordnung liegt bei 250 mg/L. Sulfatreiche Wässer wirken abführend, da Sulfat so gut wie nicht resorbiert wird. Auch in der Bauwirtschaft ist der Sulfat-Gehalt des Wassers von Bedeutung. 200 bis 600 mg/L wirken schwach, 600 bis 3000 mg/L stark und Konzentrationen über 3000 mg/L sehr stark betonangreifend.

Hydrogencarbonat-Ion HCO_3^- : Die Reaktion von Kohlendioxid und Wasser zu Kohlensäure H_2CO_3 $\quad CO_2 + H_2O \rightleftharpoons H_2CO_3 \quad$ hängt von 2 Gleichgewichtsreaktionen ab:

$$CO_2 + H_2O \rightleftharpoons HCO_3^- + H^+$$

$$HCO_3^- + H_2O \rightleftharpoons CO_3^{2-} + H_3O^+$$

HCO_3^- wird ab pH 4,3 aus CO_2 gebildet, bei pH 6,4 liegen je 50% CO_2 und HCO_3^--Ionen vor. Ab pH 8,3 beginnt die Konzentration an CO_3^{2-}-Ionen rasch anzusteigen, bei pH 10,3 liegen je 50% HCO_3^-- und CO_3^{2-}-Ionen vor. Zu bedenken ist, daß Gleichgewichte, wie z. B. die von Kiesel-, Phosphor- oder Huminsäuren, die Gesamtmineralisierung und die Temperatur diese pH-Einstellungen erheblich beeinflussen können.

Wässer aus Gegenden mit kalkhaltigem Untergrund (z. B. Schwäbische Alb, Fränkische Alb) sind sehr hart und hydrogencarbonathaltig. Die durch Erdalkali- und ggf. Alkali-Ionen valenzmäßig abgesättigte Menge an Kohlendioxid wird *gebundene „Kohlensäure“* genannt. Undissoziierte Kohlensäure H_2CO_3 kommt im Wasser praktisch nicht vor. Insofern ist die Bezeichnung „Kohlensäure“ für Kohlendioxid CO_2 irreführend. Bei Wässern mit pH-Werten zwischen 6,4 und 10,3 liegt Kohlendioxid größtenteils in Form des Hydrogencarbonat-Ions HCO_3^- vor. Ist mehr Kohlendioxid gelöst, als der gebundenen „Kohlensäure“ entspricht, bezeichnet man diese Konzentration an Kohlendioxid als *freie, überschüssige (aggressive) „Kohlensäure“*, weil Metalle, Beton und passive Schichten in Leitungssystemen angegriffen werden. Dies ist vor allem bei sehr weichen und daher schwach gepufferten Wässern der Fall. Bei der Bestimmung dieser kalklösenden „Kohlensäure“ unterscheidet man die Angriffsgrade schwach: $\beta(CO_2)$ = 15 bis 30 mg/L, stark: $\beta(CO_2)$ = 30 bis 60 mg/L und sehr stark: $\beta(CO_2) > 60$ mg/L. Aus Wässern mit hoher Carbonathärte können Schwermetalle leichter, z. B. als Carbonate, ausfallen als aus weichen Wässern.

Nitrat-Ion NO_3^-: In unbeeinflußten natürlichen Oberflächenwässern liegt der Gehalt meist zwischen 0,4 und 8 mg/L. Das NO_3^--Ion stammt aus der Verwesung und Verrottung von Organismen oder aus dem Regenwasser, vor allem bei Gewittern. Dort wo Salpeter vorkommt, kann es zu Ausschwemmungen kommen. Fast immer sind erhöhte Gehalte von 50 mg/L und mehr bei uns auf anthropogene, d. h. menschliche Einflüsse zurückzuführen. Aus fäkalienreichen Abwässern wie dem häuslichen Abwasser wird in Kläranlagen ohne weitergehende Reinigungsstufen das im Zuge des mikrobiellen oxidativen Abbaus der *Nitrifikation* entstandene Nitrat durch mikrobielle anaerobe *Denitrifikation* zu Stickstoff oder Distickstoffoxid nur unvollkommen entfernt.

Bei der weitergehenden Stickstoff-Entfernung werden Ammonium-Ionen durch *Nitrosomonas*-Bakterien zu Nitrit-Ionen und diese dann durch eine andere Art nitrifizierender Mikroorganismen, den *Nitrobacter*-Bakterien, zu Nitrat-Ionen oxidiert. Die toxischen Nitrit- und die schädlichen Nitrat-Ionen müssen nach diesem ersten Schritt, der Nitrifikation, durch denitrifizierende Bakterien zu Stickstoff umgewandelt werden. Die unerwünschte Schwimmschlammbildung infolge Aufsteigens von Stickstoff, meist in der Nachklärung, sollte kein Argument sein, neben der Phosphat- die Stickstoff-Eliminierung aus dem Abwasser nicht schnellstens vorzunehmen.

Eine weitere Belastung der Gewässer, vor allem über das Grundwasser, das unbelastet meist bis zu 20 mg/L enthält, erfolgt durch Ausschwemmungen von in Düngern (Kunstdünger, Gülle, Mist) enthaltenen Nitraten, besonders in landwirtschaftlich intensiv genutzten Gebieten. In den vegetationsarmen Jahreszeiten wird, vor allem bei starker Düngerzufuhr, hohen Niederschlägen, Böden mit geringer Speicherkapazität (z. B. Sandböden) und geringem Humus- und Tongehalt, Nitrat mit dem Sickerwasser ausgeschwemmt und ins Grundwasser überführt.

Hauptsächlich durch Stickoxid-Emissionen, aber auch manchmal durch Gewitter bedingt, kann der Nitrat-Gehalt im Regenwasser bis zu 20 mg/L betragen.

Der Grenzwert der Trinkwasserverordnung ist von 90 auf 50 mg/L herabgesetzt worden. Viele Mineralwässer weisen höhere Gehalte auf. Sie dürfen dann nicht mehr verkauft werden. Als *Mineralwässer* werden Wässer mit einer Massenkonzentration an gelösten Salzen von mindestens 1 g/L oder einem Gehalt an gelöstem freien Kohlendioxid von mindestens 250 mg/L bezeichnet.

Nitrat muß im Körper als latent cancerogen angesehen werden, da eine Reduktion zu Nitrit, z. B. im Magen, möglich ist. Nitrit kann mit Bestandteilen der Nahrung zu cancerogenen Nitrosaminen und -amiden reagieren. Vitamin C und einige andere Stoffe wirken dieser Reaktion entgegen. Bei Kleinkindern kann es durch die Reduktion von Nitrat zu Nitrit zu Methämoglobinämie (Blausucht) kommen. An motorischer Unruhe, Essensunlust, Weinen und blaugrauer, marmorierter Hautverfärbung kann man diese Krankheit erkennen, bei der der Sauerstoff-Transport im Blut behindert wird und es zum Tod durch inneres Ersticken kommen kann. Der Grenzwert für Wässer, die zur Herstellung von Säuglingsnahrung verwendet werden, wurde daher in der Bundesrepublik Deutschland auf 10 mg/L festgesetzt. Ergebnisse von Untersuchungen ergaben, daß in der Bundesrepublik Deutschland die untersuchten Trinkwässer einen mittleren Nitrat-Gehalt von 12,4 mg/L aufwiesen, bei einem Minimalgehalt von 0,5 mg/L und einem Höchstgehalt von 392,0 mg/L. 4,7% der Trinkwässer enthielten über 50 mg/L. Die EG empfiehlt, die Grenzwerte langfristig auf 25 mg/L zu senken.

Silicat-Ion SiO_3^{2-}, Kieselsäure $(H_2SiO_3)_n$: Als Hauptinhaltsstoff, vor allem bei sehr weichen Wässern, kommt Kieselsäure, oder je nach pH-Wert in geringen Mengen auch ihr Anion Silicat SiO_3^{2-}, in natürlichen Wässern vor. Meistens jedoch liegen die Konzentrationen im Bereich von 5 bis 8 mg/L. Oft ist Kieselsäure kolloid gelöst, was Trübungen verursachen kann. Physiologische Wirkungen sind nicht bekannt. Aus Korrosionsschutzgründen sind Kieselsäure-Konzentrationen bis zu 52 mg/L tolerierbar, da in eisenhaltigen Rohrleitungen passive Eisensilicat-Schichten ausgebildet werden.

Begleitstoffe:

Begleitstoffe sind Anionen, deren Gehalte meist deutlich unter 10 mg/L und oft über 0,1 mg/L liegen.

Fluorid-Ion F^-: Fluorid-Ionen sind in Mengen unter 0,5 mg/L in fast allen Wässern enthalten. Obwohl eine Konzentration von 0,6 bis 1,2 mg/L wünschenswert ist, da vor allem Jugendliche zur Verhinderung der Zahnkaries und zum Skelettaufbau täglich 1,5 mg F^--Ionen benötigen, wird bei uns, im Gegensatz zur DDR, eine künstliche Fluoridierung des Trinkwassers nicht praktiziert. Zum einen wird über die Nahrung (z. B. Tee, Meerestiere) Fluorid aufgenommen. Zum anderen führen Gehalte über 1,5 mg/L zu Fluorose-Erkrankungen, die durch zu große Fluoridmengen hervorgerufen werden (gefleckter Zahnschmelz, Haarausfall, Hautentzündungen, Nierenschädigungen u. a.).

Nitrit-Ion NO_2^-: Es entsteht als Zwischenprodukt natürlicher Abbau- und Umbauvorgänge bei der Oxidation des Ammonium-Ions und bei der Reduktion des Nitrat-Ions. In reinem, unverschmutztem Wasser ist das stark fischtoxische, sauerstoffzehrende Nitrit höchstens in Spuren vorhanden, da es sehr schnell mikrobiell umgewandelt wird. Seine Anwesenheit ist ein wichtiger Verschmutzungsindikator (Mengen von 0,2 bis 2 mg/L sind möglich), Abwesenheit bedeutet keine hygienische Unbedenklichkeit. Eine wesentliche

Belastungsquelle, neben Härtereien z. B., liegt noch immer im Bereich der Fleischkonservierung. Das verwendete Pökelsalz enthält Natriumchlorid mit etwa 0,5% Nitrit, meist Natriumnitrit und bis zu 1% Natriumnitrat. Das behandelte Fleisch kann bis zu 500 mg Natriumnitrit oder 600 mg Kaliumnitrit pro kg Fleisch enthalten. Die Stickstoff-Verbindungen wirken keimtötend (desinfizierend, konservierend) und verhindern eine Gerinnung des Blutes und damit eine Braunfärbung der Fleisch- und Wurstwaren. Die Aufrechterhaltung der Rotfärbung scheint hier offenbar wichtiger zu sein als die vor allem mit Nitrit verbundene Krebsgefahr durch Bildung von N-Nitroso-Verbindungen (Nitrosamine, Nitrosamide), vor allem im Magen, oder der Blausuchtgefahr bei Kleinkindern.

Im sauren Milieu kann es zur Bildung hochgiftiger nitroser Gase kommen, wenn es in hohen Konzentrationen im Abwasser vorkommt, wodurch die im Kanalnetz arbeitenden Menschen gefährdet werden.

Hydrogenphospat-Ion HPO_4^{2-}: Haben natürliche Wässer schwach alkalisches Milieu, liegt fast nur das HPO_4^{2-}-Ion in geringen Mengen, etwa 0,1 mg/L, vor. Bei geringeren pH-Werten verschiebt sich das Gleichgewicht

$$HPO_4^{2-} + H^+ \rightleftharpoons H_2PO_4^-$$

in Richtung der $H_2PO_4^-$-Ionen. Diese beiden Ionen werden im folgenden als Phosphat bezeichnet. Höhere Gehalte im Grund- und Oberflächenwasser sind fast ausschließlich Resultat menschlicher Verunreinigungen. In Kläranlagen wird das durch Dünger, Waschmittel und mikrobielle Abbauprozesse vorhandene Phosphat wegen der meist noch fehlenden weitergehenden Reinigung nur unvollkommen entfernt. Eine Entfernung, z. B. durch Fällung als Eisen- oder Aluminiumphosphat oder mit Hilfe von Mikroorganismen, ist hier ebenso dringend geboten wie bei den stickstoffhaltigen Ionen.

Phosphat-Konzentrationen von >0,5 mg/L genügen in Gegenwart ausreichender Mengen an Stickstoff-Verbindungen wahrscheinlich schon, um eine **Eutrophierung,** d. h. Überernährung von Algen und Wasserpflanzen, und damit eine Störung des ökologischen Gleichgewichtes, herbeizuführen. Nach einer Massenvermehrung der Algen wird in hohem Maße durch Zersetzung abgestorbener Algen zuerst der im Wasser gelöste Sauerstoff verbraucht, was das Sterben der den gelösten Sauerstoff benötigenden Organismen (aerobe Bakterien, Fische usw.) zur Folge hat. Algenarten der Meere können zudem stark toxische Stoffwechselsubstanzen erzeugen. Dies geschah z. B. 1988 in den Küstengewässern Südnorwegens und bereits im April 1990 vor Rügen, infolge der durch den extrem milden Winter überdurchschnittlich hohen Wassertemperaturen.

Der Eintrag an Phosphat erfolgt zu einem sehr großen Teil auch durch die Landwirtschaft infolge Überdüngung mit natürlichen und/oder künstlichem Dünger. Jeder Verbraucher trägt bei Verwendung phosphathaltiger Wasch- und Reinigungsmittel zu dieser mit katastrophalen Folgen verbundenen Eutrophierung bei. Phophat-Vermeidung führt natürlich in erheblichem Maße auch zur Entlastung der Klärwerke und ist in allen Fällen besser als Phosphat-Eliminierung.

Spurenstoffe:

Anionische Spurenstoffe kommen ebenfalls meist in Gehalten unter 0,1 mg/L in natürlichen Wässern vor.

Dihydrogenborat-Ion $H_2BO_3^-$: Ionen des Bors, wie das Dihydrogenborat-Ion $H_2BO_3^-$, können bei uns nur durch anthropogene Einflüsse in Konzentrationen von mehreren mg/L vor allem in Haushaltsabwässern vorkommen. Wasch- und Bleichmittel enthalten z. B. „Natriumperborat" $NaBO_2 \cdot H_2O_2 \cdot 3\ H_2O$ (bzw. $NaBO_3 \cdot 4\ H_2O$). Auch als Bleichmittel für Haare oder als Desinfektionsmittel finden Perborate Verwendung. Komplexe Metaborat-Ionen wie das cyclische $(BO_2^-)_3$-Ion des Natriummetaborats reagieren in wäßriger Lösung sofort, wie auch die Perborat-Ionen $B_2O_8H_4^{2-}$, zu den Anionen der Orthoborsäure H_3BO_3, hauptsächlich zum Dihydrogenborat-Ion. Laut EG-Richtlinie soll Trinkwasser nicht mehr als 1,0 mg/L Bor enthalten. Für Pflanzen ist Bor in geringen Konzentrationen ein wichtiges Element, während es in höheren Konzentrationen (mehrere mg/L) toxisch wirken kann.

Bromid-Ion Br^-: Bromide treten in der Natur immer zusammen mit Chloriden auf. Chloride sind jedoch 250 mal häufiger. Das Meer stellt mit Bromid-Konzentrationen von 65 mg/L ein riesiges Brom-Reservoir dar. Abwässer der Kaliumchlorid-Düngerindustrie sind bromidhaltig, Abwässer der fotografischen Industrie ebenfalls.

Iodid -Ion I^-: Im Gegensatz zum Bromid-Ion ist das Iodid-Ion essentiell. Das Meer enthält große Mengen Iodid. Iod ist Bestandteil der Schilddrüsenhormone. Iod-Mangel führt zur Kropfbildung und kann Ursache von Totgeburten sein. Bei Neugeborenen kann Mangel an Iod während der Schwangerschaft zu Schwachsinn, Zwergenwuchs, spastischen Lähmungen, Taubstummheit und kurzer Lebenserwartung führen. Oft ist dies auf einen Iodid-Gehalt von 0,1 bis 2 µg/L im Trinkwasser zurückzuführen, während in anderen Gegenden der Gehalt 2 bis 15 µg/L beträgt. Der tägliche Bedarf liegt bei etwa 150 µg. Iodiertes Speisesalz kann 5 mg Kaliumiodid pro kg Salz enthalten.

Hydrogensulfid-Ion HS^-: Das Hydrogensulfid-Ion steht über die Reaktion

$$H_2S \rightleftharpoons HS^- + H^+$$

im Gleichgewicht mit dem stark toxischen Schwefelwasserstoff, der in geringen Konzentrationen wegen seines ekelerregenden Geruchs das Wasser ungenießbar macht. Bei pH 7 liegt das HS^--Ion zu 50%, bei pH 9 zu etwa 100% vor. Erst bei pH 13 liegen zu 50% Sulfid-Ionen S^{2-} vor.

$$HS^- \rightleftharpoons S^{2-} + H^+$$

Als „Sulfidschwefel" bezeichnet man daher H_2S und HS^--Ionen. Wegen der leichten Oxidierbarkeit zum betonaggressiven Sulfat und leichten Flüchtigkeit findet man H_2S in Grund- und Oberflächenwässern selten. Als *Endprodukt des **anaeroben Abbaus (Fäulnis)** organischer Schwefel-Verbindungen,* z. B. Eiweißen, wird es in häuslichen und vielen industriellen Abwässern leicht gebildet. Das Kläranlagen zufließende Wasser enthält somit meist schon Schwefelwasserstoff, der z. B. durch Zugabe von Eisen(II)-sulfat oder anderen Salzen gebunden werden muß. Das geschieht nicht nur wegen der Geruchsbelästigung, sondern auch aufgrund der toxischen Wirkung auf aerobe Organismen. Im Trinkwasser darf Sulfidschwefel nicht enthalten sein. Abwässer dürfen bei der Einleitung einen Gehalt von 2 mg/L nicht überschreiten.

Sulfit-Ion SO_3^{2-}: In natürlichen Wässern sind die durch Reaktion von Schwefeldioxid SO_2 mit Wasser gebildeten Sulfat(IV)- oder Sulfit-Ionen meist z. B. durch Sauerstoff zu Sulfat(VI)- oder Sulfat-Ionen oxidiert worden.

$$2\ SO_3^{2-} + O_2 \rightarrow 2\ SO_4^{2-}$$

Sulfite werden als Bleichmittel in der Cellulose-, Papier- und Textilindustrie eingesetzt. In der Galvanikindustrie dienen sie als Reduktionsmittel im Rahmen der Entgiftung. Abwässer dürfen einen Grenzwert von 50 mg/L nicht überschreiten, da Sulfit-Ionen giftig auf Bakterien, z. B. die der biologischen Reinigung, wirken. Zudem reagieren sie mit Sauerstoff zu den betonschädigenden Sulfat-Ionen. Daher können auch für Abwässer von Rauchgaswäschen Vorbehandlungsmaßnahmen erforderlich sein, bevor solche Abwässer in das Kanalnetz eingeleitet werden.

Cyanid-Ion CN^-: Das Cyanid-Ion steht in pH-abhängigem Gleichgewicht mit einem der giftigsten Stoffe, Cyanwasserstoff HCN (Blausäure).

$$CN^- + H^+ \rightleftharpoons HCN$$

Unter pH 7 liegt kein CN^-, sondern nur HCN vor. Erst bei pH-Werten >11 liegt praktisch alles in Form von CN^--Ionen vor. Da die Salzsäure des Magensaftes Cyanwasserstoff in Freiheit setzen kann, darf Trinkwasser höchstens eine Cyanid-Ionen-Konzentration von 0,05 mg/L enthalten. Die letale Dosis für den Menschen liegt bei 1 mg Blausäure pro kg Körpergewicht. Eingeleitetes Abwasser darf einen Grenzwert von $\beta(CN^-) = 0{,}2$ mg/L nicht überschreiten. Abwässer der chemischen Industrie oder von Galvanikbetrieben können wesentlich höhere Gehalte aufweisen. Durch Oxidation sind die Cyanid-Ionen vor der Einleitung zu entgiften. Wurden cyanidhaltige Abfälle illegal abgelagert, darf es auch nicht verwundern, wenn Sickerwässer der Deponien oder Grundwässer in der Nähe von Deponien höhere Cyanid-Gehalte aufweisen.

6.3.1.3 Gelöste Gase

Von den gelösten Gasen bilden Sauerstoff, Stickstoff und Kohlendioxid Hauptinhaltsstoffe, als Begleitstoffe können Schwefelwasserstoff, Ammoniak und Methan auftreten und als Spurenstoffe findet man Helium und Radon.

Sauerstoff O_2: In natürlichen Wässern wird stets Sauerstoff aus der Luft gelöst, an die Luft abgegeben, im Wasser z. B. durch Organismen gebildet und z. B. durch Organismen verbraucht. Die Sättigungskonzentration liegt bei 0,1 °C bei 14,6 mg/L, bei 20 °C nur noch bei 9,1 mg/L (s. auch Tab. 2-11). Durch aerobe Prozesse wird der gelöste Sauerstoff verbraucht, wenn keine Wasserpflanzen durch Photosynthese Sauerstoff produzieren. Bei der biologischen Reinigung von Abwasser durch Mikroorganismen muß in den Belebungsbecken für einen ausreichenden Sauerstoff-Gehalt, meist im Mittel 2 mg/L, gesorgt werden, zumal das zulaufende Wasser meistens keinen gelösten Sauerstoff enthält. Eine Sauerstoff-Konzentration von mindestens 5 mg/L muß im Oberflächenwasser und auch häufig im Trinkwasser wegen seiner korrosionshemmenden Wirkung enthalten sein.

Stickstoff N_2: Stickstoff wird aus der Luft in Wasser gelöst und entsteht durch Denitrifikation (s. Abschn. 6.3.1.2 „Nitrat-Ion").

Kohlendioxid CO_2: s. Abschnitt 6.3.1.2 „Hydrogencarbonat-Ion".

Die Gase ***Schwefelwasserstoff*** *H_2S* (s. Abschn. 6.3.1.2 „Hydrogensulfid-Ion") ***Ammoniak*** *NH_3 und* ***Methan*** CH_4 *sind Endprodukte anaerober Abbauprozesse und wirken auf Aerobier toxisch.* Das aus Sümpfen entweichende Gas enthält hauptsächlich Methan.

Ammoniak NH_3: Ammoniak liegt in Gewässern in Abhängigkeit vom pH-Wert größtenteils als Ammonium-Ion vor. Erst in stärker basischen Wässern findet man nennenswerte Mengen Ammoniak, während in sauren Wässern praktisch nur Ammonium-Ionen anzutreffen sind (s. Abschn. 6.3.1.1 „Ammonium-Ion").

Radon Rn: Das radioaktive Edelgas Radon ist spurenweise in manchen Mineralwässern anzutreffen, daneben geringste Mengen Tritium ^3H und das Kalium-Isotop ^{40}K. Das Mineralwasser von Bad Brambach (DDR) hat einen der höchsten Radon-Gehalte der Welt. Ansonsten sind radioaktive Kontaminationen fast ausschließlich anthropogenen Ursprungs, wie Gehalte des Strontium-Isotops ^{90}Sr.

Chlor Cl_2: Chlor ist kein natürlicher Inhaltsstoff, sondern gelangt infolge der Desinfektion von Wasser, z. B. Schwimmbadwasser, oder der Entgiftung cyanidhaltiger Abwässer in den Wasserkreislauf. Eingeleitetes Abwasser darf Werte von 1 mg/L nicht überschreiten, da es Biozönosen, d. h. Lebensgemeinschaften, schädigt, z. B. auch durch Reaktionen mit anderen Inhaltsstoffen des Abwassers (Bildung toxischer Chlorphenole oder Bildung von Chrom(VI) infolge Oxidation des Chrom(III)).

Laut Trinkwasseraufbereitungsverordnung sollte der Restgehalt an Chlor 0,3 mg/L betragen. Nach der Aufbereitung sollten höchstens 0,6 mg/L vorübergehend überschritten werden, da bei 0,5 mg/L die Geschmacksgrenze liegt. Zur Beurteilung unterscheidet man *freies Chlor* (Cl_2, HClO, ClO^-) und *gebundenes Chlor* (Chloramine und andere, vor allem organische Chlor-Verbindungen), deren Summe den Gesamtchlor-Gehalt ergibt.

Ozon O_3: Ozon ist das stärkste zur Wasserdesinfektion zur Verfügung stehende Oxidationsmittel. Es wird allerdings schnell reduziert und ist wesentlich toxischer als Chlor. Die Höchstmenge im aufbereiteten Trinkwasser beträgt 0,05 mg/L.

6.3.1.4 Nichtelektrolyte

Metalloxidhydrate, wie die des Eisens oder Mangans, kommen kolloidal gelöst oder suspendiert in Begleitstoffkonzentrationen in natürlichen Wässern vor. Gehalte von Hauptinhaltsstoffen können suspendierte Tone oder Feinsande in solchen Wässern erreichen.

6.3.2 Organische Stoffe

Natürliche unbeeinträchtigte Wässer enthalten in Begleitstoffkonzentration gelöste organische Verbindungen, meist Produkte des Stoffwechsels der Organismen oder kolloidal verteilte Huminstoffe (besonders in Moorwässern). Organische Bodenbestandteile können in höheren Konzentrationen suspendiert vorkommen. Suspendierte oder emulgierte Fette, Öle oder Mineralöle sind fast immer anthropogenen Ursprungs, ebenso wie eine immer mehr steigende riesige Vielzahl anderer, z. T. hochtoxischer, schwer abbaubarer, persistenter, gelöster, kolloider, emulgierter oder suspendierter organischer Verbindungen. Analytisch bestimmt werden, besonders im Hinblick auf toxische Wirkungen, die für Lebensgemeinschaften in Gewässern, sog. aquatische Biozönosen, oder den Menschen vorrangig interessanten Stoffe. Dies sind manchmal **Einzel-** oder **Leitsubstanzen.** Oft hat man eine Reihe von Substanzen zu Stoffgruppen zusammengefaßt, zu sog. **Gruppenparametern,** z. B. die Gruppe der flüchtigen, halogenierten aliphatischen Kohlenwasserstoffe.

Um eine Aussage über die Gesamtbelastung mit organischen Stoffen machen zu können, bedient man sich weiter gefaßter **Summenparameter.** Als umfassendster, wenn auch am wenigsten spezifischer Parameter ist hier der chemische Sauerstoffbedarf zu nennen, da sehr viele organische Stoffe oxidierbar sind. Einige wesentliche Einzelsubstanzen und Stoffgruppen werden nun näher betrachtet.

6.3.2.1 Pestizide (Schädlingsbekämpfungsmittel)

Pestizide sind Stoffe, die bestimmte Pflanzen, Holz, Lebensmittel, Textilien, Papier, Leim, Farben oder Schmierstoffe vor sogenannten Schädlingen schützen sollen. Da sie alle bei Aufnahme über einen längeren Zeitraum für Warmblütler im μg/kg-Bereich toxisch, oft cancerogen, wirken, schreibt die EG-Richtlinie für die Gewässerkategorie A 1 (einfache physikalische Behandlung und Desinfektion) einen Grenzwert von 1 μg/L zwingend vor. Wegen der hohen Toxizität betragen die *Grenzwerte der Trinkwasser-Verordnung für Einzelpestizide 0,1 μg/L und für Pestizide insgesamt 0,5 μg/L.*

Je nach Art der Organismen, die man töten will, unterscheidet man:

Bakterizide, z. B. Phenole, Kresole, Schwermetall-Verbindungen, wirken gegen Mikroorganismen.

Fungizide werden gegen Kleinpilze eingesetzt, z. B. organische Zink-, Mangan-, Quecksilber-Verbindungen, chlorierte Verbindungen, meistens Aromaten wie Hexachlorbenzol HCB, oder kompliziert aufgebaute Thio-Verbindungen und Imide.

Algizide sind Stoffe, die Algen bekämpfen, wie Kupfersulfat, Calcium-, Natrium- oder Lithiumhypochlorit. Aluminiumsulfat bewirkt die Ausfällung der für das Algenwachstum notwendigen Phosphate.

Herbizide sind Stoffe, die gegen sogenannte Unkräuter eingesetzt werden. Man unterscheidet:

Systemische Herbizide, die diese Pflanzen zu überdimensionalem Wachstum anregen, wodurch sie schließlich zusammenbrechen und absterben, z. B. 2,4-Dichlorphenoxyessigsäure, *ätzende Herbizide,* die durch Ätzwirkung die Blätter dieser Pflanzen zerstören,

Wurzelherbizide, die über die Pflanzenwurzeln aufgenommen werden und als Zellgifte wirken.

Zur Bekämpfung unerwünschter Wasserpflanzen können Herbizide auch eingesetzt werden. Triazin-Herbizide sind u.a. Atrazin, Simazin, Terbutylazin. Sie werden vornehmlich beim Maisanbau eingesetzt. Da sie relativ gut wasserlöslich und im Boden mobil sind, sind sie und ihre Abbauprodukte, die sog. *Metabolite,* in vielen Oberflächen-, Sicker- und Grundwässern anzutreffen. Deshalb müssen sie im Rahmen der Trinkwasseraufbereitung entfernt werden. Durch Aktivkohleadsorption können sie bis auf Gehalte unter 0,01 µg/L reduziert werden, was mit der Ozonbehandlung oder einer Filtration nicht gelingt.

Insektizide vernichten Insekten. Je nach Wirkungsweise unterscheidet man *Fraß-* oder *Magengifte, Berührungs-* oder *Nervengifte* und *Atemgifte.* Früher waren Arsen-, Quecksilber- und Kupfer-Verbindungen üblich. Die zunächst angenommene Ungefährlichkeit der chlorierten Kohlenwasserstoffe verdrängte diese Verbindungen. Vor allem *Dichlordiphenyltrichlorethan DDT* (1,1,1-Trichlor-2,2- bis (4-chlorphenyl)-ethan) wurde in riesigen Mengen eingesetzt. Es wird in der Dritten Welt immer noch verwendet. Sie sind schwer wasserlöslich, biologisch meist sehr schwer abbaubar und reichern sich wegen ihrer guten Löslichkeit in Ölen und Fetten im Fettgewebe sowie in Leber und Nieren an. Weitere chlorierte Kohlenwasserstoffe sind z.B. Aldrin, Dieldrin, Endrin oder Hexachlorcyclohexan HCH, dessen γ-Isomeres, γ-Hexan unter dem Namen Lindan bekannt ist. Sie sind alle starke Nervengifte, die unter Krämpfen zum Tode führen können. Ebenso wirken organische Phosphor-Verbindungen, wie Malathion oder Parathion, bekannter unter dem Namen E 605. Da letztere in 2 bis 3 Wochen nach ihrer Aufbringung in ungiftige Produkte zerfallen sind, kommen sie im Wasser und dem Nahrungskreislauf praktisch nicht vor.

Akarizide sind Substanzen, die gegen Milben eingesetzt werden, wie organische Phosphorsäureester.

Nematizide werden gegen Fadenwürmer verwendet, z.B. HKW.

Molluskizide beseitigen Schnecken. Sehr oft wird Metaldehyd eingesetzt.

Rodentizide sind Gifte gegen Nagetiere (Mäuse, Ratten), z.B. Thallium-Verbindungen, Zinkphosphid oder HKW.

Weitere universelle Pestizide sind das Holzschutzmittel Pentachlorphenol PCP und das Fungizid 2,4,5-Trichlorphenoxyessigsäure (im Entlaubungsmittel des Vietnamkrieges „Agent Orange“ enthalten). Sie dürfen bei uns vor allem aufgrund geringer Dioxin-Gehalte nicht mehr hergestellt werden.

Da sehr viele Organismen durch Pestizide getötet werden können, sollte man sie besser als ***Biozide*** bezeichnen.

6.3.2.2 Polycyclische aromatische Kohlenwasserstoffe (PAK, PAH)

Diese Stoffgruppe besteht aus einigen hundert Verbindungen, die, wie das 3,4-Benzpyren (Benzo(a)pyren), zum Teil stark cancerogen sind. Sie sind in Grund- und Oberflächenwässern nachweisbar. Im Steinkohlenteer sind sie enthalten und entstehen bei unvollständigen Verbrennungsvorgängen. Über Tabakrauch, Abgase, z.B. von Kokereien, Kraftfahrzeugen, über die Kohle- und Holzverbrennung gelangen sie in die Umwelt. Der Grenzwert der EG-Richtlinie für zur Trinkwassergewinnung dienende Oberflächenwässer liegt für die Gewässerkatagorien A 1 und A 2 (normale physikalische Behandlung, chemische Behandlung und Desinfektion) bei 0,2 µg/L PAK [berechnet als β (C)]. Bei der *Bestimmung nach DEV H13/DIN 38409* wird nur auf 6 repräsentative Substanzen, darunter 3,4-Benzpyren, geprüft.

6.3.2.3 Halogenkohlenwasserstoffe (HKW)

Neben vielen Pestiziden gehören viele andere chlorierte, bzw. halogenierte Verbindungen in diese Stoffgruppe. So z. B. die polychlorierten Biphenyle (PCB), die u. a. als Kühlmittel, Isoliermittel von Transformatoren und Kondensatoren, Stabilisatoren von Farben und Lacken oder als Weichmacher von Kunststoffen eingesetzt werden. Da sie ähnlich toxisch wirken wie die verwandten Pestizide und beim Verbrennen Dioxine entstehen können, werden sie bei uns nicht mehr hergestellt und nur noch in geschlossenen Systemen, wie Transformatoren, verwendet. Wegen der überaus hohen Beständigkeit oder *Persistenz* werden die in die Umwelt gelangten 30000 bis 40000 t PCB diese wohl noch lange belasten.

Aufgrund der sehr guten Öl- und Fettlöslichkeit werden viele, oft leicht flüchtige, meist cancerogene HKW in chemischen Reinigungsanstalten und sogar in der Nahrungsmittelindustrie verwendet. Als Löse-, Entfettungs- und Extraktionsmittel werden diese Stoffe, z. B. Trichlorethen (Tri), Tetrachlorethen (Per), Tetrachlormethan (Tetrachlorkohlenstoff) oder Trichlormethan (Chloroform) benutzt. Nicht verwunderlich ist daher der Gehalt an Per und Tri in spanischem Olivenöl vor nicht allzu langer Zeit. Ferner werden HKW eingesetzt als Feuerlösch-, Kälte-, Konservierungs-, Kaltreinigungs- oder Desinfektionsmittel sowie in Schriftkorrekturflüssigkeiten (1,1,1-Trichlorethan). Durch die Chlorung von Trinkwasser kann z. B. Chloroform entstehen und dieses somit auch im Trinkwasser vorkommen.

Da in organischen Naturstoffen kaum Halogene enthalten sind, deutet ihr Nachweis im Wasser auf industriellen Ursprung hin. Die Gehalte [berechnet als β (Cl)], können in unbelastetem Grundwasser und Regenwasser 0,1 µg/L, in Oberflächenwässern auch 1 bis 10 µg/L betragen. Analytisch werden sie meist durch die Erfassung des Gehaltes von organisch gebundenem Gesamthalogen (TOX) oder Gesamtchlor (TOCl), der leicht flüchtigen HKW, der extrahierbaren organisch gebundenen Halogene (EOX) oder adsorbierbaren organisch gebundenen Halogene (AOX) bestimmt. In Gewässern schädigen geringste Konzentrationen durch Bioakkumulation die Biotope. Chlorierte Lösemittel im Abwasser gefährden durch Verflüchtigung im Kanalnetz Tätige. Sie beeinträchtigen den aeroben Abbau und die Schlammfaulung.

6.3.2.4 Phenole

Phenol und seine Derivate (Phenole), z. B. die Kresole, werden als Desinfektions- oder Konservierungsmittel verwendet. Geringste Mengen im Wasser beeinträchtigen den Geschmack und sind geruchlich wahrnehmbar. Sie sind stark toxisch für die Mikroorganismen des Belebtschlamms und für viele Organismen der Gewässer. Sie können im Wasser zu den ebenfalls stark toxischen Chlorphenolen reagieren. Für die Gewässerkategorie A 1 schreibt die EG-Richtlinie einen Grenzwert von 1 μg/L [berechnet als β (Phenol)] vor. Da Phenole aber auch als Abbauprodukte natürlichen Ursprungs sein können, enthalten Abwässer große Mengen der allerdings nicht so toxischen natürlichen Phenole. So scheidet jeder Mensch pro Tag 50 bis 150 mg Phenole aus. Jährlich gelangen so mehrere Tausend Tonnen Phenole in Abwässer und Klärwerke. Viele Phenole werden bakteriell zwar langsam, meist aber doch vollständig zu Kohlendioxid abgebaut, andere werden im Wasser unter Lichteinwirkung zu Huminsäuren kondensiert, wie die Hauptkomponente natürlicher Phenole, die 4-Hydroxyzimtsäure.

6.3.2.5 Kohlenwasserstoffe (KW)

Aus Kohlenwasserstoffen bestehen die Mineralöle oder Mineralölprodukte, wie Benzine, Heizöl, Diesel, Schmieröle. Trotz Leichtstoffabscheidern gelangen große Mengen ins Abwasser und die Oberflächenwässer und somit auch ins Grundwasser. Da Mineralöle und ihre Produkte sich auf der Wasseroberfläche fein verteilen, besteht Explosionsgefahr. Bei der Abwasserbehandlung beeinträchtigen sie den Sauerstoff-Eintrag und die Schlammfaulung. Sie werden nur in sehr geringem Maße biologisch abgebaut. Verdünnungen von 1:1 Million bis 1:1 Milliarde sind im Wasser geruchlich und geschmacklich feststellbar. Der zwingende Grenzwert der EG-Richtlinie für die Gewässerkategorie A 1 liegt bei 50 μg/L. Kohlenwasserstoffe können auch natürlichen Ursprungs sein, was bei der Analytik zu berücksichtigen ist.

6.3.2.6 Tenside

Tenside oder grenzflächenaktive Stoffe werden nach *DEV H23/DIN 38409* unterteilt in methylenblauaktive (anionische) und bismutaktive (nichtionische) Tenside. Darüber hinaus gibt es kationische Tenside, die allerdings in geringen Mengen, z.B. für Desinfektionsmittel oder Wäscheweichspülmittel, Verwendung finden (s. Abschn. 5.6.9). In Wasch- und Reinigungsmitteln sind diese nicht enthalten. Ihre Bestimmung erfolgt nach *DEV H20/DIN 38409* als disulfinblauaktive Substanzen. Schwerer abbaubare Tenside können zudem in Schmierölen und Motorenkraftstoffen enthalten sein sowie bei technischen Verfahren eingesetzt werden. Gemäß *Tensidverordnung* müssen anionische und nichtionische Tenside zu mindestens 80% primär auf biologischen Wege abbaubar sein. Unter primärem Abbau versteht man die ersten biologischen Abbauschritte, bei denen der Stoff seine grenzflächenaktiven und toxischen Eigenschaften weitgehend verliert. Bei der Prüfung nach dem sog. *OECD Screening Test* sind Tenside die einzige organische Nährstoffquelle für Abwasserbakterien. Innerhalb von 19 Tagen muß ein 80%iger Abbau erfolgt sein. Die durch Tenside verursachte Schaumbildung stellt eine ganz wesentliche Schadwirkung dar, da im Schaum wasserunlösliche Schmutzstoffe angereichert und der Stoffaustausch, vor allem des Sauerstoffs, zwischen Luft und Wasser erheblich behindert wird. Zudem haben zahlreiche Tenside wie besonders die kationischen auch eine toxische Wirkung auf bestimmte Wasserorganismen. Der Leitwert für methylenblauaktive Stoffe der EG-Richtlinie liegt für die Gewässerkategorien A 1 und A 2 bei 0,2 mg/L [berechnet als β (Laurylsulfat)].

6.3.2.7 Fette

Im Abwasser enthaltene feste Fette und flüssige Fette (Öle), z. B. aus Schlachthofabwässern, sind biologisch abbaubar. Sie können im Rahmen der Überschußschlammbehandlung durch Flotation das Aufschwimmen des Schlammes erheblich behindern. Dafür sind aber in noch stärkerem Maße die Tenside und andere, zum Teil schwer abbaubare lipophile Stoffe verantwortlich.

6.3.2.8 Polychlorierte Dibenzodioxine (Dioxine)

Wegen der äußerst großen Schwerlöslichkeit im Wasser sind diese extrem toxischen Verbindungen in natürlichen Wässern höchst selten und nur in Spuren enthalten. Gleiches gilt für die den Dioxinen chemisch verwandten Dibenzofurane. Sickerwässer von Deponien können dioxinhaltig sein. Diese Stoffe sind Verunreinigungen vieler HKW. In Pentachlorphenol PCP sind z. B. ca. 0,08% enthalten. Sie entstehen ebenfalls bei der Müllverbrennung aus chlor- und bromorganischen Verbindungen. Sie werden u. a. durch Dimerisierung von Chlorphenolmolekülen gebildet. Durch ihre sehr gute Löslichkeit in Fetten, reichern sie sich innerhalb der Nahrungskette im Fettgewebe von Tieren und Menschen an. Bei Ratten und Mäusen wirken 0,01 µg/kg Körpergewicht cancerogen. In welcher Weise sie sich im menschlichen Körper cancerogen auswirken, ist noch nicht restlos geklärt, eventuell wirken sie mutagen. Die aus Rheinwasser isolierten Brevibakterien, die ansonsten dem Käse zur Reifung verhelfen, sind in der Lage, bestimmte Dioxine abzubauen. Es besteht somit die Hoffnung, auch dioxinverseuchte Böden auf biochemischem Wege zu reinigen.

6.3.2.9 Methanal (Formaldehyd)

Das Gas Methanal ist ein natürliches Stoffwechselprodukt. In wäßriger Lösung (Formalin) findet es vielfältige Anwendung. Aufgrund der desinfizierenden und konservierenden Wirkung können u. a. Abwässer der Holz-, Textil-, Druck-, Papier-, Kosmetik-, Leder-, Zucker- und Metallindustrie Methanal enthalten. Auch im Rahmen der Herstellung von Duroplasten, wie Amino- oder Phenoplasten, können methanalhaltige Abwässer auftreten. In größeren Konzentrationen, die alle anthropogenen Ursprungs sind, kann Methanal gewässerschädigend wirken. In Tierversuchen hat es eine cancerogene Wirkung gezeigt.

6.3.2.10 Hydrazin

Hydrazin erwies sich im Tierversuch ebenfalls als cancerogen. Das flüchtige Hydrazin wird als Korrosionsschutzmittel vor allem dem Kesselspeisewasser von Kraftwerksbetrieben zugesetzt, da es mit dem gelösten Sauerstoff zu Stickstoff und Wasser reagiert. Mit Hydrazin überdosierte Abwässer können daher bei Einleitung in die Gewässer die Sauerstoffzehrung verstärken. Auch Alkalisulfate(IV), z. B. Na_2SO_3, reagieren mit in Wasser gelöstem Sauerstoff und stellen insofern eine Alternative zu Hydrazin dar.

6.4 Analyse von Wasserproben

6.4.1 Probenahme von Wässern und Schlämmen

*Die Analyse einer Wasserprobe ist stets eine **Momentaufnahme**.* Nur einige Parameter werden unmittelbar nach der Entnahme der Probe bestimmt, viele Parameter erst nach einiger Zeit im Labor. Dadurch können sich Parameter, z. B. durch Reaktion, verändern. *Oft sind* daher *Konservierungsmaßnahmen*, z. B. durch Zugabe von Chemikalien, *erforderlich*, die ebenfalls die Probe beeinflussen und andere Parameter verändern können. *Sehr wichtig ist des weiteren die Art und Weise der Probenahme.* Sie muß stets so erfolgen, daß durch sie bedingte Analysenfehler möglichst gering sind. *Wesentliches Ziel ist es, die Probe so zu entnehmen,* daß sie ***repräsentativ** für das zu untersuchende Wasser in seiner Gesamtheit ist.* Dabei sind Entnahmeort, Entnahmezeit und -zeitraum und natürlich auch die Zielsetzung der Untersuchung von Bedeutung.

Will man **Trinkwasser** untersuchen, läßt man zunächst das abgestandene Wasser, falls man dieses nicht, z. B. auf Schwermetallgehalte (z. B. Blei, Kupfer), untersuchen will, abfließen. Nach etwa einer halben Stunde kann dann das Wasser in sterile Glasflaschen abgefüllt werden. Für bakteriologische Untersuchungen ist das Entnahmeventil vorher mit einem Brenner zu sterilisieren. Auch **Grundwasser** sollte vor dem Abfüllen mindestens 5 Minuten abfließen. Bei **Oberflächenwässern** sollten mehrere Proben, eventuell über einen längeren Zeitraum, von verschiedenen Stellen und aus verschiedenen Tiefen entnommen und gegebenenfalls zu einer Mischprobe vereinigt werden. Da sich beim zulaufenden **Abwasser** Zusammensetzung und Menge kontinuierlich ändern, gibt es hier verschiedene Arten der Probenahme. *Je nach Untersuchungszweck können Entnahmeort, Häufigkeit, Dauer und Zeitpunkt der Probenahme sehr unterschiedlich sein. Will man bestimmte Schwankungen der Zusammensetzung erkennen, ist die Untersuchung vieler **Einzelproben** ratsam.* Häufiger werden jedoch **Durchschnittsproben** untersucht, die aus **Einzel-** oder **Sammelproben**, die über eine bestimmte Zeit gesammelt wurden, hergestellt werden. Sie sind z. B. repräsentativ in bezug auf das in einem gewählten Zeitabschnitt abgeflossene Wasservolumen. Wird ständig von *automatischen Probenahmegeräten* ein Abwasserteilstrom entnommen, ist die Probenahme **kontinuierlich.** Die Entnahme kann so geregelt werden, daß ein dem Durchfluß proportionaler Abwasserteilstrom kontinuierlich entnommen wird **(durchflußkontinuierliche Probenahme)** oder in bestimmten Zeitabständen ohne Unterbrechung stets gleich große Volumina entnommen werden **(zeitkontinuierliche Probenahme)**. Werden Einzelproben in Intervallen entnommen, d. h. also **diskontinuierlich**, unterscheidet man 3 Arten der Probenahme. Bei der **zeitproportionalen Probenahme** werden in gleichen Zeitabständen gleich große Volumina entnommen. Bei großen Schwankungen der Wassermenge ist der Aussagewert ihrer Analyse nicht sehr groß. *Werden in gleichen Zeitabständen dem jeweiligen Durchfluß proportionale Volumina entnommen, ist die **Probenahme durchflußproportional.*** Wenn nach Durchfluß eines stets konstanten Volumens gleich große Probevolumina gezogen werden, liegt eine **volumenproportionale Probenahme** vor.

An der Entnahmestelle sollte das Wasser *turbulent strömen* und sich nicht stauen oder langsam fließen. Auch für **Stichproben** sollte aus einer größeren Menge entnommen werden. Will man tageszeitliche Schwankungen erfassen, sollte der Zeitpunkt der Probenahme variieren. *Werden Proben unter Berücksichtigung der Durchflußzeiten an verschiedenen Stellen der Kläranlage entnommen,* ***korrespondieren*** *sie miteinander. Man erkennt daran den Wirkungsgrad der Anlage.* Dabei ist es notwendig, **Mischproben** über mehrere oder gar 24 Stunden zu sammeln. Bei einer einstündigen Mischprobe sollten spätestens alle 15 Minuten **Einzelproben** entnommen werden. Bei Probenahmen über 24 Stunden werden meist 12 zweistündige Mischproben einzeln untersucht, wenn tageszeitliche Belastungsschwankungen ermittelt werden sollen. Im Verhältnis der zufließenden Wassermengen können diese zu einer **Tagesmischprobe** des Zu- und Ablaufs vereinigt werden, um den Kläranlagenwirkungsgrad zu ermitteln. *Ergebnisse solcher durchflußproportionaler Proben haben den größten Aussagewert.*

Der *Wirkungsgrad der mechanischen Reinigung* wird überprüft durch *Probenahme am Zulauf vor dem Sandfang und am Ablauf des Vorklärbeckens. Die Überwachung der biologischen Reinigungsleistung erfolgt durch Probenahme aus den Abläufen des Vorklär- und Nachklärbeckens.*

Die Probenahmegefäße sollten stets vor dem Füllen mit der Wasserprobe gespült werden. Sollen organische Substanzen bestimmt werden, z. B. Pestizide oder Lösungsmittel, dürfen nur *Glasflaschen mit Kegelschliff und Stopfen* eingesetzt werden. Ansonsten sind meist *Kunststoffflaschen* im Einsatz. Die nicht vor Ort durchführbaren Bestimmungen müssen so schnell wie möglich im Labor durchgeführt werden. Die Aufbewahrung der Probe bis dahin sollte kühl und dunkel in fest verschlossenen Flaschen erfolgen. *Nicht stabilisierbare oder konservierbare Meßgrößen wie die physikalischen müssen sofort, am besten an der Entnahmestelle bestimmt werden.* Eine Stabilisierung oder Konservierung kann durch Kühlung auf 4 °C, Einfrieren (nicht in Glasflaschen!) auf −18 °C oder durch Chemikalienzugabe erfolgen. Bei den *Deutschen Einheitsverfahren (DEV)* ist die *Probenahme von Abwasser* in *DEV A11/DIN 38402 Teil 11* detailliert beschrieben.

Bei der Überprüfung des Abwassers von **Indirekteinleitern** wird die Entnahme meist an der Einleitungsstelle in die öffentliche Kanalisation erfolgen. Sie kann aber auch auf dem Grundstück des Einleiters zur Erfassung von Abwasserteilströmen, z. B. im Ablauf einer Anlage, die das Abwasser vorbehandelt (z. B. Cyanid entgiftet), erfolgen.

Die **Schlammprobenahme im Kläranlagenbereich** muß ebenfalls im Hinblick auf die nachfolgenden Untersuchungen *repräsentativ* sein. Somit ist auch hier die Wahl des Probenahmeortes von wesentlicher Bedeutung. Bei Schlammuntersuchungen werden physikalische Eigenschaften und die chemische Zusammensetzung bestimmt, um Schlämme biologisch und mikrobiologisch charakterisieren zu können. Rückschlüsse auf die Leistung einzelner Verfahrensstufen können so gezogen werden.

Man unterscheidet nach *DEV S1/DIN 38414 Teil 1* die einmalige **Einzelprobe** von der **Stichprobe**, die an mehreren Stellen der Schlammmenge erfolgen kann. Durch Zusammenfassung mehrerer Einzel- oder Teilproben erhält man die **Sammelprobe**. Werden Einzelproben kontinuierlich oder diskontinuierlich nach einem bestimmten Plan, z. B. flächendeckend, zeit- oder durchflußproportional entnommen, nennt man solche Sammelproben **Durchschnittsproben.**

Die Probenahme kann *manuell, maschinell* oder *automatisch* erfolgen. Die automatische Probenahme ist wegen der bestehenden Verstopfungsgefahr mit Schwierigkeiten verbunden.

Physikalische Meßgrößen wie Temperatur, pH-Wert oder Leitfähigkeit sollten am Probenahmeort unmittelbar nach der Entnahme ermittelt werden. Die Probeflaschen sind fest zu verschließen und kühl und dunkel aufzubewahren. Die Analyse sollte im Labor umgehend erfolgen, da sich z. B. durch mikrobielle Tätigkeit Parameter verändern können.

Schlammproben dürfen nur wenige Stunden geschlossen aufbewahrt werden, weil durch erfolgte Gasbildung die Flasche gesprengt werden kann. Beim Öffnen solcher Flaschen ist an einen eventuellen Überdruck, der ein explosionsartiges Herausschleudern verursachen kann, zu denken. Bei Kunststoffflaschen ist ein Überdruck am ausgebeulten Boden erkennbar.

6.4.2 Durchführung der Wasseranalyse

Nicht nur im Bereich der Wasseranalytik, sondern der Analytik generell gilt, daß innerhalb der Kette **Vorbereitung – Probenahme – Transport – Probenaufbereitung – Endbestimmung – Ergebnisberechnung – Ergebnisinterpretation** viele Fehler auftreten können, die zu einer Abweichung des gemessenen Wertes vom tatsächlich vorhandenen führen. Im Rahmen der Wasser-, Abwasser- und Abfallanalytik ist die *Probenaufbereitung genauso bedeutsam wie die Probenahme und die eigentliche analytische Bestimmung.*

Im Rahmen der Probenaufbereitung werden Maßnahmen getroffen, alle Einflüsse, die die eigentliche Bestimmung des entsprechenden Parameters stören können, zu beseitigen. Sie muß sehr sorgfältig und an das Problem angepaßt erfolgen. Bei fehlerhafter Probenaufbereitung kann zwar auch der gesuchte Parameter bestimmt werden, aber die Messung stimmt dann nicht mit der Realität überein, d. h. sie ist nicht *valide.*

Nach der sachgemäßen, dem Untersuchungszweck entsprechenden, *repräsentativen Probenahme, erfolgt die Analyse.* In der Regel reichen qualitative Bestimmungen nicht aus. Meist ist es erforderlich, den Gehalt der Stoffe möglichst genau zu ermitteln, d. h. die einzelnen Meßgrößen oder Parameter werden quantitativ bestimmt. Im Wasser und vor allem im Abwasser ist eine zunehmende Zahl von Substanzen enthalten, die in die Tausende geht. Wenn man bedenkt, daß selbst im Tabakrauch bereits etwa 10000 Substanzen enthalten sind, von denen erst knapp 4000 identifiziert sind, kann man sich vorstellen, daß die Analytik nur einen Teil der Wasserinhaltsstoffe erfaßt. Sie ist trotzdem äußerst komplex und in stetiger Weiterentwicklung befindlich. *Viele Substanzen können,* vor allem *bei Nachweisen* über Reaktionen und den Spurennachweisen, bei den einzelnen Bestimmungen *störend wirken.* Es gilt, solche Störungen und Fehlerquellen im Rahmen der Probenahme und -aufbereitung so weit wie möglich zu eliminieren, um halbwegs valide Ergebnisse zu erhalten. Trotzdem sollte man sich der gewissen *Relativität und Begrenztheit der Werte auf den Probeentnahmezeitraum und -ort bei der Auswertung und Interpretation der Ergebnisse,* die immer nach den Bestimmungen durchzuführen sind, stets bewußt sein.

Die nach den *Deutschen Einheitsverfahren zur Wasser-, Abwasser- und Schlammuntersuchung (DEV)* durchzuführenden Messungen werden erst dann weitgehend als DIN-Normen herausgegeben und alle 6 Jahre erneut überprüft, wenn durch Ringversuche in vielen Labors ihre Fehlerstreuung ermittelt wurde und Wiederholbarkeit mit Vergleichbarkeit (Reproduzierbarkeit) der Analysenwerte statistisch bewiesen ist. Die schneller durchführbaren Feldmethoden haben eine geringere Genauigkeit, oft sind sie sogar nur halbquantitativ. Wegen der ständig erforderlichen Aktualisierung erscheinen zu den DEV-Vorschriften von Zeit zu Zeit neue Lieferungen, die auch Vorschläge für neue Verfahren enthalten können. Das Inhaltsverzeichnis der 1. bis 22. Lieferung der Deutschen Einheitsverfahren zur Wasser-, Abwasser- und Schlammuntersuchung zeigt Tab. 6-2.

Tab. 6-2: Inhalt der Deutschen Einheitsverfahren zur Wasser-, Abwasser- und Schlammuntersuchung, herausgegeben von der Fachgruppe Wasserchemie in der Gesellschaft Deutscher Chemiker. (Das Werk erscheint in der VCH Verlagsgesellschaft, Weinheim; die Tabelle gibt den Inhalt der Lieferungen 1 bis 22, Stand 1989, wieder.)

Band I

A Allgemeine Angaben

	Anwendung statistischer Methoden zur Beurteilung von Analysenergebnissen in der Wasseranalytik
	Strategien für die Durchführung von Wasseranalysen
A 1 ●	Angabe von Analysenergebnissen
A 2 ■	Parameterliste (Vorschlag)
A 11 ●	Probenahme von Abwasser
A 12 ●	Probenahme aus stehenden Gewässern
A 13 ●	Probenahme aus Grundwasserleitern
A 14 ●	Probenahme von Rohwasser und Trinkwasser
A 15 ●	Probenahme aus Fließgewässern
A 16 ●	Probenahme aus dem Meer
A 17 ●	Probenahme von fallenden, nassen Niederschlägen in flüssigem Aggregatzustand
A 19 ●	Probenahme von Schwimm- und Badebeckenwasser
A 20 ●	Probenahme aus Tidegewässern
A 30 ●	Vorbehandlung, Teilung und Homogenisierung heterogener Wasserproben für die Bestimmung des Chemischen Sauerstoffbedarfs (CSB)
A 30/31 ■	Vorbehandlung, Teilung und Homogenisierung heterogener Wasserproben für die Bestimmung von Schwermetallen
A 30/32 ■	Vorbehandlung, Teilung und Homogenisierung heterogener Wasserproben für die Bestimmung der absorbierbaren organisch gebundenen Halogene (AOX)
A 41 ●	Ringversuche, Planung und Organisation
A 42 ●	Ringversuche, Auswertung
A 51 ●	Kalibrierung von Analysenverfahren, Auswertung von Analysenergebnissen und lineare Kalibrierfunktionen für die Bestimmung von Verfahrenskenngrößen
A 71 ●	Gleichwertigkeit zweier Analysenverfahren aufgrund des Vergleichs der Untersuchungsergebnisse an der gleichen Probe (gleiche Matrix)

B Geruch und Geschmack

B 1/2	Prüfung auf Geruch und Geschmack

C Physikalische und physikalisch-chemische Kenngrößen

C 1 ●	Bestimmung der Färbung
C 2 ●	Bestimmung der Trübung
C 3 ●	Bestimmung der Absorption im Bereich der UV-Strahlung
C 4 ●	Bestimmung der Temperatur

● = Genormtes Verfahren ■ = Vorschlag für ein neues Verfahren

Tab. 6-2: Fortsetzung.

C 5	●	Bestimmung des pH-Wertes
C 6	●	Bestimmung der Redox-Spannung
C 8	●	Bestimmung der elektrischen Leitfähigkeit
C 9		Bestimmung der Dichte
C 10	●	Calciumcarbonatsättigung eines Wassers
C 13	●	Bestimmung von Tritium
C 14	●	Bestimmung der Gesamt-Alpha-Aktivitätskonzentration A_α in Trink-, Grund- und Oberflächenwasser
C 15	●	Bestimmung der Rest-Beta-Aktivitätskonzentration ($c_{A,\ R\beta}$) in Trink-, Grund-, Oberflächen- und Abwasser
C 16	●	Bestimmung von Radionukliden in Trink-, Grund-, Oberflächenwasser und Abwasser mittels Gammaspektrometrie
D Anionen		
D 1	●	Bestimmung des Chlorid-Ions
D 2		Bestimmung des Bromid-Ions
D 3		Bestimmung des Iodid-Ions
D 4	●	Bestimmung von Fluorid
D 5	●	Bestimmung der Sulfat-Ionen
D 6		Bestimmung des Sulfit-Ions
D 7		Bestimmung des Sulfidschwefels (Schwefel der Oxidationsstufe −2)
D 8		Berechnung des gelösten Kohlendioxids, des Carbonat- und Hydrogencarbonat-Ions
D 9	●	Bestimmung des Nitrat-Ions
D 10	●	Bestimmung des Nitrit-Ions
D 11	●	Bestimmung von Phosphorverbindungen
D 12	●	Bestimmung des Arsens
D 13	●	Bestimmung von Cyaniden
D 14	●	Bestimmung von Cyaniden in Trinkwasser, gering belastetem Grund- und Oberflächenwasser
D 15		Bestimmung des Thiosulfat-Ions
D 16		Bestimmung des Rhodanid-Ions (Thiocyanat)
D 17	●	Bestimmung von Borat-Ionen
D 18	●	Bestimmung von Arsen mittels Atomabsorptionsspektrometrie
D 19	●	Bestimmung der Anionen Fluorid, Chlorid, Nitrit, Phosphat (ortho-), Bromid, Nitrat und Sulfat in wenig belasteten Wässern mit der Ionenchromatographie
D 24	●	Photometrische Bestimmung von Chrom(VI) mittels 1,5-Diphenylcarbazid
D 26	●	Photometrische Bestimmung des gelösten Sulfids
Band II		
E Kationen		
E 1	●	Bestimmung von Eisen
E 2	●	Bestimmung von Mangan
E 3	●	Bestimmung von Calcium und Magnesium
E 5	●	Bestimmung des Ammonium-Stickstoffs
E 6	●	Bestimmung von Blei
E 7		Bestimmung des Kupfer-Ions
E 8	●	Bestimmung von Zink
E 9	●	Photometrische Bestimmung von Aluminium

● = Genormtes Verfahren ■ = Vorschlag für ein neues Verfahren

Tab. 6-2: Fortsetzung.

E 10	●	Bestimmung von Chrom
E 11		Bestimmung des Nickel-Ions
E 12	●	Bestimmung des Quecksilbers
E 13		Bestimmung des Kalium-Ions
E 14		Bestimmung des Natrium-Ions
E 15		Bestimmung des Lithium-Ions
E 18		Bestimmung des Silber-Ions
E 19	●	Bestimmung von Cadmium
E 20		Bestimmung des Vanadin-Ions
E 21	●	Bestimmung von neun Schwermetallen (Ag, Bi, Cd, Co, Cu, Ni, Pb, Tl, Zn) nach Anreicherung durch Extraktion
E 22	●	Bestimmung der 33 Elemente Ag, Al, As, B, Ba, Be, Bi, Ca, Cd, Co, Cr, Cu, Fe, K, Li, Mg, Mn, Mo, Na, Ni, P, Pb, S, Sb, Se, Si, Sn, Sr, Ti, V, W, Zn und Zr durch Atomemissionsspektrometrie mit induktiv gekoppeltem Plasma (ICP-OES)
F Gemeinsam erfaßbare Stoffe		
F 1		Bestimmung der Kieselsäure
F 2	■	Gaschromatographische Bestimmung von schwerflüchtigen Halogenkohlenwasserstoffen und Organochlorpestiziden in Wasser (Vorschlag)
F 4	●	Bestimmung von leichtflüchtigen Halogenkohlenwasserstoffen (LHKW)
G Gasförmige Bestandteile		
G 1		Bestimmung der Summe des gelösten Kohlendioxids
G 3		Bestimmung des Schwefelwasserstoffs
G 4	●	Bestimmung von freiem Chlor und Gesamtchlor
G 21	●	Bestimmung des in Wasser gelösten Sauerstoffs, iodometrisches Verfahren nach Winkler
G 22	●	Bestimmung des in Wasser gelösten Sauerstoffs mittels membranbedeckter Sauerstoffsonde
G 23	●	Bestimmung des Sauerstoffsättigungsindex
G 24	●	Bestimmung der spontanen Sauerstoffzehrung (Vornorm)
H Summarische Wirkungs- und Stoffkenngrößen		
H 1	●	Bestimmung des Gesamttrockenrückstandes, des Filtrattrockenrückstandes und des Glührückstandes
H 2	●	Bestimmung der abfiltrierbaren Stoffe und des Glührückstandes
H 3	●	Bestimmung des gesamten organisch gebundenen Kohlenstoffs (TOC)
H 5	●	Bestimmung des Permanganat-Index (ISO 8467: 1986 modifiziert)
H 6	●	Härte eines Wassers
H 7	●	Bestimmung der Säure- und Basekapazität
H 8	●	Bestimmung der extrahierbaren organisch gebundenen Halogene
H 9	●	Bestimmung des Volumenanteils der absetzbaren Stoffe im Wasser und Abwasser
H 10	●	Bestimmung der Massenkonzentration der absetzbaren Stoffe in Wasser und Abwasser
H 11		Bestimmung des organisch gebundenen Stickstoffs
H 12		Berechnung des Gesamtstickstoffs
H 13	●	Bestimmung von polycyclischen aromatischen Kohlenwasserstoffen (PAK) in Trinkwasser
H 14	●	Bestimmung der adsorbierbaren organisch gebundenen Halogene (AOX)
H 15	●	Bestimmung von Wasserstoffperoxid (Hydrogenperoxid) und seinen Addukten
H 16	●	Bestimmung des Phenol-Index
H 17	●	Bestimmung von schwerflüchtigen, lipophilen Stoffen (Siedepunkte $>250\,^{\circ}C$)

● = Genormtes Verfahren ■ = Vorschlag für ein neues Verfahren

Tab. 6-2: Fortsetzung.

H 18	●	Bestimmung von Kohlenwasserstoffen
H 19	●	Bestimmung der direkt abscheidbaren lipophilen Leichtstoffe
H 20	●	Bestimmung der sulfinblau-aktiven Substanzen
H 21		Bestimmung der mit Wasserdampf flüchtigen organischen Säuren
H 22		Prüfung auf Fäulnisfähigkeit
H 23	●	Bestimmung der methylenblauaktiven und der bismutaktiven Substanzen
H 24		Bestimmung des Pyridins
H 25	●	Bestimmung der ausblasbaren, organisch gebundenen Halogene (POX)
H 41	●	Bestimmung des Chemischen Sauerstoffbedarfs (CSB) im Bereich über 15 mg/l
H 43	●	Bestimmung des Chemischen Sauerstoffbedarfs (CSB) – Kurzzeitverfahren
H 51	●	Bestimmung des Biochemischen Sauerstoffbedarfs in *n* Tagen nach dem Verdünnungsprinzip (Verdünnungs-BSB_n)
H 52	●	Bestimmung der Sauerstoffzehrung in *n* Tagen

K Mikrobiologische Verfahren

K 1	●	Vorbereitung zur mikrobiologischen Untersuchung von Wasserproben
K 5	●	Bestimmung vermehrungsfähiger Keime mittels Membranfilterverfahren
K 6		Nachweis von Escherichia coli und coliformen Bakterien
K 7	●	Nachweis sulfitreduzierender sporenbildender Anaerobier (Clostridien)
K 8	●	Nachweis von Pseudomonas aeruginosa

Band III

L Testverfahren mit Wasserorganismen

L 1	●	Allgemeine Hinweise zur Planung, Durchführung und Auswertung biologischer Testverfahren
L 2		Bestimmung der Toxizität und biochemischen Abbaubarkeit von Abwässern und Abwasserinhaltstoffen nach der Warburg-Methodik
L 3		Bestimmung der Toxizität von Abwässern und Abwasserinhaltsstoffen nach der Dehydrogenasenaktivität mittels 2,3,5-Triphenyltetrazoliumchlorid (TTC)
L 4		Bestimmung der biochemischen Aktivität von Schlämmen und Abwässern
L 5		Bestimmung des Biomassentiters von Kohlenstoff-heterotrophen Ammonium-Organismen
L 6		Bestimmung des Biomassentiters sowie des Begrenzungsfaktors des Wachstums von Kohlenstoff-autotrophen Nitrat-Organismen
L 7		Bestimmung des Biomassentiters von Kohlenstoff-autotrophen Stickstoff-bindenden Organismen
L 8		Bestimmung der biologischen Schadwirkung toxischer Abwässer gegen Bakterien
L 9		Bestimmung der Hemmwirkung von Wasserinhaltsstoffen auf Grünalgen (Scenedesmus-Zellvermehrungs-Hemmtest)
L 10		Bestimmung der biologischen Schadwirkung toxischer Abwässer gegen Protozoen
L 11	●	Bestimmung der Wirkung von Wasserinhaltsstoffen auf Kleinkrebse (Daphnien-Kurzzeittest)
L 12		Der Assimilations-Zehrungstest
L 13	●	Bestimmung von Sauerstoffproduktion und Sauerstoffverbrauch im Gewässer mit der Hell-Dunkelflaschen-Methode *SPG* und *SVG* (Biogene Belüftungsrate)
L 14	●	Bestimmung der Sauerstoffproduktion mit der Hell-Dunkelflaschen-Methode unter Laborbedingungen *SPL* (Sauerstoff-Produktionspotential)
L 15	●	Bestimmung der Wirkung von Wasserinhaltsstoffen auf Fische – Fischtest
L 16	●	Bestimmung des Chlorophyll-a-Gehaltes von Oberflächenwasser

● = Genormtes Verfahren ■ = Vorschlag für ein neues Verfahren

Tab. 6-2: Fortsetzung.

L 20	●	Bestimmung der Giftwirkung von Abwässern auf Fische – Fischtest
L 24	●	Bestimmung der biologischen Abbaubarkeit unter Anwendung spezieller Analyseverfahren
L 25	●	Testverfahren der biologischen Abbaubarkeit. Statischer Test
L 30	●	Bestimmung der nicht akut giftigen Wirkung von Abwasser gegenüber Daphnien über Verdünnungsstufen
L 31	●	Bestimmung der nicht akut giftigen Wirkung von Abwasser gegenüber Fischen über Verdünnungsstufen
M		**Verfahren der biologisch-ökologischen Untersuchung**
M		Erläuterung zur Gruppe M
M 1		Allgemeine Hinweise, Planung und Durchführung von Fließgewässeruntersuchungen
M 2		Auswahl der Probenahmestellen zur biologisch-ökologischen Untersuchung
M 3		Entnahmegeräte und -methoden der biologisch-ökologischen Untersuchung
M 4		Aufbereitung, Fixierung und Konservierung der Benthos-Proben
M 5		Zusammenstellung der biologisch-ökologischen Untersuchungsergebnisse in Tabellenform
M 6		Kartierung der Gewässer nach biologisch-ökologischen Güteklassen
M 7		Graphische Darstellung des biologisch-ökologischen Gewässerzustands
P		**Einzelkomponenten**
P 1	●	Bestimmung von Hydrazin
P 2	●	Bestimmung von Vinylchlorid (Chlorethen) mittels gaschromatographischer Dampfraumanalyse
P 3	■	Bestimmung von Nitrilotriessigsäure mittels Gaschromatographie (Vorschlag)
P 4	●	Bestimmung von Kohlenstoffdisulfid
S		**Schlamm und Sedimente**
S		Vorbemerkungen zur Gruppe S
S 1	●	Probenahme von Schlämmen
S 2	●	Bestimmung des Wassergehaltes und des Trockenrückstandes bzw. der Trockensubstanz
S 3	●	Bestimmung des Glührückstandes und des Glühverlustes der Trockenmasse eines Schlammes
S 4	●	Bestimmung der Eluierbarkeit mit Wasser
S 5	●	Bestimmung des pH-Wertes in Schlämmen und Sedimenten
S 6	●	Bestimmung der Sauerstoffverbrauchsrate
S 7	●	Aufschluß mit Königswasser zur nachfolgenden Bestimmung des säurelöslichen Anteils von Metallen
S 8	●	Bestimmung des Faulverhaltens
S 9	●	Bestimmung des Chemischen Sauerstoffbedarfs (CSB)
S 10	●	Bestimmung des Schlammvolumenanteils und des Schlammindex
S 11	●	Probenahme von Sedimenten
S 12	●	Bestimmung von Phosphor in Schlämmen und Sedimenten

● = Genormtes Verfahren ■ = Vorschlag für ein neues Verfahren

Nach der möglichst zuerst durchzuführenden Prüfung mit den Sinnen erfolgt die Bestimmung physikalischer sowie physikalisch-chemischer Parameter. Einige, wie Temperatur oder pH-Wert, müssen am Entnahmeort, andere, z. B. einige der chemischen Parameter, können dort ermittelt werden. Darüber hinaus kann eine biochemische und mikrobiologische Untersuchung, z. B. auf Bakterien, erfolgen. Einige wichtige Bestimmungsmethoden aus dem Gebiet der Wasseranalytik sollen hier vorgestellt werden.

6.4.2.1 Organoleptische und sensorische Prüfung

Alle mit den Sinnen wahrnehmbaren Parameter faßt man als organoleptische Parameter zusammen. Erfolgt zusätzlich eine Bewertung, wird diese als sensorische Prüfung bezeichnet. Die Bedeutung dieser Prüfungen wird oft unterschätzt, obwohl sie oft wesentliche Erkenntnisse bringen und die nachfolgenden Untersuchungen erleichtern.

Geruch

Da der *Geruchssinn etwa zehnmal empfindlicher als der Geschmacksinn* ist, wird diese Prüfung vor der Geschmacksprüfung durchgeführt. Man kann mit ihr bestimmte Stoffe wahrnehmen, die ohne Anreicherung in der Probe sonst oft gar nicht bestimmbar wären. Da Kunststoff einen Eigengeruch hat, wird die Probe in eine Glasflasche gefüllt und nach kräftigem Schütteln der Geruch geprüft. Nach der Art des Geruchs unterscheidet man z. B. metallisch, erdig, fischig, aromatisch, grasartig, modrig, faulig, jauchig, muffig, widerlich stinkend. Differenzieren kann man nach Stoffen, wie Chlor, Ammoniak, Schwefelwasserstoff, Benzin, Phenol, Teer, und der Stärke des Geruchs. Trinkwasser muß geruchlos sein.

Geschmack

Wenn Verdacht auf Infektions- oder Vergiftungsgefahr besteht, hat diese Prüfung stets zu unterbleiben. Bei Trink- oder Mineralwässern besteht diese Gefahr meist nicht. Eine kleine Menge des Wassers wird im Mund bewegt und dann geschluckt. Auf Nachgeschmack, z. B. metallischen, ist zu achten. Nach der Stärke kann man den Geschmack differenzieren und z. B. angeben: säuerlich, salzig, süßlich-bitter, bitter, metallisch-bitter, adstringierend (zusammenziehend), laugig, fade, moorig, chlorig, seifig, fischig, widerlich.

Färbung

Sie ist auf im Wasser dispergierte Teilchen zurückzuführen, wobei vor allem die Färbung der gelösten Teilchen interessiert. Sie kann durch gelöste Salze oder farbige organische Verbindungen, wie wasserlösliche Farbstoffe, hervorgerufen werden. Kolloid gelöste Huminstoffe verleihen dem Wasser, etwa Moorwasser, eine gelbbräunliche Färbung. Vielfach enthalten sie komplex-gebundenes Eisen, Mangan, Kupfer und Zink.

Sinkstoffe läßt man vor der Prüfung absetzen. Stärke und Farbton werden durch Betrachtung gegen einen weißen Hintergrund angegeben. Die Prüfung kann auch kolorimetrisch oder photometrisch erfolgen. Trinkwasser muß farblos sein.

Trübung

Besser als die Bestimmung durch Betrachtung gegen einen schwarzen und dann einen weißen Hintergrund ist die Bestimmung mit der Sichtscheibe. Dies ist eine weiße Porzellanplatte, die waagerecht so weit in das Wasser eingetaucht wird, bis sie gerade noch sichtbar ist. Die Eintauchtiefe (Sichttiefe), deren Messung mehrmals wiederholt wird, ist ein Maß für die Trübung. Auch hier ist eine photometrische Bestimmung möglich. Eine Differenzierung reicht von klar, opaleszierend (durchscheinend) über schwach und stark getrübt bis zu undurchsichtig. Je stärker die Trübung ist, um so größer ist meist der Verschmutzungsgrad eines Gewässers. Allerdings kann auch klares Wasser durch z. B. gutlösliche organische Verbindungen wie Zucker einen hohen Verschmutzungsgrad und hohen BSB_5-Wert aufweisen. Sehr interessant, etwa für die Abwasserreinigung, ist die direkte, kontinuierliche Trübungsmessung durch eine im Wasserbecken installierte Sonde.

6.4.2.2 Physikalische und physikalisch-chemische Untersuchungen

Temperatur

Da z. B. die mikrobielle Aktivität, die Geschwindigkeit vieler Reaktionen und die Löslichkeit von Gasen stark temperaturabhängig sind, ist die exakte Temperaturermittlung des Wassers, oft auch der Luft, am Ort der Probenahme von grundlegender Bedeutung. Sie kann in verschiedenen Wassertiefen mit Quecksilber- oder Digitalthermometern bestimmt werden.

Dichte

Besonders bei stärker mineralisierten Wässern ist die Dichte von Interesse, da sie mit zunehmendem Gehalt an gelösten Stoffen und Schwebstoffen fast immer ansteigt (Ausnahme: Ammoniak-Lösungen). Sie kann mit dem *Pyknometer, Aräometer,* der *Dichtewaage (Mohr-Westphal-Waage)* oder nach der modernen, sehr genauen und schnellen *Biegeschwingermethode* ermittelt werden.

Elektrische Leitfähigkeit

Verantwortlich für die elektrische Leitfähigkeit sind die im Wasser vorhandenen Ionen. Für Wässer gilt: Je höher der gemessene Wert ist, um so höher ist die Konzentration der beweglichen, dissoziiert vorliegenden Ionen. Sie ist, wie auch Dichte und pH-Wert, eine temperaturabhängige Größe. Die Stromstärke I, der Leitwert G und die Leitfähigkeit κ sind proportionale Größen. Es gilt:

$$\text{Stromstärke} = \frac{\text{Spannung}}{\text{Widerstand}} \quad I = \frac{U}{R} \qquad \text{Leitwert} = \frac{1}{\text{Widerstand}} \quad G = \frac{1}{R}$$

$$\text{Leitfähigkeit} = \frac{\text{Leitwert} \cdot \text{Abstand der Elektroden}}{\text{Fläche jeder Elektrode}} \qquad \kappa = \frac{G \cdot l}{A}$$

$$\text{Leitfähigkeit} = \frac{1}{\text{spezifischer Widerstand}} \qquad \kappa = \frac{1}{\varrho}$$

(sprich: κ kappa, ϱ rho)

Die Einheit des Leitwertes ist Siemens (S), die Einheit der Leitfähigkeit $S \cdot cm^{-1}$. $1\ S \cdot cm^{-1}$ entspricht dem Zahlenwert des Leitwertes (in S) einer Elektrolytlösung zwischen zwei Elektroden von je 1 cm^2 Fläche im Abstand von 1 cm. Gemessen wird allerdings der Widerstand, der dem zwischen den in den Elektrolyten eintauchenden Elektroden fließenden Wechselstrom entgegengebracht wird. Die Elektroden bestehen meist aus Platin und befinden sich in einer Meßzelle. In Abwässern deutet $\kappa = 0{,}1$ mS/cm = 100 µS/cm auf einen niedrigen, $\kappa = 10$ mS/cm = 10000 µS/cm auf einen hohen Salzgehalt hin. Im Leitungswasser liegt der Wert im Bereich von $\kappa = 1$ mS/cm = 1000 µS/cm. Chemisch reines Wasser hat einen Wert von $\kappa = 0{,}0381$ µS/cm.

Die Leitfähigkeit kann auch genau wie der Durchfluß induktiv, d. h. elektrodenlos gemessen werden. Eine Erregerspule erzeugt, d. h. induziert einen der Leitfähigkeit proportionalen Strom. Dieser erzeugt in der Meßspule einen zweiten, der Leitfähigkeit ebenfalls proportionalen Strom. Meßwertverfälschungen durch die infolge der Berührung von Elektroden und Elektrolyt hervorgerufene Polarisation sind hierbei, ebenso wie Korrosion, Belagsbildung und Verschmutzung, nicht möglich. Ein exakter Rückschluß auf den Gesamtsalzgehalt ist u. a. wegen der Dissoziationsgrade und eventuell vorhandener anderer Elektrolyte, z. B. organischer Art, nur selten möglich. In Tab. 6-3 sind die Leitfähigkeitswerte einiger Lösungen von Säuren, Basen und Salzen in Abhängigkeit von der Konzentration c wiedergegeben.

Tab. 6-3: Einige Beispiele von Leitfähigkeiten wäßriger Lösungen bei 293,15 K (20 °C), nach Metrohm AG.

Konzentration c(mol/L)	$\kappa(KNO_3)$	$\kappa(KCl)$	$\kappa(NaNO_3)$	$\kappa(NaCl)$	$\kappa(NH_4Cl)$	$\kappa(Na_2CO_3)$
0,001	129,2 µS/cm	133,2 µS/cm	107,5 µS/cm	111,8 µS/cm	133 µS/cm	228,2 µS/cm
0,002	256 µS/cm	264,5 µS/cm	212,5 µS/cm	221,8 µS/cm	265 µS/cm	539 µS/cm
0,005	628,5 µS/cm	651 µS/cm	523 µS/cm	544,5 µS/cm	649 µS/cm	1,01 mS/cm
0,01	1,236 mS/cm	1,28 mS/cm	1,025 mS/cm	1,071 mS/cm	1,275 mS/cm	1,883 mS/cm
0,02	2,405 mS/cm	2,51 mS/cm	2,00 mS/cm	2,092 mS/cm	2,50 mS/cm	4,220 mS/cm
0,05	5,745 mS/cm	6,06 mS/cm	4,775 mS/cm	5,025 mS/cm	6,02 mS/cm	7,67 mS/cm
0,1	10,94 mS/cm	11,71 mS/cm	9,11 mS/cm	9,66 mS/cm	11,57 mS/cm	13,81 mS/cm
0,2	20,62 mS/cm	22,60 mS/cm	17,19 mS/cm	18,42 mS/cm	22,25 mS/cm	28,7 mS/cm
0,5	46,6 mS/cm	54,60 mS/cm	38,7 mS/cm	42,5 mS/cm	52,9 mS/cm	– mS/cm

Tab. 6-3: Fortsetzung.

Konzentration c(mol/L)	$\kappa(NH_3)$	κ(KOH)	κ(NaOH)	$\kappa(HNO_3)$	κ(HCl)	$\kappa(H_2SO_4)$
0,001	29,2 µS/cm	– µS/cm	– µS/cm	387,5 µS/cm	389,5 µS/cm	720 µS/cm
0,002	42,9 µS/cm	483 µS/cm	427 µS/cm	773 µS/cm	777 µS/cm	– µS/cm
0,005	68,8 µS/cm	1,193 mS/cm	1,064 mS/cm	1,917 mS/cm	1,927 mS/cm	3,16 mS/cm
0,01	100,2 µS/cm	2,37 mS/cm	2,12 mS/cm	3,80 mS/cm	3,82 mS/cm	5,87 mS/cm
0,02	148 µS/cm	4,67 mS/cm	– mS/cm	7,525 mS/cm	7,58 mS/cm	– mS/cm
0,05	239 µS/cm	10,77 mS/cm	10,37 mS/cm	18,44 mS/cm	18,60 mS/cm	23,1 mS/cm
0,1	344 µS/cm	22,1 mS/cm	20,38 mS/cm	36,15 mS/cm	36,3 mS/cm	70,7 mS/cm
0,2	479 µS/cm	42,7 mS/cm	– mS/cm	70,25 mS/cm	70,7 mS/cm	– mS/cm
0,5	704 µS/cm	102,2 mS/cm	90,7 mS/cm	167,3 mS/cm	169,0 mS/cm	– mS/cm

Redoxspannung (Redoxpotential)

Ähnlich wie pH-Werte steuern Redoxpotentiale (s. Abschn. 2.7.5) das ökochemische Geschehen im Wasser. Ein sprunghaftes Absinken der Redoxspannung kann durch anaerobe Prozesse ausgelöst werden und stellt somit einen ersten Hinweis auf Veränderungen im Wasser dar. Die Messung erfolgt analog der pH-Messung mittels Einstabmeßkette. Werte unterhalb von −200 mV geben einen Hinweis auf anaerobe Verhältnisse, während positive Werte auf aerobe Vorgänge hindeuten.

pH-Wert

Die Bestimmung des pH-Wertes kann mittels Indikatorpapier oder -stäbchen erfolgen. Der pH-Wert ist durch die Verfärbung des Indikators auf dem Papier oder Stäbchen erkennbar. Genauer ist allerdings die *Messung mit Hilfe der sog.* ***pH-Elektrode.*** Dabei handelt es sich um ein galvanisches Element, deren Halbzellen meist in einer *Einstabmeßkette* vereinigt sind. Das Potential der einen Halbzelle, der sog. Bezugselektrode, ist konstant, das der anderen, der Glaselektrode, hängt von der Hydronium-Ionen-Konzentration und damit vom pH-Wert ab. Es wird also die vom pH-Wert abhängige Potentialdifferenz (Spannung) gemessen, die auf dem Gerät als pH-Wert abgelesen werden kann oder bei Digitalgeräten angezeigt wird. *Wichtig ist die richtige Behandlung und Eichung der sehr empfindlichen Einstabmeßkette,* vor allem der Membran. Die Eichung erfolgt mit Hilfe von reinen Pufferlösungen mit exaktem pH-Wert. Die Pufferlösungen bestehen oft aus einer äquimolaren Mischung schwacher Säuren und deren Salzen, meist Alkalisalzen, oder schwache Basen und deren Salzen mit starken Säuren. Diese Lösungen, die auch durch Zugabe geringer Säure- oder Laugemengen ihren pH-Wert kaum ändern, bezeichnet man als gepufferte Lösungen. Bei der Konzentration der Pufferlösung mit pH 7 wird das pH-Meter auf pH 7 justiert. Nach sorgfältigem Abspülen mit destilliertem Wasser wird mit einer zweiten Pufferlösung, meist einer mit kleinerem pH-Wert, z. B. pH 4, das pH-Meter durch die Korrektur der Steilheit (mV/pH) an die Elektrodenfunktion angepaßt. Benutzte Pufferlösungen sollten verworfen werden, da z. B. aus der Luft aufgenommenes Kohlendioxid den pH-Wert verändern kann.

6.4.2.3 Bestimmung chemischer und biochemischer Summenparameter

Abfiltrierbare und absetzbare Stoffe

Bei der Bestimmung der abfiltrierbaren Stoffe werden die ungelösten Stoffe (anorganische und organische Sink-, Schweb- und Schwimmstoffe) über ein Papierfilter abgetrennt und bei 105 °C 2 Stunden bis zur Massenkonstanz getrocknet.
Vor allem im Bereich der Abwasseranalytik ist zur Kontrolle der Reinigung die Bestimmung der *absetzbaren Stoffe* von Bedeutung. In einem *Imhofftrichter* wird die gut durchgemischte Probe bis zur 1-L-Marke eingefüllt und das Volumen der abgesetzten Stoffe, d.h. der Sinkstoffe, nach *2 Stunden Standzeit* abgelesen.

In einem *1000-mL-Meßzylinder* erfolgt die Ermittlung der abgesetzten Stoffe von Belebtschlammproben, des sog. *Schlammvolumens,* nach einer *Standzeit von 30 Minuten.*

Gesamtrückstand

Die unter den Untersuchungsbedingungen im Wasser enthaltenen nicht flüchtigen gelösten und ungelösten Stoffe werden als Gesamtrückstand bezeichnet. *100 mL Probe werden 2 Stunden bei 180*°C gemäß der Richtlinie der EG über die Qualität von Wasser für den menschlichen Gebrauch getrocknet und auf 0,1 mg genau auf einer Analysenwaage ausgewogen. Eine Analyse des Gesamt-, wie auch des Abdampfrückstands, kann mittels *Infrarotspektroskopie* erfolgen. Erfaßt werden dabei allerdings nur zwei- oder mehratomige Partikeln, da die gegeneinander erfolgenden Schwingungen der Atome im Teilchen gemessen werden. Nach *DEV H1/DIN 38409* wird die Bestimmung des Gesamttrockenrückstands wie auch des Filtrattrockenrückstandes bei 105 °C durchgeführt.

Abdampfrückstand

Der Abdampfrückstand läßt gewisse Rückschlüsse auf den Mineralstoffgehalt des Wassers zu. 100 mL Probe werden über einen Membranfilter (Porenweite 0,45 μm) filtriert, wobei auch die kolloid gelösten Stoffe zurückgehalten werden. Das Filtrat wird 2 Stunden bei 180 °C (gemäß EG-Richtlinie) getrocknet. Nach dem Auswiegen erhält man die Summe der bei 180 °C nicht flüchtigen gelösten Stoffe, den Abdampfrückstand. Eine genauere Aussage über den Mineralstoffgehalt erlaubt die Bestimmung des **Glührückstandes,** mit dem die bei 550 °C nicht brennbaren, nicht flüchtigen, beständigen anorganischen Bestandteile der Probe ermittelt werden.

Kationenaustausch

Eine wichtige Summenbestimmung, die etwa der Überprüfung der Richtigkeit einer Wasseranalyse oder der Überprüfung der Konstanz des Mineralstoffgehaltes dienen kann, ist die Ermittlung der in der Probe enthaltenen Kationen. Die Bestimmung erfolgt mit Hilfe von Ionenaustauschern. Sie bestehen aus langkettigen, oft vernetzten organischen Molekülen, die fest gebundene ionische Gruppen enthalten. Durch entgegengesetzt geladene Ionen, Gegen-Ionen, erfolgt der Ladungsausgleich. Diese *Gegen-Ionen sind austauschbar durch gleichgeladene Ionen.* Sind die Gegen-Ionen Kationen, wie H_3O^+, Na^+, nennt man den Ionenaustauscher **Kationenaustauscher,** sind sie Anionen, z. B. OH^-, Cl^-, liegen **Anionenaustauscher** vor. Werden nun die H_3O^+-Ionen eines stark sauren Kationenaustauschers durch die Metallkationen der Wasserprobe ersetzt, kann man durch Titration der freigesetzten, äquivalenten Menge Hydronium-Ionen den Gehalt an Kationen in der Wasserprobe ermitteln.

Beispiel für den Ionenaustausch:

$$2\,R - SO_3^- - H_3O^+ + Ca^{2+} \rightarrow (R - SO_3^-)_2\,Ca^{2+} + 2\,H_3O^+$$

R organischer langkettiger Molekülrest
SO_3^- Fest-Ion
H_3O^+ Gegen-Ion (austauschbar)

Durch Kationenaustausch hat man das Wasser enthärtet. Erfolgt auch der Austausch der Anionen, liegt entsalztes Wasser vor.

Wasserhärte

Gesamthärte (Summe Erdalkalien): *Unter der Gesamthärte des Wassers versteht man nach DEV H6/DIN 38409 die Stoffmengenkonzentration der Erdalkalimetallkationen Mg^{2+}, Ca^{2+}, Sr^{2+} und Ba^{2+}.* Da die Konzentrationen der Ionen Sr^{2+} und Ba^{2+} sehr gering sind, bestimmt man die Stoffmengenkonzentration der Calcium- und Magnesium-Ionen. Die Bestimmung erfolgt durch komplexometrische Titration (Komplexometrie, Komplexbildungstitration, Chelatometrie). Eine Reihe von metallischen Kationen bilden mit organischen Verbindungen Komplexverbindungen. Da die Kationen scherenförmig in diesen Verbindungen eingeschlossen sind, nennt man diese Komplexe *Chelatkomplexe* (*chele:* griech. Krebsschere). Wichtigster Chelatbildner ist das wasserlösliche Dinatriumdihydrogen-**e**thylen**d**iamin**t**etra**a**cetat-dihydrat, kurz **EDTA** genannt.

$$\begin{matrix} HOOC-CH_2 \\ NaOOC-CH_2 \end{matrix}\!>\!N-CH_2-CH_2-N\!<\!\begin{matrix} CH_2-COOH \\ CH_2-COONa \end{matrix} \cdot 2\,H_2O$$

kurz $Na_2H_2Y \cdot 2\,H_2O$ $\quad Na_2H_2Y \cdot 2\,H_2O \rightleftharpoons 2\,Na^+ + H_2Y^{2-} + 2\,H_2O$

Das Anion dieses Salzes reagiert in wäßriger Lösung mit zwei-, drei- oder vierwertigen metallischen Kationen immer im Verhältnis 1 : 1. Die Indikation erfolgt mit Farbstoffen, die aber nicht für alle Metalltitrationen geeignet, sondern oft spezifisch sind. So ist der Indikator Calconcarbonsäure nur zur Bestimmung von Calcium-Ionen einsetzbar. Der Indikator Eriochromschwarz T erfaßt dagegen Calcium- und Magnesium-Ionen.

Da 1 mL c(EDTA) = 0,01 mol/L einer Stoffmenge von 0,01 mmol Erdalkali-Ionen (z. B. Ca^{2+}, Mg^{2+}) äquivalent ist, kann aus dem Verbrauch an EDTA-Lösung und dem Volumen der Vorlage die Gesamthärte in mmol/L Erdalkali-Ionen berechnet werden.

Will man die Stoffmengen- oder Massenkonzentrationen an Ca^{2+}- und Mg^{2+}-Ionen ermitteln, gelten folgende maßanalytische Äquivalente (siehe dazu auch Abschn. 2.7.1 und 3.6.2):

$$1 \text{ mL } c\,(\text{EDTA}) = 0{,}01 \text{ mol/L} \mathrel{\hat{=}} m(Ca^{2+}) = 0{,}4008 \text{ mg} \mathrel{\hat{=}} n(Ca^{2+}) = 0{,}01 \text{ mmol}$$

$$1 \text{ mL } c\,(\text{EDTA}) = 0{,}01 \text{ mol/L} \mathrel{\hat{=}} m(Mg^{2+}) = 0{,}2431 \text{ mg} \mathrel{\hat{=}} n(Mg^{2+}) = 0{,}01 \text{ mmol}$$

Bestimmt man zunächst den Verbrauch für Ca^{2+}- und Mg^{2+}-Ionen durch Titration gegen Eriochromschwarz T, kurz Erio T, und anschließend den Verbrauch für Ca^{2+}-Ionen durch Titration gegen Calconcarbonsäure, kann man aus der Differenz der Verbrauchswerte auch den Gehalt an Mg^{2+}-Ionen berechnen und diesen somit indirekt bestimmen (s. Abschn. 3.6.2.4). Eine andere Möglichkeit besteht darin, zunächst Ca^{2+}-Ionen gegen Calconcarbonsäure zu bestimmen und nach der Oxidation dieses Indikators mit Wasserstoffperoxid Mg^{2+}-Ionen gegen Erio T zu bestimmen. Durch Multiplikation des maßanalytischen Äquivalents von 0,01 mmol/mL oder der maßanalytischen Äquivalentmasse von Calcium- und/oder Magnesium-Ionen mit dem jeweiligen Verbrauch erhält man die Stoffmengen, bzw. Massen, die im Volumen der titrierten Probe enthalten sind. Durch Multiplikation mit dem aliquoten Faktor 1000 mL/(Probevolumen · 1 L) errechnet sich die jeweilige Stoffmengenkonzentration c oder die Massenkonzentration β. Des weiteren kann die Gesamthärte auch mit Hilfe der *ionensensitiven Elektrode* ermittelt werden. Die Härtearten, wie Gesamt- und Carbonathärte wurden früher als Deutscher Härtegrad °dH oder Deutscher Grad °d angegeben. Da 1 °d = 10 mg/L CaO und $M(\text{CaO}) = 56{,}0794$ g/mol gilt:

1 mmol/L Erdalkali-Ionen (z. B. Ca^{2+}) = 5,6 °d oder 0,178 mmol/L Erdalkali-Ionen = 1 °d.

Nach dem Waschmittelgesetz kann man 4 Härtebereiche unterscheiden (Tab. 6-4).

Tab. 6-4: Zusammenhang zwischen Härtebereichen, Ionenkonzentration und Deutschen Graden.

Härtebereich	c (Erdalkali-Ionen) in mmol/L	°d	Beurteilung
1	≦ 1,3	≦ 7	sehr weich bis weich
2	1,3 bis 2,5	7 bis 14	mittelhart
3	2,5 bis 3,8	14 bis 21	hart
4	> 3,8	> 21	hart bis sehr hart

Carbonathärte/Nichtcarbonathärte: *Die Carbonathärte entspricht der Stoffmengenkonzentration an Erdalkali-Ionen, die der im Wasser enthaltenen Stoffmengenkonzentration an Carbonat- und Hydrogencarbonat-Ionen äquivalent ist.* Da aufgrund des pH-Wertes der meisten Wässer fast ausschließlich HCO_3^-- und kaum CO_3^{2-}-Ionen vorliegen, sollte man diese Härte besser Hydrogencarbonathärte nennen. Ab pH 4,3 beginnt die HCO_3^--Bildung aus CO_2, bei pH 6,4 liegen je ca. 50% CO_2 und HCO_3^- vor.

$$CO_2 + H_2O \rightleftharpoons HCO_3^- + H^+$$

Ab pH 8,3 erfolgt die Bildung von CO_3^{2-}-Ionen, bei pH 10,3 liegen je ca. 50% HCO_3^- und CO_3^{2-} vor.

$$HCO_3^- + H_2O \rightleftharpoons CO_3^{2-} + H_3O^+$$

Die meisten Wässer liegen im pH-Bereich zwischen 4,3 und 8,2. Von daher kann die Base HCO_3^- durch Titration mit Salzsäure c(HCl) = 0,1 mol/L gegen Methylorange-Indikator, dessen Farbe ab pH 4,4 umschlägt, bestimmt werden.

$$HCO_3^- + HCl \rightarrow H_2O + CO_2 + Cl^-$$

Es gelten folgende maßanalytische Äquivalente:

1 mL c(HCl) = 0,1 mol/L $\hat{=}\, n(HCO_3^-)$ = 0,1 mmol $\hat{=}\, n(Ca^{2+})$ = 0,05 mmol $\hat{=}$ n(Erdalkali-Ionen) = 0,05 mmol

Aus dem Verbrauch an Salzsäure V(HCl) läßt sich durch Multiplikation mit n = 0,05 mmol die Carbonathärte berechnen (s. Abschn. 3.6.2.1). Das Ergebnis der Titration, die Stoffmengenkonzentration an Hydrogencarbonat $c(HCO_3^-$ wird auch als **Säurekapazität K_s bis zum pH-Wert 4,3** $K_{s\,4,3}$ oder als **+m-Wert** bezeichnet. Die *Carbonathärte* als c(Erdalkali-Ionen) *entspricht dann* $1/2 \cdot K_{s\,4,3}$. Enthält das Wasser mehr Äquivalente an CO_3^{2-}- und HCO_3^--Ionen als an Erdalkali-Ionen, dann ist die Carbonathärte größer als die Gesamthärte. In diesem Fall wird die Carbonathärte gleich der Gesamthärte gesetzt. Ansonsten entspricht die Differenz zwischen Gesamthärte und Carbonathärte der **Nichtcarbonathärte**, d.h. der *Stoffmengenkonzentration an Erdalkali-Ionen, die der der restlichen gelösten Anionen, wie z.B.* SO_4^{2-}, Cl^-, *äquivalent ist.* Vor allem bei höheren Temperaturen kann die Carbonathärte in Form von Calciumcarbonat („Kesselstein"), ausfallen, was z.B. in Rohrleitungen zu Verstopfungen und den gefürchteten Kesselsteinexplosionen führen kann.

$$Ca^{2+} + 2\,HCO_3^- \rightarrow CaCO_3\downarrow + H_2O + CO_2$$

Die *Carbonathärte* wird, da sie durch Kochen des Wassers entfernt werden kann, auch als *temporäre* oder *vorübergehende Härte,* die *Nichtcarbonathärte* als *permanente* oder *bleibende Härte* bezeichnet.

Säurekapazität und Basekapazität

Das Vermögen von Inhaltstoffen einer Stoffportion Wasser, Hydronium-Ionen bis zum Erreichen bestimmter pH-Werte aufzunehmen, bezeichnet man als **Säurekapazität K_S**. Durch Division der aufgenommenen Stoffmenge an Hydronium-Ionen $n(H_3O^+)$ durch das Volumen der Wasserportion $V(H_2O)$ erhält man die Säurekapazität K_S. Die übliche Einheit ist mmol/L.

Als **Basekapazität K_B** wird das Vermögen von Inhaltsstoffen einer Stoffportion Wasser angesehen, Hydroxid-Ionen bis zum Erreichen bestimmter pH-Werte aufzunehmen.

Der Quotient aus der Stoffmenge der aufgenommenen Hydroxid-Ionen $n(OH^-)$ und dem Volumen der Wasserportion $V(H_2O)$ ist die Basekapazität K_B.

Durch Titration mit einer starken Säure wie Salzsäure können die gelösten Basen, durch Titration mit einer starken Lauge wie Natronlauge die gelösten Säuren erfaßt werden. Da Kohlensäure, bzw. Kohlendioxid, Carbonat- und vor allem Hydrogencarbonat-Ionen am häufigsten von den schwachen Säuren bzw. Basen im Wasser vorkommen, entsprechen die Titrationsendpunkte den pH-Werten der Hydrogencarbonat- und Carbonatbildung (s. Carbonathärte). Werte, die durch Titration gegen Phenolphthalein-Indikator, der ab pH 8,2 umschlägt, erhalten wurden, werden als **p-Werte** bezeichnet. Wird gegen Methylorange-Indikator titriert, werden die Werte **m-Werte** genannt. Ist sehr hohe Genauigkeit erforderlich, muß der m-Wert von reinem Wasser (0,05 mmol/L) von der Säurekapazität subtrahiert werden. *Hat man mit Säure titriert, erhalten p- und m-Wert ein positives, bei Titration mit Lauge ein negatives Vorzeichen.* Die folgenden Beispiele zeigen den Zusammenhang zwischen K_S-, und K_B-, m- und p-Werten auf.

Beispiele:

1. Der pH-Wert des Wassers liegt über pH 8,2. Durch Titration mit $c(HCl) = 0{,}1$ mol/L gegen Phenolphthalein erhält man die **Säurekapazität bis pH 8,2** $K_{S\ 8,2}$ oder den **+p-Wert:**

   z. B. $CO_3^{2-} + HCl \rightleftharpoons HCO_3^- + Cl^-$

   Da $n(H_3O^+) \triangleq n(HCl) = V(HCl) \cdot c(HCl)$ gilt: $K_{S\ 8,2} = \dfrac{V(HCl) \cdot c(HCl)}{V(H_2O)}$

2. Der pH-Wert des Wassers liegt zwischen 8,2 und 4,3. Durch Titration mit $c(HCl) = 0{,}1$ mol/L gegen Methylorange erhält man die **Säurekapazität bis pH 4,3** $K_{S\ 4,3}$ oder den **+m-Wert**, auch *Säurebindungsvermögen* genannt:

   z. B. $HCO_3^- + HCl \rightleftharpoons H_2O + CO_2 + Cl^-$ $\qquad K_{S\ 4,3} = \dfrac{V(HCl) \cdot c(HCl)}{V(H_2O)}$

   Durch Titration mit $c(NaOH) = 0{,}1$ mol/L gegen Phenolphthalein erhält man die **Basekapazität bis pH 8,2** $K_{B\ 8,2}$ oder den **– p-Wert:**

   z. B. $CO_2 + NaOH \rightleftharpoons HCO_3^- + Na^+$

   Da $n(OH^-) \triangleq n(NaOH) = V(NaOH) \cdot c(NaOH)$ gilt: $K_{B\,8,2} = \dfrac{V(NaOH) \cdot c(NaOH)}{V(H_2O)}$

3. Der pH-Wert des Wassers liegt unter 4,3. Durch Titration mit Natronlauge $c(NaOH) = 0{,}1$ mol/L gegen Methylorange erhält man die **Basekapazität bis pH 4,3** $K_{B\,4,3}$ oder den **– m-Wert.**

   $$K_{B\ 4,3} = \frac{V(NaOH) \cdot c(NaOH)}{V(H_2O)}$$

   In gefärbten Wässern oder bei Anwesenheit von Substanzen, die bei pH ≈ 4,3 und/oder bei pH ≈ 8,2 eine Pufferung bewirken, erfolgt die Bestimmung durch potentiometrische Titration. Die Indikation erfolgt durch schon durch geringe Mengen von Säuren bzw. Laugen hervorgerufene pH-Wert-Änderungen (die starken Änderungen der Potentialdifferenzen entsprechen) bei pH $\approx$ 4,3 und pH $\approx$ 8,2. Für diese Bestimmungen sind die Bezeichnungen m- und p-Wert nicht ganz zutreffend. Zur Berechnung des Q_C-Wertes werden diese Werte jedoch benötigt und angewendet.

Säure- und Basekapazität sind Grundlage zur Berechnung der Gehalte an gelöstem Kohlendioxid (der freien Kohlensäure), an Hydrogen- und Carbonat-Ionen sowie der Summe derselben, was dem Q_C-**Wert**, dem *gesamten anorganisch gebundenen Kohlenstoff (TIC)*, entspricht.

Gesamter anorganisch gebundener Kohlenstoff (Q_c-Wert, $\Sigma\ CO_2$, TIC)

Können Störungen durch Substanzen, die bei pH $\approx$ 4,3 und/oder pH $\approx$ 8,2 eine Pufferung hervorrufen, vernachlässigt werden, wird der Q_C-Wert wie folgt berechnet:

$$Q_C = (\pm\ m) - (\pm\ p)$$

Beispiele:

m = +0,47 mmol/L, p = +0,03 mmol/L: Q_C = 0,44 mmol/L
m = +2,76 mmol/L, p = −0,83 mmol/L: Q_C = 3,59 mmol/L

Gesamter organisch gebundener Kohlenstoff (TOC)

Der gesamte organisch gebundene Kohlenstoff ist die Summe des organisch gebundenen Kohlenstoffs in gelösten und ungelösten Verbindungen. Der gesamte anorganisch gebundene Kohlenstoff muß durch Ansäuern und Austreiben des Kohlendioxids, z. B. durch Erhitzen und Vakuum, entfernt werden. Falls organische Stoffe, z. B. Chloroform, Benzol, mit ausgetrieben werden können, muß der Gesamtkohlenstoff (TC) bestimmt und der TOC aus der Differenz *TC − TIC = TOC* berechnet werden. Das Prinzip der Methode, die nach *DEV H3/DIN 38409* durchgeführt wird, beruht auf der möglichst vollständigen Oxidation des Kohlenstoffs der Kohlenstoff-Verbindungen zu CO_2. Die Oxidation kann durch starke Oxidationsmittel wie Kaliumperoxodisulfat $K_2S_2O_8$, energiereiche UV-Strahlung oder Hochtemperaturverbrennung an Edelmetallkatalysatoren erfolgen. Die quantitative Detektion des Kohlendioxids erfolgt z. B. durch Infrarotabsorption spektroskopisch, durch Neutralisationstitration oder konduktometrische oder potentiometrische Titration. Wird das Filtrat untersucht, erhält man bei dieser Bestimmung den Gehalt an gelöstem organisch gebundenem Kohlenstoff (DOC). Die Differenz TOC − DOC entspricht dem Gehalt an ungelöstem organisch gebundenem Kohlenstoff (POC). TOC ist wie CSB und BSB sehr bedeutsam als Maß für den Gehalt an organischen Inhaltsstoffen bei der Beurteilung der Reinheit bzw. Verschutzung des Wassers. Da hier fast alle Kohlenstoffverbindungen oxidiert werden und somit weniger Störungen auftreten als bei der Bestimmung von CSB und BSB, ist der TOC-Wert vor allem bei schwer abbaubaren Stoffen der aussagekräftigste Summenparameter.

Chemischer Sauerstoffbedarf (CSB)

Unter dem chemischen Sauerstoffbedarf CSB versteht man im umfassenden Sinne die Menge an Sauerstoff, die erforderlich ist, alle organischen Inhaltsstoffe einer Stoffportion Wasser chemisch zu oxidieren. Die Angabe erfolgt üblicherweise als Massenkonzentration $\beta(O_2)$ in mg/L. Für die Gesamtbelastung des Wassers oder Abwassers mit organischen Stoffen stellt der CSB-Wert eine wichtige Kenngröße dar. Da auch biologisch nicht abbaubare Substanzen bestimmt werden, liegt der CSB-Wert der Probe höher als deren BSB-Wert. Mit zwei Oxidationsmitteln werden CSB-Werte bestimmt, Kaliumpermanganat und Kaliumdichromat. Diese Methoden werden nun vorgestellt.

Oxidierbarkeit mit Kaliumpermanganat (CSB_{Mn}): Ein weiteres Maß für die Verschmutzung eines Wassers mit organischen Stoffen ist der Verbrauch an Kaliumpermanganat. Kaliumpermanganat ist zwar ein starkes Oxidationsmittel, kann jedoch nicht alle organischen Verbindungen, wie Chlorkohlenwasserstoffe, Ketone, Alkohole, Essigsäure, viele Aminosäuren, oxidieren. Weitgehend oxidiert werden u. a. Kohlenhydrate und Phenole. Ein weiterer Nachteil besteht darin, daß auch oxidierbare anorganische Verbindungen, z. B. Eisen(II)-, Nitrit-, Chlorid-Ionen oder Schwefelwasserstoff, oxidiert und damit erfaßt werden. Sie müssen entfernt oder ihr Gehalt gesondert ermittelt werden.

Zur Bestimmung wird eine Probemenge mit Schwefelsäure angesäuert und mit Kaliumpermanganat-Lösung im Überschuß versetzt. Bei starker Verschmutzung (z. B. Rohabwasser) muß die Probe verdünnt werden. Nach der Oxidation, die bei Siedehitze erfolgt, wird eine der zugegebenen Kaliumpermanganat-Menge äquivalente Menge Oxalsäure-Lösung dazugegeben. Die nicht durch Kaliumpermanganat oxidierte Menge an Oxalsäure wird dann volumetrisch durch sog. Rücktitration mit Kaliumpermanganat-Lösung bestimmt. Der Verbrauch an Kaliumpermanganat bei dieser Titration entspricht dem Verbrauch an Kaliumpermanganat zur Oxidation der Schmutzstoffe in der Siedehitze, so daß sich daraus dann der CSB_{Mn}-Wert als Massenkonzentration $\beta(O_2)$ in mg/L berechnen läßt. In 1 mol Kaliumpermanganat, dessen molare Masse 158,034 g/mol beträgt, sind 4 mol Sauerstoff in gebundener Form enthalten, deren Masse 63,9976 g beträgt. Somit liefert 1 g Kaliumpermanganat $KMnO_4$ bei der Oxidation 0,405 g Sauerstoff. Oxalsäure wird durch Kaliumpermanganat zu Kohlendioxid oxidiert. Kaliumpermanganat selber wird zu Mangan(II)-sulfat reduziert. Neben diesem Sulfat entsteht in schwefelsaurer Lösung noch Kaliumsulfat. Die vollständige Stoffgleichung lautet:

$$2\,K\overset{+VII}{Mn}O_4 + 5\,H_2\overset{+III}{C_2}O_4 + 3\,H_2SO_4 \rightarrow K_2SO_4 + 2\,\overset{+II}{Mn}SO_4 + 10\,\overset{+IV}{C}O_2 + 8\,H_2O$$

Obwohl nur etwa 20 bis 25% aller organischen Stoffe oxidiert werden, deutet ein hoher Kaliumpermanganat-Verbrauch auf eine hohe organische Verschmutzung hin. Sehr hoch ist der Wert z. B. in humushaltigen Moorwässern. Der Verbrauch kann $\beta\,(KMnO_4) \leq$ 350 mg/L betragen, was allerdings hygienisch unbedeutend ist. Für Trinkwasser allerdings sind Werte $>$ 12 mg/L bedenklich. Reine Fließgewässer weisen einen Verbrauch von maximal 4 mg/L, mäßig verunreinigte Flüsse von 20 bis 35 mg/L und stark verunreinigte Flüsse einen Verbrauch von $\beta\,(KMnO_4) = 100$ bis 150 mg/L auf.

Chemischer Sauerstoffbedarf (CSB, CSB_{Cr}): Im Gegensatz zu Kaliumpermanganat werden etwa 95 bis 97% der organischen Stoffe in stark saurer Lösung durch das wesentlich stärkere *Oxidationsmittel Kaliumdichromat* oxidiert. Benzol, Pyridin und Pyridin-Derivate werden allerdings auch hier nicht oder nur zum Teil erfaßt. Ebenso werden anorganische Stoffe oxidiert. Ein weiteres Problem sind die sachgemäß zu entsorgenden quecksilber-, silber- und dichromathaltigen, stark schwefelsauren Lösungen, die bei der Bestimmung anfallen. Trotz dieser Nachteile ist die Bestimmung des chemischen Sauerstoffbedarfs mit Hilfe von Kaliumdichromat eine der wichtigsten Methoden zur Bestimmung des organischen Verschmutzungsgrads bzw. des Reinigungsgrades, z. B. einer Kläranlage. Zudem ist der CSB-Wert einer der fünf Bewertungsparameter, der zur Ermittlung der Höhe der Schadeinheiten dient. Ist hohe Genauigkeit erforderlich, erfolgt die Ermittlung gemäß *DIN 38409-H41-1* titrimetrisch. Ansonsten reicht in der Praxis oft die Genauigkeit der nach dem zweistündigen Aufschluß schnelleren photometrischen Bestimmung (CSB-Feldmethode) aus. Weitere Vorteile sind die einfachere und gefahrlosere Durchführung und die meist kostenlose Rücknahme der verbrauchten Küvettenlösungen durch den Hersteller. Nach der DIN-Vorschrift wird von der abgesetzten Probe zunächst der Chlorid-Gehalt ermittelt. *Das Verfahren kann bei Chlorid-Gehalten oberhalb von 1000 mg/L nur modifiziert angewendet werden.* Die Chloride werden mit Schwefelsäure H_2SO_4 als HCl in den Dampfraum überführt und durch $Ca(OH)_2$ gebunden gemäß *DEV H41-2/DIN 38409.* Eine Störunterdrückung durch Quecksilber(II)-sulfat ist dann nicht mehr vollständig. Quecksilber(II)-sulfat bindet Chlorid-Ionen durch Reaktion. Dadurch wird eine Oxidation von Chlorid-Ionen zu Chlor durch Kaliumdichromat verhindert. Durch Chlor würde nicht nur der CSB-Wert zu hoch ausfallen, sondern es würden Folgereaktionen mit vielen organischen Verbindungen eintreten, die auch zu einer Veränderung des CSB-Wertes führen würden. Bei erwarteten Werten von > 300 mg/L CSB ist die Probe auf das doppelte Volumen zu verdünnen oder solange zu verdünnen, bis der CSB $\leqq$ 300 mg/L beträgt. Zu 20 mL Probe werden nun 10 mL quecksilbersulfathaltige Kaliumdichromat-Lösung $c(K_2Cr_2O_7)$ = 0,02 mol/L gegeben. Nach Mischung werden vorsichtig 30 mL silbersulfathaltige Schwefelsäure (Ag^+-Ionen wirken katalytisch auf die Oxidation) so unter Mischen zugegeben, daß die Temperatur nicht über 40 °C ansteigt, um mögliche Verluste an flüchtigen Stoffen zu vermeiden. Innerhalb von 10 min wird bis zum Sieden erhitzt. 110 min wird nun bei 148 °C (± 3 °C) unter schwachem Sieden weiter erhitzt. Dabei erfolgt die Redoxreaktion, d. h. die Oxidation des Kohlenstoffs der organischen Substanzen und die Reduktion des Chroms vom Kaliumdichromat. An zwei Beispielen wird dies verdeutlicht:

$$3\,H_3C-\overset{-I}{C}H_2OH + K_2\overset{+VI}{Cr_2}O_7 + 4\,H_2SO_4 \longrightarrow 3\,H_3C-\overset{+I}{C}HO + K_2SO_4 + \overset{+III}{Cr_2}(SO_4)_3 + 7\,H_2O$$

Ethanol — Ethanal

$$3\,H_3C-\overset{+I}{C}HO + K_2\overset{+VI}{Cr_2}O_7 + 4\,H_2SO_4 \longrightarrow 3\,H_3C-\overset{+III}{C}OOH + K_2SO_4 + \overset{+III}{Cr_2}(SO_4)_3 + 4\,H_2O$$

Ethanal — Ethansäure (Essigsäure)

Alkohole wie Ethanol werden durch Kaliumdichromat zunächst zu Aldehyden wie Ethanal oxidiert. Diese werden dann leicht weiteroxidiert zu den entsprechenden Carbonsäuren wie im Beispiel zu Ethan- oder Essigsäure.

Nach Abkühlung und Verdünnung wird nach Hinzugabe von Ferroin-Indikator das überschüssige, nicht verbrauchte $K_2Cr_2O_7$ mit Ammoniumeisen(II)-sulfat-Lösung $c[(NH_4)_2Fe(SO_4)_2 \cdot 6\,H_2O] = 0{,}12$ mol/L von Blaugrün nach Rotbraun rücktitriert. Bei dieser Redoxreaktion (s. Abschn. 2.7.5) wird das zweiwertige Eisen zum dreiwertigen Eisen oxidiert, das sechswertige Chrom des Kaliumdichromats zum dreiwertigen grünen Chrom(III)-Ion reduziert. Aus der Oxidations- und Reduktionsgleichung ergibt sich folgende Redoxgleichung:

$$\overset{+II}{Fe} \rightarrow \overset{+III}{Fe} + 1\,e^- \quad | \cdot 6 \quad \text{Oxidation}$$

$$\overset{+VI}{Cr} + 3\,e^- \rightarrow \overset{+III}{Cr} \quad | \cdot 2 \quad \text{Reduktion}$$

$$2\,\overset{+VI}{Cr} + 6\,\overset{+II}{Fe} \rightarrow 2\,\overset{+III}{Cr} + 6\,\overset{+III}{Fe} \quad \text{Redoxgleichung}$$

In schwefelsaurem Milieu liegen die Kationen nach der Reaktion als Sulfate vor. Somit lautet die vollständige Stoffgleichung:

$$K_2\overset{+VI}{Cr_2}O_7 + 6\,(NH_4)_2\overset{+II}{Fe}(SO_4)_2 \cdot 6\,H_2O + 7\,H_2SO_4$$

$$\rightarrow \overset{+III}{Cr_2}(SO_4)_3 + 3\,\overset{+III}{Fe_2}(SO_4)_3 + K_2SO_4 + 6\,(NH_4)_2SO_4 + 43\,H_2O$$

Aufgrund der Gleichungen lassen sich folgende Äquivalenzbeziehungen ableiten:

$n(Fe^{2+}) = 6$ mol $\triangleq$ $n(K_2Cr_2O_7) = 1$ mol $\triangleq$ $n(O) = 3$ mol ($\triangleq$ $n(O_2) = 1{,}5$ mol)
$n(Fe^{2+}) = 0{,}12$ mol $\triangleq$ $n(K_2Cr_2O_7) = 0{,}02$ mol $\triangleq$ $n(O) = 0{,}06$ mol
1 mL $c(Fe^{2+}) = 0{,}12$ mol/L $\triangleq$ 1 mL $c(K_2Cr_2O_7) = 0{,}02$ mol/L $\triangleq$ $n(O) =$
0,06 mmol $\triangleq$ 0,96 mg O_2 (Maßanalytisches Äquivalent).

Ein Blindwert wird mit bidestilliertem Wasser ermittelt. Von diesem bei der Titration verbrauchtem Volumen V_B wird das bei der Titration der Probe verbrauchte Volumen V_E subtrahiert und mit dem *maßanalytischen Äquivalent* für Sauerstoff und einem eventuellen Titer t der Ammoniumeisen(II)-sulfat-Lösung multipliziert. Der Verbrauch an Sauerstoff für 20 mL Probe wird durch Multiplikation mit dem aliquoten Faktor 50 auf CSB, ausgedrückt als Massenkonzentration $\beta(O_2)$ (in mg/L), umgerechnet, so daß gilt:

$$\boxed{\text{CSB} = \beta(O_2)\,(\text{in mg/L}) = (V_B - V_E) \cdot t \cdot 50 \cdot 0{,}96\ \text{mg/L}} \quad \text{oder,}$$

da $t = c(Fe^{2+})/\tilde{\tilde{c}}(Fe^{2+})$:

$$\text{CSB} = (V_B - V_E) \cdot c(Fe^{2+}) \cdot 0{,}96\ \text{mg/mL} \cdot 1000\ \text{mL}/(0{,}12\ \text{mol/L} \cdot 20\ \text{mL} \cdot 1\,\text{L}) =$$
$$= (V_B - V_E) \cdot \{c(Fe^{2+})\} \cdot 8000/20 \cdot \text{mg/L} = (V_B - V_E) \cdot \{c(Fe^{2+})\} \cdot 400 \cdot \text{mg/L}$$

Die Differenz $V_B - V_E$ entspricht dem Volumen der zur Oxidation der Schmutzstoffe verbrauchten Kaliumdichromat-Lösung. Es ist wünschenswert, wenn die vor allem durch das Arbeiten mit dem giftigen Quecksilbersulfat mit einem entscheidenden Nachteil behaftete Methode möglichst bald durch eine quecksilberfreie DIN-Bestimmung, die als *DEV H42* vorgesehen ist, ersetzt wird.

Verwendet man Ozon als Oxidationsmittel, ist sowohl eine **kontinuierliche CSB-Bestimmung** als auch eine Einzelprobenmessung möglich. Ozon reagiert direkt als Molekül aber auch als Hydroxid-Radikal (Hydroxid-Teilchen mit einem reaktiven Elektron). Mittels Sonden wird der Sollwert von 25% Ozonverbrauch gemessen. Bei Abweichungen vom Sollwert wird das Mischungsverhältnis aus Abwasser und mit Ozon angereichertem Verdünnungswasser per Computer verändert. Nach ein bis zwei Minuten ist der CSB-Wert bereits ermittelt. Bei diesem schon vielfach bewährten Verfahren liegt der Meßbereich zwischen $\beta(O_2) = 5$ mg/L und 1000 mg/L und kann bis 10000 mg/L erweitert werden. **Somit steht der CSB als Steuer- und Regelgröße für Abwasserreinigungs- und Überwachungsprozesse zur Verfügung.**

Elektrochemischer Sauerstoffbedarf (ECSB)

Eine kontinuierliche Bestimmung des CSB-Wertes ermöglicht auch eine andere neue Methode, die elektrochemische CSB-Bestimmung. Das Prinzip der Methode zur Bestimmung des elektrochemischen Sauerstoffbedarfs ECSB beruht auf der elektrochemischen Erzeugung der zur Oxidation der Schmutzstoffe erforderlichen Oxidationsmittel. Diese reaktionsfreudigen Sauerstoff-Verbindungen, z. B. Hydroxid-Radikale, werden an einer Bleidioxid-Anode gebildet. Sind oxidierbare Schmutzstoffe in der Probe vorhanden, werden die Oxidationsmittel verbraucht. Das Arbeitspotential der Anode wird konstant gehalten. Dadurch werden die verbrauchten Oxidationsmittel sofort wieder gebildet. Die dazu erforderliche Strommenge ist ein Maß für die umgesetzte Stoffmenge. Aus dieser wird der ECSB-Wert berechnet.

Messungen diverser Abwässer bestätigen ebenfalls eine recht gute Vergleichbarkeit dieser Meßwerte mit den etwas niedriger liegenden Werten der DIN-Methode. Bei einem Vergleich mit den herkömmlichen CSB-Methoden ergeben sich mehrere Vorteile. Der Meßwert liegt nicht erst nach über zwei Stunden, sondern sehr schnell, bereits nach 2 bis 3 Minuten, vor. Da nur geringe Mengen ungefährlicher Salze anfallen, ist die Methode sehr umweltfreundlich. Es müssen keine Sonderabfälle wie chrom- und quecksilberhaltige Lösungen entsorgt werden. Die Nachweisgrenze liegt mit $\beta(O_2) = 1$ mg/L wesentlich niedriger als bei der DIN-Methode mit $\beta(O_2) = 15$ mg/L. Auch schwach belastete Wässer wie Kühl- oder Oberflächenwässer können so sicher überwacht werden.

Biologischer Sauerstoffbedarf (BSB)

Bei der Ermittlung des biologischen oder biochemischen Sauerstoffbedarfs, ausgedrückt als $\beta(O_2)$ in mg/L, wird die Masse an gelöstem Sauerstoff pro Liter Wasserprobe bestimmt, die von Mikroorganismen verbraucht wird, um im Wasser enthaltene organische Stoffe bei 20 °C aerob abzubauen. Der Wert ist somit auch ein Kriterium für die biologische Aktivität eines Gewässers. Da bei häuslichem Abwasser die meist gut abbaubaren Substanzen nach 5 Tagen zu etwa 70% abgebaut sind, ein vollständiger Abbau allerdings erst nach etwa 20 Tagen erfolgt ist, ermittelt man meist den Wert nach 5 Tagen, **BSB_5**. *Für kurzfristige Entscheidungen kann der BSB_5 Wert daher nicht herangezogen werden.*

Neben der langen Zeit hat die Bestimmung *weitere Nachteile.* Die Mikroorganismen können schwerer abbaubare Stoffe, die häufig relevanter sind, nicht oder nur unvollständig abbauen. Somit sind die BSB_5-Werte stets niedriger als die entsprechenden CSB-Werte. Anorganische Stoffe, z. B. Fe^{2+}-Ionen, können leicht durch den gelösten Sauerstoff oxidiert werden, was einen erhöhten BSB-Wert zur Folge hat. Giftstoffe können die Mikroorganismen töten oder in ihrer Tätigkeit hemmen, was einen zu niedrigen BSB_5-Wert zur Folge hat. Nitrifizierende Bakterien können zur Oxidation von Ammonium-Ionen Sauerstoff verbrauchen, was ebenfalls zu einem erhöhten BSB_5-Wert führt. Durch einstündiges Schütteln einer halbgefüllten Flasche werden die leicht oxidierbaren anorganischen Stoffe oxidiert. Wenn lediglich eine Vergiftung durch Säuren und Laugen vorliegt, kann diese durch Neutralisation (pH 6,5 bis pH 8,5) eliminiert werden. Die Nitrat-Bildung kann durch besondere Zusätze, z. B. von Allylthioharnstoff, verhindert werden.

Einige notwendige Voraussetzungen sind darüber hinaus für eine richtige BSB-Bestimmung erforderlich.

1. Während der gesamten Zehrungszeit müssen mindestens $\beta(O_2) = 2$ mg/L in der Probe vorhanden sein.
2. Es müssen genügend Bakterien vorhanden sein. Eventuell müssen diese zugesetzt werden.
3. Die Nährstoffe Stickstoff und Phosphor müssen in ausreichender Konzentration vorhanden sein.
4. Die Proben müssen während der gesamten Zehrungszeit im Dunkeln und bei genau 20 °C aufbewahrt werden.

Die Tätigkeit der Mikroorganismen ist von ihrer Zahl, der Wassertemperatur, den enthaltenen Stoffen, wie den Nährstoffen, und dem für den aeroben Abbau benötigten Sauerstoff-Gehalt abhängig.

Da durch Lichtenergie auch Oxidationen unter Sauerstoff-Verbrauch (z. B. Photosynthese) katalysiert werden, ist eine Aufbewahrung im Dunkeln erforderlich.

Eine Reihe von Verfahren ermöglicht die Bestimmung des BSB_5. Bei einigen Verfahren wird durch Differenzbildung der BSB_5-Wert errechnet. Man mißt den Sauerstoff-Gehalt zu Beginn, was am Entnahmeort geschehen kann, und nach Ablauf der 5 Tage.

Bei der Methode von Winkler wird der Gehalt chemisch bestimmt. Man kann ihn auch elektrochemisch mittels einer Sauerstoffelektrode messen. Es kann erforderlich sein, z. B. bei Rohabwässern, durch Zugabe von Verdünnungswasser oder durch Einleiten von Luft oder reinem Sauerstoff, die Probe so mit Sauerstoff anzureichern, daß auch am Ende noch mindestens 2 mg/L vorhanden sind. Die Differenz aus Anfangs- und Endgehalt an Sauerstoff ist gleich dem BSB_5. *Man kann auch zu Beginn und nach 5 Tagen den CSB-Wert bestimmen. Die Differenz dieser Werte entspricht ebenfalls dem* BSB_5.

Bei Abwasseranalysen wird sehr häufig die **barometrische** oder **manometrische Methode** angewandt. Eine abgemessene Probe wird mit Luft in das Meßgefäß eingeschlossen. Beim aeroben Abbau wird als eines der Endprodukte Kohlendioxid gebildet. Das in die Luft entweichende Kohlendioxid wird durch Natrium- oder Kaliumhydroxid-Plätzchen chemisch absorbiert. Dies muß geschehen, weil sonst die Messung des Unterdrucks verfälscht würde. Durch den Sauerstoff-Verbrauch entsteht im Gefäß ein Unterdruck, der am Dosenbarometer oder am Quecksilber-Manometer (oder besser -Barometer, da der Luftdruck gemessen wird) abgelesen wird. Bei hohen zu erwartenden BSB_5-Werten muß entsprechend verdünnt werden. Geräte mit Quecksilber-Barometer haben den Nachteil des Umgangs mit diesem äußerst toxischen Metall. Das Befüllen der Quecksilber-Vorratsgefäße muß mit äußerster Sorgfalt unter dem Abzug und in einer großen Kunststoffwanne durchgeführt werden. Ferner ist ständig darauf zu achten, daß an keiner Stelle Quecksilber-Dämpfe durch Diffusion entweichen können. Da die Bestimmung bei diesen Luftdruckmeßmethoden auf dem durch die *Respiration*, d.h. Atmung der Mikroorganismen verbrauchten Sauerstoff beruht, bezeichnet man diese Methoden auch als **respirometrische BSB_5-Bestimmungen.**

Die biologische Abbaubarkeit kann übrigens auch durch quantitative Bestimmung des produzierten CO_2 mittels Absorption in Bariumlauge und Rücktitration der überschüssigen Lauge nach dem sog. modifizierten Sturmtest beurteilt werden. Allerdings beträgt die gesamte Prüfdauer bei diesem Verfahren 28 Tage.

Bei einer weiteren Methode, der kontinuierlichen, automatischen Methode, wird Sauerstoff, der durch Wasserelektrolyse erzeugt wird, stets so in die Probe eingeführt, daß der Druck in der Probeflasche konstant bleibt. Die in einer bestimmten Zeit benötigte Menge an Sauerstoff ist proportional dem BSB dieser Zeitspanne. *Ein wesentlicher Vorteil dieser Methode ist die Möglichkeit der* ***kontinuierlichen und automatischen Messung und Registrierung des BSB-Verlaufes.*** Wird infolge des Sauerstoff-Verbrauchs der Luftdruck im Probegefäß geringer, bewirkt ein Schaltmanometer das Einschalten des zur Elektrolyse der wäßrigen Kupfersulfat-Lösung benötigten Stromes. Steigt der Luftdruck im Probegefäß durch den produzierten Sauerstoff wieder an, wird über das Schaltmanometer der Elektrolysestrom unterbrochen. Die gemessene Strommenge ist proportional der durch die Elektrolyse produzierten und durch die Mikroorganismen verbrauchten Sauerstoff-Menge.

Mit der gleichen Technologie wie bei der kontinuierlichen CSB-Bestimmung unter Verwendung von Ozon arbeitet eine **kontinuierliche Kurzzeit-BSB-Messung (BSB-M3),** bei der ein über Elektroden gemessener Sauerstoffverbrauch von 3 mg/L durch die Mikroorganismen per Computer geregelt wird. Die Nährstoffkonzentration wird bei Abweichungen von diesem Sollwert per Rechner durch Änderung des Mischungsverhältnisses des Abwassers und eines Verdünnungswassers solange erhöht oder erniedrigt bis der Sollwert wieder erreicht ist. Die Mischpumpen werden also durch die Atmung der Aerobier gesteuert. Nach drei Minuten liegt das aus dem Mischungsverhältnis errechnete Meßergebnis vor. Der Meßbereich liegt zwischen $\beta(O_2) = 2$ bis 5000 mg/L.

Toxizität

Spezielle Bakterien geben die im Zuge ihres Stoffwechsels freigesetzte Energie in Form von Licht ab. Solche Leuchterscheinungen bezeichnet man allgemein als *Lumineszenz*, hier als *Biolumineszenz*. Sind nun Giftstoffe im Abwasser oder Wasser enthalten, die diese Leuchtbakterien schädigen, kann man diese toxischen Stoffe an einem Nachlassen der Leuchtintensität erkennen. Mit Hilfe sog. Luminometer läßt sich die Leuchtintensität messen und damit als Summenparameter die Toxizität ermitteln. Ein rechtzeitiges Erkennen dieser Giftstoffe ist dadurch möglich. Schädigungen der Mikroorganismen der biologischen Reinigung durch toxische Stoffe sind dank des *Leuchtbakterientestes* somit weniger wahrscheinlich, wenn solche Abwässer nicht in die biologische Reinigung geleitet werden.

Der Einsatz eines Toximeters, einer weltweit neuen Erfindung, in dem mit Leuchtbakterien kontinuierlich das der Kläranlage zufließende Abwasser des Werkes überwacht wird, hat sich bei der Bayer AG in Leverkusen bereits bewährt.

Bewährt haben sich auch Toximeter, bei denen mit nichtleuchtenden Bakterien gearbeitet wird. Sind toxische Stoffe, wie Schwermetalle, metallorganische Verbindungen oder halogenierte Kohlenwasserstoffe, im Wasser, nimmt der Sauerstoff-Verbrauch der Aerobier ab, da die Atmung durch diese Stoffe gehemmt wird. Mit einer Elektrode wird der Sauerstoff-Gehalt kontinuierlich gemessen.

6.4.2.4 Bestimmung chemischer Gruppenparameter

Obwohl es in den meisten Fällen darum geht, anhand der Summenparameter festzustellen, in welchem Ausmaß eine Belastung mit organischem Material vorliegt, ist es manchmal auch *wichtig zu wissen, ob bestimmte Stoffgruppen vorhanden sind.* Man bestimmt dazu Gruppenparameter oder spezielle Leitsubstanzen. Bei Verdacht auf eine ganz spezielle Verunreinigung kann auch mal auf eine Einzelsubstanz geprüft werden. Fast die gesamte hochmoderne Instrumentalanalytik wird zur Bewältigung derartig komplexer Bestimmungen angewandt. Exemplarisch soll nun dazu einiges angemerkt werden.

Halogenkohlenwasserstoffe (HKW)

Diese Verbindungen werden meist als Halogen- oder Chlor-Gehalt bestimmt, wobei aufgrund der Eigenschaften verschiedene Gruppenparameter unterschieden werden. So wird der Gesamtgehalt an organisch gebundenem Halogen **(TOX)** bzw. -Chlor **(TOCl)** differenziert in gelöstes organisch gebundenes Halogen **(DOX)** bzw. -Chlor **(DOCl)** und ungelöstes oder austreibbares organisch gebundenes Halogen **(POX)** bzw. -Chlor **(POCl)**. Darüber hinaus kann man den Gehalt an adsorbierbarem organisch gebundenem Halogen **(AOX)**, z. B. durch Adsorption an Aktivkohle, extrahierbarem organisch gebundenem Halogen **(EOX)**, z. B. durch Extraktion mit Lösungsmitteln wie Pentan, Hexan, Heptan, Diisopropylether, oder flüchtigem organisch gebundenem Halogen **(VOX)** bestimmen. Leichtflüchtige HKW wie Trichlormethan werden nach *DEV F4/DIN 28407* erfaßt. Eine Bestimmungsmethode dieser Parameter beruht darauf, daß die nach der Verbrennung anfallenden Halogene oder Halogenid-Ionen gegen Silber coulometrisch titriert werden. Bei dieser elektrochemischen Methode erfolgt die Anwendung des *Faradayschen Gesetzes*, der Äquivalenzbeziehung zwischen der gemessenen Elektrizitätsmenge und dem Stoffumsatz. Mit den Methoden der *Coulometrie* (s. Abschn. 6.4.2.6), die auch bei der Bestimmung der Kohlenstoffkennzahlen, z. B. TOC, angewandt werden und wesentlich genauer sind als die herkömmlichen analytischen Methoden, kann man die hier vorhandenen sehr kleinen Mengen recht gut ermitteln. Eine Bestimmung mit Hilfe der Gaschromatographie (GC) (s. Abschn. 2.3), mit der auch polychlorierte Dibenzodioxine und Dibenzofurane sowie Pestizide bestimmt werden können, ist möglich. Allerdings ist vorher meist eine Anreicherung, vor allem bei Dioxinen, Furanen und Pestiziden, z. B. durch Flüssig-flüssig-Extraktion, und eventuell auch eine Fraktionierung mit Hilfe der Hochdruckflüssigkeitschromatographie (HPLC), wie bei den polycyclischen aromatischen KW erforderlich. Ansonsten sind die Konzentrationen für die gaschromatographische Bestimmung zu gering. Nach der gaschromatographischen Trennung erfolgt in den meisten Fällen die weitere Identifikation mit Hilfe der mit der GC gekoppelten Massenspektrometrie (MS).

Durch Extraktion mit Luft lassen sich einzelne HKW, wie Dichlormethan, Tetrachlorethen, 1,1,1-Trichlorethan, Trichlorethen, Tetrachlormethan, aber auch Acrylnitril, Benzol und Ethylbenzol aus Wasser entfernen und mit Hilfe von Prüfröhrchen als Schnelltest einfach und preiswert quantitativ nachweisen.

Phenole

Nach *DEV H16/DIN 38408* wird der Phenol-Index bestimmt. Durch Kupplung der Phenole zu einem Farbstoff lassen sie sich photometrisch bestimmen. Man unterscheidet die Ermittlung des Gesamtphenolgehalts von der des Gehalts an wasserdampfflüchtigen Phenolen. Diese werden nach einer Destillation der Probe bestimmt. Die Ergebnisse werden auf Phenol C_6H_5OH bezogen. Eine weitere Methode beruht darauf, nach Anreicherung der Phenole durch Adsorption an Aktivkohle, die einzelnen Phenole durch Dünnschichtchromatographie oder GC/MS-Kopplung zu trennen und nachzuweisen.

Kohlenwasserstoffe

Die Bestimmung von Kohlenwasserstoffen, z. B. aus Mineralölen, erfolgt meist in der Weise, daß diese unpolaren Substanzen mit Hilfe eines unpolaren Lösungsmittels durch Flüssig-flüssig-Extraktion aus dem Wasser entfernt werden und dann z. B. chromatographisch oder infrarotphotometrisch bestimmt werden. Zum Schnellnachweis dient ein Öl-Testpapier, welches sich von blaßblau nach tiefblau verfärbt, speziell bei Kontakt mit Benzin, Heizöl und Schmieröl.

Tenside

Die am häufigsten verwendeten Tenside sind die anionischen, als Hauptbestandteile der Wasch- und Reinigungsmittel. Ihre Bestimmung erfolgt mit Hilfe von Methylenblau oder Azur A Kationen. Diese Farbstoffe binden die anionischen Tenside. Nach Extraktion mit Trichlormethan unter einem gutziehenden Abzug erfolgt die photometrische Bestimmung.

Die nichtionischen Tenside, deren Verbrauch fast dem der anionischen Tenside entspricht, lassen sich halbquantitativ visuell mit basischem Bismutnitrat $BiO_xNO_3 \cdot H_2O$ bestimmen. Bei Anwesenheit von nichtionogenen Tensiden von Typ Polyalkylenoxid fällt eine orangeroter Niederschlag aus.

Kationische Tenside reagieren mit Anionen des Farbstoffs Bromphenolblau zu Ionenpaaren, die mit Trichlormethan extrahiert und dann photometrisch bestimmt werden. Bei den photometrischen Methoden stört die Anwesenheit der jeweils anders geladenen Tenside, da diese miteinander ebenfalls mit Trichlormethan extrahierbare, jedoch farblose Ionenpaare bilden.

Öle und Fette

Für die Trinkwassergewinnung sind wegen der schon in geringsten Mengen hervorgerufenen Geschmacks- und Geruchsbeeinträchtigungen Öle und Fette unerwünscht. Im Abwasser können eventuell frei werdende Fettsäuren Beton schädigen. Eine Bestimmungsmethode beruht auf der Extraktion der Öle und Fette durch Trichlortrifluorethan, z. B. in einer Soxhletapparatur, und der Auswaage der trockenen extrahierten Öle und Fette nach Abdampfen des Lösungsmittels bei 80 °C. Die Methode ist nicht sehr spezifisch, da einige andere Substanzen störend wirken.

Komplexbildner

Organische Komplexbildner wie **EDTA** oder **Nitrilotriessigsäure** (NTA), die z. B. in der Galvanotechnik aber auch in der Waschmittelindustrie verwendet werden, sind ökologisch bedenklich, weil sie u. a. Schwermetalle komplex binden oder gar aus Sedimenten herauslösen können. Eine Bestimmung ist deshalb halbquantitativ als Schnelltest und quantitativ photometrisch, voltammetrisch oder polarographisch möglich. Bezugssubstanz ist Nitrilotriessigsäure. Eine Aussage über den Gehalt von eventuell komplex gebundenen Schwermetallen ist möglich. Vor der Bestimmung dieser Schwermetalle muß die Probe sachgemäß durch Aufschluß aufbereitet werden.

6.4.2.5 Bestimmung der gelösten Gase

Sauerstoff

Die Bestimmung des Sauerstoff-Gehaltes kann durch die auf einer iodometrischen Redoxtitration beruhenden *Methode nach Winkler*, die auch als Feldmethode durchführbar ist, oder elektrochemisch mittels Einstabmeßkette, auch Sauerstoffelektrode genannt, durchgeführt werden. Bei der Methode nach Winkler werden die Fällungsreagenzien Manganchlorid und Natriumhydroxid zusammen mit Kaliumiodid zum Probevolumen gegeben. Bei Sauerstoff-Abwesenheit entsteht weißes Mangan(II)-hydroxid.
$Mn^{2+} + 2\,OH^- \rightarrow Mn(OH)_2\downarrow$

Bei der Anwesenheit von Sauerstoff fällt z. B. braunes Mangan(IV)-oxid-hydroxid aus.

$$2\,\overset{+II}{Mn}{}^{2+} + 2\,OH^- + \overset{0}{O}_2 \rightarrow 2\,\overset{+IV}{Mn}\,\overset{-II}{O}\,(OH)_2\downarrow$$

Durch Zugabe von Säure, z. B. konzentrierter Phosphorsäure, wird der Niederschlag gelöst.

$$\overset{+IV}{Mn}\,\overset{-II}{O}\,(OH)_2 + 4\,H_3O^+ + 1\,e^- \rightarrow \overset{+III}{Mn}{}^{3+} + 7\,H_2O$$

Die gebildeten Mn^{3+}-Ionen oxidieren eine dem gelösten Sauerstoff äquivalente Menge Iodid-Ionen zu Iod.

$$2\,\overset{+III}{Mn}{}^{3+} + 2\,\overset{-I}{I}{}^- \rightarrow 2\,\overset{+II}{Mn}{}^{2+} + \overset{0}{I}_2$$

Nach Titration mit Natriumthiosulfat und Stärke als Indikator kann der Sauerstoff-Gehalt berechnet werden. Aus Natriumthiosulfat entsteht Natriumtetrathionat. Die Änderung der Oxidationszahl des Schwefels durch Oxidation läßt sich anhand der Strukturformeln ermitteln.

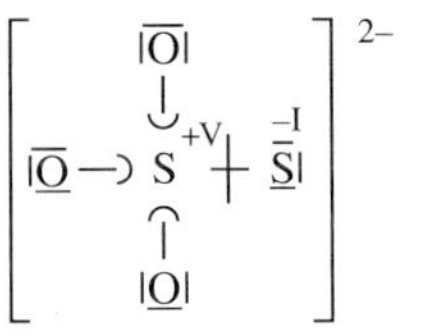

Thiosulfat-Ion

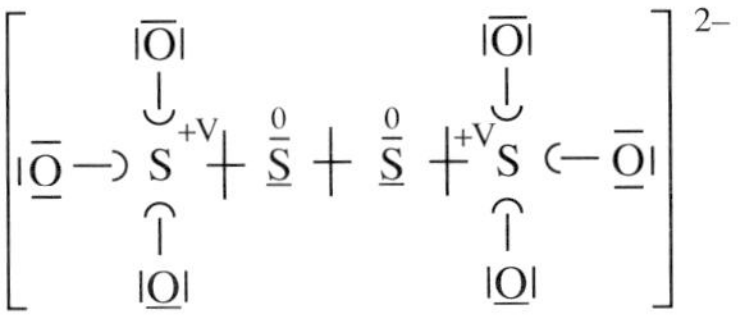

Tetrathionat-Ion

Die Oxidationszahl des zentralen Schwefel-Atoms bleibt somit unverändert. Die vollständige Stoffgleichung der Redoxreaktion zwischen Iod und Natriumthiosulfat lautet:

$$\overset{0}{I_2} + 2\ \overset{+V/-I}{Na_2S_2O_3} \rightarrow 2\ Na\overset{-I}{I} + \overset{+V/0}{Na_2S_4O_6}$$

Natriumthiosulfat Natriumtetrathionat

Daraus ergibt sich das maßanalytische Äquivalent:

$$1\ \text{mL}\ c(Na_2S_2O_3) = 0{,}01\ \text{mol/L} \triangleq n(O_2) = 0{,}005\ \text{mmol} \triangleq m(O_2) = 0{,}08\ \text{mg}.$$

Multipliziert man den Verbrauch an Natriumthiosulfat-Lösung x mit der maßanalytischen Äquivalentmasse und dem aliquoten Faktor 1000 mL/Probevolumen (in mL) erhält man die Masse $m(O_2)$ in 1 L Probe und damit die Massenkonzentration $\beta(O_2)$.

$$\beta(O_2) = x \cdot 0{,}08\ \text{mg} \cdot 1000\ \text{mL/(Probevolumen} \cdot 1\ \text{L)}$$

Bei Wässern mit extrem hoher Sauerstoff-Zehrung, z. B. aus dem Belebungsbecken, muß die Tätigkeit der Mikroorganismen im Moment der Probenahme mit Substanzen unterbunden werden. Es sind eine Reihe weiterer Störungen bei diesem Verfahren möglich. Zwar kann die störende Wirkung aller oxidierenden und reduzierenden Stoffe durch Anwendung des Iod-Differenz-Verfahrens nach Ohle ausgeschaltet werden. Trotzdem ist die elektrometrische polarometrische Methode genauer. Meßfunktion, Eichung und Wartung entsprechen bei stationären Meßgeräten denen der tragbaren Geräte. Der im Wasser gelöste Sauerstoff diffundiert durch eine Membran in die Meßzelle der Einstabmeßkette. An der Platin- oder Gold-Kathode (Clark-Prinzip) erfolgt die Reduktion des Sauerstoffs.

$$\overset{0}{O_2} + 2\ H_2O + 2\ e^- \rightarrow H_2\overset{-I}{O_2} + 2\ OH^-$$

$$H_2\overset{-I}{O_2} + 2\ e^- \rightarrow 2\ \overset{-II}{O}H^-$$

An der Silber-Anode der Bezugszelle wird Silber oxidiert.

$$2\ \overset{0}{Ag} + 2\ Cl^- \rightarrow 2\ \overset{+I}{Ag}Cl + 2\ e^-$$

$$2\ \overset{0}{Ag} + 2\ OH^- \rightarrow \overset{+I}{Ag_2}O + H_2O + 2\ e$$

Die Änderung des Polarisationsstroms ist direkt proportional der Menge des umgesetzten Sauerstoffs. Da sich der Sauerstoff-Gehalt an der Membranoberfläche in einer ruhenden Flüssigkeit vermindert, muß die Flüssigkeit mit genügender Geschwindigkeit gegen die Membran anströmen. Eine sehr hohe Meßgenauigkeit haben Einstabmeßketten mit einer zweiten nicht stromdurchflossenen Bezugsanode aus Silber (Drei-Elektrodensystem).

Die Differenz zwischen Sauerstoff-Sättigungswert (s. Tab. 2-11, Abschn. 2.7.1) und gefundenem Wert wird als *Sauerstoff-Defizit*, das prozentuale Verhältnis zwischen gefundenem Wert und Sauerstoff-Sättigungswert als **Sauerstoff-Sättigungsindex** bezeichnet.
Sauerstoff-Defizit = Sauerstoff-Sättigungskonzentration − gemessene Sauerstoff-Konzentration
Sauerstoff-Sättigungsindex = gemessene Sauerstoff-Konzentration · 100%/Sauerstoff-Sättigungskonzentration

Beispiel:

Temperatur des Wassers:	18 °C
gemessene Massenkonzentration:	$\beta(O_2) = 7{,}39$ mg/L
Sauerstoff-Sättigungskonzentration:	9,45 mg/L
Sauerstoff-Defizit:	9,45 mg/L − 7,39 mg/L = 2,06 mg/L
Sauerstoff-Sättigungsindex:	$\frac{7{,}39 \cdot 100\%}{9{,}45} = 78{,}2\% = 0{,}782$ (da % = 10^{-2}).

Der Sauerstoff-Sättigungsindex ergibt einen wichtigen Hinweis auf den Zustand des Wassers. Beträgt der Wert 100 bis 70%, weist das auf aerobe stabile, bei 70 bis 50% auf aerobe instabile, bei 50 bis 25% auf anaerobe instabile und bei 25 bis 0% auf stabile anaerobe Verhältnisse hin.

Kohlenstoffdioxid (Kohlendioxid)

Die qualitative Bestimmung von gasförmigem Kohlendioxid erfolgt durch Einleiten des Gases in Kalk- oder Baryt-Wasser, wobei Calciumcarbonat bzw. Bariumcarbonat als weißer Niederschlag ausfällt.

$$Ca(OH)_2 + CO_2 \rightarrow \underset{\text{weiß}}{CaCO_3\downarrow} + H_2O$$

$$Ba(OH)_2 + CO_2 \rightarrow \underset{\text{weiß}}{BaCO_3\downarrow} + H_2O$$

Quantitativ kann die Bestimmung durch Einleiten eines bestimmten Volumens eines Gases, z. B. Faulgas, in Kalilauge ermittelt werden. Es erfolgt *chemische Absorption (Chemisorption)* des Kohlendioxids:

$$2\,KOH + CO_2 \rightarrow K_2CO_3 + H_2O$$

Aus der Volumenabnahme kann der Kohlendioxid-Gehalt berechnet werden.

Zur kontinuierlichen Überprüfung des Kohlendioxid-Gehalts in einem Gas werden physikalisch-chemische Eigenschaften gemessen. *Bei der Kontrolle des Faulgases ist eine* ***kontinuierliche Messung des Kohlendioxid-Gehaltes*** *unbedingt erforderlich,* da ein Anstieg des Gehaltes auf eine Störung im Faulprozeß hinweist und die Zündfähigkeit dieses Gases gestört wird.

Wie bereits durch den Treibhauseffekt bekannt, absorbiert Kohlendioxid sehr gut Infrarotlicht, d.h. leitet Wärme sehr schlecht. Diese spezifische Eigenschaft kann man zur Messung des Kohlendioxid-Gehaltes, z.B. auch im Rauchgas, verwenden. In Wässern erfolgt die Bestimmung mittels gassensitiver Elektrode elektrometrisch oder durch Berechnung mit Hilfe der m- und p-Werte, des pH-Wertes, der elektrischen Leitfähigkeit und der Temperatur.

Chlor

In Abwesenheit von Iodid-Ionen bildet freies Chlor, d.h. Cl_2, HClO und ClO^- mit DPD-Reagenz (N,N-Diethyl-p-phenylendiamin) einen roten Farbstoff. Dieser kann auch mittels Feldmethode kolorimetrisch durch visuellen Vergleich des Farbtons mit einer Skala, photometrisch oder titrimetrisch bestimmt werden. Anschließend zugegebene Iodid-Ionen reduzieren die im Wasser vorhandenen Chlor-Substitutionsprodukte zu freiem Chlor, das nun zusätzlich erfaßt wird. Das Ergebnis entspricht dem Gesamtchlorgehalt, die Differenz dem Gehalt an gebundenem Chlor. Eine weitere Bestimmung kann elektrochemisch mit einer Meßzelle erfolgen.

Schwefelwasserstoff

Eine quantitative Bestimmung kann durch iodometrische Titration oder durch Luminometrie (s. Abschn. 6.4.2.6) erfolgen. *Sehr wichtig, vor allem für Abwässer, sind zwei qualitative Prüfungen auf Schwefelwasserstoff* H_2S.

Schwefelwasserstoff-Probe (Fäulnisfähigkeit): Diese qualitative Bestimmung ist in der Regel auf stark verschmutzte, zur Fäulnis neigende Abwässer beschränkt. Sie dient der Feststellung, ob das Wasser, das z.B. der Kläranlage oder der biologischen Reinigung zugeführt wird, bereits angefault ist. Bei einem der Kläranlage zulaufenden Wasser ist dies meist der Fall. Bei positivem Ergebnis muß der für aerobe Mikroorganismen toxische Schwefelwasserstoff entfernt werden. Im Wasser enthaltener Schwefelwasserstoff ist leicht flüchtig. So wird mit angefeuchtetem Bleiacetatpapier, das sich im Luftraum über der Probe in der verschlossenen Flasche befindet, auf H_2S geprüft. Ist Schwefelwasserstoff vorhanden, reagiert er mit Wasser unter Bildung von Sulfid-Ionen, die ihrerseits mit Blei-Ionen braunschwarzes schwerlösliches Bleisulfid bilden.

$$H_2S + H_2O \rightleftharpoons HS^- + H_3O^+$$

$$HS^- + H_2O \rightleftharpoons S^{2-} + H_3O^+$$

$$S^{2-} + Pb^{2+} \rightleftharpoons PbS\downarrow$$

Die Probe wird bei 20 °C und im Dunkeln aufbewahrt, damit nicht durch Lichteinwirkung z. B. eine Oxidation des Schwefelwasserstoffs stattfindet. Bei angefaultem Wasser tritt nach wenigen Minuten eine Schwärzung des Papiers auf. Es kann differenziert werden nach stark, schwach, Spuren oder nicht nachweisbar (n. n.) unter Angabe der Zeitspanne, die mehrere Tage betragen kann.

Methylenblau-Probe (Haltbarkeit): Durch die biologische Reinigung soll Abwasser in einen nicht mehr fäulnisfähigen, haltbaren Zustand überführt werden. Vor allem das in den Vorfluter ablaufende Wasser aus der Nachklärung wird so geprüft. Aber auch für die Prüfung des Eutrophierungszustands eines Gewässers ist diese Bestimmung von Bedeutung. Zu hohe Eutrophierung, d. h. zu hoher Nährstoff- und Schmutzgehalt bewirkt eine zu starke Vermehrung von Wasserpflanzen. Durch die nach dem Absterben dieser großen Pflanzenmengen einsetzenden Prozesse ist der gelöste Sauerstoff schnell verbraucht. Dann setzen anaerobe Reduktionsvorgänge ein, die u. a. zur Bildung von Methan, Ammoniak und Schwefelwasserstoff führen. Da Methylenblau ebenfalls leicht reduziert wird und dadurch in das farblose Leuko-Methylenblau überführt wird, ist es ein geeigneter Redoxindikator für die der Fäulnis vorausgehenden Reduktionsvorgänge. Bei 20 °C wird die Probe im Dunkeln aufbewahrt. Der Vergleich erfolgt mit einer Blindprobe mit destilliertem Wasser. *Tritt eine Aufhellung oder Entfärbung nicht innerhalb von 5 Tagen ein, wird das Ergebnis mit nicht entfärbt (n. e.) bezeichnet. Das Wasser wird dann als* ***nicht faulfähig****, d. h. haltbar bezeichnet.*

Ammoniak

Nur bei sehr hohen pH-Werten liegt das Gleichgewicht

$$NH_3 + H_2O \rightleftharpoons NH_4^+ + OH^-$$

stärker auf der Seite des extrem fischtoxischen Ammoniaks (s. Abschn. 6.3.1.1 „Ammonium-Ion“). In saurem Wasser liegen praktisch nur Ammonium-Ionen vor. Ein eventueller Gehalt an Ammoniak kann aufgrund der Ammonium-Bestimmung (s. Abschn. 6.4.2.6 „Ammonium-Ionen“), bei der Ammoniak stets mit erfaßt wird, aufgrund der Parameter, wie dem pH-Wert, berechnet werden (s. Tab. 6-1, Abschn. 6.3.1).

Ammoniak, andere anorganische sowie organische Stickstoff-Verbindungen können alternativ zum aufwendigen Kjeldahl-Verfahren als Gesamtstickstoff durch eine Chemilumineszenzreaktion bestimmt werden. Die Stickstoff-Verbindungen werden katalytisch durch Verbrennung in Stickstoffmonoxid überführt. Dieses reagiert mit Ozon zu angeregtem Stickstoffdioxid, das seine Anregungsenergie in Form von Licht bei Rückkehr in den Grundzustand abgibt. Der Meßbereich liegt zwischen 10 ppm und 10000 ppm. Die Analysendauer beträgt 5 Minuten.

6.4.2.6 Bestimmung von Kationen und Anionen

Eine Reihe von wichtigen Verfahren wird im Bereich der Wasseranalytik angewandt. Bei höheren Gehalten werden viele Kationen und Anionen naßchemisch durch Methoden der

Volumetrie oder *Gravimetrie* bestimmt. *Schneller und oft auch genauer und empfindlicher sind photometrische Verfahren.* Kolorimetrische Verfahren finden meist nur noch bei halbquantitativen Schnelltests Anwendung. *Bei sehr geringen Gehalten werden ausschließlich physikalisch-chemische Meßmethoden benutzt,* z. B. im Bereich der Schwermetallanalytik. Diese sog. *Spurenanalytik* wird fast immer von Speziallaboratorien durchgeführt. Für den im Ver- und Entsorgungsbereich in einfachen Labors Tätigen spielen naßchemische und photometrische Methoden die größere Rolle. Ihre Prinzipien sollen zunächst vorgestellt werden, bevor auf Methoden der Spurenanalytik eingegangen wird.

Volumetrie (Titrimetrie)

Im Rahmen der Volumetrie wird das nach der Probenaufbereitung in Lösung befindliche Ion durch Zugabe einer Reagenzlösung quantitativ bestimmt. Man ermittelt den **Titer,** d. h. den genauen Gehalt des gelösten **Titranden** durch Zutropfen des gelösten Reagenzes oder **Titrators** aus einer Bürette, an der man das verbrauchte Volumen der Titratorlösung ablesen kann. Solche, auf einer Volumenmessung (Volumetrie) beruhende Verfahren sind **Titrationen.** *Die Erkennung des Endpunkts der Titration, des sog. Äquivalenzpunktes, kann z. B. durch Farbindikatoren, pH- oder Spannungsmessung (potentiometrische oder voltametrische Titration) oder Leitfähigkeitsmessung (konduktometrische Titration) erfolgen.*

Bei Verwendung von Indikatoren zeigt die Änderung der Farbe des Indikators den **Äquivalenzpunkt** an. Bei potentiometrischen Bestimmungen kommt es in der Nähe des Äquivalenzpunktes zu einer sprunghaften Änderung der pH- oder Spannungs- bzw. Potentialwerte. Der Wendepunkt der pH- oder Potentialkurve entspricht dem Äquivalenzpunkt. Wichtigster Reaktionstyp der *Konduktometrie* oder *Leitfähigkeitstitration* ist die Neutralisation. Infolge der Bildung von Wassermolekülen durch Reaktion der Hydronium-Ionen der Säure mit den Hydroxid-Ionen der Lauge nimmt die Ionenkonzentration, und damit die ihr proportionale Leitfähigkeit der Lösung ab. Am Äquivalenzpunkt ist die elektrische Leitfähigkeit am geringsten. Jenseits dieses Punktes steigt sie wieder an, da nun die hinzukommenden Ionen nicht mehr zu Wassermolekülen reagieren. Da die Wasserbildung exotherm verläuft und die freiwerdende Neutralisationswärme am Äquivalenzpunkt den höchsten Wert erreicht, kann auch mittels Temperaturmessung titriert werden *(thermometrische Titration).*

Nach Art der Reaktion unterscheidet man 4 wichtige Gebiete:

- **Neutralisationstitrationen**
- **Redoxtitrationen** (z. B. Ionen der Nebengruppenelemente)
- **Fällungstitrationen** (z. B. Ag^+, Cl^-, Br^-)
- **Komplexbildungstitrationen** (z. B. viele metallische Kationen)

In Abschn. 3.6.2 sind Berechnungen zur Volumetrie enthalten.

Gravimetrie

Das ebenfalls nach der Aufbereitung in Lösung befindliche Ion wird mit einem spezifischen Fällungsreagenz versetzt und reagiert mit diesem zu einer schwerlöslichen Verbindung, der sog. **Fällungsform.** Ist ihre Zusammensetzung genau bekannt und eindeutig, wird die Verbindung bis zur Massenkonstanz getrocknet und bis auf 0,1 mg genau ausgewogen. Ist dies nicht der Fall, wird die Fällungsform durch Glühen in die **Wägeform,** eine Verbindung mit genau bekannter Zusammensetzung, überführt und anschließend ebenfalls ausgewogen. Aufgrund der Masse der Auswaage läßt sich der Gehalt des zu bestimmenden Ions berechnen (s. dazu Abschn. 3.6.3).

Kolorimetrie

Die Ermittlung des Gehalts einer Lösung des zu bestimmenden Stoffs, meist eines Ions, erfolgt durch visuellen Vergleich der Intensität der Farbe der Analysenlösung mit Farben von geeichten Vergleichslösungen oder Farbvergleichsskalen, z. B. in Komparatoren. Die Farbe der Lösung kann auf der Eigenfarbe des gelösten Stoffs beruhen, z. B. bei Kupfersulfat, oder durch Reaktion des Stoffs mit meist organischen Verbindungen zu einer farbigen Verbindung erzeugt werden. Letzteres ist häufiger der Fall.

Photometrie (Spektralphotometrie)

Eine höhere Genauigkeit wird erreicht, wenn die Farbe oder auch die Trübung einer Lösung photometrisch bestimmt wird. Eine gefärbte Substanz absorbiert Licht bestimmter Wellenlängenbereiche. Tritt nun ein solcher Lichtstrahl durch eine klare farbige Lösung, so ist die *Absorption* direkt proportional der Konzentration des gelösten Ions. Je mehr Licht absorbiert wird, um so geringer ist der Anteil, der noch durch die Lösung hindurchtritt, die sog. *Durchlässigkeit* oder *Transmission* τ (sprich: τ tau).

Aus der Messung des in die Lösung eintretenden und des aus der Lösung austretenden Lichtstroms mittels Photozellen läßt sich die Durchlässigkeit τ berechnen.

$$\text{Durchlässigkeit} = \frac{\text{austretender Lichtstrom}}{\text{eintretender Lichtstrom}} \qquad \tau = \frac{\phi_a}{\phi_e} \qquad \text{(sprich: } \phi \text{ phi)}$$

Die Absorption $\alpha = 1 - \tau$ oder in Prozent:

$$\alpha \text{ (in \%)} = 100\% - \tau \text{ (in \%)}$$

Die Durchlässigkeit ist nicht linear und umgekehrt proportional der Konzentration. Anderes verhält es sich, wenn man die negativen Logarithmen der Durchlässigkeit, *die Extinktionen E* ermittelt. $E = -\lg \tau$. Die Extinktionswerte sind linear und direkt proportional der Konzentration und werden von daher bestimmt.

Die Schichtdicke des Meßgefässes, der Küvette, ist ebenfalls direkt proportional der Konzentration. Das **Lambert-Beersche Gesetz** drückt diese lineare Beziehung aus.

$$E = \varepsilon_M \cdot d \cdot c\,(\text{Ko})$$

ε_M molarer Extinktionskoeffizient, Einheit: L/(cm · mol)
d Schichtdicke der Küvette in cm
c (Ko) Stoffmengenkonzentration der gelösten Komponente in mol/L

$E = \varepsilon_{sp} \cdot d \cdot \beta\,(\mathrm{Ko})$

ε_{sp} spezifischer Extinktionskoeffizient, Einheit: L/(cm · g)
β (Ko) Massenkonzentration der gelösten Komponente in g/L

Berechnungen zur Photometrie sind in Abschn. 3.6.1 aufgeführt.

Flammenphotometrie

Bei Metall-Ionen einiger Elemente nehmen Elektronen Energie auf, z. B. die der 1. Hauptgruppe und die von Calcium, Strontium oder Barium, und gehen in Orbitale äußerer Schalen über. In diesem instabilen Zustand verbleiben sie nur Bruchteile einer Sekunde und kehren dann unter Abgabe, d. h. Emission der absorbierten Energie in Form von Licht bestimmter Wellenlängen in ihren Ausgangszustand zurück. Das durch Einbringen der Probe in eine Flamme emittierte Lichtspektrum wird per Photozellen gemessen. Die Intensität des Lichtes ist proportional der Konzentration, so daß die Technik der Flammenphotometrie zur quantitativen Bestimmung solcher Metallkationen herangezogen wird.

Fluorimetrie

Bestimmte Stoffe sind in der Lage, nach Absorption von kurzwelligem Anregungslicht spontan längerwelliges Licht zu emittieren. Diese Eigenschaft bezeichnet man als *Fluoreszenz*. Die Intensität des emittierten Lichtes, die mittels eines *Fluorimeters* gemessen wird, hängt von der Struktur der fluoreszierenden Teilchen, deren Konzentration und den Eigenschaften des Lösungsmittels ab. Nur wenige Stoffe fluoreszieren, u. a. Chlorophyll, das Blattgrün. Somit sind Selektivität und Spezifität wesentlich größer als bei der Photometrie. Gleiches gilt für die Empfindlichkeit (Nachweisgrenzen im ppt-Bereich). Weitere Vorteile sind der große Konzentrationsbereich, in dem gemessen werden kann, die Möglichkeit zu Feldmessungen und die Möglichkeit zur Umrüstung für nephelometrische Messungen (Trübungsmessungen).

Fluorimeter können neben der Kationen- und Anionenbestimmung innerhalb der Umweltanalytik zur Messung von Ölverschmutzungen in Wässern, der Chlorophyll- und Algenkonzentration, der Verteilung von Farbstoffen in Gewässern, von Strömungen zur Klärung von Transport und Verteilungsphänomenen in Gewässern und somit auch bei der Kontrolle von Abwasserkanälen angewendet werden.

Luminometrie

Leuchterscheinungen, die durch chemische Reaktionen hervorgerufen werden, nennt man *Chemilumineszenz*. So kann Schwefelwasserstoff quantitativ bestimmt werden, wenn es mit Argon oder Stickstoff in einer Wasserstoffflamme unter blauem Leuchten zu S_2-Molekülen reagiert. Die Intensität des emittierten Lichtes ist der Konzentration an Schwefelwasserstoff proportional. Dieses Verfahren ist für die Schwefelanalytik, die für die Umweltanalytik immer wichtiger wird, eine wertvolle Hilfe, z. B. zur Bestimmung von Sulfat-Ionen oder der adsorbierbaren organischen Schwefel-Verbindungen (AOS). So können Sulfat-Ionen oder andere schwefelhaltige Ionen, wie $S_2O_8^{2-}$, HSO_3^-, $S_2O_3^{2-}$, S^{2-}, nach Reduktion zu Schwefelwasserstoff durch Natriumhypophosphit und Iodwasserstoffsäure in konzentrierter Salzsäure quantitativ bestimmt werden. Die Bestimmung anderer Schwefel-Verbindungen ist nach gezielter chemischer Umwandlung ebenfalls möglich.

Atomabsorptionsspektrometrie (AAS)

Wesentlich geringere Konzentrationen als z. B. bei der Flammenphotometrie lassen sich bestimmen, wenn man die metallischen Kationen oder Atome, z. B. in einer Flamme, verdampft, und sie mit dem Licht bestrahlt, das sie selber bei energetischer Anregung, z. B. in der Flamme, emittieren. Dieses Licht wird von den verdampften Atomen absorbiert. So absorbieren verdampfte Natrium-Atome gelbes Natrium-Licht. Man mißt den durchgelassenen Teil des Lichtes. Die sich aus der Durchlässigkeit ergebene Absorption ist direkt proportional der Konzentration. Statt in einer Flamme lassen sich die Atome auch in elektrisch beheizten Graphitrohren oder bei einigen Elementen der 4. bis 6. Hauptgruppen, wie Selen, Arsen, Antimon, durch Bildung von Hydriden verdampfen. Da Quecksilber sich leicht bei Raumtemperatur verdampfen läßt, wird dieses Element gemäß *DEV E12-1/3/DIN 38406* des Deutschen Normenausschusses Wasserwesen nach der sog. Kaltdampftechnik bestimmt. Da hier, wie bei den hydridbildenden Elementen, auch Natriumborhydrid atomaren (naszierenden) Wasserstoff liefert, der als Reduktionsmittel der Quecksilber-Ionen verwendet werden kann, kann diese Methode als Sonderverfahren der Hydridtechnik angesehen werden. Wie bei allen anderen Verfahren der Spurenanalytik auch, können einige systematische Fehler das Ergebnis beeinträchtigen.

Es ist neben einer optimalen Probenahme und -aufbereitung vor allem auf Verwendung hochreiner Geräte und Chemikalien, Störungen durch die Matrix, d. h. andere Stoffe (z. B. andere Ionen oder das wäßrige Lösemittel), richtige Kalibrierung (Eichung) und das Arbeiten in sauberen Räumen zu achten. Eine Bestimmung durch verschiedene Analysenmethoden (beispielsweise durch ICP-AES, Inversvoltammetrie oder Polarographie), eventuell auch durch andersartige Aufbereitung sowie durch mehrere Labors (Ringanalysen) kann die Ergebnissicherheit ebenfalls erhöhen.

Obwohl etwa 70 Elemente bestimmbar sind, wird die AAS auch in der Wasser-, Schlamm- und Bodenanalytik vorwiegend zur Bestimmung der Schwermetallgehalte angewendet. Bei der Aufbereitung müssen störende Stoffe, wie Komplexbildner der organischen Matrix, entfernt werden. Oft geschieht ein solcher Aufschluß mit Hilfe von konzentrierten Säuren (z. B. Königswasser) als starken Oxidationsmitteln bei Normal- oder Überdruck. Eine weitere Möglichkeit zur Entfernung der organischen Matrix ist durch die Behandlung mit Wasserstoffperoxid und gleichzeitiger Bestrahlung mit energiereichem ultraviolettem Licht gegeben. Die organischen Stoffe werden auch in diesem Fall bis zum Kohlendioxid oxidiert. Der UV-Aufschluß ist für die Wasseranalytik geeignet und wird gemäß DIN-Norm für die Quecksilber-Bestimmung von klaren Wässern bereits verwendet.

Geräte, die über die sog. Lichtleitertechnik verfügen, haben den großen Vorteil, daß man mit ihnen bis zu 12 Elemente simultan bestimmen kann.

Induktiv gekoppelte Plasma-Spektrometrie (ICP, ICP-AES)

Die induktiv gekoppelte Plasma-Spektrometrie (ICP) oder genauer -Atomemissionsspektrometrie (ICP-AES) wurde erst Ende der 70iger Jahre eingeführt. *Fast alle Elemente können bis zu Konzentrationen im ppb-Bereich bestimmt werden.* Man analysiert auch hier meistens wäßrige Lösungen. Gasförmige Proben werden vorher in Wasser absorbiert. In einem Hochfrequenzfeld ionisiertes Argon bewirkt (induziert) bei Temperaturen von 7000 bis 8000 °C die Atomisierung und Energieaufnahme, d. h. den Plasmazustand, auch von schwer atomisierbaren Elementen (z. B. Bor, Silicium, Tantal, Uran, Wolfram). Nach Verlassen des Hochfrequenzfeldes emittieren die Elemente die absorbierte Energie in Form von Licht. Aufgrund der Wellenlängen und der Intensität des Lichtes kann man so simultan, d. h. in einer Analyse, bis zu 50 Elemente gleichzeitig bestimmen, ein wesentlicher Vorteil dieser allerdings auch sehr teuren, mit hohem Argon-Verbrauch verbundenen Methode.

Inversvoltammetrie

Mit diesem elektrochemischen Verfahren der Spurenanalytik lassen sich wie mit der direkten Methode, der *Voltammetrie*, ebenfalls geringste Mengen von Metallkationen, wie Bismut, Indium, Tellur, Arsen, Antimon oder Gold, nachweisen und infolge der unterschiedlichen Redoxpotentiale auch simultan bestimmen. Das zu bestimmende Metall wird bei der Inversvoltammetrie an einer geeigneten Arbeitselektrode, z. B. Quecksilber an einer rotierenden Goldelektrode oder die anderen Metalle an einer stationären Quecksilberelektrode (HMDE: Hanging mercury drop electrode), elektrolytisch abgeschieden. Die Bezugs- oder Referenzelektrode besteht auch hier meist aus Ag/AgCl in gesättigter KCl-Lösung. Diese elektrolytische Extraktion bringt eine hohe Anreicherung mit sich und ist der Hauptgrund, warum mit einfachem Instrumentarium höchste Nachweisempfindlichkeit erreicht wird. Durch Spannungsänderung infolge Umkehr (Inversion) der Stromrichtung wird das Metall, z. B. aus dem gebildeten Amalgam, wieder gelöst und der dadurch bedingte Strom gegen eine Bezugselektrode gemessen. Man erhält eine Strom-Spannungskurve, aus deren Stromspitze oder Peak der winzige Gehalt des Ions, beispielsweise im Bereich weniger µg/L, ermittelt wird. Wegen den Spannungs- und Strommessungen hat man die Bezeichnung dieser Verfahren aus *Volt-* und *Amperometrie* (Voltammetrie) abgeleitet. Durch voltammetrische Methoden lassen sich auch organische Substanzen, wie Nitrilotriessigsäure NTA oder Vitamine bestimmen.

Polarographie

Die Polarographie ist als besondere Form der direkten Voltammetrie aufzufassen, bei der eine Quecksilbertropfelektrode als Indikator- oder polarisierbare Elektrode dient. Metallische Kationen werden in der Lösung am Quecksilber zum Metall reduziert, und aus der Strom-Spannungskurve wird die Konzentration des zu bestimmenden Ions ermittelt. Durch Inverspolarographie lassen sich ebenfalls geringe Metall-Ionengehalte in Wässern ermitteln.

Coulometrie

Analog der Volumetrie, wo aus dem verbrauchten Volumen der Titratorlösung der Gehalt ermittelt wird, wird dieser bei der Coulometrie aus der verbrauchten Elektrizitätsmenge (Elektrizitätsmenge = Stromstärke · Zeit, Einheit: Amperesekunde = Coulomb) berechnet. Gemäß dem *Faradayschen Gesetz* ist die umgesetzte Stoffmenge einer Redoxreaktion proportional der durchflossenen Elektrizitätsmenge. So werden 1 mol einwertige Ionen durch eine Elektrizitätsmenge von 96485 A · s oder 96465 C entladen. Die umgesetzte Stoffmenge wird also aus der verbrauchten Elektrizitäts- oder Strommenge berechnet.

Wenn die zu bestimmende Substanz an den an den Elektroden stattfindenden Reaktionen teilnimmt, z. B. dadurch, daß sich ein zu bestimmendes metallisches Kation an der Kathode als Metall abscheidet, so handelt es sich um ein direktes Verfahren. Gewöhnlich wird eine Wägung der Elektrode durch eine elektrische Messung ersetzt. Erfolgt eine Wägung der abgeschiedenen Masse des Stoffes, wie etwa bei Kupferbestimmungen, wird das Verfahren als *Elektrogravimetrie* bezeichnet.

Im Rahmen einer AOX-Bestimmung werden auch organische Schwefelverbindungen durch Adsorption entfernt. Diese werden vollständig bei 1000 °C zu Schwefeldioxid verbrannt. SO_2 reduziert Chlorat eines Elektrolyten in einer Mikrocoulometerzelle zu Chlorid. Silber-Ionen werden dadurch ausgefällt. Die zur Nachlieferung der durch eine Silberanode gebildeten Silber-Ionen erforderliche Elektrizitätsmenge ist dem S-Gehalt der Probe und dem AOS-Wert proportional.

Ionensensitive (Ionenselektive) Elektroden

Analog der pH-Messuung, bei der die gemessene Potentialänderung von der Hydronium-Ionenkonzentration abhängt, wird mit ionensensitiven oder -selektiven Elektroden eine von der Konzentration des zu bestimmenden Ions (Kation oder Anion) abhängige Änderung der Potentialdifferenz zwischen Meß- und Bezugselektrode ermittelt. Mit dieser Methode lassen sich größere, aber auch sehr geringe Gehalte diverser Kationen und Anionen bestimmen.

Ionenchromatographie (IC)

Ein *Teilgebiet der Flüssigkeitschromatographie,* die Ionenchromatographie, ist mit ihren *3 Varianten, der Ionenaustausch-, Ionenausschluß- und der Ionenpaar-Chromatographie,* ein modernes Verfahren zur simultanen und somit sehr schnellen Bestimmung von organischen Säuren, Detergenzien, Kationen und Anionen. In die *DEV D19/ DIN 38405 Teil 19* ist das Verfahren zur Bestimmung der sieben Anionen F^-, Cl^-, NO_2^-, PO_4^{3-}, Br^-, NO_3^- und SO_4^{2-} in wenig belasteten Wässern aufgenommen worden. Abwässer sind bei entsprechender Verdünnung zur Verminderung von Matrixeinflüssen gegebenenfalls auch geeignet. Ionen wie $Cr_2O_4^{2-}$, I^-, S^{2-}, SO_3^{2-}, SCN^-, $S_2O_3^{2-}$ sind ebenfalls bestimmbar.

Der Nachweisbereich gemäß dieser DIN-Norm liegt bei wenigen mg/L. Bei der simultanen Bestimmung fließt die Probelösung durch einen Anionenaustauscher. Der Ionenaustauscher zeigt eine bevorzugte Wirkung oder Selektivität gegenüber den einzelnen Anionen, bedingt durch die unterschiedliche Größe, Ladung, Masse und Konzentration der einzelnen Ionen. Sie werden somit an unterschiedlichen Stellen in der Trennsäule bevorzugt gebunden. Beim Herauslösen, der Elution, treten dann die einzelnen Ionen zu verschiedenen Zeiten in der herausfließenden Lösung auf und können, meist durch Leitfähigkeitsmessung, aber auch durch UV-Strahlung oder amperometrisch (Anionen schwacher Säuren wie CN^-, S^{2-}), quantitativ bestimmt werden. Vor allem bei geringeren Konzentrationen ist dieses Verfahren aufgrund seiner Schnelligkeit und geringen Störanfälligkeit durch andere Wasserinhaltsstoffe vor allem zur Bestimmung der erwähnten Anionen eine bessere Alternative als die herkömmlichen nach DEV durchzuführenden maßanalytischen, gravimetrischen, elektrochemischen oder photometrischen Verfahren.

Einige Bestimmungs- und Nachweismethoden wichtiger Kationen und Anionen werden nun exemplarisch aufgeführt. Auf die Methode der ICP-AES, mit der sehr viele Elemente im Spurenbereich bestimmt werden können, wird dabei nicht weiter hingewiesen.

Bestimmung von Kationen

Natrium: Natrium-Ionen färben eine Flamme intensiv gelb, so daß sie auf diese Weise qualitativ und quantitativ durch Flammenphotometrie nachweisbar sind. Weitere Bestimmungsmöglichkeiten: IC, AAS, ionensensitive Elektrode.

Kalium: Qualitativ können Kalium-Ionen durch Fällung von weißem Kaliumchlorat(VII) oder aufgrund der hellvioletten Flammenfärbung nachgewiesen werden. Die quantitative Bestimmung kann mittels Flammenphotometrie erfolgen. Weitere Bestimmungsmöglichkeiten: IC, AAS, ionensensitive Elektrode.

Magnesium: Der qualitative Nachweis durch Fällung als weißes Magnesiumammoniumphosphat kann auch zur gravimetrischen Bestimmung angewandt werden. Allerdings muß die Fällungsform durch Glühen in die Wägeform Magnesiumdiphosphat $Mg_2P_2O_7$ überführt werden. Weitere Bestimmungsmöglichkeiten: IC, AAS, komplexometrische Titration („Magnesiumhärte").

Calcium: Der qualitative Nachweis erfolgt aufgrund der orangeroten Flammenfärbung oder durch Fällung, z.B. als Calciumsulfatdihydrat (Gips). Quantitativ wird die Bestimmung durch komplexometrische Titration („Calciumhärte") oder gravimetrisch durchgeführt. Weitere Bestimmungsmöglichkeiten: IC, AAS, Flammenphotometrie, Ionensensitive Elektrode.

Strontium: Zum qualitativen Nachweis wird die karminrote Flammenfärbung oder die Fällung als Strontiumsulfat herangezogen. Quantitativ kann man Strontium mit Hilfe von Flammenphotometrie, IC oder AAS nachweisen.

Eisen: Fe^{3+}-Ionen reagieren mit Thiocyanat-Ionen zu blutrotem Eisen(III)-thiocyanat.

$$Fe^{3+} + 3\,SCN^- \rightarrow Fe(SCN)_3$$

Auf dieser Reaktion beruht der qualitative Nachweis. Die quantitative Bestimmung kann gravimetrisch erfolgen. Eisen(III)-Ionen werden als Hydroxid gefällt und durch Glühen in die Wägeform Eisen(III)-oxid überführt.

$$Fe^{3+} + 3\,OH^- \rightarrow Fe(OH)_3 \cdot x\,H_2O\downarrow$$

$$2\,Fe(OH)_3 \rightarrow Fe_2O_3 + 3\,H_2O$$

Bei der permanganometrischen Redoxtitration werden Fe^{2+}-Ionen durch den Titrator Kaliumpermanganat oxidiert. Fe^{3+}-Ionen müssen vor ihrer Bestimmung zu Fe^{2+}-Ionen reduziert werden. Sind alle Fe^{2+}-Ionen oxidiert worden, wird die infolge der gebildeten Mn^{2+}-Ionen farblose Lösung durch überschüssiges Kaliumpermanganat hellviolett. Darauf beruht die Indikation.

Die vereinfachte Stoffgleichung dieser Reaktion lautet:

$$\overset{+VII}{Mn}O_4^- + 5\,\overset{+II}{Fe}{}^{2+} + 8\,H_3O^+ \rightarrow \overset{+II}{Mn}{}^{2+} + 5\,\overset{+III}{Fe}{}^{3+} + 12\,H_2O$$

Daraus leitet sich für schwefelsaure Lösungen folgende Stoffgleichung ab:

$$2\,K\overset{+VII}{Mn}O_4 + 10\,\overset{+II}{Fe}SO_4 + 8\,H_2SO_4 \rightarrow K_2SO_4 + 2\,\overset{+II}{Mn}SO_4 + 5\,\overset{+III}{Fe}{}_2(SO_4)_3 + 8\,H_2O$$

Weitere Bestimmungsmöglichkeiten: IC, AAS, Kolorimetrie, Photometrie, Polarographie.

Mangan: Der qualitative Nachweis gelingt durch Oxidation zum violetten Permanganat-Ion MnO_4^-. Quantitativ wird Mangan kolorimetrisch oder photometrisch bestimmt. Weitere Bestimmungsmöglichkeiten: AAS, Gravimetrie, komplexometrische Titration, permanganometrische Mn^{2+}-Bestimmung, Polarographie, Inversvoltammetrie.

Aluminium: Der qualitative Nachweis als schwerlösliches gelartiges $Al(OH)_3$ kann zur gravimetrischen Bestimmung angewandt werden. Allerdings muß auch hier die Fällungsform durch Glühen in die Wägeform Aluminiumoxid überführt werden.

$$Al^{3+} + 3\,OH^- \rightarrow Al(OH)_3 \cdot x\,H_2O\downarrow$$

$$2\,Al(OH)_3 \rightarrow Al_2O_3 + 3\,H_2O$$

Weitere Bestimmungsmöglichkeiten: Kolorimetrie, Photometrie, AAS, Komplexometrische Titration, Voltammetrie (Eriochromblauschwarz-Al-Komplex).

Ammonium-Ionen: Durch Zugabe einer starken Lauge entweicht Ammoniak, vor allem bei Erhitzen der Lösung. Darauf beruht ein qualitativer Nachweis des Ammonium-Ions.

$$NH_4^+ + OH^- \rightarrow H_2O + NH_3\uparrow$$

Die quantitative Bestimmung von NH_4^+/NH_3 erfolgt kolorimetrisch, photometrisch oder durch IC. *Eine kontinuierliche quantitative Bestimmung im großen Bereich von*

20 μg/L bis 100 mg/L ist ohne Vorbereitung aufgrund einer Überführung der NH_4^+-Ionen in Ammoniak und dessen Austreibung und Diffusion in und Absorption durch eine Borsäure-Lösung möglich. Die Detektion erfolgt durch Leitfähigkeitsmessung. Nach Reduktion zu Ammonium-Ionen lassen sich so auch Nitrat- und Nitrit-Ionen bestimmen. Eine maßanalytische Bestimmung erfolgt nach der **Kjeldahlmethode**. Durch Wasserdampfdestillation wird das durch Natronlauge aus NH_4^+-Ionen gebildete Ammoniak in eine Vorlage mit Säure überführt. Die durch die Neutralisation mit Ammoniak nicht verbrauchte Säure wird durch eine Lauge zurücktitriert. Aus dem Verbrauch der Lauge kann der Ammoniak-Gehalt berechnet werden.

Lithium: Infolge der roten Flammenfärbung durch Li^+-Ionen kann eine qualitative Bestimmung sowie eine quantitative Bestimmung durch Flammenphotometrie erfolgen. Weitere Bestimmungsmöglichkeit: AAS.

Rubidium: Die violette Flammenfärbung durch Rb^+-Ionen ermöglicht eine Bestimmung durch Flammenphotometrie. Weitere Bestimmungsmöglichkeit: AAS.

Barium: Aufgrund der gelbgrünen Flammenfärbung können Barium-Ionen qualitativ und quantitativ durch Flammenphotometrie bestimmt werden. Bei der konduktometrischen Titration von Barium-Ionen mit Schwefelsäure ist die Leitfähigkeit am Äquivalenzpunkt äußerst gering. Ursache dafür ist, daß durch die Bildung von Wasser und schwerlöslichem Bariumsulfat $BaSO_4$ bei Erreichen des Äquivalenzpunktes kaum noch Ionen in der Lösung vorhanden sind. Weitere Bestimmungsmöglichkeiten: Gravimetrie, komplexometrische Titration, AAS.

Arsen: Qualitativ kann Arsen durch die Marshsche Probe angezeigt werden. Durch Reaktion von Zink mit einer starken Säure gebildeter atomarer Wasserstoff reagiert mit Arsen zu Arsenwasserstoff. Dieser verbrennt mit fahlblauer Flamme. An einer in die Flamme gehaltenen Porzellanschale schlägt sich Arsen als schwarzglänzender Belag nieder, der in alkalischer H_2O_2-Lösung leicht löslich ist. Quantitativ kann Arsen durch AAS (Hydridtechnik) und IC bestimmt werden.

Kupfer: Der qualitative Nachweis kann durch Zugabe von Sulfid-Ionen erfolgen (s. Blei). Die Elektrogravimetrie ist eine der gängigsten Methoden zur quantitativen Kupfer-Bestimmung. Durch Elektrolyse scheiden sich alle Cu^{2+}-Ionen als Kupfer an der Platinkathode ab. Aus der Masse des gewogenen Kupfers läßt sich die Konzentration der Kupfer-Ionen berechnen. Wegen der unterschiedlichen Normalpotentiale ist die Bestimmung recht genau, wird aber durch Chlorid-Ionen gestört. Weitere Bestimmungsmöglichkeiten: Kolorimetrie, Photometrie, AAS, Inversvoltammetrie, Polarographie, komplexometrische Titration, Gravimetrie, ionensensitive Elektrode.

Blei: Besteht Verdacht auf Blei-Ionen, z. B. im Leitungswasser, kann darauf qualitativ durch Zugabe von Sulfid-Ionen geprüft werden. Bei Anwesenheit von Blei-Ionen entsteht eine braunschwarze Trübung von Blei(II)-sulfid. Der gleiche Test kann bei Verdacht auf Kupfer-Ionen durchgeführt werden. Es entsteht bei Kupferanwesenheit schwarzes Kupfer(II)-sulfid.

$Cu^{2+} + S^{2-} \rightarrow CuS\downarrow$

$Pb^{2+} + S^{2-} \rightarrow PbS\downarrow$

Quantitativ kann Blei komplexometrisch titriert werden. Weitere Bestimmungsmöglichkeiten: Ionensensitive Elektrode, Photometrie, AAS, Inversvoltammetrie, Polarographie (Bleitetraethyl des Benzins), Inverspolarographie.

Zink: Qualitativ kann der Nachweis mit Sulfid-Ionen erfolgen. Es entsteht bei Anwesenheit von Zink weißes Zinksulfid.

$Zn^{2+} + S^{2-} \rightarrow ZnS\downarrow$

Durch Komplexbildungstitration kann Zink quantitativ bestimmt werden. Weitere Bestimmungsmöglichkeiten: Kolorimetrie, Photometrie, Gravimetrie, AAS, Inversvoltammetrie, Polarographie.

Beryllium: Be^{2+}-Ionen bilden in salpetersaurer, acetatgepufferter Lösung mit Kaliumoxalat farblose Prismen von Kalium-Berylliumoxalat. Dieser qualitative Nachweis ist sehr empfindlich. Quantitativ wird Beryllium durch AAS bestimmt.

Cadmium: Durch Fällung als gelbes Cadmiumsulfid CdS kann dieses Element qualitativ nachgewiesen werden. Quantitativ kann Cadmium komplexometrisch titriert werden. Weitere Bestimmungsmöglichkeiten: Photometrie, AAS, Inversvoltammetrie, Inverspolarographie, ionensensitive Elektrode. Bei der Inversvoltammetrie erfolgt der Aufschluß der organischen Cadmium-Verbindungen durch die starken Oxidationsmittel H_2SO_4/HNO_3 oder H_2O_2/HNO_3.

Chrom: Dreiwertiges Chrom kann qualitativ durch Fällung als grau-grünes Chrom(III)-hydroxid, sechswertiges Chrom durch Bildung des schwerlöslichen Bariumchromats nachgewiesen werden. Durch Kolorimetrie sowie Photometrie kann der Gesamtchromgehalt und der Gehalt an Chromat (Chrom(VI)) bestimmt werden. Die Differenz zwischen beiden Werten entspricht dem Gehalt an dreiwertigem Chrom. Weitere Bestimmungsmöglichkeiten: AAS, Voltammetrie, IC.

Quecksilber: In salzsaurer Lösung bilden Quecksilber-Ionen auf einem Kupferblech silbrig-glänzendes Kupferamalgam. Neben diesem qualitativen Test kann eine quantitative Bestimmung durch Komplexometrie erfolgen. Weitere Bestimmungsmöglichkeiten: Photometrie, AAS (Kaltdampftechnik), Inversvoltammetrie. Zur inversvoltammetrischen Bestimmung organischer Verbindungen ist ein Aufschluß notwendig. Bei klaren schwebstofffreien Wässern erfolgt der Aufschluß der organischen Quecksilber-Verbindungen mit UV-Strahlung. Soll der Quecksilber-Gehalt der Schwebstoffe oder der Quecksilber-Gesamtgehalt schwebstoffbelasteter Proben ermittelt werden, erfolgt der Aufschluß mit den starken Oxidationsmitteln Kaliumpermanganat und Kaliumperoxodisulfat. Durch diese Aufschlußmethoden ist die Bestimmung der sehr toxischen organischen Quecksilber-Verbindungen möglich.

Selen: Selenit-Ionen SeO_3^{2-} bilden mit Cu^{2+}-Ionen einen smaragdgrün bis blau gefärbten Niederschlag von Kupferselenitdihydrat $CuSeO_3 \cdot 2\ H_2O$. Diese empfindliche Reaktion kann als qualitativer Nachweis dienen. Quantitativ erfolgt die Bestimmung durch AAS oder Inversvoltammetrie (Arbeitselektrode: Glaskohlenstoff).

Nickel: Nickel-Ionen bilden mit Diacetyldioxim (2,3-Butandiondioxim, Dimethylglyoxim) in ammoniakalischer Lösung einen roten, voluminösen Niederschlag von Bis-(diacetyldioximato)-nickel(II). Durch Bildung dieses Chelatkomplexes kann Nickel qualitativ und quantitativ gravimetrisch bestimmt werden. Weitere Bestimmungsmöglichkeiten: Kolorimetrie, Photometrie, Polarographie, Adsorptionsvoltammetrie (Statt durch Amalgambildung erfolgt die Anreicherung an der Quecksilberelektrode durch Adsorption des Dimethylglyoxim-Komplexes.), Graphitrohr-AAS.

Zinn: Zinn(II)-Ionen können durch die Zinnleuchtprobe, durch Zementieren als metallisches Zinn oder durch Fällung von braunem Zinn(II)-sulfid SnS qualitativ nachgewiesen werden. Quantitativ erfolgt die Bestimmung durch komplexometrische Titration. Weitere Bestimmungsmöglichkeiten: Kolorimetrie, Photometrie, AAS, Inversvoltammetrie, Voltammetrie, Polarographie, IC.

Silber: In salpetersaurer Lösung bilden Silber-Ionen mit Chlorid-Ionen schwerlösliches weißes Silberchlorid. Diese Reaktion kann als qualitativer Nachweis und für die gravimetrische Bestimmung dienen. Weitere Bestimmungsmöglichkeiten: Kolorimetrie, Photometrie, IC (Ionenpaarchromatographie) Voltammetrie, Inversvoltammetrie. Aus verbrauchten Fixierbadlösungen, z. B. der Photoindustrie, wird das enthaltene Silber oft durch Kationenaustausch zurückgewonnen. Abwässer sollten daher keine Ag^+-Ionen enthalten.

Cobalt: Cobalt(II)-Ionen fallen in alkalischer Lösung als rosafarbenes Cobalt(II)-hydroxid aus. Diese Verbindung wird an der Luft allmählich zu braunem Cobalt(III)-hydroxid oxidiert. Neben diesem qualitativen Nachweis kann das Element komplexometrisch quantitativ bestimmt werden. Weitere Bestimmungsmöglichkeiten: Adsorptionsvoltammetrie (Adsorption des Dimethylglyoximkomplexes), Polarographie.

Thallium: Thallium(I)-Ionen reagieren sehr empfindlich mit Chlorid-Ionen zu schwerlöslichem weißem Thallium(I)-chlorid. Durch diese Reaktion kann das Element qualitativ nachgewiesen werden. Quantitativ können Thallium(III)-Ionen mittels Komplexometrie bestimmt werden. Weitere Bestimmungsmöglichkeit: Inversvoltammetrie.

Bestimmung von Anionen

Chlorid-Ionen: Der qualitative Nachweis mit Ag^+-Ionen, die mit Cl^--Ionen schwerlösliches weißes Silberchlorid AgCl bilden, liegt der quantitativen Bestimmung durch Gravimetrie und argentometrische Fällungstitration nach Mohr zugrunde. Indikator ist Kaliumchromat K_2CrO_4, das mit überschüssigen Ag^+-Ionen schwerlösliches, rotbraunes Silberchromat Ag_2CrO_4 bildet. Dieses verfärbt die Suspension am Äquivalenzpunkt.

Weitere Bestimmungsmöglichkeiten: Kolorimetrie, Photometrie, ionensensitive Elektrode, IC.

Sulfat(VI)-Ionen: Der qualitative Nachweis mit Ba^{2+}-Ionen durch Fällung als schwerlösliches Bariumsulfat wird auch gravimetrisch zur quantitativen Sulfat-Bestimmung angewendet. Weitere Bestimmungsmöglichkeiten: Kolorimetrie, Photometrie, IC, Luminometrie, ionensensitive Elektrode. Bei der letzten Methode werden mittels ionensensitiver Blei-Elektrode Sulfat-Ionen durch Titration mit Bleichlorat(VII) $Pb(ClO_4)_2$ nach der Gran-Methode bestimmt. Die Äquivalenzpunktermittlung erfolgt dabei durch Extrapolation der Potentialdifferenzwerte vor und nach dem Äquivalenzpunkt.

Hydrogencarbonat-Ionen: Durch Zugabe einer starken Säure zur Wasserprobe können größere Mengen Hydrogencarbonat- und Carbonat-Ionen durch Austreiben des gebildeten Kohlendioxids bestimmt werden. Der Gehalt wird aus dem m-Wert, p-Wert und pH-Wert sowie der Wassertemperatur berechnet.

Nitrat-Ionen: Diese Ionen reagieren mit Devardascher Legierung (Cu, Al, Zn) und Natronlauge zu Ammoniak. Diese Reaktion dient als qualitativer Nachweis. Wenn die Reduktion zu Ammoniak quantitativ erfolgt, kann Nitrat auf diese Weise nach Kjeldahl oder auch kontinuierlich durch Messung der durch die in wäßriger Lösung gebildeten Ammonium-Ionen bewirkten Leitfähigkeit bestimmt werden. Ebenfalls kontinuierlich ist eine photometrische Bestimmung mit Hilfe einer Durchflußküvette (Durchfluß 0,5 bis 20 L/h) möglich. Durch eine solche kontinuierliche Bestimmung kann die Belüftung von Belebungsbecken im Hinblick auf Nitrifikation und Denitrifikation gesteuert werden. Dadurch können optimalere Bedingungen für den immer mehr erforderlichen Ammonium-Abbau und eine Energieeinsparung durch Minimierung der Belüftung erreicht werden.

Störend können bei den Bestimmungen Nitrit-Ionen wirken. Sie können z. B. durch Amidosulfonsäure NH_2-SO_3H beseitigt werden.

$$NH_2-SO_3H + NO_2^- \rightarrow N_2 + H_2O + HSO_4^-$$

Weitere Bestimmungsmöglichkeiten: Kolorimetrie, Photometrie, Polarographie, Coulometrie, IC.

Silicat-Ionen/Kieselsäure: Silicat-Ionen reagieren sehr empfindlich mit Molybdänsäure in salpetersaurer Lösung zu einer gelbgefärbten silicium- und molybdänhaltigen Säure. Quantitativ können Silicat-Ionen und Kieselsäure kolorimetrisch oder photometrisch bestimmt werden.

Fluorid-Ionen: Mit Calciumchlorid reagieren diese Ionen zu weißem schwerlöslichem Calciumfluorid CaF_2 und können so qualitativ nachgewiesen werden. Quantitativ wird ihr Gehalt mittels ionenselektiver Elektrode oder durch IC gemessen.

Nitrit-Ionen: Diese Ionen können nach Reduktion zu NH_4^+-Ionen als Ammoniak mit Hilfe von Natronlauge aus der Lösung ausgetrieben werden. So sind sie qualitativ sowie quantitativ nach Kjeldahl oder kontinuierlich durch Leitfähigkeitsmessung bestimmbar.

Hydrogenphosphat-Ionen: Der qualitative Nachweis von Orthophosphat-Ionen PO_4^{3-}, die im Wasser bei höheren pH-Werten vorwiegend als HPO_4^{2-}-Ionen vorliegen, kann durch Zugabe einer Spatelspitze NaCl, einigen Tropfen schwefelsaurer Ammoniummolybdat-Lösung sowie einem Streifen Zinnfolie erfolgen. Eine Blaufärbung zeigt Phosphat-Ionen an. Will man dazu den Gesamtphosphat-Gehalt, d. h. die gelösten organischen oder komplexeren anorganischen Phosphor-Verbindungen, wie das in manchen Waschmitteln immer noch enthaltene Enthärtungsmittel Pentanatriumtriphosphat (Tripolyphosphat) $Na_5P_3O_{10}$ bestimmen, müssen diese Verbindungen vorher aufgeschlossen werden. Das kann durch Eindampfen nach Ansäuern mit Salpetersäure und Erhitzen des Rückstands mit einem Gemenge aus Kaliumnitrat und Natriumcarbonat (3 : 1) erfolgen. Will man nur die kondensierten, hydrolysierbaren anorganischen Polyphosphate aufschließen, werden diese durch Erhitzen nach Ansäuern, z. B. mit Schwefelsäure, in Orthophosphat überführt. Man kann dann den Gehalt an Orthophosphat und hydrolysierbarem Phosphat (gesamtes anorganisches Phosphat) ermitteln, was bei Trink- oder Brauchwässern von Bedeutung sein kann.

Bei der Bestimmung ohne Aufschluß ist Orthophosphat die Bezugssubstanz, obwohl dieses im Wasser fast ausschließlich als HPO_4^{2-}-, bzw. $H_2PO_4^-$-Ion vorliegt.

Hydrogenphosphat-Ionen können auch gravimetrisch über die Fällungsform $MgNH_4PO_4 \cdot 6\,H_2O$ als Magnesiumdiphosphat $Mg_2P_2O_7$ (Wägeform) bestimmt werden. Weitere Bestimmungsmöglichkeiten: Kolorimetrie, Photometrie, IC.

Dihydrogenborat-Ionen: Durch Zugabe von Schwefelsäure und Methanol zu borationenhaltigen Lösungen entsteht Borsäuremethylester. Diese Verbindung entweicht beim Erhitzen und verbrennt mit grüner Flamme. Die quantitative Bestimmung dieser Ionen erfolgt photometrisch.

Bromid-Ionen: In salpetersaurer Lösung reagieren diese Ionen mit Ag^+-Ionen zu schwerlöslichem hellgelbem Silberbromid AgBr. Quantitativ werden Bromid-Ionen mittels ionensensitiver Elektrode bestimmt. Weitere Bestimmungsmöglichkeiten: IC, Fällungstitration.

Iodid-Ionen: In schwefelsaurem Milieu reagieren Nitrit-Ionen mit Iodid-Ionen zu elementarem Iod. Dieses löst sich in Trichlormethan (Chloroform) mit rotvioletter Farbe. So können Iodid-Ionen qualitativ nachgewiesen werden. Die quantitative Bestimmung erfolgt photometrisch. Weitere Bestimmungsmöglichkeiten: Ionensensitive Elektrode, IC, Fällungstitration.

Hydrogensulfid-Ionen: Der qualitative Nachweis dieser Ionen gelingt mit Bleiacetat. Blei(II)-Ionen reagieren mit Sulfid-Ionen, deren Anteil bei höheren pH-Werten steigt, zu braunschwarzem PbS.

$$HS^- + OH^- \rightleftharpoons S^{2-} + H_2O$$

Bei niedrigen pH-Werten liegen Hydrogensulfid-Ionen dann auch als Schwefelwasserstoff vor, das schon in geringen Konzentrationen am typischen Geruch nach faulen Eiern zu erkennen ist.

$HS^- + H^+ \rightleftharpoons H_2S$

Quantitativ können diese Ionen photometrisch bestimmt werden. Weitere Bestimmungsmöglichkeiten: Kolorimetrie, Titrimetrie, Luminometrie, ionenselektive Elektrode (Sulfid).

Sulfat(IV)-Ionen (Sulfit-Ionen): Hält man über eine mit Phosphorsäure angesäuerte Probe angefeuchtetes Kaliumiodat-Stärkepapier, färbt sich das Papier bei Anwesenheit von Sulfit-Ionen infolge Bildung von Iod blau. Quantitativ können Sulfit-Ionen volumetrisch bestimmt werden. Weitere Bestimmungsmöglichkeiten: Kolorimetrie, Photometrie, Gravimetrie, Luminometrie, IC.

Cyanid-Ionen: Der qualitative Nachweis erfolgt mit Chloramin T und Barbitursäure durch Rotfärbung. Mit Eisen-Ionen reagieren die hochgiftigen Cyanid-Ionen zu blauen Eisen-Cyano-Komplex-Verbindungen, z. B. zu „Berliner Blau". Diese Reaktionen sind allerdings nicht sehr empfindlich. Mittels Photometrie erfolgt die quantitative Gehaltsbestimmung. Komplex gebundene Cyanid-Ionen müssen aufgeschlossen werden. Dazu wird der hochgiftige Cyanwasserstoff HCN durch Säuren freigesetzt und in eine Vorlage mit überschüssiger Natronlauge destilliert (Geschlossene Apparatur, Abzug!). Weitere Bestimmungsmöglichkeiten: Kolorimetrie, ionensensitive Elektrode, Fällungstitration.

6.4.3 Beurteilung und Interpretation der Ergebnisse

Die Beurteilung und Auswertung (Interpretation) einer Wasseranalyse erfordert ein hohes Maß an praktischer Erfahrung. *Die Beurteilung ergibt sich aus der Gesamtbetrachtung aller Ergebnisse der organoleptischen, physikalischen, physikalisch-chemischen, biochemischen und mikrobiologischen Bestimmungen.* Oft bezieht sich die Beurteilung auf die Reinheit bzw. den Verschmutzungsgrad des untersuchten Wassers.

Bei der Interpretation werden *Schlußfolgerungen* gezogen, d. h. es wird versucht, die *Ursache der Ergebnisse* zu ermitteln. Oft erfolgt ein *Vergleich mit Richtwerten oder gesetzlich vorgeschriebenen Grenzwerten.* Liegt z. B. nur ein Wert zu hoch, sollte dieser durch weitere Untersuchungen überprüft werden. Bedacht werden muß dabei natürlich auch immer die Qualität des jeweiligen analytischen Verfahrens (s. auch Anhang A Tab. A-1 bis A-14).

6.4.3.1 Grundwasser

Hier ist oft eine Unterscheidung zwischen natürlicher und anthropogener Belastung nicht einfach, z. B. bei der Beurteilung mikrobiologischer Befunde. Im allgemeinen ist Grundwasser keimarm. An zeitliche Schwankungen der Konzentrationen ist zu denken, vor allem bei uferfiltriertem Grundwasser (Uferfiltrat). Stets muß auch immer der Boden und der Untergrund sowie die nähere und fernere Umgebung bei der Interpretation mit einbezogen werden. Denn bei Vergiftungen z. B. muß umgehend die Verursachung ermittelt und die Kontaminierung gestoppt werden. Da Grundwasser wie auch Oberflächenwasser oft für die Gewinnung von Trinkwasser verwendet wird, sollten die Richtwerte der Richtlinien der EG und die Grenzwerte der Trinkwasserverordnung zur Beurteilung herangezogen werden.

6.4.3.2 Oberflächenwasser

Zur Beurteilung können je nach Nutzungsart des Wassers verschiedene Richtlinien der EG und der Bundesrepublik Deutschland verwendet werden. Für fließende und stehende Gewässer teilt man das Wasser in verschiedene **Gewässergüteklassen** ein. *Die Ermittlung erfolgt insbesondere aufgrund des Gehalts an Nährstoffen und Schmutzstoffen, der Art und Zahl der Organismen, des Sauerstoff-Gehalts und des Grads der Trübung.*

Die in Oberflächenwässern sowie in Abwässern vorkommenden **Leitorganismen** bezeichnet man als **Saprobien.** Sie bewirken den Abbau der organischen Schmutzstoffe bis zu den anorganischen Substanzen. Die in einem Wasser mit bestimmtem Verschmutzungsgrad und Sauerstoff-Gehalt vorkommenden Organismen sind *wichtige Indikatoren für die Güte eines Gewässers.* Je höher die Zahl ist, um so größer ist der *Saprobienindex.* Gemäß diesem *Saprobiensystem*, d. h. der Art und Anzahl der vorhandenen Organismen, wird die Güte eines Gewässers beurteilt.

Gewässer der **Güteklasse 1, oligosaprobe Gewässer** (klares Wasser der Bergseen und -bäche), haben einen hohen Sauerstoff-Gehalt. Insektenlarven und Kieselalgen leben dort, die Zahl der Bakterien liegt unter 100 Keimen pro mL, $\beta(NH_4^+) = 0$ mg/L. **Betamesosaprobe Gewässer** (große Seen, Abflüsse gut reinigender Kläranlagen) haben ebenfalls noch einen hohen Sauerstoff-Gehalt und weisen eine reiche Tier- und Pflanzenwelt auf (Krebstiere, Schnecken u. a.), $\beta(NH_4^+) = 0{,}75$ mg/L. Sie gehören zur **Güteklasse 2. Alpha-mesosaprobe Gewässer**, wie Dorfteiche, Tümpel, gedüngte Karpfenteiche, Gewässer der **Güteklasse 3,** weisen eine starke Vermehrung von Bakterien und Algen auf. Durch die Atmung (Dissimilation) der Algen in der Nacht wird meist der gesamte Sauerstoff verbraucht, tagsüber ist das Gewässer oft übersättigt mit Sauerstoff. Die Sichttiefe ist begrenzt, $\beta(NH_4^+) = 0{,}8$ bis 4 mg/L. Gewässer der **Güteklasse 4, polysaprobe Gewässer,** z. B. kommunale Abwässer, sind stark durch fäulniserregende Substanzen verschmutzt. Sauerstoff fehlt ganz oder ist nur noch in Spuren vorhanden. Dagegen ist Schwefelwasserstoff oft vorhanden. Die Bakterienzahl beträgt mehr als 1 Mio/mL, $\beta(NH_4^+) > 4$ mg/L.

Die **Biozönose** (Lebensgemeinschaft) besteht aus Bakterien und bakterienfressenden Einzellern. Je höher der anthropogene Verschmutzungsgrad, um so stärker wird das normalerweise in einem Gewässerbiotop vorhandene Gleichgewicht zwischen **Produzenten** (z. B. Pflanzen, die aus anorganischen Nährstoffen organische Biomasse aufbauen), **Konsumenten** (z. B. Tiere, denen die Produzenten als Nahrung dienen) und **Destruenten** (Mikroorganismen, wie Bakterien, die organische Substanzen zu anorganischen abbauen) gestört. Um die *Selbstreinigungskraft eines Fließgewässers* beurteilen zu können, unterteilt man hier speziell die 4 Güteklassen nochmal weiter, so daß man sieben Klassen erhält.

Güteklasse I: unbelastet bis sehr gering belastet, ideales Laichgewässer für Edelfische, Saprobienindex 1,0 bis 1,5.

Güteklasse I bis II: gering belastet, gesunde und gesicherte Artenvielfalt, Saprobienindex 1,5 bis <1,8.
Güteklasse II: mäßig belastet, ertragreiche Fischgewässer, Saprobienindex 1,8 bis <2,3.
Güteklasse II bis III: kritisch belastet, Fischsterben infolge Sauerstoff-Mangels möglich, Saprobienindex 2,3 bis <2,7.
Güteklasse III: stark verschmutzt, periodisches Fischsterben, Saprobienindex 2,7 bis <3,2.
Güteklasse III bis IV: sehr stark verschmutzt, Fischvorkommen kaum noch möglich, Saprobienindex 3,2 bis <3,5.
Güteklasse IV: übermäßig verschmutzt, biologisch totes Gewässer, Saprobienindex 3,5 bis <4,0.

Bei *Seen unterscheidet man je nach Grad der Eutrophierung:*

- *Oligotrophe Seen* mit großen Sichttiefen und sehr hohem Sauerstoff-Gehalt,
- *Mesotrophe Seen* mit klarem Wasser und geringem Algenvorkommen,
- *Eutrophe Seen* mit begrenzter Sichttiefe und hoher Algenproduktion und
- *Polytrophe Seen* mit massenhaftem Algenvorkommen und dem geringsten Sauerstoff-Gehalt.

Eine Momentaussage über den Zustand eines Gewässers ermöglichen die Ergebnisse der wasseranalytischen Untersuchung. Vor allem die Summenparameter und die Sauerstoff-Sättigung sind hierbei von großer Bedeutung.

Für die 7 Güteklassen läßt sich somit folgende Zuordnung der Meßwerte vornehmen (Tab. 6-5):

Tab. 6-5: Wassercharakterisierung aufgrund gemessener Parameter.

Güteklasse	O_2-Sättigungsindex (%)	BSB_5: β (O_2) (mg/L)	CSB_{Mn}: β ($KMnO_4$) (mg/L)	CSB_{Cr}: β (O_2) (mg/L)	Charakterisierung des Wassers
1	100	<2	<6	<2	unbelastet
1 bis 2	85 bis 100	2 bis 3	6 bis 11	2 bis 6	gering belastet
2	70 bis 85	3 bis 4	11 bis 15	6 bis 9	mäßig belastet
2 bis 3	50 bis 70	4 bis 7	15 bis 30	9 bis 18	kritisch belastet
3	25 bis 50	7 bis 40	30 bis 150	18 bis 80	stark verschmutzt
3 bis 4	10 bis 25	40 bis 120	150 bis 390	80 bis 200	sehr stark verschmutzt
4	0 bis 10	>120	>390	>200	übermäßig verschmutzt

Für Oberflächenwasser, das zur Trinkwassergewinnung herangezogen wird, ist von der EG eine Richtlinie über Qualitätsanforderungen erlassen worden, eingeteilt nach den 3 Behandlungskategorien A1 (Einfache physikalische Behandlung, Desinfektion), A2 (Normale physikalische und chemische Behandlung, Desinfektion) und A3 (Intensive physikalische und chemische Behandlung, Desinfektion). Weitere Einzelheiten können Tab. A-7 im Anhang A entnommen werden.

6.4.3.3 Trinkwasser

Besonders für die Länder der sog. Dritten Welt sind die Empfehlungen der Weltgesundheitsorganisation von Bedeutung. Für die EG-Länder sind die Richtwerte der EG-Richtlinien wichtig, die zum Teil in das jeweilige nationale Recht überführt wurden, wie

z. B. in die **Trinkwasserverordnung (TVO)** der BR Deutschland. Zur Beurteilung von dem Wasser zugesetzten Stoffen kann die **Trinkwasseraufbereitungsverordnung** verwendet werden (s. Tab. A-4 bis A-8, Anhang A).

Die Grenzwerte der TVO dürfen beim jeweiligen Trinkwasser nicht überschritten werden. Sie sind als Höchstwerte aufzufassen. Bei Überschreitung eines Wertes sind entsprechende Maßnahmen bei der Aufbereitung zu treffen, um den Wert unter den Grenzwert zu senken. Bei Kontaminierungen von zur Trinkwasserherstellung verwendeten Wässern ist die Herkunft und der eventuelle Verursacher zu ermitteln.

6.4.3.4 Abwasser

Bei der **Direkteinleitung** von Abwässern können *Immissionsgrenzwerte,* die Gewässergütekriterien sind, herangezogen werden. Zur Kontrolle viel *besser geeignet sind die Emissionsgrenzwerte, die die Einleitungsbedingungen am Auslauf des Kanals oder einer Kläranlage angeben.* Am Auslauf des Direkteinleiters, z. B. eines Industriebetriebes, können Proben entnommen und analysiert werden. Mittlerweile existieren für über 50 industrielle Sparten spezielle Einleitbedingungen, z. B. gemäß der **Rahmen-Abwasserverwaltungsvorschrift.** Die Grenzwerte betragen für Kläranlagen unterschiedlicher Größe der Gemeinden: CSB $\beta(O_2) = 75$ bis 150 mg/L, BSB_5 $\beta(O_2) = 15$ bis 40 mg/L. Sie beziehen sich auf eine qualifizierte Stichprobe oder 2stündige Mischprobe (s. Tab. A-11, Anhang A). Für **Indirekteinleiter** hat die Abwassertechnische Vereinigung (ATV) Richtwerte aufgestellt. Die Grenzwerte der Entwässerungssatzungen der einzelnen Städte und Gemeinden sowie der Rahmen-Abwasserverwaltungsvorschrift sind oftmals niedriger (s. Tab. A-12, Anhang A). Die Grenzwerte dienen dem Schutz von Menschen, Bauten und Umwelt vor dem Abwasser und seinen Inhaltsstoffen. Im einzelnen sind zu schützen:

- Das *Personal,* z. B. gegen Gifte wie Schwefelwasserstoff, Ammoniak, Cyanwasserstoff (Blausäure), Schwefeldioxid oder Kohlenstoffmonoxid, extreme pH-Werte, hohe Temperaturen, hohe Kohlenstoffdioxid-Gehalte, Sauerstoff-Mangel bei Arbeiten im Kanal,
- *Bauwerke* gegen Angriff und Zerstörung, z. B. durch extreme pH-Werte, Sulfat-Ionen SO_4^{2-}, kalkaggressives Kohlendioxid CO_2, Feststoffablagerungen,
- *Kläranlagen* gegen Leistungsminderung oder gar Stillstand durch zu hohe Schadstoffgehalte und
- *die Wasserqualität des Vorfluters* gegen unerwünschte Konzentrationen von Nähr- und Schadstoffen.

Oft werden nur wenige, aber aussagekräftige Parameter als Verschmutzungsindikatoren bestimmt und mit den jeweiligen Grenzwerten verglichen. Bei Giftstößen ist das Wasser dann von der biologischen Reinigung fernzuhalten, wenn Gefahr besteht, daß die Mikroorganismen abgetötet werden können. Selbstverständlich ist bei Grenzwertüberschreitung der Verursacher nach Möglichkeit umgehend zu ermitteln, z. B. mit Hilfe eines **Abwasserkatasters,** und die Einleitung zu stoppen. Fast jeder Einleiter in ein Gewässer muß gemäß **Abwasserabgabengesetz** eine Abgabe zahlen. Die Höhe der Schädlichkeit des Abwassers wird in *Schadeinheiten* bestimmt. Für ihre Ermittlung werden die Parameter CSB, AOX, Quecksilber-, Cadmium-, Chrom-, Nickel-, Blei- und Kupfer-Gehalte und die Giftwirkung auf Fische herangezogen (s. Anhang A Tab. A-14 und A-15). Weitere wichtige Parameter sind z. B. BSB_5, TOC, und die Gehalte an NH_4^+-, NO_2^--, NO_3^-- und Phosphat-Ionen. So wird ab 1. 1. 1991 eine Abwasserabgabe auf die zusätzlichen Parameter Stickstoff und Phosphor erhoben. Der Abgabesatz pro Schadeinheit wird bis 1993 in 2 Stufen von derzeit 40 DM auf 60 DM erhöht und ab 1995 70 DM betragen.

6.4.3.5 Beurteilung und Interpretation einzelner Parameter

Exemplarisch wird dargestellt, wie Ergebnisse einzelner Parameter beurteilt und interpretiert werden können, d. h. also, welche Hinweise sie geben können.

Farbe: Ein rotbrauner Farbton kann durch ungelöste Eisen-Verbindungen, eine grünliche Färbung durch Algen und Mikroorganismen und ein gelb-brauner Ton durch Humusstoffe hervorgerufen sein.

Trübung: Oft haben Trübung und Färbung die gleichen Ursachen. Je höher der Grad der ungelösten Verschmutzung ist, um so stärker ist die Trübung. Er ist auch bakteriologisch oft bedenklich.

Geruch: Natürliche organische Verunreinigungen verursachen erdige, muffige, jauchige oder faulige Gerüche. Industrielle Abwässer haben oft einen typischen Geruch nach bestimmten Chemikalien, Schwimmbadabwässer oft Chlorgeruch. Plankton und Algen können typischen Fischgeruch verursachen, Schwefelwasserstoff hat einen typischen unangenehmen Geruch (Faule Eier).

Geschmack: Stark salzhaltiges Wasser schmeckt salzig und bitter, letzteres besonders bei Anwesenheit von Mg^{2+}- und SO_4^{2-}-Ionen. Weiches Wasser schmeckt fade, hartes und kohlensäurehaltiges Wasser frisch und angenehm. Chlor und Chlorphenole rufen bestimmte Geschmacksrichtungen hervor, z. B. Arzneigeschmack.

Härte: *Nach dem Waschmittelgesetz von 1987 gibt es 4 Härtebereiche für die Gesamthärte:* 1 weich, c (Erdalkali-Ionen) bis 1,3 mmol/L (bis 7 °dH), 2 mittelhart, c (Erdalkali-Ionen) 1,3 bis 2,5 mmol/L (7 bis 14 °dH), 3 hart, c (Erdalkali-Ionen) 2,5 bis 3,5 mmol/L (14 bis 21 °dH), 4 sehr hart, c (Erdalkali-Ionen) über 3,8 mmol/L (über 21 °dH) (s. Tab. 6-4, Abschn. 6.4.2.3). Trinkwasser kann man diesen Härtebereichen zuordnen.

Sauerstoff: Grundwässer haben meist einen geringen Sauerstoff-Gehalt. In Oberflächenwässern kann der Gehalt durch die Atmosphäre oder die Photosynthese bedingt hoch, durch Oxidation anorganischer und organischer Verbindungen jeglicher Art vermindert sein.

Schwefelwasserstoff: Durch Umwandlung anorganischer Schwefel-Verbindungen oder durch Fäulnisprozesse im Boden und Wasser kann Schwefelwasserstoff entstehen. Seine Anwesenheit deutet im Wasser fast immer auf fäkalische Verunreinigungen hin.

Eisen- und Mangan-Ionen: Durch Lösungsvorgänge von Mineralien bedingt, werden Eisen- und Mangan-Ionen in natürlichen Wässern, vor allem im Grundwasser, häufig angetroffen.

Nitrat-Ionen: Überhöhte Gehalte sind bei uns fast ausschließlich auf Überdüngung zurückzuführen. Zudem bilden Nitrate das Endprodukt des mikrobiellen Abbaus stickstoffhaltiger organischer Stubstanzen in Boden und Wasser. Nur selten ist ihre Anwesenheit geologischen Ursprungs.

Nitrit-Ionen: Die Anwesenheit kann auf mikrobiellen Abbau organischer Substanzen oder z. B. auf Einleitungen aus der fleischverarbeitenden Industrie (Pökelsalz) hindeuten.

Ammonium-Ionen: Bei der Mineralisierung organischer Substanzen in Boden und Wasser entstehen Stickstoff-Verbindungen. Das zunächst gebildete NH_4^+-Ion kann im Laufe der *Nitrifikation* zu NO_2^-- und NO_3^--Ionen oxidiert werden. Ein hoher Gehalt an NH_4^+-Ionen deutet auf fäkale Verunreinigung hin, vor allem bei hohen Konzentrationen an Schwefelwasserstoff und einer hohen Keimzahl.

Keime: Der Nachweis von Bakterien vom Typ *Escherichia Coli* weist auf fäkale Verunreinigungen hin. Diese ungefährlichen Keime können bei starker Vermehrung in Lebensmitteln durch ihre Stoffwechselprodukte gefährliche Krankheiten auslösen. Zudem besteht *bei ihrer Anwesenheit Verdacht auf Vorhandensein pathogener Keime.* Sie und die coliformen Bakterien dürfen deshalb im Trinkwasser, das sowieso keimarm sein muß, nicht enthalten sein. Die *Koloniezahl oder Gesamtkeimzahl ist auf* $\leqq 100$ pro Milliliter festgelegt.

6.5 Chemische und physikalische Verfahren der Wasserbehandlung

6.5.1 Neutralisation

Saure Wässer können durch Laugen-, basische Wässer durch Säurezugabe neutralisiert werden. Vor allem im Abwasserbereich hat die Neutralisation, z. B. des der Kläranlage zulaufenden Abwassers, eine große Bedeutung. Aber auch andere Direkteinleiter oder manche Indirekteinleiter müssen ihr Wasser vor der Einleitung neutralisieren. Die wichtigsten und preiswertesten Neuralisationsmittel sind *Schwefelsäure, Salzsäure, Kalkmilch und Natronlauge.*

Zur Entsäuerung eines Wassers können im Rahmen der Trinkwasseraufbereitung *Filter mit alkalisch reagierenden Festsubstanzen* eingesetzt werden. Sie binden durch Reaktion vor allem Kohlensäure, wie z. B. Decarbolith $CaCO_3 \cdot MgO$.

$$CaCO_3 \cdot MgO + 2\ H_2O + 3\ CO_2 \longrightarrow Ca(HCO_3)_2 + Mg(HCO_3)_2$$

6.5.2 Fällung

Eine Möglichkeit, schädliche Ionen aus dem Wasser zu entfernen, besteht darin, diese durch Zugabe eines Reagenzes in eine schwerlösliche Verbindung zu überführen, die aus der Lösung als Niederschlag ausfällt. So können viele metallische Kationen, besonders auch die der giftigen Schwermetalle, z. B. als Hydroxid oder Sulfid, ausgefällt werden.

Beispiele:

$$Al^{3+} + 3\,OH^- \rightarrow Al(OH)_3\downarrow$$
$$Fe^{3+} + 3\,OH^- \rightarrow Fe(OH)_3\downarrow$$

Al^{3+}- und Fe^{3+}-Ionen wiederum können wie auch Ca^{2+}- und Mg^{2+}-Ionen als Reagenz zur Fällung von Hydrogenphosphat- und Phosphat-Ionen verwendet werden.

$$Al^{3+} + PO_4^{3-} \rightarrow AlPO_4\downarrow \qquad 3\,Ca^{2+} + 2\,PO_4^{3-} \rightarrow Ca_3(PO_4)_2\downarrow$$
$$Fe^{3+} + PO_4^{3-} \rightarrow FePO_4\downarrow \qquad 3\,Mg^{2+} + 2\,PO_4^{3-} \rightarrow Mg_3(PO_4)_2\downarrow$$

SO_4^{2-}-Ionen können mit Ca^{2+}-Ionen als $CaSO_4 \cdot 2\,H_2O$ (Gips) gefällt werden.

$$SO_4^{2-} + Ca^{2+} + 2\,H_2O \rightarrow CaSO_4 \cdot 2\,H_2O\downarrow$$

Wichtig ist, daß bei jeder Fällung möglichst der optimale pH-Wert gewählt wird, weil sonst die Fällung nicht vollständig erfolgt (s. Abschn. 3.4.2.4). Die ausgefällten Substanzen können auf Sondermülldeponien abgelagert werden, falls ein Recycling nicht möglich ist.

6.5.3 Flockung

Der Vorgang der Zusammenballung feinster schwebender oder kolloider Teilchen durch Bildung einer größeren Einheit wird Flockung genannt. Sind die Teilchen gleichsinnig geladen, z. B. durch adsorbierte Ionen, stoßen sie sich gegenseitig ab, und es kommt nicht zur Bildung dieser größeren Einheit, der Flocke. Durch Zusatz von Chemikalien, den *Flockungsmitteln,* deren Ionen entgegengesetzt geladen sind, wird die Flockung bewirkt. Wichtige Mittel sind Al^{3+}- und Fe^{3+}-Salze wie die Chloride und Sulfate, Kalkmilch oder organische Polyelektrolyte.

Bei Einsatz von Al^{3+}- und Fe^{3+}-Salzen kommt es zur Hydroxid- und eventuell zur Phosphat-Fällung. Neben der Bindung der Schweb- und Kolloidstoffe bewirken $Al(OH)_3$ und $Fe(OH)_3$ aufgrund ihrer großen Oberfläche auch die *Adsorption* weiterer gelöster Stoffe.

Zur weiteren Verbesserung der Flockung können zusätzlich zu den Flockungsmitteln *Flockungshilfsmittel* eingesetzt werden, die durch Einlagerung in die sich bildenden Mikro- und die daraus resultierenden Makroflocken, z. B. aus $Al(OH)_3$, deren Sedimentationsgeschwindigkeit erhöhen. Aktivierte Kieselsäure oder Feinsande sind Beispiele für solche Stoffe.

6.5.4 Ionenaustausch

Eine Möglichkeit, Wasser zu entsalzen, z. B. zur Aufbereitung von Kesselspeisewasser, besteht darin, die salzbildenden Kationen und Anionen durch Ionenaustauscher zu entfernen. Es handelt sich bei den Ionenaustauschern um langkettige organische Moleküle mit ionogenen Gruppen. Lassen sich die Kationen dieser Gruppen gegen andere Kationen ersetzen, nennt man diese Stoffe *Kationenaustauscher.* Gruppen von Kationenaustauschern sind z. B. Carboxy-Gruppen $-COOH$ oder Sulfonsäure-Gruppen $-SO_3H$. Das H^+-Ion dieser Gruppen ist gegen Kationen austauschbar.

Beispiel:

$2\,R-COO^-H^+ + Mg^{2+} \rightarrow 2\,R - COO^-Mg^{2+} + 2\,H^+$ R organisches Restmolekül

Anionenaustauscher enthalten ionogene Gruppen, deren Anion gegen andere Anionen austauschbar ist wie z. B. bei der quartären Amino-Gruppe $-NH_3OH$. Das OH^--Ion dieser Gruppe ist gegen Anionen austauschbar.

Beispiel: $R - NH_3^+OH^- + NO_3^- \rightarrow R-NH_3^+NO_3^- + OH^-$

Ionenaustauscher sind auch im Bereich der *Abwasserbehandlung* einsetzbar. Hier lassen sich nicht nur toxische Schwermetall-Kationen oder wertvolle Edelmetall-Kationen wie Ag^+-Ionen aus dem Wasser entfernen, sondern auf diese Weise *kann Abwasser auch neutralisiert werden.*

Saure Abwässer werden durch Anionenaustauscher nach folgendem Prinzip neutralisiert: Austauscher-OH^- + H^+ + Säurerestanion $\rightarrow$ Austauscher-Säurerestanion + H_2O.

Zur Neutralisation basischer Abwässer durch Kationenaustauscher gilt das Schema: Austauscher-H^+ + Basenkation + OH^- $\rightarrow$ Austauscher-Basenkation + H_2O.

Ein großer Vorteil der Ionenaustauscher ist ihre Regenerierbarkeit, d. h. sie geben bei Säure- oder Laugenzusatz die gebundenen Ionen wieder ab und liegen dann in der ursprünglichen austauschaktiven Form vor. Neben stark sauren Kationenaustauschern in der H^+-Form gibt es auch schwach saure mit austauschbaren Na^+-Ionen. Neben den stark basischen Anionenaustauschern in der OH^--Form gibt es auch schwach basische mit austauschbaren Cl^--Ionen. Ein sehr umweltfreundliches Regeneriermittel für mit Schwermetallkationen beladene Austauscher ist Magnesiumhydrogencarbonat, weil dadurch die Salzfracht und die Menge des Regenerationsabwassers stark vermindert wird.

6.5.5 Redoxreaktionen

Im Rahmen der **Entgiftung von Wässern** spielen Oxidations- und Reduktionsvorgänge eine große Rolle. So lassen sich die hochtoxischen Cyanid-Ionen durch Oxidationsmittel wie Wasserstoffperoxid H_2O_2, Chlor Cl_2, Natriumhypochlorit NaClO („Chlorbleichlauge") oder Hypochlorige Säure HClO in das Cyanat-Ion OCN^- überführen.

Beispiel:

$$CN^- + H_2O_2 \rightarrow OCN^- + H_2O$$

Das hochtoxische sechswertige Chrom läßt sich durch Reduktion, z. B. mit Natriumhydrogensulfat(IV) $NaHSO_3$ oder Eisen(II)-Ionen, in das wesentlich weniger toxische Chrom(III)-Ion überführen. Dieses kann dann durch Fällung, z. B. als Hydroxid, aus dem Abwasser entfernt werden.

Beispiele:

$$K_2\overset{+VI}{Cr_2}O_7 + 3\ Na\overset{+IV}{H}SO_3 + 4\ H_2SO_4 \rightarrow \overset{+III}{Cr_2}(SO_4)_3 + 3\ Na\overset{+VI}{H}SO_4 + K_2SO_4 + 4\ H_2O$$

$$K_2\overset{+VI}{Cr_2}O_7 + 6\ \overset{+II}{Fe}SO_4 + 7\ H_2SO_4 \rightarrow \overset{+III}{Cr_2}(SO_4)_3 + K_2SO_4 + 3\ \overset{+III}{Fe_2}(SO_4)_3 + 7\ H_2O$$

$$Cr_2(SO_4)_3 + 6\ NaOH \rightarrow 2\ Cr(OH)_3\downarrow + 3\ Na_2SO_4$$

Vor allem im Bereich der Galvanikindustrie erfolgt die Entgiftung von Abwässern in großem Maße durch Redoxreaktionen und gegebenenfalls Fällung durch Vereinigung der stark basischen Abwässer der Cyanid-Entgiftung und der stark sauren Abwässer der Chromat-Entgiftung (s. dazu auch Tab. 8-3, Abschn. 8.3.3).

6.5.6 Adsorption

Wie man schon am Beispiel des Aluminiumhydroxids und Eisenhydroxids erkennen konnte, können an Stoffen mit großer Oberfläche Teilchen haften bleiben. Wichtige Adsorptionsmittel sind Aktivkohle (1g weist 800 bis 1000 m^2 innerer Oberfläche auf), Cellulose, Kaolin (reiner Ton) oder Titandioxid. Es sind stark poröse Stoffe, an denen auch Gase wie Schwefeldioxid haften bleiben und dadurch entfernt werden können. Vor allem Aktivkohle hat für die Wasserreinigung eine enorme Bedeutung, z. B. zur Entfernung von Farbstoffen. Die Entfernung von Pestiziden ist mittels Aktivkohle ebenfalls möglich. Eine Desorption, d. h. Rückgewinnung des Adsorptionsmittels, ist durch Erwärmung oder unter Vakuum möglich.
Über die Anwendung einiger Wasserbehandlungsverfahren im Rahmen der Reinigung diverser industrieller und gewerblicher Abwässer informiert Tab. 8-2, Abschn. 8.3.

6.5.7 Entfernung von Ölen

Zur Entfernung von Mineralölen oder anderen unpolaren Flüssigkeiten, die auf den Boden oder das Wasser gelangt sind, gibt es Ölbindematerialien, die sich durch ein hohes Aufsaug- oder Absorptionsvermögen für die Stoffe auszeichnen. Es sind meist feinkörnige Granulate anorganischer Stoffe, z. B. Calciumsulfat $CaSO_4 \cdot 2\ H_2O$ oder Tonerde $Al_2SiO_2 \cdot Ca_2SO_4 \cdot 2\ H_2O$. Die zur Bindung von Ölverschmutzungen von Wässern verwendeten Materialien müssen hydrophob (wasserabstoßend), oleophil (lipophil, fettlösend) und auch nach Sättigung mit dem aufgesaugten Öl zudem schwimmfähig sein. Mineralöle, die in den Boden gelangt sind, können gezielt mikrobiell abgebaut werden. In Behandlungsanlagen lassen sich diese Öle aber auch durch Tenside und hochwirksame Lösungsmittel aus dem Boden eluieren. Diese chemische Methode ist jedoch, wenn überhaupt, höchstens bei Sand der mikrobiologischen Reinigung vorzuziehen.

6.5.8 Emulsionsspaltung

Emulgatoren sind Stoffe, die eine homogene Emulsion bewirken und eine Entmischung in zwei Phasen verhindern. Durch sie können unpolare Substanzen wie Öle, Fette, Kohlenwasserstoffe oder Lösungsmittel, Schmiermittel, Benzine, Mineralöle, in polare Flüssigkeiten wie Wasser mehr oder minder stabil eingebunden werden. Damit man solche Abfälle oder Wässer reinigen kann, ist es oft erforderlich, den Emulgator unwirksam zu machen, d.h. die Emulsion zu spalten. Meist geschieht dies durch Zugabe von Säuren oder Salzen. Abwässer aus Metallreinigungsanlagen oder Abwässer, die Kühlschmiermittel oder Trennmittel enthalten, lassen sich auf diese Weise reinigen. Durch *Ultrafiltration* lassen sich Emulsionen ebenfalls trennen. Dieses Verfahren erfordert keine zusätzlichen Spaltchemikalien, keine höheren Temperaturen, ist relativ preiswert, und man erhält ein Filtrat von hohem Reinigungsgrad. Die jeweils anfallende nichtwäßrige Phase kann entweder verbrannt oder der Zweitraffination zugeführt werden.

6.5.9 Membran-Verfahren

Bei den Membran-Verfahren trennt man Wasserinhaltsstoffe ab, die spezielle semipermeable (halbdurchlässige) Materialien, die Membranen, durchdringen können. Die wichtigsten Arten von Membran-Verfahren sind die **Elektrodialyse,** die **Umkehrosmose** und die **Ultrafiltration.** Am Beispiel der Nitrat-Eliminierung werden die Elektrodialyse und die Umkehr- oder Reversosmose in Abschn. 7.8 beschrieben.

Vor allem zur Entfernung von größeren Molekülen und Makromolekülen wie etwa Eiweißen ist die *Ultrafiltration* geeignet. Kleinere Moleküle können die Membranen passieren. Da hier die Membranen aber grobporiger sind als bei der Umkehrosmose, treten nicht nur Wassermoleküle, sondern auch andere, etwas größere Teilchen hinduch. Für wesentlich größere Teilchen wie die Proteine ist ein Membrandurchtritt nicht möglich. Die Drücke, mit denen man arbeitet, sind geringer als bei der Umkehrosmose. Das Verfahren findet weniger im Rahmen der Wasserversorgung, häufiger dagegen im Bereich der Abwasserreinigung, z.B. von Emulsionen oder Abwässern der Automobilindustrie (Spülwässer der Lackierereien), Molkereien und Käsereien, Anwendung. In Form der sog. *Diafiltration* wird die Methode zur Abtrennung von Schwermetallen genutzt. Diese bilden mit zugeführten polymeren Komplexbildnern große Aggregate, welche die Membran nicht mehr durchdringen können. Aus sehr hoher Verdünnung können auf diese Art Metalle wie Cadmium, Quecksilber, Chrom, Palladium, Platin, Gold, Silber, Kupfer, Zink und andere angereichert werden.

7 Chemische Aspekte der Wasserversorgung

7.1 Belüftung

Im Rahmen der Wasseraufbereitung kann es erforderlich sein, Sauerstoff durch Belüftung in das Wasser einzutragen. Ziel kann sein, durch **Desorption** hauptsächlich Kohlendioxid aus dem Wasser zu entfernen, wenn es z. B. als freie, aggressive Kohlensäure vorliegt **(Mechanische Entsäuerung)**. Die Belüftung kann ferner dazu dienen, bestimmte Inhaltsstoffe zu oxidieren und eine bessere Voraussetzung zur Ausbildung passiver Schutzschichten zu schaffen.

7.2 Entkeimung

Da Trinkwasser keine Krankheitserreger enthalten darf, müssen eventuell vorhandene pathogene Keime abgetötet werden. Zur Entkeimung oder **Desinfektion** verwendet man häufig starke Oxidationsmittel. In der Zukunft könnte der Einsatz ultravioletter Strahlung größere Bedeutung erlangen.

Chlor Cl_2 ist ein preiswertes Desinfektionsmittel. Ist eine starke Chlorung erforderlich, können Ammoniak oder Ammoniumsulfat zugegeben werden, um Geruchs- und Geschmacksbeeinträchtigungen zu vermeiden. Bei diesem Chloramin-Verfahren entstehen Chloramine, z. B. durch folgende Reaktionen.

$$NH_3 + Cl_2 \rightarrow \underset{\text{Monochloramin}}{NH_2Cl} + HCl$$

$$NH_2Cl + Cl_2 \rightarrow \underset{\text{Dichloramin}}{NHCl_2} + HCl$$

$$NHCl_2 + Cl_2 \rightarrow \underset{\text{Stickstofftrichlorid}}{NCl_3} + HCl$$

Die Chloramine sind Bestandteil des gebundenen wirksamen Chlors, das keine so starke Desinfektionskraft hat wie das freie wirksame Chlor (Chlor Cl_2, Hypochlorige Säure HClO und Hypochlorit-Ionen ClO^-). Bei erforderlicher Chlorung sollte daher stets im gesamten Versorgungsnetz und an den Entnahmestellen $\beta\,(Cl_2)$ 0,1 bis 0,2 mg/L betragen. Da Chlor die Enteisenung und Entmanganung stört, wird es am Ende der Aufbereitung zugesetzt. In Chlorwässern kann das Chlor durch Natriumthiosulfat (Antichlor) gebunden werden.

Besser ist jedoch die Desinfektion mit *Chlordioxid* ClO_2, das aus Natriumchlorit $NaClO_2$ und Chlor Cl_2 hergestellt werden kann. Da es eine 2,5fache Oxidationskraft gegenüber Chlor hat, kann es unangenehme Geruchs- und Geschmacksstoffe wie Phenole oxidativ in geruchs- und geschmacksneutrale Stoffe umwandeln. Es reagiert nicht mit

Ammonium-Ionen zu Chloraminen und ist in Wasser längere Zeit beständig. *Natriumhypochlorit NaClO* ist ein weiteres, stark alkalisch reagierendes Oxidationsmittel („Chlorbleichlauge"). *Ozon O_3* kann zur Entkeimung und Verbesserung des Geruchs und Geschmacks eingesetzt werden. Da es leicht zerfällt, ist die Entkeimungswirkung im Rohrnetz gering.

Die Entkeimung wird bei allen Desinfektionsmitteln durch atomaren Sauerstoff bewirkt. Er entsteht wie folgt:

$$Cl_2 + H_2O \rightarrow HClO + HCl \qquad HClO \rightarrow HCl + \langle O \rangle$$
$$ClO_2 + H_2O \rightarrow HClO_2 + HClO_3 \qquad HClO_2 \rightarrow HClO + \langle O \rangle$$
$$NaClO \rightarrow NaCl + \langle O \rangle$$
$$O_3 \rightarrow O_2 + \langle O \rangle$$

7.3 Entsäuerung und Entkieselung

Die Entsäuerung dient in erster Linie der Entfernung der freien, aggressiven Kohlensäure. Das kann mechanisch durch offene Belüftung oder durch alkalische Substanzen eines Entsäuerungsfilters, z. B. $Ca(OH)_2$ (Kalkhydrat), NaOH oder Decarbolith $CaCO_3 \cdot MgO$, geschehen. Die Carbonathärte wird durch die Reaktionsprodukte erhöht.

$$Ca(OH)_2 + 2\,CO_2 \rightarrow Ca(HCO_3)_2 \qquad NaOH + CO_2 \rightarrow NaHCO_3$$
$$CaCO_3 \cdot MgO + 3\,CO_2 + 2\,H_2O \rightarrow Ca(HCO_3)_2 + Mg(HCO_3)_2$$

Die Entfernung von Kieselsäure oder Silicat-Ionen (Entkieselung) kann durch Silicat-Fällung, adsorptive Flockung oder Ionenaustausch erfolgen.

7.4 Enteisenung

Eisen muß aus dem Trinkwasser entfernt werden, weil es sonst zu Ablagerungen, zu Verfärbungen der Wäsche und bei höheren Konzentrationen zu Geschmacksbeeinträchtigungen kommt. Durch die Belüftung werden Fe^{2+}-Ionen zu Fe^{3+}-Ionen oxidiert. Diese können dann durch Laugenzugabe als braunes Eisenhydroxid ausgefällt und abfiltriert werden. Auch auf biochemischem Wege kann Eisen aus dem Wasser entfernt werden.

7.5 Entmanganung

Mangan stört in ähnlicher Weise wie Eisen, nur sind die Verfärbungen wesentlich dunkler. Brauchwasser der Textil- und Papierindustrie muß daher eisen- und manganfrei sein.

Bereits bei einem Gehalt von $\beta(Mn^{2+}) \geqq 0{,}07$ mg/L sollte eine Entmanganung durchgeführt werden. Durch Oxidation fällt Mangan als schwarzes Mangan(IV)-oxid-dihydrat aus und kann dann abfiltriert werden.

$$Mn^{2+} + O_2 + 2\,H_2O \rightarrow MnO_2 \cdot 2\,H_2O\downarrow$$

Mangan kann ebenfalls biochemisch aus dem Wasser entfernt werden.

7.6 Entfernung von Geruchs- und Geschmacksbeeinträchtigungen (Schönung)

Neben der Oxidation, z. B. durch Ozon, Kaliumpermanganat $KMnO_4$, Chlor Cl_2 oder Chlordioxid ClO_2, können diese im Wasser in immer größerer Zahl auftretenden meist organischen Verbindungen wie Phenole und Kohlenwasserstoffe durch **Adsorption** an Aktivkohle und mikrobiell, z. B. Mineralöle, Farbstoffe, Phenole, entfernt werden. Eine Kombination ist wegen schädlicher Reaktionsprodukte oft zweckmäßig. Leicht flüchtige Geruchs- und Geschmacksstoffe können durch offene Belüftung entfernt werden *(Strippung)*.

7.7 Enthärtung und Entsalzung

Die Enthärtung wird im Rahmen der Trinkwasseraufbereitung nur in Sonderfällen, z. B. bei sehr hoher Härte durchgeführt. Für viele industrielle Zwecke, wie für Brauchwasser der Textil- und Papierindustrie, für Kühl- und Kesselspeisewasser, sind Enthärtung und Entsalzung (s. Abschn. 6.5.4) dagegen oft unumgänglich. Härtebildner verursachen Fleckenbildung bei der Papierherstellung, verhindern das gleichmäßige Aufziehen von Farbstoffen. Qualität und Lagerfähigkeit von Bier werden durch Härtebildner negativ beeinflußt, sie können alkoholische Getränke trüben.

Nur eine geringe Salzkonzentration und einen pH-Wert über 4 darf das Anmachwasser von Beton aufweisen, damit der Beton die nötige Festigkeit beim Abbinden erhält. Bei hohen Salzkonzentrationen vermindern die beim Abbinden des Betons auskristallisierenden Salze seine Festigkeit und Qualität.

Neben der Methode des Ionenaustauschs besteht die Möglichkeit, die Carbonathärte durch thermische Zersetzung, was aber sehr hohe Energiekosten erfordert, oder durch Fällungsmittel zu entfernen.

1. Kalkzusatz zur Entfernung der Carbonathärte, z. B.

   $$Ca(HCO_3)_2 + Ca(OH)_2 \rightarrow 2\,CaCO_3\downarrow + 2\,H_2O$$

2. Kalk- und Sodazusatz zur Entfernung der Gesamthärte, z.B.

$$MgSO_4 + Na_2CO_3 + Ca(OH)_2 \rightarrow Na_2SO_4 + CaCO_3\downarrow + Mg(OH)_2\downarrow$$

Weitere Fällungsmittel sind Branntkalk CaO zur Carbonathärteentfernung und Natronlauge NaOH sowie Trinatriumphosphat Na_3PO_4 zur Entfernung der Gesamthärte.

7.8 Entfernung von Stickstoff-Verbindungen

Für die Trinkwasseraufbereitung ist vor allem die Entfernung von Nitrat-Ionen von großer Bedeutung (s. Abschn. 6.3.1.2 „Nitrat-Ion"). Eine Eliminierung durch Fällung ist nicht möglich, da alle Nitrate und Nitrite leicht wasserlöslich sind. Nitrit-Ionen können durch Sauerstoff leicht zu Nitrat-Ionen oxidiert werden, was oft schon mikrobiell geschieht. Eine Möglichkeit der Nitrat-Eliminierung besteht in der von der Abwasserbehandlung her bekannten **Denitrifikation** durch Mikroorganismen zu Stickstoff. Durch nachgeschaltete Aufbereitung, wie Belüftung und Filtration, müssen Restgehalte der Nährstoffe und der Biomasse entfernt werden.

Nach dem Denitropur-Verfahren erfolgt die mikrobielle Denitrifikation mit Hilfe von Wasserstoff. In Reaktoren erfolgt der Nitratabbau zu elementarem Stickstoff und Wasser nach der folgenden Redoxgleichung der Gesamtbilanz der Atmungskette und Energiegewinnung.

$$5\,H_2 + 2\,H^+ + 2\,NO_3^- \rightarrow N_2 + 6\,H_2O$$

In Mönchengladbach werden in einer für einen Durchsatz von 50 m^3/h ausgelegten Anlage seit einigen Jahren Nitratkonzentrationen von $\beta(NO_3^-) \approx 80$ mg/L auf Werte von $\beta(NO_3^-) < 10$ mg/L gesenkt. Außerdem kann durch in Becken befindliche Pflanzen und Mikroorganismen analog zu den Prozessen im Boden sowie durch **Austausch gegen Chlorid-Ionen** Nitrat eliminiert werden. Durch Fremdbezug von nitratarmem Wasser kann die Nitrat-Konzentration gesenkt werden. Allerdings ist dies mit hohen Kosten verbunden. Bei der **Elektrodialyse**, einem Membran-Verfahren, treten unter Einwirkung eines elektrischen Feldes Kationen durch für solche Ionen durchlässige, sog. semipermeable Membranen. Andere Membranen sind auf diese Weise nur für Anionen durchlässig. Wie beim Anionenaustausch werden mit dieser Methode nicht nur Nitrat-Ionen, sondern auch andere Anionen entfernt. Dies gilt ebenso für die **Umkehrosmose** oder *Reversosmose*, ein Verfahren, bei dem mit einer fast nur für Wasser-Moleküle durchlässigen Membran unter Druck das Rohwasser in ein weitgehend salzfreies Wasser *(Permeat)* und ein Restwasser, *Konzentrat* genannt, getrennt wird. Das natürliche Bestreben einer verdünnten Lösung, bei Kontakt über eine semipermeable Membran mit einer konzentrierteren Lösung Lösungsmittelteilchen an die konzentrierte durch die Membran abzugeben, die *Osmose*, wird hier durch den Druck zwangsweise umgekehrt.

Wägt man die Verfahren ab, so ist es nach dem derzeitigen Stand der Technik nicht leicht, eine optimale Lösung zu finden. Bei der biologischen Denitrifikation muß auf genügend lange Verweilzeit geachtet werden, um auf jeden Fall den Austrag des gebildeten Zwischenprodukts Nitrit in das Trinkwasser zu vermeiden. Zudem bedarf es einer sehr umfangreichen Nachbehandlung. Ein Vorteil wäre, daß nur die Nitrat-Konzentration gesenkt würde, obwohl oft auch die Gehalte anderer Anionen, wie Sulfat-Ionen, im Wasser zu hoch sind. Beim Ionenaustausch, der Elektrodialyse und der Umkehrosmose ist dies nicht der Fall. Weil die Umkehrosmose auch in der Abwasserbehandlung funktioniert, wäre eine Lösung die Entsalzung eines Teilstroms des Wassers durch Umkehrosmose und anschließendes Verdünnen mit dem Reststrom dieses Wassers. Eine dezentrale Eliminierung durch Kleingeräte in den Haushaltungen auf der Basis von Umkehrosmose und Ionenaustausch ist ebenfalls möglich. Die Behebung der Ursachen der Nitrat-Belastung durch landwirtschaftliche und behördliche Maßnahmen ist natürlich auch in diesem Fall die beste Lösung. Der Grenzwert bei uns beträgt laut Trinkwasserverordnung $\beta(NO_3^-) = 50$ mg/L, der Grenzwert in der DDR 30 mg/L, in der Schweiz 20 mg/L, in Österreich, den USA und der UDSSR 40 mg/L.

Bei der Eliminierung der NH_4^+-Ionen hat man mit Clinoptilotit, einem natürlich vorkommenden Zeolith (Na-Al-silicat), erfolgversprechende Ergebnisse erzielt. Organische Harze sind aufgrund ihrer geringen Selektivität weniger geeignet.

8 Chemische Aspekte der Abwasserreinigung

8.1 Prinzipien von Abwasserreinigungsanlagen

Das Prinzip einer Abwasserreinigungsanlage ist in Abb. 8-1 dargestellt. Grobstoffe werden durch das Rechenwerk, feinkörnige Stoffe wie Sand im Sandfang abgetrennt. Mit dem Vorklärbecken, in dem weitere nicht gelöste Stoffe wie Schwimm- und Sinkstoffe entfernt werden, bilden diese Anlagenteile den Bereich der *mechanischen Reinigung*. In der Belebung, der *biologischen Reinigungsstufe*, dienen die gelösten Schmutzstoffe Mikroorganismen als Nährstoffe und werden dadurch abgebaut. Die Mikroorganismen vermehren sich, bilden den Belebtschlamm, der innerhalb der Nachklärung von dem in den Vorfluter geleiteten, gereinigten Wasser abgetrennt wird. Im Rahmen der *weitergehenden Reinigung* gewinnt die vollständigere Entfernung von Phosphaten eine immer größere Bedeutung. Eine Möglichkeit ihrer Eliminierung besteht in der Fällung mit Eisen- und Aluminium-Salzen. Wie aus Abb. 8-2 zu ersehen ist, kann die Zugabe der Salze bereits im Sandfang, in der Belebung, oder in einem separaten Flockungsraum mit anschließender zweiter Nachklärung, aus der die ausfallenden Phosphate als Schlamm abgezogen werden, erfolgen.

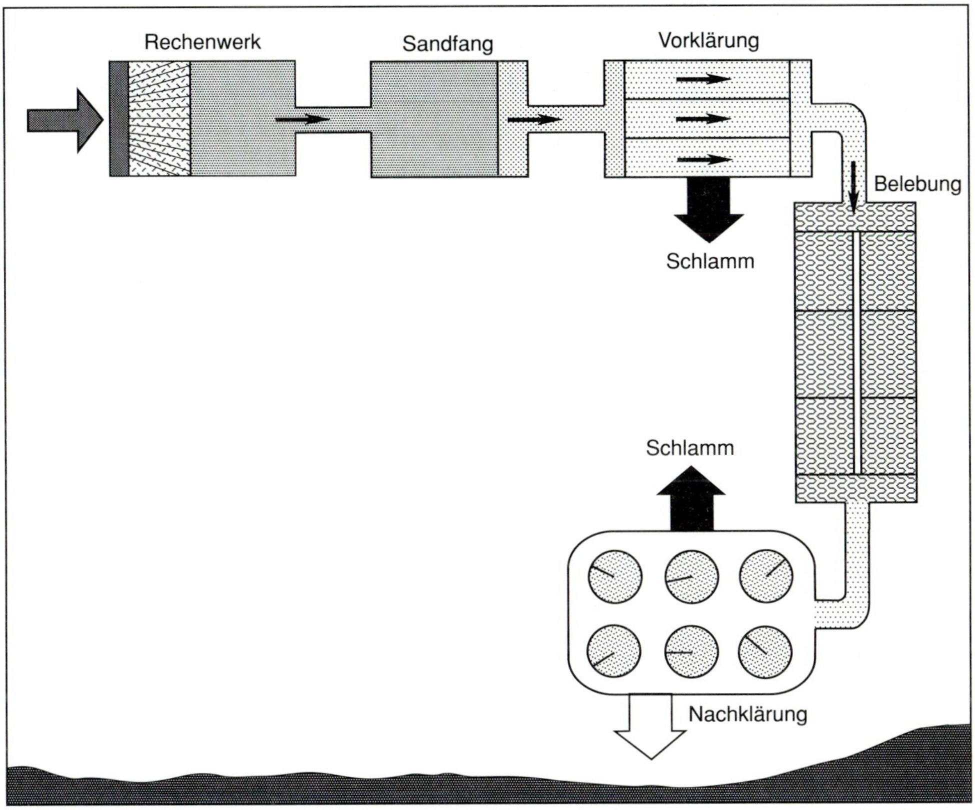

Abb. 8-1: Prinzip einer Abwasserreinigungsanlage, nach Fonds der Chemischen Industrie.

8.2 Inhaltsstoffe einzelner Abwasserarten

8.2.1 Häusliches Schmutzwasser

Der Fäkalwasseranteil ist stark organisch und mikrobiell verschmutzt und trägt von daher in hohem Maße zur Belastung mit den Nährstoffen Stickstoff (ca. 30 g Harnstoff pro Einwohner und Tag), Phosphor und Schwefel bei. Im Wasch-, Bade- und Spülwasser trägt neben gut abbaubaren Kohlenhydraten, Eiweißen und Fetten der Gehalt an Wasch- und Reinigungsmitteln zur Belastung bei. Vor allem Tenside (insbesondere anionische und nichtionische Tenside), Phosphate, Perborate, Silicate, Sulfate sowie organische Komplexbildner und Stabilisatoren wie NTA, EDTA verschmutzen das Wasser. Letztere sind in Waschmitteln zur Bindung von störenden Metall-Ionen wie Fe^{3+}-Ionen enthalten.

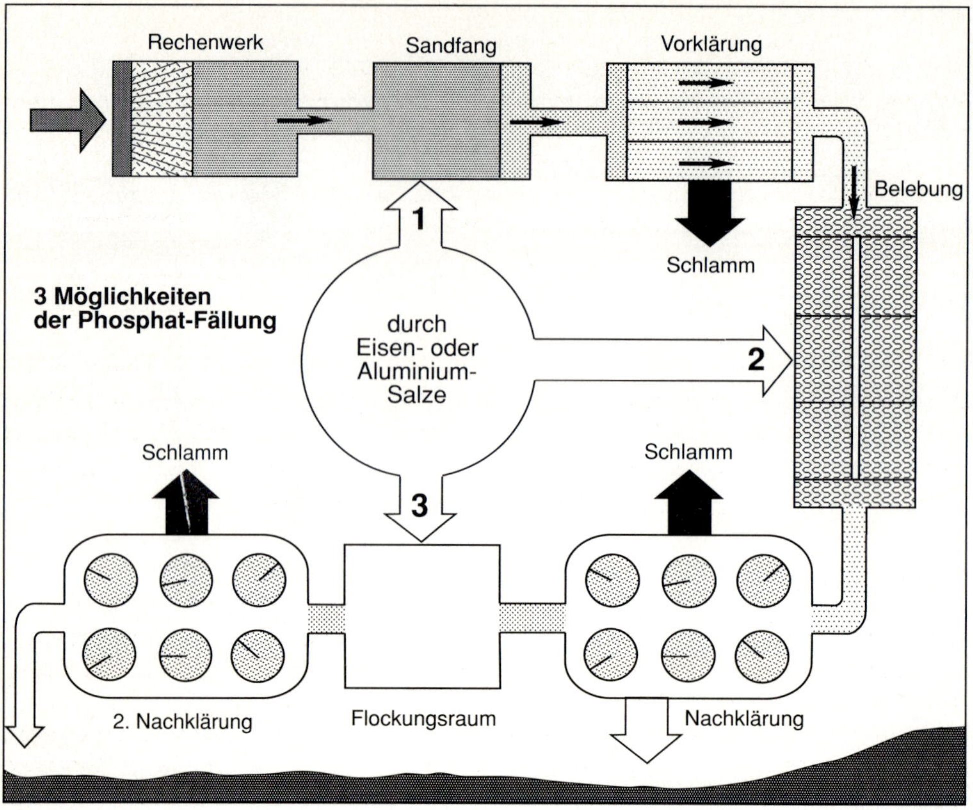

Abb. 8-2: Prinzip einer Abwasserreinigungsanlage mit Phosphat-Fällung, nach Fonds der Chemischen Industrie.

8.2.2 Gewerbliches Schmutzwasser

Besonders die Fabrikations- und Reinigungsabwässer belasten durch Schmutzstoffe, Kühlwässer beeinträchtigen meist durch ihre höheren Temperaturen die Gewässer. Letztere werden oft direkt in die Vorfluter geleitet. Vielfach muß das gewerbliche Schmutzwasser in betriebseigenen Kläranlagen vorgereinigt werden, bevor es über die Kanalisation zur kommunalen Kläranlage oder in den Vorfluter geleitet wird. Es kann mit Stoffen, oftmals in Konzentrationsstößen, belastet sein, die als Rohstoffe verarbeitet wurden, als Neben- oder Zwischenprodukte anfallen oder die als Endprodukte den Betrieb verlassen. *Primärziel für jeden Betrieb muß die Minimierung der Konzentrationen der Abwasserinhaltsstoffe sein.* Einige wichtige Merkmale gewerblicher Schmutzwässer werden nun dargestellt (s. auch Tab. 8-2, Abschn. 8.3).

8.2.2.1 Beizereien

Aus dem sauren und schwermetallhaltigen Abwasser können durch Neutralisation und Fällung als Hydroxide die Schwermetalle, meist Eisen, entfernt werden. Eine Möglichkeit des Recyclings besteht in der Elektrolyse infolge von Abscheidung der Schwermetallkationen an der Kathode, z. B. bei Kupfer. Eisen schädigt in höheren Konzentrationen die Fische und wirkt sich im Abwasser nachteilig aus. Wesentlich gefährlicher für die Wasserlebewesen ist allerdings das häufig vorhandene Nitrit.

8.2.2.2 Bergwerke

Die salzhaltigen Abwässer enthalten oft Schlammstoffe aus Kohle und Tonen (Letten). Abwässer von Kalisalzbergwerken weisen einen extrem hohen Gehalt an Cl^--Ionen auf, da Kalium, abgesehen von Kalifeldspat, fast immer als KCl oder KCl-haltiges Mineral (Sylvinit $KCl \cdot NaCl \cdot 6\ H_2O$, Carnallit $KCl \cdot MgCl_2 \cdot 6\ H_2O$) in der Natur vorkommt. Eine Eliminierung z. B. durch Ionenaustausch ist dringend geboten.

8.2.2.3 Brauereien

Die durch Desinfektionsmittel eventuell giftigen Abwässer sind durch gelöste und ungelöste organische Stoffe und Schlammstoffe wie Treber (Rückstände), Hefe, Papierfetzen und Tenside stark belastet. Bierverluste sind hier zu minimieren, z. B. bei Preß- und Filtrationsvorgängen, bei der Abtrennung der Hefesuspension sowie durch Auffangen von Bierverlusten am Flaschenfüller. Im Durchschnitt fallen pro Liter Bier 5 Liter Abwasser (Malz-, Weich-, Quell-, Hefewasch- und Spülwässer) an, deren Ablauf- CSB-Wert höchstens $\beta(O_2) = 110$ mg/L und deren Ablauf-BSB_5-Wert höchstens $\beta(O_2) = 25$ mg/L gemäß der *Abwasser-Verwaltungsvorschrift vom 19. 12. 1989* betragen dürfen.

8.2.2.4 Brennereien und Hefefabriken

Die Abwässer sind durch Eiweißstoffe, gelöste und ungelöste organische Stoffe sehr hoch belastet. *Bei der Reinigung dieser Abwässer empfiehlt es sich, zunächst anaerob und dann erst aerob zu reinigen, was wesentliche Vorteile hat,* z. B. einen geringeren Schlammanfall. *Deshalb sollte man überhaupt eine zunächst anaerob und dann aerob verlaufende Abwasserreinigung verstärkt in Betracht ziehen,* vor allem bei der Reinigung organisch hochbelasteter Abwässer.

8.2.2.5 Chemische Industrie

Vor allem in größeren Firmen wird das in den einzelnen Betrieben der Firma anfallende Abwasser dort nach ganz speziellen, den enthaltenen Rohstoffen, Zwischen-, Neben- und Hauptprodukten angepaßten Methoden entgiftet und gereinigt, bevor es der Kläranlage des Unternehmens zugeleitet wird. Pionierarbeit ist hier von der Großindustrie geleistet worden. Durch Gentechnologie wurde die Fähigkeit von in den Tropen lebenden Bakterien, Nährstoffe unter Abgabe von Licht abzubauen, auf Bakterien der Kläranlage übertragen. Bevor nun eventuelle Giftstoffe die Bakterien der Belebung töten oder schädigen können, zeigen solche *Leuchtbakterien* durch Nachlassen der *Biolumineszenz*, d. h. durch einen verzögerten Stoffwechsel*, solche Stoffe im Abwasser an, so daß man rechtzeitig Maßnahmen ergreifen kann. Die erste Stufe der biologischen Reinigung erfolgt durch die *Turm-* oder *Hochbiologie*. Das Abwasser befindet sich in 30 m hohen Türmen mit 26 m Durchmesser. Der erhöhte Druck der von unten eingeblasenen Luft bewirkt eine 4mal höhere Löslichkeit des Sauerstoffs. Dadurch wird der Abbauprozeß schnell, preiswert, platzsparend und emissionsarm ermöglicht. Durch gleichzeitige Reinigung des kommunalen Abwassers, wie in den Anlagen von BAYER und BASF z. B., werden das Nährstoffangebot ausgeglichen und die Kosten gesenkt.

8.2.2.6 Chemische Reinigungsanstalten

Abwässer chemischer Reinigungsanstalten können mit leichtflüchtigem HKW (Per, Tetra, Tri usw.) belastet sein. Durch Strippen (Ausblasen mit Luft, Stickstoff oder Wasserdampf) können sie aus dem Abwasser entfernt werden.

8.2.2.7 Färbereien, Farbstoffindustrie

Aus den farbigen, oft sauren und tensidhaltigen Abwässern, die durch unterschiedliche Farbstoffgruppen belastet sind, können die Farbstoffe durch auf Aktivkohle angesiedelte aerobe und anaerobe Mikroorganismen bis zu Kohlendioxid abgebaut werden. Auf gleiche Weise wird mit Tensiden, Emulgatoren, Schwarzlauge aus der Papierherstellung oder chlorierten Kohlenwasserstoffen und Phenolen verfahren. Faulschlamm fällt nicht an. Grundsätzlich ist die Adsorption, z. B. auch an $Al(OH)_3$ oder $Fe(OH)_3$, eine geeignete Reinigungsmethode.

8.2.2.8 Galvanisierbetriebe

Die stark giftigen Abwässer müssen werksseitig entgiftet werden. Aus den sauren, schwermetallhaltigen Abwässern kann Chrom(VI) durch Reduktion mit Natriumhydrogensulfit $NaHSO_3$ oder Eisen(II) in weniger toxisches Chrom(III) überführt werden. Aus alkalischen, cyanidhaltigen Abwässern können CN^--Ionen durch Oxidation mit Wasserstoffperoxid, Ozon, hypochloriger Säure in OCN^--Ionen überführt werden. Die Abwässer müssen neutralisiert werden. Schwermetall-Ionen werden durch Fällung als Hydroxid, Sulfid oder Carbonat aus dem Wasser entfernt. Fallen in einem Betrieb saure, dichromathaltige sowie alkalische, cyanidhaltige Abwässer an, können diese nach der Dichromat-Reduktion bzw. Cyanid-Oxidation zur gegenseitigen Neutralisation und damit zur Fällung der Schwermetalle verwendet werden. Eine Rückgewinnung von Elektrolyten wie Hartchrom, Nickel, Silber oder Zink (auch bei kaltcyanischen Verfahren) durch Rück-

---

* Das Enzym Luziferase katalysiert an einem Stoffwechselprodukt, einem Fettaldehyd, eine Komplexbildung mit Sauerstoff. Die Reaktionsenergie wird in Form von Licht an Stelle von Wärme abgegeben.

führung von Teilmengen des ausgeschleppten Elektrolyt-Wasser-Gemenges führt auch zu einer wesentlichen Reduzierung der zu behandelnden cyanidhaltigen Abwässer. Zur Entfernung der Schwermetall-Ionen werden auch Ionenaustauscher ver- und Zementationsverfahren angewendet.

8.2.2.9 Gemüse-, Sauerkraut- und Zuckerfabriken

Abwässer dieser Saisonbetriebe sind durch organische Substanzen wie Gemüseteile, Konservierungsmittel und Melasse hochbelastet. Eine anaerobe Reinigung der Abwässer bietet sich an, da vor allem die Abwässer der Sauerkrautfabriken Milch-, Essig- und Buttersäure sowie Kohlenhydrate enthalten.

8.2.2.10 Gerbereien

Bis zu 800 L Frischwasser benötigt man zum Gerben einer Rinderhaut. Die Abwässer müssen aufgrund der hohen vielfältigen Belastung werksseitig behandelt werden. Sie sind stark alkalisch oder sauer und enthalten neben großen Mengen Natriumchlorid, organische Stoffe, die leicht faulen, z. B. durch Eiweißzersetzung. Außerdem sind starke Gifte wie Chrom sowie Schlammstoffe aus Kalk, Hautfetzen und Fett in ihnen enthalten. Chrom kann durch Recycling zurückgewonnen werden. Zudem können die Chrom-Gerbstoffe durch neue sparsame Gerbstoffe ersetzt werden.

8.2.2.11 Kartoffelverarbeitende Betriebe

Die Abwässer sind vor allem mit Stärke organisch stark belastet. Ein Recycling der Stärke, die als Bullen- und Schweinemastfutter, als Rohstoff für Brennereien und als Stärkederivat verwendet werden kann, ist möglich und somit empfehlenswert. Die enzymatische Umwandlung der Stärke in Glucose wird sicher in Zukunft verstärkt praktiziert werden, wie heute schon beim Mais in den USA.

8.2.2.12 Kokereien und Teerverwertungsbetriebe

In der Regel ist auch hier eine werksseitige Reinigung erforderlich wegen des hohen Gehaltes an toxischen anorganischen Stoffen, wie Cyanid-, Rhodanid-, Thiosulfat-Ionen, Ammoniak, und organischen Stoffen, wie Phenolen und Teerölen, die zudem geruchsintensiv sind.

8.2.2.13 Milchverarbeitende Betriebe

Die Abwässer, z. B. von Molkereien und Käsereien, enthalten gelöste organische Stoffe, wie auch in Reinigungsmitteln enthaltene Tenside, und sind durch kolloide organische Stoffe milchig trübe. Wichtige Abwasserinhaltsstoffe sind Milchbestandteile (Lactose, Eiweiß, Milchsäure, emulgierte Fette) sowie Wasch- und Spülmittel, zu denen auch Natronlauge und Salpetersäure gehören können.

8.2.2.14 Raffinerien, Petrochemische Betriebe

Die Abwässer enthalten eine enorme Vielzahl von Stoffen wie chlorierte, nitrierte, aliphatische und aromatische Verbindungen oder hochtoxische Cyanide und Nitrile. In Abscheidern können die leichteren unlöslichen Stoffe, wie Kohlenwasserstoffe, von der wäßrigen Phase getrennt werden. *Durch Adsorption* an Aktivkohle oder Fällungsmitteln wie $Al(OH)_3$, *Heraustreiben (Strippen),* z. B. mit Luft, Stickstoff oder Wasserdampf, *oder durch Destillation können die gelösten leicht flüchtigen Stoffe entfernt werden.* Katalysatoren, z. B. $AlCl_3$, $FeCl_3$ (Friedel-Crafts-Reaktionen), können durch Fällung mit Natronlauge oder Kalkmilch eliminiert werden. Dabei werden weitere Stoffe durch Adsorption beseitigt. Nur mit Kohlenwasserstoffen (Ölen z. B.) verunreinigte Abwässer können mit Hilfe spezieller Mikroorganismen durch Abbau gereinigt werden.

8.2.2.15 Schlachthöfe

Das Abwasser enthält viele hauptsächlich aus Darminhalt, Darmfetzen und Fettstücken bestehende Schlammstoffe, ist durch Blut gefärbt und durch gelöste organische Stoffe hoch belastet. Proteine und Fette können durch separate Flockung und Flotation zurückgewonnen und als Viehfutter verwendet werden. Feststoffe lassen sich durch Siebung entfernen. Als betriebsseitige Reinigung empfiehlt sich sehr eine zweistufige anaerobe Behandlung.

8.2.2.16 Stahl- und Walzwerke, Härtereien

Die Abwässer sind vielfältig belastet, z. B. durch Nitrit-, Nitrat-, Cyanid-Ionen und Tenside. Organische Stoffe können mit Eisen(III)-chlorid durch $Fe(OH)_3$-Bildung ausgeflockt werden. Eine pflanzenbiologische aerobe Reinigung, z. B. von anfallenden Mineralöl-Kohlenwasserstoffen, ist möglich. Spezielle Mikroorganismen sind in der Lage, im Wasser gelöste Metalle durch Speicherung an ihrer Zellwand oder im Zellinneren abzutrennen.

8.2.2.17 Tankstellen, Kraftfahrzeugbetriebe

Die in den Abwässern enthaltenen organischen Stoffe, wie die Kohlenwasserstoffe der Benzine, Schmierfette und Öle, müssen mit **Leichtstoffabscheidern** vom Wasser abgetrennt werden. Eine pflanzenbiologische Reinigung durch Aerobier mit Hilfe von Wurzelraum-Entsorgungsverfahren ist möglich. Die Wurzeln von Schilf und Binsen sorgen für die notwendige Belüftung des Bodens, durch den das Schmutzwasser kaskadenartig geleitet wird.

8.2.2.18 Viehaufzucht

Die Abwässer aus der Viehzucht (z. B. Hühnerfarmen, Schweinemastanstalten, Rinderhaltung) sind extrem belastet. Sie enthalten gelöste Stoffe (z. B. Harnstoff) und

Schlammstoffe, hauptsächlich Kot und geruchsbelästigende, meist durch mikrobielle Tätigkeit entstandene Substanzen, wie Ammoniak und Schwefelwasserstoff. Der BSB_5-Wert von Jauche liegt über 10 g/L. Für diese Betriebe muß man unbedingt **Biogasanlagen** empfehlen. *Biogas (Faulgas)* kann verbrannt und zur Stromerzeugung verwandt werden, wodurch Energiekosten eingespart werden. Der Faulschlamm kann als Alternative zum Kunstdünger eingesetzt werden. Die Kläranlagen und Vorfluter würden – sachgemäße Düngung vorausgesetzt – dadurch erheblich entlastet werden.

8.2.2.19 Wollwäschereien, Wollkämmereien

In der einzigen Wollkämmerei der Bundesrepublik Deutschland, der Bremer Wollkämmerei, wird täglich die Wolle von etwa 50000 Schafen gereinigt und durch Kämmen Kammzeug, das Ausgangsprodukt zur Herstellung von Kammgarn, erzeugt. Die Rohwolle der Schafe ist stark verschmutzt, z. B. mit Schweiß und Erde, und enthält rund 10 bis 14% Wollfett (Lanolin). In mehrstufigen Vorgängen wird mit Soda sowie Wasch- und Reinigungsmitteln der Schmutz und der größte Teil des Fetts entfernt. Die täglich anfallende Schmutzmenge des Abwassers entspricht 20000 Einwohnergleichwerten. Die Waschabwässer der ersten drei Reinigungsstufen sind äußerst stark mit Fetten, Fettsäuren, Salzen und anderen organischen und anorganischen Stoffen belastet. Sie werden durch Verdampfen von Wasser aufkonzentriert und dann mit Hilfe eines Drehzerstäuberbrenners verbrannt. Die weniger stark belasteten Abwässer der nachfolgenden Reinigungsstufen werden mechanisch und biologisch gereinigt, bevor sie in den Vorfluter, die Weser, eingeleitet werden. Auf diese Weise wird bis zu 95% der durch die CSB-Bestimmung erfaßbaren Verschmutzung entfernt. Dies ist ein sehr guter Reinigungsgrad.

8.2.2.20 Zellstoff- und Papierindustrie

1 t Zellstoffproduktion kann 1000 m^3 Abwasser verursachen. Abwässer dieser Industrien (Sulfit-Ablaugen) sind extrem belastet. 100 t unbehandeltes Sulfitzellstoffwasser haben die gleiche Schmutzfracht oder Belastung wie das Abwasser von 500000 Einwohnern.

Neben organischen Stoffen, wie den biologisch nicht abbaubaren, gelb bis braun gefärbten Lignin-Derivaten oder organischen Säuren, sind chlorhaltige Bleichmittel und Sulfite in hoher Konzentration enthalten. Eine betriebseigene Reinigung, z. B. durch Anionenaustausch zur CH_3COO^-- und SO_3^{2-}-Bindung, Fällung mit Kalk und Magnesium-Salzen sowie Adsorption an Aktivkohle, ist unumgänglich. *Beim **Sulfatzellstoffverfahren** ist die Abwasserbelastung geringer als bei Sulfitzellstoffverfahren,* obwohl das Abwasser toxische, übelriechende Schwefel-Verbindungen wie Schwefelwasserstoff und Mercaptane enthält. Eine Rückgewinnung von Fasern und Faserbruchstücken sowie von Kreislaufwasser durch mehrstufige, rein mechanische Trennprozesse wird von vielen Betrieben praktiziert. Der Abwasseranfall konnte bei vielen Betrieben auf 10% der früheren Werte reduziert werden. Im Rahmen der Papiererzeugung fallen Abwässer an, die vor allem mit Harzsäuren, Leimstoffen, Polysacchariden, Cellulosefasern und Flotationsmitteln belastet sind.

8.2.3 Tensidhaltige Abwässer

Tenside sind oft Verursacher der für die Reinigung in Kläranlagen sehr nachteiligen Schaumbildung. In Wasch- und Reinigungsmitteln werden leicht abbaubare, sog. weiche Tenside eingesetzt, die allerdings beim Abbau große Mengen an Sauerstoff verbrauchen. Im Rahmen der vielfältigen anderweitigen Verwendung (s. Abschn. 5.6.9) werden aber nach wie vor auch harte, d.h. biologisch schwer abbaubare Tenside eingesetzt, die diese Schaumeffekte mit verursachen.

Abwässer, die u.a. mit Tensiden belastet sind, können in Betrieben der Textil- und Faserindustrie, Kosmetik-, Arzneimittel-, Nahrungsmittel-, Getränke-, Leder-, Pelz-, Cellulose-, Papier-, Farben-, Lack-, Kunststoff-, Pestizid-, Bau-, Mineralölindustrie, Gastronomie, metallverarbeitenden Industrie, chemischen Industrie, im Bergbau sowie bei Reinigungen in Betrieben und Krankenhäusern anfallen. Krankenhausabwässer sind zudem meist infektiös.

8.2.4 Niederschlagswasser

Regen- und Schmelzwässer können bedingt durch die Luft und die Oberflächen, über die sie ablaufen, viele gelöste Stoffe wie Mineralsäuren, Streusalze, Pestizide, Benzine oder Öle enthalten und sogar radioaktiv sein.

8.2.5 Kommunales Abwasser

Es enthält *Abwässer verschiedener Herkunft, vorwiegend häusliches, daneben gewerbliches Abwasser und bei Mischkanalisation auch das Niederschlagswasser.* Bei großen Niederschlagsmengen wird das Abwasser einer Mischkanalisation oft direkt in den Vorfluter geleitet, da das Wasser für die biologische Reinigung zu stark verdünnt ist. Eine Trennkanalisation mit Regenklärbecken bzw. das Sammeln in Rückhaltebecken ist da sicherlich die bessere Alternative, vor allem im Hinblick auf den Zustand der Nordsee und anderer Meere. *Das täglich durch einen Einwohner anfallende Schmutzwasservolumen beträgt im Mittel rund 150 L, die tägliche Verschmutzung entspricht im Mittel einem BSB_5-Wert von $\beta(O_2) = 0{,}4$ g/L.* Durch Multiplikation erhält man die Schmutzfracht oder -menge eines Einwohners von 60 g Sauerstoff pro Tag, in der Praxis kurz als 60 g BSB_5 bezeichnet. Diese Schmutzmenge wird ein **Einwohnerwert (EW)** genannt. Wenn die tägliche Schmutzmenge der Einleiter, ausgedrückt als BSB_5-Schmutzfracht, durch diesen Einwohnerwert dividiert und somit damit verglichen wird, erhält man die Schmutzmenge pro Tag, ausgedrückt in **Einwohnergleichwerten (EGW)**. Bei der Herstellung folgender Produkte fällt im Abwasser jeweils die Schmutzfracht von einem EGW an, nach Stier: 2 kg Margarine, 35 L Molkereimilch, 1 kg Käse (ohne Molkeablauf), 2 kg Fisch-, Obst- und Gemüsekonserven, 1,5 kg Kunstseide, 3 bis 8 kg Fleisch- und Wurstwaren, 1 bis 2 kg Butter, 1 bis 3 L Bier, 0,3 kg Kartoffelstärke, 1 kg Leim, 0,1 kg Backhefe, 1 kg Seife. Die Schmutzmengen, die bei der Produktion größerer Mengen organischer Produkte anfallen, sind in Tab. 8-1 aufgeführt.

Tab. 8-1: Schmutzmengen organischer Produkte in Einwohnergleichwerten, nach Klöckner-Moeller.

Betrieb	Produktmenge	Schmutzmenge in Einwohnergleichwerten (EGW)
Bleicherei	auf 1 t Ware	250 bis 350
Brauerei	auf 1000 L Bier	300 bis 2000
Brennerei	auf 1000 L Getreide	1500 bis 2000
Färberei mit Schwefelfarben	auf 1 t Ware	2000 bis 3500
Flachsrösterei	auf 1 t Flachsstroh	750 bis 1150
Gerberei	auf 1 t Häute	1000 bis 4000
Holzschleiferei	auf 1 t Holzschliff	50 bis 80
Molkerei mit Käserei	auf 1000 L Milch	100 bis 250
Molkerei ohne Käserei	auf 1000 L Milch	30 bis 80
Papierfabrik	auf 1 t Papier	100 bis 300
Schlachthof	auf 1 Ochsen oder 2,5 Schweine	70 bis 200
Stärkefabrik	auf 1 t Mais oder Weizen	800 bis 1000
Sulfit-Zellstoffwerk	auf 1 t Zellstoff	4000 bis 6000
Wäscherei	auf 1 t Wäsche	700 bis 2300
Wollwäscherei	auf 1 t Wolle	2000 bis 5000
Zellwollefabrik	auf 1 t Zellwolle	500 bis 700
Zuckerfabrik	auf 1 t Rüben	120 bis 400

Abschließend wird zusammengefaßt, welche Merkmale das in die öffentliche Kanalisation eingeleitete Schmutzwasser *nicht* haben sollte: Saure und stark alkalische pH-Werte, hohe Temperaturen, hohe Salzkonzentrationen, stark toxische Substanzen, Öle, Fette und andere brennbare Leichtstoffe, gefährliche giftige und explosionsfähige Gase, radioaktive Substanzen, geruchsbelästigende Stoffe, krankheitserregende Mikroorganismen sowie Schwimmstoffe und schwere Sinkstoffe. Weist Abwasser eines oder mehrere dieser Merkmale auf, kann es zu Störungen bei der Ableitung und Reinigung, zur Gesundheitsgefährdung von Menschen und zur Korrosion von Baustoffen kommen.

8.3 Chemische Verfahren der Abwasserbehandlung

Diese Verfahren werden mit folgenden Zielsetzungen angewandt:

1. Steigerung der Reinigungsleistung der mechanischen und biologischen Stufe durch Flockung, Fällung oder Adsorption.
2. Weitergehende, z. B. chemische Reinigung als dritte Stufe (z. B. Phosphatfällung).
3. Entfernung von Abwasserinhaltsstoffen, z. B. durch Neutralisation, Fällung, Redoxreaktionen, Naßoxidation, Verbrennung („Abwasserverbrennung"), Flockung oder durch physikalische Verfahren wie Adsorption, Flotation, Strippung, Reversosmose, Ultrafiltration, Elektrodialyse und Elektrophorese. Tab. 8-2 zeigt die Anwendung einiger Verfahren zur Reinigung industrieller und gewerblicher Abwässer exemplarisch auf.

Tab. 8-2: Anwendung von Wasserbehandlungsverfahren zur Reinigung industrieller und gewerblicher Abwässer, nach Plinke.

Abwassergruppe	Beispiele typischer Schad-/Giftstoffe	Reinigungsverfahren	Abwasserproduzierende Betriebe oder Arbeitsprozesse (Beispiele)
Gifte und Schadstoffe, die durch Redox-Reaktion unschädlich gemacht werden können.	Chromate, Cyanide, Nitrite, SO_2/Sulfite, H_2S/Sulfid	Entgiftung	Galvaniken, Härtereien, Oberflächenbehandlung/-beschichtung, Druckereien, Graphische Betriebe, Photolabors.
Säuren, Laugen	Anorganische und organische Säuren jeder Art; Alkali-, Erdalkali-Hydroxide und Carbonate	Neutralisation	Wäscherei, Reinigung, Glasätze, Beizerei, Getränkeherstellung, Abgaswäsche, Betonherstellung, Akkustationen, Regenerate v. Ionenaustauschern.
Schwermetalle und sonstige Stoffe, die als unlösliche Verbindungen abscheidbar sind.	Eisen, Chrom, Kupfer, Nickel, Blei, Cadmium, Zink, Fluorid, Phosphat	Fällung (geschieht vielfach zugleich mit der Neutralisation)	Naßchemische galvanische Oberflächenbehandlung von Metallen und Kunststoffen, Bauteile-, Leiterplattenherstellung, Verzinkerei, Akkumulatorenfertigung, Gerberei, Regenerate von Ionenaustauschern, Glasbearbeitung, Pigmentfarbherstellung.
Emulsionen, Dispersionen	Kohlenwasserstoffe, Öle, Fette, Lösungsmittel, Lack, Latex, Feintrübstoffe	Adsorption	Metallbearbeitung, Oberflächenreinigung, Maschinenbau, Gleitschleifen, Lackiererei.

8.3.1 Neutralisation

Das der Kläranlage zulaufende Abwasser oder saure und basische Abwässer der Einleiter müssen neutralisiert werden. Für alkalische Abwässer wird oft Schwefelsäure der Salzsäure vorgezogen, weil sie preiswerter ist. Allerdings führt sie zur unerwünschten Sulfat-Anreicherung im Abwasser. Für saure Abwässer wird Natronlauge gegenüber Kalk bevorzugt, obwohl sie teurer ist. Sie ist einfacher zu dosieren als Kalksuspension (Kalkmilch, Calciumhydroxid ist nur zu 0,13% in Wasser löslich), und es fällt kein zusätzlicher Schlamm an. Durch Kalk können allerdings schwefelsaure Abwässer weitergehend chemisch gereinigt werden, da schwerlösliches Calciumsulfat (Gips) ausfällt.

$$2\,H_3O^+ + SO_4^{2-} + Ca^{2+} + 2\,OH^- \rightarrow CaSO_4 \cdot 2\,H_2O\downarrow + 2\,H_2O$$

8.3.2 Weitergehende Reinigung

Eine weitergehende Reinigung erfolgt bei der Flockung mit Fe^{3+}- und Al^{3+}-Salzen als Flockungsmitteln, da hier Phosphat als Eisenphosphat oder Aluminiumphosphat gefällt wird.

Neben der **Eliminierung von Phosphor** ist im Rahmen der weitergehenden Reinigung die Eliminierung von Stickstoff von großer Bedeutung. Da die Nitrifikanten auch Phosphor als Nährstoff benötigen, wird Phosphor in der Regel nicht vor dem Stickstoff aus Abwässern entfernt. Eine **Eliminierung von Stickstoff** über die *Nitrifikation* ($NH_4^+ \rightarrow NO_2^- \rightarrow NO_3^-$) durch aerobe Mikroorganismen in Kombination mit der *Denitrifikation* durch Anaerobier ($NO_3^- \rightarrow N_2$) sollte *in besonderen Becken* (z.B. Tropfkörpern) erfolgen. Aus dem Wasser entweichender Stickstoff führt meist im Nachklärbecken zu unerwünschter Schwimmschlammbildung. Es handelt sich hier nicht um Blähschlamm, der durch Fadenbakterien verursacht wird. Zudem kann in Tropfkörpern die Stickstoff-Eliminierung noch vollständiger erfolgen und besser gesteuert werden. Eine Denitrifikation läßt sich allerdings auch im Belebungsbecken z.B. durch Zwischenschaltung sauerstofffreier Bereiche erreichen. Bei vorhergehender guter Nitrifikation kann so mehr als 90% des Stickstoff-Gehalts als Stickstoff oder Stickoxide entfernt werden.

Zur Phosphor-Eliminierung werden ebenfalls spezifische anaerobe Bakterien eingesetzt, die Phosphate zu Phosphorwasserstoffen reduzieren können. Diese entweichen gasförmig und werden an der Luft rasch zu Phosphat oxidiert. Das sog. *Phosphatstripping* ist ein kombiniertes biologisch-chemisches Abbauverfahren für Phosphor-Verbindungen.

In normalen Anlagen mit mechanischer und biologischer Reinigung werden ca. 30 bis 40% des Phosphor-Gehalts eliminiert, was durch weitergehende Fällung auf >95%, bei Flockungsfiltration auf >98% gesteigert werden kann. Erfolgt die Fällung, z.B. mit $Al_2(SO_4)_3$, und Filtration im Anschluß an die biologische Reinigung, lassen sich anschließend noch vorhandene NH_4^+-Ionen recht gut mit Clinoptilotit, einem natürlichen Zeolith, durch Kationenaustausch entfernen.

8.3.3 Redoxreaktionen (Entgiftung im engeren Sinne)

Besonders intensive Wassergiftstoffe können durch oxidierende oder reduzierende Chemikalien in weniger schädliche Verbindungen umgewandelt werden. CN^--, NO_2^--, SO_3^--, HS^--, $S_2O_3^{2-}$- oder Fe^{2+}-Ionen sind Beispiele solcher Stoffe. Als *Oxidationsmittel* werden häufig eingesetzt: Chlorbleichlauge (Natriumhypochlorit, Natriumchlorat(I), NaClO), Chlor, Ozon, Wasserstoffperoxid und Peroxoschwefelsäure (Carosche Säure). Wasserstoffperoxid und Ozon haben einige Vorteile: Keine zusätzliche Aufsalzung und keine Gefahr der Bildung organischer Chlor-Verbindungen.

Bei der *Cyanid-Entgiftung,* die pH-Wert gesteuert bei pH $\geqq 11$ abläuft, werden auch die weniger stabilen Cyanid-Komplexe von Kupfer, Zink, Cadmium und Quecksilber zerstört.

$$Na_2[Zn(CN)_4] + 4\ NaClO + 2\ NaOH \rightarrow 4\ NaOCN + 4\ NaCl + Zn(OH)_2$$

Natriumtetracyanozinkat — Natriumcyanat

Cyanat-Ionen können biologisch oxidiert werden. Es besteht aber auch die Möglichkeit Cyanid-Ionen bis zu den Endprodukten Ammonium- und Hydrogencarbonat-Ionen zu oxidieren.

$$CN^- + H_2O_2 + 2\ H_2O \rightarrow NH_4^+ + HCO_3^- + OH^-$$

Die stabileren Hexacyanoferrat-Komplexe können durch Fällung mit Eisen aus dem Wasser entfernt werden.

$$2\ [\overset{+III}{Fe}(CN)_6]^{3-} + 3\ \overset{+II}{Fe}{}^{2+} \rightarrow \overset{+II}{Fe}_3\ [\overset{+III}{Fe}(CN)_6]_2\downarrow$$

Hexacyanoferrat(III)-Ion — Eisen(II)-hexacyanoferrat(III)

$$3\ [\overset{+II}{Fe}(CN)_6]^{4-} + 4\ \overset{+III}{Fe}{}^{3+} \rightarrow \overset{+III}{Fe}_4\ [\overset{+II}{Fe}(CN)_6]_3\downarrow$$

Hexacyanoferrat(II)-Ion — Eisen(III)-hexacyanoferrat(II)

Nitrit-Ionen können durch Amidosulfonsäure oder Harnstoff zu Stickstoff reduziert werden.

$$NaNO_2 + NH_2SO_3H \xrightarrow{pH4} N_2\uparrow + NaHSO_4 + H_2O$$

Die Oxidation zu Nitrat durch Oxidationsmittel stellt keine bessere Alternative dar:

$$NaNO_2 + NaClO \rightarrow NaNO_3 + NaCl$$

Weitere Reaktionsgleichungen der Entgiftung von Cyanid-, Cyanat-, Chromat-, Dichromat- und Nitrit-Ionen sowie schwefelhaltiger Verbindungen können Tab. 8-3 entnommen werden.

8.3.4 Naßoxidation

Organische Abwasserinhaltsstoffe wie Eiweiße, Zucker, Stärke, Cellulose, Farbstoffe, Nitrile, aber auch Cyanide, können durch in Abwasser eingeblasenen Sauerstoff unter Druck und erhöhter Temperatur oxidativ z. T. bis zu Kohlendioxid und Wasser abgebaut werden. Ein weiteres Oxidationsverfahren, das wie die Naßoxidation hauptsächlich bei industriellen Abwässern eingesetzt wird, ist die sog. Abwasserverbrennung.

8.3.5 Fällung

Bei der Abtrennung durch Fällung sollten die für die jeweilige Verbindung optimalen Fällungsbedingungen (z. B. Fällungsmittel, optimaler Fällungs-pH-Wert) gewählt werden. Berechnungen erfolgen mit Hilfe des **Löslichkeitsprodukts** (s. Abschn. 2.4). Die Ergeb-

Tab. 8-3: Reaktionsgleichungen für Entgiftungsverfahren, nach Eisenmann KG.

Reaktionsgleichungen			
Cyanid-Entgiftung			
$NaCN + NaClO + H_2O$	$\xrightarrow[t \sim 0\ min]{pH \approx 12}$	$CNCl + 2\ NaOH$	I
$CNCl + 2\ NaOH$	$\xrightarrow[t = 15\ min]{pH \approx 12}$	$NaOCN + NaCl + H_2O$	II
$NaCN + NaClO$	$\xrightarrow[t \leqq 15\ min]{pH \geqq 10{,}5}$	$NaOCN + NaCl$	I + II
$Cl_2 + 2\ NaOH$	$\xrightarrow{pH \approx 12}$	$NaClO + NaCl + H_2O$	I
$NaCN + NaClO + NaCl + H_2O$	$\xrightarrow{pH \approx 12}$	$CNCl + 2\ NaOH + NaCl$	II
$CNCl + 2\ NaOH + NaCl$	$\xrightarrow{pH \approx 12}$	$NaOCN + 2\ NaCl + H_2O$	III
$NaCN + 2\ NaOH + Cl_2$	$\xrightarrow{pH \approx 12}$	$NaOCN + 2\ NaCl + H_2O$	I + II + III
$2\ NaOCN + 3\ NaClO + H_2O$	$\xrightarrow[t \approx 30\ min]{pH \approx 5 - 7}$	$N_2 + 2\ CO_2 + 3\ NaCl + 2\ NaOH$	IV
$2\ NaCN + 5\ NaClO + H_2O$	$\xrightarrow[t \approx 15\ min]{pH \approx 12}$	$N_2 + 2\ CO_2 + 2\ NaOH + 5\ NaCl$	I–IV
$2\ NaCN + 5\ NaClO + H_2O$	$\xrightarrow{pH \approx 7}$	$N_2 + 2\ NaHCO_3 + 5\ NaCl$	
$NaCN + HCHO + H_2O$	$\xrightarrow{pH = 10\ bis\ 11{,}7}$	$HOCH_2CN + NaOH$	I
$HOCH_2CN + H_2O$	$\xrightarrow{pH = 10\ bis\ 11{,}7}$	$HOCH_2 \cdot CONH_2$	II
$HOCH_2 \cdot CONH_2 + NaOH$	$\xrightarrow{pH = 10\ bis\ 11{,}7}$	$HOCH_2 \cdot COONa + NH_3$	III
$NaCN + HCHO + 2\ H_2O$	$\xrightarrow{pH = 10\ bis\ 11{,}7}$	$HOCH_2 \cdot COONa + NH_3$	I + II + III
$NaOCN + 2\ H_2O$	$\xrightarrow[t \approx 10\ h]{pH \approx 7}$	$NaHCO_3 + NH_3$	
$NaCN + H_2O_2$	$\xrightarrow[t = 30\ bis\ 120\ min]{pH \geqq 10}$	$NaOCN + H_2O$	

Tab. 8-3: (Fortsetzung)

Reaktionsgleichungen			
$NaCN + O_3$	$\xrightarrow[t\,=\,10\text{ bis }30\text{ min}]{pH\,\geqq\,10}$	$NaOCN + O_2$	
$2\ NaCN + 5\ KHSO_5 + H_2SO_4$	$\xrightarrow[t\,=\,15\text{ min}]{pH\,\geqq\,9}$	$5\ KHSO_4 + 2\ CO_2 + N_2 + Na_2SO_4 + H_2O$	
$NaCN + Na_2S_2O_8 + 2\ NaOH$	$\xrightarrow{pH\,=\,10}$	$NaOCN + 2\ Na_2SO_4 + H_2O$	
$6\ NaCN + FeSO_4$	$\longrightarrow$	$Na_4[Fe(CN)_6] + Na_2SO_4$	I
$Na_4[Fe(CN)_6] + 2\ FeSO_4$ (gelbes Blutlaugensalz)	$\xrightarrow{pH\,\approx\,7}$	$Fe_2[Fe(CN)_6] + 2\ Na_2SO_4$ (Berliner Weiß)	II
$6\ NaCN + 3\ FeSO_4$	$\xrightarrow{pH\,=\,7}$	$Fe_2[Fe(CN)_6]$ (Berliner Weiß) $+ 3\ Na_2SO_4$	I + II
$36\ NaCN + 3\ Fe_2(SO_4)_3$	$\longrightarrow$	$6\ Na_3[Fe(CN)_6] + 9\ Na_2SO_4$	I
$6\ Na_3[Fe(CN)_6] + 8\ FeSO_4 + H_2SO_4 + 1/2\ O_2$	$\longrightarrow$	$2\ Fe_4[Fe(CN)_6]_3 + 9\ Na_2SO_4 + H_2O$	II
$36\ NaCN + 3\ Fe_2(SO_4)_3 + 8\ FeSO_4 + H_2SO_4 + 1/2\ O_2$	$\xrightarrow{pH\,=\,3\text{ bis }5}$	$2\ Fe_4[Fe(CN)_6]_3 + 18\ Na_2SO_4 + H_2O$	I + II
$6\ NaCN + 2\ Na_2Cr_2O_7 + 16\ HCl$	$\xrightarrow[Cu]{pH\,=\,4{,}7\text{ bis }5{,}3}$	$2\ CrCl_3 + 3\ (CONH_2)_2 + 10\ NaCl + 8\ H_2O$	
$3\ NaCN + 2\ KMnO_4 + H_2O$	$\xrightarrow{pH\,=\,6\text{ bis }12}$	$2\ MnO_2 + 3\ NaOCN + 2\ KOH$	
Nitrit-Entgiftung			
$NaNO_2 + NaClO$	$\xrightarrow[t\,\to\,10\text{ min}]{pH\,=\,3\text{ bis }5}$	$NaNO_3 + NaCl$	
$NaNO_2 + Cl_2 + 2\ NaOH$	$\xrightarrow{pH\,=\,3\text{ bis }5}$	$NaNO_3 + 2\ NaCl + H_2O$	
$NaNO_2 + H_2O_2$	$\xrightarrow{pH\,<\,3{,}5}$	$NaNO_3 + H_2O$	
$NaNO_2 + NH_2SO_3H$ (Amidosulfonsäure)	$\xrightarrow[t\,\approx\,10\text{ min}]{pH\,<\,4}$	$N_2 + NaHSO_4 + H_2O$	
$NaNO_2 + O_3$	$\xrightarrow{pH\,=\,5}$	$NaNO_3 + O_2$	

$$2\ NaNO_2 + (NH_2)_2CO \xrightarrow{pH\ =\ 3\ bis\ 4} 2\ N_2 + CO_2 + H_2O + 2\ NaOH$$

$$2\ NaNO_2 + 3\ HCOOH + H_2SO_4 \xrightarrow{pH\ <\ 6} N_2 + Na_2SO_4 + H_2O$$

Chromat-Entgiftung

$$Na_2Cr_2O_7 + 3\ NaHSO_3 + 4\ H_2SO_4 \xrightarrow[t\ =\ 2\ min]{pH\ \leqq\ 2,5} Cr_2(SO_4)_3 + 3\ NaHSO_4 + Na_2SO_4 + 4\ H_2O$$

$$Na_2Cr_2O_7 + 3\ SO_2 + H_2SO_4 \xrightarrow[t\ =\ 4\ min]{pH\ \leqq\ 2,5} Cr_2(SO_4)_3 + Na_2SO_4 + 9\ H_2O + 3\ CO_2$$

$$Na_2Cr_2O_7 + 6\ FeSO_4 + 7\ H_2SO_4 \xrightarrow{pH\ \leqq\ 2,4} Cr_2(SO_4)_3 + 3\ Fe_2(SO_4)_3 + Na_2SO_4 + 7\ H_2O$$

$$Na_2Cr_2O_7 + Na_2S_2O_4 + 3\ H_2SO_4 \xrightarrow{pH\ \leqq\ 7} Cr_2(SO_4)_3 + 2\ Na_2SO_4 + 3\ H_2O$$

$$Na_2Cr_2O_7 + H_2O_2 + 4\ H_2SO_4 \xrightarrow[t\ =\ 5\ bis\ 10\ min]{pH\ \leqq\ 2,5} Cr_2(SO_4)_3 + Na_2SO_4 + 7\ H_2O + 3\ O_2$$

$$Na_2CrO_4 + 3\ FeSO_4 + 4\ NaOH + 4\ H_2O \xrightarrow{pH\ =\ 8,5\ bis\ 12} Cr(OH)_3 + 3\ Fe(OH)_3 + 3\ Na_2SO_4$$

$$2\ Na_2CrO_4 + Na_2S_2O_4 + 4\ H_2SO_4 \xrightarrow[t\ =\ 5\ bis\ 10\ min]{pH\ \geqq\ 7} Cr_2(SO_4)_3 + 3\ Na_2SO_4 + H_2O$$

$$4\ CrO_3 + 6\ NaHSO_3 + 3\ H_2SO_4 \xrightarrow{pH\ \leqq\ 2} 2\ Cr_2(SO_4)_3 + 3\ Na_2SO_4 + 6\ H_2O$$

$$2\ CrO_3 + 3\ Na_2SO_3 + 3\ H_2SO_4 \xrightarrow{pH\ \leqq\ 2} Cr_2(SO_4)_3 + 3\ Na_2SO_4 + 3\ H_2O$$

$$4\ CrO_3 + 3\ Na_2S_2O_5 + 3\ H_2SO_4 \xrightarrow{pH\ \leqq\ 2,5} 2\ Cr_2(SO_4)_3 + 3\ Na_2SO_4 + 3\ H_2O$$

$$2\ CrO_3 + 2\ Fe + 6\ H_2SO_4 \xrightarrow{pH\ \leqq\ 2} 2\ Cr_2(SO_4)_3 + Fe_2(SO_4)_3 + 6\ H_2O$$

$$2\ CrO_3 + 6\ FeSO_4 + 6\ H_2SO_4 \xrightarrow{pH\ \leqq\ 2} 2\ Cr_2(SO_4)_3 + Fe_2(SO_4)_3 + 6\ H_2O$$

Entgiftung schwefelhaltiger Verbindungen

$$H_2S + 4\ H_2O_2 \xrightarrow[t\ =\ 5\ bis\ 10\ min]{pH\ >\ 9} H_2SO_4 + 4\ H_2O$$

$$H_2S + H_2O_2 \xrightarrow[t\ \approx\ 20\ bis\ 30\ min]{pH\ <\ 7} S + 2\ H_2O$$

Tab. 8-3: (Fortsetzung)

Reaktionsgleichungen			
$2\ H_2S + O_2$	$\xrightarrow{\text{Katalysator } MnSO_4}$	$2\ S + 2\ H_2O$	
$2\ Na_2S_2O_3 + H_2O_2$	$\longrightarrow$	$Na_2S_4O_6 + 2\ NaOH$	I
$Na_2S_4O_6 + 7\ H_2O_2$	$\longrightarrow$	$Na_2SO_4 + 3\ H_2SO_4 + 4\ H_2O$	II
$2\ Na_2S_2O_3 + 8\ H_2O_2$	$\longrightarrow$	$2\ Na_2SO_4 + 2\ H_2SO_4 + 6\ H_2O$	I + II
$Na_2S_2O_3 + 5\ H_2O + 4\ Cl_2$	$\longrightarrow$	$Na_2SO_4 + 8\ HCl + H_2SO_4$	
$Na_2SO_3 + H_2O_2$	$\longrightarrow$	$Na_2SO_4 + H_2O$	
$Na_2SO_3 + H_2O + Cl_2$	$\longrightarrow$	$Na_2SO_4 + 2\ HCl$	
$SO_2 + 2\ H_2O + Cl_2$	$\longrightarrow$	$2\ HCl + H_2SO_4$	
Fällung von Fluorid			
$2\ NaF + CaCl_2$	$\xrightarrow{pH \approx 7}$	$CaF_2 + 2\ NaCl$	
Fällung von Schwermetallen			
$M^{2+} + Na_2S$	$\xrightarrow{pH \approx 8}$	$MS + 2\ Na^+$	
Phenol-Oxidation			
$C_6H_5OH + 11\ H_2O_2$ (Phenol)	$\xrightarrow[\text{30 bis 60 min}]{\text{pH 3 bis 3,5}}$	$3\ HOOC - COOH + 11\ H_2O$ (Oxalsäure)	
$C_6H_5OH + 14\ H_2O_2$	$\xrightarrow[\text{30 bis 60 min}]{\text{pH 3 bis 3,5, Eisen-III-Salz}}$	$6\ CO_2 + 17\ H_2O$	
$C_6H_5OH + 5\ O_3$	$\longrightarrow$	$3\ HOOC - COOH + 2\ O_2$	
$C_6H_5OH + 6\ O_3$	$\longrightarrow$	$6\ CO_2 + 3\ H_2O + 2\ O_2$	
Chlor-Reduktion			
$Cl + H_2O_2$	$\xrightarrow[\text{10 min}]{\text{pH 7 bis 9}}$	$O_2 + 2\ HCl$	
Formaldehyd-Oxidation			
$HCHO + H_2O_2$	$\xrightarrow[\text{10 min}]{pH > 9}$	$HCOOH + H_2O$	

nisse stellen allerdings vor allem bei industriellen Abwässern nur Näherungswerte dar, mit denen aufgrund der praktischen Verhältnisse die jeweils optimalen Bedingungen ermittelt werden können.

Die Werte von Löslichkeitsprodukten diverser schwerlöslicher Substanzen sind in Tab. 2-4, Abschn. 2.4 aufgeführt.

Die Metall-Ionen Fe^{3+}, Al^{3+} und Cr^{3+} (meist durch vorhergehende Reduktion aus $Cr_2O_7^{2-}$ entstanden) fallen bereits im schwach sauren Milieu quantitativ aus. $Al(OH)_3$, $Cr(OH)_3$ und $Zn(OH)_2$ lösen sich bei höheren pH-Werten durch Hydroxokomplex-Bildung wieder auf, wie man aus den Abb. 8-3 und 8-4 erkennen kann.

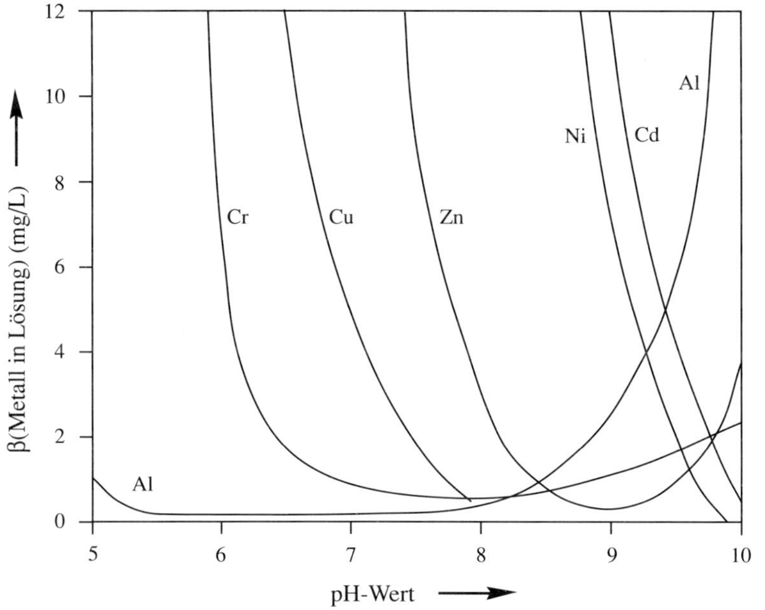

Abb. 8-3: Fällung von Metallhydroxiden mit NaOH, nach Plinke.

Bei den Metall-Ionen Cu^{2+}, Zn^{2+}, Ni^{2+} und Cd^{2+} ist ein in dieser Reihenfolge zunehmender pH-Wert zur Fällung erforderlich.

Aus den Kurvenverläufen in Abb. 8-3 ist beispielsweise zu ersehen, daß bei Zink (Zn) ein pH-Wert von 8,5 eingehalten werden muß, um die zulässige Restkonzentration an gelöstem Zink von 3 mg/L zu unterschreiten. Bei pH-Wert über 9,5 tritt wieder ein Anstieg der Zinklöslichkeit auf. Üblicherweise werden bei den Schwermetallen Grenzwerte zwischen 0,5 und 3 mg/L vorgeschrieben. Bei Eisen liegt dieser Wert bei 10 mg/L (nach Plinke).

Bei Chrom und Zink kann das Wiederauflösen durch Fällung mit Kalkmilch verhindert werden, da die gebildeten Calciumhydroxo-Komplexe schwerlöslich sind. Eine Carbonat-Fällung mit Sodalösung kann bei den Metallen Zink, Blei und Cadmium vorteilhaft sein, da diese Carbonate bei niedrigeren pH-Werten ausfallen als die Hydroxide (vgl. Abb. 8-4 und 8-5), z. B.

$$Cd^{2+} + Na_2CO_3 \rightarrow CdCO_3\downarrow + 2\ Na^+$$

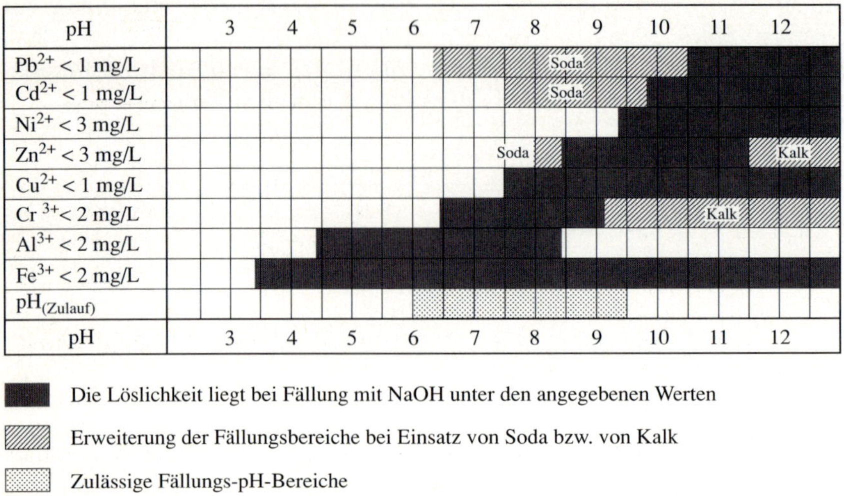

Abb. 8-4: Fällungs-pH-Bereiche der wichtigsten Metalle, nach Hartinger.

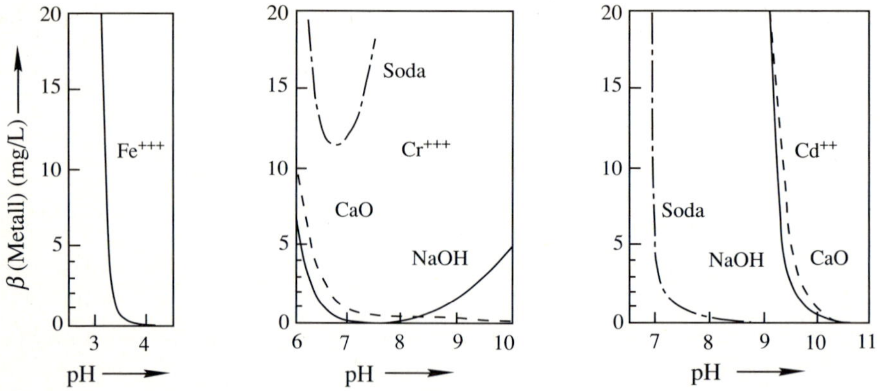

Abb. 8-5: Restlöslichkeiten der Metalle in Abhängigkeit vom pH-Wert bei Einsatz verschiedener Neutralisationschemikalien (links Eisen; Mitte Chrom: rechts Cadmium), nach Hartinger.

Sind mehrere Metalle gleichzeitig gelöst, läßt sich oft schon bei niedrigerem pH-Wert eine quantitative Fällung erreichen, da Metallverbindungen entstehen oder schwerer fällbare Metall-Ionen durch leichter fällbare Hydroxide adsorbiert werden.

Den Einfluß der gleichzeitigen Fällung mehrerer Metall-Ionen auf ihre Restlöslichkeit ist in Abb. 8-6 exemplarisch dargestellt.

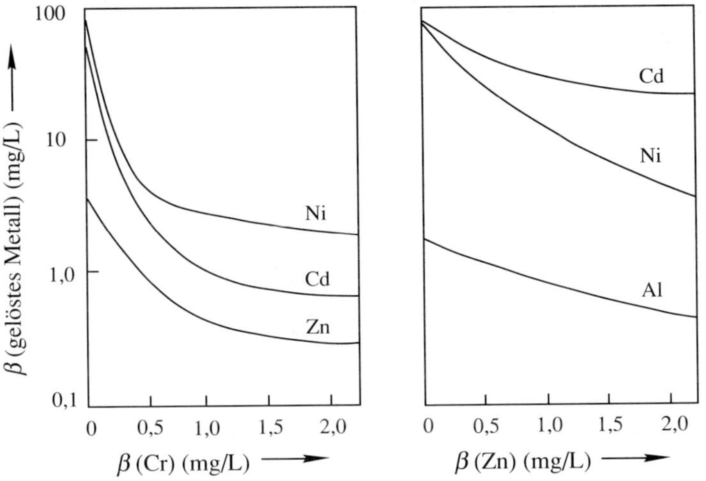

Abb. 8-6: Einfluß der gleichzeitigen Fällung mehrerer Metalle auf ihre Restlöslichkeit – Fällungsmittel: Natronlauge; Fällungs-pH-Wert 8,5, nach Hartinger.

Je höher die Konzentration an Chrom ist, um so geringer sind die nach der Fällung mit Natronlauge in der Lösung vorhandenen Massenkonzentrationen an Nickel, Cadmium und Zink. Gleiches gilt für Restmassenkonzentrationen an Cadmium, Nickel und Aluminium bei zunehmender Konzentration an Zink-Ionen.

Wegen der oft unterschiedlichen Zusammensetzung industrieller Abwässer können unerwartete Störeffekte auftreten. Laborversuche und praktische Erfahrung helfen meist weiter.

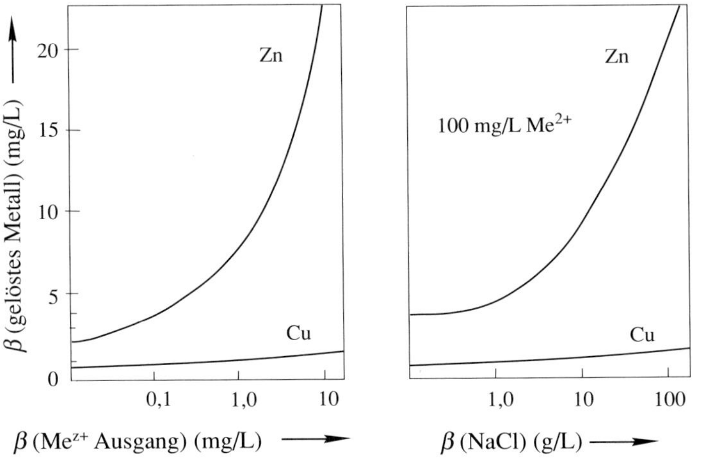

Abb. 8-7: Einfluß der Neutralsalzkonzentration auf die Restlöslichkeit von Metallen bei der Fällung; links bei steigender Ausgangskonzentration der Metalle; rechts bei steigendem Neutralsalzgehalt der Lösung; Fällungsmittel: Natronlauge; Fällungs-pH-Wert: 8,5, nach Hartinger.

So wie die Anwesenheit anderer Metalle vorteilhaft ist, wirkt sich mit steigender Konzentration die Anwesenheit von neutral reagierenden Salzen (z. B. NaCl) nachteilig aus, vor allem bei den Metallen, die bei dem vorhandenen pH-Wert noch nicht quantitativ ausfallen. Eine pH-Wert-Erhöhung kann diesem Effekt entgegenwirken (vgl. Abb. 8-7). Da zur Fällung Hydroxid-Ionen verbraucht werden und die Neutralisationsmittel zunächst am Niederschlag adsorbiert, später jedoch wieder desorbiert, d. h. freigesetzt werden können, erfolgt vor allem bei Blei, Cadmium, Nickel und auch Zink nach der Fällungsneutralisation ein Rückgang des pH-Wertes. Die Einstellung eines höheren pH-Wertes gleicht diesen Effekt aus. Recht starke pH-Wert-Rückgänge können auch bei Anwesenheit von Fe^{2+}-Ionen auftreten, da diese durch Oxidation zu Fe^{3+}-Ionen als Hydroxid ausfallen.

$$4\,Fe^{2+} + 18\,H_2O + O_2 \rightarrow 4\,Fe(OH)_3\downarrow + 8\,H_3O^+$$

Diese Oxidation muß somit noch vor bzw. während der Neutralisation und nicht danach geschehen.

Zusammenfassend sollte man sich folgende Regeln zur Neutralisationsfällung merken (nach Hartinger):

„1. Regel: Fällungs-pH-Werte beachten.
2. Regel: Richtiges Fällungsmittel einsetzen.
3. Regel: Mehrere anwesende Metalle ergeben günstigere Verhältnisse, als einzelne schwieriger fällbare Metalle.
4. Regel: Neutralsalze wirken sich mit steigender Konzentration negativ aus.
5. Regel: pH-Wert-Rückgänge bei der Fällung von Nichteisenmetallen sind zu beachten und nach empirischen Erfahrungen durch Einstellen höherer pH-Werte zu kompensieren.
6. Regel: In Anwesenheit von zweiwertigen Eisen-Verbindungen ist die Oxidation während der Fällungsneutralisation durchzuführen.

Die genannten Regeln sind wiederum besser einzuhalten, wenn die Abwasserbehandlung chargenweise – also unter der Voraussetzung des Einsatzes wassersparender Maßnahmen – und nicht im Durchlauf erfolgt“.

Komplexbildner wie Ammoniak, Weinsäure, EDTA, NTA können vorliegen. Da sie auch im Galvanikbereich verwendet werden, können sie die Hydroxidfällung teilweise oder vollständig verhindern. Kupferhydroxid geht bei Anwesenheit von Ammoniak bei pH-Werten ab 8 als tiefblaues, komplexes Kupfertetraammin-Ion wieder in Lösung (s. Abb. 8-8).

$$Cu(OH)_2 + 4\,NH_3 \rightarrow [Cu(NH_3)_4]^{2+} + 2\,OH^-$$

Seine größte Stabilität erreicht der Komplex bei pH 9,3 und wird bei noch höheren pH-Werten wieder abgebaut, so daß es erneut zur Fällung von Cu^{2+}-Ionen kommt.
In sehr geringem Maße dissoziieren Komplexe in Metall-Ionen und Liganden-Ionen oder -Moleküle. Wenn die daraus resultierende Metall-Ionenkonzentration kleiner ist als die, die bei der Dissoziation einer schwerlöslichen Metallverbindung entsteht, dann fällt das Metall nicht aus. Sind die Verhältnisse umgekehrt, ist eine Fällung möglich. Bei sehr sta-

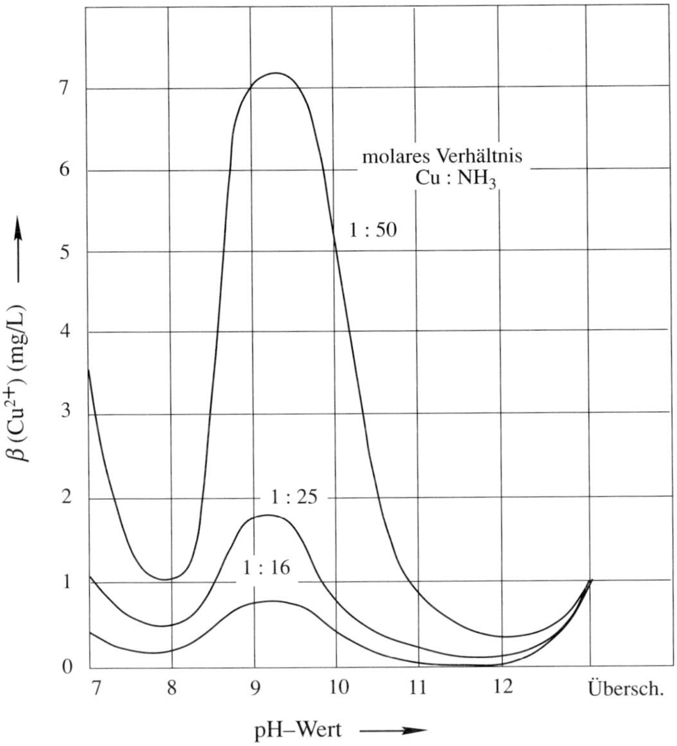

Abb. 8-8: Löslichkeit des Kupfers bei Anwesenheit von Ammoniak in Abhängigkeit vom pH-Wert und vom molaren Verhältnis Cu: NH_3, nach Hartinger.

bilen Komplexen haben sich übrigens Dithiocarbaminate als ausgezeichnete Fällungsmittel, z. B. bei der Fällung von Cu^{2+}-Ionen aus EDTA-haltigen Lösungen, erwiesen (s. Abb. 8-9).

Allerdings ist eine ausreichende Fällung anderer zweiwertiger Metalle aus ihren Komplexen mit NTA und EDTA auf diese Weise nicht möglich. Weitere Möglichkeiten der Behandlung komplexbildnerhaltiger Abwässer vor Fällung der Metalle bestehen in der chemischen oder elektrolytischen Reduktion des Metalls und der Zerstörung der Komplexbildner durch starke Oxidationsmittel wie Ozon oder durch anodische Oxidation.

Eine Remobilisierung, d. h. erneute Komplexbildung beim Zusammentreffen mit Metall-Ionen wird dadurch verhindert.

Eine Möglichkeit wäre hier die *Fällung* mit Natriumsulfid *als Sulfide*, die noch schwerer löslich sind als die Hydroxide, z. B.

$$Na_2S + Ni^{2+} \rightarrow NiS\downarrow + 2\ Na^+$$

Auch spezielle organische Schwefel-Verbindungen kommen als Fällungsmittel zur Anwendung. Blei-Ionen können durch Phosphat-Ionen gut als Bleiphosphat entfernt werden. Schädliche Anionen lassen sich als relativ schwerlösliche Calcium-Salze durch Zugabe von Kalkmilch oder Calciumchlorid-Lösung abtrennen.

$$CaCl_2 + 2\,F^- \rightarrow CaF_2\downarrow + 2\,Cl^-$$

$$Ca(OH)_2 + 2\,SO_4^{2-} + 2\,H_2O \rightarrow CaSO_4 \cdot 2\,H_2O\downarrow + 2\,OH^-$$

$$Ca(OH)_2 + HPO_4^{2-} + 2\,H_2O \rightarrow CaHPO_4 \cdot 2\,H_2O\downarrow + 2\,OH^-$$

Hydrogensulfid, z.B. als Inhaltstoff des der Kläranlage zulaufenden Abwassers, oder überschüssiges Sulfid einer Sulfid-Fällung müssen wegen der Geruchsbelästigung und toxischen Wirkung gebunden werden. Oft wird Eisen(II)-sulfat (Grünsalz) zugegeben, wobei die gebildeten Eisensulfide meist kolloidal gelöst bleiben, erkennbar an der dunklen Farbe des Wassers und des Schlammes.

$$Fe^{2+} + S^{2-} \rightarrow FeS\downarrow$$

$$2\,Fe^{3+} + 3\,S^{2-} \rightarrow Fe_2S_3\downarrow$$

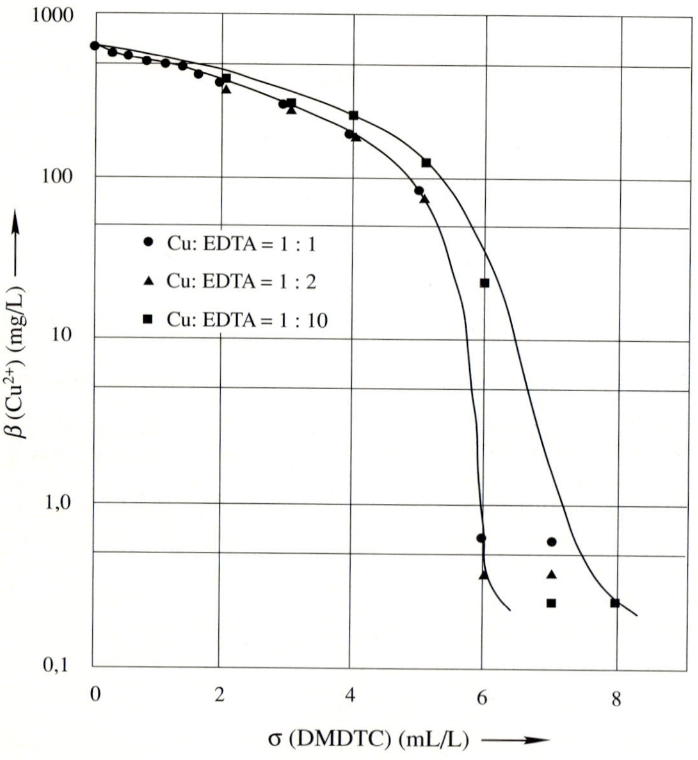

Abb. 8-9: Fällung des Kupfers aus EDTA-haltigen Lösungen mit Dimethyldithiocarbaminat (pH 8), nach Hartinger.

8.3.6 Abwasserverbrennung

Neben den auf 3 Reaktionstypen beruhenden chemischen Behandlungsverfahren Neutralisation (Protolyse), oxidative und reduktive Entgiftung (Redoxreaktionen) und Fällung (Ionenkombinationsreaktionen), der biochemischen Behandlung und den physikalischen Behandlungsmethoden wie Flockung, Adsorption und *Strippung* (Ausblasen leichtflüchtiger, toxischer Bestandteile wie Schwefelwasserstoff, Mercaptane, HKW z. B. mit Luft oder Wasserdampf) können spezielle industrielle Abwässer durch die sog. *Abwasserverbrennung* entsorgt werden. Abwässer mit schwer zu entsorgenden Stoffen wie Farbstoffproduktionsrückständen, extrem mit Salz belastete Flüssigkeiten aus der Fertigung von Kautschukchemikalien, aber auch Altöle mit HKW werden nach vorhergehender Verdampfung des Wassers bei 900 °C bis 1200 °C bis auf etwa 70% Feststoffgehalt in einem Ofen erhitzt. Die organischen Stoffe verbrennen, die anorganischen bilden einen Salzrückstand. Dabei erzeugter Dampf dient zur Verdampfung des Wassers.

8.4 Abwasser- und Schlammanalytik

8.4.1 Reinigungsgrad

Detaillierte Ausführungen zur Abwasseranalytik sind in Kap. 6 enthalten. Für die Summenparameter CSB und BSB_5 lassen sich grob folgende zu erwartende Mittelwerte für die Massenkonzentration an Sauerstoff (in mg/L) angeben (Tab. 8-4).

Tab. 8-4: Mittelwerte von CSB und BSB_5 in Abwässern der Gemeinden, berechnet als Massenkonzentration $\beta(O_2)$ in mg/L.

Abwasser	BSB_5: $\beta(O_2)$(mg/L)	CSB: $\beta(O_2)$(mg/L)
Rohabwasser	300	500
mechanisch gereinigtes Abwasser	200	330
biologisch gereinigtes Abwasser	5 bis 25	25 bis 75

Die Grenzwerte des Ablaufwassers von Abwasserbehandlungsanlagen der Gemeinden sind festgelegt in der *allgemeinen Rahmen-Verwaltungsvorschrift über Mindestanforderungen an das Einleiten von Abwasser in Gewässer (Rahmen-Abwasser VwV).*

Der Reinigungsgrad einer Kläranlage läßt sich, bezogen auf BSB_5 und CSB, aus den Zu- und Ablaufwerten berechnen.

Beispiel:

Zulauf-BSB_5: $\beta(O_2) = 280$ mg/L, Ablauf-BSB_5: $\beta(O_2) = 20$ mg/L

$$BSB_5\text{-Reinigungsgrad in \%} = \frac{(\text{Zulauf-}BSB_5 - \text{Ablauf-}BSB_5) \cdot 100\%}{\text{Zulauf-}BSB_5}$$

$$BSB_5\text{-Reinigungsgrad in \%} = \frac{(280 - 20) \cdot 100\%}{280} = \underline{\underline{92{,}86\%}}$$

Der Wirkungsgrad der mechanischen Reinigung berechnet sich entsprechend aus den Werten des Zulaufs zum Sandfang und des Ablaufs der Vorklärung, der der biologischen Reinigung aus den Werten des Ablaufs der Vorklärung und des Ablaufs der Nachklärung.

8.4.2 Schlammanalytik

8.4.2.1 Schlammstabilisation

Der u. a. durch die mikrobielle Tätigkeit und Vermehrung der Mikroorganismen entstandene Überschußschlamm muß, wie auch der Vorklärschlamm, aus verschiedenen Gründen, z. B. hygienischen, weiter behandelt werden. Dieser Schlamm enthält hochmolekulare, energiereiche und instabile Verbindungen, die in niedermolekulare, energiearme, stabile Verbindungen umgewandelt werden müssen, um unkontrollierte Fäulnis und sonstige Reaktionen zu vermeiden. Dieses *Überführen in einen haltbaren Zustand,* in dem der Schlamm nicht mehr faulfähig, gesundheitsgefährdend, übelriechend und in seiner Menge vermindert ist, wird **Schlammstabilisation** genannt. Sie kann z. B. ***aerob** durch Langzeitbelüftung oder **anaerob** durch Faulung* bewirkt werden.

*Bei der **Faulung** kann man **vier biochemische Phasen** unterscheiden.* In der *ersten Phase* werden die hochmolekularen, energiereichen Stoffe durch Hydrolyse in niedermolekulare Stoffe umgewandelt. Die Bakterien scheiden Enzyme aus, sog. Exoenzyme, die die hydrolytische Spaltung katalysieren. Polysaccharide, wie Stärke und Cellulose, werden zu Di- und Monosacchariden, Eiweiße zu Peptiden und Aminosäuren, Fette zu Fettsäuren und Glycerin hydrolysiert. Diese Stoffe können dann auch in die Bakterien diffundieren. In der *zweiten Phase*, der Versäuerungsphase, entstehen kleinere Moleküle wie Alkohole, Aldehyde, Ketone, organische Säuren, Ammoniak, Kohlendioxid, Wasserstoff und Wasser. Vor allem durch Stoffwechselprodukte der Milchsäurebakterien kommt es zur pH-Wert-Erniedrigung. In der *dritten Phase*, der acetogenen Phase, werden diese Stoffe in Acetat-Ionen (Säurerest-Ionen der Essigsäure) umgewandelt. Eventuell vorhandener Sauerstoff wird zur Oxidation gebraucht, ansonsten wird der Metabolismus (Stoffwechsel) ohne Sauerstoff weitergeführt. Die Abwesenheit von Sauerstoff ist für die etwa 10 Arten der Bakterien, die in der *vierten Phase*, der methanogenen Phase, die Stoffe der sog. *sauren Gärung* bis zu Methan, das zu fast 20% den Treibhauseffekt verursacht, abbauen, unbedingt erforderlich. Sauerstoff wirkt toxisch auf diese Bakterien.

$$CH_3COOH \rightarrow CH_4 + CO_2$$

Zudem würde Methan dann zu Methanol oxidiert werden können. Der pH-Wert wird bis in den schwach alkalischen Bereich durch die Tätigkeit der vorwiegend mesophilen Bakterien erhöht, z. B. durch das entstandene Ammoniak im Wasser. Mesophile Bakterien besitzen bei +35 °C ihre größte Aktivität im Gegensatz zu den thermophilen Arten, für die +55 °C das Optimum ist. Diese Phase wird daher auch *alkalische Gärung* genannt. *Es ist anzustreben, vor allem für die empfindlichen Methanbakterien, optimale Lebensbedingungen zu schaffen.* Sauerstoffabwesenheit, Dunkelheit, eine Aufschwemmung bzw. Lösung der Nährstoffe in 90 bis 95% Wasser, eine Temperatur von 35 °C und ein pH-Wert um den Neutralpunkt sind anzustreben. Das Verhältnis von C:N in den Nährstoffen, die für den Zellaufbau benötigt werden, sollte zwischen 10:1 und 17:1 liegen, der Gehalt an organischen Säuren um 500 mg/L. Ist der Gehalt überhöht, führt das zur pH-Wert-Absenkung. Unter pH 6,2 ist durch Methanbakterien keine Gasbildung mehr zu beobachten. Der Gehalt an organischen Säuren ist dann auf ca. 2500 mg/L angestiegen, wodurch die Lebensfähigkeit der Methanbakterien gehemmt wird.

8.4.2.2 Gehalt organischer Säuren

Die ständige Kontrolle des Gehalts an organischen Säuren im Faulschlamm ist außerordentlich wichtig. Ein Anstieg des Säuregehalts ist das erste Anzeichen einer Störung, einer Überlastung der Anlage oder Vergiftung der Methanbakterien. Wegen des Puffervermögens des Faulschlamms erfolgt ein pH-Abfall meist erst mit einer zeitlichen Verzögerung. Durch Wasserdampfdestillation werden die organischen Säuren aus einer abgemessenen Schlammenge nach Zugabe von Phosphorsäure abgetrennt und durch Neutralisationstitration bestimmt. Bei der Berechnung wählt man als Bezugssubstanz die hier wichtigste der Carbonsäuren, Ethansäure (Essigsäure), manchmal auch Butansäure (Buttersäure).

$$CH_3COOH + NaOH \rightarrow CH_3COONa + H_2O$$

Maßanalytische Äquivalentmasse:

1 mL $c(NaOH) = 0{,}1$ mol/L $\triangleq m(CH_3COOH) = 6{,}0053$ mg $\triangleq n(CH_3COOH) =$ 0,1 mmol

Multipliziert man die maßanalytische Äquivalentmasse von 6,0053 mg/mL mit dem Verbrauch an Natronlauge $c(NaOH) = 0{,}1$ mol/L und dem aliquoten Faktor 1000 mL/(Volumen der Probe · 1 L), erhält man die Massenkonzentration $\beta(CH_3COOH)$ in mg/L. Analog erfolgt die Berechnung für Buttersäure. Hier gilt: 1 mL $c(NaOH) =$ 0,1 mol/L $\triangleq m(C_3H_7COOH) = 8{,}811$ mg $\triangleq n(C_3H_7COOH) = 0{,}1$ mmol.

8.4.2.3 Feststoffgehalt (Trockensubstanz und Trockenrückstand)

Da der Feststoff- und der Wassergehalt in hohem Maße die Schlammenge beeinflussen, ist die Bestimmung des Feststoffgehalts oder der Trockensubstanz vor allem im Rahmen der Schlammbehandlung von Bedeutung. Auch zur Beurteilung des Absetzverhaltens von Belebtschlamm ist die Kenntnis des Gehalts an Trockensubstanz erforderlich.

Um im Wasser gelöste Stoffe nicht zu erfassen, wird zunächst das Schlammwasser einer genau abgemessenen Probe des Belebtschlammes oder Rücklaufschlammes durch ein trockenes, ausgewogenes Faltenfilter oder durch Abnutschen abgetrennt. Nach mindestens zweistündigem Trocknen bei 105 °C erfolgt nach Abkühlung auf Raumtemperatur im Exsikkator die erste Auswaage. Durch Trocknen bis zur Massenkonstanz erfolgt die Ermittlung der Trockensubstanz in g/L nach der Formel

$$\text{Trockensubstanz (TS) in g/L} = \frac{\text{Masse der Trockensubstanz in g}}{\text{Volumen der Belebtschlammprobe in L}}$$

Da sich das Schlammwasser des Roh- oder Faulschlammes durch Filtration kaum abtrennen läßt, werden bei der Trockensubstanzbestimmung dieser Schlämme, die hier Bestimmung des Trockenrückstands genannt wird, die gelösten Stoffe mit erfaßt. Etwa 30 bis 40 g Schlamm werden in eine ausgewogene Porzellanschale oder Aluminiumfolie eingewogen, mindestens 6 Stunden bei 105 °C getrocknet, gewogen und bis zur Massenkonstanz weiter getrocknet. *Die Angabe des Feststoffgehalts des Roh- oder Faulschlammes erfolgt in %:*

$$\text{Trockenrückstand (TR) in \%} = \frac{\text{Auswaage in g} \cdot 100\%}{\text{Einwaage in g}}$$

8.4.2.4 Glührückstand und Glühverlust

Bei Schlämmen ist der Glührückstand (Aschegehalt) ein ungefähres Maß für seinen Gehalt an bei 550 °C thermisch beständigen anorganischen (nicht brennbaren) Stoffen. Getrockneter Schlamm wird in einen Porzellantiegel eingewogen und bei 550 °C mindestens 2 Stunden im Tiegelofen geglüht. Bei Belebtschlammproben ist durch ein aschefreies Filter zu filtrieren, das beim späteren Glühen rückstandslos verbrennt. Nach dem Glühen und Abkühlen im Exsikkator erfolgt die Auswaage. Der Glührückstand wird in Prozent der Trockensubstanz berechnet.

$$\text{Glührückstand in \%} = \frac{\text{Auswaage der Asche in g} \cdot 100\%}{\text{Einwaage der Trockensubstanz in g}}$$

Der *Glühverlust, der ein angenähertes Maß für die organischen (brennbaren) Anteile der Schlammfeststoffe* darstellt, errechnet sich aus der Differenz zu 100%.

$$\text{Glühverlust in \%} = 100\% - \text{Glührückstand in \%}$$

Da die organischen Schmutzstoffe mikrobiell zum Teil bis zu anorganischen (mineralischen) Stoffen abgebaut werden, stellen *die beiden Parameter wichtige Beurteilungsmaßstäbe für die Umsetzung der Schmutzstoffe im Rahmen der Schlammbehandlung* dar. So bedeutet ein großer Glühverlust, daß noch ein hoher organischer Anteil im Schlamm vorliegt und die Mineralisierung erst in geringem Maße erfolgt ist. Umgekehrt weist ein *hoher Glührückstand* auf eine *gute Mineralisierung* hin.

8.4.2.5 Schwermetallgehalte

Soll Klärschlamm landwirtschaftlich verwertet werden, ist die Kenntnis des Gehalts diverser Schwermetalle laut *Klärschlammverordnung* vorgeschrieben. Ihre Grenzwerte für Klärschlämme und Böden sind im Anhang A, Tab. A-13 aufgeführt.

Die Bestimmung erfolgt meist durch AAS oder ICP aus der Schlamm-Trockensubstanz (TS) oder dem getrockneten Boden. Bisher fehlen leider Grenzwerte für polychlorierte

Biphenyle (PCB) und polycyclische aromatische Kohlenwasserstoffe (PAK, PAH) u.a., obwohl in Hessen Klärschlämme und Klärkomposte aus 20 Anlagen Kontaminationen im Bereich von durchschnittlich wenigen Massenanteilen PCB in der Trockensubstanz und w(PAK) = 1 bis 295 mg/kg in der Trockenmasse aufwiesen.

8.5 Düngewert von Klärschlamm

Klärschlamm und Klärschlammkompost enthalten bedeutende Mengen an Pflanzennährstoffen und können daher, geringe Schwermetallgehalte vorausgesetzt, landwirtschaftlich verwertet werden. Dies ist eine bessere Alternative, als sie zu deponieren oder zu verbrennen. Tab. 8-5 gibt eine Übersicht über den Nährstoffgehalt in Klärschlämmen.

Tab. 8-5: Durchschnittlicher Gehalt an Pflanzennährstoffen in Klärschlämmen, nach Diez.

Bestandteile im Naßschlamm	Mittelwerte der TS in %
organische Substanz	ca. 50
N	3
P_2O_5 (Phosphor)	4,0
K_2O (Kali)	0,4
CaO (Kalk)	8,0
Mg	0,8

Klärschlamm verbessert die Bodenstruktur und fördert die Bildung von wasserbindendem Humus. Im Vergleich zu Stallmist ist er reich an Stickstoff, Phosphat und Calcium, aber arm an Kali. Phosphat stammt meist aus den Waschmitteln. Stickstoff liegt zu 30 bis 50% als NH_4^+-Ion vor, der Rest ist organisch gebunden. Er reagiert meist basisch, kann somit den pH-Wert von sauren Böden verbessern und Calcium- und Magnesium-Verluste (durch Ernteentzug und Auswaschung) teilweise ersetzen. Ebenso können Mängel an Spurenelementen preiswert behoben werden.

8.6 Faulgas (Heizwert, Entschwefelung)

Bei jeder Verbrennung wird Reaktionsenergie an die Umgebung abgegeben (s. Abschn. 3.3.4). *Der Heizwert gibt an, welche Wärmemenge in kJ bei der Verbrennung einer bestimmten Menge eines Stoffes frei wird.* Die Werte sind auf eine Temperatur von 25 °C vor und nach der Verbrennung bezogen. Die Verbrennungsprodukte von Kohlenstoff und Schwefel müssen als CO_2 und SO_2 und das gebildete Wasser als Dampf gasförmig vorliegen. Für Feststoffe und Flüssigkeiten wird als Bezugsmenge oft 1 kg Substanz **(spezifischer Heizwert)**, bei Gasen meist 1 m^3 **(volumenbezogener Heizwert)** im Normzustand (1013 mbar, 273 K) gewählt. Man kann die Werte aber auch auf 1 mol brennbarer Substanz beziehen **(molarer Heizwert)**. Der Heizwert ist eine wichtige Kenngröße zur Beurteilung der Verbrennung von Stoffen, z. B. von Faulgas oder Schlamm. Je höher der Wert ist, um so mehr nutzbare Energie wird von der entsprechenden Menge des Brennstoffs geliefert (s. Tab. 8-6 und Abschn. 3.3.4).

Tab. 8-6: Heizwerte verschiedener Stoffe.

Substanz	Heizwert H_u
Heizöl	42000 kJ/kg
Holz	12000 kJ/kg
Methan	35900 kJ/m³
Faulgas	23100 kJ/m³ bis 25200 kJ/m³

Hauptbestandteil des Faulgases mit ca. 70% ist brennbares Methan, der Rest Kohlendioxid, sehr wenig Sauerstoff und andere Gase. Wird die blaue Flamme bei der Faulgasverbrennung (z. B. beim Abfackeln) gelb, so deutet das auf einen wachsenden Anteil anderer Bestandteile und somit eine Störung des Faulprozesses hin. Ein zu hoher CO_2-Anteil beeinträchtigt die Zündfähigkeit des Faulgases und kann sie sogar verhindern. Zudem ist ein *Anstieg des CO_2-Gehaltes* ebenfalls *ein Indikator für eine Störung der Faulung.* Sein Gehalt wird daher kontinuierlich gemessen. Damit beim Verbrennen nicht Schwefeldioxid entweicht, mit Schwefelwasserstoff korrodierend wirken oder Störungen in den Verbrennungsmotoren verursachen kann, muß Faulgas entschwefelt werden. Man kann dazu Adsorptionsmittel wie Aktivkohle oder Eisen(II)- oder Eisen(III)-hydroxid verwenden, das mit H_2S zum Teil reagiert.

$$2\,Fe(OH)_3 + 3\,H_2S \rightarrow Fe_2S_3\downarrow + 6\,H_2O$$

Die Entschwefelungsmasse aus Eisensulfiden kann sich an der Luft selbsterhitzen und entzünden, da durch Oxidation Schwefel ausgeschieden wird, der zu Schwefeldioxid verbrennen kann. Vorhandener Schwefelwasserstoff verbrennt dann zusätzlich.

9 Chemische Aspekte der Abfallentsorgung

9.1 Einführung

Aufgrund der riesigen Zahl von Stoffen sowohl im Haus- als auch im Sondermüll kann hier nur exemplarisch versucht werden, im Hinblick auf Vermeidung, Verwertung, Verwendung, Transport, Lagerung, Verbrennung, Kompostierung und Recycling von Abfällen Aspekte der Chemie darzustellen. Die beste Lösung, Abfälle zu entsorgen ist natürlich die, erst gar keine zu erzeugen, d. h. sie zu vermeiden. Bei jedem, egal ob Privatperson, Kommune, gewerblicher oder industrieller Betrieb, muß das **Prinzip der Abfallvermeidung oberste Priorität** haben. Viele sind sich dessen schon bewußt, doch muß weiterhin alles unternommen werden, dieses Bewußtsein zu verbreiten und zu festigen. Allerdings wird es eine Illusion bleiben, dieses Ziel immer zu erreichen. Im Einzelfall ist dies sicher möglich, doch generell wird es nicht zu realisieren sein. Realistischer ist wohl, von einer Minimierung des Abfalls auszugehen, ohne die Möglichkeit einer Abfallvermeidung aus dem Auge zu verlieren. Jede Person sollte bei sich, in seinem Wirkungskreis anfangen. Es sei hier nur an das Vorsortieren und getrennte Sammeln von Haus- und Sondermüll in den Haushaltungen erinnert, das Vermeiden überflüssiger Autofahrten, der Verzicht auf Pestizide oder toxische Batterien. Die chemische Industrie sollte bestrebt sein, die Produktionsverfahren so zu optimieren, daß eine möglichst hohe Ausbeute an gewünschten Produkten erzielt wird, eine möglichst geringe Menge an Abfällen in Form von Rohstoffen, Neben-, Zwischen- oder Endprodukten anfällt, anfallende Abfälle wiederverwendet und -verwertet werden, entweder im eigenen Betrieb oder diese an andere Betriebe abgegeben werden, etwa mit Hilfe der **Abfallbörse**. Ziel sollte es auch sein, möglichst umweltfreundliche, ungiftige Rohstoffe einzusetzen und analoge Produkte herzustellen. Bestrebungen dazu sind, vor allem in der Großindustrie, festzustellen. Verpackungsmaterial sollte minimiert, zurückgenommen und wiederverwendet oder weiterverwertet werden. Kommunen sollten das Abfallentsorgungskonzept optimieren im Hinblick auf die jeweilige Region, um für die Haushaltungen und Betriebe die Möglichkeit einer optimalen Entsorgung zu schaffen.

9.2 Abfallarten

Eine Gliederung der Vielzahl der Abfälle ist nicht einfach. *Nach Herkunft* lassen sich die Abfälle untergliedern in **Hausmüll, Gewerbe-** und **Industrieabfälle**. *Aufgrund der chemischen Eigenschaften lassen sich Hausmüll und hausmüllähnliche Gewerbe- und Industrieabfälle in **4 Stoffgruppen** unterteilen:*

Stoffgruppe 1: Stoffe, die verbrannt oder kompostiert werden können wie Speise- und Küchenabfälle, Papier. **Stoffgruppe 2:** Stoffe, die nur verbrannt werden können wie unzerkleinertes Holz und Pappe, Kunststoffe. **Stoffgruppe 3:** Stoffe, die weder verbrannt noch kompostiert werden können wie Glas, Porzellan, Steine, Bauschutt, Eisen und andere Metalle. **Stoffgruppe 4:** Feinmüll wie Asche, Sand, Stäube.

Aus Wohnungen stammende Gegenstände, die aufgrund ihrer Größe oder ihres Gewichtes nicht in Abfallbehältern oder -säcken zur Abfuhr bereitgestellt werden können, sind **Sperrmüll**. In Haushaltungen, Kommunen und vor allem Betrieben fallen oft Abfälle an, die nur durch besondere Maßnahmen entsorgt werden können. Es handelt sich dann um **Problem-** oder **Sondermüll:** Materialien, die umweltschädigend oder gar gesundheitsgefährdend für Lebewesen sind. Ferner gehören noch alle Abfälle dazu, von denen Geruchsbelästigungen ausgehen können und die in so großen Mengen anfallen, daß sie nicht mit dem Hausmüll zusammen entsorgt werden können, obwohl sie von ihren Eigenschaften her zu dieser Gruppe gehören. *An Sondermüll, der gesundheits-, luft-, boden- oder wassergefährdend, explosibel oder brennbar ist oder Erreger übertragbarer Krankheiten hervorbringen kann oder enthält, werden besondere Entsorgungsanforderungen gestellt.* Solche Abfälle werden von daher als **gefährliche Sonderabfälle** bezeichnet. *Es sind die besonders überwachungsbedürftigen Abfälle gemäß Abfallbestimmungs-Verordnung und TA Abfall.*

Die Länderarbeitsgemeinschaft Abfall hat die Abfälle nach ihren stofflichen Eigenschaften und ihrer Herkunft geordnet und in einem **Abfallkatalog**, geordnet nach *Schlüsselnummern*, zusammengefaßt. 9 **Obergruppen** von Abfallarten sind vorgesehen, wobei es bis jetzt 5 mit den ungeraden Ziffern 1, 3, 5, 7 und 9 gekennzeichnete Obergruppen gibt. Nach dem Ursprung oder ihrer Herkunft sind die Abfälle zusammengefaßt, wie etwa die der Obergruppe 9, deren Herkunft sich von den Lebensgewohnheiten des Menschen herleiten läßt, die Siedlungsabfälle, incl. ähnlicher Gewerbeabfälle. Die *Abfallobergruppen* sind weiter in **Gruppen** (zweiziffrige Nummer), diese in **Untergruppen** (dreiziffrige Nummer) und diese wiederum unterteilt, gekennzeichnet durch zwei Ziffern, so daß **eine Abfallart eine bis zu fünf Ziffern enthaltende Abfallschlüsselnummer** haben kann. Zu dieser Einteilung sei nun einiges angemerkt. Sie entspricht im übrigen weitgehend der in der **zweiten allgemeinen Verwaltungsvorschrift zum Abfallgesetz (TA Abfall) Teil 1** im Anhang C (Katalog der besonders überwachungsbedürftigen Abfälle) angewandten. Die radioaktiven Abfälle, die nicht dem Abfallgesetz unterliegen, sind allerdings dort nicht aufgeführt.

Obergruppe 1: *Abfälle pflanzlichen und tierischen Ursprungs sowie von Veredelungsprodukten (ohne Gummi-, Textil-, Siedlungs- und Krankenhausabfälle)*

Es handelt sich um Abfälle, die z. B. aus der Nahrungs-, Genuß-, Futtermittelindustrie, aus Molkereien, Landwirtschaft, Tierhaltung, Schlachtereien, Gerbereien, Sägewerken, der Leder-, Holz-, Cellulose- und Papierindustrie stammen. Wenn keine Abfallvermeidung,-verwertung und -verwendung möglich ist, sollte zunächst als Entsorgungsmöglichkeit die Kompostierung, dann die Verbrennung und danach die Deponierung in Betracht gezogen werden. Viele dieser Stoffe sind Sonderabfälle. Bei einer Lagerung oder beim Transport sollte an die Möglichkeit der Geruchsentwicklung durch mikrobielle Zersetzung (Fäulnis) und die Entwicklung von Krankheitsüberträgern (Mikroorganismen, Würmer, Maden, Fliegen, Mäuse, Ratten usw.) und entsprechende Desinfektionsmaßnahmen (z. B. Kalken) gedacht werden.

Obergruppe 3: *Abfälle mineralischen Ursprungs sowie von Veredelungsprodukten*

Diese Abfälle stammen z. B. aus der metallerzeugenden oder metallverarbeitenden Industrie, Keramik-, Bau-, Glas-, Elektroindustrie. Stoffgruppen wie Metalle, Schlacken, Aschen, Bauschutt, Batterien, Kohlenstaub oder anorganische Schlämme dieser Industrien sind hier aufgeführt. Eine Wiederverwertung oder -verwendung ist hier sicherlich öfter möglich, als dies praktiziert wird, z. B. beim Bauschutt oder den Metallen. *Die meisten Stoffe sind Sonderabfälle,* z. T. stark toxisch, die auf *Sonderabfalldeponien* gelagert werden können. Die *Lagerung hat stets so zu erfolgen, daß Reaktionen mit anderen Stoffen und eine Kontamination des Untergrunds und der Luft ausgeschlossen sind.* Ein jederzeitiges Wiederauffinden, z. B. zum Zwecke eines späteren Recyclings, muß durch einen genauen Lageplan ermöglicht werden. Bei Stäuben wie z. B. Kohlenstaub ist an die Gefahr der Selbstentzündung und Explosion zu denken.

Obergruppe 5: *Abfälle chemischer Umwandlungs- und Syntheseprodukte (einschließlich Textilabfälle)*

Abfälle der chemischen, galvanischen, Leder-, Düngemittel-, Stahl-, Photo-, Zellstoff-, Pharmazeutik-, Kosmetik-, Erdölverarbeitungs-, Kohleveredelungs-, Farben-, Lack-,

Klebstoff-, Kunststoff-, Gummi-, Wasch- und Reinigungsmittel-, Explosivstoff-Industrie, der Salzbergwerke und Laboratorien sind hier aufgeführt. Für die enorme Vielfalt der Stoffe gibt es eine Reihe von Wiederverwertungsmöglichkeiten. Aus den stark toxischen Galvanikschlämmen lassen sich die wertvollen Metalle, z. B. durch Elektrolyse oder Ionenaustausch, zurückgewinnen. Das gilt prinzipiell auch für metallische Oxide und Salze. Vor allem im Hinblick auf die immer knapper werdenden Weltvorräte der Metalle und der hohen Toxizität sollte ein Recycling unbedingt immer sorgfältig in Erwägung gezogen werden. Die photographischen Betriebe praktizieren seit Jahren das vollständige Recycling von Silber, wenn auch hauptsächlich aufgrund des hohen Silberpreises. Vermutlich bewirkt erst eine Steigerung der Weltmarktpreise bei zur Zeit noch preiswerteren Metallen eine ähnliche Entwicklung und Innovation. Schwefel-Abfälle können zur Herstellung von Schwefel-Verbindungen wiederverwendet, Lösungsmittelgemenge durch Destillation oder Rektifikation aufgetrennt, thermoplastische Kunststoffe durch Wiedereinschmelzung wiederverwendet oder durch Hydrolyse und Pyrolyse weiterverwertet werden. Ionenaustauscherharze und Katalysatoren können regeneriert, Gummiabfälle durch Pyrolyse weiterverwertet werden. Aus Spraydosen können die Treibgase, vor allem die fluorchlorkohlenwasserstoffhaltigen, zurückgewonnen werden. Chemikalien, etwa aus Laboratorien, können differenziert nach Stoffgruppen behandelt, z. B. giftige Chemikalien durch Reagenzien in weniger giftige überführt und gemäß den Beseitigungs- oder besser gesagt **Entsorgungsratschlägen E 1 bis E 17 (E-Sätze)** für die jeweilige Chemikalie entsorgt werden. Schwermetall-Ionen können gemäß E 4 als Sulfid gefällt oder nach E 13 mit einem unedleren Metall als Metall abgeschieden (zementiert) werden. Brandfördernde und explosionsgefährliche Stoffe dürfen laut E 6 nicht in den Hausmüll gegeben werden. Organische halogenfreie und halogenhaltige Lösungsmittelabfälle sollten gemäß E 10 und E 11 getrennt in Glasbehältern gesammelt und dann nach E 8 als Sondermüll entsorgt werden. E 12 gibt an, daß brennbare, nicht wasserlösliche und sehr giftige Stoffe nicht in die Kanalisation gelangen dürfen.

Das **Chemikaliengesetz** und die **Gefahrstoffverordnung** sind zu beachten (s. auch Anhang B Tab. B-1 bis Tab. B-3 und Abb. B-1). Müssen die Stoffe auf Sonderabfalldeponien gelagert werden, ist an Selbstentzündung und -zersetzung, an Gasbildung, Toxizität, Brennbarkeit und Explosionsneigung zu denken, Gefahren, die auch durch Reaktionen miteinander in Kontakt kommender Stoffe gegeben sind. Cyanide reagieren mit Säuren unter Blausäure-Entwicklung, Metalle wie Natrium, Kalium, Calcium mit Wasser unter Wasserstoff-Entwicklung, starke Oxidationsmittel wie Nitrate, Chlorate und Perchlorate mit Reduktionsmitteln oft explosionsartig. Eine Vorbehandlung durch chemische und physikalische Methoden ist oft ratsam. Ein Einzementieren von gefährlichen, nicht umsetzbaren oder wiederverwertbaren Stoffen ist möglich, ebenso eine Lagerung dieser Stoffe unter Tage in Kavernen von Salzstöcken oder Stollen ehemaliger Bergwerke. Eine Reaktion mit dem Gestein oder anderen Abfällen muß ausgeschlossen sein. **Eine Ablagerung im Meer sollte umgehend weltweit verboten werden!** Hochgiftige flüssige Abfälle können in poröse Gesteine in großen Tiefen gepumpt werden. In jedem Fall sollte vor einer Deponierung geprüft werden, ob die zur Lagerung vorgesehenen Abfälle nicht selber oder durch andere weiterverwertet oder wiederverwendet werden können.

Sehr gut bewährt hat sich hier die von den Verbänden der chemischen Industrie vieler europäischer Länder eingerichtete **Abfallbörse**, die bei uns seit 1974 besteht. Bei den Industrie- und Handelskammern wird kostenlos registriert und veröffentlicht, welche

Firmen was, wann, wo als Abfall zur Abgabe an andere Firmen anbieten und welche Firmen was, wann, wo als Rohstoff suchen. Angaben über die Art der Verpackung und den Transport werden auch gemacht. Für beide Seiten hat das Vorteile. Der Abfallerzeuger spart Entsorgungskosten und erzielt somit einen Gewinn, selbst wenn er den Abfall kostenlos an den Verwerter abgibt. Der Verwerter oder Verwender spart teure Rohstoffe ein und beide praktizieren dadurch aktiven Umweltschutz. Zur Zeit überwiegt das Angebot noch die Nachfrage, obwohl beide im Steigen begriffen sind besonders bei Metallen und Kunststoffen.

Obergruppe 7: *Radioaktive Abfälle*

Sie sollten nach Möglichkeit vermieden werden. Wenn dies nicht möglich ist, können sie nach Einzementierung, z. B. in erdbebensicheren Untertagedeponien, gelagert werden.

Obergruppe 9: *Siedlungsabfälle (einschließlich ähnlicher Gewerbeabfälle)*

Die *Gruppe 91* umfaßt *alle festen,* die *Gruppe 95 alle flüssigen Siedlungsabfälle,* wie Fäkalien und Deponiesickerwässer. Die Abfälle aus Wasseraufbereitung, Abwasserreinigung und Gewässerunterhaltung gehören zur *Gruppe 94,* krankenhausspezifische Abfälle zur *Gruppe 97* und land- und forstwirtschaftliche Abfälle einschließlich ähnlicher Gewerbeabfälle zur *Gruppe 99*: „Andere Siedlungsabfälle". Hier sollte natürlich jeder an eine Abfallvermeidung denken, z. B. durch Reduzierung überflüssigen Konsums, Kauf von Produkten in Mehrwegflaschen statt Einwegflaschen und umweltfreundlichen Produkten, Recycling, z. B. von Glas, Papier, Metallen, Kunststoffen, organischen Abfällen, Autobatterien (Blei, Schwefelsäure), Trockenbatterien (z. B. Nickel, Cadmium, Lithium, Zink, Quecksilber; Quecksilber ist auch in Alkali-Mn-Batterien und Zink-Kohle-Batterien enthalten), Knopfzellen (Quecksilber, Silber, Lithium, Zink), Quecksilberthermometern, Lacken, Farben, Lösemitteln, Holzschutzmitteln, Klebstoffen, Schreibkorrekturflüssigkeit (leicht flüchtige HKW; es gibt auch HKW-freie Mittel), Fotochemikalien, Laugen, Säuren, Waschmitteln, Haushaltsreinigern und -pflegemitteln, Kaltreinigern, Rostumwandlern, Pestiziden, Kosmetika, Altöl, Kraftstoffen, Feuerwerkskörpern, Medikamenten und Spraydosen durch *getrenntes Sammeln und Abgabe als Sondermüll bei einer Sammelstelle.* Abfälle wie Speise- und Küchenabfälle, Papier, zerkleinerte Pappe und Gartenabfälle sollte jeder kompostieren oder zur **Kompostierung** abgeben. Kompost ist ein wertvoller Dünger hoher Qualität, eine bessere, nährstoffreichere Alternative als Torf, dessen Abbau zur Zerstörung der einzigartigen Moore führt, und Kunstdünger. Bei krankenhausspezifischen Abfällen besteht *Infektionsgefahr* durch vorhandene pathogene Keime. Hier sollte vom Erzeuger eine Desinfektion oder Verbrennung vorgenommen werden.

Chemische Sonderabfälle lassen sich gemäß der Abfallbestimmungs-Verordnung aufgrund der Vorbereitungsarbeiten in 5 Gruppen einteilen (nach Ochterbeck):

„Gruppe A: Abfälle, die dem Entsorgungsunternehmen verpackt in der Form übergeben werden können, in der sie vorliegen.

Gruppe B: Abfälle, die nach Vorbehandlungen, z. B. Reduktion von Peroxiden, abtrennen von überstehenden, schadstofffreien, wäßrigen Lösungen, übergeben werden können.

Gruppe C: Stoffe, wie z. B. Fixierbäder, die als Wirtschaftsgut zur Wiederaufbereitung gegeben werden können.

Gruppe D: Abfälle, die aufgrund der mit ihnen verbundenen besonderen Gefahren gesonderten Genehmigungsverfahren und Beseitigungsmethoden unterliegen, z. B. verschiedene Dioxine enthaltende Reaktionsprodukte aus Umsetzungen von im Handel erhältlichem PCP (Pentachlorphenol), das nach Angaben auf dem Etikett nur einen Reinheitsgrad von 85% hat und polychlorierte Dioxine enthält.

Gruppe E: Abfälle, die nach der GGVS (Gefahrengutverordnung Straße) nicht mehr transportiert werden dürfen, wie z. B. überlagerte Blausäure (fl. Blausäure ist instabil und kann in Abwesenheit von Stabilisatoren heftig polymerisieren. Ein festes Polymer hat sich als Diaminomalonitril erwiesen) oder solche, die der Kleinstmengenbeseitigung unterworfen werden sollen".

9.3 Sammlung, Transport, Lagerung von und Umgang mit gefährlichen Sonderabfällen

*In der **Verordnung zur Bestimmung von Abfällen nach § 2 Abs. 2 des Abfallgesetzes** (Abfallbestimmungs-Verordnung) sind* durch zusätzliche Maßnahmen zu entsorgende Abfallarten, ***sog. gefährliche Sonderabfälle,** aufgeführt.* Das Einsammeln und Befördern von Abfällen ist in der **Abfall- und Reststoffüberwachungs-Verordnung** geregelt. Unter Verwendung der Abfallschlüsselnummer des Abfallkatalogs sind Angaben über Art, Menge, Erzeuger und vorgesehene Entsorgungsmethode zu machen. Nach der Genehmigung kann der Transport erfolgen, wobei die ***Gefahrgutverordnungen der jeweiligen Verkehrsträger** zu beachten* sind.

Nach der **Gefahrgutverordnung Straße (GGVS)** *werden 9 z. T. weiter unterteilte* **Gefahrenklassen** *unterschieden (Diese gelten auch für die anderen Verkehrsträger.):*

Klasse 1 a: *Explosivstoffe und Gegenstände mit Explosivstoff*

Klasse 1 b: *Mit explosiven Stoffen geladene Gegenstände*

Klasse 1 c: *Zündwaren, Feuerwerkskörper und ähnliche Güter*

Alle Arten von Munition, Patronen, Geschossen, Feuerwerkskörpern, Knallkörpern, Leuchtsätzen, Bengalischen Feuern usw. gehören in diese Gruppe. Beispiele für die **Stoffe, die explosiv sein können**, sind manche organische Peroxide wie Cyclohexanonperoxid, 2,3,6-Trinitrophenol (Pikrinsäure) und Pikrate sowie andere meist mehrfach nitrierte organische Verbindungen wie Nitroglycerin, Nitroglykol, Trinitroanilin, Trinitrotoluol (TNT), Pentaerythrittetranitrat, Dynamite, anorganische Verbindungen wie Azide, z. B. Bleiazid, Ammoniumdichromat, Quecksilber(II)-fulminat (Knallquecksilber). Es sind Stoffe, die sehr instabil sind und sehr leicht und sehr heftig, oft unter Bildung großer Mengen giftiger Gase, wie NO_2, zerfallen oder reagieren.

Klasse 2: *Verdichtete, verflüssigte oder unter Druck gelöste Gase*

Beispiele: Ethin (Acetylen, Schweißgas), das in gelben *Druckgasflaschen* aufbewahrt wird, ist besonders gefährlich. Druckgasflaschen mit Sauerstoff sind blau, mit Stickstoff grün und Flaschen mit brennbaren Gasen (außer Ethin) rot. Der Überdruck in den Flaschen kann 200 bar betragen. Druckgasflaschen müssen vor Umfallen, Nässe und Hitze geschützt, stehend transportiert und aufbewahrt werden. **Die Schutzkappen der Flaschenventile müssen beim Transport stets aufgeschraubt sein.** Würde ein Flaschenventil, z. B. durch Umfallen der Flasche abbrechen, fliegt die Flasche raketenartig weg und zerschlägt alle Hindernisse.

Klasse 3: *Entzündbare Flüssigkeiten*

Hierzu gehören bis auf wenige Verbindungen, wie nicht brennbare halogenierte Kohlenwasserstoffe, alle organischen Lösungsmittel wie Benzine, Alkohole, Aceton (früher: Nagellackentferner), Ether, Benzol, Mineralöle, Terpentin. Die Gruppe A umfaßt gemäß der *Verordnung über brennbare Flüssigkeiten* mit Wasser nicht oder nur teilweise mischbare Flüssigkeiten, die *nach ihrer* ***Flammtemperatur*** *(Flammpunkt) unterteilt sind in die Gruppen A 1 (< 21 °C), A 2 (21 bis 55 °C), A 3 (55 bis 100 °C), A 4 (> 100 °C).* Die *Gruppe B* umfaßt *Flüssigkeiten mit einer Flammtemperatur unter 21 °C, die mit Wasser mischbar sind,* d. h. sich in Wasser lösen, wie einige sauerstoffhaltige Lösungsmittel. Der Transport größerer Mengen und der Umgang muß auch hier besonders vorsichtig erfolgen. Man denke in diesem Zusammenhang nur an das verheerende Tanklastzugunglück in Herborn vom 7. 7. 1987. Zündquellen, wie Zigaretten, Funken oder heiße Oberflächen, sind unbedingt von diesen Stoffen, deren Dämpfe mit Luft explosive Gemenge bilden, fernzuhalten.

Klasse 4.1: *Entzündbare feste Stoffe*

Beispiele sind Kohle, Holz, Zucker, Mehl, Baumwolle, Wolle, Celluloid, trockene pflanzliche Fasern, Filme, Flachs, Hanf, Gummi, Naphthalin (Mottenpulver), roter Phosphor, Schwefel, Sisal, Streichhölzer, brennbare Metalle (Alkalimetalle, Magnesium, Aluminium, Hafnium, Titan z. B.), mit mindestens 10% Wasser angefeuchtete organische, in trockenem Zustand explosive Nitro-Verbindungen, viele Kunststoffe und -fasern. **Besonders gefährlich sind feste Stoffe in Staubform.** Diese Stoffe bilden in Staubform *mit Luft explosive Gemenge,* was auch beim Transport zu beachten ist.

Klasse 4.2: *Selbstentzündliche Stoffe*

Dies sind Stoffe, die sich an der Luft von selber entzünden können und deshalb immer unter Luftabschluß aufbewahrt und transportiert werden müssen.

Beispiele: Viele organische Metallverbindungen wie Aluminium-, Magnesium-, Zink- und Lithiumalkyle, weißer Phosphor (Aufbewahrung unter Wasser), frisch geglühter Ruß und Holzkohle.

Neben den Stoffen, die sich spontan bei Luftzutritt entzünden und sich dann *im pyrophoren* (griech.: *Pyr* Feuer, *Phoros* Träger) *Zustand* befinden, können auch viele andere brennbare Stoffe bei niedrigen Temperaturen mit dem Sauerstoff der Luft exotherm reagieren. Da die Geschwindigkeit der Reaktion sehr klein ist, wird zunächst eine kleine Wärmemenge frei. Kann sie nicht oder nur schwer an die Umgebung, wie die Luft, abgegeben werden, z. B. im Innern größerer Mengen der brennbaren Substanz, kommt es zur allmählichen Erwärmung und einer Beschleunigung der Reaktion. *Wird die **Zündtemperatur** des Stoffes erreicht, kommt es zur **Selbstentzündung**.* Die Zeit, nach der das erfolgt, hängt von mehreren Faktoren ab und ist sehr unterschiedlich. Sie kann Stunden (Leinöl), Tage (Nitrolack), Wochen (Heu) oder Monate (Braunkohle) betragen. Auch durch mikrobielle Tätigkeit kann eine Selbsterhitzung und-entzündung erfolgen, z. B. bei pflanzlichen Stoffen. Die Selbsterhitzung des unreifen Komposts ist darauf zurückzuführen.

Spurenverunreinigungen können die Selbstentzündung katalysieren. Feinverteilte Stoffe, wie Stäube und Pulver, können Sauerstoff adsorbieren, sich dadurch auch in verschlossenen Behältern selbsterhitzen, -entzünden und den Behälter zum Glühen bringen, wie etwa Aluminiumpulver. Bei organischen Verbindungen ist die Zahl der Doppelbindungen von großer Bedeutung, da mit steigender Anzahl von Doppelbindungen die Reaktionsfreudigkeit zunimmt. So können sich ölgetränkte Textilfasern wie Putzwolle leicht selbstentzünden. Bei den flüssigen und festen Fetten wird der Anteil der Doppelbindungen in den Verbindungen erkennbar durch die Bestimmung der *Iodzahl*, der Menge Iod, die von 100 g Fett durch Additionsreaktion gebunden wird. Je höher die Iodzahl ist, um so mehr ungesättigte Verbindungen sind im Fett enthalten.

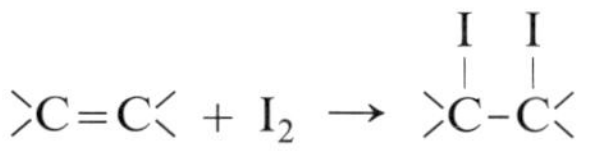

Öle mit einem hohen Anteil stark ungesättigter Verbindungen sind trockene Öle, wie Lein-, Soja-, Hanföl, die an Luft unter Sauerstoff-Aufnahme verharzen (Leinölfirnis). Faserstoffe, die mit trockenen Ölen getränkt sind, neigen besonders zur Selbstentzündung.

Weitere Beispiele solcher Stoffe sind: Dithionite, z. B. $Na_2S_2O_4$, Phosphide, Phosphorwasserstoff, Nitrocellulose-Filmabfälle, Metallpulver, Metallstäube, Sulfide wie Na_2S und K_2S (wenn weniger als 40% Wasser vorhanden sind), Raney-Nickel, Ölkuchen, gebrauchte Gasreinigungsmasse. Bei der Entschwefelung z. B. von Faulgas oder Kokereigas reagiert feuchtes Eisenhydroxid mit Schwefelwasserstoff zu Eisensulfid. Dieses kann an der Luft durch Oxidation Schwefel ausscheiden. Dabei kann sich die Masse erhitzen und sogar entzünden, da Schwefel zu Schwefeldioxid verbrennt.

Je größer die Menge eines Stoffes ist, der zur Selbstentzündung neigt, um so größer ist die Gefahr eines Wärmestaus. **Bei der Lagerung ist an die Selbsterhitzung und -entzündung stets zu denken.**

Beispiele: *Kohlen,* insbesondere Steinkohle (Die Selbsterhitzung ist vom Schwefel-Gehalt abhängig. Kohlen können bei längerer Lagerung Kohlenwasserstoff-Gas abgeben, das in Räumen durch Belüftung zu beseitigen ist.), *pflanzliche Faserstoffe* wie Baumwolle (Brand im Lager des Hafens Bremen!), Jute, Hanf, Flachs, gemahlene Abfälle organischer Stoffe, Fischmehl, Biertreber, Malzkeime, *Schwefelkies* (FeS_2) und *andere sulfidische Erze.* Beim häufig verwendeten *Branntkalk* CaO (Desinfektionsmittel z. B. von Rechengut, Klärschlamm, Deponien, durch die stark exotherme alkalische Reaktion Neutralisationsmittel, Eindickmittel für Abfälle) läßt sich feststellen, daß dieser stark exotherm mit Wasser zu Löschkalk reagiert.

$$CaO + H_2O \rightarrow Ca(OH)_2 - \Delta H_K$$

Die bei dieser Reaktion, dem Kalklöschen, und auch anderen stark exothermen Reaktionen *frei werdende Wärmemenge kann zur Entzündung von Stoffen führen,* die sich in der Umgebung des gebrannten Kalks befinden. CaO gehört in die Klasse 9.

Klasse 4.3: *Stoffe, die in Berührung mit Wasser entzündliche Gase entwickeln*

Beispiele: Alkali- und Erdalkalimetalle und deren Hydride, Silicide, Phosphide, Amalgame und Amide, Natriumborhydrid, Calciumcyanamid (Kalkstickstoff), Trichlorsilan.

Natrium:	$2\,Na + 2\,H_2O \rightarrow 2\,NaOH + H_2\uparrow$	(Wasserstoff)
Calciumcarbid:	$CaC_2 + 2\,H_2O \rightarrow Ca(OH)_2 + C_2H_2\uparrow$	(Ethin, Acetylen)
Aluminiumcarbid:	$Al_4C_3 + 12\,H_2O \rightarrow 4\,Al(OH)_3 + 3\,CH_4\uparrow$	(Methan)

Alkalimetalle entzünden sich zudem an der Luft. Sie *werden unter Paraffinöl oder Petroleum aufbewahrt.*

Phosphide wie Calciumphosphid reagieren mit Wasser unter Bildung des äußerst giftigen, selbstentzündlichen Phosphorwasserstoffes. Diese Substanz wird auch bei der unter Umständen explosionsartig verlaufenden Reaktion von Calciumcarbid CaC_2 mit Wasser aus Phosphor-Verunreinigungen gebildet. Deshalb werden diese *Mittel zur Wühlmaus- und Maulwurfbekämpfung* eingesetzt. Der giftige Dünger Kalkstickstoff $CaCN_2$ enthält unterschiedliche Mengen an Calciumcarbid, was erklärt, warum feuchte Säcke mit Kalkstickstoff vom Transport ausgeschlossen sind.

Der Kontakt dieser Stoffe mit Luft, Feuchtigkeit und Wasser ist strikt zu vermeiden, da es sonst zu Bränden, Vergiftungen und Explosionen kommen kann.

Klasse 5.1: *Entzündend (oxidierend) wirkende Stoffe*

Diese Stoffe sind sehr starke Oxidationsmittel, die sehr leicht Sauerstoff abgeben und mit brennbaren Stoffen explosionsartig reagieren können. Beispiele: Permanganate, anorganische Peroxide, Chlorate(I),-(III),-(V), konzentrierte und rauchende Salpetersäure.

Hypochlorite (Chlorate(I)) und Chlorkalk $CaCl_2O$ können mit Ammoniumchlorid und anderen Ammonium-Verbindungen zu hochexplosivem Chlorstickstoff reagieren. Chlorate(III) können wie die Chlorate(V) mit brennbaren Stoffen wie Zucker, Mehl, Kohle, Phosphor, Schwefel explosionsartig reagieren. Die Entzündung oder Explosion erfolgt besonders leicht durch Reibung oder Schlag.

Chlorate(III) oder Chlorite können durch Erwärmung, Schlag oder Stoß auch explosionsartig zerfallen. Natriumchlorat(V) ist ein Herbizid. Ammoniumchlorat(V) NH_4ClO_3 ist so instabil, daß seine Beförderung verboten ist.

Perchlorsäure mit $w(HClO_4) > 50\%$ wirkt entzündend, die wasserfreie Säure entzündet brennbare Stoffe explosionsartig. Die Säure wird deshalb in wäßriger Lösung mit höchstens $w(HClO_4) = 72{,}5\%$ transportiert. Ammoniumperchlorat NH_4ClO_4 ist ein Explosivstoff, der aber transportiert werden darf. Konzentrierte Salpetersäure kann z. B. Holz oder Stroh entzünden unter Entwicklung hochgiftiger brauner Stickoxide. Feste anorganische Peroxide wie Natriumperoxid Na_2O_2 reagieren mit Wasser lebhaft unter O_2- und NaOH-Bildung und können dadurch leicht Stoffe wie Baumwolle, Stroh, Sägespäne entzünden, oft erfolgt dies explosionsartig. Wasserstoffperoxid H_2O_2 kann in Wasser und Sauerstoff zerfallen, Kupfersalze und Mangandioxid MnO_2 katalysieren diesen Prozeß. Lösungen mit $w(H_2O_2) > 60\%$ dürfen nur stabilisiert (z. B. mit Phosphorsäure H_3PO_4) transportiert werden.

Klasse 5.2: *Organische Peroxide*

Diese Stoffe sind im allgemeinen explosiv und nur einige sind zum Transport zugelassen. Manche Peroxide müssen stabilisiert werden, damit sie gefahrlos transportiert werden können.

Der Transport erfolgt in starkwandigen Gefäßen, die vor Erwärmung zu schützen sind. Auch Peressigsäure CH_3COOOH, die beim Erhitzen explosionsartig zerfällt, und ihre Salze gehören in diese Gruppe. Weitere Beispiele: Acetyl-, Benzoyl-, Dicumyl-, Ethylmethylketon-, Lauroyl-, Propionyl-, Bernsteinsäure-, Tetrahydronaphthalinhydroperoxid.

Klasse 6.1: *Giftige Stoffe*

Der Kontakt dieser Stoffe mit Lebewesen, Nahrungs-, Genuß- und Futtermitteln muß strikt vermieden werden. Mit ätzenden oder oxidierend wirkenden Stoffen sollten sie nur dann transportiert werden, wenn ausgeschlossen ist, daß die Verpackung durch diese Stoffe zerstört wird. Die in der Stahlindustrie verwendete Legierung *Ferrosilicium* enthält oft Spuren von Phosphiden, die mit Wasser hochgiftigen, selbstentzündlichen Phosphorwasserstoff bilden. Explosionen und Vergiftungen mit tödlichem Ausgang waren öfter auf Ferrosilicium zurückzuführen, wie 1988 auf einem Schiff in der Schleuse von Brunsbüttel. Die Aufnahme der Gifte kann durch die Haut und anschließende Resorption, durch Einatmen oder Verschlucken erfolgen.

Die Giftwirkung muß sich nicht immer sofort äußern, sie kann bei geringen aufgenommenen Mengen auch erst nach einiger Zeit auftreten, nach Stunden, Tagen, Monaten oder wie bei einigen cancerogenen Stoffen nach Jahren oder Jahrzehnten. Von den organischen Stoffen gehören z. B. fast alle Aromaten und kondensierten Aromaten in diese Klasse. Bei jeglichem Umgang sollte man sich in der Spezialliteratur über Schutz, Wirkung, Vergiftungserscheinungen, letale, d. h. tödlich wirkende Dosen und Gegenmaßnahmen genau informieren.

Klasse 6.2: *Ekelerregende oder ansteckungsgefährliche Stoffe*

Auch hier ist der Kontakt wegen der Infektionsgefahr durch Mikroorganismen strikt zu meiden, wie das beispielsweise bei nicht desinfizierten, krankenhausähnlichen Abfällen der Fall ist.

Klasse 7: *Radioaktive Stoffe*

Beim Umgang mit diesen äußerst gefährlichen Stoffen ist die **Strahlenschutzverordnung** zu beachten. Personen müssen sachgemäß vor α-, β-, und γ-Strahlen geschützt werden.

Klasse 8: *Ätzende Stoffe*

In dieser Gruppe sind Stoffe zu finden, die aggressiv mit vielen anderen Stoffen, etwa mit Metallen, aber auch organischen Materialien, unter Zerstörung dieser Stoffe reagieren.

Dazu gehören auch die sauer und basisch reagierenden Salze. Die Reaktionsfreudigkeit beruht entweder auf einer starken Neigung zu Protolysereaktionen oder Redoxreaktionen.

Die organischen Säuren und Basen sind meist schwächere Säuren und Basen als anorganische. Einige starke Säuren, z. B. Schwefelsäure H_2SO_4, Salpetersäure HNO_3, Perchlorsäure $HClO_4$, sind vor allem in konzentrierter Form *starke Oxidationsmittel.* Metalle, die durch Ausbildung von passiven Schutzschichten aus Oxiden, Hydroxiden, Silicaten oder Carbonaten vor dem Angriff der Oxidationsmittel geschützt sind, können als Behältermaterial für diese Stoffe verwendet werden. So ist Eisen durch eine Eisenoxid-Schicht vor dem Angriff des Oxidationsmittels konzentrierte Schwefelsäure geschützt, Blei dagegen wird durch Ausbildung einer passiven Bleisulfat-Schicht nur von verdünnter Schwefelsäure nicht angegriffen. Konzentrierte Schwefelsäure löst die Bleisulfat-Schicht auf, während beim Eisen verdünnte Säuren durch ihre starke Protolyseneigung die passive Oxidschicht zerstören und mit Eisen heftig unter Wasserstoff-Entwicklung reagieren. Wenn dies in geschlossenen Räumen in größerem Maß geschieht, besteht Explosionsgefahr. Flußsäure darf nicht in Glasgefäßen aufbewahrt werden, weil sie mit dem Siliciumdioxid des Glases heftig reagiert. Geeignet sind Kunststoffgefäße (Polyethylen, Polypropylen), die gegen Bruch gesichert sein müssen. *Einige stark ätzende Stoffe sind zugleich stark giftig,* z. B. Bariumhydroxid, Phenole, Brom, Borfluorid, *oder Reizstoffe* wie einige organische Halogen-Verbindungen, z. B. Bromaceton (Tränengas).

Klasse 9: *Sonstige gefährliche Stoffe und Gegenstände*

Substanzen, die auch indirekt gefährlich wirken können, wie u. a. Branntkalk, sind hier aufgeführt.

Sehr oft prägen mehrere gefährliche Eigenschaften einen Stoff. So sind viele der entzündbaren Flüssigkeiten zugleich giftige Verbindungen, wie das extrem cancerogene Benzol, Toluol, Kohlenstoff(IV)-sulfid (Schwefelkohlenstoff), Nitromethan, Methanol, das zur Erblindung führen kann, oder einige Ester der Ameisen- und Essigsäure. Beim Umgang mit unbekannten Stoffen, wie bei Transport oder Lagerung, ist es daher stets erforderlich, sich über die Eigenschaften und Schutzmaßnahmen zu informieren. Laut **Gefahrstoffverordnung vom 1. 10. 86**, die das Inverkehrbringen und den Umgang mit Gefahrstoffen regelt, muß jeder Gefahrstoff durch **Gefahrensymbole, Kennbuchstaben, Gefahrenbezeichnungen** und **Gefahrenhinweise (R-Sätze)** gekennzeichnet sein, so daß jeder, der mit diesen Stoffen umgeht, sofort über die Gefahren informiert wird. Zudem müssen **Sicherheitsratschläge (S-Sätze)** angegeben sein, die beim Umgang mit dem jeweiligen Stoff unbedingt zu beachten sind. Cancerogene Stoffe sind mit der Bezeichnung „Kann Krebs erzeugen" (R45) zu kennzeichnen (s. Anhang B, Abb. B-1 und Tab. B-1 bis Tab. B-3). Die Werte der maximalen Arbeitsplatzkonzentration und biologischen Arbeitsplatztoleranz **(MAK-Werte, BAT-Werte)** geben Auskunft über die Größe des Gefahrenpotentials. Darüber hinaus gelten für cancerogene, mutagene (erbgutschädigende) und teratogene (fruchtschädigende) Stoffe die technischen Richtkonzentrationen **(TRK-Werte)**, die möglichst stets weit unterschritten sein sollten, weil es bei diesen Stoffen keine tolerierbaren Maximalkonzentrationen gibt und Schädigungen noch nach mehr als 30 Jahren oder in den folgenden Generationen auftreten können. Ferner sind die **Entsorgungsratschläge (E-Sätze)** zu beachten. *Beim Transport und der Lagerung von Gefahrstoffen ist es wichtig zu wissen, welche Veränderungen auftreten können, z. B. durch Re-*

aktion mit Luft, Wasser oder anderen Stoffen. Dies ist vor allem dann gegeben, wenn die Verpackung zerstört ist. Auf sachgemäße und stabile Verpackung ist daher sehr zu achten.

Damit auch unvorhergesehene Ereignisse nach Möglichkeit vermieden werden, gibt es Verbote, Stoffe zusammen zu lagern und zu befördern, die miteinander gefährlich reagieren können. So dürfen z. B. Blei-Verbindungen nicht zusammen mit Pikrinsäure gelagert werden, da sich bei Kontakt dieser Stoffe der äußerst schlagempfindliche Sprengstoff Bleipikrat bilden kann. Phosphor, Schwefel, Ammoniumsalze und Zucker müssen von Chloraten und chlorathaltigen Herbiziden wegen der Explosionsgefahr durch geringsten Schlag oder Reibung bei Kontakt der Stoffe räumlich getrennt aufbewahrt werden. Chlorgas-Flaschen müssen so gelagert werden, daß sich auf keinen Fall mit Wasserstoff durch Mischung Chlorknallgas bilden kann, das schon durch Belichtung heftig explodiert. Alle Oxidationsmittel sind von brennbaren Stoffen getrennt zu lagern, so daß ein Vermischen oder ein Kontakt ausgeschlossen ist.

Nach den Paragraphen der Gefahrgutverordnung Straße GGVS müssen Fahrzeuge, die gefährliche Güter befördern, mit ***orangefarbenen Warntafeln*** *gekennzeichnet sein.* Die Warntafel enthält als **obere Ziffernfolge** die **Kemlerzahl** *zur Gefahrenkennzeichnung.* Die 1. Ziffer gibt die Hauptgefahr an, z. B. 6: Giftige Stoffe, X: Berührung mit Wasser verboten, die 2. und 3. Ziffer zusätzliche Gefahren des Stoffes. Sind die ersten zwei Ziffern gleich, ist eine besonders starke Hauptgefahr gegeben. Die **in der unteren Hälfte der Warntafel** stehende Zahl, die **UN-Nummer**, entstammt Empfehlungen der Vereinten Nationen (UN) für den Transport. Es ist eine vierstellige Zahl, die sich aus der alphabetischen Reihenfolge der englischen Namen der Stoffe im sog. „Orange Book" ergibt (s. Anhang B, Tab. B-4 und B-5). *Gefahrguttransporter sollten zudem stets durch Gefahrensymbol und -bezeichnung gekennzeichnet sein.*

Gemäß einer Richtlinie der EG werden die in der Gefahrstoffverordnung nach dem Stoffnamen alphabetisch geordneten Stoffe durch eine **EG-Nummer** gekennzeichnet. *Toxische Stoffe* kann man kennzeichnen durch die *Registry of Toxic Effects of Chemical Substances (RTECS)-Nummer.* Diese Publikation enthält umfangreiche Informationen zur Toxikologie eines Stoffes. Das Wassergefährdungspotential eines Stoffes läßt sich erkennen an der *Einordnung des Stoffes in* ***4 Wassergefährdungsklassen (WGK):***

WGK 0: im allgemeinen nicht wassergefährdende Stoffe,
WGK 1: schwach wassergefährdende Stoffe,
WGK 2: wassergefährdende Stoffe,
WGK 3: stark wassergefährdende Stoffe.

9.4 Analytik von Abfällen und Verfahren der Abfallbehandlung

9.4.1 Einführung in die Abfallanalytik

Aus dem Entwurf der Richtlinie für die Darstellung von Untersuchungsergebnissen aus der Untersuchung von Abfällen der Länderarbeitsgemeinschaft Abfall LAGA (-UP 2/80) geht hervor, daß *alle Kriterien* heranzuziehen sind, *die für die Beurteilung des Abfalls wesentlich sein können.* Der Zweck der Untersuchung ist zur Auswahl geeigneter Parameter daher möglichst genau anzugeben. Der zu untersuchende Abfall ist genau zu beschreiben, auch bezüglich seiner Eigenschaften, einschließlich eventueller Veränderungen in der Beschaffenheit. Gegebenenfalls ist auf Konservierungsmaßnahmen hinzuweisen. Die *Probenahme* ist zu erläutern (Art, Ort, Zeit, Grund, Veranlasser). Die Parameter sind möglichst nach standardisierten Verfahren, z. B. gemäß DIN, LAGA-Richtlinien, zu bestimmen. Andere Verfahren, eventuelle Störungen und Beobachtungen, die auf das Analysenergebnis von wesentlichem Einfluß sein können, sind festzuhalten. Die Genauigkeit, mit der die Parameter bestimmt wurden, soll angegeben werden. **Die abschließende analytische Beurteilung soll das Gefahrenpotential des Abfalls, das aus den Analysenergebnissen erkennbar ist, verdeutlichen.** Gegebenenfalls sind aufgrund der Analysenergerbnisse *auch Hinweise zur Behandlung und Entsorgung* zu geben. Außer den Analysenergebnissen sind für die spezifische Bewertung des Gefahrenpotentials insbesondere die örtlichen Verhältnisse an der Probenahmestelle, die Menge des Abfalls und eventuelle Veränderungen der Probe bis zur Untersuchung unter Bezug auf das Probenahmeprotokoll zu berücksichtigen.

Folgende Parameter werden bei den Untersuchungen oft bestimmt. Neben den *allgemeinen Angaben* über Art, Herkunft, Menge, Art der Lagerung u. a. sind dies zunächst *Sinnesprüfungen: Die Beschreibung des Aussehens (z. B. Farbe oder Homogenität) visuell erkennbarer Einzelkomponenten, der Konsistenz (z. B. fest, wasseranziehend (hygroskopisch), stichfest, pastös, flüssig, rieselfähig, staubförmig, stuckig) und, wenn keine Gesundheitsgefährdung besteht, des Geruchs. Ferner können die Bestimmung von Dichte, Volumen, Restwassergehalt* (freies Wasser, z. B. durch Zentrifugieren), *Wasser-* und *Trockensubstanzgehalt* (z. B. bei Schlämmen), *Abdampf-* und *Glührückstand, Glühverlust* und *Heizwert* (Kalorimetrische Bestimmung), vor allem bei vorgesehener Verbrennung, von Bedeutung sein. Für die Deponierung kann es wichtig sein, die Löslichkeit des Abfalls in Wasser, seine Entflammbarkeit (z. B. durch genaue Bestimmung der Flammtemperatur), die Höhe des Anteils an brennbaren Substanzen zu kennen. Die beiden letzten Daten sind natürlich auch von Interesse, wenn eine Verbrennung als Entsorgungsmaßnahme vorgesehen ist. *Die Bestimmung des Gehalts an Mineralölen, organischen Lösungsmitteln* und *leicht verdampfbaren Lösungsmitteln* kann durch Extraktion, z. B. mit Petrolether, erfolgen. Kunststoffe wie PVC und andere Abfälle, die halogenhaltig sind, sollten nicht verbrannt werden, da sie im Ofen zur Bildung extrem toxischer Dioxine und Furane beitragen können. Einen *Halogengehalt* kann man durch die Beilsteinprobe einfach und schnell erkennen. Ein ausgeglühter Kupferdraht wird mit der Probe in Kontakt gebracht und in die entleuchtete Brennerflamme gehalten. Durch Reaktion mit Halogen entstehen Cu^{2+}-Ionen, die die Flamme grün färben und halogenhaltige Verbindungen, wie z. B. Polyvinylchlorid, anzeigen. Oft ist auch der *Gehalt an Phenolen und Cyaniden* von Bedeutung. Gleiches gilt bei Reaktion des Abfalls mit Wasser, Salzsäure und Natronlauge. Die Ergebnisse sind dabei folgendermaßen anzugeben: heftig, sichtbar, nicht sichtbar, Entwicklung von Gas, Geruch oder Wärme, Art des Gases und Geruchs, Farbveränderungen.

Ein **Eluat** des Abfalls (wäßriger Extrakt) gemäß DEV S4 kann auf diverse Parameter der Wasseranalytik untersucht werden, wie Farbe, Geruch, Konsistenz, Trübung, pH-Wert, Redoxpotential, elektrische Leitfähigkeit, Abdampf-, Glührückstand, Glühverlust oder Heizwert. Die Bestimmung des Heizwertes erfolgt mittels Kalorimeter, einem wärmeisolierten, verschließbaren Gefäß, in dem eine genaue Menge des Stoffes verbrannt wird, und die bei der Verbrennung abgegebene Wärmemenge von Wasser aufgenommen wird. Aus der Temperaturerhöhung des Wassers kann man den Heizwert berechnen. Das Verfahren ist gemäß DIN 51708 genormt. Es können ferner der Gehalt an wasserdampfflüchtigen Phenolen, Kohlenwasserstoffen, der Säure-, Basenverbrauch, BSB_5, CSB, TC, TOC, TIC und diverse Kationen und Anionen, vor allem bei geplanter Deponierung von Interesse sein. Von den Kationen soll hier nur auf die Ammonium-, Alkali-, Erdalkali- und Schwermetall-Kationen, u. a. auch Silber, hingewiesen werden, während bei den Anionen Chlorid, Sulfat, Hydrogencarbonat, Nitrat, Nitrit und Phosphat sehr häufig ermittelte Parameter darstellen. Manchmal sind auch Fluorid, Chromat und Sulfid von Interesse. Für kompostierbare Abfälle ist die Kenntnis des Kohlenstoff-Stickstoff-Verhältnisses wichtig.

Im *LAGA-Entwurf* der **Richtlinie „Untersuchung und Beurteilung von Abfällen"**, die eine Verbesserung und Vereinheitlichung der Abfallanalytik zum Ziel hat, werden *in bezug auf Beurteilung und Analytik fünf Gruppen* unterschieden. Die **Gruppe A** umfaßt alles allgemein Interessierende zur Abfallart und -beschreibung sowie die Probenahme. Die **Gruppe B** umfaßt Eigenschaften des Abfalls, wie das Reaktionsverhalten, die Entwässerbarkeit, den pH-Wert. In der **Gruppe C** sind die zu B ergänzenden Untersuchungen im Eluat zusammengefaßt (C1): Leitfähigkeit, Schwermetalle, CSB, BSB_5, bei geplanter Deponielagerung Kationen und Anionen, um eine Prognose bezüglich Sicker- und eventueller Grundwasserbelastung machen zu können. In der **Gruppe D** sind Angaben zu Inhaltsstoffen wie Phenol, Cyanid, Arsen, Chrom(VI), Quecksilber gemacht, die für bestimmte Produktionsstätten typisch sind und ggf. besondere Maßnahmen beim Einsammeln, Transportieren und Lagern erfordern. Sonderuntersuchungen, die zur Ermittlung der Toxizität notwendig sind, werden in **Gruppe E** zusammengefaßt. Falls der Fischtest oder andere Toxizitätstests keine exakte Klärung ermöglichen, sind weitere Analysen mit GC, IR-Spektrometrie, Röntgenfluoreszenz u. a. vorzunehmen.

9.4.2 Deponie

Neben der *Abfalleingangskontrolle* ist auf Deponien die *ständige Kontrolle des Sicker-, Grund- und Oberflächenwassers sowie des Deponiegases,* auch nach der Schließung und Rekultivierung, kontinuierlich über Jahre hinaus erforderlich. Nur wenn die Deponie optimal, u. a. unter Verwendung von resistenten Kunststoffen wie Polyethylen oder Polyvinylchlorid, abgedichtet ist, ist die Gefahr der Grundwasserkontamination gering. Deponiesickerwasser ist zu sammeln, in einer eigenen Kläranlage zu reinigen oder einer Kläranlage zuzuleiten.

Sickerwässer von Hausmülldeponien sind im Vergleich zu kommunalen Abwässern oft organisch wesentlich höher belastet. CSB- und BSB_5-Werte von $\beta(O_2) > 10000$ mg/L sind möglich, ebenso wie sehr hohe Ammonium-Gehalte von $\beta(NH_4^+) > 1000$ mg/L im Vergleich zu 50 mg/L im kommunalen Abwasser. Der Phosphatgehalt $\beta(PO_4^{3-})$ ist wesentlich geringer (bis 10 mg/L) gegenüber kommunalen Abwässern (bis 100 mg/L), was bei Mischung des Sickerwassers mit kommunalem Abwasser vorteilhaft für den aeroben Abbau ist. Die zu analysierenden Parameter entsprechen denen der Abwasseranalytik.

Da auch in einer Deponie die Abbauprozesse vorwiegend anaerob verlaufen, kann man die gleichen Phasen wie bei der Schlammfaulung beobachten, den Übergang von der sauren Gärung über die alkalische Gärung zur Stabilisation.

Der Abbau vollzieht sich wie folgt (nach Sperl):

„Die sich über Jahre erstreckenden Abbauvorgänge werden in 4 Hauptphasen unterschieden (s. auch Abb. 9-1):

- Aerobe Phase (Dauer: einige Wochen bis Monate). In ihr sind die sauerstoffverbrauchenden Bakterien aktiv und zehren dabei den eingeschlossenen Sauerstoff auf.
- Anaerobe Nicht-Methan-Phase (Dauer: einige Monate). In ihr sind Bakterien aktiv, die ohne oder mit wenig Sauerstoff existieren. In dieser Phase verändert sich auch das chemische Milieu des Mülls (z. B. pH-Wert). Es werden organische Säuren gebildet (saure Gärung).
- Anaerobe Instabile-Methan-Phase (Dauer: einige Monate bis Jahre). In dieser Phase beginnen methanbildende Bakterien zu arbeiten. Das chemische Milieu stabilisiert sich. Diese Prozesse führen zur nächsten Phase.
- Anaerobe Stabile-Methan-Phase (Dauer: einige Jahre bis Jahrzehnte). In dieser Phase sind Bakterien aktiv, welche unter Abwesenheit von Sauerstoff die organischen Bestandteile des Mülls zu Methan (CH_4), Kohlendioxid (CO_2) und Wasser (H_2O) abbauen".

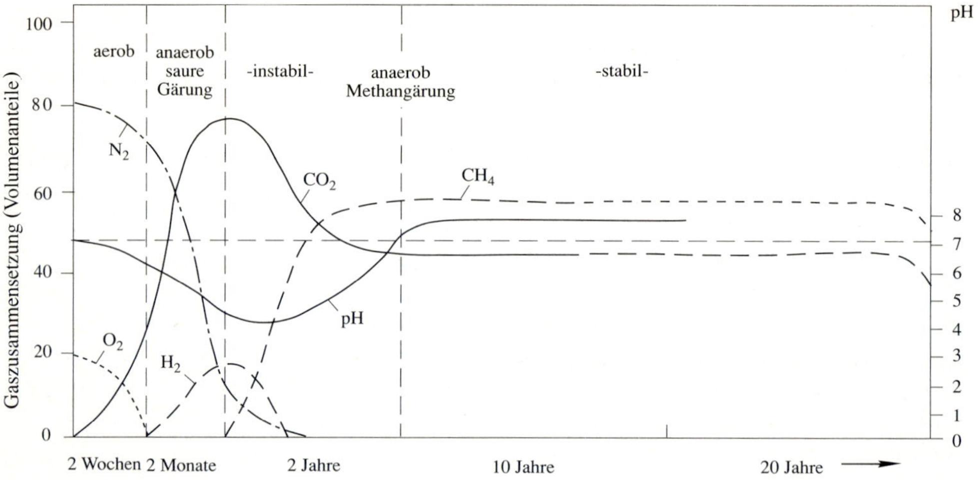

Abb. 9-1: Verlauf der Gaszusammensetzung während der 4 Hauptphasen des Stoffabbaus in einer Mülldeponie, nach Sperl.

Die Stabilisierung ist am Konstantbleiben des Methan- und Kohlendioxid-Gehaltes des Deponiegases erkennbar. *Wie im Bio- und Faulgas sind Methan CH_4 mit ca. 55% und Kohlendioxid CO_2 mit > 40% auch im Deponiegas, das meist einen widerlich süßmodrigen Geruch hat, die Hauptbestandteile.* Darüber hinaus sind geruchsintensive, giftige Stoffe enthalten, z. B. Mercaptane, Schwefelwasserstoff H_2S, Ammoniak NH_3, Phosphorwasserstoff PH_3, flüchtige, giftige organische Verbindungen wie Benzol oder

Toluol, hochgiftiges Kohlenstoffmonoxid CO und Stickstoff N_2. In geringen Mengen sind im Deponiegas wie auch im Sickerwasser Schwermetalle und eine Vielzahl organischer Verbindungen, wie Kohlenwasserstoffe, halogenierte Kohlenwasserstoffe, Aromaten u. a. enthalten. Das Deponiegas ist deshalb ebenfalls vollständig zu sammeln. Eine Gasreinigung z. B. durch tiefe Temperaturen, muß vor der Nutzung als Heizgas zur Fernwärme, d. h. Heizdampf- und Stromerzeugung, der Einspeisung in das Gasnetz, einer Gasverflüssigung für Synthesen, Trockeneiserzeugung u. a. erfolgen. Da es meist relativ schwefelarm ist, sind SO_2-Emissionen bei der Verbrennung gering. Bei hohen Halogen-Anteilen steigt aber die Gefahr der Dioxin- und Furan-Bildung bei der Verbrennung.

Würde der Haushaltsmüll optimal vorsortiert, Wertstoffe und Schadstoffe getrennt erfaßt, könnte der organische, nasse Restmüll in einer *Naßmülldeponie* als *dritte Variante zu Kompostierung und Fermenter oder Faulturm* schadstoffarmes Deponiegas und Sickerwasser, das zudem zwecks Erhöhung der Abbaugeschwindigkeit wiederverwendet werden kann, liefern. Ansätze dazu bestehen.

9.4.3 Abfallverbrennung (Müllverbrennung)

9.4.3.1 Analytische Parameter

Für die energetische Verwertung von Müll durch Verbrennung ist die Ermittlung einiger Parameter, vor allem im Hinblick auf Emissionen, von besonderer Bedeutung.

Parameter des Mülls: Heizwert, Gehalt an Brennbarem, Asche-, Wassergehalt, flüchtige Bestandteile, Elementaranalyse auf Kohlenstoff, Wasserstoff, Sauerstoff, Stickstoff, Chlor, Fluor, Schwefel und besonders auf Schwermetalle wie Eisen, Zink, Kupfer, Nickel, Cadmium, Blei, Chrom und Quecksilber, Verhalten bei Erwärmung mittels Differenzthermoanalyse (DTA).

Parameter des Staubes und der Asche: Schwermetallgehalte. Im Hinblick auf die Deponierfähigkeit von Staub und Asche sind *Auslaugtests mit Eluatanalyse* auf die erwähnten Schwermetalle durchzuführen. Eine Verwendung der Asche als Zuschlag für Zement ist allerdings besser als eine Deponierung.

Parameter des Abwassers von Rauchgaswaschanlagen: Abfiltrierbare Stoffe (Grenzwert 30 mg/L, CSB (Grenzwert bei Einsatz von Branntkalk 80 mg/L, bei Einsatz von Kalkstein 150 mg/L), Sulfat (Grenzwert 2000 mg/L), Sulfit (Grenzwert 20 mg/L), Fluorid (Grenzwert 30 mg/L), Sulfid (Grenzwert 0,2 mg/L), Schwermetallgehalte.

Parameter des Abgases (Rauchgases): O_2-, CO_2-, CO-, NO_x-, SO_2-, C-Gehalt, Gehalt an anorganischen Chlor- und Fluorverbindungen (HCl, HF u. a.), Gesamtstaub-Gehalt, Gehalte an Dioxinen, Furanen sowie anderen toxischen organischen Verbindungen.

9.4.3.2 Prozeßschritte der Müllverbrennung

Gelangt der Müll in den Brennraum, erfolgt zunächst die große Energiemengen (2 bis 3 MJ/kg) erfordernde **Trocknung** durch Verdampfung des Wassers. Die Freisetzung von flüchtigen Stoffen, wie Schwelgase, Kohlenwasserstoffe und Teere, sowie die Abtrennung des Kapillarwassers erfolgt bei weiterer Erwärmung im Bereich von 250 bis 900 °C. Die Zündtemperatur der bei dieser **Entgasung** oder **Pyrolyse** anfallenden Schwelgase liegt bei etwa 250 bis 300 °C, während der Entgasungsrückstand Koks, der als fixer Kohlenstoff bezeichnet wird, erst bei hohen Temperaturen von 750 bis 800 °C zündet. Im Temperaturbereich von 800 bis 1200 °C beginnt der fixe Kohlenstoff mit Hilfe des eingeblasenen Luftsauerstoffs zu vergasen. Die wichtigsten Reaktionen der Bildung der Vergasungsprodukte CO_2 und H_2O lauten wie folgt:

$$C + O_2 \rightarrow CO_2 \qquad C + CO_2 \rightarrow 2\,CO$$

$$C + H_2O \rightarrow CO + H_2 \qquad CO + H_2 + O_2 \rightarrow CO_2 + H_2O$$

Temperaturen von 1200 °C dürfen wegen der Gefahr des unerwünschten Weichwerdens der Asche nicht überschritten werden. *Gegen Ende der Feuerungsstrecke werden die bei der* ***Vergasung*** *noch übriggebliebenen festen und gasförmigen Stoffe endgültig* ***verbrannt,*** so daß in der Asche maximal noch 5% Restanteil des fixen Kohlenstoffs vorliegt.

9.4.3.3 Rauchgasbehandlung

Flugasche, Staub, Kohlendioxid, Kohlenmonoxid, Stickoxide, Schwefeldioxid, Salzsäure, Fluorwasserstoff, Quecksilber, Cadmium, Blei, Dioxine und Furane sind einige der im unbehandelten Rauch vorhandenen Stoffe. Sie müssen möglichst quantitativ aus dem emittierten Abgas entfernt werden, mindestens so, daß die *Grenzwerte der* **Technischen Anleitung zur Reinhaltung der Luft** nicht überschritten werden. Für die **Entstaubung** sind filternde Abscheider mit Geweben oder Filzen als Filtermedium hauptsächlich aus zwei Gründen besser geeignet als die weit verbreiteten Elektrofilter. Zum einen ist der Abscheidegrad von Feinstaub sehr hoch (Staubgehalte unter 30 mg/m³ sind möglich), zum anderen werden beim Einsatz in der Vor- und Endreinigung beträchtliche Mengen der Schadgase abgeschieden. Dadurch kann manchmal sogar auf Gaswaschanlagen und Naßreinigungen verzichtet werden. Durch die aggressiven Gase und durch Hydrolyse bedingt, ist die Lebensdauer der Mineral- oder Kunststoffasern allerdings begrenzt.

Obwohl die Bildung von Stickoxiden teilweise durch die Steuerung der Verbrennung unterdrückt werden kann, sollten auch kleinere Gehalte entfernt werden. Eine **Entstickung** ist in Katalyse-Reaktoren möglich. Durch Beimischung von Ammoniak oder Harnstoff reagieren die Stickoxide beim Durchströmen einer 350 °C heißen Katalysatorschüttung aus Vanadiumpentoxid, z. B.

$$NH_2{-}CO{-}NH_2 + H_2O \rightarrow 2\,NH_3 + CO_2$$

$$6\,\overset{+II}{N}O + 8\,\overset{-III}{N}H_3 + 3\,\overset{0}{O}_2 \rightarrow 7\,\overset{0}{N}_2 + 12\,H_2\overset{-II}{O}$$

Zum Teil kann SO_2 zu SO_3 oxidiert werden, das mit eventuell überschüssigem NH_3 in Gegenwart von H_2O zu Ammoniumhydrogensulfat und ggf. weiter zu Ammoniumsulfat reagiert.

$$NH_3 + H_2O + SO_3 \rightarrow NH_4HSO_4$$
$$NH_3 + NH_4HSO_4 \rightarrow (NH_4)_2SO_4$$

Bei der weiteren ***Rauchgasbehandlung*** *unterscheidet man* ***nasse Verfahren, quasitrockene Verfahren (Sprühverfahren)*** *und* ***Trockenverfahren.*** Bei den *nassen Verfahren* werden die z.B. durch die Waschlösung auf unter 100°C abgekühlten Rauchgase mit Hilfe flüssiger Absorptionmittel wie Wasser, Ammoniak, Ammonium-, Natrium-, Calcium-, Magnesium- und Aluminium-Verbindungen durch *Chemisorption* entfernt. Bei zweistufiger Verfahrensweise werden zunächst hauptsächlich Salzsäure und Fluorwasserstoff und dann hauptsächlich Schwefeldioxid gebunden.

$$HCl + H_2O \rightarrow H_3O^+ + Cl^-$$
$$2\ NaOH + SO_2 \rightarrow Na_2SO_3 + H_2O$$

Eine Weiterbehandlung durch Neutralisation, Fällung und Abtrennung des Schlammes durch Filtration oder Zentrifugieren und Rückführung des gereinigten Waschwassers erfolgt in den meisten Fällen.

Bei den *Quasitrockenverfahren* werden die Absorptionsmittel Natronlauge und Kalkmilch in den Rauchgasstrom eingesprüht. Das Wasser verdampft und die sauren Rauchgasbestandteile reagieren mit festem Natriumhydroxid NaOH oder Calciumhydroxid (Löschkalk) $Ca(OH)_2$.

$$Ca(OH)_2 + 2\ HCl \rightarrow CaCl_2 + 2\ H_2O$$
$$2\ Ca(OH)_2 + 2\ SO_2 + O_2 + 2\ H_2O \rightarrow 2\ CaSO_4 \cdot 2\ H_2O$$

Durch Filter wie Gewebefilter werden die gebildeten Salze und der Staub entfernt.

Durch fein zerstäubt eingeblasene, alkalisch reagierende Kristalle werden die sauren Rauchgasbestandteile bei den *Trockenverfahren* teils infolge von Adhäsionskräften durch Adsorption, teils durch Absorption oder Chemisorption entfernt. Bei Verwendung von Aktivkohle erfolgt die Entfernung durch Adsorption, die anderen Stoffe wie Kupfer(II)-Oxid, Ammoniak, Natrium-, Calcium- und Magnesium-Verbindungen binden die Schadstoffe auch durch Chemisorption.

Beispiele: Kalkhydrat und Kalkstein reagieren zunächst zu Calciumoxid, welches die verschiedenen Gase bindet:

$$Ca(OH)_2 \rightarrow CaO + H_2O$$
$$CaCO_3 \rightarrow CaO + CO_2$$
$$CaO + SO_2 + 1/2\ O_2 \rightarrow CaSO_4$$
$$CaO + SO_3 \rightarrow CaSO_4$$
$$CaO + 2\ HCl \rightarrow CaCl_2 + H_2O$$
$$CaO + (HF)_2 \rightarrow CaF_2 + H_2O$$

Durch Filter können auch hier die gebildeten Salze sowie der Staub entfernt werden. *Ein Reinstaubgehalt (Staubgehalt des gereinigten Gases) unter 30 mg/m³, HCl-Gehalt unter 50 mg/m³, HF-Gehalt unter 2 mg/m³, SO_2-Gehalt unter 100 mg/m³ müssen durch Kombination der Entstaubungs- und Gasbehandlungsverfahren mindestens erreicht werden.* Weitere Kriterien bei der Wahl der Verfahren sind natürlich vor allem die Minimierung der Kohlendioxid-, Stickstoff-, Schwermetall-, Dioxin-, und Furan-Emissionen. In Karlsruhe ist ein Verfahren in der Entwicklung, das eine gute Eliminierung der Schwermetalle, Dioxine und Furane verspricht:

Die **Hausmüllverbrennung** erfolgt bei Temperaturen von 1000 °C. Bei solchen und noch höheren Temperaturen werden eventuell gebildete Dioxine zersetzt. Nach Abkühlung auf 250 °C werden die Rauchgase über Zyklone (Fliehkraftabscheider für Rauchgase) entstaubt. Durch unter hohem Druck eingesprühtes Wasser entstehen Säuren, z. B. Salzsäure. Diese löst aus den Flugaschen die enthaltenen Schwermetalle, die nach Abtrennung aus der Salzsäure wiederverwendet werden können. Die ausgelaugten Flugstäube werden in die Brennkammer zurückgeführt, um organische Schadstoffreste zu zerstören. Eine Verbrennung des Hausmülls bei Temperaturen von 1000 °C und mehr ist aus Gründen der besseren Schadstoffeliminierung sehr empfehlenswert.

9.4.3.4 Sonderabfallverbrennung

Sonderabfall wird in **Hochtemperaturverbrennungsanlagen** verbrannt, wobei Temperaturen von 1500 °C bis 1700 °C erreicht werden. Bewährt und zudem geeignet für flüssige und pastöse Abfälle hat sich auf diesem Gebiet die *Drehofenfeuerung mit anschließender Nachverbrennung.* Da eine Emission von Dioxinen, deren Bildung z. B. durch Dimerisierung von Chlorphenolen erfolgen kann, bei diesen sehr hohen Temperaturen stark reduziert ist oder nicht auftritt, sollte die Hochtemperaturverbrennung auch bei Hausmüll verstärkt erfolgen.

9.4.4 Pyrolyse

Das Verfahren der **Pyrolyse** oder **Entgasung unter Abwesenheit von Sauerstoff** in *Drehtrommeln* oder *Wirbelschichtreaktoren* stellt vor allem bei kleinen Einzugsgebieten eine Alternative zur Verbrennung dar. Die organischen Verbindungen werden zersetzt, in kleinere Moleküle gecrackt, die aus dem Schwelgas beim Abkühlen kondensieren. Da bei der *Tieftemperaturpyrolyse* 450 °C, der *Mitteltemperaturpyrolyse* 800 °C und selbst bei der *Hochtemperaturentgasung* nur 1000 °C erreicht werden, bleiben *viele Schwermetalle im Rückstand,* sind daraus zurückzugewinnen und *werden nicht emittiert.* Allerdings gibt es wegen der unterschiedlichen, schwankenden Zusammensetzung des Mülls noch technische Schwierigkeiten, während das Verfahren sich bei homogenen Stoffen wie Kohle, Holz, Rohöle und zum Recycling von Altreifen und Kunststoffen bewährt hat. Trotzdem sollte die Pyrolyse im Rahmen der Abfallentsorgung verstärkt eingesetzt werden. Zum einen sind die Pyrolysegasmengen wesentlich geringer als die Abgasmengen einer Verbrennungsanlage und können besser gereinigt werden, zum anderen stellen sie zusammen mit der flüssigen Fraktion und dem Rückstand aufgrund des hohen Anteils brennbarer

Komponenten eine speicherfähige Energieform mit hohem Heizwert dar. Neben den auch bei der Verbrennung relevanten Parametern ist die *Bestimmung der Zusammensetzung von Pyrolysegas, -öl und -rückstand analytisch von großer Bedeutung.*

9.4.5 Kompostierung

Organische Abfälle wie Gartenabfälle, zerkleinerte Pappe, zerkleinertes Papier und Holz können durch aerobe und anaerobe mikrobielle Tätigkeit abgebaut und stabilisiert werden. *Das Endprodukt ist **Kompost,** durch den aufgrund seines hohen Nährstoffgehaltes und aus ökologischen Gründen Kunstdünger und Torf möglichst weitgehend ersetzt werden sollten. Es gilt, **optimale Lebensbedingungen für die Mikroorganismen** zu schaffen.* Der günstigste Wassergehalt liegt bei 50%. Zu hohe Gehalte verdrängen Sauerstoff, zu niedrige Gehalte hemmen die mikrobielle Tätigkeit. Bei einem zu niedrigen Sauerstoff-Gehalt dominieren anaerobe Prozesse im sauren Milieu, die zur unerwünschten Methan-Gärung führen können. Im Verlauf der Kompostbildung, des Rottevorgangs, steigt die Temperatur durch die exothermen, vor allem aeroben Stoffwechselreaktionen bis ca. 75 °C an, die dann langsam wieder mit fortlaufender Stabilisierung geringer wird. Durch die höheren Temperaturen, aber auch durch gebildete antibiotische Stoffwechselprodukte wie Penicillium erfolgt ein Abtöten vieler pathogener Keime und damit eine weitgehende **Desinfektion.**

Ein wichtiger Indikator zur Beurteilung der Nährstoffe ist das **C:N-Verhältnis.** Sehr förderlich für den Abbau und Mineralisierung ist ein C:N-Verhältnis von 20:1. Hausmüll hat ein C:N-Verhältnis von etwa 35:1, so daß eine Zugabe von schwermetallarmem Klärschlamm, dessen C:N-Verhältnis bei etwa 10:1 liegt, eine Verbesserung bringt. *Der Stickstoff wird von den Mikroorganismen benötigt, um Proteine, die als Enzyme beim Abbau wirken, produzieren zu können.* Ein Zusatz von Mikroorganismen, Enzymen oder Würmern kann den Rottevorgang beschleunigen. Neben dem Abbau, der bis zu anorganischen Stoffen wie stickstoff-, phosphor- oder schwefelhaltigen Ionen führen kann, finden im Laufe des Rotteprozesses aber auch Umbauvorgänge unter Synthese einer Vielzahl hochmolekularer organischer Verbindungen statt. Für die Beurteilung des Reifezustandes ist die Ermittlung des Gehalts der Ionen von Bedeutung. Die eluierten, extrahierten Ionen können z. B. mit Schnelltests halbquantitativ ermittelt werden. Beträgt das Verhältnis der Gehalte von $NH_4^+ : NO_3^-$ 1:2 oder mehr, ist die Nitrifikation weit fortgeschritten und der Kompost hat einen guten Reifezustand erreicht. Tab. 9-1 gibt Nährstoffgehalte verschiedener Substrate wieder.

Tab. 9-1: Durchschnittliche Nährstoffgehalte im Trockenrückstand (TR), angegeben als Massenanteil in %, nach van Landschoot et al.

		w in %		
Substrat	N	P_2O_5	K_2O	organische Substanz
Klärschlamm	1,98 bis 3,8	0,28 bis 5,6	0,06 bis 0,22	43 bis 62
Kompost	0,9 bis 1,4	0,5 bis 0,9	1,0 bis 2,4	32 bis 57
Dung	0,55 bis 2,5	0,38 bis 1,8	0,35 bis 1,6	65 bis 67
konzentrierter Schweinedung	3,2	1,3	1,7	80

9.5 Recycling (Wiederverwendung und Weiterverwertung von Abfallstoffen)

9.5.1 Begründung der Notwendigkeit von Recycling

Viele Stoffe des Abfalls sind wiederverwendbar oder weiterverwertbar und somit **Wertstoffe.** Aus den Wertstoffen lassen sich Rohstoffe zurückgewinnen, die wiederum zu neuen Produkten verarbeitet werden können. Dabei können die Verbindungen der Wertstoffe chemisch umgewandelt werden, z. B. bei der Pyrolyse von Altreifen oder Kunststoffen, oder Wertstoffe von Verunreinigungen getrennt und in reiner Form wieder genutzt werden wie die Metalle. Die Verbrennung, bei der zwar viele Abfälle zur Erzeugung von nutzbarer Energie für Fernwärme, Strom usw. eingesetzt werden, ist von daher kein Recycling-Verfahren, auch wenn durch die Rauchgasbehandlung verwertbare Stoffe anfallen. Im engeren Sinne wird der durch Recycling erhaltene Stoff aus dem gleichen, im Abfall verunreinigt vorliegenden Stoff durch physikalische, chemische und biologische Aufbereitungsverfahren zurückgewonnen. Vor allem die Rückgewinnung von Metallen hat wegen der immer knapper werdenden Reserven größte Bedeutung. *Pappe- und Papier-Recycling ist allein schon aus Gründen des Erhalts der Holzressourcen auf der Erde unbedingt notwendig, Kunststoffrecycling zur Schonung der Erdölreserven.* Primärenergieträger werden auch eingespart, wenn durch Recycling beträchtliche Energiemengen gespart werden, wie das beispielsweise beim Glas- oder Aluminium-Recycling der Fall ist.

9.5.2 Metalle

Für das Rückgewinnen von Metallen aus Abfällen hat die **Flüssig-Flüssig-Extraktion** offensichtlich heute schon eine *Vorrangstellung gegenüber anderen Verfahren, wie z. B. dem Ionenaustausch oder der Elektrolyse.* Dabei gehen Metall-Ionen aus der wäßrigen Abfallösung in eine mit Wasser nicht mischbare Phase, das Extraktionsmittel, über. Die von den betreffenden Metall-Ionen befreite, gereinigte wäßrige Phase bezeichnet man als Raffinat. In einem zweiten Schritt, der Strippstufe, erfolgte das Herauslaugen aus der organischen Phase in eine wieder wäßrige. Als Beispiel für organische Extraktionsmittel seien die Formeln zweier häufig benutzter Reagenzien wiedergegeben.

$$\left.\begin{array}{l} C_4H_9-O-CH_2-CH_2 \\ C_4H_9-O-CH_2-CH_2 \end{array}\right> O$$

n-Dibutylether des Diethylenglykols (Mittel zur Gold-Extraktion)

$$\left.\begin{array}{l} C_2H_5 \\ C_2H_5 \\ C_6H_{13} \end{array}\right> P = O$$

Diethylhexylphosphinoxid (Mittel zur Kupfer- und Zink-Extraktion)

Von besonderem Vorteil ist die *Selektivität* der eingesetzten Chemikalien, d. h. die Fähigkeit, ein bestimmtes Metall herauszulösen. Man arbeitet heute z. B. Galvanikschlämme, Galvanikabwässer, Laugungsabwässer von Abfallhalden, Fällschlämme der Abwasseraufbereitung oder bestimmte Schrotte durch Extraktion auf, wobei effektive Extraktionsmittel für die Metalle Uran, Vanadium, Chrom, Kupfer, Nickel, Cobalt, Zink, Quecksilber, Eisen sowie für generell zweiwertige Metalle existieren. Nachteilig wirken sich zur Zeit noch die hohen Preise vieler Extraktionsmittel aus, so daß Verluste, natürlich auch aus Umweltschutzgründen, unbedingt vermieden werden müssen.

Die Abtrennung von Metall-Ionen durch **Ionenaustauscher** hat in der Praxis große Bedeutung, u. a. bei der Regenerierung von Beiz-, Chromatier- und galvanischen Bädern (z. B. Phosphorsäure- und Schwefelsäurebeizen, Zink-, Chromatierbäder, Verchromungsbäder), bei der Entfernung giftiger Bestandteile aus Spülwässern und anderen Abwässern(z. B. Cyanide, Chrom-Verbindungen), bei der Rückgewinnung von Metallen aus Abwässern aller Art (vor allem Kupfer, Nickel, Chrom, Zink, Cadmium, Blei) mit Regenerierung des Ionenaustauschers und bei der Rückgewinnung von Edelmetallen aus Ab- und Spülwässern (z. B. Silber, Gold, Palladium).

Eine weitere Trennmöglichkeit ist die **Fällung,** die im Einzelfall auch spezifisch aufgrund der unterschiedlichen Löslichkeitsprodukte erfolgen kann. Anschließend kann der Niederschlag zwecks Gewinnung des Metalls, die oft elektrochemisch erfolgt, gelöst werden.

Bei Abfällen, die verschiedene Metalle enthalten, kann eine Auftrennung in die einzelnen Metalle auch durch Kombination der Trennverfahren erfolgen. Abb. 9-2 zeigt ein Beispiel.

Die aus den Abfällen abgetrennten Metalle liegen oft in Form wäßriger Lösungen ihrer Kationen vor. Bei der **Elektrolyse** werden bei einer bestimmten Spannung die Kationen an der Kathode zum Metall reduziert. Bei der **Elektrodialyse** wandern Kationen und Anionen durch besondere Membranen und werden an Kathode und Anode entladen. Beim **Zementieren** werden aus der Lösung eines edleren Metalles durch ein unedleres Metall Elektronen von den Kationen des edleren Metalles aufgenommen, das dadurch ausfällt. Eine für die Zukunft bedeutsame Methode der Metallabtrennung könnte im Einsatz spezieller **Mikroorganismen** liegen, *die aus Abwässern oder Industrierückständen* (Aschen, Schlacken, Filterrückstände, Schlämme) *Metalle auslaugen können.* Besonders die Alkalimetalle, Aluminium, Eisen, Mangan, Silicium, Kupfer sowie Metallsulfide lassen sich durch Bakterien in leichtlösliche Verbindungen umwandeln, aus denen die Metalle relativ einfach zu isolieren sind.

Beispiel:

$MeS + 2\ O_2 \rightarrow MeSO_4$
(Me zweiwertiges Metall-Ion)

Besonders wichtig ist das Recycling von Silber (zu ca. 62,5%), Eisen (zu ca. 60%), Zinn (zu ca. 49%), Blei (zu ca. 48%), Kupfer (zu ca. 40%), Aluminium (zu ca. 30%) und Zink (zu ca. 25%). Um die Recyclingquoten noch weiter zu erhöhen, sollte jeder Metalle getrennt sammeln und den Sondcrabfallsammelstellen übergeben.

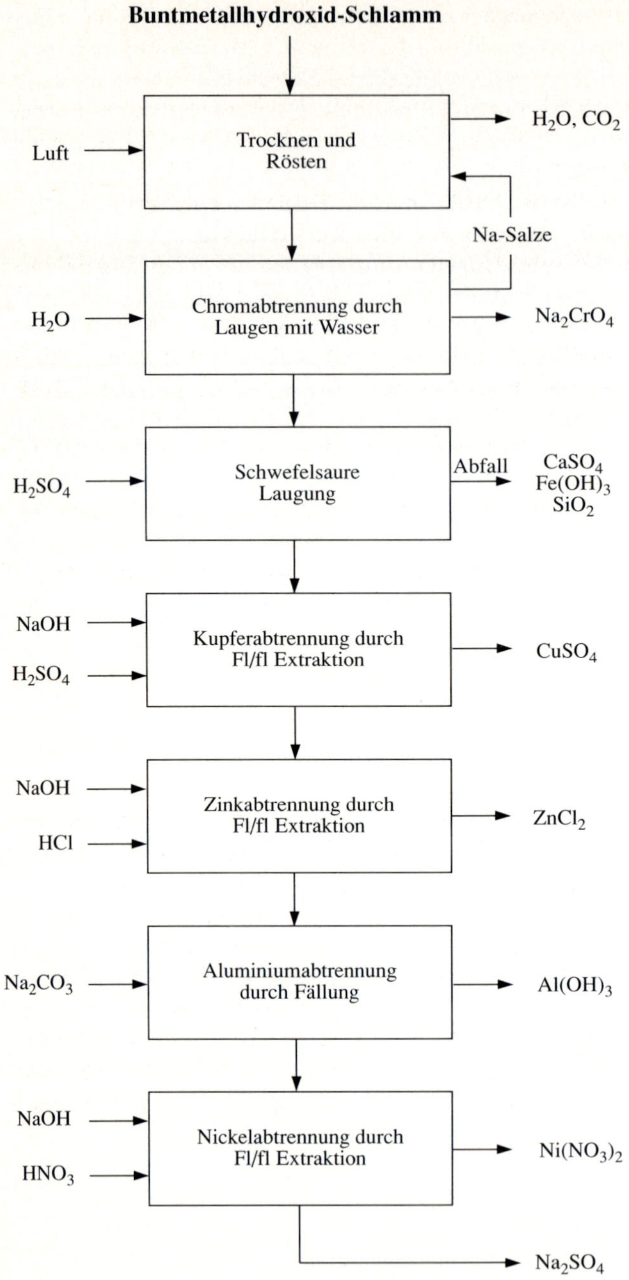

Abb. 9-2: Kombination von Trennverfahren zur Auftrennung einzelner Metalle aus Buntmetallhydroxid-Schlamm, nach Goldschmidt AG.

9.5.3 Papier, Pappe

Da Papier oft verunreinigt ist und sich noch nicht alle Sorten weiterverwerten lassen, weil sie sich nicht auflösen, beträgt der Anteil des durch Recycling verwerteten Papiers ca. 42%. Der wichtigste Schritt der Aufbereitung ist die Entfernung von Druckfarben und anderen Verunreinigungen. Im **De-Inking-Verfahren** wird zuerst aus Altpapier, Wasser und Chemikalien eine Pulpe hergestellt, gebleicht (Wasserstoffperoxid ist wesentlich umweltfreundlicher als Chlor, da bei der Chlorbleiche chlorierte KW entstehen) und danach die Farbe durch Anlagerung von Tensid-Teilchen hydrophobiert. Unter Einblasen von Luft erfolgt durch Flotation die Trennung vom Faserstoff. Der Faserstoff kann direkt zu Papier verarbeitet werden. Die Umwelt wird besonders durch Papierrecycling stark entlastet. *Die Primärzellstoff- und -holzschliffherstellung erfordert sehr große Energiemengen und bewirkt eine enorme Abwasserbelastung.*

Die Produktion von 1 t bewirkt eine Abwasserbelastung (Schmutzfracht) in kg CSB bei Zellstoff von 220 bis 250, bei Holzschliff von 25 bis 35, bei Papier aus Primärrohstoff 6 bis 10 und bei Papier aus Altpapier 7 bis 15. Die Energieeinsparung gegenüber der Primärerzeugung liegt bei 50%. 1 t Recyclingpapier spart 175 L Heizöl ein.

Bei Pappkartonverpackungen sollte stets die Möglichkeit der mehrmaligen Verwendung überprüft werden. Zudem läßt sich Pappe ebenso wie Papier nach Zerkleinerung auch kompostieren.

9.5.4 Glas

Die weiterverwertete Glasmenge könnte ohne weiteres verdoppelt werden. Bei 60% Scherbeneingabe wird nicht nur Energie gespart, sondern auch der Wasserverbrauch um 50%, die Luftverunreinigungen um 6 bis 22%, der Primärrohstoffeinsatz um 54%, der Abfall um 55% und der Abraum um 79% vermindert. Glas wird aus Soda, Sand, Kalk und Zusätzen hergestellt. Durch große Mengen anfallenden Calciumchlorid-Abwassers ist die Soda-Herstellung aus Steinsalz nach dem Solvayverfahren keineswegs umweltfreundlich. Bei der Weiterverwertung fallen pro kg Altglas 280 g Calciumchlorid weniger an. *Wichtig ist das getrennte Sammeln, möglichst in Recyclingkunststoffcontainern, um die Lärmemissionen zu mindern.* Denn in Weißglasabfällen dürfen nur maximal 0,005% grüne und 0,01% braune Scherben enthalten sein, wenn daraus erneut farbloses Weißglas hergestellt werden soll.

9.5.5 Reifen

Chemische Methoden der Reifenverwertung sind **Verbrennung** und **Pyrolyse.** Die Verbrennung zerkleinerter Altreifen ist in Zementwerken empfehlenswert, da die bei der Verbrennung auftretenden Schadstoffe in die Zementsteine eingebunden werden. Von den Bestandteilen Elastomere (ca. 47%), Ruß und anorganische Bestandteile wie Zinkoxid,

Schwefel (ca. 31%), Cord (ca. 7%) und Stahl (ca. 15%) lassen sich die beiden letzten bei einer Zerkleinerung mechanisch abtrennen. Da sich der Ruß bei der Pyrolyse chemisch kaum verändert, verbleibt für pyrolytische Reaktionen knapp 50% des Reifengewichts. Das Pyrolysegas enthält durch Crackung entstandene niedere Alkane und Alkene, vor allem Methan, höhere Anteile an Aromaten und kondensierten Aromaten. Weniger flüchtige, längerkettige Verbindungen sind Bestandteile des Pyrolyseöls. Vor allem die als Chemierohstoffe sehr wertvollen Aromaten können destillativ abgetrennt werden. Die Pyrolyseanteile, bezogen auf den Gesamtreifen, betragen ca.: 40% Koks, Ruß, Aktivkohle, 10% Methan, 20% flüssige KW (davon 15% aromatische KW), 8% ungesättigte Öle (als Weichmacher für die Reifenherstellung verwendbar), 12% bituminöse Stoffe (zum Straßenbau geeignet), 10% Metalle, Zinkoxid. Bei der Pyrolysegasnutzung durch Verbrennung muß eine Reinigung, d. h. Entschwefelung vorgenommen werden wegen der sonst sehr hohen SO_2-Emissionen.

9.5.6 Kunststoffe

Der Kunststoffanteil im Hausmüll beträgt 3 bis 4%. Davon sind 55% Polyethylen und Polypropylen, 20% Polystyrol, 15% Polyvinylchlorid und 10% sonstige Kunststoffe. Zwecks Verwertung sollten die Kunststoffe getrennt werden. *Polyethylen und Polypropylen schwimmen* im Gegensatz zu den anderen Kunststoffen auf dem Wasser und lassen sich dadurch abtrennen. Polyethylen ist weicher als Polypropylen und mit dem Fingernagel ritzbar. Aus Sperrmüll lassen sich großvolumige Schaumteile leicht separieren und durch Hydrolyse oder Pyrolyse verwerten. Ein moderner PKW enthält 60 kg Kunststoff, von denen sich wenigstens die größeren Teile wie Polster, Armaturenbrett oder Stoßstangen bei der Verschrottung verwerten lassen. Aber auch aus Polypropylengehäusen der Autobatterien lassen sich neue im Automobilbau verwendbare Formteile herstellen.

Thermoplastische sortenreine Kunststoffe lassen sich durch **Umschmelzen,** d. h. erneute Formgebung mit Hilfe von Wärmezufuhr, Druck oder Lösemitteln, wiederverwenden.

Bei der **Hydrolyse** werden die Kunststoffe, vor allem Polykondensate, durch Einwirkung von hohem Druck, hoher Temperatur und Reaktion mit Wasserdampf umgesetzt unter Bildung der Ausgangsprodukte. Für dieses Verfahren eignen sich Kunststoffe wie Polyurethane (Polsterschäume, Matrazen, Beschichtungen, Autoteile), Polyamide und Polyester (Textilien, Bodenbeläge, technische Teile), die möglichst sortenrein sein müssen. Aufgrund der hohen Heizwerte sind nicht halogenhaltige Kunststoffe zur **Verbrennung** geeignet, zumal eventuell Heizöl gespart werden kann. Abgesehen von dem geringeren Heizwert gegenüber Polyethylen und Polystyrol sollten PVC und andere halogenhaltige Kunststoffe nicht verbrannt werden, da dabei aggressiver Chlorwasserstoff HCl entsteht und hochtoxische Dioxine gebildet werden können. Fast alle Kunststoffe können, auch vermischt und verunreinigt, pyrolytisch verwertet werden. Die Pyrolyseprodukte sind als Brennstoffe oder Chemierohstoffe nutzbar.

Zur Sammlung von Styropor und ähnlichen, meist Verpackungszwecken dienenden Kunststoffen werden im Saarland bereits in regelmäßigen Abständen Container aufgestellt.

Eine Herstellung von Containern aus auch vermischten Kunststoffabfällen zur Sammlung von Glas, Papier usw. ist aus Gründen der Lärmemissionsverminderung und Metall- und Korrosionsschutzmitteleinsparung dringend zu empfehlen.

9.5.7 Lösungsmittel

Organische Lösungsmittel finden vielfältige Verwendung (Extraktion, Kristallisation, Herstellung von Lacken, Klebstoffen, Fäden, Fasern, Borsten, Folien, Arzneimitteln, Reinigungsmitteln, Schuhcremes, Bohner-, Stempelmassen, Korrekturflüssigkeiten, Frostschutzmitteln, Abbeiz- und Entfettungsmittel). *Wichtige Lösungsmittelgruppen sind aliphatische KW (Benzine), aromatische KW (Benzol, Toluol, Xylol usw.), HKW, Alkohole (Methanol, Ethanol, Isopropanol usw.), Ester, Ketone und Ether.* Mehr als 100000 t lösungsmittelhaltige Rückstände und verschmutzte Lösungsmittel fallen pro Jahr bei uns an. *Die Entsorgung geschieht durch Deponierung, Verbrennung und* am sinnvollsten durch *Recycling.* Die Recyclingquote könnte bei Optimierung des Informationsflusses und des Sammel- und Transportsystems auf ca. 90% gesteigert werden. Da Lösungsmittel leicht verdunsten, sind sie Bestandteil der Abluft. *Diese gasförmigen Lösungsmittel können durch Kondensation, Absorption oder Adsorption wiedergewonnen werden.* Das letzte Verfahren, vor allem unter Verwendung von Aktivkohle, ist am wirkungsvollsten und wirtschaftlichsten. Wirkungsgrade von 99% können erreicht werden. Die Kosten betragen ca. ein Zehntel der Kosten für Neuware.

Wichtig ist auch eine Eliminierung von Lösungsmitteldämpfen an Kraftstoffabfüllstationen durch Adsorptionsmaterialien oder Kondensation durch Tiefkühlung. Ansätze dazu sind vorhanden. So werden allein 50000 bis 60000 t Benzol über den Kraftfahrzeugverkehr jährlich bei uns freigesetzt.

Aus flüssigen oder pastösen Rückständen erfolgt das Recycling im wesentlichen durch thermische Verfahren wie Destillation und Rektifikation diskontinuierlich oder kontinuierlich. Wasserunlösliche und mit Wasser ein azeotropes Gemenge (Gemenge, das einen gemeinsamen Siedepunkt besitzt.) bildende Lösungsmittel, lassen sich durch Wasserdampfdestillation trennen. Lösungsmittel, die sich bei höheren Temperaturen zersetzen oder polymerisieren, werden durch Vakuumdestillation besonders wirtschaftlich aufbereitet. Bei in Wasser löslichen Stoffe ist die Destillation mit indirekter Beheizung einsetzbar. Auch bei diesen Verfahren betragen die Kosten etwa ein Zehntel der Kosten für Neuware. Die zurückgewonnenen Lösungsmittel, die sog. Regenerate, werden entweder in den Produktionsprozeß zurückgegeben oder gehen in den freien Handel.

9.5.8 Fluor-Chlor-Kohlenwasserstoffe (FCKW), Kühlschränke

Neben Kohlendioxid mit 50%, Methan mit 19%, Ozon mit 8% und Distickstoffoxid (Lachgas) mit 4% sind auch FCKW nach neuesten Schätzungen zu 20 bis 25% am Treibhauseffekt beteiligt. 1 t FCKW hat dabei die gleiche Wirkung wie 5500 t CO_2. Ein Ersatz dieser Stoffe ist auch von daher unbedingt erforderlich. Solange sie noch verwendet werden (25% als Kühlmittel, 25% zur Verschäumung von Kunststoffen, 16% als Reinigungsmittel, 25% als Treibmittel in Spraydosen), muß das Recycling optimiert werden.

Aus dem Isoliermaterial alter Kühlschränke, dem Polyurethanschaum, lassen sich FCKW nach einem in Siegburg entwickelten Verfahren unter hohem Druck durch Auspressen entfernen und so zu 99% rückgewinnen. FCKW-haltige Kühlmittel müssen aus möglichst allen 2,5 Mio jährlich bei uns anfallenden Altkühlschränken mit über 800 t FCKW ebenfalls entfernt und recycelt werden, was durch Absaugen erfolgen kann. Chlor-difluor-methan $CHClF_2$ wird bereits in den niederen Luftschichten abgebaut. Obwohl von daher nur 5 bis 10% in die ozontragende Stratosphäre gelangen, ist diese Substanz nur eine zeitweilige Alternative zum in Kühlschränken meist verwandten Dichlor-difluor-methan. Viel besser sind chlorfreie FCKW-Ersatzstoffe, da dann durch die UV-Strahlung überhaupt keine ozonzerstörenden Chlor-Radikale mehr entstehen können. Ein einziges Chloratom kann bis zu 100000 Ozonmoleküle zerstören. Ab 1992 werden diese Stoffe wegen des dann erforderlichen höheren Bedarfs (s. auch Abschn. 5.6.2) in größerem Maße hergestellt.

9.5.9 Altöle

Altöl ist jede Emulsion mit mehr als 4% Öl. Fast 95% wird in Raffinationsanlagen zu Schmierölen aufgearbeitet. Durch Schwefelsäure-Verwendung entstehen aber auch auf Sondermülldeponien zu lagernde Abfälle. Eine weitere Möglichkeit bietet das *Dekantierverfahren.* Durch Erhitzen oder mit Hilfe von Fällungsmitteln setzt sich Ölschlamm ab, Öl schwimmt auf. Ein dazwischenbefindliches Öl-Fremdstoffgemenge wird in einer Emulsionstrennanlage durch chemisch-physikalische Verfahren separiert. Öl und Schlamm werden meist verbrannt, der Rest in einem Klärwerk gereinigt. Eine mikrobielle Reinigung ist hier empfehlenswert, da bei der Verbrennung eine Stützfeuerung notwendig ist, und bei der Deponierung von Ölschlamm ein Energieträger ungenutzt beseitigt wird.

9.5.10 Klärschlamm

Neben der landwirtschaftlichen Verwertung, der Kompostierung oder Deponierung ist die Entsorgung durch Verbrennung nach vorhergehender Trocknung möglich. Dies sollte aber nur bei sehr geringen Schwermetallgehalten geschehen. Die Möglichkeit, Rohöl aus Klärschlamm herzustellen, dürfte vielleicht zukünftig eine größere Bedeutung erlangen.

9.5.11 Bauschutt

Mit ca. 125 Mio t ist die *Bauschutt- und Bodenaushubmenge fünfmal so groß wie die Hausmüllmenge.* Asphaltanteile des Bauschutts sollten weiterverwertet werden, da Bitumen der Rückstand der Erdöldestillation ist. Die natürlichen Rohstoffe für Baustoffe sind knapp. Bauschutt hat einen großen Deponiebedarf und ist keinesfalls ein harmloses, inertes Material. Von daher sollte Bauschutt für den Straßenbau, für Lärmschutzwälle, wassergebundene Verkehrsflächen und Wegebau, für Unterbau, Hinterfüllung und Überschüttung von Bauwerken, zur Bodenverfestigung, Untergrundverbesserung und für Leitungsgräben verwendet werden. Im Hochbau sind Verwendungsmöglichkeiten für Tragschichten ohne Bindemittel, hydraulisch gebundene Tragschichten, Tragschichten mit bituminösen Bindemitteln, bituminöse Decken oder Beton gegeben. Die Aufbereitung von Bauschutt und Straßenaufbruch ist wirtschaftlich durchführbar. Bei Ausschreibungen von Bauvorhaben sollten den Sekundärrohstoffen eine Präferenz gegeben werden, da das *Recyclingpotential bei weitem nicht ausgeschöpft* ist.

Anhang A Qualitätsanforderungen, Richt- und Grenzwerte für verschiedene Wasserarten, Abwässer, Klärschlamm und Boden

Die folgenden Tabellen A-1 bis A-10, A-12 und A-13 sind dem Werk Rump. H. H., und Krist, H.: *Laborhandbuch für die Untersuchung von Wasser, Abwasser und Boden,* 1. Aufl. VCH Verlagsgesellschaft mbH, Weinheim, 1987 entnommen, mit freundlicher Genehmigung.

1. Oberflächenwässer

Tab. A-1: Anforderungen an die Mindestgüte für Fließgewässer in der BRD (Grundlage: Gewässergüteklasse II/III).

Parameter	Mindestgüte	1. Sanierungs-anforderung
max. Temperatur (°C)		
a) sommerkühle Gewässer	25	25
b) sommerwarme Gewässer	28	28
Sauerstoff (mg/L)	4	4
pH-Wert	6 bis 9	6 bis 9
Ammonium (NH_4^+-N) (mg/L)	1	2
BSB_5 ohne Nitrifik.-hemmung (mg/L)	7	10
CSB (mg/L)	20	30
Phosphor (mg/L)	0,4	1
Eisen (mg/L)	2	3
Zink (mg/L)	1	1,5
Kupfer (mg/L)	0,05	0,06
Chrom (mg/L)	0,07	0,1
Nickel (mg/L)	0,05	0,07

Tab. A-2: Güteanforderung an Fischereigewässer in der BRD (Grundlage: Gewässergüteklasse II).

Parameter	Salmoniden-Gewässer	Cypriniden-Gewässer
max. Temperatur (°C)		
a) sommerkühle Gewässer	20	25
b) sommerwarme Gewässer	20	28
Sauerstoff (mg/L)	6	4
pH-Wert	6,5 bis 8,5	6,5 bis 8,5
Ammonium (NH_4^+-N) (mg/L)	1	1
BSB_5 ohne Nitrifik.-hemmung (mg/L)	6	6
CSB (mg/L)	20	20
Eisen (mg/L)	2	2
Zink (mg/L)		
a) bei $\beta(Ca^{2+})$ = 4 mg/L	0,03	0,3
b) bei $\beta(Ca^{2+})$ = 20 mg/L	0,2	0,7
c) bei $\beta(Ca^{2+})$ = 40 mg/L	0,3	1
Kupfer, gelöst (mg/L)		
a) bei $\beta(Ca^{2+})$ = 4 mg/L	0,005	0,005
b) bei $\beta(Ca^{2+})$ = 20 mg/L	0,022	0,022
c) bei $\beta(Ca^{2+})$ = 40 mg/L	0,04	0,04
Nitrit (NO_2^--N) (mg/L)	0,015	0,015

Tab. A-3: Qualitätsanforderung an Badegewässer (EG-Richtlinie von 1975).

Parameter	Richtwert	Zwingender Wert
Mikrobiologische Parameter		
Gesamtcoliforme/(100 mL)	500	10000
Fäkalcoliforme/(100 mL)	100	2000
Streptococcus feac./(100 mL)	100	–
Salmonellen/L	–	0
Darmviren PFU/(10 L)	–	0
Physikalisch-chemische Parameter		
pH-Wert	–	6 bis 9
Transparenz (m)	2	1
Färbung	–	keine anomale
Färbung	–	Änderung
Mineralöle (mg/L)	–(0,3)	kein sichtbarer Film
Anionische Tenside (mg/L)	–(0,3)	keine Schaumbildung
Phenolindex (mg/L)	0,005	0,005
Teer-Rückstände, Schwimmkörper	keine	–

2. Trinkwasser

Tab. A-4: Empfehlung der WHO zur Trinkwasserqualität (Auszug der WHO-Empfehlungen von 1984).

I Mikrobiologische Parameter

Organismus	Richtwert (Zahl/100 mL)	Bemerkungen
Wasserversorgung mit Leitungsnetz		
Aufbereitetes Wasser bei Einspeisung ins Netz		
E. coli	0	Trübung < 1 NTU; pH-Wert bei Chlorung < 8,0; nach 30 min. Kontaktzeit freies Chlor 0,2 bis 0,5 mg/L
Coliforme	0	
Nicht aufbereitetes Wasser bei Einspeisung ins Netz		
E. coli	0	In 28% der untersuchten Proben pro Jahr bei großen Wasserversorgungsanlagen
Coliforme	0	
Coliforme	3	gelegentlich, jedoch nicht in aufeinander folgenden Proben
Wasser im Netz		
E. Coli	0	In 95% der untersuchten Proben pro Jahr bei großen Wasserversorgungsanlagen
Coliforme	0	

Tab. A-4: (Fortsetzung).

Organismus	Richtwert (Zahl/100 mL)	Bemerkungen
Coliforme	3	gelegentlich, jedoch nicht in aufeinander folgenden Proben
Wasserversorgung ohne Leitungsnetz		
E. coli	0	
Coliforme	10	sollte nicht in aufeinander folgenden Proben auftreten.

II Chemische und organoleptische Parameter

Parameter	Richtwert	Bemerkungen
a)		
Farbe (TCU)	15	
Geruch und Geschmack	ohne	
Trübe (NTU)	5	möglichst 1 bei Desinfektion
pH-Wert	6,8 bis 8,5	
gelöste feste Stoffe (mg/L)	1000	
Härte als $CaCO_3$ (mg/L)	500	
Chlorid (mg/L)	250	
Sulfat (mg/L)	400	
Schwefelwasserstoff	nicht nachweisbar	
Natrium (mg/L)	200	
Eisen (mg/L)	0,3	
Mangan (mg/L)	0,1	
Aluminium (mg/L)	0,2	
Kupfer (mg/L)	1	
Zink (mg/L)	5	
b)		
Arsen (mg/L)	0,05	
Cadmium (mg/L)	0,005	
Chrom (mg/L)	0,05	
Cyanid (mg/L)	0,1	
Fluorid (mg/L)	1,5	
Blei (mg/L)	0,05	
Quecksilber (mg/L)	0,001	
Nitrat (mg/L)	45	
Selen (mg/L)	0,01	
c)		
Aldrin, Dieldrin (μg/L)	0,03	
Benzol (μg/L)	10	
Benzo(a)pyren (μg/L)	0,01	
Tetrachlorkohlenstoff (μg/L)	3	
Chlordan (μg/L)	0,3	
Chloroform (μg/L)	30	
2,4 D (μg/L)	100	
DDT (μg/L)	1	

Tab. A-4: (Fortsetzung).

Parameter	Richtwert	Bemerkungen
1,2 Dichlorethan (µg/L)	10	
1,1 Dichlorethan (µg/L)	0,3	
Heptachlor und Heptachlorepoxid (µg/L)	0,1	
γ-HCH (µg/L)	3	
Metoxychlor (µg/L)	30	
Pentachlorphenol (µg/L)	10	
Tetrachlorethen (µg/L)	10	
Trichlorethen (µg/L)	30	
2,4,6-Trichlorphenol (µg/L)	10	

Tab. A-5: EG-Richtlinie über die Qualität des Wassers für den menschlichen Gebrauch (1980).

Parameter	Richtzahl	Zulässige Höchstkonzentration	Bemerkungen
A. Organoleptische Parameter			
Färbung Pt/Co-Skala (mg/L)	1	20	
Trübung, SiO_2 (mg/L)	1	10	oder evtl. Sichttiefenmessung mit der Secchischeibe
Geruchsschwellenwert (Verd.-Faktor)	0	2 bei 12 °C 3 bei 25 °C	
Geschmacksschwellenwert (Verd.-Faktor)	0	2 bei 12 °C 3 bei 25 °C	
B. Physikalisch-chemische Parameter (in Verbindung mit der natürlichen Zusammensetzung)			
Temperatur (°C)	12	25	
pH-Wert	6,5 bis 8,5		
Elektrische Leitfähigkeit ($\mu S \cdot cm^{-1}$) (20 °C)	400		
Chlorid (mg/L)	25		Wirkungen ab 200 mg/L
Sulfat (mg/L)	25	250	
Calcium (mg/L)	100		
Magnesium (mg/L)	30	50	
Natrium (mg/L)	20	175	wird später nach Prüfung verringert
Kalium (mg/L)	10	12	
Aluminium (mg/L)	0,05	0,2	
Abdampfrückstand (mg/L)		1500	
C. Parameter für unerwünschte Stoffe			
Nitrat (mg/L)	25	50	
Nitrit (mg/L)		0,1	
Ammonium (mg/L)	0,05	0,5	
Kjeldahl-N (mg/L)		1	

Tab. A-5: (Fortsetzung).

Parameter	Richtzahl	Zulässige Höchstkonzentration	Bemerkungen
Oxidierbarkeit ($KMnO_4$) (mg/L)	2	5	
Schwefelwasserstoff		organoleptisch nicht nachweisbar	
mit $CHCl_3$ extrahierbare Stoffe (mg/L)	0,1		
mit Petrolether extrahierbare KW-Stoffe (mg/L)		0,01	
Phenolindex (mg/L)		0,0005	ausgenommen natürliche Phenole, die nicht mit Chlor reagieren
Bor (mg/L)	1		
anionaktive Tenside (mg/L) (als Laurylsulfat)		0,2	
Organochlorverbindungen (mg/L) (nicht Pestizide)	0,001	0,025	
Eisen (mg/L)	0,05	0,2	
Mangan (mg/L)	0,02	0,05	
Kupfer (mg/L)	0,1		nach 12 h Verbleib im Leitungsnetz 3 mg/L
Zink (mg/L)		0,1	nach 12 h Verbleib im Leitungsnetz 5 mg/L
Phosphor (mg/L) (als P_2O_5)	0,4	5	
Fluorid (mg/L)		1,5 (8 bis 12 °C) 0,7 (25 bis 30 °C)	
Barium (mg/L)	0,1		
Silber (mg/L)		0,01	evtl. 0,08
D. Parameter für toxische Stoffe			
Arsen (mg/L)		0,05	
Cadmium (mg/L)		0,005	
Cyanide (mg/L)		0,05	
Chrom (mg/L)		0,05	
Quecksilber (mg/L)		0,001	
Nickel (mg/L)		0,05	
Blei (mg/L)		0,05	
Antimon (mg/L)		0,01	
Selen (mg/L)		0,01	
Pestizide		0,0001 je Substanz 0,0005 insgesamt	
Polycyclische aromatische KW-Stoffe (mg/L)		0,0002 6 Referenzstoffe	

Tab. A-5: (Fortsetzung).

Parameter	Richtzahl	Zulässige Höchstkonzentration	Bemerkungen
E. Mikrobiologische Parameter			
Koloniezahl bei 37 °C [Zahl/(1 mL)]		10	
Koloniezahl bei 22 °C [Zahl/(1 mL)]		100	
E. coli [Zahl/(100 mL)]		0	Membranfiltermethode
		1	Titerbestimmung
Coliforme		0	Membranfiltermethode
		1	Titerbestimmung
Fäkal-Streptococcen		0	Membranfiltermethode
		1	Titerbestimmung
Sulfitreduzierendes Clostridium [Zahl/(20 mL)]		1	Titerbestimmung

Tab. A-6: Trinkwasser-Verordnung der Bundesrepublik Deutschland von 1986 (Auszug).

Parameter	Grenzwert
I Grenzwerte für chemische Stoffe	
Aluminium (mg/L)	0,2
Ammonium (mg/L)	0,5
Arsen (mg/L)	0,04
Blei (mg/L)	0,04
Cadmium (mg/L)	0,005
Chrom (mg/L)	0,05
Cyanid (mg/L)	0,05
Fluorid (mg/L)	1,5
Nickel (mg/L)	0,05
Nitrat (mg/L)	50
Nitrit (mg/L)	0,1
Quecksilber (mg/L)	0,001
Sulfat (mg/L)	240 (ausgenommen bei sulfathaltigem Untergrund)
Polycyclische aromatische KW-Stoffe (als C) (mg/L)	0,0002
Summe an 1,1,1-Trichlorethan, Trichlorethen, Dichlormethan (mg/L)	0,025
Tetrachlormethan (mg/L)	0,003

Tab. A-7: EG-Richtlinie über Qualitätsanforderungen an Oberflächenwasser für die Trinkwasser-Gewinnung von 1975 (Richtwerte).

Parameter	Behandlungskategorien		
	A_1	A_2	A_3
Färbung nach einfacher Filtration Pt-Farbgrad (mg/L)	20	100	200
Temperatur (°C)	25	25	25
Ammonium (mg/L)	–	1,5	4
Nitrat (mg/L)	50	50	50
Fluorid (mg/L)	1,5	–	–
gelöstes Eisen (mg/L)	0,3	2	–
Kupfer (mg/L)	0,05	–	–
Zink (mg/L)	3	5	5
Arsen (mg/L)	0,05	0,05	0,1
Cadmium (mg/L)	0,005	0,005	0,005
Gesamtchrom (mg/L)	0,05	0,05	0,05
Blei (mg/L)	0,05	0,05	0,05
Selen (mg/L)	0,01	0,01	0,01
Quecksilber (mg/L)	0,001	0,001	0,001
Barium (mg/L)	0,01	1	1
Cyanid (mg/L)	0,05	0,05	0,05
Sulfat (mg/L)	250	250	250
Gelöste oder emulgierte Kohlenwasserstoffe (mg/L)	0,05	0,2	1
Polycyclische aromatische Kohlenwasserstoffe (mg/L)	0,0002	0,0002	0,001
Gesamt-Pestizide (mg/L)	0,001	0,0025	0,005

Kategorie A_1:
einfache physikalische Behandlung und Desinfektion (z.B. Schnellfiltration und Desinfektion).

Kategorie A_2:
normale physikalische Behandlung, chemische Behandlung und Desinfektion (z.B. Vorchlorung, Koagulation, Flokkulation, Dekantation, Filtration, Desinfektion).

Kategorie A_3:
intensive physikalische und chemische Behandlung [z.B. Knickpunktchlorung, Koagulation, Flokkulation, Dekantation, Filtration, Adsorption (A-Kohle), Desinfektion (Ozon, Chlor)].

Tab. A-8: Verwendung von Zusatzstoffen für die Aufbereitung von Trinkwasser.

Stoff	Höchstzulässige Zugabe (mg/L)	Höchstmenge im aufbereiteten Trinkwasser (mg/L)
Chlor, Na-, Ca-, Mg-hypochlorit, Chlorkalk (Cl_2)	1,2 bis 1,8	0,3 bis 0,6
Chlordioxid (ClO_2)	0,4	0,2 bis 0,4
Ammoniak, Ammoniumchlorid, -sulfat (NH_4^+)	0,5	0,5
Ozon (O_3)		0,05
Silber, Silberchlorid, -sulfat (Ag^+)	0,1	0,1
Mono- und Polyphosphorsalze (Na, K, Ca) (PO_4^{3-})	4,7	4,7
Schwefeldioxid Na-, Ca-sulfit (SO_3^{2-})	5	2
Wasserstoffperoxid (H_2O_2)	17	5
Eisen(III)-chlorid, Eisen-sulfat (II, III), Eisensulfatchlorid (Fe)	–	0,1
Kaliumpermanganat (Mn)	–	0,05
Aluminiumsulfat, -chlorid, -hydroxichlorid, -hydroxisulfat, Na-aluminat, Aluminiumhydroxichloridsulfat (Al)	–	0,2
Tone, Aktivkohle	–	0,5
Polyacrylamide	1	0,005
Kieselsäure, Na-silicat (SiO_2)	40	–
Natrium-Ionen (Na^+)		150
Magnesium-Ionen (Mg^{2+})		50

Neben den aufgeführten Stoffen dürfen folgende Stoffe bei der Aufbereitung von Trinkwasser verwendet werden:
Calciumcarbonat, halbgebrannter Dolomit, Calciumoxid, Calciumhydroxid, Magnesiumcarbonat, Magnesiumoxid, Magnesiumhydroxid, Natriumcarbonat, Natriumhydroxid, Natriumhydrogencarbonat, Schwefelsäure, Salzsäure.

3. Wasser für Bauzwecke

Tab. A-9: Richtwerte für Beton-Anmachwasser.

Bestandteil	Richtwert
Freies CO_2 (mg/L)	25
pH-Wert	ca. 7
Sulfid (mg/L)	nicht nachweisbar
Sulfat (mg/L)	250
Chlorid (mg/L)	1500
Ammonium (mg/L)	100
Magnesium (mg/L)	200
Kaliumpermanganat-Verbrauch (mg/L)	25
Huminsäuren, Kohlenwasserstoffe	nicht nachweisbar

Tab. A-10: Grenzwerte zur Beurteilung betonangreifender Wässer nach DIN 4030.

Angreifende Bestandteile	Angriffsgrad schwach	stark	sehr stark
pH-Wert	6,5 bis 5,5	5,5 bis 4,5	4,5
Kalklösende Kohlensäure CO_2 (Marmorversuch nach Heyer) (mg/L)	15 bis 30	30 bis 60	60
Ammonium (mg/L)	15 bis 30	30 bis 60	60
Magnesium (mg/L)	100 bis 300	300 bis 1500	1500
Sulfat (mg/L)	200 bis 600	600 bis 3000	3000

4. Abwasser

Tab. A-11: Grenzwerte für das Einleiten von Abwässern unterschiedlicher Herkunftsbereiche (Anforderungen nach den allgemein anerkannten Regeln der Technik, bezogen auf die qualifizierte Stichprobe oder die 2-Stunden-Mischprobe).

Herkunftsbereich	CSB: $\beta(O_2)$ (mg/L)	BSB_5: $\beta(O_2)$ (mg/L)	NH_4^+-N: $\beta(N)$ (mg/L)	Phosphor, gesamt: $\beta(P)$ (mg/L)
Beschichtungsstoff- und Lackharzherstellung	120	20		
Brauereien, Fleischwirtschaft, Milchverarbeitung	110	25	10	2
Futtermittelpflanzentrocknung, Mälzereien	110	25		
Gemeinden mit Kläranlagen der Größenklasse 1: <60 kg/d BSB_5 (roh)	150	40	–	–
Größenklasse 2: 60 bis <300 kg/d BSB_5 (roh)	110	25	–	–
Größenklasse 3: 300 bis <1200 kg/d BSB_5 (roh)	90	20	10	–
Größenklasse 4: 1200 bis <6000 kg/d BSB_5 (roh)	90	20	10	2
Größenklasse 5: $\geqq 6000$ kg/d BSB_5 (roh)	75	15	10	1
Herstellung von Mineral-, Tafel- und Heilwässern, Erfrischungsgetränken, alkoholischen Getränken, Hautleim, Gelatine und Knochenleim, Obst- und Gemüseverarbeitung	110	25	10	
Kartoffelverarbeitung	150	25	10	2
Leder-, Lederfaserstoffherstellung, Pelzveredlung	250	25	10	2
Siedlungsabfallablagerung	200	20	50	

Tab. A-12: Richtwerte für die Indirekteinleitung gewerblicher Abwässer (nach ATV-Arbeitsblatt A 115) im Vergleich mit Grenzwerten der Rahmen-Abwasserverwaltungsvorschrift Anhang 40 (Metallbearbeitung, Metallverarbeitung*).

Parameter	Richtwert	Grenzwert
Temperatur (°C)	35	
pH-Wert	6,5 bis 10	
Absetzbare Stoffe (mL/L)	1 nach 0,5 Stunden	
verseifbare Öle und Fette (mg/L)	250	
mineralische Öle und Fette (mg/L)	20 (nach vorheriger Abscheidung)	
Halogenkohlenwasserstoffe (mg/L)	10	
Arsen (mg/L)	1	0,1
Blei (mg/L)	2	0,5
Cadmium (mg/L)	0,5	$\leqq$0,2
Chrom (mg/L)	3	0,5
davon Chrom VI (mg/L)	0,5	0,1
Kupfer (mg/L)	2	0,5
Nickel (mg/L)	4	0,5
Silber (mg/L)	0,05	0,1
Selen (mg/L)	1	1
Zink (mg/L)	5	2
Zinn (mg/L)	5	2
Ammonium (mg/L)	200	β(N) $\leqq$100 mg/L
Gesamt-Cyanid (mg/L)	20	
davon leicht freisetzbares Cyanid (mg/L)	1	$\leqq$1
Fluorid (mg/L)	60	$\leqq$50
Nitrit (mg/L)	20 (bei größeren Frachten)	β(N) = 5 mg/L
Sulfat (mg/L)	600	
Sulfid (mg/L)	2	1
Flüchtlige Phenole (mg/L)	100	

* Dazu gehören folgende Herkunftsbereiche: Galvanik, Beizerei, Anodisierbetrieb, Brüniererei, Feuerverzinkerei, Feuerverzinnerei, Härterei, Leiterplattenherstellung, Batterieherstellung Emaillierbetrieb, Mechanische Werkstätte, Gleitschleiferei, Lackierbetrieb.

5. Klärschlamm, Boden

Tab. A-13: Schwermetall-Grenzwerte bei der Aufbringung von Klärschlamm auf landwirtschaftlich genutzte Böden, gemäß Klärschlammverordnung von 1982.

	Schwermetall	Grenzwert (mg/kg[1])
Klärschlamm[2]	Blei	1200
	Cadmium	20
	Chrom	1200
	Kupfer	1200
	Nickel	200
	Quecksilber	25
	Zink	3000
Boden[3]	Blei	100
	Cadmium	3
	Chrom	100
	Kupfer	100
	Nickel	50
	Quecksilber	2
	Zink	300

1) Schlamm-Trockenrückstand, bzw. lufttrockener Boden.

2) Klärschlamm darf nur dann ohne Genehmigung auf landwirtschaltliche Böden aufgebracht werden, wenn die genannten Gehalte an Schwermetallen im Schlamm nicht überschritten werden.

3) Das Aufbringen von Klärschlamm auf landwirtschaftliche Böden ist verboten, wenn in dem untersuchten Boden mindestens einer der genannten Werte überschritten wird.

6. Abwasserabgabengesetz, Anlage zu § 3 Abwasserabgabengesetz

A.

Tab. A-14: (1) Die Bewertungen der Schadstoffe und Schadstoffgruppen sowie die Schwellenwerte ergeben sich aus folgender Tabelle:

Nr.	Bewertete Schadstoffe und Schadstoffgruppen	Einer Schadeinheit entsprechen jeweils folgende volle Meßeinheiten	Schwellenwerte nach Konzentration und Jahresmenge
1	Oxidierbare Stoffe in chemischem Sauerstoffbedarf (CSB)	50 Kilogramm Sauerstoff	20 Milligramm je Liter und 250 Kilogramm Jahresmenge
2	Organische Halogenverbindungen als adsorbierbare organisch gebundene Halogene (AOX)	2 Kilogramm Halogen, berechnet als organisch gebundenes Chlor	100 Mikrogramm je Liter und 10 Kilogramm Jahresmenge
3	Metalle und ihre Verbindungen:		und
3.1	Quecksilber	20 Gramm	1 Mikrogramm 100 Gramm
3.2	Cadmium	100 Gramm	5 Mikrogramm 500 Gramm
3.3	Chrom	500 Gramm	50 Mikrogramm 2,5 Kilogramm
3.4	Nickel	500 Gramm	50 Mikrogramm 2,5 Kilogramm
3.5	Blei	500 Gramm	50 Mikrogramm 2,5 Kilogramm
3.6	Kupfer	1000 Gramm Metall	100 Mikrogramm je Liter 5 Kilogramm Jahresmenge
4	Giftigkeit gegenüber Fischen	3000 Kubikmeter Abwasser geteilt durch G_F	$G_F = 2$

G_F ist der Verdünnungsfaktor, bei dem Abwasser im Fischtest nicht mehr giftig ist.

(2) Wird Abwasser in Küstengewässer eingeleitet, bleibt die Giftigkeit gegenüber Fischen insoweit unberücksichtigt, als sie auf dem Gehalt an solchen Salzen beruht, die den Hauptbestandteilen des Meerwassers gleichen. Das gleiche gilt für die Einleitung von Abwasser in Mündungsstrecken oberirdischer Gewässer in das Meer, die einen ähnlichen natürlichen Salzgehalt wie die Küstengewässer aufweisen.

B.

Tab. A-15: Die Schadstoffgehalte sowie die Giftigkeit gegenüber Fischen werden aus der nicht abgesetzten, homogenisierten Probe nach folgenden Verfahren bestimmt:

Parameter	Verfahren
1. Oxidierbare Stoffe (CSB)	Der chemische Sauerstoffbedarf wird nach dem Dichromatverfahren unter Anwendung von Silbersulfat als Katalysator bestimmt, im übrigen nach Nr. 303 der Rahmen-Abwasser-VwV vom 8. September1989 (GMBl. S. 519).
2. Organische Halogenverbindungen (AOX)	Die an Aktivkohle adsorbierbaren organisch gebundenen Halogene werden im Sauerstoffstrom verbrannt, die Menge der dabei gebildeten Halogenwasserstoffe bestimmt und als Chlor angegeben, im übrigen nach Nr. 302 der Rahmen-Abwasser-VwV vom 8. September 1989 (GMBl. S. 519).
3. Quecksilber	Nach Aufschluß der Wasserprobe mit Kaliumpermanganat und Kaliumperoxodisulfat wird das Quecksilber atomabsorptions- oder atomemissionsspektrometrisch bestimmt, im übrigen nach Nr. 215 der Rahmen-Abwasser-VwV vom 8. September 1989 (GMBl. S. 519).
4. Cadmium, Chrom, Nickel, Blei, Kupfer	Nach Aufschluß der Wasserprobe mit Salpetersäure und Wasserstoffperoxid werden die Metalle atomabsorptions- und atomemissionspektrometrisch bestimmt, im übrigen nach Nr. 207 (Cadmium), Nr. 209 (Chrom), Nr. 214 (Nickel), Nr. 206 (Blei), und Nr. 213 (Kupfer) der Rahmen-Abwasser-VwV vom 8. September 1989 (GMBl. S. 519).
5. Fischgiftigkeit	Die Giftwirkung wird im Fischtest unter Verwendung der Goldorfe (Leuciscus idus melanotus) als Testfisch durch Ansetzen verschiedener Abwasserverdünnungen bestimmt, im übrigen nach Nr. 401 der Rahmen-Abwasser-VwV vom 8. September 1989 (GMBl. S. 520).

Anhang B Kennzeichnung von Gefahrstoffen

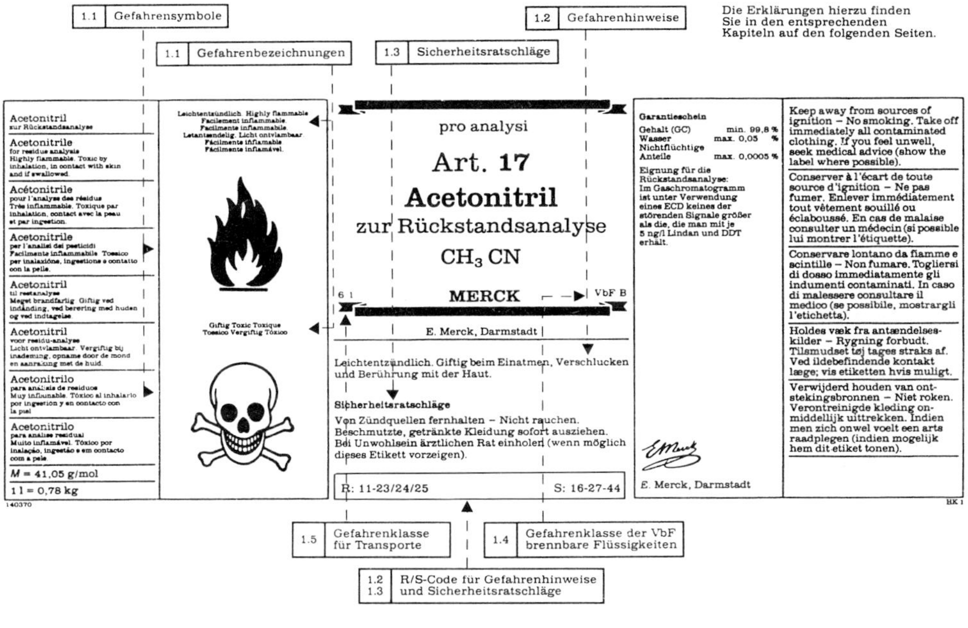

Abb. B-1: Das Sicherheitsetikett, nach Merck.

Die nachfolgenden Tab. B-1 bis B-3 sind dem Katalog der Fa. E. Merck, Darmstadt, entnommen, mit freundlicher Genehmigung.

Tab. B-1: Gefahrensymbole und ihre Bedeutung, nach Merck-Katalog.

Symbol		Gefahrenbezeichnung	Einstufung	Vorsicht
	E	Explosionsgefährlich	Gemäß Versuchsergebnis nach der ChemG Anmelde- und Prüfnachweis-Verordnung	Schlag, Stoß, Reibung, Funkenbildung, Feuer, Hitzeeinwirkung vermeiden.
	O	Brandfördernd	Gemäß Versuchsergebnis unter Berücksichtigung der Entzündlichkeit und Explosionsgefahr	Jeden Kontakt mit brennbaren Stoffen vermeiden. Entzündungsgefahr! Ausgebrochene Brände können gefördert, die Brandbekämpfung erschwert werden.

Tab. B-1: (Fortsetzung)

Symbol	Gefahrenbezeichnung	Einstufung	Vorsicht
	T+ Sehr giftig T Giftig	Nach Ergebnissen akuter Toxizitätsprüfungen oral, dermal, inhalativ sowie bei erheblichen Anhaltspunkten für schweren, evtl. irreversiblen Gesundheitsschaden durch einmalige, wiederholte oder länger andauernde Aufnahme.	Jeglicher Kontakt mit dem menschlichen Körper ist zu vermeiden, da schwere Gesundheitsschäden, evtl. mit Todesfolge nicht auszuschließen sind. Auf die krebserzeugende Wirkung oder das Risiko erbgutverändernder oder fruchtschädigender Wirkung einzelner Stoffe wird besonders hingewiesen.
	X_n Mindergiftig	Nach Ergebnissen akuter Toxizitätsprüfungen oral, dermal, inhalativ sowie bei erheblichen Anhaltspunkten für möglichen, evtl. irreversiblen Gesundheitsschaden durch einmalige, wiederholte oder länger andauernde Aufnahme.	Kontakt mit dem menschlichen Körper, auch Einatmen von Dämpfen vermeiden. Gesundheitsschäden sind bei unsachgemäßer Verwendung möglich. Bei einzelnen Substanzen ist eine krebserzeugende, erbgutverändernde oder fruchtschädigende Wirkung nicht völlig auszuschließen. Hierauf wird hingewiesen, ebenso auf die Gefahr einer möglichen Sensibilisierung.
	F+ Hochentzündlich	Flüssigkeiten mit Flammpunkt unter 0 °C und Siedepunkt von höchstens 35 °C; Gase, Gasgemische (auch wenn sie in verflüssigter Form vorliegen), die mit Luft bei Normaldruck Zündpunkt haben.	Von offenen Flammen, Funken und Wärmequellen fernhalten.
	F Leichtentzündlich	Bestimmte organische Peroxide; Flüssigkeiten mit Flammpunkt unter 21 °C, aber nicht hochentzündlich; durch Zündquelle leicht zu entzündende, allein weiterbrennende oder -glimmende feste Substanzen; Freisetzen leichtentzündlicher Stoffe durch Feuchtigkeitseinwirkung oder andere Eigenschaften.	Von offenen Flammen, Funken und Wärmequellen fernhalten.
	C Ätzend	Nach Zerstörungsintensität gesunder, intakter Haut bei definierten Einwirkungszeiten.	Durch besondere Schutzmaßnahmen Berührung mit Augen, Haut und Kleidung vermeiden. Dämpfe nicht einatmen!

Tab. B-1: (Fortsetzung)

Symbol	Gefahren-bezeichnung	Einstufung	Vorsicht
	X_i Reizend	Deutliche Augenschäden bzw. Entzündung der Haut, die mindestens 24 Stunden nach der Einwirkungszeit anhalten oder deutliche Reizung der Atemwege. Auf eine mögliche Sensibilisierung durch Hautkontakt wird besonders hingewiesen.	Berührung von Augen und Haut vermeiden, Dämpfe nicht einatmen!

Tab. B-2: Hinweise auf die besonderen Gefahren (R-Sätze) nach Merck-Katalog.

R 1 ■ in trockenem Zustand explosionsgefährlich.

R 2 ■ Durch Schlag, Reibung, Feuer oder andere Zündquellen explosionsgefährlich.

R 3 ■ Durch Schlag, Reibung, Feuer oder andere Zündquellen besonders explosionsgefährlich.

R 4 ■ Bildet hochempfindliche explosionsgefährliche Metallverbindungen.

R 5 ■ Beim Erwärmen explosionsfähig.

R 6 ■ Mit und ohne Luft explosionsfähig.

R 7 ■ Kann Brand verursachen.

R 8 ■ Feuergefahr bei Berührung mit brennbaren Stoffen.

R 9 ■ Explosionsgefahr bei Mischung mit brennbaren Stoffen.

R 10 ■ Entzündlich.

R 11 ■ Leichtentzündlich.

R 12 ■ Hochentzündlich.

R 13 ■ Hochentzündliches Flüssiggas.

R 14 ■ Reagiert heftig mit Wasser.

R 15 ■ Reagiert mit Wasser unter Bildung leicht entzündlicher Gase.

R 15.1 □ Reagiert mit Säure unter Bildung leicht entzündlicher Gase.

R 16 ■ Explosionsgefährlich in Mischung mit brandfördernden Stoffen.

R 17 ■ Selbstentzündlich an der Luft.

R 18 ■ Bei Gebrauch Bildung explosiver/leicht entzündlicher Dampf-Luftgemische möglich.

R 19 ■Kann explosionsfähige Peroxide bilden.

R 20 ■ Gesundheitsschädlich beim Einatmen.

R 21 ■ Gesundheitsschädlich bei Berührung mit der Haut.

R 22 ■ Gesundheitsschädlich beim Verschlucken.

R 23 ■ Giftig beim Einatmen.

R 24 ■ Giftig bei Berührung mit der Haut.

R 25 ■ Giftig beim Verschlucken.

R 26 ■ Sehr giftig beim Einatmen.

R 27 ■ Seht giftig bei Berührung mit der Haut.

R 28 ■ Sehr giftig beim Verschlucken.

R 29 ■ Entwickelt bei Berührung mit Wasser giftige Gase.

R 30 ■ Kann bei Gebrauch leicht entzündlich werden.

R 31 ■ Entwickelt bei Berührung mit Säure giftige Gase.

R 31.1 □ Entwickelt bei Berührung mit Alkalien giftige Gase.

R 32 ■ Entwickelt bei Berührung mit Säure sehr giftige Gase.

R 33 ■ Gefahr kumulativer Wirkungen.

R 34 ■ Verursacht Verätzungen.

R 35 ■ Verursacht schwere Verätzungen.

R 36 ■ Reizt die Augen.

R 37 ■ Reizt die Atmungsorgane.

R 38 ■ Reizt die Haut.

R 39 ■ Ernste Gefahr irreversiblen Schadens.

R 40 ■ Irreversibler Schaden möglich.

R 41 ■ Gefahr ernster Augenschäden.

R 42 ■ Sensibilisierung durch Einatmen möglich.

R 43 ■ Sensibilisierung durch Hautkontakt möglich.

R 44 ■ Explosionsgefahr bei Erhitzen unter Einschluß

R 45 ■ Kann Krebs erzeugen.

R 45.1 □ Kann Krebs erzeugen (Gefahrstoffverordnung, Gruppe I).

R 45.2 □ Kann Krebs erzeugen (Gefahrstoffverordnung, Gruppe II).

R 45.3 □ Kann Krebs erzeugen (Gefahrstoffverordnung, Gruppe III).

R 46 ■ Kann vererbbare Schäden verursachen.

R 47 ■ Kann Mißbildungen verursachen.

R 48 ■ Gefahr ernster Gesundheitsschäden bei längerer Exposition.

Kombination der R-Sätze

R 14/15 ■ Reagiert heftig mit Wasser unter Bildung leicht entzündlicher Gase.

R 15/29 ■ Reagiert mit Wasser unter Bildung giftiger und leicht entzündlicher Gase.

R 20/21 ■ Gesundheitsschädlich beim Einatmen und bei Berührung mit der Haut.

R 20/22 ■ Gesundheitsschädlich beim Einatmen und Verschlucken.

R 20/21/22 ■ Gesundheitsschädlich beim Einatmen, Verschlucken und Berührung mit der Haut.

R 21/22 ■ Gesundheitsschädlich bei Berührung mit der Haut und beim Verschlucken.

R 23/24 ■ Giftig beim Einatmen und bei Berührung mit der Haut.

R 23/25 ■ Giftig beim Einatmen und Verschlucken.

Tab. B-2: (Fortsetzung)

R 23/24/25 ■ Giftig beim Einatmen, Verschlucken und Berührung mit der Haut.

R 24/25 ■ Giftig bei Berührung mit der Haut und beim Verschlucken.

R 26/27 ■ Sehr giftig beim Einatmen und bei Berührung mit der Haut.

R 26/28 ■ Sehr giftig beim Einatmen und Verschlucken.

R 26/27/28 ■ Sehr giftig beim Einatmen, Verschlucken und Berührung mit der Haut.

R 27/28 ■ Sehr giftig bei Berührung mit der Haut und beim Verschlucken.

R 36/37 ■ Reizt die Augen und die Atmungsorgane.

R 36/38 ■ Reizt die Augen und die Haut.

R 36/37/38 ■ Reizt die Augen, Atmungsorgane und die Haut.

R 37/38 ■ Reizt die Atmungsorgane und die Haut.

R 42/43 ■ Sensibilisierung durch Einatmen und Hautkontakt möglich.

Tab. B-3: Sicherheitsratschläge (S-Sätze) nach Merck-Katalog.

S 1 ■ Unter Verschluß aufbewahren.

S 2 ■ Darf nicht in die Hände von Kindern gelangen.

S 3 ■ Kühl aufbewahren.

S 4 ■ Von Wohnplätzen fernhalten.

S 5 ■ Unter ... aufbewahren.

S 5.1 □ Wasser

S 5.2 □ Petroleum

S 6 ■ Unter ... aufbewahren.

S. 6.1 □ Stickstoff

S 6.2 □ Argon

S 6.3 □ Kohlendioxid

S 7 ■ Behälter dicht geschlossen halten.

S 8 ■ Behälter trocken halten.

S 9 ■ Behälter an einem gut gelüfteten Ort aufbewahren.

S 12 ■ Behälter nicht gasdicht verschließen.

S 13 ■ Von Nahrungsmitteln, Getränken und Futtermitteln fernhalten.

S 14 ■ Von ... fernhalten.

S 14.1 □ Reduktionsmitteln, Schwermetallverbindungen, Säuren und Alkalien

S 14.2 □ oxidierenden und sauren Stoffen sowie Schwermetallverbindungen

S 14.3 □ Eisen

S 14.4 □ Wasser

S 14.5 □ Säuren

S 14.6 □ Laugen

S 14.7 □ Metallen

S 14.8 □ oxidierenden und sauren Stoffen

S 14.9 □ brennbaren organischen Substanzen

S 14.10 □ Säuren, Reduktionsmitteln und brennbaren Materialien

S 14.11 □ brennbaren organischen Substanzen

S 15 ■ Vor Hitze schützen.

S 16 ■ Von Zündquellen fernhalten – Nicht rauchen.

S 17 ■ Von brennbaren Stoffen fernhalten.

S 18 ■ Behälter mit Vorsicht öffnen und handhaben.

S 20 ■ Bei der Arbeit nicht essen und trinken.

S 21 ■ Bei der Arbeit nicht rauchen.

S 22 ■ Staub nicht einatmen.

S 23 ■ Gas/Rauch/Dampf/Aerosol nicht einatmen.

S 23.1 □ Gas nicht einatmen.

S 23.2 □ Dampf nicht einatmen.

S 23.3 □ Aerosol nicht einatmen.

S 23.4 □ Rauch nicht einatmen.

S 23.5 □ Dampf/Aerosol nicht einatmen.

S 24 ■ Berührung mit der Haut vermeiden.

S 25 ■ Berührung mit den Augen vermeiden.

S 26 ■ Bei Berührung mit den Augen gründlich mit Wasser abspülen und Arzt konsultieren.

S 27 ■ Beschmutzte, getränkte Kleidung sofort ausziehen.

S 28 ■ Bei Berührung mit der Haut sofort abwaschen mit viel ...

S 28.1 □ Wasser.

S 28.2 □ Wasser und Seife.

S 28.3 □ Wasser und Seife, möglichst auch mit Polyethylenglycol 400.

S 28.4 □ Polyethylenglycol 300 und Ethanol (2 : 1) und anschließend mit viel Wasser und Seife.

S 28.5 □ Polyethylenglycol 400.

S 28.6 □ Polyethylenglycol 400 und anschließend Reinigung mit viel Wasser.

S 28.7 □ Wasser und saurer Seife.

S 29 ■ Nicht in die Kanalisation gelangen lassen.

S 30 ■ Niemals Wasser hinzugießen.

S 33 ■ Maßnahmen gegen elektrostatische Aufladungen treffen.

S 34 ■ Schlag und Reibung vermeiden.

S 35 ■ Abfälle und Behälter müssen in gesicherter Weise entfernt werden.

S 35.1 □ Abfälle und Behälter dürfen erst nach Behandeln mit 2%iger Natronlauge beseitigt werden.

S 36 ■ Bei der Arbeit geeignete Schutzkleidung tragen.

S 37 ■ Geeignete Schutzhandschuhe tragen.

S 38 ■ Bei unzureichender Belüftung Atemschutzgerät tragen.

S 39 ■ Schutzbrille/Gesichtsschutz tragen.

S 40 ■ Fußboden und verunreinigte Gegenstände mit ... reinigen.

S 40.1 □ Wasser

S 41 ■ Explosions- und Brandgase nicht einatmen.

S 42 ■ Beim Räuchern/Versprühen geeignetes Atemschutzgerät anlegen (siehe Angaben auf dem Etikett).

S 43 ■ Zum Löschen ... verwenden.

S 43.1 □ Wasser

S 43.2 □ Wasser oder Pulverlöschmittel

S 43.3 □ Pulverlöschmittel, kein Wasser

S 43.4 □ Kohlendioxid, kein Wasser

S 43.5 □ Halone, kein Wasser

S 43.6 □ Sand, kein Wasser

S 43.7 □ Metallbrandpulver, kein Wasser

Tab. B-3: (Fortsetzung).

S 43.8 □ Sand, Kohlendioxid oder Pulverlöschmittel, kein Wasser

S 44 ■ Bei Unwohlsein ärztlichen Rat einholen (wenn möglich, das Etikett vorzeigen).

S 45 ■ Bei Unfall oder Unwohlsein sofort Arzt zuziehen (wenn möglich, das Etikett vorzeigen).

S 46 ■ Bei Verschlucken sofort ärztlichen Rat einholen und Verpackung oder Etikett vorzeigen.

S 47 ■ Nicht bei Temperaturen über ... °C aufbewahren (siehe Angaben auf dem Etikett).

S 48 ■ Feucht halten mit ...

S 48.1 □ Wasser.

S 49 ■ Nur im Originalbehälter aufbewahren

S 50 ■ Nicht mischen mit ...

S 50.1 □ Säuren.

S 50.2 □ Laugen.

S 50.3 □ Starken Säuren, starken Basen, Buntmetallen und deren Salzen.

S 51 ■Nur in gut gelüfteten Bereichen verwenden.

S 52 ■ Nicht großflächig für Wohn- und Aufenthaltsräume zu verwenden.

S 53 ■ Exposition vermeiden. Vor Gebrauch besondere Anweisung einholen.

Kombination der S-Sätze

S 1/2 ■ Unter Verschluß und für Kinder unzugänglich aufbewahren.

S 3/7/9 ■ Behälter dicht geschlossen halten und an einem kühlen, gut gelüfteten Ort aufbewahren.

S 3/9 ■ Behälter an einem kühlen, gut gelüfteten Ort aufbewahren.

S 3/9/14■ An einem kühlen, gut gelüfteten Ort, entfernt von ... aufbewahren.

S 3/9/14.1 □ Reduktionsmitteln, Schwermetallverbindungen, Säuren und Alkalien

S 3/9/14.2 □ oxidierenden und sauren Stoffen sowie Schwermetallverbindungen

S 3/9/14.3 □ Eisen

S 3/9/14.4 □ Wasser und Laugen

S 3/9/14.5 □ Säuren

S 3/9/14.6 □ Laugen

S 3/9/14.7 □ Metallen

S 3/9/14.8 □ oxidierenden und sauren Stoffen

S 3/9/14/49 ■ Nur im Originalbehälter an einem kühlen, gut gelüfteten Ort, entfernt von ... aufbewahren.

S 3/9/14.1/49 □ Reduktionsmitteln, Schwermetallverbindungen, Säuren und Alkalien

S 3/9/14.2/49 □ oxidierenden und sauren Stoffen sowie Schwermetallverbindungen

S 3/9/14.3/49 □ Eisen

S 3/9/14.4/49 □ Wasser und Laugen

S 3/9/14.5/49 □ Säuren

S 3/9/14.6/49 □ Laugen

S 3/9/14.7/49 □ Metallen

S 3/9/14.8/49 □ oxidierenden und sauren Stoffen

S 3/9/49 ■ Nur im Originalbehälter an einem kühlen, gut gelüfteten Ort aufbewahren.

S 3/14 ■ An einem kühlen, von ... getrennt aufbewahren.

S 3/14.1 □ Reduktionsmitteln, Schwermetallverbindungen, Säuren und Alkalien

S 3/14.2 □ oxidierenden und sauren Stoffen sowie Schwermetallverbindungen

S 3/14.3 □ Eisen

S 3/14.4□ Wasser und Laugen

S 3/14.5 □ Säuren

S 3/14.6 □ Laugen

S 3/14.7 □ Metallen

S 3/14.8 □ oxidierenden und sauren Stoffen

S 7/8 ■ Behälter trocken und dicht geschlossen halten.

S 7/9 ■ Behälter dicht geschlossen an einem gut gelüfteten Ort aufbewahren.

S 20/21 ■bei der Arbeit nicht essen, trinken, rauchen.

S 24/25 ■ Berührung mit den Augen und der Haut vermeiden.

S 36/37 ■ Bei der Arbeit geeignete Schutzhandschuhe und Schutzkleidung tragen.

S 36/37/39 ■ Bei der Arbeit geeignete Schutzkleidung, Schutzhandschuhe und Schutzbrille/Gesichtsschutz tragen.

S 36/39 ■ Bei der Arbeit geeignete Schutzkleidung und Schutzbrille/Gesichtsschutz tragen.

S 37/39 ■ Bei der Arbeit geeignete Schutzhandschuhe und Schutzbrille/Gesichtsschutz tragen.

S 47/49 ■ Nur im Origninalbehälter bei einer Temperatur von nicht über ... °C (siehe Angaben auf dem Etikett) aufbewahren.

Tab. B-4: Die Ziffern der Kemlerzahl und ihre Bedeutung

	1. Ziffer (Hauptgefahr)	2. und 3. Ziffer (zusätzliche Gefahren)
0		Ohne Bedeutung
1		Explosion
2	Gas	Entweichen von Gas
3	Entzündbarer flüssiger Stoff	Entzündbarkeit
4	Entzündbarer fester Stoff	
5	Entzündend (oxidierend) wirkender Stoff oder organisches Peroxid	Entzündende (oxidierende) Eigenschaften
6	Giftiger Stoff	Giftigkeit
8	Ätzender Stoff	Ätzbarkeit
9		Gefahr einer heftigen Reaktion, die aus der Selbstzersetzung oder der Polymerisation entsteht

X (vorangestellt): Berührung mit Wasser verboten

So werden die Ziffern auf den orangefarbenen Warntafeln entschlüsselt (Beispiel):

Hauptgefahr:		**Zusätzliche Gefahr:**	
X:	**4:**	**2:**	**3:**
Berührung mit Wasser verboten	entzündbarer fester Stoff	Gefahr der Entweichung von Gas	Gefahr der Entzündbarkeit

X 423:
Nummer zur Kennzeichnung der Gefahr (Kemlerzahl)

1428:
Nummer zur Kennzeichnung des Stoffes (UN-Nummer), hier Natrium

X 423
1428

Tab. B-5: UN-Stoff-Nummer und Kemler-Zahl (Auswahl)

Stoffname (und Synonyma)	Nummer zur Kennzeichnung des Stoffes (UN-Nr.)	der Gefahr (Kemler-Zahl)
Aceton, Dimethylketon, Propanon	1090	33
Acetoncyanhydrin, stabilisiert	1541	66
Acetonitril, Methylcyanid	1648	633
Acetylchlorid	1717	83
Acrylnitril, Vinylcyanid, stabilisiert	1093	633
Aluminiumchlorid (wasserfrei)	1726	X 886
Ameisensäureethylester, Ethylformiat	1190	33
Ameisensäuremethylester	1243	33
Ammoniak, wasserfrei, verflüssigt und Lösungen mit einer Dichte <0,88 g/mL bei 15 °C	1005	268
Ammoniak, wäßrige Lösungen, Dichte geringer als 0,88 g/mL bei 15 °C, mehr als 35%, aber nicht mehr als 50% Ammoniak enthaltend	2073	268
Anilin	1547	60
Arsensäure, flüssig	1553	668
Benzin	1115	33
Benzol	1114	33
Benzylchlorid	1738	68
Blausäure, wäßrige Lösung mit höchstens 20% Cyanwasserstoff, Cyanwasserstoffsäure	1613	663
Brom und Lösungen	1744	886
Brombenzol	2514	30
Bromwasserstoff, wasserfrei	1048	286
Butan oder Butanmischungen	1011	23
iso-Butan, iso-Butan-Gemische	1969	23
Butanol, Butylalkohol	1120	30
iso-Butanol, iso-Butylalkohol	1212	30
Buten, Butylen	1012	23
n-Butylamin	1125	338
iso-Butylen	1055	23
Buttersäureethylester	1180	30
Calciumcarbid	1402	X 42
Calciumchlorat, wäßrige Lösung	2429	50
Chlor	1017	266
Chloraceton, stabilisiert	1695	60
Chlorbenzol, Benzolchlorid, Phenylchlorid	1134	30
Chlorkresole	2669	60
Chlorkohlenoxid, Phosgen	1076	266
Chlornitrobenzole	1578	60
Chloroform, Trichlormethan	1888	60
Chlorpikrin, Trichlornitromethan	1580	66
Chlortoluole (ortho-, meta-, para-)	2238	30
Chlorwasserstoff, wasserfrei	1050	286
Chlorwasserstoffsäure, Lösung Salzsäure	1789	88
Cyanide, Lösungen	1935	66
Cyclohexan	1145	33
Diethylsulfat, Ethylsulfat, Schwefelsäureethylester	1594	60
Dichlorbenzole	1591	36
Dichlormethan, Methylenchlorid	1593	60
Dimethylamin, Lösung	1160	338
Dimethylbenzol, Xylole	1307	30

Tab. B-5: (Fortsetzung).

Stoffname (und Synonyma)	Nummer zur des Stoffes (UN-Nr.)	Kennzeichnung der Gefahr (Kemler-Zahl)
Dimethyldisulfid	2381	336
Dimethylsulfat, Schwefelsäurediethylester	1595	663
Dinitrotoluole, flüssig	1600	60
Dioxan, 1,4-Diethylendioxid	1165	336
Druckerschwärze, Druckerfarben	1210	33
Erdöldestillate, n. a. g.	1268	30
Essigsäureanhydrid	1715	83
Ethanol, Ethylalkohol und Lösungen, alkohol. Getränke	1170	33
Ethylacetat, Essigsäureethylester, Essigester	1173	33
Ethylamin	1036	236
Ethylbenzol	1175	33
Ethylen, tiefgekühlt, verflüssigt	1038	223
Ethylen, verdichtet	1962	23
Fluor	1045	268
Fluorbenzol	2387	33
Fluortoluole (ortho-, meta-, para-)	2388	33
Fluorwasserstoff, wasserfrei	1052	886
Fluorwasserstoffsäure, Flußsäure	1790	886
Gasöl, Heizöl, Dieselkraftstoff	1202	30
Helium, tiefgekühlt flüssig	1963	22
1,3-Hexachlorbutadien	2279	60
Hexadien	2458	33
Kalium, Metall	2257	X 423
Kaliumchlorat, wäßrige Lösung	2427	50
Kaliumcyanid, Cyankali, Zyankali	1680	66
Kohlendioxid	1013	20
Kohlendioxid, tiefgekühlt, verflüssigt	2187	22
Kohlenwasserstoffe, gasförmig und Mischungen dieser Gase, n. a. g. verflüssigt	1965	23
Kresole (ortho-, meta-, para-)	2076	60
Kupfercyanid	1587	66
Leichtöl, Kerosin	1223	30
Luft, tiefgekühlt, verflüssigt	1003	22
Methan und Erdgase mit einem hohen Methangehalt (LNG), tiefgekühlt, verflüssigt	1972	223
Methylacetat	1231	33
Methylalkohol, Methanol	1230	336
Methylamin, wäßrige Lösung	1235	336
Motor-Treibstoff-Antiklopf-Mischungen, Bleialkyle, n. a. g. Antiklopfmittel, Bleitetraethyl, Bleitetramethyl, Tetraethylblei, Tetramethylblei, Ethylfluid	1649	663
Naphthalösungsmittel	1256	30
Natrium, Metall	1428	X 423
Natriumaluminat, Lösung	1819	88
Natriumchlorat, fest	1495	50
Natriumchlorat, wäßrige Lösung	2428	50
Natriumcyanid, Cyannatrium, Zyannatrium	1689	66
Nitrobenzol, Mirbanöl	1662	36
Nitrotoluole	1664	60
Nitroxylole (ortho-, meta-, para)	1665	60

Tab. B-5: (Fortsetzung).

Stoffname (und Synonyma)	Nummer zur Kennzeichnung des Stoffes (UN-Nr.)	der Gefahr (Kemler-Zahl)
Octan und Isomere	1262	33
Ottokraftstoff	1203	33
Pentan	1265	33
Perchlormethylmercaptan	1670	668
Petroleum	1270	30
Petroleumrohöl, Roherdöl	1267	33
Phenol	1671	68
Phenol, Karbolsäure, geschmolzen	2312	68
Phosphor, weiß, geschmolzen	2447	436
Phosphor	1381	436
Propan	1978	23
Propanol, Propylalkohol, Ethylcarbinol	1274	33
Propionaldehyd, Propylaldehyd, Propanal	1275	33
Propionylchlorid, Propionsäurechlorid	1815	338
n-Propylacetat, Essigsäure-n-Propylester	1276	33
Propylen	1077	23
Propylenoxyd, stabilisiert, Propylenether, 1,2-Epoxypropan	1280	336
Salpetersäure, alle Konzentrationen außer roter bzw. rauchender	2031	8861
Salpetersäure, rote, rauchende	2032	856
Sauerstoff, tiefgekühlt, verflüssigt	1073	225
Säuremischungen, Nitriersäure, Schwefelsäure und Salpetersäure	1796	856/886
Schwefel, geschmolzen	2448	44
Schwefelchloride: Schwefeldichlorid, Dischwefeldichlorid	1828	X 886
Schwefeldioxid	1079	26
Schwefelkohlenstoff, Kohlenstoffdisulfid, Karbondisulfid	1131	336
Schwefelsäure	1830	88
Schwefelsäure, rauchend, Oleum, Pyroschwefelsäure	1831	886
Stickstoff, tiefgekühlt, verflüssigt	1977	22
Terpentin	1299	30
Terpentinersatz, Terpentinölersatz	1300	30
Toluol, Methylbenzol	1294	33
Trichlorbenzole flüssig	2321	60
Trichlorsilan	1295	X 338
Trimethylsiliziumchlorid, Trimethylchlorsilan	1298	X 338
Vinylacetat, stabilisiert	1301	33
Vinylidenchlorid, stabilisiert; 1,1-Dichlorethylen	1303	339
Wasserstoffperoxid	2014	85
Xylenole	2261	60
Zinkcyanid	1713	66

Anhang C Abkürzungen, mathematische Zeichen, griechisches Alphabet

Allgemein gebräuchliche Abkürzungen

AAS	Atomabsorptionsspektrometrie
Abb.	Abbildung
Abschn.	Abschnitt
AES	Atomemissionsspektrometrie
AOS	Adsorbierbarer organisch gebundener Schwefel
AOX	Adsorbierbares organisch gebundenes Halogen
ATH	Allylthioharnstoff
ATV	Abwassertechnische Vereinigung
BAT	Biologische Arbeitsstoff-Toleranz
BiAS	Bismutaktive Substanzen (nichtionische Tenside)
BSB	Biochemischer Sauerstoffbedarf
bzw.	beziehungsweise
ca.	circa, ungefähr
CSB	Chemischer Sauerstoffbedarf
DC	Dünnschichtchromatographie
DEV	Deutsche Einheitsverfahren zur Wasser-, Abwasser- und Schlammuntersuchung
d. h.	das heißt
DIN	Deutsches Institut für Normung, auch: Das ist Norm
DOC	Gelöster organisch gebundener Kohlenstoff
DOCl	Gelöstes organisch gebundenes Chlor
DOX	Gelöstes organisch gebundenes Halogen
DTA	Differenzthermoanalyse
EDTA	Dinatriumdihydrogen-ethylendiamin-tetraacetat (Ethylendiamintetraessigsäure-Dinatriumsalz)
EGW	Einwohnergleichwert
et al.	*et alii* (und andere)
EOX	Extrahierbares organisch gebundenes Halogen
EW	Einwohnerwert
FCKW	Fluor-Chlor-Kohlenwasserstoffe
GC	Gaschromatographie
ges.	gesättigt
ggf.	gegebenenfalls
GR	Glührückstand
GV	Glühverlust
HCH	Hexachlorcyclohexan
HKW	Halogenkohlenwasserstoffe
HPLC	Hochdruck-Flüssigkeitschromatographie (Hochleistungs-Flüssigkeitschromatographie)
IC	Ionenchromatographie
ICP	Induktiv gekoppelte Plasmaspektroskopie

i. N.	im Normzustand (bei Gasen, $p = 1013{,}25$ mbar, $\vartheta = 0\,°C$)
incl.	inclusive
IR	Infrarot (-Spektroskopie)
ISV	Schlammindex
IUPAC	Internationale Union für Reine und Angewandte Chemie
Kap.	Kapitel
konst	konstant
konz.	konzentriert
KW	Kohlenwasserstoffe
lg	Logarithmus zur Basis 10 (dekadische Logarithmen)
MAK	Maximale Arbeitsplatz-Konzentration
max	maximal
MBAS	Methylenblauaktive Substanzen (anionische Tenside)
MS	Massenspektroskopie (Massenspektrometrie)
NTA	Nitrilotriessigsäure (Nitrilotriacetat)
o. ä.	oder ähnliche(s)
OECD	Organisation für wirtschaftliche Zusammenarbeit und Entwicklung
OES	Optische Emissionsspektroskopie
p.a.	*pro analysii* (zur Analyse)
PAH	Polycyclische aromatische Kohlenwasserstoffe (engl.)
PAK	Polycyclische aromatische Kohlenwasserstoffe
PAN	Polyacrylnitril
PCB	Polychlorierte Biphenyle
PE	Polyethylen
PMMA	Polymethylmethacrylat
POC	Ungelöster organisch gebundener Kohlenstoff
POCl	Ungelöstes oder ausblasbares (strippbares) organisch gebundenes Chlor
POX	Ungelöstes oder ausblasbares (strippbares) organisch gebundenes Halogen
PP	Polypropylen
ppm	parts per million
ppb	parts per billion
ppt	parts per trillion
PS	Polystyrol
PTFE	Polytetrafluorethylen
PVC	Polyvinylchlorid
s.	siehe
S.	Seite
SBV	Säurebindungsvermögen
SE	Schadeinheit(en)
sog.	sogenannt(e, er, es)
StOX	Strippbares organisch gebundenes Halogen
TA	Technische Anleitung
Tab.	Tabelle
TAED	Tetraacetylethylendiamin

TC	Gesamter Kohlenstoff
TIC	Gesamter anorganisch gebundener Kohlenstoff
TOC	Gesamter organisch gebundener Kohlenstoff
TOCl	Gesamtes organisch gebundenes Chlor
TOX	Gesamtes organisch gebundenes Halogen
TR	Trockenrückstand
TRK	Technische Richtkonzentration
TS	Trockensubstanz
TVO	Trinkwasserverordnung
TX	Gesamtes Halogen
u. a.	und andere, unter anderem
usw.	und so weiter
verd.	verdünnt
vgl.	vergleiche
VOX	Flüchtiges organisch gebundenes Halogen
WHG	Wasserhaushaltsgesetz
WHO	Weltgesundheitsorganisation
z. B.	zum Beispiel
z. T.	zum Teil

Mathematische Zeichen (DIN 1302)

Zeichen	Sprechweise/Bedeutung
$=$	gleich
$\sim$	proportional
$\approx$	angenähert gleich, rund, etwa
$\triangleq$	entspricht
$\hat{=}$	äquivalent
$<$	kleiner als
$>$	größer als
$\leqq$	kleiner oder gleich
$\geqq$	größer oder gleich
%	$= 10^{-2}$, Prozent
‰	$= 10^{-3}$, Promille
ppm	$= 10^{-6}$, ppm
$\{\}$	Zahlenwert von
Σ	Sigma (Summe)
Δ	Delta (Differenz)
π	Pi $\pi = 3{,}14159265\ldots$
$\bar{x}$	Mittelwert von x

Griechisches Alphabet

A	α	Alpha	I	ι	Iota	P	ϱ	Rho
B	β	Beta	K	κ	Kappa	Σ	σ	Sigma
Γ	γ	Gamma	Λ	λ	Lambda	T	τ	Tau
Δ	δ	Delta	M	μ	My	Y	υ	Ypsilon
E	ε	Epsilon	N	ν	Ny	Φ	φ	Phi
Z	ζ	Zeta	Ξ	ξ	Xi	X	χ	Chi
H	η	Eta	O	o	Omikron	Ψ	ψ	Psi
Θ	ϑ	Theta	Π	π	Pi	Ω	ω	Omega

Lösungen der Übungen

3.1.1 a) $w(\text{Fe}) = M(\text{Fe})/M(\text{FeO}) = 55{,}847\ \text{g/mol} : 71{,}846\ \text{g/mol} = 0{,}77731 = \underline{\underline{77{,}731\%}}$

b) $w(\text{Fe}) = 2 \cdot M(\text{Fe})/M(\text{Fe}_2\text{O}_3) = 2 \cdot 55{,}847\ \text{g/mol} :$ $159{,}692\ \text{g/mol} = 0{,}69943 = \underline{\underline{69{,}943\%}}$

c) $w(\text{Fe}) = 3 \cdot M(\text{Fe})/M(\text{Fe}_3\text{O}_4) = 3 \cdot 55{,}847\ \text{g/mol} :$ $231{,}539\ \text{g/mol} = 0{,}72360 = \underline{\underline{72{,}360\%}}$

d) $w = M(\text{C})/M(\text{CH}_4) = 12{,}011\ \text{g/mol} : 16{,}043\ \text{g/mol} = 0{,}74868 = \underline{\underline{74{,}868\%}}$

e) $w(\text{C}) = M(\text{C})/M(\text{CO}) = 12{,}011\ \text{g/mol} : 28{,}011\ \text{g/mol} = 0{,}42880 = \underline{\underline{42{,}880\%}}$

f) $w(\text{C}) = M(\text{C})/M(\text{CO}_2) = 12{,}011\ \text{g/mol} : 44{,}010\ \text{g/mol} = 0{,}27292 = \underline{\underline{27{,}292\%}}$

3.1.2 a) $w(\text{H}) = 2 \cdot M(\text{H})/M(\text{H}_2\text{CO}_3) = 2 \cdot 1{,}0079\ \text{g/mol} :$ $62{,}024\ \text{g/mol} = 0{,}0325 = \underline{\underline{3{,}25\%}}$

$w(\text{C}) = M(\text{C})/M(\text{H}_2\text{CO}_3) = 12{,}011\ \text{g/mol} : 62{,}024\ \text{g/mol} = 0{,}1936 = \underline{\underline{19{,}36\%}}$

$w(\text{O}) = 100\% - 3{,}25\% - 19{,}36\% = \underline{\underline{77{,}39\%}}$

b) $w(\text{K}) = M(\text{K})/M(\text{KClO}_4) = 39{,}0983\ \text{g/mol} : 138{,}549\ \text{g/mol} = 0{,}2822 = \underline{\underline{28{,}22\%}}$

$w(\text{Cl}) = M(\text{Cl})/M(\text{KClO}_4) = 35{,}453\ \text{g/mol} : 138{,}549\ \text{g/mol} = 0{,}2559 = \underline{\underline{25{,}59\%}}$

$w(\text{O}) = 100\% - 28{,}22\% - 25{,}59\% = \underline{\underline{46{,}19\%}}$

c) $w(\text{N}) = M(\text{N})/M(\text{NH}_3) = 14{,}0067\ \text{g/mol} : 17{,}050\ \text{g/mol} = 0{,}82245 = \underline{\underline{82{,}245\%}}$

$w(\text{H}) = 100\% - 82{,}245\% = 17{,}755\%$ oder

$w(\text{H}) = 3 \cdot M(\text{H})/M(\text{NH}_3) = 3 \cdot 1{,}0079\ \text{g/mol} : 17{,}030\ \text{g/mol} =$ $0{,}17755 = \underline{\underline{17{,}755\%}}$

d) $w(\text{S}) = M(\text{S})/M(\text{SO}_2) = 32{,}06\ \text{g/mol} : 64{,}06\ \text{g/mol} = 0{,}5005 = \underline{\underline{50{,}05\%}}$

$w(\text{O}) = 2 \cdot M(\text{O})/M(\text{SO}_2) = 2 \cdot 15{,}9994\ \text{g/mol} : 64{,}06\ \text{g/mol} = 0{,}4995 = \underline{\underline{49{,}95\%}}$

3.2.1 a) 100 g der Verbindung enthalten 37,92 g Ni, 20,72 g S und 41,36 g O. Daraus ergeben sich folgende Stoffmengen:

$n(\mathrm{Ni}) = m(\mathrm{Ni})/M(\mathrm{Ni}) = 37{,}92\ \mathrm{g} : 58{,}69\ \mathrm{g/mol} = 0{,}646\ \mathrm{mol}$

$n(\mathrm{S}) = m(\mathrm{S})/M(\mathrm{S}) = 20{,}72\ \mathrm{g} : 32{,}06\ \mathrm{g/mol} = 0{,}646\ \mathrm{mol}$

$n(\mathrm{O}) = m(\mathrm{O})/M(\mathrm{O}) = 41{,}36\ \mathrm{g} : 15{,}9994\ \mathrm{g/mol} = 2{,}585\ \mathrm{mol}$

Atomzahlverhältnis $\frac{0{,}646}{0{,}646} : \frac{0{,}646}{0{,}646} : \frac{2{,}585}{0{,}646} = 1 : 1 : 4$

Daraus ergibt sich die empirische Formel $\underline{\underline{NiSO_4}}$ (Nickelsulfat).

3.2.1 b) $n(\mathrm{C}) = m(\mathrm{C})/M(\mathrm{C}) = 52{,}6\ \mathrm{g} : 12{,}011\ \mathrm{g/mol} = 4{,}379\ \mathrm{mol}$

$n(\mathrm{H}) = m(\mathrm{H})/M(\mathrm{H}) = 13{,}4\ \mathrm{g} : 1{,}0079\ \mathrm{g/mol} = 13{,}295\ \mathrm{mol}$

$n(\mathrm{O}) = m(\mathrm{O})/M(\mathrm{O}) = 35{,}1\ \mathrm{g} : 15{,}9994\ \mathrm{g/mol} = 2{,}194\ \mathrm{mol}$

Atomzahlverhältnis $\frac{4{,}379}{2{,}194} : \frac{13{,}295}{2{,}194} : \frac{2{,}194}{2{,}194} = 2 : 6 : 1$

Die empirische Formel lautet demnach $\underline{\underline{(C_2H_6O)_n}}$. Wie oft die Einheit C_2H_6O in einem Molekül der Verbindung enthalten ist, muß durch Bestimmung weiterer Eigenschaften wie der molaren Masse ermittelt werden.

3.2.2 Die molare Masse einer Einheit C_2H_6O beträgt $2 \cdot M(\mathrm{C}) + 6 \cdot M(\mathrm{H}) + M(\mathrm{O}) = (24{,}022\ \mathrm{g} + 6{,}0474\ \mathrm{g} + 15{,}9994\ \mathrm{g})/\mathrm{mol} = 46{,}0688\ \mathrm{g/mol}$. Die gefundene molare Masse beträgt 46,1 g/mol.
Daraus ergibt sich:
$n = 1$, $\underline{\underline{\text{Summenformel } C_2H_6O}}$, mögliche Verbindungen:
$\underline{\underline{\text{Dimethylether } CH_3\text{–O–}CH_3\text{, Ethanol } C_2H_5OH}}$

3.3.1 a) $C_2H_6 + 3{,}5\ O_2 \rightarrow 2\ CO_2 + 3\ H_2O$ oder besser:

$2\ C_2H_6 + 7\ O_2 \rightarrow 4\ CO_2 + 6\ H_2O$

b) $2\ Al(OH)_3 \rightarrow Al_2O_3 + 3\ H_2O$

c) $P_2O_5 + 3\ H_2O \rightarrow 2\ H_3PO_4$

3.3.2 a) $\overset{0}{Al} + 3\ \overset{+I}{H} \rightarrow \overset{+III}{Al} + 3\ \overset{0}{H}$

$2\ Al + 3\ H_2SO_4 \rightarrow Al_2(SO_4)_3 + 3\ H_2\uparrow$

b) $3\ \overset{0}{Cu} + 2\ \overset{+V}{N} \rightarrow 3\ \overset{+II}{Cu} + 2\ \overset{+II}{N}$

$3\ Cu + 8\ HNO_3 \rightarrow 3\ Cu(NO_3)_2 + 2\ NO\uparrow + 4\ H_2O$

c) $\overset{+VI}{Cr} + 3\ \overset{-I}{I} \rightarrow \overset{+III}{Cr} + 3\ \overset{0}{I}$

$K_2Cr_2O_7 + 6\ KI + 14\ HCl \rightarrow 2\ CrCl_3 + 3\ I_2 + 8\ KCl + 7\ H_2O$

3.3.3 $Fe_2O_3 + 3\ C \rightarrow 2\ Fe + 3\ CO$

$m(Fe_2O_3) = 159{,}692\ \mathrm{g} \triangleq m(\mathrm{Fe}) = 111{,}694\ \mathrm{g}$

$x \triangleq m(\mathrm{Fe}) = 15{,}2\ \mathrm{t}$

Der praktische Umsatz an Fe_2O_3 beträgt $x = 21{,}73$ t. Daraus ergibt sich der prozentuale Umsatz mit $\underline{\underline{85{,}9\%}}$.

3.3.4 $CaCO_3 \rightarrow CaO + CO_2$

$m(CaCO_3) = 100{,}09 \text{ g} \triangleq m(CaO) = 56{,}08 \text{ g}$

$m(CaCO_3) = 4{,}29 \text{ kg} \cdot 0{,}783 \cdot 0{,}896 \triangleq x \qquad x = m(CaO) = 1{,}686 \text{ kg}$

$CaO + H_2O \rightarrow Ca(OH)_2$

$m(CaO) = 56{,}08 \text{ g} \triangleq m(Ca(OH)_2) = 74{,}1 \text{ g}$

$m(CaO) = 1{,}686 \text{ kg} \triangleq x \qquad x = m(Ca(OH)_2) = \underline{\underline{2{,}228 \text{ kg}}}$

3.3.5 $Na_2CO_3 + Ca(OH)_2 \rightarrow CaCO_3 + 2\ NaOH$

$m(Na_2CO_3) = 105{,}989 \text{ g} \triangleq m(NaOH) = 2 \cdot 39{,}997 \text{ g}$

$m(Na_2CO_3) = 79{,}7 \text{ g} \triangleq x \qquad x = m(NaOH) = 60{,}153 \text{ g}$

Die theoretische Ausbeute beträgt 60,153 g, die praktische Ausbeute 135,9 g · 0,4 = 54,36 g und somit die prozentuale Ausbeute $\underline{\underline{90{,}37\%}}$.

3.3.6 $Mg + H_2SO_4 \rightarrow MgSO_4 + H_2$

$m(Mg) = 24{,}305 \text{ g} \triangleq m(H_2) = 2{,}0158 \text{ g} \triangleq n(H_2) = 1 \text{ mol} \triangleq V(H_2) = 22{,}4 \text{ L}$

$m(Mg) = 50 \text{ g} \cdot 0{,}95 \triangleq m(H_2) = 3{,}34 \text{ g} \triangleq n(H_2) = 1{,}954 \text{ mol} \triangleq V(H_2) = 43{,}77 \text{ L}$

$m(H_2) = 3{,}34 \text{ g} \cdot 0{,}83 = \underline{\underline{3{,}27 \text{ g}}} \triangleq n(H_2) = \underline{\underline{1{,}622 \text{ mol}}} \triangleq V(H_2) = \underline{\underline{36{,}33 \text{ L}}}$

3.3.7 $2\ NaOH + Cl_2 \rightarrow NaClO + NaCl + H_2O$

$m(NaOH) = 2 \cdot 40 \text{ kg} \triangleq V(Cl_2) = 22{,}4 \text{ m}^3 \text{ i.N.}$

$m(NaOH) = 120 \text{ kg} \cdot 0{,}25 = x \qquad x = V(Cl_2) = 8{,}4 \text{ m}^3 \triangleq 70\%$

100% entsprechen demnach $\underline{\underline{12 \text{ m}^3 \text{ i.N.}}}$

3.3.8 $CaC_2 + 2\ H_2O \rightarrow C_2H_2 + Ca(OH)_2$

$m(CaC_2) = 64 \text{ g} \triangleq V(C_2H_2) = 22{,}4 \text{ L}$

$$V_1 = \frac{V_2 \cdot p_2 \cdot T_1}{p_1 \cdot T_2} = \frac{22{,}3 \text{ L} \cdot 1032 \text{ mbar} \cdot 273 \text{ K}}{1013 \text{ mbar} \cdot 300 \text{ K}} = 20{,}67 \text{ L}$$

$m(CaC_2) = 64 \text{ g} \triangleq V(C_2H_2) = 22{,}4 \text{ L i.N.}$

$x \triangleq V(C_2H_2) = 20{,}67 \text{ L}$

$x = m(CaC_2) = 59{,}06 \text{ g} \qquad w_R(CaC_2) = 59{,}06 \text{ g} : 80 \text{ g} = 0{,}73825 = \underline{\underline{73{,}825\%}}$

3.3.9 $p_2 = 130 \text{ bar} - 92 \text{ bar} = 38 \text{ bar}, \qquad V_2 = 37 \text{ L}, \qquad p_1 = 0{,}991{,}7 \text{ bar}$

Für $T =$ konst gilt: $V_1 = 37 \text{ L} \cdot 38 \text{ bar}/0{,}9917 \text{ bar} \qquad V(O_2) = \underline{\underline{1417{,}77 \text{ L}}}$

3.3.10 a) $2\ CO + O_2 \rightarrow 2\ CO_2$

$CO + 0{,}5\ O_2 \rightarrow CO_2$

$-110{,}5$ kJ/mol $\qquad -394$ kJ/mol

$\Delta H_R = -394 \text{ kJ/mol} + 110{,}5 \text{ kJ/mol} = -283{,}5 \text{ kJ/mol}$

28 g CO liefern 283,5 kJ, 20000 g CO liefern dann

202500 kJ = $\underline{\underline{202{,}5 \text{ MJ}}}$

b) Der molare Heizwert $H_{u,m}$ von Kohlenmonoxid entspricht der bei der Verbrennung von 1 mol CO freiwerdenden Reaktionsenergie $\Delta H_R = \underline{\underline{283{,}5\ kJ/mol}}$.

0,028 kg CO liefern 283,5 kJ, 1 kg liefert 10125 kJ. Somit ist der spezifische Heizwert $H_{u,sp}$ von CO gleich $\underline{\underline{10125\ kJ/kg}}$.

22,4 L CO liefern 283,5 kJ, 1 m³ = 1000 L CO liefern 12656,25 kJ. Der normvolumenbezogene Heizwert $H_{u,n}$ von CO beträgt $\underline{\underline{12656{,}25\ kJ/m^3}}$.

3.3.11 $CH_4 + 2\ O_2 \rightarrow CO_2 + H_2O_{(g)} - 804\ kJ/(mol\ CH_4)$

22,4 L CH_4 liefern 804 kJ, 630 L liefern 22612,5 kJ.

$H_2 + 0{,}5\ O_2 \rightarrow H_2O_{(g)} - 243\ kJ/(mol\ H_2)$

22,4 L H_2 liefern 243 kJ, 10 L liefern 108,48 kJ.

Der normvolumenbezogene Heizwert dieses Faulgases beträgt daher $H_{u,n} = \underline{\underline{22720{,}98\ kJ/m^3}}$.

3.4.1 a) $-\lg 10^{-4} = \underline{\underline{pH = 4}}$

b) Wenn $a(OH^-) = 10^{-3}$ mol/L ist, ist $a(H^+) = 10^{-11}$ mol/L und demnach $-\lg 10^{-11} = \underline{\underline{pH = 11}}$

3.4.2 a) $\underline{\underline{a(H^+) = 10^{-5}\ mol/L}}$

b) $\underline{\underline{a(H^+) = 10^{-9}\ mol/L}}$

c) Wenn pOH = 4, ist pH = 10 und somit $\underline{\underline{a(H^+) = 10^{-10}\ mol/L}}$

3.4.3 a) $a(HCl) = a(H^+) = 1\ mol/L \cdot 0{,}78 = 0{,}78\ mol/L$

$-\lg 0{,}78 = \underline{\underline{pH = 0{,}108}}$

b) $a(HCN) = a(H^+) = 0{,}1\ mol/L \cdot 0{,}0001 = 0{,}00001\ mol/L$

$-\lg 10^{-5} = \underline{\underline{pH = 5}}$

c) $a(KOH) = a(OH^-) = 1\ mol/L \cdot 0{,}77 = 0{,}77\ mol/L$

pOH = 0,1135 und, da pH = 14 − pOH, ist $\underline{\underline{pH = 13{,}8865}}$

d) $a(LiOH) = a(OH^-) = 1\ mol/L \cdot 0{,}63 = 0{,}63\ mol/L$

pOH = 0,2 und somit ist $\underline{\underline{pH = 13{,}8}}$

3.4.4 $m(FeCl_3) = 1\ kg \cdot 0{,}2 = 0{,}2\ kg = 200\ g$

$m(\text{techn. } FeCl_3) = 200\ g : 0{,}88 = \underline{\underline{227{,}27\ g}}$

$m(H_2O) = 1000\ g - 227{,}27\ g = \underline{\underline{772{,}73\ g}}$

3.4.5 $m(CuSO_4) = 2{,}3\ kg \cdot 0{,}175 = 0{,}4025\ kg = 402{,}5\ g$

$M(CuSO_4) = 159{,}6\ g/mol \mathrel{\hat{=}} M(CuSO_4 \cdot 5\ H_2O) = 249{,}68\ g/mol$

$m(CuSO_4) = 402{,}5\ g \mathrel{\hat{=}} x \qquad x = m(CuSO_4 \cdot 5\ H_2O) = \underline{\underline{629{,}7\ g}}$

$m(H_2O) = m(\text{Lösung}) - m(CuSO_4 \cdot 5\ H_2O) = 2300\ g - 629{,}7\ g = \underline{\underline{1670{,}3\ g}}$

3.4.6 $V(X) = \varphi(X) \cdot [V(X) + V(Lm)] = 0{,}3 \cdot 520\ mL = \underline{\underline{156\ mL}}$

3.4.7 $V(\text{X}) + V(\text{Lm}) = V(\text{X})/\varphi(\text{X}) \qquad V(\text{Lm}) = V(\text{X})/\varphi(\text{X}) - V(\text{X})$

$V(\text{H}_2\text{O}) = 260\ \text{mL}/0{,}4 - 260\ \text{mL} = 650\ \text{mL} - 260\ \text{mL} = \underline{\underline{390\ \text{mL}}}$

3.4.8 $m(\text{KCl}) = 59\ \text{g} \cdot 0{,}87 = 51{,}33\ \text{g}$

$\beta(\text{KCl}) = 51{,}33\ \text{g} : 2{,}5\ \text{L} = \underline{\underline{20{,}532\ \text{g/L}}}$

3.4.9 $m(\text{Ca(OH)}_2) = 1\ \text{g/L} \cdot 4{,}5\ \text{L} = 4{,}5\ \text{g}$

$m(\text{techn. Ca(OH)}_2) = 4{,}5\ \text{g} : 0{,}92 = \underline{\underline{4{,}89\ \text{g}}}$

3.4.10 $\sigma(\text{CH}_3\text{OH}) = 400\ \text{mL} : 860{,}5\ \text{mL} = 0{,}4648 = \underline{\underline{46{,}48\%}}$

3.4.11 $V(\text{Ethanol}) = 30\ \text{L} \cdot 0{,}4 = \underline{\underline{12\ \text{L}}}$

3.4.12 $n(\text{NaOH}) = 4{,}3\ \text{L} \cdot 2\ \text{mol/L} = \underline{\underline{8{,}6\ \text{mol}}}$

$m(\text{NaOH}) = 8{,}6\ \text{mol} \cdot 39{,}997\ \text{g/mol} = \underline{\underline{343{,}97\ \text{g}}}$

3.4.13 $m(\text{ZnSO}_4 \cdot 7\ \text{H}_2\text{O}) = 33{,}5\ \text{g} \cdot 0{,}92 = 30{,}82\ \text{g}$

$n(\text{ZnSO}_4) \triangleq n(\text{ZnSO}_4 \cdot 7\ \text{H}_2\text{O}) = 30{,}82\ \text{g} : 287{,}55\ \text{g/mol} = 0{,}1072\ \text{mol}$

$c(\text{ZnSO}_4) = 0{,}1072\ \text{mol} : 1{,}5\ \text{L} = \underline{\underline{0{,}0715\ \text{mol/L}}}$

3.4.14 $c(\text{KMnO}_4) = 0{,}2\ \text{mol/L} : 5 = 0{,}04\ \text{mol/L}$

$n(\text{KMnO}_4) = 0{,}04\ \text{mol/L} \cdot 2{,}5\ \text{L} = 0{,}1\ \text{mol}$

$m(\text{KMnO}_4) = 0{,}1\ \text{mol} \cdot 158{,}034\ \text{g/mol} = \underline{\underline{15{,}8034\ \text{g}}}$

3.4.15 $\beta(\text{K}_2\text{Cr}_2\text{O}_7) = 6{,}37416\ \text{g} : 1{,}3\ \text{L} = 4{,}9032\ \text{g/L}$

$c(\text{K}_2\text{Cr}_2\text{O}_7) = 4{,}9032\ \text{g/L} : 294{,}184\ \text{g/mol} = \underline{\underline{0{,}01\bar{6}\ \text{mol/L}}}$

$c(\tfrac{1}{6}\ \text{K}_2\text{Cr}_2\text{O}_7) = 0{,}01\bar{6}\ \text{mol/L} \cdot 6 = \underline{\underline{0{,}1\ \text{mol/L}}}$

3.4.16 $m(\text{H}_2\text{SO}_4) = 49{,}04\ \text{g} \triangleq n(\text{H}_2\text{SO}_4) = 0{,}5\ \text{mol}$

$c(\text{H}_2\text{SO}_4) = 0{,}2\ \text{mol/L} : 2 = \underline{\underline{0{,}1\ \text{mol/L}}}$

$V(\text{Ls}) = n(\text{H}_2\text{SO}_4)/c(\text{H}_2\text{SO}_4) = 0{,}5\ \text{mol} : 0{,}1\ \text{mol/L} = \underline{\underline{5\ \text{L}}}$

3.4.17 $$w_\text{M}(\text{KOH}) = \frac{5\ \text{kg} \cdot 0{,}12 + 2{,}7\ \text{kg} \cdot 0{,}07}{7{,}7\ \text{kg}} = \frac{0{,}789}{7{,}7} = 0{,}1025 = \underline{\underline{10{,}25\%}}$$

3.4.18 $$c_\text{M}(\text{NaOH}) = \frac{2{,}3\ \text{L} \cdot 0{,}05\ \text{mol/L} + 5{,}3\ \text{L} \cdot 0{,}02\ \text{mol/L}}{7{,}6\ \text{L}} = \frac{0{,}221\ \text{mol}}{7{,}6\ \text{L}} =$$

$\underline{\underline{0{,}029\ \text{mol/L}}}$ (hier: $V_\text{M} = V_1 + V_2$)

3.4.19 5 ⟍ 4 ⟋ 1,7 kg = m_1

2,3 ⟋ ⟍ 1,0 kg = m_2

1,7 kg + 1,0 kg = 2,7 kg 4%ige Salzsäure. 6,7 kg 4%ige Salzsäure erfordern $\underline{\underline{\text{4,22 kg}}}$ $\underline{\underline{\text{5\%ige Salzsäure}}}$ und $\underline{\underline{\text{2,48 kg 2,3\%ige Salzsäure}}}$.

3.4.20 0,08 ⟍ 0,03 ⟋ 0,01 L = V_1

0,02 ⟋ ⟍ 0,05 L = V_2 hier: $V_\text{M} = V_1 + V_2$

0,01 L 0,08 mol/L NaCl-Lösung und 0,05 L 0,02 mol/L NaCl-Lösung ergeben 0,06 L 0,03 mol/L NaCl-Lösung.

Für 10 L 0,03 mol/L NaCl-Lösung benötigt man $\underline{\underline{1{,}\bar{6}\ \mathrm{L}}}$ $\underline{\underline{0{,}08\ \mathrm{mol/L\ NaCl\text{-}Lösung}}}$ und $\underline{\underline{8{,}\bar{3}\ \mathrm{L}\ 0{,}02\ \mathrm{mol/L\ NaCl\text{-}Lösung}}}$.

3.4.21 87,69 > 33,82 < 21,96 kg
11,96 > 33,82 < 53,87 kg

$V_1 = 21{,}96\ \mathrm{kg} : 1{,}8\ \mathrm{kg/L} = 12{,}2\ \mathrm{L}$

$V_2 = 53{,}87\ \mathrm{kg} : 1{,}08\ \mathrm{kg/L} = 49{,}88\ \mathrm{L}$

Zur Herstellung von $V_M = 75{,}83\ \mathrm{kg} : 1{,}25\ \mathrm{kg/L} = 60{,}66\ \mathrm{L}$ 33,82%iger Schwefelsäure müssen 12,2 L 87,69%ige und 49,88 L 11,96%ige Säure eingesetzt werden.

Für die benötigten 2,75 L 33,82%ige Schwefelsäure muß man $\underline{\underline{0{,}553\ \mathrm{L}\ 87{,}69\%\mathrm{ige}}}$ und $\underline{\underline{2{,}261\ \mathrm{L}\ 11{,}96\%\mathrm{ige\ Schwefelsäure}}}$ abmessen.

3.5.1 $15\ \mathrm{kg} \cdot 20\ \mathrm{K} \cdot 2{,}09\ \mathrm{kJ/(kg \cdot K)} = 627\ \mathrm{kJ}$

$15\ \mathrm{kg} \cdot 335\ \mathrm{kJ/kg} = 5025\ \mathrm{kJ}$

$15\ \mathrm{kg} \cdot 40\ \mathrm{K} \cdot 4{,}187\ \mathrm{kJ/(kg \cdot K)} = 2512{,}2\ \mathrm{kJ}$

Die Wärmemenge Q beträgt $\underline{\underline{8164{,}2\ \mathrm{kJ}}}$.

3.5.2 $530\ \mathrm{kg} \cdot 80\ \mathrm{K} \cdot 4{,}187\ \mathrm{kJ/(kg \cdot K)} = 177\,528{,}8\ \mathrm{kJ}$

$530\ \mathrm{kg} \cdot 2256{,}7\ \mathrm{kJ/kg} = 1\,196\,051\ \mathrm{kJ}$

$530\ \mathrm{kg} \cdot 30\ \mathrm{K} \cdot 2{,}031\ \mathrm{kJ/(kg \cdot K)} = 32\,292{,}9\ \mathrm{kJ}$

Es ist eine Wärmemenge $Q = \underline{\underline{1\,405\,872{,}7\ \mathrm{kJ} = 1405{,}87\ \mathrm{MJ}}}$ erforderlich.

3.5.3 $\Delta\vartheta = \Delta l/(l_A \cdot \alpha) = 0{,}089\ \mathrm{m} \cdot \mathrm{K}/(76\ \mathrm{m} \cdot 0{,}0000165) = 70{,}97\ \mathrm{K} = 70{,}97\,°\mathrm{C}$

$\vartheta_A = 137\,°\mathrm{C} - 70{,}97\,°\mathrm{C} = \underline{\underline{66{,}03\,°\mathrm{C}}}$

3.5.4 Bei Abkühlung gilt: $l_E = l_A - \Delta l$

$\Delta l = 15\ \mathrm{m} \cdot 143\ \mathrm{K} \cdot 0{,}0000125\ \mathrm{K}^{-1} = 0{,}0268\ \mathrm{m}$

$l_E = 15\ \mathrm{m} - 0{,}0268\ \mathrm{m} = \underline{\underline{14{,}9732\ \mathrm{m}}}$

3.5.5 $\Delta V = 3{,}6\ \mathrm{L} \cdot 106\ \mathrm{K} \cdot 0{,}00062\ \mathrm{K}^{-1} = 0{,}237\ \mathrm{L}$

$V_E = V_A - \Delta V = 3{,}6\ \mathrm{L} - 0{,}237\ \mathrm{L} = \underline{\underline{3{,}363\ \mathrm{L}}}$

3.5.6 $\gamma = \Delta V/(V_A \cdot \Delta\vartheta) = 0{,}01875\ \mathrm{L}/(1{,}5\ \mathrm{L} \cdot 25\ \mathrm{K}) = 0{,}0005\ \mathrm{K}^{-1} = \underline{\underline{5 \cdot 10^{-4}\ \mathrm{K}^{-1}}}$

3.5.7 Auftrieb: m (Benzol, verdrängt) $= 63{,}8\ \mathrm{g} - 39{,}8\ \mathrm{g} = 24\ \mathrm{g}$

V (Benzol, verdrängt) $= 24\ \mathrm{g} : 0{,}881\ \mathrm{g/mL} = 27{,}24\ \mathrm{mL} = V$ (Körper)

ϱ (Körper) $= 63{,}8\ \mathrm{g} : 27{,}24\ \mathrm{cm}^3 = \underline{\underline{2{,}342\ \mathrm{g/cm}^3}}$

3.5.8
$$\varrho\ (\text{Metall}) = \frac{4{,}23\ \mathrm{g} \cdot 1\ \mathrm{g}}{(4{,}23\ \mathrm{g} + 72{,}60\ \mathrm{g} - 76{,}33\ \mathrm{g}) \cdot \mathrm{cm}^3} = \underline{\underline{8{,}46\ \mathrm{g/cm}^3}}$$

3.6.1 $\tau = 1 - 0{,}13 = 0{,}87$

$\varepsilon_m = E/[d \cdot c\,(\mathrm{X})] = -\lg 0{,}87 \cdot \mathrm{L}/(4\ \mathrm{cm} \cdot 0{,}015\ \mathrm{mol}) =$
$= 0{,}06 \cdot \mathrm{L}/(4\ \mathrm{cm} \cdot 0{,}015\ \mathrm{mol}) = \underline{\underline{1{,}008\ \mathrm{L/(cm \cdot mol)}}}$

3.6.2. $2\ NaOH + H_2SO_4 \rightarrow Na_2SO_4 + 2\ H_2O$
$n(NaOH) = 2$ mol $\triangleq n(H_2SO_4) = 1$ mol
$n(NaOH) = 0{,}1$ mol $\triangleq n(H_2SO_4) = 0{,}05$ mol
20 mL $c(NaOH) = 0{,}1$ mol/L $\triangleq$ 20 mL $c(H_2SO_4) = 0{,}05$ mol/L
Der theoretische Verbrauch beträgt 20 mL $c(NaOH) = 0{,}1$ mol/L.
$t(H_2SO_4) = 21{,}7$ mL : 20 mL $= \underline{\underline{1{,}085}}$
$c(H_2SO_4) = 0{,}05$ mol/L $\cdot$ 1,085 $= \underline{\underline{0{,}05425\ \text{mol/L}}}$

3.6.3 $H_2C_2O_4 \cdot 2\ H_2O + 2\ NaOH \rightarrow Na_2C_2O_4 + 4\ H_2O$
$n(H_2C_2O_4 \cdot 2\ H_2O) = 1$ mol $\triangleq n(NaOH) = 2$ mol
$n(H_2C_2O_4 \cdot 2\ H_2O) = 0{,}05$ mol $\triangleq$ 1 L $c(NaOH) = 0{,}1$ mol/L
$n(H_2C_2O_4 \cdot 2\ H_2O) = 0{,}05$ mmol $\triangleq$ 1 mL $c(NaOH) = 0{,}1$ mol/L
$m(H_2C_2O_4 \cdot 2\ H_2O) = 6{,}3033$ mg $\triangleq$ 1 mL $c(NaOH) = 0{,}1$ mol/L
$m(H_2C_2O_4 \cdot 2\ H_2O) = 127{,}2$ mg $\triangleq x$ $\quad x = 20{,}18$ mL (theoretischer Verbrauch)
$t(NaOH) = 20{,}18$ mL : 20,72 mL $= \underline{\underline{0{,}974}}$
$c(NaOH) = 0{,}1$ mol/L $\cdot$ 0,974 $= \underline{\underline{0{,}0974\ \text{mol/L}}}$
$\beta(NaOH) = 0{,}0974$ mol/L $\cdot$ 39,997 g/mol $= \underline{\underline{3{,}8957\ \text{g/L}}}$

3.6.4 3,57 mL $\cdot$ 1,035 = 3,695 mL $c(HCl) = 0{,}1$ mol/L
3,695 mL $\cdot$ 0,05 mmol Erdalkali-Ionen/mL = 0,185 mmol
Erdalkali-Ionen in 200 mL Leitungswasser. Die Stoffmengenkonzentration c(Erdalkali-Ionen) ist dann gleich $\underline{\underline{0{,}924\ \text{mmol/L}}}$. Dies entspricht 0,924 $\cdot$ 5,608 °dH $= \underline{\underline{5{,}18\ °\text{dH}}}$.

3.6.5 $m(NaCl) = 21{,}4$ mL $\cdot$ 1,025 $\cdot$ 5,8443 mg/mL = 128,194 mg $= \underline{\underline{0{,}128\ \text{g}}}$

3.6.6 a) $\beta(Cl^-) = 0{,}35453$ mg/mL $\cdot$ 62,5 mL $\cdot$ 10/L = 221,58 mg/L $= \underline{\underline{0{,}2216\ \text{g/L}}}$
b) $\beta(Cl^-) = 0{,}35453$ mg/mL $\cdot$ 16,9 mL $\cdot$ 10/L = 59,916 mg/L $= \underline{\underline{0{,}0599\ \text{g/L}}}$

3.6.7 Maßanalytisches Äquivalent:
1 mL $c(NaCl) = 0{,}01$ mol/L $\triangleq n(Ag^+) = 0{,}01$ mmol $\triangleq m(Ag^+) = 1{,}0787$ mg.
7,8 mL erfassen somit 8,414 mg Ag^+, die in 20 mL der Abwasserprobe enthalten sind. Daher ist
$\beta(Ag^+) = 420{,}693$ mg/L $= \underline{\underline{0{,}42\ \text{g/L}}}$.

3.6.8 50 mL enthalten 9,5 mL $\cdot$ 0,972 $\cdot$ 5,5847 mg/mL = 51,569 mg,
500 mL Stammlösung 515,69 mg Fe^{2+}, die in 732,7 mg Roheisen enthalten sind.
Der Massenanteil $w(Fe) = 515{,}69$ mg : 732,7 mg = 0,7038 $= \underline{\underline{70{,}38\%}}$

3.6.9 $m(KMnO_4) = 0{,}04$ mol/L $\cdot$ 2,5 L $\cdot$ 158,038 g/mol $= \underline{\underline{15{,}8038\ \text{g}}}$
$c(1/5\ KMnO_4) = 0{,}04$ mol/L $\cdot$ 5 $= \underline{\underline{0{,}2\ \text{mol/L}}}$

3.6.10 50 mL enthalten 3,48 mL $\cdot$ 1,023 $\cdot$ 0,8016 mg/mL = 2,854 mg,
1000 mL demnach 57,0745 mg Ca^{2+}, $\beta(Ca^{2+}) = \underline{\underline{0{,}057\ \text{g/L}}}$.

Da $m(Ca^{2+}) = 57{,}0745$ mg $\triangleq n(Ca^{2+}) = 1{,}424$ mmol, ist die Calciumhärte $c(Ca^{2+}) = \underline{\underline{1{,}424 \text{ mmol/L}}}$.

In 50 mL sind 1,21 mL · 1,023 · 0,4861 mg/mL = 0,6017 mg,
in 1000 mL 12,034 mg Mg^{2+} gelöst. Demzufolge ist $\beta(Mg^{2+}) = \underline{\underline{0{,}012 \text{ g/L}}}$

Da $m(Mg^{2+}) = 12{,}034$ mg $\triangleq n(Mg^{2+}) = 0{,}495$ mmol, beträgt die Magnesiumhärte $c(Mg^{2+}) = \underline{\underline{0{,}495 \text{ mmol/L}}}$.

Die Gesamthärte (Summe Erdalkalien) ist dann c(Erdalkali-Ionen) = $\underline{\underline{1{,}919 \text{ mmol/L}}}$.

Das sind 1,919 · 5,608 °dH = $\underline{\underline{10{,}762\,°\text{dH}}}$.

3.6.11 Der Mittelwert der Auswaagen beträgt $x = 312{,}5$ mg $PbSO_4$.
$\beta(Pb^{2+}) = 312{,}5 \text{ mg} \cdot 0{,}6832 \cdot 40/\text{L} = 8539 \text{ mg/L} = \underline{\underline{8{,}539 \text{ g/L}}}$

3.6.12 Der Mittelwert der Auswaagen beträgt 400,5 mg $BaCrO_4$.
$\beta(CrO_4^{2-}) = 400{,}5 \cdot 0{,}4579 \cdot 10/\text{L} = 1834 \text{ mg/L} = \underline{\underline{1{,}834 \text{ g/L}}}$

3.6.13 $\beta(Fe^{3+}) = 115{,}3 \text{ mg} \cdot 0{,}6994 \cdot 50/\text{L} = 4032 \text{ mg/L} = \underline{\underline{4{,}032 \text{ g/L}}}$
Da 2,6 g zu 500 mL gelöst wurden, die 2,016 g Fe^{3+} enthalten, ist der Massenanteil $w(Fe) = 2{,}016 \text{ g} : 2{,}6 \text{ g} = 0{,}7754 = \underline{\underline{77{,}54\%}}$.

3.7.1 $2\ MgNH_4PO_4 \cdot 6\ H_2O \triangleq Mg_2P_2O_7$
$2 \cdot 245{,}406 \text{ g} \triangleq 222{,}553 \text{ g}$
$100\% \triangleq x \quad x = \text{Glührückstand} = 45{,}34\%$
Der prozentuale Glühverlust entspricht $\underline{\underline{54{,}66\%}}$.

3.7.2 2,7 g = 100% ergeben 1,253 g Glührückstand. Der prozentuale Glührückstand ist $\underline{\underline{46{,}4\%}}$, der prozentuale Glühverlust $\underline{\underline{53{,}6\%}}$.

3.8.1 Schüttvolumen = Schüttmasse : Schüttdichte
$V = m/\varrho = 27 \text{ t} : 1{,}1 \text{ t/m}^3 = 24{,}55 \text{ m}^3 \triangleq \underline{\underline{55{,}78\%}}$ des Laderaums.

3.8.2 a) $4 \text{ m}^3 \cdot 730 \text{ kg/m}^3 = 2920 \text{ kg} = \underline{\underline{2{,}92 \text{ t}}}$
b) $357 \text{ kg} : 0{,}73 \text{ kg/dm}^3 = 489 \text{ dm}^3 = \underline{\underline{0{,}489 \text{ m}^3}}$

3.8.3 $r = \sqrt{V \cdot 3/(\pi \cdot h)} = \sqrt{27{,}3 \text{ m}^3 \cdot 3/(\pi \cdot 0{,}52 \text{ m})} = \underline{\underline{7{,}08 \text{ m}}}$
$A = r^2 \cdot \pi = 7{,}08^2 \text{ m}^2 \cdot \pi = \underline{\underline{157{,}5 \text{ m}^2}}$
$\tan\alpha = h/r = 0{,}52 \text{ m} : 7{,}08 \text{ m} = 0{,}0734 \Rightarrow \alpha = \underline{\underline{4{,}2°}}$

3.8.4 $h = \tan\alpha \cdot r = \tan 28° \cdot 11 \text{ m} = \underline{\underline{5{,}85 \text{ m}}}$
$s = \sqrt{h^2 + r^2} = \sqrt{5{,}85^2\text{m}^2 + 11^2\text{m}^2} = \underline{\underline{12{,}46 \text{ m}}}$
$A = r^2 \cdot \pi = 11^2\text{m}^2 \cdot \pi = \underline{\underline{380{,}13 \text{ m}^2}}$
$V = 11^2\text{m}^2 \cdot \pi \cdot 5{,}85 \text{ m}/3 = \underline{\underline{741{,}26 \text{ m}^3}}$

Literaturverzeichnis

Bücher

Abwassertechnische Vereinigung e. V. (ATV): *Regelwerk Abwasser-Abfall,* Arbeitsblatt A 115, Hinweise für das Einleiten von Abwasser aus gewerblichen und industriellen Betrieben in eine öffentliche Abwasseranlage.

Altmann, R., Brandes, G., Regen, O., Schneider, J.: *Chemisch-technische Stoffwerte – eine Datensammlung,* 1. Aufl. VEB Deutscher Verlag für Grundstoffindustrie, Leipzig, 1984, S. 187 (Tab. 51), S. 188 (Tab. 52), S. 195 (Tab. 60).

Bach, W.: *Gefahr für unser Klima.* Verlag C. F. Müller, Karlsruhe, 1982.

Blumenthal, G., Engels, S., Fitz, I., Haberditzl, W., Heckner, K. H., Heinz, D., Henrion, G., Landsberg, R., Schmidt, W., Scholz, G., Stange, R., Starke, P., Wilke, K.-Th., Wilke, I.: *Anorganikum,* 12. ber. Aufl. VEB Deutscher Verlag der Wissenschaften, Berlin (DDR), 1989, S. 389 (Tab. C5 Korrespondierende Säure-Base-Paare).

Deutsche Einheitsverfahren zur Wasser-, Abwasser- und Schlammuntersuchung, Band **I** bis **III**. Letzte Ergänzung 1989 durch Lieferung 22 VCH Verlagsgesellschaft mbH, Weinheim.

Hauptmann, S., Graefe, J., Remane, H.: *Lehrbuch der Organischen Chemie,* 1. Aufl. VEB Deutscher Verlag für Grundstoffindustrie, Leipzig, 1976, S. 50.

Hütter, L. A.: *Wasser und Wasseruntersuchung,* 3. Aufl. Verlag Moritz Diesterweg, Otto Salle Verlag, Frankfurt am Main, Berlin, München, Verlag Sauerländer, Aarau, Frankfurt am Main, Salzburg, 1988.

Rump, H. H., Krist, H.: *Laborhandbuch für die Untersuchung von Wasser, Abwasser und Boden,* 1. Aufl. VCH Verlagsgesellschaft mbH, Weinheim, 1987, S. 174 ff.

Stier, E.: *Klärwärter-Taschenbuch,* 10. Aufl. F. Hirthammer Verlag, München, 1990, S. 52, S. 193.

Zeitschriften, Broschüren

„Abfallbörse des Deutschen Industrie- und Handelstages (DIHT)", *Wirtschaft in Bremen,* Handelskammer Bremen.

Bayer AG Leverkusen, *Das Bayer-Forschungsmagazin Research,* Ausgabe 1987/88, S. 120.

Bayer AG Leverkusen, Niermann, Dr. H., *Makromoleküle als Kunststoffe,* S. 43.

Becker, H., *Wasser – Analyse – Bewertung – Reinigung,* GIT Verlag GmbH, Darmstadt, 1985, S. 90.

Bundesminister für Wirtschaft, *Mineralische Rohstoffe,* Mai 1987, S. 44.

Diez, „Düngung und Bodenverbesserung mit Klärschlamm". In *Berichte der ATV,* **34** (1982), S. 213. Aus Stier, E.: *Klärwärter-Taschenbuch,* 10. Aufl. F. Hirthammer Verlag, München, 1990, S. 193.

Eisenmann KG, *Leitfaden Umwelttechnik,* Böblingen, 5. Aufl. **1** (1989) S. 72.

Fonds der Chemischen Industrie, *Folienserien* **11** „Aminosäuren – Bausteine des Lebens", **13** „Reinhaltung des Wassers", 1987, **14** „Tenside", 1987.

Gemeinde-Unfallversicherungsverband, *Merkblatt zur Beseitigung von Chemikalien – Resten und Abfällen,* Hannover, 1985, S. 17.

Goldschmidt AG, *Blockfließbild zum Gesamtröstverfahren der Firma Th. Goldschmidt AG,* D. B. P. Nr. 2743812 vom 29.09.1977.

Hartinger, L., *Korrespondenz Abwasser* **5** (1986) S. 396.

Hopp, Prof. Dr. Ing. V., CLB *Chemie für Labor und Betrieb* **6** (1988) S. 276, S. 279.

Klöckner-Moeller, *Technik für den Umweltschutz*, Bonn, 1983, S. 4.
Knoch, W., „Leuchtbakterien melden Gift", *Weserkurier*, Bremen, 10.06.1989.
Landschoot, G. van, Verlov, M., Cottenie, A., „Agricultural Use of Sludge and Compost I: Prevention of Chemical Pollution". In: *EWPCA – ISWA 84*, Dokumentation 1984, S. 51 bis 64. Aus Habeck-Tropfke, H.-H., Habeck-Tropfke, L.: *Müll- und Abfalltechnik*, 1. Aufl. Werner Verlag, Düsseldorf, 1985.
Merck, *Katalog Reagenzien – Diagnostica – Chemikalien* 1990/91, Fa. E. Merck, Darmstadt, 1990.
Merck, *Sicherheit mit Merck*, Fa. E. Merck, Darmstadt, 1982, S. 5.
Methrom AG, *Methrom Application Bulletin* Nr. **102/1**, Methrom AG, CH-9101 Herisau/Schweiz 1975.
Ochterbeck, W., *GIT Fachzeitschrift für das Laboratorium*, **3** (1986) Darmstadt, S. 193.
Oeteren, K.-A. van, *Chem. Anl. Verf.* (Chemie-anlagen + verfahren) **8** (1983) S. 12.
Plinke, A., *Sauberes Industrie-Abwasser – Entgiftung, Neutralisation, Fällung, Adsorption.*
Schreiber, F., *Chem.-Tech. (Heidelberg), 10. Jahrgang*, **3** (1981) S. 203.
Sperl, J. G.: *GIT Supplement* **1**(1986) *Umwelt.* GIT-Verlag GmbH, Darmstadt, S. 59.
Verband der Textilhilfsmittel-, Lederhilfsmittel-, Gerbstoff- und Waschrohstoff-Industrie e.V. (TEGEWA), *Die fleißigen Verbindungen – Wissenswertes über Tenside*, Frankfurt am Main, 1987, S. 40.

Gesetze

Gesetz zum Schutz vor gefährlichen Stoffen *(Chemikaliengesetz, ChemG)* vom 14. 3. 1990 (BGBl. I S. 521).
Gesetz zur Ordnung des Wasserhaushalts *(Wasserhaushaltsgesetz, WHG)* vom 23. 9. 1986 (BGBl. I S. 1529, ber. S. 1654).
Gesetz zur Verminderung von Luftverunreinigungen durch Bleiverbindungen in Ottokraftstoffen für Kraftfahrzeugmotoren *(Benzinbleigesetz, BzBlG)* vom 5. 8. 1971 (BGBl. I S. 1234), geändert durch G vom 18. 12. 1987 (BGBl. I S. 2810).
Gesetz über Abgaben für das Einleiten von Abwasser in Gewässer *(Abwasserabgabengesetz, AbwAG)* vom 5. 3. 1987 (BGBl. I S. 880).
Gesetz über die Beförderung gefährlicher Güter vom 6. 8. 1975 (BGBl. I S. 2121), geändert durch G vom 18. 9. 1980 (BGBl. I S. 1729).
Gesetz über die Umweltverträglichkeit von Wasch- und Reinigungsmitteln *(Wasch- und Reinigungsmittelgesetz, WRMG)* vom 5. 3. 1987 (BGBl. I S. 875).
Gesetz über die Vermeidung und Entsorgung von Abfällen *(Abfallgesetz, AbfG)* vom 27. 8. 1986 (BGBl. I S. 1410, ber. S. 1501).

Verordnungen

Gefahrgutverordnung Straße *(GGVS)* vom 22. 7. 1985 (BGBl. I S. 1550), geändert durch VO vom 21. 12. 1987 (BGBl. I S. 2858).
Gefahrgutverordnung Eisenbahn *(GGVE)* vom 22. 7. 1985 (BGBl. I S. 1560), geändert durch VO vom 21. 12. 1987 (BGBl. I S. 2862).
Gefahrgutverordnung Binnenschiffahrt *(GGVBinSch)* vom 24. 3. 1983 (BGBl. I S. 367).
Gefahrgutverordnung See *(GGVSee)* vom 27. 6. 1986 (BGBl. I S. 961), geändert durch VO vom 21. 12. 1987 (BGBl. I S. 2863).
Klärschlammverordnung *(AbfKlärV)* vom 25. 6. 1982 (BGBl. I S. 734).
Verordnung über Anlagen zur Lagerung, Abfüllung und Beförderung brennbarer Flüssigkeiten zu Lande *(VbF)* vom 27. 2. 1980 (BGBl. I S. 229) in der Fassung der ersten ÄndV vom 3. 5. 1982 (BGBl. I S. 569).
Verordnung über das Einsammeln und Befördern sowie über die Überwachung von Abfällen und Reststoffen *(Abfall- und Reststoffüberwachungs-Verordnung, AbfRestÜberwV)* vom 3. 4. 1990 (BGBl. I S. 648).
Verordnung über die Abbaubarkeit anionischer und nichtionischer grenzflächenaktiver Stoffe *(sog. Tensidverordnung)* vom 4. 6. 1986 (BGBl. I S. 851).
Verordnung über den Schutz vor Schäden durch ionisierende Strahlen *(Strahlenschutzverordnung, StrlSchV)* vom 13. 10. 1976 (BGBl. I S. 2905), geändert durch VO vom 26. 11. 1986 (BGBl. I S. 2089).
Verordnung über die Verwendung von Zusatzstoffen bei der Aufbereitung von Trinkwasser *(Trinkwasser-Aufbereitungs-Verordnung, TWAufbVO)* vom 19. 12. 1959 (BGBl. I S. 762), geändert durch VO vom 13. 12. 1979 (BGBl. I S. 2328).

Verordnung über Höchstmengen für Phosphate in Wasch- und Reinigungsmitteln *(Phosphathöchstmengenverordnung, PHöchstMengV)* vom 14. 6. 1980 (BGBl. I S. 664).
Verordnung über gefährliche Stoffe *(Gefahrstoffverordnung, GefStoffV)* vom 26. 8. 1986 (BGBl. I S. 1470), geändert durch VO vom 16. 12. 1987 (BGBl. I S. 2721).
Verordnung über natürliches Mineralwasser, Quellwasser und Tafelwasser *(Mineral- und Tafelwasser-Verordnung)* vom 1. 8. 1984 (BGBl. I S. 1036).
Verordnung über Trinkwasser und über Wasser für Lebensmittelbetriebe *(Trinkwasserverordnung, TrinkwV)* vom 22. 5. 1986 (BGBl. I S. 760).
Verordnung zur Bestimmung von Abfällen nach § 2 Abs. 2 des Abfallgesetzes, *(Abfallbestimmungs-Verordnung, AbfBestV)* vom 3. 4. 1990 (BGBl. I S. 614).
Verordnung zur Bestimmung von Reststoffen nach § 2 Abs. 3 des Abfallgesetzes *(Reststoffbestimmungs-Verordnung, RestBestV)* vom 3. 4. 1990 (BGBl. I S. 631, berichtigt S. 862).

Weiteres Schrifttum

Allgemeine Rahmen-Verwaltungsvorschrift über Mindestanforderungen an das Einleiten von Abwasser in Gewässer *(Rahmen-Abwasser VwV)* vom 8. 9. 1989 (GMBl. 1989 S. 518).
Allgemeine Verwaltungsvorschrift zur Änderung der Allgemeinen Rahmenverwaltungsvorschrift über Mindestanforderungen an das Einleiten von Abwasser in Gewässer vom 19. 12. 1989 (GMBl. 1989 S. 798).
DIN 4030 Beurteilung betonangreifender Wässer, Böden und Gase.
EG-Richtlinie (1976) Nr. 76/907/EWG der Kommission zur Einstufung, Verpackung und Kennzeichnung gefährlicher Stoffe.
EG-Richtlinie (1975) Nr. L31/1 über die Qualitätsanforderung an Badegewässer.
EG-Richtlinie (1975) Nr. L194/34 über die Qualitätsanforderungen an Oberflächenwasser für die Trinkwassergewinnung.
EG-Richtlinie (1980) Nr. L229/11 über die Qualität von Wasser für den menschlichen Gebrauch.
Erste Allgemeine Verwaltungsvorschrift zum Bundes-Immissionsschutzgesetz (BImSchG) *(Technische Anleitung zur Reinhaltung der Luft, TA Luft)* vom 23. 2. 1983 (GMBl. 1983 S. 94, Novelle vom 2. 3. 1986).
IUPAC International Union For Pure And Applied Chemistry (ed.): *Manual of Symbols and Terminology for Physicochemical Quantities and Units* [In: *Pure Appl. Chem. 51* (1979) 1–41].
Nomenclature of Organic Chemistry.
Nomenclature of Inorganic Chemistry.
Länderarbeitsgemeinschaft Abfall (LAGA), Abfallkatalog, 1980.
Länderarbeitsgemeinschaft Abfall (LAGA), Entwurf der Richtlinie „Untersuchung und Beurteilung von Abfällen".
Länderarbeitsgemeinschaft Abfall (LAGA), Mitteilung 9, Richtlinien für das Vorgehen bei physikalischen und chemischen Untersuchungen im Zusammenhang mit der Beseitigung von Abfällen -UP 2/80 – Darstellung von Untersuchungsergebnissen aus der Untersuchung von Abfällen, E. Schmidt Verlag, Berlin.
MAK, Mitteilung XIX der Senatskommission zur Prüfung gesundheitsschädlicher Arbeitsstoffe der Deutschen Forschungsgemeinschaft (DFG), Verlag Chemie, Weinheim, 1983.
Maximale Arbeitsplatzkonzentrationen, Technische Richtkonzentrationen (des Ausschusses für Gefahrstoffe) und Biologische Arbeitsstofftoleranzwerte der Senatskommission zur Prüfung gesundheitsschädlicher Arbeitsstoffe der Deutschen Forschungsgemeinschaft (DFG), in der jeweiligen neusten Veröffentlichung, z. B. in BArbBl. oder bei VCH Verlagsgesellschaft mbH, Weinheim.
National Institute of Occupational Safety and Wealth (Hrsg.), Registry of Toxic Effects of Chemical Substances, Cincinnati, Ohio, USA.
Riedel – de Haën AG, *Labor – Hilfstabellen.* 1989.
Universum Verlagsanstalt (Hrsg.), Gefahrstoffe 1989, Wiesbaden, 1989.
Weltgesundheitsorganisation (WHO), WHO-Richtlinie ETP/82,35, Empfehlungen zur Trinkwasserqualität, 1984.
Zweite allgemeine Verwaltungsvorschrift zum Abfallgesetz (AbfG) *(TA Abfall)* Teil 1: Technische Anleitung zur Lagerung, chemisch/physikalischen und biologischen Behandlung und Verbrennung von besonders überwachungsbedürftigen Abfällen vom 10. 4. 1990 (GMBl. 1990 S. 619).

Register

Periodensystem der Elemente

Siedetemperatur in °C (Schätzwerte in Klammern)
Schmelztemperatur in °C (Schätzwerte in Klammern)
Dichte in g · cm^{-3} bei 25°C (bei Gasen in g · L^{-1})
Elektronegativität (Pauling)

Hauptgruppen I	Hauptgruppen II	III	IV		Hauptgruppen V	VI	VII	VIII
1 1.008 −253 −259 0,084 2,1 **H** I, −I Wasserstoff 1								**2** 4.00 −269 −270 0,17 – **He** Helium 2
3 6.94 1330 180 0,53 1,0 **Li** I Lithium 2.1	**4** 9.01 2480 1280 1,85 1,5 **Be** II Beryllium 2.2				**7** 14.01 −196 −210 1,17 3,0 **N** V, −III Stickstoff 2.5	**8** 16.00 −183 −219 1,33 3,5 **O** −II, VI Sauerstoff 2.6	**9** 19.00 −188 −220 1,58 4,0 **F** −I Fluor 2.7	**10** 20.18 −246 −249 0,84 – **Ne** Neon 2.8
11 22.99 892 98 0,97 0,9 **Na** I Natrium 2.8.1	**12** 24.31 1110 650 1,74 1,2 **Mg** II Magnesium 2.8.2				**15** 30.97 280 44 1,82 2,1 **P** V, −III Phosphor 2.8.5	**16** 32.06 445 119 2,07 2,5 **S** −II, VI Schwefel 2.8.6	**17** 35.45 −35 −101 2,95 2,0 **Cl** −I, VII Chlor 2.8.7	**18** 39.95 −186 −189 1,66 – **Ar** Argon 2.8.8
19 39.10 760 64 0,86 0,5 **K** I Kalium 2.8.8.1	**20** 40.08 1490 838 1,55 1,0 **Ca** II Calcium 2.8.8.2	**21** 44.96 2730 1540 3,0 1,3 **Sc** III Scandium 2.8.9.2	**22** 47.90 3260 1670 4,5 1,5 **Ti** IV, II Titan 2.8.10.2	**23** 3450 1900 5,8 1,6 Va 2.8.11	**33** 74.92 613 – 5,72 2,0 **As** III, V Arsen 2.8.18.5	**34** 78.96 685 217 4,80 2,4 **Se** −II, IV Selen 2.8.18.6	**35** 79.90 58 −7 3,12 2,8 **Br** −I Brom 2.8.18.7	**36** 83.80 −152 −157 3,48 – **Kr** Krypton 2.8.18.8
37 85.47 688 39 1,53 – **Rb** I Rubidium 2.8.18.8.1	**38** 87.62 1380 770 2,6 1,0 **Sr** II Strontium 2.8.18.8.2	**39** 88.91 2930 1500 4,5 1,3 **Y** III Yttrium 2.8.18.9.2	**40** 91.22 3580 1850 6,49 1,4 **Zr** IV Zirconium 2.8.18.10.2	**41** 4900 2420 8,55 1,6 N 2.8.1	**51** 121.75 1380 631 6,68 1,9 **Sb** III, V Antimon 2.8.18.18.5	**52** 127.60 1390 450 6,24 2,1 **Te** −II, IV Tellur 2.8.18.18.6	**53** 126.90 183 114 4,94 2,5 **I** −I Iod 2.8.18.18.7	**54** 133.30 −108 −112 5,49 – **Xe** Xenon 2.8.18.18.8
55 132.91 690 29 1,87 0,7 **Cs** I Caesium 2.8.18.18.8.1	**56** 137.34 1640 714 3,5 0,9 **Ba** II Barium 2.8.18.18.8.2	**57–71** **La-Lu** Lanthaniden	**72** 178.49 5400 2000 13,1 1,3 **Hf** IV Hafnium 2.8.18.32.10.2	**73** 5430 3000 16,6 1,5 2.8.1	**83** 208.98 1560 271 9,8 1,9 **Bi** III, V Bismut 2.8.18.32.18.5	**84** [209] 962 254 9,4 2,0 **Po** II, IV Polonium 2.8.18.32.18.6	**85** [210] 335 302 – 2,2 **At** −I, III Astat 2.8.18.32.18.7	**86** [222] −62 −71 9,23 – **Rn** Radon 2.8.18.32.18.8
87 [223] (680) (27) – 0,7 **Fr** I Francium 2.8.18.32.18.8.1	**88** [226] 1530 700 5 0,9 **Ra** II Radium 2.8.18.32.18.8.2	**89–103** **Ac-Lr** – Actiniden	**104** [260] – – – – **Unq** – Unnilquadium 2.8.18.32.32.10.2	**105** – – – – Unr 2.8.18				

Lanthaniden	**57** 138.91 3470 920 6,17 1,1 **La** III Lanthan 2.8.18.18.9.2	**58** 3470 795 6,78 1,1 2.8.1	**68** 167.26 2900 1500 9,05 1,2 **Er** III Erbium 2.8.18.30.8.2	**69** 168.93 1730 1550 9,33 1,2 **Tm** III, II Thulium 2.8.18.31.8.2	**70** 173.04 1430 824 6,98 1,1 **Yb** III, II Ytterbium 2.8.18.32.8.2	**71** 174.97 3330 1650 9,84 1,2 **Lu** III Lutetium 2.8.18.32.9.2
Actiniden	**89** [227] 3200 1050 – 1,1 **Ac** III Actinium 2.8.18.32.18.9.2	**90** 4200 1700 11,7 1,3 T 2.8.1	**100** [253] – – – – **Fm** – Fermium 2.8.18.32.30.8.2	**101** [258] – – – – **Md** – Mendelevium 2.8.18.32.31.8.2	**102** [256] – – – – **No** – Nobelium 2.8.18.32.32.8.2	**103** [256] – – – – **Lr** – Lawrencium 2.8.18.32.32.9.2

…n Halbwertszeit an.
künstlichen Isotope ^{237}Np, ^{231}Pa und ^{99}Tc angegeben.